国外电子与电气工程技术丛书

基于VHDL的数字系统设计方法

威廉姆·J. 戴利（William J. Dally）

[美] R. 柯蒂斯·哈丁（R. Curtis Harting） 著

托·M. 阿莫特（Tor M. Aamodt）

廖栋梁 李卫 杜智超 成畅 译

王志华 校

Digital Design Using VHDL A Systems Approach

DIGITAL DESIGN USING VHDL
a systems approach

WILLIAM J. DALLY
R. CURTIS HARTING
TOR M. AAMODT

机械工业出版社
China Machine Press

图书在版编目（CIP）数据

基于 VHDL 的数字系统设计方法 /（美）威廉姆·J. 戴利（William J. Dally）等著；廖栋梁等译 . —北京：机械工业出版社，2018.10
（国外电子与电气工程技术丛书）
书名原文：Digital Design Using VHDL: A Systems Approach

ISBN 978-7-111-61133-2

I. 基⋯　II. ① 威⋯　② 廖⋯　III. VHDL 语言 - 程序设计　IV. TP301.2

中国版本图书馆 CIP 数据核字（2018）第 237179 号

本书版权登记号：图字　01-2017-5815

本书作为数字电路设计著作，为读者提供了一个系统级的视角，并为他们理解、分析和设计数字系统提供了相关资料和工具。它教授当前工业界数字系统设计中所需的硬件描述语言（VHDL）和现代 CAD 工具使用相关的技能。特别注意系统级问题，包括分解和划分数字系统、接口设计和接口时序。也涉及需要深入理解的相关问题，如时序分析、亚稳态和同步性。当然，本书还涵盖了组合和时序逻辑电路的人工设计。

本书适用于微电子、电子信息与工程及计算机等专业的高年级本科生、研究生的教材，但同样适用于相关专业的研究生以及缺乏数字电路设计基础的同学。

出版发行：机械工业出版社（北京市西城区百万庄大街 22 号　邮政编码：100037）

责任编辑：张梦玲	责任校对：殷　虹
印　　刷：北京诚信伟业印刷有限公司	版　　次：2019 年 1 月第 1 版第 1 次印刷
开　　本：185mm×260mm　1/16	印　　张：31.5
书　　号：ISBN 978-7-111-61133-2	定　　价：129.00 元

凡购本书，如有缺页、倒页、脱页，由本社发行部调换

客服热线：（010）88378991　88361066　　　　投稿热线：（010）88379604
购书热线：（010）68326294　88379649　68995259　　读者信箱：hzjsj@hzbook.com

出版者的话

文艺复兴以来，源远流长的科学精神和逐步形成的学术规范，使西方国家在自然科学的各个领域取得了垄断性的优势；也正是这样的传统，使美国在信息技术发展的六十多年间名家辈出、独领风骚。在商业化的进程中，美国的产业界与教育界越来越紧密地结合，信息学科中的许多泰山北斗同时身处科研和教学的最前线，由此而产生的经典科学著作，不仅擘划了研究的范畴，还揭示了学术的源变，既遵循学术规范，又自有学者个性，其价值并不会因年月的流逝而减退。

近年，在全球信息化大潮的推动下，我国的信息产业发展迅猛，对专业人才的需求日益迫切。这对我国教育界和出版界都既是机遇，也是挑战；而专业教材的建设在教育战略上显得举足轻重。在我国信息技术发展时间较短的现状下，美国等发达国家在其信息科学发展的几十年间积淀和发展的经典教材仍有许多值得借鉴之处。因此，引进一批国外优秀教材将对我国教育事业的发展起到积极的推动作用，也是与世界接轨、建设真正的世界一流大学的必由之路。

机械工业出版社华章公司较早意识到"出版要为教育服务"。自1998年开始，我们就将工作重点放在了遴选、移译国外优秀教材上。经过多年的不懈努力，我们与Pearson、McGraw-Hill、Elsevier、John Wiley & Sons、CRC、Springer等世界著名出版公司建立了良好的合作关系！从它们现有的数百种教材中甄选出AlanV. Oppenheim、Thomas L. Floyd、Charles K. Alexander、Behzad Razavi、John G. Proakis、Stephen Brown、Allan R. Hambley、Albert Malvino、Peter Wilson、H. Vincent Poor、Hassan K. Khalil、Gene F. Franklin、Rex Miller等大师名家的经典教材，以"国外电子与电气工程技术丛书"和"国外工业控制与智能制造丛书"为系列出版，供读者学习、研究及珍藏。这些书籍在读者中树立了良好的口碑，并被许多高校采用为正式教材和参考书籍。其影印版"经典原版书库"作为姊妹篇也越来越多被实施双语教学的学校所采用。

权威的作者、经典的教材、一流的译者、严格的审校、精细的编辑，这些因素使我们的图书有了质量的保证。随着电气与电子信息学科、自动化、人工智能等建设的不断完善和教材改革的逐渐深化，教育界对国外电气与电子信息类、控制类、智能制造类等相关教材的需求和应用都将步入一个新的阶段，我们的目标是尽善尽美，而反馈的意见正是我们达到这一终极目标的重要帮助。华章公司欢迎老师和读者对我们的工作提出建议或给予指正，我们的联系方法如下：

华章网站：www.hzbook.com

电子邮件：hzjsj@hzbook.com

联系电话：(010)88379604

联系地址：北京市西城区百万庄南街1号

邮政编码：100037

华章教育

华章科技图书出版中心

本书赞誉

"基于在数字设计方面的卓越经验，Dally 和 Harting 以一种清晰且具有建设性的方式融合了电路和架构设计。"

"通过了解不同的抽象层次和计算系统的观点，学生将会发现一种现代的和有效的方式来理解数字电路设计的基础知识。"

——Giovanni De Micheli，瑞士洛桑联邦理工学院

"在数字系统设计领域，为了从非常实用的角度出版一本能够培训未来工程师的有关理论知识的教科书，作者将数十年的学术和行业经验融合在一起，使学生不仅学习他们正在设计的内容，而且还学习他们在做什么。通过介绍关键的高级主题，如综合、延时和逻辑，以及同步性，在引导层面上，本书不仅有实用建议而且还有深层的理解，这是本书十分难得的一点。因此，本书可很好地帮助学生为未来工艺、工具和技术的日新月异做好准备。"

——David Black-Schaffer，乌普萨拉大学

"你将会期待从本书中找到的一切。数十年的实践经验经过提炼，以提供设计和组成完整数字系统所需的各种工具。本书涵盖基础知识和系统级问题，对于微处理器和未来的SoC 设计师是一个理想的起点！"

——Robert Mullins，剑桥大学和 Raspberry Pi 基金会

"这本书为如何教授本科生数字系统设计建立了新标准。实用方法和具体例子可为任何想要了解或设计现代复杂的数字系统的人提供坚实的知识基础。"

——Steve Keckler，德克萨斯大学奥斯汀分校

"本书不仅教如何做数字设计，更重要的是教如何做好设计。它不只是强调使用清晰的接口进行模块化的重要性，还强调生产数字产品不仅要符合规格要求，而且要使别人容易理解。它巧妙地选择了合适的示例和用于实现它们的 Verilog 代码。"

"本书包括异步逻辑设计有关内容，随着能源消耗成为数字系统的主要关注点，这个主题可能日益重要起来。"

"最后关于 Verilog 编码风格的附录特别有用。本书不仅对学生有价值，而且还对该领域的从业人员有用。强烈推荐它。"

——Chuck Thacker，微软

"一本有着非常好的系统观点的好书。在数字设计中最有趣的、同时也最令人头疼的事情在这本书中都得到了体现，即工程师必须将从点到块、从信号到 CPU 的想法整合起来。本书在突出重点、从基础到系统的迁移等方面做了非常大的努力，特别是选用了适量的 HDL（Verilog），使得所有的设计都切合实际并且相关。"

——Rob A. Rutenbar，伊利诺伊大学香槟分校

译 者 序

本书于 2015 年 12 月首次出版，原作者是 William J. Dally、R. Curtis Hartin 以及 Tor M. Aamodt，这三位在数字电路设计领域都卓有建树。William J. Dally 是斯坦福大学 Willard R. 和 Inez Kerr Bell 教授以及 NVIDIA 公司的首席科学家，在学术界和工业界享有盛誉。R. Curtis Hartin 博士是 Google 的软件工程师，而 Tor M. Aamodt 则是大不列颠哥伦比亚大学计算机工程系的副教授，同样有着丰富的电路设计经验。

数字电路设计发展到目前已经形成了相当成熟的体系，各种介绍数字电路设计的书籍也不胜枚举。但技术总是在不断进步，每发展到一个阶段，人们又会对技术产生更深的理解，用更高的角度重新审视现有的一切。本书作为数字电路设计著作，为读者提供了一个系统级的视角，并为他们理解、分析和设计数字系统提供了相关资料和工具。从最简单的组合逻辑和时序逻辑模块的设计，到如何使用这些模块搭建完整的系统，整个过程体现了真实世界的数字电路设计。

本书适用于微电子、电子信息与工程及计算机等专业的高年级本科生、研究生的教材，但同样适用于相关专业的研究生以及缺乏数字电路设计基础的同学。即便是有着相当丰富的数字电路设计经验的工程师，本书也能提供很多帮助。

本书的翻译工作由清华大学王志华教授主持，廖栋梁翻译了前言以及第 1~7 章，李卫翻译了第 8~15 章，杜智超翻译了第 16~22 章，成畅翻译了第 23~29 章以及附录 A 和附录 B。最后，四位译者也做了交叉校阅，王志华教授审定了全部书稿。该书计划将于 2019 年春季学期起作为清华大学电子科学与技术学科研究生数字电路系统设计课程的教材。

非常荣幸能够参与本书的翻译工作中，这是一项非常有趣且有意义的工作，但同时这项工作也非常具有挑战性。虽然之前修过一些与之相关的课程，对翻译很有帮助，但在翻译过程中依然遇到过对书中内容理解不够透彻而使翻译无法顺利进行的地方，好在通过查阅文献，咨询老师，这些问题得到了很好的解决。

本书中文版中难免存在翻译欠妥之处，望读者朋友不吝赐教，欢迎与我们取得联系。

——译者于清华大学

2018 年 1 月 16 日

这本导论性教科书为学生提供了系统级的观点和用于理解、分析和设计数字系统的工具。书中讲解了这些模块如何用于构建完整的系统，这远远超越了简单的组合和时序模块设计。

- 理解现代设计实践所需的所有重要主题，本书都涉及：
  - 组合和时序模块的设计与分析
  - 组合和时序模块的构成
  - 数据和控制分区
  - 有限状态机的分解和构成
  - 接口规格
  - 系统级时序
  - 同步性
- 教授如何以高效和可维护的方式编写 VHDL-2008 HDL，这使得 CAD 工具可以处理很多烦琐的工作。
- 涵盖逻辑设计的基本原理，描述设计组合逻辑的有效方法，手动和使用现代 CAD 工具分析状态机。

数字设计的完整介绍是通过清晰的解释、延伸示例和在线 VHDL 文件给出的。完整的教学包包括课件幻灯片、实验和教师解决方案手册等。假设学生没有数字知识背景，那么这本教科书是本科阶段数字设计课程的理想选择，是为学习现代数字实践的学生准备的。

本书旨在帮助本科生学习和设计数字系统。它教授当前工业界数字系统设计中所需的硬件描述语言（VHDL）和现代 CAD 工具使用相关的技能。特别注意系统级问题，包括分解和划分数字系统、接口设计和接口时序。也涉及需要深入理解的相关问题，如时序分析、亚稳态和同步性。当然，本书还涵盖了组合和时序逻辑电路的人工设计。但是，因为与设计这样简单的模块相比数字系统设计要复杂很多，所以在此不详细叙述这些问题。

在完成本书的课程后，学生应该准备实践工业界的数字设计。虽然他们缺乏经验，但他们已经学习了实践所需要的所有工具。经验将随着时间而逐渐积累。

本书诞生于作者超过 25 年的本科生数字设计教学经验（加州理工学院 CS181，麻省理工学院 6.004，斯坦福 EE121 和 EE108A），以及工业界 35 年的数字系统设计经验（Bell Labs，Digital Equipment，Cray，Avici，Velio Communications，Stream Processors 和 Nvidia）。本书结合这两方面的经验来指导学生，在工业界中，已经在几代学生身上证明了本书所教授的知识是十分有用的。附录 B 中的 VHDL 语法指南是大不列颠哥伦比亚大学（EECE 353 和 EECE 259）本科生近十年的 VHDL 教学资料。

因为市场上没有一本可以涵盖系统级数字设计方面的书，所以我们写了这本书。另外，绝大多数关于组合和时序逻辑电路的人工设计主题的教科书也已经停止出版了。当今大多数教科书都使用硬件描述语言，但是它们绝大多数都介绍 TTL 风格的设计，尽管这类设计能够在 7400 系列芯片的面积内放置 4 个"与非"门元件(20 世纪 70 年代)，但没考虑让学生设计一个具有 30 亿个晶体管的 GPU。今天的学生需要了解如何把状态机、划分设计和构建带有正确时序的接口等因素考虑在内。本书以深入浅出的方式描述这些问题。

本书大纲

下面的流程图显示了本书的组织结构及各章节之间的关系，如图 1 所示。附录 B 提供了一个 VHDL-2008 语法的总结。

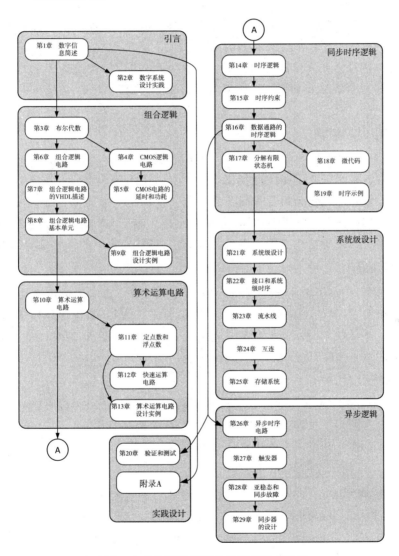

图 1 本书的结构图和各章节之间的关系

第一部分　引言

第 1 章介绍数字系统，包括数字信号、噪声容限等信息的表示，数字逻辑在现代世界扮演的角色。第 2 章介绍工业界数字系统设计实践。其中包括设计过程、现代实现技术、计算机辅助设计工具和摩尔定律。

第二部分　组合逻辑

第 3～9 章介绍组合逻辑电路——数字电路的输出仅取决于其输入的当前值。布尔代数是逻辑设计的理论基础，在第 3 章中讨论。第 4 章介绍开关逻辑和 CMOS 门电路。第 5 章介绍计算 CMOS 电路延时和功耗的简单模型。第 6 章介绍从基本的门开始手动设计组合逻辑电路的方法。第 7 章讨论如何通过对 VHDL 中组合逻辑的行为描述进行编码来使设计过程自动化。第 8 章介绍译码器、多路复用器等组合逻辑中的构建块，第 9 章列出了几个组合逻辑电路的设计实例。

第三部分　算术运算电路

第 10～13 章描述了数字系统和算术运算电路。第 10 章描述在整数上执行四个函数 ＋、－、×和÷的数字表示和算术电路的基础知识。第 11 章介绍定点和浮点数表示及其精度，该章还包括对浮点单元设计的讨论。第 12 章描述构建快速运算电路的技术，包括超前进位、华莱士(Wallace)树和 Booth 重编码。最后，算术运算电路和系统的示例在第 13 章中给出。

第四部分　同步时序逻辑

第 14～19 章描述同步时序逻辑电路——其状态仅在时钟边缘发生变化，以及设计有限状态机的过程。在学习了第 14 章的基础知识之后，时序约束在第 15 章中讨论。数据通路时序电路的设计——其行为由方程而不是状态表描述——是第 16 章的主题。第 17 章描述如何将复杂状态机分为几个更小更简单的状态机。第 18 章介绍存储程序控制的概念，以及如何使用微代码引擎构建有限状态机。本节将以第 19 章中的一些示例结束。

第五部分　实践设计

第 20 章和附录讨论了数字设计项目的两个重要方面。验证逻辑正确性的过程和设计完成后的测试是第 20 章的主题。附录让学生学会合适的 VHDL 编码风格——良好的可读性和可维护性，并且使 CAD 工具能够生成优化的硬件。无论是在编写自己的 VHDL 之前、之中还是之后，学生都应阅读本章。

第六部分　系统级设计

第 21～25 章讨论了系统级设计，并介绍了数字系统设计与分析的系统化方法。第 21 章介绍了系统设计的六个步骤。第 22 章讨论接口的系统级时序和约定。第 23 章介绍模块和系统的流水线，包括几个流水线示例。第 24 章介绍包括总线、交叉开关和网络在内的系统互连。第 25 章给出存储器系统的讨论。

第七部分　异步逻辑

第 26～29 章讨论异步时序电路——其状态随着任何输入变化而变化，不需等待时钟上升沿。第 26 章介绍异步时序电路设计的基础知识，包括流程表分析和综合以及竞争问题。第 27 章给出这些技术的一个例子，分析作为异步电路的触发器和锁存器。亚稳态和同步故障的问题在第 28 章中有所描述。第 29 章讨论同步器设计——如何设计跨越异步边界安全移动信号的电路。

教学建议

本书适用于每学年三学期(Quarter 制)或者每学年两学期(Semester 制)的一学期课

程，可用作 10 周（Quarter 制）或 13 周（Semester 制）的数字系统设计基础性课程教材。本书也可以作为大学高年级数字系统课程的教材。

使用本书做教材时，学生不需要任何正式的先修知识。高中数学知识是唯一需要掌握的。除了第 5 章和第 28 章之外，其他章节不需要微积分知识。在斯坦福大学，E40（电机工程简介）是 EE108A（数字系统 I）的先修课程，但学生在没有学习先修课程的情况下使用 EE108A 也没有问题。

每学期 10 周的数字系统设计入门课程可采用第 1、3、6、7、8、10、(11)、14、15、16、(17)、21、22、(23)、26、28 和 29 等章节的内容。对于每学期 10 周的课程，省略了 CMOS 电路的细节（第 4、5 章）、微代码（第 18 章）和更高级的系统问题（第 24、25 章）。括号中的 3 个章节是可选的，也可以跳过以稍微减慢课程节奏。在斯坦福大学讲授本课程时，我们通常会安排两次期中考试：第一次在学完第 11 章后，第二次在学完第 22 章后。

每学期 13 周的数字系统入门课程可以使用额外的 3 周学习 CMOS 电路和一些更高级的系统知识。一学期课程应该涵盖第 1、2、3、4、(5)、6、7、8、9、10、(11)、13、14、15、16、(17)、(18)、(19)、21、22、(23)、(24)、(25)、26、(27)、28 和 29 章。

本书可用于数字系统设计高级课程。这种课程应该涵盖更深入的介绍性内容，包括介绍性课程中省略掉的高级内容。这样的课程通常包括一个重要的学生课程设计项目。

材料⊖

为了支持这本书的教学，课程网站（www. cambridge. org/dallyVHDL）提供的教学材料包括：课件幻灯片、一系列函数（单元）库和习题答案。库是用于完善课程内容的补充材料，并且可以用来对仿真后的结果在 FPGA 上进行综合实现。

⊖ 关于本书教辅资源，只有使用本书作为教材的教师才可以申请，需要的教师可向剑桥大学出版社北京代表处申请，电子邮件 Solutions@Cambridge. org。——编辑注

致　　谢

深深感谢许多为这本书做出贡献的人。这本书已经在麻省理工学院（课程 6.004）和斯坦福大学（课程 EE108A）作为数字设计教材使用多年。感谢那些使用早期版本并提供反馈意见的学生，帮助我们不断完善。Subhasish Mitra、Phil Levis 和 My Le 教授在斯坦福大学使用过本书的早期版本当作教学材料，并提供了宝贵的意见，帮助进行了许多改进。相关课程和纸书的完善多年来得到了许多优秀助教的帮助。Paul Hartke、David Black-Shaffer、Frank Nothaft 和 David Schneider 特别值得感谢。提供了练习答案的 Frank 也值得感谢。在麻省理工学院教授 6.004 版本课程的 Gill Pratt、Greg Papadopolous、Steve Ward、Bert Halstead 和 Anant Agarwal 教授协助开发了本书的数字设计教学方法。本书早期的 VHDL 稿件被不列颠哥伦比亚大学（UBC）的 EECE 259 课程使用，感谢提供反馈意见的学生，在此版本中已进行了改进。附录 B 中的 VHDL-2008 通过多年的教学实践已经得到很好的完善，UBC 的 ECE 353 课程早期教学用的 VHDL 版本使用了由 Steve Wilton 教授提供的一组幻灯片。在早期的 VHDL 代码设计中，Steve 也给予了有用的帮助和反馈。

剑桥大学出版社的 Julie Lancashire 和 Kerry Cahill 帮助完成了整个原始 Verilog 版本，当前的 VHDL 版本由剑桥大学出版社的 Julie Lancashire、Karyn Bailey 和 Jessica Murphy 帮助完成。感谢 Irene Pizzie 仔细修改原始 Verilog 版本，感谢 Abigail Jones 对有问题段落的修改及完成最初始的 Verilog 版本。感谢 Steve Holt 对当前呈现的 VHDL 版本进行的仔细编辑。

最后，我们的家人 Sharon、Jenny、Katie、Liza Dally、Jacki Armiak、Eric Harting、Susanna Temkin、Dayna、Ethan Aamodt 都给予了巨大的支持，做出了重大的牺牲，使得我们可以有时间去写作。

作者简介

William J. Dally 是斯坦福大学的 Willard R. 和 Inez Kerr Bell 工程教授和 NVIDIA 公司的首席科学家。他和他的团队已经开发了系统架构、网络架构、信令、路由和同步技术，这些技术可以在今天的大型并行计算机中发现。他是美国国家工程院院士、IEEE 会士、ACM 会士和美国艺术与科学学院院士。他获得过许多荣誉，包括 ACM Eckert-Mauchly 奖、IEEE Seymour Cray 奖和 ACM Maurice Wilkes 奖。

R. Curtis Harting 是谷歌的软件工程师，拥有斯坦福大学的博士学位。他于 2007 年毕业于杜克大学，获得学士学位，主修电气与计算机工程和计算机科学。在 2009 年，他从斯坦福大学获得硕士学位。

Tor M. Aamodt 是不列颠哥伦比亚大学电气与计算机工程系副教授。他与研究生一起开发了 GPGPU-Sim 模拟器。他的三篇关于通用 GPU 结构的论文曾被选中作为 IEEE 杂志的"热门精选"，一篇作为 ACM 杂志通信方向的"研究热点"。在 2012～2013 年度休假期间他是斯坦福大学计算机科学系客座副教授，2004～2006 年他在 NVIDIA 公司工作，研究 GeForce 8 系列 GPU 的内存系统架构（"帧缓冲器"）。

目　录

出版者的话
本书赞誉
译者序
前言
致谢
作者简介

第一部分　引言

第1章　数字信息简述 …………… 2
1.1　数字信号 ………………… 2
1.2　数字信号噪声容限 ………… 3
1.3　数字信号表示复杂数据 …… 6
1.4　数字逻辑函数 …………… 8
1.5　数字电路与系统的硬件描述
　　语言（VHDL） ………… 10
1.6　系统中的数字逻辑 ……… 11
总结 ………………………… 12
文献解读 …………………… 13
练习 ………………………… 13

第2章　数字系统设计实践 …… 15
2.1　设计过程 ……………… 15
2.2　数字系统由芯片和电路板组成 … 19
2.3　计算机辅助设计工具 …… 22
2.4　摩尔定律和数字系统发展 … 23
总结 ………………………… 24
文献解读 …………………… 25
练习 ………………………… 25

第二部分　组合逻辑

第3章　布尔代数 …………… 28
3.1　原理 …………………… 28
3.2　内容 …………………… 29
3.3　对偶函数 ……………… 30
3.4　标准型 ………………… 31
3.5　从方程式到逻辑门 …… 31

3.6　硬件描述语言中的布尔表达式 …… 33
总结 ………………………… 36
文献解读 …………………… 36
练习 ………………………… 36

第4章　CMOS逻辑电路 ………… 38
4.1　开关逻辑 ……………… 38
4.2　MOS晶体管的开关模型 … 41
4.3　CMOS门电路 ………… 46
总结 ………………………… 53
文献解读 …………………… 53
练习 ………………………… 53

第5章　CMOS电路的延时和功耗 … 56
5.1　CMOS静态延时 ……… 56
5.2　大负载下的驱动扇出 …… 58
5.3　逻辑努力的扇入 ……… 59
5.4　延时计算 ……………… 61
5.5　延时优化 ……………… 63
5.6　导线延时 ……………… 65
5.7　CMOS电路的功耗 …… 68
总结 ………………………… 69
文献解读 …………………… 70
练习 ………………………… 70

第6章　组合逻辑电路 ……… 73
6.1　组合逻辑 ……………… 73
6.2　闭包 …………………… 74
6.3　真值表、最小项、"与"门
　　标准形式 ……………… 74
6.4　"与"电路的蕴含项 …… 76
6.5　卡诺图 ………………… 78
6.6　封装函数 ……………… 80
6.7　从封装转变为门 ……… 81
6.8　不完全的指标函数 …… 81
6.9　实现和之积 …………… 82
6.10　冒险 ………………… 84
总结 ………………………… 86

文献解读 …………………………… 86
练习 ………………………………… 86

第7章 组合逻辑电路的VHDL 描述 …………………………… 89
7.1 基本数字电路的VHDL 描述 …… 89
7.2 素数电路的测试文件 ………… 100
7.3 七段译码器 …………………… 104
总结 ………………………………… 108
文献解读 …………………………… 109
练习 ……………………………… 109

第8章 组合逻辑电路基本单元 … 111
8.1 多位标记 …………………… 111
8.2 译码器 ……………………… 111
8.3 多路复用器 ………………… 115
8.4 编码器 ……………………… 121
8.5 仲裁器和优先编码器 ……… 125
8.6 比较器 ……………………… 129
8.7 移位器 ……………………… 132
8.8 ROM ………………………… 133
8.9 读/写存储器 ………………… 137
8.10 可编程逻辑阵列 …………… 139
8.11 数据表 ……………………… 140
8.12 知识产权模块 ……………… 141
总结 ……………………………… 142
文献解读 ………………………… 142
练习 ……………………………… 143

第9章 组合逻辑电路设计实例 … 144
9.1 倍三电路 …………………… 144
9.2 明天电路 …………………… 147
9.3 优先级仲裁器 ……………… 149
9.4 井字游戏电路 ……………… 151
总结 ……………………………… 158
练习 ……………………………… 159

第三部分 算术运算电路

第10章 算术运算电路 ………… 162
10.1 二进制数 …………………… 162
10.2 二进制加法 ………………… 164
10.3 负数和减法 ………………… 168
10.4 乘法器 ……………………… 174

10.5 除法 ………………………… 176
总结 ……………………………… 179
练习 ……………………………… 180

第11章 定点数和浮点数 ……… 184
11.1 误差的表示：准度、精度和 分辨率 ………………………… 184
11.2 定点数 ……………………… 185
11.3 浮点数 ……………………… 189
总结 ……………………………… 194
文献解读 ………………………… 195
练习 ……………………………… 195

第12章 快速运算电路 ………… 197
12.1 超前进位 …………………… 197
12.2 Booth 重编码 ……………… 202
12.3 华莱士树 …………………… 205
12.4 综合注意事项 ……………… 209
总结 ……………………………… 210
文献解读 ………………………… 210
练习 ……………………………… 210

第13章 算术运算电路设计实例 … 212
13.1 复数乘法器 ………………… 212
13.2 定点格式和浮点格式之间的 转换 …………………………… 214
13.3 FIR 滤波器 ………………… 218
总结 ……………………………… 220
文献解读 ………………………… 220
练习 ……………………………… 220

第四部分 同步时序逻辑

第14章 时序逻辑 ……………… 224
14.1 时序电路 …………………… 224
14.2 同步时序电路 ……………… 226
14.3 交通灯控制器 ……………… 228
14.4 状态分配 …………………… 230
14.5 有限状态机的实现 ………… 231
14.6 有限状态机的VHDL 实现 … 233
总结 ……………………………… 239
文献解读 ………………………… 240
练习 ……………………………… 240

第15章 时序约束 ……………… 242
15.1 传播延时和污染延时 ……… 242

15.2 触发器 …………………… 244
15.3 建立时间和保持时间约束 …… 244
15.4 时钟偏移的影响 ………… 247
15.5 时序示例 …………………… 248
15.6 时序和逻辑综合 ………… 249
总结 …………………………… 250
文献解读 ……………………… 251
练习 …………………………… 251

第16章 数据通路的时序逻辑 …… 254
16.1 计数器 ……………………… 254
16.2 移位寄存器 ……………… 261
16.3 控制和数据划分 ………… 265
总结 …………………………… 279
练习 …………………………… 279

第17章 分解有限状态机 ………… 281
17.1 闪光器设计 ……………… 281
17.2 交通信号灯控制器 ……… 289
总结 …………………………… 296
练习 …………………………… 296

第18章 微代码 …………………… 299
18.1 简单的微代码状态机 …… 299
18.2 指令序列 ………………… 302
18.3 多路分支 ………………… 306
18.4 多种指令类型 …………… 308
18.5 微代码子程序 …………… 311
18.6 简单的计算器 …………… 313
总结 …………………………… 319
文献解读 ……………………… 320
练习 …………………………… 320

第19章 时序示例 ………………… 322
19.1 3分频计数器 …………… 322
19.2 SOS检测器 ……………… 324
19.3 井字棋游戏 ……………… 327
19.4 赫夫曼编码器/解码器 …… 329
总结 …………………………… 335
文献解读 ……………………… 335
练习 …………………………… 335

第五部分 实践设计

第20章 验证和测试 ……………… 338
20.1 设计验证 ………………… 338

20.2 测试 ……………………… 340
总结 …………………………… 344
文献解读 ……………………… 344
练习 …………………………… 345

第六部分 系统级设计

第21章 系统级设计 ……………… 348
21.1 系统设计过程 …………… 348
21.2 设计规范 ………………… 348
21.3 划分 ……………………… 352
总结 …………………………… 354
文献解读 ……………………… 355
练习 …………………………… 355

第22章 接口和系统级时序 ……… 356
22.1 接口时序 ………………… 356
22.2 接口划分和选择 ………… 358
22.3 串行和打包接口 ………… 359
22.4 同步时序 ………………… 360
22.5 时序表 …………………… 361
22.6 接口和时序示例 ………… 363
总结 …………………………… 366
练习 …………………………… 367

第23章 流水线 …………………… 369
23.1 普通流水线 ……………… 369
23.2 流水线示例 ……………… 371
23.3 逐位进位加法器流水线结构
    设计示例 ………………… 373
23.4 流水线停滞 ……………… 376
23.5 双重缓冲 ………………… 378
23.6 负载平衡 ………………… 380
23.7 可变负载 ………………… 381
23.8 资源共享 ………………… 385
总结 …………………………… 386
文献解读 ……………………… 386
练习 …………………………… 386

第24章 互连 ……………………… 388
24.1 抽象互连 ………………… 388
24.2 总线 ……………………… 388
24.3 交叉开关 ………………… 390
24.4 互连网络 ………………… 392
总结 …………………………… 394

文献解读 ··········· 395
练习 ··········· 395

第 25 章 存储系统 ··········· 396
25.1 存储基元 ··········· 396
25.2 位片和堆存储器 ··········· 399
25.3 交叉存储器 ··········· 400
25.4 高速缓存 ··········· 403
总结 ··········· 406
文献解读 ··········· 406
练习 ··········· 406

第七部分 异步逻辑

第 26 章 异步时序电路 ··········· 410
26.1 流表分析 ··········· 410
26.2 流表综合：触发电路 ··········· 412
26.3 竞争和状态赋值 ··········· 415
总结 ··········· 418
文献解读 ··········· 419
练习 ··········· 419

第 27 章 触发器 ··········· 421
27.1 锁存器内部结构 ··········· 421
27.2 触发器的内部结构 ··········· 423
27.3 CMOS 锁存器和触发器 ··········· 425
27.4 锁存器的流表 ··········· 426
27.5 D 触发器的流表综合 ··········· 427
总结 ··········· 429

文献解读 ··········· 429
练习 ··········· 429

第 28 章 亚稳态和同步故障 ··········· 431
28.1 同步故障 ··········· 431
28.2 亚稳态 ··········· 432
28.3 进入并且留在非法状态的
可能性 ··········· 434
28.4 亚稳态的验证 ··········· 435
总结 ··········· 438
文献解读 ··········· 438
练习 ··········· 438

第 29 章 同步器的设计 ··········· 440
29.1 同步器的用途 ··········· 440
29.2 强力同步器 ··········· 441
29.3 多比特信号问题 ··········· 442
29.4 FIFO 同步器 ··········· 443
总结 ··········· 450
文献解读 ··········· 450
练习 ··········· 450

附录 VHDL 编码风格和 语法指南

附录 A VHDL 编码风格 ··········· 454
附录 B VHDL 语法指南 ··········· 462
参考文献 ··········· 483

## 第一部分

引　言

第 1 章

数字信息简述

数字系统的应用普遍存在于现代社会。在生活中数字技术的应用更是处处可见，例如，个人计算机和网络交换机。但是，在生活中许多其他地方也应用了数字技术。当你使用手机通话时，你的语音转化成为数字信号并通过数字通信设备传输。当你听音频文件、音乐时，这些信息都以数字形式记录，由数字逻辑处理纠正错误并提高音频质量。当你在看电视时，图像将以数字形式传输并由数字电子技术处理。如果你有一个 DVR（数字录像机），你可以随时以数字形式录制视频。DVD 是一种压缩的数字视频。当你打开 DVD 并且播放电影时，你要进行解压处理这些视频。大多数无线电通信，例如手机和无线网络，它们使用调制解调器处理数字信号。这样的例子，现实生活中多不胜举。

大多数现代电子产品仅在外围部位使用模拟电路（例如物理传感器或执行器的接口）。同时，尽可能快地将来自传感器（例如，传声器）的信号转换成数字形式。将信息的处理、存储和传输称为数字化。信号仅在输出端转换回模拟形式——为了驱动执行器（例如，扬声器）或控制其他的模拟系统。

不久前，世界还没有数字化。在 20 世纪 60 年代，数字逻辑学仅仅应用在昂贵的计算机系统和少数其他的小应用程序中。所有的电视、收音机、音乐录音和电话都使用模拟电路。

通过集成电路的缩放实现了数字的转变。随着集成电路变得更加复杂，我们能够处理更复杂的信号。例如，调制、误差校正和压缩，这些复杂的技术用模拟技术来实现是不容易的。只有在无噪声积累下执行计算并且能以任意精度描述信号的数字逻辑，才可能完成这些信号的处理算法。

在这本书中，我们将学习生活中数字系统有怎样的功能以及怎样设计它们。

1.1 数字信号

数字系统以数字形式存储、处理和传输信息。数字信息是可编码为一系列离散符号的物理量。通常我们仅仅用两个符号"0"和"1"表示信息，并用这些符号编码电压范围（如图 1-1 所示）。在"0"和"1"范围内的任何电压可以分别用"0"或"1"符号表示。在这两个范围之外的电压即标记为"?"的区域是未定义的，并且没有任何符号表示。在这范围之外，即低于"0"范围或高于"1"范围的电压是不允许出现的，并且如果出现，则可能对系统造成永久性损坏。因为信号具有两个有效状态，故将以图 1-1 所示的方式编码它，并将其命名为二进制信号。

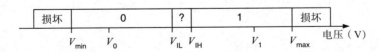

图 1-1　两个符号 0 和 1 编码为电压范围。任何处于标记"0"范围内的电压，用符号 0 表示。任何处于标记"1"范围内的电压，用符号 1 表示。电压在 0 和 1 之外（属于"?"范围）是未定义且没有符号表示的。电压超过 0 和 1 范围可能会对设备造成永久性损坏

表 1-1 显示了在一个具有 2.5V 电源的系统中，用于编码二进制数字信号的 JEDEC JESD8-5 标准[62]。使用此标准，−0.3V 和 0.7V 之间的电压信号标记为"0"，1.7V 和 2.8V 之间的电压信号标记为"1"。未落入这两个范围的信号是没有定义的。如果一个信号

低于-0.3 V 或高于 2.8 V，则可能导致损坏⊖。

表 1-1 2.5V 的 LVCMOS 逻辑电路的二进制编码信号

电压在$[-0.3, 0.7]$的信号标记为 0。电压在$[1.7, 2.8]$的信号标记为 1。电压在$[0.7, 1.7]$是未定义的。电压在$[-0.3, 2.8]$范围之外可能会造成永久性损坏

参 数	值	含 义
V_{min}	-0.3V	发生损坏时电压的绝对最小值的上限
V_0	0.0V	表示逻辑"0"的额定电压
V_{OL}	0.2V	代表逻辑"0"的最大输出电压
V_{IL}	0.7V	一个模块输入中被看作逻辑"0"的最大电压
V_{IH}	1.7V	一个模块输入中被看作逻辑"1"的最小电压
V_{OH}	2.1V	表示逻辑"1"的最小输出电压
V_1	2.5V	表示逻辑"1"的额定电压
V_{max}	2.8V	发生损坏时电压的绝对最大值的下限

数字系统不局限于二进制信号。信息可以产生数字信号，信号可以由 3、4 或任何有限数量的离散值组成。然而，使用超过两个字符的数字系统几乎没有优势，并且用二进制处理信号更加简单，也比多值信号对应的电路更稳定。因此，除了几个特殊的应用，二进制信号在当今数字系统中是通用的。

还可以使用除电压之外的物理量对数字信号进行编码。几乎所有可简单操作和解释的物理量都可以用数字信号表示。电流、大气压或流体压力，以及物理位置都可以通过数字信号建立系统。然而，制造具有复杂系统的大容量低成本的 CMOS 集成电路，已经普遍使用电压信号。

1.2 数字信号噪声容限

数字系统的应用变得如此广泛的原因，以及与模拟系统的区别主要是，它们在处理、传输和存储信息时不因噪声失真。这是因为数字信息的离散性质。二进制信号要么表示 0 要么表示 1。如果取 V_1 表示 1，并且用少量的噪声 ε 干扰它，它仍然代表 1。没有因增加噪声而损失信息，除非噪声变得非常大，大到足以使信号超出 1 控制的范围。在大多数系统中，将噪声限制在该值以下是十分容易的。

图 1-2 比较了噪声对模拟系统(见图 1-2a)和数字系统的影响(见图 1-2b)。在模拟系统中，信息由模拟电压 V 表示。例如，可以根据关系式 $V=0.2(T-68)$，用电压表示温度(以华氏度为单位)。因此，温度 72.5℉ 由 900mV 的电压表示。这种表示是连续的，每个电压对应一个不同的温度。因此，如果用噪声电压 ε 干扰信号 V，则产生的信号$V+ε$ 对应一个不同温度。如果$ε=100$mV，例如，新信号$V+ε=1$V 对应温度为 73℉($T=5V+68$)，这与原始的温度 72.5℉不同。

数字系统通过其电压值属于 1 还是 0，决定信号的每个点是用电压 V_1 还是 V_0 表示。如果使用噪声源干扰数字 1 信号 V_1，例如，如图 1-2b 所示，结果电压$V_1+ε$ 仍然表示 1 并且经过噪声信号干扰后所实现的功能与对原始信号实现的功能相同。此外，如果温度 72℉ 的值由 010 三位数字信号表示(见图 1-7c)，即使所有的三位信号都被噪声干扰，该信号仍然表示温度 72℉——只要噪声没有大到使该信号超出其有效范围。

为了防止噪声累积到使数字信号超出 1 或 0 对应的有效范围，我们定期复位数字信号的电平，如图 1-3 所示。在传输、存储和检索，或对数字信号进行处理之后，它可能受到值为 V_a(其中，a 为 0 或 1)的噪声 $ε_i$ 干扰。在每次操作后如果不复位信号的电平(见图 1-3a)，最

⊖ 实际上规定的最大电压 V_{max} 是 $V_{DD}+0.3$，通常情况下，电源电压 V_{DD} 是可变的，允许在 2.3~2.7V 变化。

a) 模拟系统　　　　　　　　　　　b) 数字系统

图 1-2　在模拟和数字系统中的噪声效应: a)在模拟系统中, 使用噪声 ε 干扰信号 V, 产生一个恶化信号 V＋ε。使用函数 f 处理恶化信号 V＋ε 得到结果 f(v+ε), 该结果与没有噪声信号时所得结果不一样; b)在数字系统中, 给符号 1 表示的信号 V_1 增加噪声 ε 干扰, 产生一个依旧属于符号 1 的信号 V＋ε。受扰后的信号 $f(v_1)$ 经过函数 f 处理后所得结果与原始信号的结果一样

终累积的噪声将彻底改变信号。为了防止噪声积累, 在每次操作后复位信号电平。称电平恢复电路为缓冲器, 如果其输入位于 0 范围, 则输出 V_0, 如果其输入位于 1 范围, 则输出 V_1。实际上, 缓冲器将信号的电平恢复为原始的 0 或 1, 消除任何附加噪声。

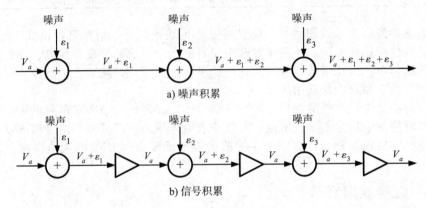

a) 噪声积累

b) 信号积累

图 1-3　数字信号复位。a)没有复位, 信号积累噪声并且在积累了足够多的噪声后最终出错。b)在每次操作后, 复位信号, 噪声将不会积累

在每次操作之后将信号电平复位到无噪声状态, 这使得数字化系统能够执行复杂高精度的操作。因为模拟信号处理的每个操作都会累积噪声, 所以模拟系统只能用于处理一些相对低精度的信号, 在多次信号处理之后, 噪声就会淹没信号。由于所有电压都是有效的模拟信号, 所以无法使两次处理的信号处于完全相同的状态。模拟系统在精度上也受到限制。它们不可以表示比背景噪声电平更精细的信号。数字系统可以执行任意次数的数据操作, 并且只要信号每次操作后都将电平复位到原来的状态, 就不会累积噪声。数字系统也可以表示任意精度的信号并且不受噪声影响[⊖]。

实际上, 缓冲器和其他电平复位逻辑器件并不能保证输出电压正好是 V_0 或 V_1。电源电压、器件参数和其他因素的变化会导致输出值与额定值略有不同。如图 1-4b 所示, 所有的电平复位逻辑器件保证它们输出的 0(1)处于 0(1)范围之内, 该范围比输入的 0(1)范围更窄。特别是, 所有的 0 信号都保证电压至少小于 V_{OL} 和所有的 1 信号保证电压至少大于 V_{OH}。为确保信号能够承受一定量的噪声, 规定 $V_{OL} < V_{IL}$ 和 $V_{IH} < V_{OH}$。例如, 在表 1-1 中列出了 2.5V 的 LVCMOS 的 V_{OL} 和 V_{OH} 对应的电压值。可以量化信号噪声容限, 结果得能承受的噪声量分别为:

$$V_{NMH} = V_{OH} - V_{IH}$$
$$V_{NML} = V_{IL} - V_{OL}$$

(1-1)

⊖　当然, 这需要采集物理世界信号的模拟器件有足够高的精度。

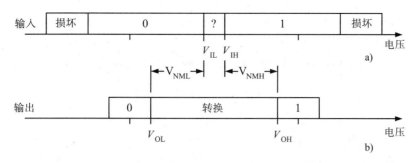

图 1-4　输入和输出电压的范围。a)逻辑模块的输入信号解释，如图 1-1 所示，b)逻辑模
　　　　块的输出将信号恢复到较窄的有效电压范围

　　虽然假定一个较大的噪声容限更好，但这是没必要的。在数字系统中大多数噪声是由信号
电平转换引起的，并且一般与信号摆幅成比例。因此，实际最重要的是噪声容限大小与信
号摆幅的比值，$V_{NM}/(V_1 - V_0)$，而不是绝对化噪声容限的幅度。

　　图 1-5 所示为一个逻辑模块的直流输入电压和输出电压之间的关系。水平轴显示模块
的输入电压，垂直轴显示模块的输出电压。为了符合对信号电平可靠复位的定义，所有模
块的传输曲线必须完全位于图的阴影区域内，以便在有效的 0 或 1 范围内输入一个信号，
并在更窄的 0 或 1 范围内产生输出信号。非反相的模块，如图 1-3 所示的缓冲器，具有类
似于实线的传输曲线。反相模块具有类似于虚线的传输曲线。在任意情况下，都需要增益
来实现一个复位逻辑模块。信号最大斜率的绝对值受限于：

$$\max \left| \frac{dV_{out}}{dV_{in}} \right| \geqslant \frac{V_{OH} - V_{OL}}{V_{IH} - V_{IL}} \tag{1-2}$$

由此得出结论，信号电平恢复逻辑模块必须是能够提供增益的有源元件。

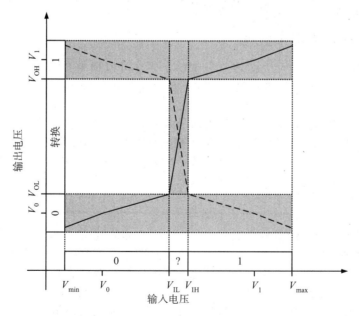

图 1-5　一个逻辑模块的直流转换曲线。一个输入在有效范围内，即 $V_{min} \leqslant V_{in} \leqslant V_{IL}$ 或
　　　　$V_{IH} \leqslant V_{in} \leqslant V_{max}$，那么输出必处于有效的输出范围 $V_{out} \leqslant V_{OL}$ 或 $V_{OH} \leqslant V_{out}$。因
　　　　此，所有的有效曲线必须位于阴影区域内。这要求模块在无效输入区域中的增
　　　　益大于 1。实线显示了非反相模块的典型转移特性。虚线表示反相模块的典型
　　　　转移功能

例 1.1 噪声容限

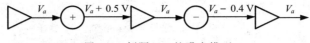

图 1-6 例题 1.1 的噪声模型

图 1-6 显示了一个噪声模型，其中噪声（由两个电压源构成）可以叠加在缓冲器的输出电压 V_a 上，使其可能在正方向上偏离高达 0.5V，或者在负方向上偏离高达 −0.4V。也就是说，加噪声电压 $V_n \in [-0.4, 0.5]$。对于输出电压 V_a，下一个缓冲器的输入端的电压为 $V_a + V_n \in [V_a - 0.4, V_a + 0.5]$。使用这个噪声模型和表 1-1 所示的输入信号和信号损伤约束条件，计算低输出和高输出的理论范围。

计算输出电压时必须满足四个约束条件。低输出 (V_{OL}) 必须满足给出的电压为低电平 ($V_{OL} + V_n \leqslant V_{IL}$) 的基本条件而且输入电压不能够损坏芯片 ($V_{OL} - V_n \geqslant V_{min}$)。高电压 ($V_{OH}$) 也不能损坏芯片 ($V_{OH} + V_n \leqslant V_{max}$)，且必须满足高电压的基本条件 ($V_{OH} - V_n \geqslant V_{IH}$)。因此得到：

$$V_{OL} + 0.5V \leqslant 0.7V$$
$$V_{OL} - 0.4V \geqslant -0.3V$$
$$0.1V \leqslant V_{OL} \leqslant 0.2V$$
$$V_{OH} + 0.5V \leqslant 2.8V$$
$$V_{OH} - 0.4V \geqslant 1.7V$$
$$2.1V \leqslant V_{OL} \leqslant 2.3V$$

缓冲器产生的输出电压必须在 0.1V 和 0.2V 之间，表示"0"，在 2.1V 和 2.3V 之间，表示"1"。实际工作中，尽管不满足该噪声模型的规定，但是几乎所有的电路教材都分别以 0 V 和 V_{DD}（电源）的标准输出电压代表 0 和 1。

1.3 数字信号表示复杂数据

在自然界中，一些信息天生就是二进制的，并且可以用单个二进制数字信号表示（见图 1-7a）。真理命题或判断属于这一类。例如，单个信号可以表示门打开、灯亮、安全带扣紧或按下按钮。

按照惯例，当电压为高时，经常认为信号是"真"，但也不总是采取这种假设，因为没有规定低电压不可以表示上述情况。在本书中，当使用低电平表述"真"时，将特殊说明其条件。信号说明在许多情况下常常不可替代，例如"安全带是松开的"。

在自然界，经常需要表示非二进制的信息：一年中的某一天、价格和一副纸牌、房间的温度或颜色。使用一组二进制信号（见图 1-7b）对那些不止两个状态的自然信息进行编码。一个具有 N 个元素的集合可以由具有 $n = \lceil \log_2 N \rceil$ 位的信号表示。例如，图 1-7b 所示的 8 种颜色可以由三个 1 位信号 $Color_0$、$Color_1$ 和 $Color_2$ 表示。为了方便起见，将这组三个信号称为单个多位信号 $Color_{2:0}$。在电路或示意图中，不是画三条线对应三个信号，而是画一条直线，在它上面可以用带提示信息的斜线做标记提示它是一个多位信号，并且斜线附近的数字"3"表示它由三位组成[⊖]。

例如，电压、温度和压力，通过量化将这些连续量转换为离散信号，并将其编码为数字信号。这样便将问题简化为表示集合中的元素。例如，假设需要表示 68°F 和 82°F 之间的温度，并且最小精度为 2°F，将这温度范围量化为 8 个离散值，如图 1-7c 所示。可以用二进制加权信号 $TempA_{2:0}$ 表示这个范围，其中温度表示为：

⊖ 多位信号表示将在 8.1 节详细讨论。

灯亮　　　　　　　　　　门打开　　　　　　　　　　按下按钮

a) 二制值信息

$Color_2$

$Color_1$

$Color_0$

$Color_{2:0}$ ／ 3

000	白		011	紫
001	红		101	橙
010	蓝		110	绿
100	黄		111	黑

b) 集合的元素

000	68		100	76
001	70		101	78
010	72		110	80
011	74		111	82

$TempA_{2:0}$ ／ 3

0000000	68		0001111	76
0000001	70		0011111	78
0000011	72		0111111	80
0000111	74		1111111	82

$TempB_{6:0}$ ／ 7

c) 连续量

图 1-7　用数字信号表示信息。a)由一位信号表示二进制值判断。b)具有两个以上元素的集合由一组信号表示。在这种情况下，8 种颜色之一由 3 位信号 $Color_{2:0}$ 定义。c)连续物理量，如温度，量化时得到的值的集合由一组信号编码。这里，温度的 8 个值可以编码为 3 位信号 $TempA_{2:0}$ 或为 7 位温度计编码信号 $TempB_{6:0}$，数据连续变化时最多 1 位信号从 0 转换到 1

$$T = 68 + 2\sum_{i=0}^{2} 2^i TempA_i \tag{1-3}$$

或者，可以使用 7 位的温度计编码信号 $TempB_{6:0}$ 来表示这范围：

$$T = 68 + 2\sum_{i=0}^{6} TempB_i \tag{1-4}$$

　　该集合还有许多其他的编码方式。设计师通常根据任务选择合适的编码方式。一些传感器(例如，温度计)自然地生成温度计编码的信号。在一些应用中，相邻码仅有 1 位不同是极其重要的。为表示集合中的元素，一般通过最小化所需的位数来降低成本和复杂性。在第 10 章讨论数和运算时，我们将重新研究连续量的数字表示。

1.3.1　表示一年中的某天

　　假设我们希望用数字信号表示一年中的某天(在此，不考虑闰年的问题)。信号将用于进行以下操作，包括确定第二天(假定给出今天的表示，推算出明天的表示)、测试两天是否在同一个月、确定一天是否在另一天之前，以及这天为一周的星期几。

　　一种方法是使用 9 位信号($\log_2 365 = 9$)表示从 0 到 364 的整数，其中 0 表示 1 月 1 日，364 表示 12 月 31 日。这种表示方式是最简洁的(你不能使用少于 9 位的信号表示它)，并且可以很容易确定两天的先后顺序。但是，它不利于执行其他两个操作。要确定每天对应的月份，需要将信号与每月的范围进行比较(1 月是 0~30，2 月是 31~58 等)。确定一天是星期几，需要将数据进行模 7 运算。

　　为了更好地实现目的，更好的表示法是用 4 位信号表示月(1 月=1，12 月=12)，5 位信号表示日(1~31，不使用 0)。例如，7 月 4 日(美国独立日)表示为 $0111\ 00100_2$。$0111_2 = 7$ 表示 7 月份，$00100_2 = 4$ 表示日。使用这种表示方式，我们仍然可以直接比较两天的先后顺序，也容易通过测试比较信号的前 4 位信号，确定两天是否在同一个月。但是，这种表示法还是难以确定某一天是具体的星期几。

　　为了清楚地知道某一天是星期几，可使用信息冗余的复杂表示形式，月份用 4 位字段表示(1～12)，日期用 5 位(1～31)，以及用 3 位表示星期几(星期日＝1，…，星期六＝7)。在这个表示法中，7 月 4 日(这是 2016 年的星期四)表示为 12 位二进制数 0111 00100 100。0111 是指 7 月，00100 表示本月的第 4 日，100 表示一周中的第 4 天，或星期四。

1.3.2 颜色的表示

我们经常选择一种数据表示来简化数据操作或运算。例如，假设希望使用减法系统表示颜色。在减法系统中，从白色开始(所有颜色)，并用对一种或多种原色透光的滤光片(红色、蓝色或黄色)来过滤颜色。例如，如果从白色开始，那么使用对红色透光的滤光片得到红色。如果再加一块蓝色滤光片，那么得到紫色等。通过用原色滤光片过滤白色，可以得到紫色、橙色、绿色和黑色。

表 1-2 所示为颜色的一种表示法。在这种表示法中，使用 1 位表示每种原色。如果该位数据设置为 1，则表示使用了该原色的滤光片。用一组全 0 表示白色(没有使用任何滤光片)。每个原色都分配有 1 位特定的位置(在原色的位置上仅有 1 位设置为 1)。派生的颜色橙色、紫色和绿色均有位设置为 1，因为它们由两个原色滤光片滤光生成。最后，通过使用三个滤光片生成黑色，因此 3 个位都设置为 1。

表 1-2　3 位数据表示颜色

这可以通过用零个或多个原色过滤白光得出。选择该表示，使得混合两种颜色相当于将表示形式组合在一起

颜色	编码	颜色	编码
白色	000	橙色	011
红色	001	紫色	101
黄色	010	绿色	110
蓝色	100	黑色	111

很容易看出，使用这种表示法，将两种颜色混合在一起的操作(添加两个过滤器)相当于对二者进行逻辑"或"运算。例如，如果将红色 001 与蓝色 100 混合，可得到紫色 101，即 $001 \vee 100 = 101$[⊖]。

1.4 数字逻辑函数

一旦将信息表示为数字信号，就可以使用数字逻辑电路得到信号运算的逻辑功能。也就是说，数字信号的逻辑计算产生的输出，是一组数字输入信号的函数。

假设希望建立一个恒温器，如果温度高于设定的极限值，则打开风扇。图 1-8 所示为通过一个信号比较器(数字)实现这一功能的系统，一个数字逻辑模块能够比较两个数字并且输出一个可以判断大小的二进制信号。比较器采用两个温度值作为输入：来自温度传感器的当前温度和预设温度(8.6 节会研究如何构建比较器)。如果当前温度大于预设温度，比较器的输出变高，打开风扇。这个数

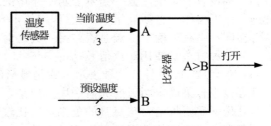

图 1-8　由比较器实现一个数字恒温器。当前温度大于预设温度时比较器启动风扇

字恒温器就是一个组合逻辑电路实例，其输出仅取决于当前状态逻辑电路的输入状态。第 6～13 章将研究组合逻辑。

⊖ 符号 ∨ 表示二进制数的逻辑或，参见第 3 章。

例 1.2 日历电路

假设希望建立一个日历电路，电路的输出是当前时间所对应的日期、月份，以及星期几，数据格式如 1.3.1 节描述的那样。如图 1-9 所示，该电路需要存储单元。可以用寄存器存储当前日期（当前月份、日期和星期几），寄存器的值在其输出端可用，在时钟上升沿到来之前忽略其输入值。当时钟信号上升沿到来时，寄存器将其内容更新为其输入值并且启动其存储功能⊖。逻辑电路根据今天（信号 Today）的值计算明天（Tomorrow）的值。该电路在设计中增加了一个中间变量两天（Two_Days），如果该信号溢出，则需要另外采取适当的措施。我们将在 9.2 节介绍逻辑电路的实现方式。一旦某天（午夜）时钟上升沿出现，将使得寄存器用输入信号 Tomorrow 的值更新其内容。我们的数字日历是时序逻辑电路的一个例子。其输出不仅取决于电路的输入（时钟），而且还取决于内部状态（信号 Today），反映了过去输入的值。第 14～19 章会研究时序逻辑电路。

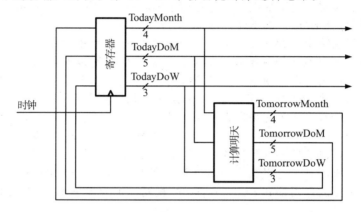

图 1-9 数字日历以当天是几月份、该月的第几天，以及是星期几的格式输出。寄存器存储
　　　当前日期（今天）的值。逻辑电路计算第二天（明天）的值

构建大的数字系统时，经常将其拆分成互相连接的子系统。或者，从不同的视角，设计数字系统时，通过将其分解为组合逻辑和时序逻辑子系统，然后再设计各个子系统。作为一个非常简单的例子，可以把恒温器和日历电路结合起来，修改恒温器电路，使得风扇不会在星期天运行。如图 1-10 所示。日历电路仅用于输出星期几（TodayDoW）。该输出与常数信号 Sunday=1 进行比较。如果今天是星期日，则比较器的输出 ItsSunday 为真。一个反相器，也称为"非"（NOT）门，对信号 ItsSunday 的值取反码。如果它不是星期天，它的输出（ItsNotSunday）是真。最后，将反相器的输出 ItsNotSunday 与恒温器的输出 TempHigh 做"与"（AND）运算。"与"门仅在温度高且不是星期天时输出才为真。对于这个示例的简单复杂电路，通常要在更高的层次做系统级设计，这将是第 21～25 章的主题。

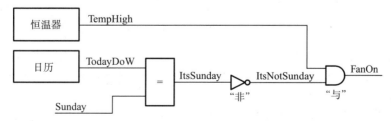

图 1-10 通过结合恒温器和日历电路，实现了一个当温度高且除了星期天以外可以开启风扇
　　　的电路

⊖ 现在没有答案，因为不知道寄存器初始设定的数值。

1.5 数字电路与系统的硬件描述语言(VHDL)

VHDL 是用于描述数字电路和系统的硬件描述语言(HDL)。一旦用 VHDL 描述数字系统，则可以使用 VHDL 仿真器来仿真其功能。也可以使用综合程序(类似于编译器)来综合电路，将 VHDL 描述转换成逻辑门级描述，映射为标准单元或 FPGA。VHDL 和 Verilog 是目前广泛使用的两种 HDL 语言。行业中的大多数芯片和系统都是以这两种语言编写完成设计的。

本书将使用 VHDL 来说明原理，并讲授 VHDL 编码风格。使用本书时，在学习完课程之后，读者应该精通 VHDL 的读写方法。附录 A 给出了 VHDL 的编写风格，附录 B 提供了 VHDL 语法的概述。

恒温器示例的 VHDL 描述如图 1-11 所示。请一定注意，我们用 VHDL 描述了电路的行为，但是不能够表明如何实现电路。综合程序可以将这个 VHDL 描述转换成硬件电路，但不能讲综合"执行"VHDL，也不能讲硬件"执行"VHDL。VHDL 语言支持丰富的数据类型，这意味着对于系统中的每个信号，必须明确说明该信号的数据类型。VHDL 包含了由 IEEE 1164 标准定义的一组标准逻辑类型。为了确保我们能够使用它们，在图 1-11 所示的例子中第一行代码指定将使用 VHDL 库，我们称其为 IEEE。一个库包括以前编译的 VHDL 代码，这些代码放置在一组程序包(package)中。第二行，从关键字 **use** 开始，表示我们希望使用的所有设计单元都定义在 IEEE 库 std_logic_1164 中。在这个例子中，使用了类型 std_logic 和 std_logic_vector。类型 std_logic 表示 1 位信号，它可以表示值"0"、"1"，以及另外一些特殊值"-"、"Z"、"X"、"W"、"L"、"II"和"U"，我们将发现这些数值的应用对于逻辑综合或仿真很有帮助。类型 std_logic_vector 表示多位信号，其中每个位的作用都和 std_logic 的相同。恒温器需要比较当前温度与预设温度的大小。

```vhdl
library ieee;
use ieee.std_logic_1164.all;

entity THERMOSTAT is
  port ( presetTemp, currentTemp : in std_logic_vector( 2 downto 0 );
         fanOn : out std_logic );
end thermostat;


architecture impl of Thermostat is
begin
  fanOn <= '1' when currentTemp > presetTemp
               else '0';
end impl;
```

图 1-11　恒温器实例的 VHDL 描述

在恒温器的例子中，由 VHDL 代码来描述恒温器，一般一个数字系统的完整 VHDL 描述由实体(entity)和结构体(architecture)两部分组成。实体定义了系统的外部接口信号，而结构体描述了系统实体内部的操作。

实体定义以关键字 **entity** 开始。在这个例子中，实体定义表明实体的名称是 THERMOSTAT。注意，VHDL 不区分字符的大小写。例如，这意味着在各种仿真或者综合工具中 THERMOSTAT 全部大写、全部小写(thermostat)或混合使用大小写(例如，Thermostat)的效果完全相同。这个字符的大小写不敏感性也适用于标识符和关键字。在图 1-11 所示编码中已经使用了不同的大写字母来强调 VHDL 对字符大小写的不敏感性。

实体的输入、输出要在端口定义中指定，以关键字 **port** 开始。这个例子中端口说明包含三个信号：presentTemp、currentTemp 和 fanon。关键字 **in** 表示两个温度信号 presentTemp 和 currentTemp 是输入。这三个信号的类型属于 std_logic_vector 类型，取值范围在"000"和"111"之间，表示 0 和 7 之间的无符号整数。"(2 downto 0)"表示 presentTemp 信号具有 presentTemp(2)、presentTemp(1)和 presentTemp(0)这三个子信号。这三个信号的最高位是 presentTemp(2)。当然，也可以用"(0 to 2)"定义信号 presentTemp，在这种情况下，信号的最高位就是 presentTemp(0)。关键字 **out** 表示信号 fanOn 是实体 THERMOSTAT 的输出信号。由于只有 1 位，所以 fanOn 定义为 std_logic 类型。

结构体以关键字 **architecture** 开头，后跟一个标识符，这里的结构体是 impl(结构体用这个名字，是 implementation 的缩写)，再后面是关键字 **of**，**of** 后面是实体说明对应的名称(THERMOSTAT)。虽然大多数电路设计中每个实体单元都对应单一的结构体，但是 VHDL 语言允许一个实体对应多个结构体，每个结构体都应该有唯一的标识符。结构体标识符之后是关键字 **is** 和 **begin**，紧接着其后的是定义结构体逻辑行为的代码。在这个例子，该结构体由一个单独的并发赋值语句组成。该信号赋值采用了信号赋值运算符<=，表示右侧的值传递到左边。关键字 **when** 和 **else** 表示这是一个有条件的信号赋值语句。只有满足 currentTemp 大于 presetTemp 的条件信号，才将 fanOn 赋值为'1'，否则赋值为'0'。条件赋值语句以分号结尾。

presetTemp 为"011"(即 3)时，把 currentTemp 从"000"改变到"111"，对该设计进行单元仿真，得到的结果如图 1-12 所示。

读者尽管可能不熟悉 VHDL 语法，第一次看到 VHDL 代码时，就可能觉得它与常规的编程语言，如 C 语言或 Java 语言非常相像。然而，VHDL 或其他任何一种硬件描述语言与程序设计语言存在本质的不同。在程序设计语言中，例如 C 语言，一个语句在任何时刻是活动的。语句按顺序执行。但是 VHDL 中的所有设计实体以及所有赋值语句，无论它们在哪个部件中，始终处于活动状态。也就是说，所有的语句都是同时执行的，也称作并发执行。

```
# 011 000 -> 0
# 011 001 -> 0
# 011 010 -> 0
# 011 011 -> 0
# 011 100 -> 1
# 011 101 -> 1
# 011 110 -> 1
# 011 111 -> 1
```

图 1-12　设置 presetTemp = "011"(3)并使 currentTemp 在"000"到"111"之间变化(0~7)，对图 1-11 的 VHDL 代码进行仿真的结果

编写 VHDL 代码时，始终要记住，你编写的代码最终要编译成硬件器件，这对于 VHDL 代码设计非常重要。器件的每个实例化语句(component instantiated)都会增加一个硬件器件。设计实体(entity)中的每个信号赋值语句，在这个设计实体实例化时，都会对应于一个逻辑门电路。VHDL 的作用是充当一个巨大的生产效率倍增器——允许设计师在高层次进行工作，其工作效率远远高于手工设计电路。与此同时，如果使用 VHDL 导致设计人员与终端产品完全脱离，并导致其写出低硬件效率的代码，那么 VHDL 则可能是设计人员设计产品的障碍。

1.6　系统中的数字逻辑

大多数现代电子系统，无论是手机、电视，或者是汽车中嵌入式发动机的控制器，都可以用图 1-13 所示的结构表示。系统可以划分为模拟前端、处理器，以及具有特定功能数字逻辑单元。这些部件代表了系统中的硬件。由于模拟电路会积累噪声并且集成度有限，所以现代电子系统通常尽可能少地使用它。在现代系统中，模拟电路被限制使用在系统的外围，用来进行信号调理、从模拟信号转换为数字信号，或者是反过来。

可编程的处理器，也由数字逻辑电路组成，用来执行功能复杂但计算强度不太大的系

统功能。处理器本身可以相当简单，但处理器上运行的软件可能很复杂，可能涉及数百万行代码。复杂的用户接口、系统逻辑、不太复杂的应用等，通常都使用处理器，由软件编程实现。但是，与采用专用逻辑电路实现相同的功能相比，采用处理器编程所需的面积（以及能耗）通常要高出 10 倍甚至高达 1000 倍，因此大多数计算密集型功能都是直接采用专用逻辑电路实现的，而不是采用处理器加软件的方式实现。

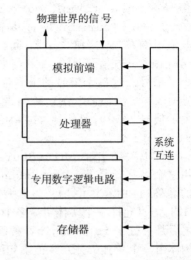

图 1-13　现代数字电子系统由模拟前端、一个或者多个处理器，以及专用数字逻辑电路组成。其中处理器用来执行复杂但要求并不苛刻的运算，这些运算通常与应用环境密切相关。专用数字逻辑电路部分完成计算密集型运算，以满足应用的特殊需求

在典型的应用系统中，按运算量衡量，专用逻辑电路完成了系统的大部分计算功能，按代码行数衡量，专用逻辑电路则仅占复杂系统的一小部分。比如系统使用的无线调制解调器、视频编码器和译码器、加密和解密功能和其他类似的模块通常适宜采用专用逻辑电路来实现其功能。调制解调器或编译器每秒执行 10^{10} 到 10^{11} 次运算是常见的，但若采用处理器编程实现这种功能，在功耗相当的条件下，每秒只能执行 10^8 到 10^9 次运算。如果你在手机上观看网络视频，其正在执行的大多数操作由无线调制解调器完成，将射频（RF）波形解码成符号，然后视频编译器将这些符号解码为像素。一般来说，手机中在控制进程的 ARM 处理器上很少进行计算。

本书涉及数字逻辑的设计和分析。在图 1-13 所示的系统中，所有的模块都包含数字逻辑电路，包括将它们连接在一起的互连模块也包含数字逻辑电路。在模拟前端中 A／D 转换器和 D／A 转换器也要用到数字逻辑电路，比如控制、时序、校准和校正都可能用到数字逻辑。至于处理器本身，虽然其具体实现的功能由软件确定，但却是由数字逻辑电路组成的。专用逻辑电路当然也是由数字逻辑电路实现的。最后，用数字逻辑电路实现总线和互连网络，通过总线与互连网络实现这些模块之间的相互通信。

数字逻辑电路是建立现代电子系统的基础。当你学完本书时，你会对这个基础技术有一个基本的了解。

总结

本章给出了数字系统设计的综述。我们已经看到将信号用数字表示可以提高信号对噪声的承受能力。除非超过噪声容限，否则被噪声干扰的数字信号都可以恢复到原来的状态。这使我们能够执行复杂的运算而不积累噪声影响。

信息可以表示为数字信号。例如真假命题"门是开的"，它有且只有两个值，因此可以直接用数字信号表示。对于一个集合中的元素，例如星期几，可通过将多位数字信号的二进制码与集合的每个元素对应来表示。对于连续量，例如导线上的电压或房间里的温度，首先将值量化（将连续范围映射为一组离散的有限值），然后将这些离散值表示为集合的元素。

数字逻辑电路执行逻辑操作——计算输出端的数字信号，其值是其他数字信号的函数。组合逻辑电路的输出只由当前输入信号决定。时序逻辑电路包括状态反馈，其输出不仅受当前输入信号的影响，而且受以前输入信号的影响。

以 VHDL 硬件描述语言描述数字逻辑电路功能的目的是仿真和综合电路，可以仿真 VHDL 描述的电路，根据测试的输入决定响应，验证其功能。一旦验证正确，则可以综

合 VHDL 来实际实现该电路。虽然粗看起来，VHDL 很像一种传统的程序设计语言，但是它们是截然不同的。软件程序每行按出现顺序依次执行；然而 VHDL 语言描述的是硬件，其所有模块全部都在同时执行。附录中给出了 VHDL 的风格指南。

数字逻辑电路设计是重要的，因为它构成了现代电子系统的基础。这些系统由模拟前端、处理器和数字专用逻辑电路组成。处理器也用数字逻辑电路实现，用于执行功能复杂但是计算强度不大的操作。专用逻辑电路也用数字逻辑电路实现，系统中大多数运算由专用逻辑电路完成。

文献解读

Charles Babbage 设计了第一台用于计算的机器：差分机[5]。虽然他在 19 世纪 40 年代设计了第 2 代差分机，但是由于太复杂直到 2002 年才完成[105]。他还设计了一个更复杂的分析机，与现代计算机有很多相似之处[18]。20 世纪初也出现了其他机械计算器。1940～1941 年在爱荷华州，美国法院[6]记录了 John Atanasoff 发明了第一个数字计算机。在 40 年后 Atanasoff 在参考文献[4]中写了他的发明。

Robert Noyce(文献[11])和 Jack Kilby 是集成电路的共同发明者[89]。在离开仙童半导体公司之后，Noyce 与 Gordon Moore 共同创立了英特尔。而在英特尔，Moore 对集成电路晶体管密度的增长进行了观察。摩尔定律[84]指出的指数增长现象已经持续了 40 多年。

伯克利的 BDSyn[99] 是高级综合工具的第一批例子之一。想了解有关 VHDL 语言的更进一步信息，请参阅本书后面的章节，互联网上更是有海量的关于 VHDL 语言的资源。

练习

1.1　噪声容限。Ⅰ. 假设你用表 1-1 所示的编码做一个模块，选择$(V_{OL}, V_{OH}) = (0.3, 2.2)$或者$(V_{OL}, V_{OH}) = (0.1, 2.1)$。你会选择哪个输出范围，为什么？

1.2　噪声容限。Ⅱ. 两条导线相邻摆放在一块芯片上。较大的导线(干扰源)与较小的导线(受害者)耦合，导致较小的导线上的电压改变。使用表 1-1 所示的数据，确定以下内容。
(a)假如较小的导线电压是V_{OL}，最大的干扰源可以推出是什么，且不会造成问题？
(b)假如较小的导线电压是在 0V，最大的干扰源可以推出是什么，且不会造成问题？
(c)假如较小的导线电压为V_{OH}，最大的干扰源可以推出是什么，且不会造成问题？
(d)假如较小的导线电压为V_1，最大的干扰源可以推出是什么，且不会造成问题？

1.3　供应电源的噪声。系统 A 和 B 使用表 1-1 所示的编码给彼此发送逻辑信号。假设两个系统的电源之间有电压偏移，所以 A 系统的电压比 B 系统的高V_N。系统 A 里的电压V_x在系统 B 里就是$V_x + V_N$。系统 B 里的电压V_x在系统 A 里就是$V_x - V_N$。假设没有其他噪声源，系统正常运转的V_N在什么范围内？

1.4　背景噪声。逻辑器件有如表 1-3 所示的信号电平。我们使用这个逻辑器件把设备 A 的输出端连接到 B 的输入端，所有信号电平相对于局部接地。在一个错误发生前，两个设备(GNDA 和 GNDB)的接地电压会有多少不同？计算 GNDA 相对于 GNDB 高多少和 GNDA 相对于 GNDB 低多少。

1.5　成比例的信号电平。逻辑器件根据表 1-4 所示的电源电压(V_{DD})编码与电平成比例的电平信号。

表 1-3　练习 1.4 的电压值	
参数	数值
V_{OL}	0.1V
V_{IL}	0.4V
V_{IH}	0.6V
V_{OH}	0.8V

表 1-4　练习 1.5 的电压值	
参数	数值
V_{OL}	$0.1V_{DD}$
V_{IL}	$0.4V_{DD}$
V_{IH}	$0.6V_{DD}$
V_{OH}	$0.8V_{DD}$

假设两个这样的逻辑器件 A 和 B 相互发送信号，且器件 A 的电源电压$V_{DDA} = 1.0V$，假设没有其他噪声源，两个设备都有一个相同的接地电压(即 0V 在相同的水平)，则该系统正常运作时器件 B 的电源电压范围，即V_{DDB}是多少？

1.6　噪声容限。Ⅲ. 利用练习 1.5 的比例方案，可以容忍高达 100mV 噪声的最低电源电压(V_{DD})是多少？

1.7　噪声容限。Ⅳ. 逻辑器件使用的相对于 V_{SS} 和与 V_{DD} 成比例的信号电平如表 1-5 所示。用沿逻辑器件 A 和 B 之间双向传播信号的逻辑系列连接这两个器件。这两个系统均满足 $V_{DD}=$ 1V，且系统 A 的 $V_{SSA}=0$V。系统正常运转时 V_{SSB} 的值在什么范围内？

表 1-5　题 1.7 的电压值

参数	数值
V_{OL}	$0.9V_{SS}+0.1V_{DD}$
V_{IL}	$0.7V_{SS}+0.3V_{DD}$
V_{IH}	$0.3V_{SS}+0.7V_{DD}$
V_{OH}	$0.1V_{SS}+0.9V_{DD}$

1.8　复位装置的增益。由表 1-1 所示的值可知，复位信号电路的最小增益值是多少？

1.9　格雷码。一个已被量化成 N 个状态的连续值可以编码成 $n=\lceil \log_2 N \rceil$ 位信号，这些信号的相邻状态最多存在 1 位不同。写出如图 1-7c 所示的 8 个温度如何以这种方式编码为 3 位，写出你的编码，如 82℉ 和 68℉ 的编码只有 1 位存在不同。

1.10　编码规则。方程式(1-3)和式(1-4)是用多位数字信号表示返回数值的解码规则的例子。写出相应的编码规则。这些规则使每位数字信号的值作为被编码的值。

1.11　编码扑克牌。假设用二进制表示法表示扑克牌——一组二进制信号可以唯一地识别一副扑克牌 52 个中的任何一个，那么可以使用什么不同方法表示(ⅰ)优化密度(每张牌的最小位数)或者(ⅱ)简化操作，例如如何确定两张牌是否有相同花色或相同大小？说明如何用特定的表示来检查两张牌是否相邻(排序不同)。

1.12　一周的一天。如何确定 1.3.1 节讨论的一个月中的某一天是一周中的星期几？

1.13　颜色。Ⅰ. 写出一种支持三原色加法表示的颜色表示方法。从黑色开始，添加颜色后变为红色、绿色或蓝色。

1.14　颜色。Ⅱ. 练习 1.13 的扩展表示，支持每一个原色亮度的强度有三个级别，也就是说，每个颜色可以消失、微亮、中等亮度或明亮。

1.15　编码和解码。Ⅰ. 一个 4 核芯片被设置为 4×1 阵列的处理器，每个处理器与它东西两边相邻的处理器相连，阵列的两端没有连接。对于处理器的起始地址，最东边的为 0，最西边的处理器地址上升了 1，变为 3。给定当前处理器的地址和目标处理器的状态，如何判断是往东或向西以到达目标处理器？

1.16　编码和解码。Ⅱ. 一个 16 核芯片被设置为 4×4 阵列的处理器，每个处理器与它的北、南、东、西相邻的处理器相连，边缘上没有连接。选择一种合适的方式来编码处理器的地址(0～15)，这样，在已知每个处理器的目标地址和当前处理器的地址的基础上，当一个数据通过处理器移动就很容易确定它应该向北、南、东或者西移动(类似于练习 1.15)。

(a)绘制处理器数组，根据你的编码将每个核心标记为其地址。

(b)描述如何根据当前地址和目的地址确定数据的移动方向。

(c)从西北角开始编码并解释其如何不同于简单地标记处理器 0～15？

1.17　循环格雷码。想出一种用 4 位二进制信号编码数字 0～5 的方法，使相邻的数字只有一个不同且 0 和 5 之间也仅存在 1 位不同。

第 2 章

数字系统设计实践

在学习数字系统设计技术之前，以高标准看待当今工业界的系统设计方式是十分有必要的。这将帮助我们更好地理解在后续章节中学习的设计知识。本章主要研究当代数字系统设计实践中四个方面的知识：设计过程、实现技术、计算机辅助设计工具和工艺等比例缩放。

在 2.1 节，我们从描述设计过程开始（如何从一个设计规范开始，并经过概念开发、可行性研究、细节设计和验证，最终完成设计）。除了最后几个步骤，大部分设计工作使用英语文档完成。任何设计过程的关键是在于能够形成系统，并且通常要对设计工程进行量化以及对技术风险进行管理。

数字设计是在大规模集成（VLSI）电路（通常称为芯片）上实现的，并封装在印制电路板（PCB）上。2.2 节讨论当代实现技术的能力。

高度复杂的 VLSI 电路芯片设计和电路板的设计可以借助计算机辅助设计工具（CAD）完成。2.3 节详细描述这些工具，借助设计的输入、综合逻辑和物理布局完成大量工作，提高设计师的设计能力，并验证设计既功能正确又满足时序要求。

大约每两年，同一大小的集成电路芯片上可以承载的晶体管数量增加为原来的 2 倍。2.4 节讨论摩尔定律对数字系统设计的影响。

2.1 设计过程

与其他工程领域一样，数字设计过程也开始于设计规范。先制定设计规范，然后下一步是概念开发、可行性分析、分块和细节设计等。像大多数教材一样，本书也只涉及该过程的最后两步。为了将学习重点放在设计与分析，在这里我们将简单介绍其他步骤。图 2-1 给出了一个设计过程的概述。

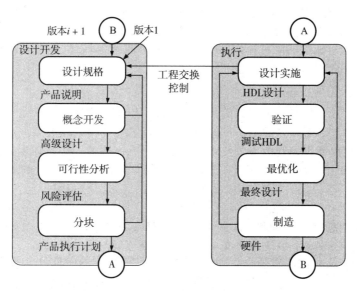

图 2-1　设计过程。最初的精力集中于设计规范和风险分析。只在创建产品实施计划后才能实施。实施过程本身需要多次反复验证和优化。许多产品在完成前有多次内部硬件修正

2.1.1   设计规范

所有的设计都始于描述要设计项目的规范。根据对象的新颖程度，完成规范本身可能是一个简单或复杂的过程。绝大多数设计都是演化型的——在现有产品上进行新版本的设计。对于这样的演化设计，设计规范过程是新产品质量的关键性因素之一（更快，更小，更便宜，更可靠等等）。同时，新设计往往受到以前设计的约束。例如，新的处理器通常必须与其要替换的处理器有相同的指令集，并且新的I/O接口通常必须与上一代同样支持标准的I/O接口（例如，PCI总线）。

在极少数情况下，设计的对象会是该类型的第一个。对于这种革命性的变化，设计规范的过程是截然不同的。尽管新设计可能需要与一个或多个规格兼容，但是没有后续兼容性限制。在决定设计的功能，特性和性能上，这不仅给了设计师更多的自由而且有更少的导向性。

无论革命还是演化，规范过程都是一个迭代过程——像大多数工程流程一样。我们首先为对象写一个简要的规范——明确或发现一些在开发过程中暴露的问题。通过收集信息来解释问题或解决暴露出的问题，然后反复地改进初始规范。为了实现想要的功能，我们需要与客户或产品的终端用户会面，以确定他们对每个功能的重视程度以及他们对我们提出规范的反应。委托工程研究部门确定每项特定功能的成本。成本费用的具体例子，包括满足一定性能指标的芯片面积是多大，或处理器中增加一个分支的预测器将消耗多少功率等等。一旦出现一些新的信息，就需要为解释新的信息修改规范。这个修订过程的历史也能够为做出决定提供理由。

虽然可以不断地改进设计规范，但是最终必须完成规范并且开始设计。最终规范的形成通常由一系列压力共同产生（如果产品太晚出现，最终将会错过市场），并且该套规范能够解决目前已暴露的所有关键性问题。设计规范只是被冻结并不意味着它不能改变。如果在设计开始后发现关键性缺陷，规范必须改变。然而在冻结规范后，因为任何一个改变都必须通过工程变更控制流程，所以改变更加困难。这是一个正式过程，必须确保规范的任何更改都要出现在所有文件、设计、测试方案等一系列相关条目中，并且所有受变更影响的人员都需要签字。也需要在财务成本和进度延迟这两方面评估改变的成本——作为是否做出改变决策的一部分。

规范过程的最终产品是一份描述设计对象的英文文档。不同的公司为此文档使用不同的名称。许多公司称其为产品规格或元件规格（芯片制造商）。一个著名的微处理器制造商称之为目标规格或TSPEC⊖。它描述设计对象的功能、接口、性能、功耗和成本。简而言之，它仅仅描述该产品是什么，但没告诉你怎么做——这就是设计所做的。

2.1.2   概念开发和可行性

在概念开发阶段，试图完成系统的高层次设计，绘制流程图，定义主要子系统，并指定系统操作的粗略轮廓。更重要的是，在这个阶段进行了关键的工程决策。这个阶段由设计规范驱动。概念开发必须符合规范要求，或者如果要求难以达到，则必须更改设计规范。

在分块以及每个子系统的规范中，开发和评估不同的设计方法。例如，为构建一个大型通信交换机，可以使用一组大的交叉开关，或者可以使用多级网络。在概念开发阶段，将对两种方法进行评估，并选择最符合需求的方法。同样地，可能需要开发一个处理速度是以前1.5倍的处理器。在概念开发阶段，将考虑增加时钟速率，使用更精细的支路预测器，增加缓存容量和/或增加数据宽度。我们将从整体和局部评估这些方法的成本和效益。

技术选择和考察供应商资质也是概念开发的一部分。在这过程中，需确定使用哪些元件和处理器构建我们的产品，并决定谁来供应它们。在一个标准的数字设计项目中，这涉

⊖　一般产品规格会伴随新产品的商业计划产生，其中包括新产品的销售预测和计算投资回报。但是，这一般是一份单独的文件。

及选择标准芯片的供应商(如存储芯片和 FPGA),定制芯片的供应商(ASIC 供应商或代工厂)、封装供应商、电路板供应商和连接器供应商。由于它们都是风险要素,所以要特别注意元件、处理器或芯片供应商。例如,如果考虑使用一个以前从来没有使用过的新光收发器或光开关,我们需要评估它无效的可能性,或者可能不符合设计规范,又或者当需要时它不起作用。

技术选择的关键是在出现不同的设计方案时进行决策。例如,你可能需要在自己设计以太网接口和直接从供应商购买 VHDL 接口这两种方案之间进行选择。在成本、进度、性能和风险这些方面对两种(或多种)方案进行评估。然后基于每个方案的优点做出决定。通常在做出决定之前需要收集信息(从设计上进行研究,检查供应商提供的参考等等)。工程师常常喜欢从既便宜,供货速度又快的供应商那里购买产品。另一方面,"购者自慎"[⊖],这条规则也适用于数字设计。仅仅有人正在销售一个产品,这并不意味它可以起作用或者符合规范。你可能会发现你购买的以太网接口在某些特定的数据包长度上不起作用。每个从外部供应商获得的元件都有风险,并且在使用它们之前需要仔细的验证。这种验证通常会占用工作中的一大部分,这些都需要设计者自己做。

大部分工程是管理技术风险的艺术——设定一个高要求对于一个好产品十分重要,但也不能太高,使得产品无法及时完成。一个好的设计师在选择可能具有巨大经济效益领域的时,同样也需要计算可能出现的风险,并仔细管理它们。通常过于保守会导致产品没竞争力(没有风险或风险太低)。另一方面,过于激进则导致产品上市太晚(过于冒险——特别是在一些几乎没有回报的领域)。产品由于激进失败的例子(通常在不重要的领域)远多于由于太保守而失败的例子。

要有效地管理技术风险,必须确定、评估和减轻风险。识别风险引起人们的关注,从而可以对其进行监控。一旦确定了风险,我们可以从两个方面进行评估——重要性和风险性。对于重要性,问"解决该问题我们会获得什么收益?"如果解决它可以使我们系统性能提高 1 倍或功耗减半,这值得一试。但是,如果效益是微不足道的(与保守的方案相比较),承担风险就没有任何意义。对于风险性,根据它们带来成功的程度,将其量化或分类。一种方法是,把这两点都量化为在 1 到 5 之间的数字,一个代表重要性,一个代表危险性。风险系数为(1,5)——低重要性和高危险,这表示该设计必须要放弃。风险系数为(5,1)——几乎可以肯定带来巨大的回报——可以继续进行并设计完成。风险系数为(5,5)——既非常重要又充满风险——是最棘手的。设计不能够有过多的风险,所以必须有所取舍。方法是,通过减少大胆的设计来降低风险:将(5,5)变为(5,4)并最终变为(5,1)。

许多设计师用非正式的方式管理风险——通过自己的大脑模拟与上文类似的分析,然后凭个人主观臆断决定那些风险可以尝试,那些需要避免。这是一个十分糟糕的设计原则,原因有以下几条。它不适用于大型设计团队(书面文件需要沟通)或大型设计(有太多的风险存在人的大脑中)。当使用非正式非定量风险管理方案时,设计师会经常做出不好的和愚蠢的决定。这种方案也没有给进行风险管理决策提供任何书面资料。

经常通过收集信息来降低风险。例如,假设设计的新处理器要求用单个流水线站来检查依赖关系,重命名寄存器和给八个 ALU 发出指令(复杂的逻辑功能)。已经明确其重要性(它提高了一些性能)和风险性(不确定它可能给目标时钟频率带来什么影响)这两个方面。通过实施早期的设计和确定它可能带来的影响,我们可以将风险降低到 1 级。这通常称为可行性研究,确定所提出的设计方法在实际上是可行的。一般建立可行性分析(这个项目已经有高度的可行性)比完成详细设计需要花费的精力更少。

通过开发备用计划来降低风险。例如,假设在设计方案中具有(5,5)风险系数的项目是新 SRAM 的一个必要部分,它由一个小的制造商供应。这部分只有到我们需要时,才

能确定是否使用它。可以通过寻找替代组件来降低风险，虽然替代元件性能差一些，但是具有更好的可用性，并且设计系统时需要考虑在任一阶段都可以使用它。如果高风险部分不能及时研发出，进而使得无系统可用，那么可以先开发出一个性能差一点的系统，当新元件出来后可以进行升级。

风险是不可能通过忽视来降低的，更不可能希望它们自己消失。忽视风险就是逃避，并且这必将使项目走向失败。

正式的风险管理流程，为明确风险通常会定期检查（例如，每周一次或两次）。在每次检查时，风险的重要性和危险性都将根据新信息进行更新。对工程团队而言该检查流程可以使风险系数在整个过程清晰可见。无论是通过信息收集还是备用计划，风险发生的可能性都将随着时间的推移而稳步下降。那些没有得到妥善处理的风险将会一直保持高危险系数——以引起人们的关注从而更有效地处理这些风险。

概念开发阶段的结果是产生第二个英文文档，其详细地描述了如何设计这个项目。它描述了采用设计方法的关键资料，给出了每一个设计的原理。它确定了所有的外围参与者：芯片供应商，包装供应商，连接器供应商，电路板供应商，CAD 工具提供商，设计服务提供商等等。本文档还可以识别所有的风险，并且可以对为什么值得采取提供理由，以及描述为减轻这些风险已经采用的和正在采取的行动。对这个文件，不同的公司使用不同的名称。它已经被称为实施规范和产品实施计划。

2.1.3　分块和细节设计

一旦概念设计阶段完成，就决定了所有的设计决策，剩下的工作是将整个设计分成不同的模块，然后进行每个模块的设计。高级系统分块通常作为概念设计过程的一部分完成。为每个高级模块都编写一个设计规范，编写不同模块的规范时应特别注意接口。这些设计规范使得每个模块可以独立设计，并且如果它们都符合规范，则在系统集成时，只要把它们连接在一起，系统就可以工作。

在复杂的系统中，顶级模块本身将被分割成许多的子模块，以此类推。将模块划分为子模块通常称为模块级设计，它是通过绘制系统的框图来执行的，其中每个部分代表一个模块或一个子模块，并且在模块之间的线表示模块之间的交互接口。

最后，将一个模块细分为若干个子模块，这些子模块可以使用综合程序直接实现。这些底层模块可以是用于计算输入逻辑功能的组合逻辑块，也可以是用于处理数字的算术模块，以及是对系统操作进行排序的有限状态机。本书主要着重于设计和分析这些底层模块。从长远看，保证设计的产品可以应用于更大系统是十分重要的。

2.1.4　验证

在一个标准的设计项目中，有一半以上的精力不是用来进行设计，而是验证设计的正确性。验证发生在各个层面：从概念开发到单个模块。在最高层次上，对概念设计进行结构验证。在这个过程中，根据规范检查概念设计，这是为确保实施中满足每个规范的要求。

测试单元是为了验证每个单独模块的功能。通常，测试代码的行数会远远超出模块的 VHDL 实现代码。在验证各个模块后，把它们集成到封闭的子系统中并且在下一级模块重复进行这一操作。最终集成整个系统，并设计一套完整的测试系统来验证系统是否能满足所有设计规格的要求。

验证工作通常是按照另一个书面文件执行的，我们称该文件为"测试计划"。[⊖]在测试计划中，要求测试每个设备（DUT）的功能，并且所有那些已经通过验证的功能也需要测试。大部分测试将会处理错误情况（系统如何响应超出其正常工作模式的输入）和边界情况（刚刚处于正常工作模式或刚刚处在正常工作模式之外的输入）。

⊖　如上文所示，大多数工程师会在编写英文文档上而不是在编写 VHDL 或 C 代码上花费大部分时间。

　　所有的测试的大部分通常可划分为回归测试系统(a regression test suite)，并定期地运行(通常每天晚上)这些设计，以及随时通过一个改变来修正控制系统。回归测试系统的目的是确保设计不会退化——即确保在修复一个错误时，设计师不会引起其他错误。

　　当时间和资源不足时，工程师有时会试图采取捷径并跳过一些验证。但这从来都不是一个好主意。一个明确的道理如下：如果没有测试，它就不能工作。每个功能，模式和边界条件都需要测试。从长远来看，如果你完成了验证的每个步骤，并且成功抵制采取捷径的诱惑，你设计的产品将会更快地投入生产。

　　任何设计都会出现错误，即使是顶尖工程师也不例外。越早发现错误，就可以用越少的时间和金钱修复它。指数法则是指设计每向前推进一大步，修复错误的成本将增加 10 倍。如果在单元测试期间被检测到，则修复错误成本是最低的。一个错误在单元测试时未发现，但是在集成测试时发现，则其修复成本变为 10 倍以上[⊖]。如果通过集成测试，但在全系统测试时才发现，则成本再增加 10 倍以上(是在单元测试中的修复错误成本的 100 倍以上)。如果错误通过系统测试，芯片已经流片并且成功制造，直到在硅片调试阶段才被发现，修复成本再增加 10 倍以上。错误直到芯片量产时才发现(必须被召回)，修复的成本又增加另一个 10 倍—— 修复成本超过了在单元测试时的 10000 倍。你必须明白这一准则——在测试上不能节约。发现错误越早，修复越容易。

2.2　数字系统由芯片和电路板组成

　　现代的数字系统由标准的集成电路和定制的集成电路共同构成，它们通过电路板相互连接，电路板又通过连接器和互连线相连接。

　　标准的集成电路是可以按目录进行排序的零部件，并且包括所有类型的存储器(SRAM、DRAM、ROM、EPROM、EEPROM 等)，现场可编程门阵列(FPGA，见下文)，微处理器和标准外部接口。设计师应尽可能用标准集成电路实现其设计功能；因为直接购买这些组件很方便，所以不需要消耗精力和成本去开发它们，并且通常使用这些组件几乎没有任何风险。然而在某些情况下，因为在性能、功率或成本规格有特殊要求不能使用标准组件，所以必须设计一个具有特定功能的集成电路。

　　专用集成电路(有时称为 ASIC，用于特定应用的集成电路)是用于特定功能的芯片。或者换句话说，它们是你自己设计的芯片，因为你在目录中找不到你需要的东西。大多数 ASIC 是使用标准单元设计方法制作的，从库中选择标准模块(单元)并在硅芯片上进行实例化和互连。典型的标准单元包括简单的门电路，SRAM 和 ROM 存储器，以及 I/O 电路。一些供应商也能够提供更高水平的模块如运算单元，微处理器和标准的外围部件——要么作为元件，要么在使用 HDL(例如，VHDL)编写后可综合。因此，从标准单元中设计 ASIC 元件类似于从标准零件中设计电路板。在这两种情况下，设计师(或 CAD 工具)从目录中选择单元并指定它们的连接方式。正如在电路板上使用的标准零件一样，使用标准单元制造一个 ASIC 有相同的优势：减少开发成本和降低风险。在极少数情况下，设计师将在晶体管上设计自己的非标准元件。这样定制的元件在性能、面积和功率上将优于标准元件，但应尽可能少的使用，因为设计它们需要花费巨大的精力并且可能有极大的风险。

　　作为专用集成电路的一个例子，图 2-2 所示的为 NVIDIA 公司的 Fermi(费米) GPU[88,114]。该芯片采用 40nm CMOS 工艺制造，有超过 3×10^9 个晶体管。它由 16 个流式多处理器(在模具顶部和底部有四行)组成，每个具有 32 个 CUDA 内核，总共 512 个内核。每个磁心都包含一个整数单元和一个双精度浮点单元。在模具的中心可以看到横梁开关(见 24.3 节)。连接 GDDR5 DRAM(见 25.1.2 节)的六个 64 位分区(总共 384 位)消耗了芯片的大部分面积。

⊖　可能有一个或多个子系统测试，每次测试成本都将乘以 10。

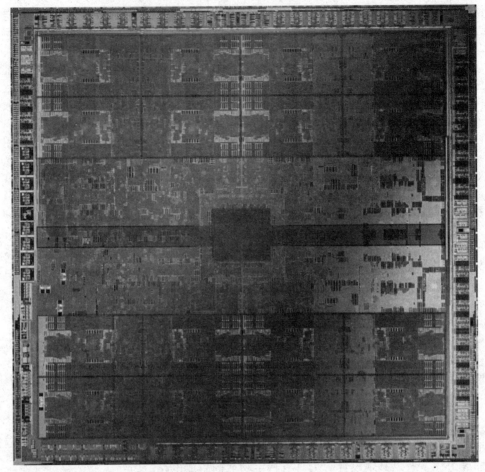

图 2-2　NVIDIA Fermi GPU 的照片。这芯片是在 40nm 的 CMOS 工艺下制造出来的，
并且包含超过 30 亿个晶体管

　　现场可编程门阵列(FPGA)是介于标准元件和 ASIC 之间的一种元件。它是能通过编程实现任意功能的标准元件。尽管效率明显低于 ASIC，但非常适合实现那些要求不太苛刻和低容量的应用。大型的可编程门阵列(FPGA)，如 XilinxVirtex 7，最多可容纳 200 万个逻辑单元，超过 10MB 的 SRAM，多个微处理器和数百个算术构建块。可编程逻辑有重要的意义(超过一个数量级)，密集度更低、能源效率更低，并且比固定标准单元逻辑慢。这使得它在高容量的应用中成本十分高昂。然而，与 ASIC 成本相比在小容量的应用中，FPGA每个单元的成本是有吸引力的。制造一个 28nm 的 ASIC 可能花费高达 300 万美元，这还不包括设计成本。一个 ASIC 的非重复费用⊖大约为 2000 万～4000 万美元。

　　为了方便你设计专用的 ASIC，表 2-1 列出了许多标准的数字构建模块的面积(χ^2)。栅格 grid 是在 x 和 y 方向上相邻的最小间隔的中心线之间的区域。在当代 28nm 工艺中，最小的导线间距为 $\chi = 90$nm，因此一个栅格的面积为 $\chi^2 = 8100$nm^2。在这种工艺下，每平方毫米就有 1.2×10^8 grid(栅格)和在相对较小的 10mm^2 芯片上有 1.2×10^9 grid(足够容纳3000 万个"与非"门)。一个简单的 32 位 RISC 处理器，是在 20 世纪 80 年代中期制作的一个芯片，现在芯片面积已小于 0.01mm^2。如 2.4 节所述，相同芯片中栅格的数量每 18 个月增加 1 倍，因此在芯片上可以封装元件的数量也在不断地增加。

　　⊖　这是一次性支付的费用，不论制造多少个芯片。

表 2-1 在栅格上集成电路元件的面积

模块	面积（栅格）	模块	面积（栅格）
DRAM 的一个位	2	触发器	300
ROM 的一个位	2	行波进位加法器的一个位元	500
SRAM 一个位	24	32 位超前进位加法器	30 000
两输入"与非"门	40	32 位乘法器	300 000
静态锁存	100	32 位 RIRS 微处理器（w/o 缓存）	500 000

例 2.1 估算芯片面积

估计八阶 FIR 滤波器占用芯片的总面积。所有输入都是 32 位宽（i_i），并且在触发器中滤波器存储八个 32 位权重（w_i）。计算输出（X）过程如下：

$$X = \sum_{i=0}^{7} i_i \times w_i$$

用于存储权重的区域、乘数器和加法器可以计算如下：

$$A_w = 8 \times 32 \times A_{ff} = 7.68 \times 10^4 \, grid$$
$$A_m = 8 \times A_{mul} = 2.4 \times 10^6 \, grid$$
$$A_a = 8 \times A_{add} = 2.1 \times 10^5 \, grid$$

因为使用一个树结构成对地减少加数（见 12.3 节），所有我们只需要七个加法器。为了获得在 28nm 工艺下的总面积，算出每一个组件的面积；面积由乘法器决定：

$$A_{FIR} = A_w + A_m + A_a = 2.69 \times 10^6 \, grid = 0.022mm^2$$

遗憾的是，芯片 I/O 带宽并不和芯片中栅格数量增加得一样快。受一些因素影响，现代芯片中的引脚数限制在 1000 个，如此多的引脚带来巨大的成本。限制引脚数和控制成本的主要因素之一是印制电路板可实现的密度。由引脚数多的芯片封装的集成电路，信号引出方式更复杂、印制电路板的应力密度更高，并且通常需要印制电路板的层数（因此成本增加）更多。

现代电路板结构是多层镀铜的玻璃板结构——由半固化玻璃交叉层状环氧树脂构成的玻璃薄层⊖。镀铜的电路板通过光刻法将掩膜版上的图形刻蚀到电路板上，然后层压在一起。层与层之间的连接是通过在电路板上钻孔并且对孔进行电镀来实现的。板可以由许多层构成——20 层或超过 20 层是常见的，但是成本十分昂贵。10 层或层数更少的电路板更加经济。图层一般在 x 信号层（在 x 方向上携带信号），y 信号层和电源层之间交替。电源层负责给芯片分配电压，与信号层相互隔离，并且为信号的传输线提供返回路径。信号层可以用最小的线宽和间隔距离 3mil（mil 为密耳，in 为英寸，3mil 为 0.003in，约 $75\mu m$）定义。较便宜的电路板使用 5mil 的线间距。

连接各层的孔是限制板密度的主要因素。由于电镀极限，孔必须有不大于 10∶1 的纵横比（板厚度与孔直径的比值）。厚度为 0.1in 的板要求最小孔径为 0.01in。最小孔与孔中心线间距为 25mil（每英寸 40 个孔）。例如，考虑在一个 1mm 球形阵列（BGA）封装的芯片下的逃逸模式。以 5mil 线间距为单位，通孔之间的空间只够一个信号导体通过（以 3mil 线间隔定义，够两个导体填充在孔中），在芯片外围的第一圈后对每排信号球都需要不同的信号层。

图 2-3 显示了 Cray XT6 超级计算机的电路板。主板尺寸为 22.58in×14.44in，包含多个集成电路和模块。板的左侧是两个 Gemini 路由器芯片——来自全系统互连网络的 Cray ASIC（参考 24.4 节）。你看到的所有 Gemini 芯片（以及大部分其他芯片）都有金属散热器，将热量从芯片中吸入在加压气流中冷却。Gemini 芯片旁边是 16 个 DRAM DIMM

⊖ 一种充满未固化的环氧树脂的玻璃纤维布。

模块，它们是超级计算机节点的主要存储器。下一行是四个八核 AMD 皓龙处理器芯片。在主板的右侧，在大型铜散热器下，有四个 NVIDIA Fermi C2090X GPU 模块。每一个模块本身是一个小型印制电路板，其中包含一个费米 GPU 芯片（见图 2-2），24 个 GDDR5 DRAM 芯片，以及 GPU 的稳压器和存储器。

图 2-3 超级计算机 Cray XT6 的电路板。该电路板包含（从左到右）两个路由器芯片，16 个 DRAM DIMM 模块，四个 AMD Opteron 八核 CPU 和四个 NVIDIA Fermi GPU 模块（见图 2-2）。大部分芯片和模块都可以看到它们的散热片

连接器将信号从一个板传送到另一个板。直角连接器将卡与在卡之间传送信号的底板（backplane）或中腔（midplane）相连接。图 2-3 所示的 Cray 模块在其最左侧具有这样的连接器。该连接器插入自身印制电路板的底板。底板包含提供底板模块之间连接的信号层。底板还包含电路板连接线的连接器，通过电缆或光缆将模块与其他底板的模块相连接。

共平面连接器将子卡连接到母卡。图 2-3 所示右侧的四个 NVIDIA GPU 模块通过这种共平面连接器连接为 Cray 模块。

参考文献[33]更详细地描述了电子器件系统级封装。

2.3 计算机辅助设计工具

现代数字设计者可以在多个计算机辅助设计（CAD）工具的辅助下完成设计。CAD 工具是帮助管理设计过程的一个或多个方面的计算机程序。它们主要分为三大类：捕获，综合和验证。CAD 工具可以帮助设计师进行逻辑、电路和物理设计。如图 2-4 所示，我们展示了一个设计过程的

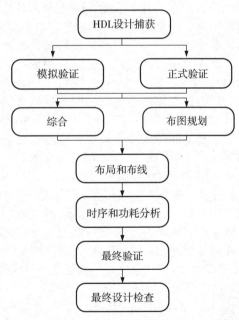

图 2-4 标准的 CAD 工具流程。HDL 设计先是捕获和验证。然后，工程师将该设计综合为逻辑门，再然后将进行布局和布线。设计的最终测试包括时序分析，最终的布局和路径网表验证，以及最终的物理设计检查。因为设计在执行中不断完善和优化，故 HDL 的所有方框没有画黑色边缘

示例。

顾名思义，捕获工具有助于捕获设计。最常见的捕获工具是一个原理图编辑器。设计师使用该工具进行设计，作为一个分层图展示了所有模块和子模块之间的连接。对于许多的设计文本硬件描述语言（HDL），例如 VHDL 是用来代替原理图和文本编辑器用于捕获设计的。除了在极少情况下，文本设计捕获远远超过原理图捕获。

一旦一个设计被捕获，验证工具的作用是确保正确性。在一个设计成型之前，必须保证功能正确，符合时序限制，没有电气规则违规。仿真器常常用于测试原理图或 HDL 设计的功能。写出测试脚本是为驱动输入并观察设计的输出，如果输出没有达到预期，则会标记为错误。然而，仿真器仅仅与其他的测试案例一样。测试没有发现错误，仿真器也不会找到该错误。正式的验证工具使用数学方法来证明是否符合设计规范，这种方法独立于测试案例。静态时序分析用来验证设计是否符合时序约束（也独立于测试案例）。我们将在第 20 章进一步详细学习验证。

综合工具将设计从一个高抽象级降到一个较低的抽象级。例如，逻辑综合工具需要用 HDL 进行设计的高级描述，例如 VHDL，并将其简化为门级网表。逻辑综合工具已基本消除了手动组合逻辑设计，使设计者效率更高。一个存放路径工具需要使用一个门级网表，并通过布局独特的门以及在它们之间进行布线，并将其简化为物理设计。

在现代 ASIC 和 FPGA 中，很大一部分的延时和功耗是由于门和其他小单元格之间的互连线引起的，而不是由门或单元格本身造成的。要实现高性能（低功耗），需要管理放置过程，以确保关键信号仅在短距离内传递。保持信号传递路径短的最好实现方式是，通过手动将一个设计划分为不超过 5 万个门（200 万个栅格）的分区，并且构建一个指示每个这些模块需放置位置的平面布置图，并且在平面布置图的区域独立地放置每个模块。

CAD 工具也常常用于为集成电路生成制造测试。这些测试证明从生产线生产的特定芯片可以工作正常。通过扫描测试模式进入一个芯片的触发器（其目的是被配置为一个大的移位寄存器）、每个晶体管和复杂的导线，现代集成电路可以用相对较少的测试模式来验证。

然而，CAD 工具通常将大型设计空间限制在更小的一组设计中，这可以用一套特定的工具轻松制作。可以大大提高设计效率的技术通常是不允许采用的，这不是因为它们本身具有风险，而是因为它们不适用于特定的综合流程或验证程序。CAD 工具应该使设计师的工作更容易，而不是限制他们设计的眼界。

2.4 摩尔定律和数字系统发展

1965 年，戈登·摩尔（Gordon Moore）预测，集成电路上晶体管数量将会每年翻一番。电路密度呈指数增长的预测迄今为止已经持续了 40 年，人们已经称之为摩尔定律。随着时间的推移，每年翻 1 倍被修订为每 18～20 个月增加 1 倍，但即使如此，这增长速度也是非常快。集成电路上的元件（或栅格）数量年增长率超过 50%，每五年增长近一个数量级。图 2-5 所示的绘制出了这种情况。

多年以来（从 20 世纪 60 年代到 2005 年左右），电压与栅极长度成线性关系。由于恒定电场（constant-field）或登纳德缩放律（Dennard scaling）[37]，随着器件数量的增加，器件也更快，消耗更少的能量。大致上，当半导体技术的线性尺寸 L 减半，器件需要的面积变为 L^2，即四分之一，因此，我们可以在同一面积上获得数量 4 倍的器件。随着恒定电场缩放，器件的延时也与 L 成比例，因此也减小了一半——所以每一个器件的运行速度变快 2 倍。因 C 和 V 均与 L 成比例，转换单个器件所消耗的能量 $E_{sw} = CV^2$ 变为 L^3。因此，返回原始恒定电场的缩放，每次 L 减半，同样的能量我们的电路可以完成 8 倍的工作量（四个器件每个运行速度提高 2 倍）。

遗憾的是，器件速度和电源电压的线性缩放在 2005 年结束。从那时起，虽然 L 继续减小，但是电源的电压恒定保持在 1V 左右。在这种新的恒压缩放方案中，每次 L 减半，

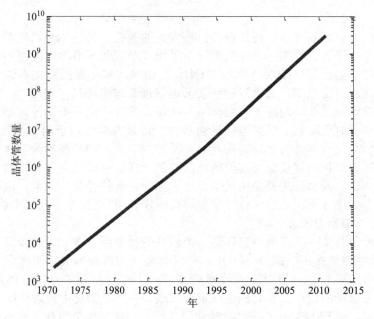

图 2-5　几十年来商业处理器上的晶体管数量，说明了摩尔定律

每单位面积的装置数仍然变成 4 倍。然而，现在它们的运行速度只有稍快一些（快大约 25%），并且最重要的是，因为 V 保持不变，E_{sw} 只能线性地减少。因此，在这个新标准下，当将 L 减半时，在 2.5 倍功率下，我们可以做到每单位面积工作量提升 5 倍（四个装置每个运行速度提高 1.25 倍）。这是显而易见的，在恒定电压缩放制度下，芯片快速满足限制要求，芯片不受每块芯片上能集成装置数量的限制，而受电源电压的限制。

对数字系统设计师摩尔定律使世界成为一个有趣的场所。每次集成电路的密度增加一个数量级或两个（每 5~10 年），设计的系统类型和用来设计它们的方法都有了一个质的变化。相比之下，大多数工程学科是相对稳定的——慢慢地、逐渐地改进。你不可能见到改进一个点使得每 3 年汽车的能效提高 8 倍。每当这样一个质的变化发生时，因为很多以前关于如何最好地建立系统的经验不再有效，所以这一代设计师就要从零开始。幸运的是，随着技术规模的扩大，数字设计的基本原理依然保持不变；然而，随着每种技术出现，设计实践都发生了很大程度的变化。

数字设计的快速变化意味着数字设计师在他们的整个职业生涯中必须一直是一个学生，不断学习新技术和设计方法。这种继续教育通常涉及阅读贸易新闻（EE Times 是开始的好地方），关注制造商新产品发布公告，芯片厂商和 CAD 工具供应商，并且不定期的正式学习一套新的技能或更新一套。

例 2.2　摩尔定律

估计例 2.1 中的 FIR 滤波器将在 2017 年内达到单个滤波器的一个区域在 2012 年 28nm 工艺中实施。

我们将年增长率（1.5）提高到 5 年（以下），FIR 滤波器密度增加：

$$N = 1.5^{2017-2012} = 7.6$$

总结

在本章中，你简单地了解了在工业界如何进行数字设计的。我们从描述设计过程开始，设计过程从制定规范，到概念发展，再到细节设计和验证。在 VHDL 中进行捕获之前，数字系统是用英文文件进行设计——规范和实施计划。设计过程的很大一部分工作是管理风险。通过量化风险并为降低风险开发技术(例如备份计划),这些措施可以带来有利的一面,将降低整个项目的风险系数。验证是开发过程的一个很大部分。最好的验证规则是,如果没有测试,产品就无效。每深入一个设计阶段,修复错误的成本增加一个数量级。

现代数字系统采用集成电路(芯片)和印制电路实现。我们提出了通过特殊的数字逻辑,这一简单的模型来预测芯片面积,并列举了芯片和电路板的一个例子。

现代数字设计实践大量使用设计工具(CAD)并且受到它的限制。这些工具用于设计捕获、仿真、综合和验证。工具操作在逻辑层面上(操纵 VHDL 设计和门级网表)并在物理层面(操纵集成电路上图层的几何结构)。

在集成电路上实现晶体管数量随着时间呈指数增长——每 18 个月翻一翻。这种现象,称为摩尔定律,使数字设计成为一个非常动态的领域,因为这种快速发展的技术不断提出新的设计挑战,并使之可能成为比以前更难设计的新产品。

文献解读

摩尔在"电子学"[84] 上发表的研究论文不仅预测了器件数量随着时间的推移呈指数级增加,而且也解释了为什么在恒定场的缩放中,芯片的功率为常数。Brunvand [21] 概述了从硬件描述语言到制造的整个芯片设计过程,显示如何使用最先进的 CAD 工具以及提供很多例子。讨论整个工程过程的两本书是 Brooks 的 The Mythical Man-Month[19] 和 Kidder 的 The Soul of a New Machine[64]。Brooks 的书包括关于软件工程的几篇文章,但是其中的许多课程也适用于硬件工程。Kidder 的书记载了一年中小型计算机的发展状况。这两本书都值得一读。

练习

2.1 设计规范。Ⅰ. 假设你已经决定建立一个经济(廉价)的视频游戏系统。请提供你的设计规范,它包括组件,输入和输出和设备媒体。

2.2 设计规范。Ⅱ. 恭喜你,你在练习 2.1 提供的视频游戏控制台的设计非常好! 请提供设计控制台的另一种方法的设计规范。请重点关注对版本 1 的更改,例如它是否支持向后的兼容性。

2.3 设计规范。Ⅲ. 请提供一个拥挤十字路口的交通灯系统的设计规范。该规范的要点包括灯的数量,转弯车道,行人和光照时间。假设交通在各个方向的拥挤程度相同。

2.4 购买与建设。Ⅰ. 为练习 2.1 的电子游戏系统做一个购买与建设的决定,给出为系统中三个组成部分做这个决定的理由。至少包括一个"购买"的部分和一个"建设"的部分。

2.5 购买与建设。Ⅱ. 假设你负责创建一个汽车的气囊部署系统,你会需要什么组件?你会从已有的元器件中购买什么以及你会设计什么?为什么?至少你需要加速度计、制动器和中心控制器。

2.6 购买与建设。Ⅲ. 作为你设计的一部分,你需要购买一个 USB 控制器。找到一个(在线)销售 USB 控制器的供应商,下载两种不同的数据表和价格。它们的主要区别是什么?

2.7 风险管理。你负责建造下一代电子汽车。分配(并解释)奖励,每个风险的范围(在 1~5),具体如下。

(a)使用一个实验性的新电池,可容纳的能量为当前电池的 5 倍。

(b)安装安全带。

(c)增加一个杯托。

(d)为司机在盲点驾车时给以提醒,安装传感器和控制系统。

(e)增加一个完整的卫星及导航系统。有什么风险?

(f)对于你的车,提出另一个具有例(1, 5)的特点的想法。

(g)对于你的车,提出另一个具有例(5, 5)的特点的想法。

2.8 可行性和缓解。为下列每一个高风险任务设计一个可行性研究或减轻风险的方法:

(a)用新的验证方法验证关键部件;

(b)向下一代处理器添加新指令;

(c)把 16 个核心放在下一代处理器的芯片上;

(d)将你的设计从 $0.13\mu m$ 移植到 28nm;

(e)你对习题 2.7(g)的回答。

2.9　芯片面积。Ⅰ.用表 2-1 所示预估你需要多少面积去做一个用于输出最后四个 32 位输入值的平均数的模块。你需要触发器存储最后三个输入。在 ROM 中的加权平均与 32 位任意权重呢？存储在 SRAM 中的权重有多少面积？

2.10　芯片面积。Ⅱ.一个基本的两个 $n\times n$ 矩阵乘法操作需要 $3n^2$ 个存储单元和 n^3 个存储和乘法-加法融合。对于这个问题，假设矩阵的每个元素是 32 位的，并使用表 2-1 所示的组件尺寸。假设做一个乘法-加法融合需要 5ns；即每 5ns 就完成一个 n^3 的操作。该功能单元的面积等于 32 位乘法器和 32 位加法器的和。

　　(a)$n=500$ 矩阵乘法需要多少 SRAM 区域？在栅格和 28nm 过程的平方毫米两个方面给出你的答案。

　　(b)如果你只有一个融合乘数加法器，矩阵乘法需要多长时间？

　　(c)假设你的预算面积为 10mm²。如果你用乘法加法器填充所有非 SRAM 的芯片区域，操作需要多长时间？假设每个功能单元每 5ns 执行一次乘法运算。

2.11　芯片面积。Ⅲ.利用习题 2.10 的假设，在 1ms 内可以进行的最大的矩阵乘法是什么？可以修改存储和计算的模具面积的比例。

2.12　芯片面积。Ⅳ.利用练习 2.10 的假设，在 1μs 内你可以进行的最大的矩阵乘法是什么？

2.13　芯片和电路板。在网上找一个电脑主板的图片或检查自己的电脑。识别并解释主板上至少三种不同的芯片的功能。不可以选择 CPU，图形处理器或 DRAM 作为你的芯片之一。

2.14　BGA 逃逸模式。在电路板的不同部分描绘出芯片到连接器 32 条导线（每侧 8 个）的逃逸模式。假设所有的导线必须在电路板表面布线，并且不能相互交叉。

2.15　CAD 工具。Ⅰ.从图 2-4 所示流程中选择两个函数，查找并描述执行每个函数的三种不同的计算机程序。它们中的任何一个免费吗？为了开始你的设计，可以了解领先的设计厂商例如 Synopsys 公司和 Cadence 公司。

2.16　CAD 工具。Ⅱ.为什么在图 2-4 所示的末尾需要做最后的验证？

2.17　摩尔定律。Ⅰ.2015 年，一个 133mm² 的芯片可以容纳 19 亿个晶体管。利用摩尔定律，在(a)2020 年和(b)2025 年一个芯片上可以容纳多少个晶体管？

2.18　摩尔定律。Ⅱ.2015 年，一些厂商推出 14nm 处理器。通过摩尔定律，如果假设门的长度与通过摩尔定律得出的晶体管数成平方关系，在哪一年栅极长度可以达到五个硅原子？

2.19　摩尔定律。Ⅲ.表 2-1 给出了栅格中的 RISC 处理器和 SRAM 的面积。在 28nm 工艺中大约有 1.2×108 个栅格。在 28nm 工艺中可以安装多少个 64 KB(或 B 为字节)SRA 的 MRISC 处理器？在 2020 年又将有多少个？

## 第二部分

组 合 逻 辑

第 3 章
布 尔 代 数

使用布尔(boolean)代数描述构建数字系统的逻辑功能。布尔代数是包含 0 和 1 两个元素的代数学,有三个运算符:"与"(AND),将其表示为 $\wedge$;"或"(OR),表示为 $\vee$;"非"(NOT),表示为 "'" 或 '—',例如,"非"(x) 是 x' 或 $\bar{x}$。这些运算符具有自然含义:只有当 a 和 b 都为 1 时 $a \wedge b$ 值才为 1;如果 a 或 b 为 1,则 $a \vee b$ 为 1;如果 a 为 0,则 $\bar{a}$ 为真。

使用这些运算符和二进制变量表示逻辑表达式。例如,$a \wedge \bar{b}$ 是一个逻辑表达式,当二进制变量 a 为真并且二进制变量 b 为假时该表达式为真。二进制变量或其表达式中反码的实例化称为文字(literal)。例如,上面表达式有两个文字 a 和 $\bar{b}$。布尔代数提供一套表达式的操作规则,因此可用于简化布尔表达式,把它们变为标准形式,并可以检查两个布尔表达式的等价性。

为了说明布尔运算符"与"和"或"不是实数运算中的乘法和加法,我们使用 $\wedge$ 和 $\vee$ 符号表示"与"和"或"。许多资料甚至包括许多教科书,用 $\times$ 或 $\cdot$ 表示"与",$+$ 表示"或"。因为这可能导致学生像简化传统的代数表达式一样来简化布尔表达式,所以为避免引起混乱,使用与整数或实数不同的符号来表示 $+$ 和 $\times$。因为布尔代数的内容可能会导致混淆,虽然与常规代数相似,但是在某些关键方面⊖还是有所不同。特别注意,布尔代数具有对偶性(我们将在下面讨论这一性质),然而传统的代数没有这一性质。在布尔代数中 $a \vee (b \wedge c) = (a \vee b) \wedge (a \vee c)$ 这种表示法成立,而在常规代数中 $a + (b \times c) \neq (a + b) \times (a + c)$。

将在 CMOS 逻辑电路(第 4 章)和组合逻辑设计(第 6 章)中使用布尔代数。

3.1 原理

所有的布尔代数都可以从"与","或"和"非"函数的定义中得出。这些很容易用真值表进行描述,如表 3-1 和表 3-2 所示。数学家喜欢以公理的形式来表达这些定义,用一套已经得到证明的数学表达来说明。所有的布尔代数都来自以下公理:

$$\text{代入定理(identity)} \qquad 1 \wedge x = x, 0 \vee x = x \qquad (3\text{-}1)$$
$$\text{反演定理(annihilation)} \qquad 0 \wedge x = 0, 1 \vee x = 1 \qquad (3\text{-}2)$$
$$\text{对偶定理(negation)} \qquad \bar{0} = 1, \bar{1} = 0 \qquad (3\text{-}3)$$

表 3-1 "与"和"或"运算的真值表

a	b	$a \wedge b$	$a \vee b$
0	0	0	0
0	1	0	1
1	0	0	1
1	1	1	1

表 3-2 "非"运算的真值表

a	$\bar{a}$
0	1
1	0

这些公理中布尔代数的对偶性是显而易见的。对偶定理指出如果一个布尔方程为真,对表达式中的两部分进行替换,其中,(a)所有 $\vee$ 都被 $\wedge$ 代替,反之亦然,(b)所有

⊖ 由于历史原因,我们以任意一组信号的"与"运算为参考进行说明。

的 0 都被 1 替换，反之亦然，得到的新表达式也是真的。因为是通过对偶性推导出这些公理，以及所有的布尔代数都是经过这些公理推导出的，所以对偶性适用于所有的布尔代数。

3.2 内容

根据公理，可以推导出一些布尔表达式常用的性质：

交换律 $x \wedge y = y \wedge x,$ $x \vee y = y \vee x$

结合律 $x \wedge (y \wedge z) = (x \wedge y) \wedge z,$ $x \vee (y \vee z) = (x \vee y) \vee z$

分配律 $x \wedge (y \vee z) = (x \wedge y) \vee (x \wedge z),$ $x \vee (y \wedge z) = (x \vee y) \wedge (x \vee z)$

幂等律 $x \wedge x = x,$ $x \vee x = x$

互补律 $x \wedge \overline{x} = 0,$ $x \vee \overline{x} = 1$

吸收律 $x \wedge (x \vee y) = x,$ $x \vee (x \wedge y) = x$

组合律 $(x \wedge y) \vee (x \wedge \overline{y}) = x,$ $(x \vee y) \wedge (x \vee \overline{y}) = x$

摩根定律 $\overline{(x \wedge y)} = \overline{x} \vee \overline{y},$ $\overline{(x \vee y)} = \overline{x} \wedge \overline{y}$

一致律 $(x \wedge y) \vee (\overline{x} \wedge z) \vee (y \wedge z) = (x \wedge y) \vee (\overline{x} \wedge z)$

                $(x \vee y) \wedge (\overline{x} \vee z) \wedge (y \vee z) = (x \vee y) \wedge (\overline{x} \vee z)$

这些性质都可以通过检查 x 和 y 的四种组合或 x, y 和 z 的八种的组合来证明成立。例如，我们可以证明摩根定理如表 3-3 所示。数学家称这种证明方法为完全归纳法。

表 3-3　归纳法证明摩根定律

x	y	$\overline{(x \wedge y)}$	$\overline{x} \vee \overline{y}$	x	y	$\overline{(x \wedge y)}$	$\overline{x} \vee \overline{y}$
0	0	1	1	1	0	1	1
0	1	1	1	1	1	0	0

这个列表的内容并不完全。可以写出总是为真的其他逻辑表达式。因为在简化逻辑方程中已经证明它是有用的，所以选择这个集合。

交换律和结合律与已经十分熟悉的常规代数性质相同。我们可以重新排列"与"和"或"运算的参数，并且可以以任意方式对具有多于两个输入的"与"和"或"进行重新分组。例如，我们可以将 $a \wedge b \wedge c \wedge d$ 重写为 $(a \wedge b) \wedge (c \wedge d)$ 或 $(d \wedge (c \wedge (b \wedge a)))$。根据延时约束和可用逻辑电路库，有时我们将使用这两种形式。

分配律也与常规代数的性质相似。然而，不同之处在于它适用于两种方式。可以先运算"与"再算"或"，也可以先运算"或"再算"与"。在常规代数中，不能先运算加法再算乘法。

接下来的四个性质（幂等律、互补律、吸收律和组合律）在常规代数中没有类似的性质。这些性质在简化方程中非常有用。例如，分析以下的逻辑功能：

$$f(a,b,c) = (a \wedge c) \vee (a \wedge b \wedge c) \vee (\overline{a} \wedge b \wedge c) \vee (a \wedge b \wedge \overline{c}) \qquad (3\text{-}4)$$

首先，应用两次幂等律将第 2 项变为三项，并应用交换性重组各项：

$$f(a,b,c) = (a \wedge c) \vee (a \wedge b \wedge c) \vee (\overline{a} \wedge b \wedge c) \vee (a \wedge b \wedge c)$$
$$\vee (a \wedge b \wedge \overline{c}) \vee (a \wedge b \wedge c) \qquad (3\text{-}5)$$

现在对前两项⊖使用吸收律和两次结合律（第 3 项和第 4 项，第 5 项和第 6 项），得出：

$$f(a,b,c) = (a \wedge c) \vee (b \wedge c) \vee (a \wedge b) \qquad (3\text{-}6)$$

经过简化后很容易发现，这是著名的强函数，只要其两个或三个输入变量为真，则该函数就为真。

⊖ 敏锐的读者会注意到，这让我们回到了对第 2 项进行复制之前。然而，这证明吸收性是很有用的。

例 3.1 证明结合律

使用完全归纳法证明布尔表达式的结合律。

如表 3-4 所示,通过枚举所有可能的输入并计算函数对应的输出来证明结合律的正确性。

表 3-4 使用完全归纳法证明结合律

x	y	$(x \wedge y) \vee (x \wedge \overline{y})$	x	$(x \vee y) \wedge (x \vee \overline{y})$	x
0	0	0	0	0	0
0	1	0	0	0	0
1	0	1	1	1	1
1	1	1	1	1	1

例 3.2 简化函数

利用前文所提到的性质化简布尔表达式 $f(x, y) = (x \wedge (y \vee \overline{x})) \vee (\overline{x} \vee \overline{y})$。

化简过程如下:

$$
\begin{aligned}
f(x, y) &= (x \wedge (y \vee \overline{x})) \vee (\overline{\overline{x} \vee \overline{y}}) \\
&= ((x \wedge y) \vee (x \wedge \overline{x})) \vee (\overline{\overline{x} \vee \overline{y}}) && \text{分配律} \\
&= ((x \wedge y) \vee 0) \vee (\overline{\overline{x} \vee \overline{y}}) && \text{互补律} \\
&= (x \wedge y) \vee (\overline{\overline{x} \vee \overline{y}}) && \text{同一性} \\
&= (x \wedge y) \vee (x \wedge y) && \text{摩根定律} \\
&= (x \wedge y) && \text{幂等律}
\end{aligned}
$$

3.3 对偶函数

逻辑函数的对偶性是通过用 $\vee$ 替换 $\wedge$,$\wedge$ 替换 $\vee$,用 1 替换 0,用 0 替换 1 导出的函数称为 f^D。

例如,假如

$$f(a, b) = (a \wedge b) \vee (b \wedge c) \tag{3-7}$$

然后

$$f^D(a, b) = (a \vee b) \wedge (b \vee c) \tag{3-8}$$

对偶性的一个非常有用的实例是:函数取反码等于对其每个输入变量取反码,即

$$f^D(\overline{a}, \overline{b}, \cdots) = \overline{f(a, b, \cdots)} \tag{3-9}$$

这是摩根定理的一般化形式,对于简单的"与"和"或",其状态的结果相同。我们将在 4.3 节中使用该性质,使用双交换网络为 CMOS 门构建上拉网络。

例 3.3 发现函数的对偶功能

列出下面没简化函数的对偶表达方式:

$$f(x, y) = (1 \wedge x) \vee (0 \vee \overline{y})$$

结果为:

$$f^D(x, y) = (0 \vee x) \wedge (1 \wedge \overline{y})$$

表 3-5 使用我们的示例函数评估等式 (3-9)

x	y	$f^D(\overline{x}, \overline{y})$	$\overline{f(x, y)}$	x	y	$f^D(\overline{x}, \overline{y})$	$\overline{f(x, y)}$
0	0	0	0	1	0	0	0
0	1	1	1	1	1	0	0

3.4 标准型

通常比较两个逻辑表达式是否具有相同的功能，可以通过对每个可能的输入组合进行测试来验证等价性——也就是通过真值表比较。然而，一个更简单有效的方法是先将这两种表达式都化简为标准形式，然后再进行比较$\ominus$。

例如，方程式(3-4)～式(3-6)三输入强函数的标准形式为：

$$f(a,b,c) = (a \wedge b \wedge \bar{c}) \vee (a \wedge \bar{b} \wedge c) \vee (\bar{a} \wedge b \wedge c) \vee (a \wedge b \wedge c) \qquad (3\text{-}10)$$

每个标准形式的逻辑表达式每一组输入对应一行该真值表的输出。这些"与"表达式称为最小项。在标准形式中，每个函数必须且仅仅只能对应真值表的一行(最小项)。

可以通过因式分解将所有表达式转化为标准形式：

$$f(x_1, \cdots, x_i, \cdots, x_n) = (x_i \wedge f(x_1, \cdots, 1, \cdots, x_n))$$
$$\vee (\bar{x_i} \wedge f(x_1, \cdots, 0, \cdots, x_n)) \qquad (3\text{-}11)$$

例如，可以用这种方法来处理强函数的表达式(3-6)，如下所示：

$$f(a,b,c) = (a \wedge f(1,b,c)) \vee (\bar{a} \wedge f(0,b,c)) \qquad (3\text{-}12)$$
$$= (a \wedge (b \vee c \vee (b \wedge c))) \vee (\bar{a} \wedge (b \wedge c)) \qquad (3\text{-}13)$$
$$= (a \wedge b) \vee (a \wedge c) \vee (a \wedge b \wedge c) \vee (\bar{a} \wedge b \wedge c) \qquad (3\text{-}14)$$

式(3-10)中强函数的标准形式，对 b 和 c 重复这一操作。

例 3.4 标准形式

写出下面表达式的标准形式：

$$f(a,b,c) = a \vee (b \wedge c)$$

表 3-6 例 3.4 的真值表

a	b	c	$f(a, b, c)$	a	b	c	$f(a, b, c)$
0	0	0	0	1	0	0	1
0	0	1	0	1	0	1	1
0	1	0	0	1	1	0	1
0	1	1	1	1	1	1	1

通过列出真值表，可以发现这表达式的标准形式，如表 3-6 所示，并且选择所有最小项的输出唯一。结果为：

$$f(a,b,c) = (\bar{a} \wedge b \wedge c) \vee (a \wedge \bar{b} \wedge \bar{c}) \vee (a \wedge \bar{b} \wedge c) \vee (a \wedge b \wedge \bar{c}) \vee (a \wedge b \wedge c)$$

3.5 从方程式到逻辑门

经常使用逻辑框图表示逻辑功能，即通过线与门相连接的示意图表示。图 3-1 所示的是三个基本的门符号。每个门在其左侧有一个或多个二进制输入，并在其右侧生成一个二进制输出。图 3-1a 所示的是"与"门的图形符号，计算输入逻辑"与"的运算结果，$c = a \wedge b$。图 3-1b 所示的为"或"门的图形符号，作用是计算输入逻辑的"或"运算结果，$f = d \vee e$。反相器(见图 3-1c)产生一个信号是其输入信号的反码，$h = \bar{g}$。"与"门和"或"门可以有两个以上的输入。反相器总是只有一个输入信号。

使用这三个门符号，可以给任何布尔表达式绘制逻辑框图。为将表达式转换为逻辑框图，请首先在表达式的顶层选择一个运算符($\vee$ 或 $\wedge$)并画出相应类型的门。将门的输入用参数子表达式标记。然后，在子表达式上重复此过程。

$\ominus$ 积之和标准形式是经常称为合取范式。因为对偶性，相当于避免使用和之积的标准形式——我们称之为析取范式。

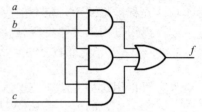

图3-1 a)为"与"门的逻辑图形符号，b)为"或"门的逻辑图形符号，c)为反相器的逻辑图形符号

例如，方程式(3-6)强函数的逻辑框图如图 3-2 所示。首先在输出端将顶层的两个"或"门转换为一个三输入"或"门。该"或"门的输入是 $a \wedge b$，$a \wedge c$ 和 $b \wedge c$ 的结果，然后我们使用三个"与"门产生这三个输出值。最终结果是得到一个实现逻辑功能 $f = (a \wedge b) \vee (a \wedge c) \vee (b \wedge c)$ 的电路。

图 3-3a 显示了"异或"函数的逻辑框图，逻辑功能是当其输入中仅有一个为高电平（即如果一个输入是高电平）时，输出为高：$f = (a \wedge \bar{b}) \vee (\bar{a} \wedge b)$。两个反相器分别产生 $\bar{b}$ 和 $\bar{a}$。然后形成 $a \wedge \bar{b}$ 和 $\bar{a} \wedge b$ 逻辑"与"运算。最后，通过"或"门计算出最终的结果。"异或"功能的使用十分频繁，已经给出"异或"门的图形符号，如图 3-3c 所示。它也有自己的逻辑符号'$\oplus$'，用于逻辑表达式：$a \oplus b = (a \wedge \bar{b}) \vee (\bar{a} \wedge b)$。

图 3-2 三输入强函数逻辑电路图

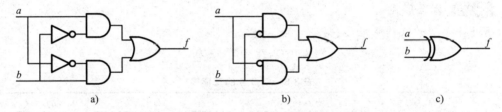

图3-3 异或功能 a)具有反相器的逻辑框图；b)带有反相圈的逻辑框图；c)"异或"门图形符号

因为经常在逻辑框图中将信号进行反相，所以我们经常省去反相器，并用小圆圈替代它，如图 3-3b 所示。图 3-3b 所示的与图 3-3a 所示的功能相同；使用一个更简洁的符号来表示图 3-3a 与图 3-3b 的反相。在门的输入或输出端上画一个小圆圈代替反相器。在任一位置，它都代表信号反相。在门的输入端加一个小圆圈等效于将输入信号通过与反相器相连，然后将反相器的输出与该门的输入相连接。

在门的输出端可以和输入端一样使用一个小圆圈。图 3-4 显示了这个符号。在"与"门的输出端连接一个反相器（见图 3-4a）是等效于在"与"门的输出端加上一个圆圈（见图 3-4b）。由摩根定理，这也相当于"或"门的输入端连接一个代表反相器的小圆圈（见图 3-4c）。把能够执行 $f = \overline{a \wedge b}$ 功能的门称为"与非"门。

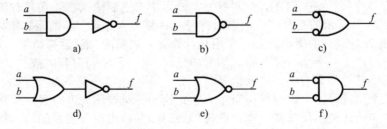

图3-4 "与非"门和"或非"门。a)将一个"与"门与一个反相器相连实现了"与非"功能；b)用一个反相圈代替反相器得到了"与非"门图形符号；c)应用摩根定理得到了一个双反相输入"与非"门图形符号；d)将一个"或"门与一个反相器相连实现了"或非"功能；e)用一个反相圈代替反相器得到了"或非"门图形符号；f)应用摩根定理得到了一个双反相输入"或非"门图形符号

对于一个连接了反相器的"或"门(见图 3-4d),可以对它应用相同的变换。用反相圈代替反相器,产生图 3-4e 所示的"或非"门图形符号,并且应用摩根定理,得到了一个可选择的"或非"门图形符号,如图 3-4f 所示。因为常见逻辑系列仅提供反相门,例如 CMOS,所以经常使用"与非"和"或非"门作为我们主要的构建模块,而不是"与"门和"或"门。

图 3-5 显示了如何将逻辑框图转换为方程式。从输入开始,用等式标注每个门的输出。例如,标有 1(AND-1)的"与"门计算 $a \wedge b$ 和 OR-2 直接从输入计算 $c \vee d$。反相器 3 计算 $a \wedge b$ 反相后的结果,即 $\overline{a \wedge b} = \overline{a} \vee \overline{b}$。注意,"与"门 4 的输入可以用反相圈代替反相器。"与"门 4 的输出是反相器 3 与 c 和 d 共同生成 $(\overline{a} \vee \overline{b}) \wedge c \wedge d$。"与"门 5 结合"与"门 1 和 2 的输出,$(c \vee d) \wedge a \wedge b$。最后,"或"门 6 计算"与"门 4 和"与"门 5 的输出,最终结果为:$((\overline{a} \vee \overline{b}) \wedge c \wedge d) \vee ((c \vee d) \wedge a \wedge b)$。

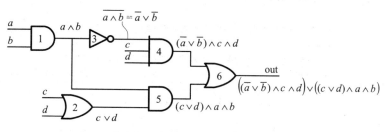

图 3-5 从逻辑框图到方程式的转变实例

例 3.5 从方程式转变为逻辑框图

仅仅使用"与非"门画出一个三输入强函数的逻辑框图。

从最简单的步骤开始,应用摩根定理用将功能转变为"与非"门:

$$f(a,b,c) = (a \wedge b) \vee (a \wedge c) \vee (b \wedge c)$$
$$= \overline{\overline{(a \wedge b) \vee (a \wedge c) \vee (b \wedge c)}}$$
$$= \overline{\overline{(a \wedge b)} \wedge \overline{(a \wedge c)} \wedge \overline{(b \wedge c)}}$$

使用三输入"与非"门交错形成逻辑框图,如图 3-6 所示。

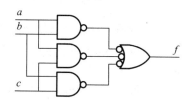

图 3-6 例 3.5 仅仅使用"与非"门实现的强函数的逻辑框图

将逻辑框图转换成表达式,我们首先写出中间节点的值。从上往下写,它们是 $\overline{a \wedge b}$, $\overline{a \wedge c}$ 和 $\overline{b \wedge c}$。由最终的三输入与"非门",我们得到最原始的表达式为:

$$f(a,b,c) = \overline{\overline{(a \wedge b)} \vee \overline{(a \wedge c)} \vee \overline{(b \wedge c)}}$$

3.6 硬件描述语言中的布尔表达式

本书,将通过硬件描述语言 VHDL 来描述数字系统。VHDL 代码可以进行仿真,编译成现场可编程门阵列(FPGA),或者综合为可制造的芯片。本节,通过展示如何用 VHDL 描述逻辑表达式来进行介绍。

VHDL 用 **AND**,**OR**,**XOR** 和 **NOT** 关键字"与"、"或"、"异或"和"非"分别表示。使用这些符号,可以为强函数方程式(3-6)写出一个 VHDL 表达式,如下所示:

```
output <= (a and b) or (a and c) or (b and c);
```

信号赋值复合分隔符"<="表示该语句为信号输出分配一个值。该语句以分号(;)终止。注意"与"(**AND**)、"或"(**OR**)和"异或"在 VHDL 中具有相同的运算优先级,并从左到右进行赋值。因此,必须使用括号对子表达式进行分组。

可以将大部分门电路称为 VHDL 设计的基本单元,如图 3-7 所示。前两行包括 std_

logic 类型的定义(已经在 1.5 节进行了说明)。接下来的四行是一个实体声明,它指定设计实体的名称'majority',并声明设计实体的输入为 a,b 和 c,以及输出为 output。其余的行是一个构造体(architecture body),它包含 VHDL 表达式,为强函数的一个单一的并行赋值语句(concurrent assignment statement)。

```
library ieee;
use ieee.std_logic_1164.all;

entity majority is
  port( a, b, c : in std_logic;
        output : out std_logic );
end majority;

architecture impl of majority is
begin
  output <= (a and b) or (a and c) or (b and c);
end impl;
```

图 3-7　强函数的 VHDL 描述

为了测试强函数门,可以用 VHDL 编写一个测试脚本(见图 3-8)来仿真该门电路的所有八个输入变量的组合。首先,要理解 VHDL 并非一定会把代码综合为硬件(即门),这一点是重要的。为确保综合工具不会试图将 VHDL 的测试脚本编译成门,能够用一对——pragma translate_off 和——pragma translate_on 包围 VHDL 的测试脚本。或者,可以将测试脚本放在设计实体的一个单独文件中,并确保 VHDL 的测试脚本不成为综合的输入。

测试脚本声明命名是为 test_maj 的顶级设计实体没有输入或输出。在关键字 **is** 之后和关键字 **begin** 之前的一段代码称为构造体的声明部分,包括一个带有两个信号声明的元件声明。

元件声明(component declaration)以关键字 **component** 开始,并且除了与实体声明(entity declaration)的结尾方式不同外,它们遵循相同的语法,它以 **end component** 结尾。测试平台可以实例化图 3-7 中 majority 的设计实体(Entity),这是有必要的。似乎指定 majority 的两次接口的是多余的——一次在图 3-7 所示的实体声明部分和另一次在图 3-8 所示的设计实体内再次作为元件声明。因为能够使硬件设计人员为一个给定的元件设计一个特定多构造体,所以 VHDL 使用元件声明。为一个特定元件选择一个构造体,该构造体可以在任意的 VHDL 配置声明(configuration declaration)中起作用,将在 7.1.8 小节中介绍。在缺乏结构声明的情况下,设计实体的最后一个构造体一般是通用的。

信号声明(signal declaration)以关键字 **signal** 开始,后跟一个标识符,然后是一个冒号(:)分隔符,再然后是信号的类型。如图 3-8 所示的 3 位信号计数和输出,一个信号不仅只能在构造体内进行存取,也只能在这里声明。

在关键字 **begin** 之后,架构体的其余部分包括一个组件实例化语句,该部分与一个为大部分单元产生输出和显示输出的进程声明一起创建了大多数设计实体的实例。请注意,与传统的软件语言不同,在完全相同的时间这两个声明都是活跃的。

组件实例化声明创建了强函数门的实例,并为我们的选择提供了一个标签,DUT(在测试下的器件)。组件实例化声明通过由关键字 **port map** 识别的一个端口映射体将强函数门与信号计数和输出连接。

进程语句以关键字 **process** 开始。稍后会看到,进程语句可以用在特定的脚本和综合逻辑中。在这个例子中,使用一个进程语句指定脚本,因此使用 VHDL 语法,包括

```
-- pragma translate_off
library ieee;
use ieee.std_logic_1164.all;
use ieee.std_logic_unsigned.all;

entity test_maj is
end test_maj;

architecture test of test_maj is
  component majority is
    port( a, b, c : in std_logic;
          output : out std_logic );
  end component;
  signal count: std_logic_vector(2 downto 0); -- input (three-bit counter)
  signal output: std_logic; -- output of majority
begin
  -- instantiate the gate
  DUT: majority port map(count(0), count(1), count(2), output);

  -- generate all eight input patterns
  process begin
    count <= "000";
    for i in 0 to 7 loop
      wait for 10 ns;
      report "count = " & to_string(count) & ", output = " & to_string(output);
      count <= count + 1;
    end loop;
    std.env.stop(0);
  end process;
end test;
-- pragma translate_on
```

图 3-8　举例和练习强函数门的测试脚本

wait 和 **loop**，这仅仅可以简化测试工作，但不应该用 VHDL 描述综合逻辑。进程语句的主体包括一组顺序语句，其中第一个将 count 的值设置为"000"。之后是一个 **for** 循环语句，重复循环 8 次。为了使得强函数门的输出稳定，在 **for** 循环体内的 wait 语句插入 10ns 的延时。下一行，从关键字 **report** 开始，输出计数和输出的值。VHDL-2008 在 ieee.std_logic_1164 中定义的函数 to_string() 被调用两次，并将其输入参数从 std_logic_vector 转换为可由 report 输出的字符串。下一行增加计数器的值。为了使用加法运算符＋，需要使用"use ieee.std_logic_unsigned.all;"语句。在循环停止仿真后调用 VHDL-2008 的函数 std.env.stop()。

```
count = 000, output = 0
count = 001, output = 0
count = 010, output = 0
count = 011, output = 1
count = 100, output = 0
count = 101, output = 1
count = 110, output = 1
count = 111, output = 1
```

图 3-9　图 3-8 的测试脚本的输出

运行此测试脚本的结果如图 3-9 所示。

例 3.5 VHDL 的设计实体

编写与强函数形式直接相对应的 VHDL。强函数为：

$$f(a,b,c) = \overline{\overline{(a \wedge b)} \wedge \overline{(a \wedge c)} \wedge \overline{(b \wedge c)}}$$

VHDL 设计实体声明等效于图 3-7 所示的。我们用以下命令替换信号分配语句：

output <= **not** (**not** (a **and** b) **and not** (a **and** c) **and not** (b **and** c));

请注意，在 VHDL 中没有比"与"（**AND**）、"或"（**OR**）和"异或"（XOR）逻辑更高的运算符优先级。强函数的这种形式比图 3-7 所示的可读性更差；不必担心，因为在必要时，综合工具会将第一种形式自动转换为第二种形式。

总结

本章，已经学习了布尔代数的基础知识，其中布尔代数的基本元素为 0 和 1，运算符 ∧、∨ 和"⁻"。布尔代数用于分析数字逻辑，其中使用这些操作符对 0 和 1 进行运算。

布尔代数完全由代入定理、反演定理和对偶定理这三个基本定理定义。从这三个定理，可以推断出其他有用的性质，包括交换，组合和分配性和摩根定理。使用这些性质以及其他性质，可以用布尔代数处理方程。可以把布尔函数化简为标准形式，来进行比较，作为布尔表达式的最小项，其包含所有输入变量的各项乘积。

布尔代数具有对偶性。我们通过 ∧ 代替 ∨，∨ 代替 ∧，1 代替 0，0 代替 1 来发现函数对偶性。对偶功能具有有用的性质，$f^D(\bar{a}, \bar{b}, \cdots) = \overline{f(a, b, \cdots)}$。例如，$a \wedge b$ 的对偶变换为 $a \vee b$，$\overline{a \wedge b} = \bar{a} \vee \bar{b}$。

通过用 ∧、∨ 和非操作替代图 3-1 所示的门图形符号，布尔函数可以表示为一个门级电路。用反相圈作为"非"运算的缩写。可以通过把每个门的输入到输出部分转变为表达式，也可以将门级原理图转换为方程。

VHDL 表达布尔函数时，可以使用信号赋值语句（＜＝）和用"与"（AND）代替 ∧，"或"（OR）代替 ∨，"非"（NOT）代替"⁻"。一旦在 VHDL 中表达，可以模拟一个布尔函数，或者将其封装在可用于构建更复杂功能的设计实体中。

文献解读

George Boole 在 19 世纪中期制定了布尔逻辑。他把结果写在两篇论文中，现在可以在网上免费使用[13,14]。De Morgan 把他关于逻辑方面的大量研究写在了 1860 年的论文中。

练习

3.1 证明吸收律。使用完美归纳法证明吸收性是真（即列举出所有的可能性）。

3.2 证明幂等律。使用完美归纳法证明幂等性是真。

3.3 证明结合律。证明结合性是真。

3.4 证明分配律。证明分配性——∧ 分配为 ∨ 和 ∨ 分配为 ∧——是真。

3.5 不适用于＋和×。证明对整数分配律不适用于＋分配×。

3.6 摩根定理。Ⅰ. 使用完美归纳法，证明摩根定理与四变量，具体来说为：
$$\overline{w \wedge x \wedge y \wedge z} = \bar{w} \vee \bar{x} \vee \bar{y} \vee \bar{z}$$
和
$$\overline{w \vee x \vee y \vee z} = \bar{w} \wedge \bar{x} \wedge \bar{y} \wedge \bar{z}$$

3.7 摩根定理。Ⅱ. 对正常形式的逻辑函数连续应用摩根定理，证明方程式（3-9）确实为真。

3.8 简化布尔方程。Ⅰ. 将以下布尔表达式化为最简形式：$(x \vee y) \wedge (x \vee \bar{y})$。

3.9 简化布尔方程。Ⅱ. 将以下布尔表达式化为最简形式：$(x \wedge y \wedge z) \vee (\bar{x} \wedge y) \vee (x \wedge y \wedge \bar{z})$。

3.10 简化布尔方程。Ⅲ. 将以下布尔表达式化为最简形式：$((y \wedge \bar{z}) \vee (\bar{x} \wedge w)) \wedge ((x \wedge \bar{y}) \vee (z \wedge \bar{w}))$。

3.11 简化布尔方程。Ⅳ. 将以下布尔表达式化为最简形式：$(x \wedge y) \vee (x \wedge ((w \wedge z) \vee (w \wedge \bar{z})))$。

3.12 简化布尔方程。Ⅴ. 将以下布尔表达式化为最简形式：$(w \wedge \bar{x} \wedge \bar{y}) \vee (w \wedge \bar{x} \wedge \bar{y} \wedge z) \vee (w \wedge x \wedge \bar{y} \wedge z)$。

3.13 对偶函数。Ⅰ. 找到以下功能的对偶函数，并将其写出正常的标准形式：$f(x, y) = (x \wedge \bar{y}) \vee (\bar{x} \wedge y)$。

3.14 对偶函数。Ⅱ. 找到以下功能的对偶函数，并将其写出正常的标准形式：$f(x, y, z) = (x \wedge y) \vee (x \wedge z) \vee (y \wedge z)$。

3.15 对偶函数。Ⅱ. 找到以下功能的对偶函数，并将其写出正常的标准形式：$f(x, y, z) = (x \wedge ((y \wedge z) \vee (\bar{y} \wedge \bar{z}))) \vee (\bar{x} \wedge ((y \wedge \bar{z}) \vee (\bar{y} \wedge z)))$。

3.16 标准型。Ⅰ. 写出下列布尔函数的标准型：$f(x, y, z) = (x \wedge \overline{y}) \vee (\overline{x} \wedge z)$。

3.17 标准型。Ⅱ. 写出下列布尔函数的标准型：$f(x, y, z) = x$。

3.18 标准型。Ⅲ. 写出下列布尔函数的标准型：$f(x, y, z) = (x \wedge ((y \wedge z) \vee (\overline{y} \wedge \overline{z}))) \vee (\overline{x} \wedge ((y \wedge z) \vee (\overline{y} \wedge z)))$。

3.19 标准型。Ⅳ. 写出下列布尔函数的标准型：$f(x, y, z) = 1$，如果恰好是 0 或 2 输入是 1。

3.20 从原理图推出方程。Ⅰ. 由图 3-10a 所示的逻辑电路，写出一个简化的布尔函数表达式。

3.21 从原理图推出方程。Ⅱ. 由图 3-10b 所示的逻辑电路，写出一个简化的布尔函数表达式。

3.22 从原理图推出方程。Ⅲ. 由图 3-10c 所示的逻辑电路，写出一个简化的布尔函数表达式。

3.23 从方程推出原理图。Ⅰ. 根据下面未简化的逻辑表达式画出原理图：$f(x, y, z) = (\overline{x} \wedge y \wedge \overline{z}) \vee (\overline{x} \wedge \overline{y} \wedge \overline{z}) \vee (x \wedge \overline{y} \wedge \overline{z})$。

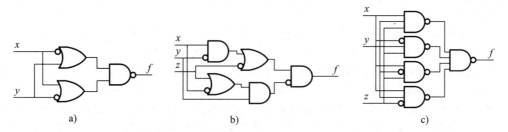

图 3-10　练习 3.20、练习 3.21、练习 3.22 的逻辑电路图

3.24 从方程推出原理图。Ⅱ. 据下面未简化的逻辑表达式画出原理图：$f(x, y, z) = ((x \wedge y) \vee z) \wedge \overline{(x \wedge z)}$。

3.25 从方程推出原理图。Ⅲ. 根据下面未简化的逻辑表达式，画出原理图：$f(x, y, z) = \overline{\overline{(x \wedge y)} \vee z}$。

3.26 从方程推出原理图。Ⅳ. 据下面未简化的逻辑表达式，画出原理图：$f(x, y, z) = 1$，如果恰好是 0 或 2 输入是 1。

3.27 VHDL。编写实现下面函数逻辑功能的 VHDL 设计实体：

$$f(x, y, z) = (x \wedge y) \vee (\overline{x} \wedge z)$$

编写测试脚本以验证你的设计实体对所有的 x，y 和 z 的八种组合。该电路实现什么功能？

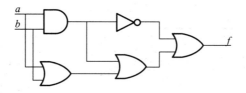

图 3-11　练习 3.28 的逻辑电路图

3.28 逻辑方程。
(a) 推导出图 3-11 所示的电路图未简化的逻辑方程；
(b) 写出未简化方程的对偶形式；
(c) 绘制未简化方程对偶形式的电路图；
(d) 简化原始方程式；
(e) 允许这种简化，说明反相器和原电路中最后的"或"门如何协同工作。

3.29 选择表示法。在 (a)(b) 或 (c) 情况下，一张纸牌需要最少的门输入来检查三张扑克牌花色是否相同（即所有的是红心，所有的是黑桃，所有的是方块，或所有的是梅花）。假设"异或"门的成本与三个正常门的相同，例如，两输入"异或"门成本高达六输入门的。
(a) 将花色设置为 4 位独热码的数字。一个独热码的数字正好有 1 位设置为 1。例如，梅花将由 0001 表示，黑桃 0010，方块 0100，红心 1000。
(b) 将花色用 2 位格雷码编号表示。格雷码解释在练习 1.9 中，梅花表示为 00，黑桃表示为 01 等。
(c) 代表花色也可以用单热或零热的 3 位表示。这个编码可以具有零 (000) 或 1 位 (001，010，100)。

第 4 章

CMOS 逻辑电路

本章将介绍如何使用互补金属氧化物半导体（CMOS）晶体管制造逻辑电路（门）。4.1 节将介绍通过使用开关实现逻辑功能。一组开关通过串联组合执行"与"功能，同时一组开关并联组合执行"或"功能。可以通过建立更复杂的串并联开关网络，实现更加复杂的开关逻辑功能。

4.2 节提出一个非常简单的 MOS 晶体管开关级模型。CMOS 晶体管有两种：nMOS 和 pMOS。为了更好地分析逻辑电路的功能，规定当其栅极闭合时为逻辑"1"，仅在逻辑"0"通过，因此可认为 nMOS 晶体管是一个开关。pMOS 晶体管与其互补——当其栅极闭合时为逻辑"0"，仅在逻辑"1"通过，因此 pMOS 晶体管也是一个开关。对逻辑电路的延时和功耗进行建模（在第 5 章），为基本的开关模型增加了电阻和电容。虽然这种开关级模型比用 MOS 电路设计的模型简单得多，但是用于分析数字逻辑电路的功能和性能，它是完全足够的。

使用开关级模型，在 4.3 节介绍如何通过 nMOS 晶体管的下拉网络和 pMOS 晶体管的上拉网络共同构建门电路。例如，"与非"门由串联的 nMOS 晶体管的下拉网络和并联的 pMOS 晶体管的上拉网络共同实现。

4.1 开关逻辑

在数字系统中，使用二进制变量来表示信息和通过这些变量信息控制开关。图 4-1 展示了一个简单的开关电路。当二进制变量 a 为假（0）时，图 4-1a 所示开关打开，指示灯熄灭。当 a 为真（1）时，开关闭合，电流流过电路，灯亮（见图 4-1b）。

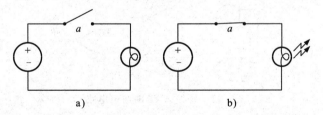

图 4-1　一个逻辑变量 a 控制一个连接电压源和灯泡的开关。a）当 $a=0$ 时，开关打开并且指示灯熄灭；b）当 $a=1$ 时，开关闭合并且指示灯亮

可以用开关网络实现简单的逻辑，如图 4-2 所示。在这里，为了简单清晰，省略了电压源和灯泡，但当两个终端连接时仍然认为开关网络为真；即如果连接的话，灯泡将亮。

假设要设计一个开关网络，只有当两个开关（负责各自的激活）同时闭合时才会发送激活导弹发射信号。如图 4-2a 所示，通过分别由逻辑变量 a 和 b 控制两个串联的开关。为了简明，通常省略开关符号，并将开关表示为具有标记的不连续导线，由变量控制的开关如图中间所示。只有当 a 和 b 都为真时，两个终端才相连。因此，只有 a 和 b 都同意启动导弹发射信号时，我们才确定能发送激活导弹发射信号。a 或 b 可以通过不关闭其控制的开关来阻止导弹发射信号发射。该开关网络实现的逻辑功能为 $f = a \wedge b^{\ominus}$。

　$\ominus$　回顾第 3 章，$\wedge$ 表示两个变量的逻辑"与"，$\vee$ 表示两个变量的逻辑"或"。

在发送激活导弹发射信号时，要确保在发送之前所有人都同意发送。因此，使用"与"函数。另一种情况下，在行驶的列车上，如果有任何人发现问题，就允许按动紧急制动停止行驶，则使用"或"函数，如图 4-2b 所示，将由两个二进制变量 a 和 b 并联控制两个开关。在这种情况下，如果开关网络控制的两个终端导通，原因可能是要么 a 和 b 中间有一个为真，或者 a 和 b 都是真。网络实现的功能是 $f = a \vee b$。

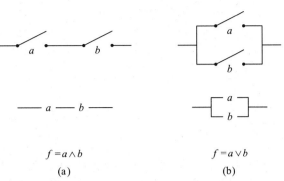

图 4-2　"与"和"或"的开关电路。a)串联连接两个开关，只有当逻辑变量 a 和 b 都为真时 $(a \wedge b)$ 电路才闭合；b)并联连接两个开关，只要逻辑变量 a 和 b 其中之一为真，$(a \vee b)$ 电路就闭合。为了清楚，经常省略开关符号仅仅列出逻辑变量

可以结合串并联网络实现任意逻辑功能。例如，图 4-3 所示的开关网络实现了功能 $f = (a \vee b) \wedge c$。为了连接网络的两个终端，c 必须为真，a 或 b 其中至少有一个为真。例如，你可能会在汽车上使用这样的电路发动起动器，如果钥匙转到 c，并且离合器被按下或变速器处于空档 b。

$$f = (a \vee b) \wedge c$$

图 4-3　一个实现逻辑功能 $(a \vee b) \wedge c$ 的"与或"复合逻辑电路

多个开关网络可以实现相同的逻辑功能。例如，图 4-4 显示了两个不同的网络都能实现三输入强函数。回想一下如果强函数的输入为真，则函数返回值为真；在这三输入函数的例子中，如果至少有两个输入为真，那么函数就会为真。这二者实现的逻辑功能是 $f = (a \wedge b) \vee (a \wedge c) \vee (b \wedge c)$。

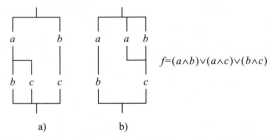

$$f = (a \wedge b) \vee (a \wedge c) \vee (b \wedge c)$$

a)　　　　b)

图 4-4　三输入强函数的两种实现方法(三局两胜函数)，当三个输入至少有两个为真时，输出为真

为确定开关网络实现的功能，有几种分析方法。一种是枚举出 n 个输入的所有 2^n 个组合，确定网络的连接组合方式。或者，一种是可以查询两个终端之间的所有路径，确定变量集，如果为真，则使该函数为真。对于串并联网络，也可以通过已有的"与"门或者"或"门开关结构替换串联或并联的复合开关，一步一步地简化网络。

图 4-5 显示了如何通过替换分析图 4-4a 所示的开关网络。原始的结构如图 4-5a 所示。首先将标记为 b 和 c 的并行分支组合成一个标记为 $b \vee c$ 的一个简单开关(见图 4-5b)。然后由 $b \wedge c$(见图 4-5c)代替 b 和 c 的串联组合。在图 4-5d 所示开关网络中，标有 a 和 $b \vee c$ 的开关由 $a \wedge (b \vee c)$ 代替。然后将两个并行分支组合成 $[a \wedge (b \vee c)] \vee (b \wedge c)$(见图 4-5e)。如果对 a"与"$(b \vee c)$ 的"与"门组合进行分配，那么最终得到图 4-5f 所示的表达式。

到目前为止，我们在网络中只使用正开关。也就是说，当关联的逻辑变量或表达式为

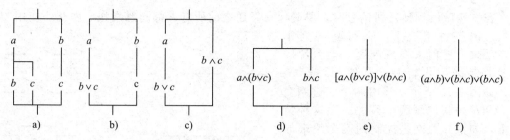

图 4-5　通过一步一步地替代串联或并联开关网络，我们可以将任何的串并联网络开关转换为表达式

真(1)时，开关是闭合的。仅仅使用正开关特性的这套逻辑功能，这将限制只能单调地增加功能。为了能够实现所有可能的功能，需要引入负开关——当它们的逻辑变量为假(0)时开关闭合。如图 4-6a 所示，用 a' 或者 $\bar{a}$ 表示负开关。当 a 为假(0)时这两个都表示开关闭合。可以结合正负开关共同构建逻辑网络。例如，图 4-6b 显示了一个实现函数 $f = a \wedge \bar{b}$ 的网络。

通常使用相同的逻辑变量来控制正负开关。例如，图 4-7a 显示实现两输入"异或"功能的开关网络。如果 a 为真，b 为假，则电路的上部分导通，如果 a 为假，b 为真，则下面的电路导通。因此，如果 a 或 b 其中之一是真，那么这个网络是连接(真)的。如果 a 和 b 都为真或假，则为电路断开(假)。

图 4-6　一个由 a' 或者 $\bar{a}$ 定义的否定逻辑变量。a)当变量 $a = 0$ 时，开关网络闭合(为真)；b)开关网络实现了功能 $a \wedge \bar{b}$

只要你曾经在走廊或楼梯上使用过灯，就应该熟悉这个由两个开关控制的电路，开关设在大厅或楼梯的两端。改变每个开关的状态都可以改变灯的状态。每个开关实际上是两个开关(一个正和一个负)由相同的变量控制：开关控制的位置⊖。它们的接线方式如图 4-7 所示——开关 a、$\bar{a}$ 在大厅的一端，b、$\bar{b}$ 在另一端。

在长长的走廊上，有时候想在长廊的中间控制灯。这可以通过如图 4-7b 所示三输入异或网络来实现。当输入是奇数时，n 输入异或电路为真。如果输入 a，b 或 c 中的任何一个为真或者它们三个都是真时，则该三输入异或电路导通。要验证这一点，可以枚举 a，b 和 c 的八种输入组合或者可以查询所有路径。然而，如图 4-5，因为它是一个非串联网络，所以不能通过替换法来分析此网络。如果对分析非串并联网络有兴趣，请参见练习 4.1 和 4.2。

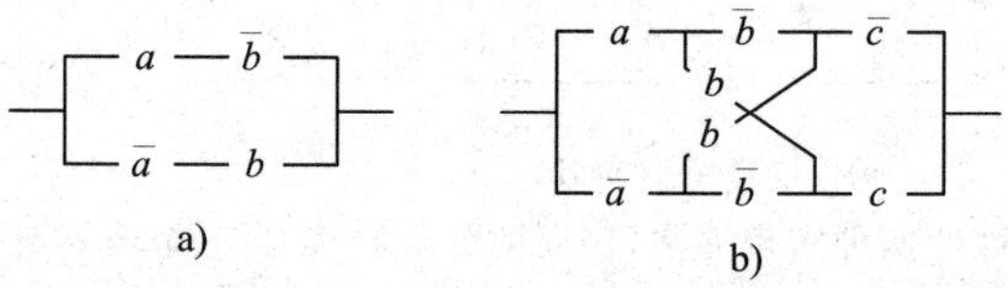

图 4-7　当输入中奇数个输入为真时，"异或"(XOR)开关网络为真。a)两输入"异或"开关网络；b)三输入"异或"开关网络

在走廊电路的应用中，a 和 c 开关放在走廊的两端和 b 开关放置在走廊的中间。你可能已经观察到，如果想要添加更多开关控制相同的灯，需要多次重复 b 开关的四开关模式，每次由一个不同的变量控制⊜。

⊖ 电工称这些三终端、两开关单元为三路开关。
⊜ 电工称这个四终端、四开关单元为一个四路开关，当变量为假时连接是直通的(开关手柄向下)，当变量为真时连接是交叉(开关手柄向上)。用 $n \geqslant 2$ 个开关控制一个灯需要两个三路开关和 $n-2$ 个四路开关。当然可以通过不连接一个端口随时将一个四路开关转变为一个三路开关。

例 4.1 串并联网络

如果 $dcba$ 是合法的温度计编码（0000，0001，0011，0111 或 1111），请绘制并简化实现函数 $f(d, c, b, a)=1$ 功能的串并联电路。

图 4-8 展示了为找到解决方案所采取的详细步骤。首先，从图 4-8a 开始，通过绘制网络表示五个并联的最小项。其次，在图 4-8b 中，从最左边 d 和最右边 a 路径中消除不必要的变量。最后，将 $a \wedge b$ 项拆成与 c 和 $\overline{d} \wedge \overline{c}$ 并行的单个路径。注意，不能组合 $\overline{d} \wedge \overline{c}$ 项，因为这样做会造成通过 $c \wedge \overline{b}$ 创建一个非法路径。

为了检查解决方案，我们制定如图 4-8c 所示的功能。在图 4-8d ～f 中展示我们的工作。得到以下公式：

$$f(d,c,b,a) = ((c \vee (\overline{d} \wedge \overline{c})) \wedge b \wedge a) \vee (\overline{d} \wedge \overline{c} \vee \overline{b})$$

这是原功能的另一种形式，并可以验证我们的方案。

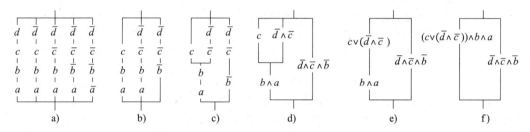

图 4-8　例 4.1 的解决方法。在图 a)到 c)依次减少了最初的串并联网络。在图 d)到 f)依次推导出了布尔表达式

4.2　MOS 晶体管的开关模型

大多数现代数字系统使用 CMOS（互补金属氧化物半导体）场效应晶体管作为开关。图 4-9 显示了 MOS 晶体管的物理结构和原理图形符号。在半导体衬底上形成的 MOS 晶体管有三个端口 ⊖：栅极、源极和漏极。源极和漏极是通过将杂质扩散到衬底中形成的。通过多晶硅形成的栅极（称为 ploysilicon 或简称为 poly），并通过一层薄的氧化物与基板绝缘。栅极端为金属（铝）时，MOS 是指由栅极（金属）栅极氧化物（ZnO）和衬底（半导体）的层叠在一起的一种结构 ⊖。

MOSFET 的俯视图，图 4-9d 展示电路或逻辑设计师可以通过改变二个尺寸来决定晶体管的性能 ⊜：器件的宽度 W 和器件的长度 L。栅极长度 L 是电荷载流子（电子或空穴）从源端传输到漏端的距离，因此与器件的速度直接相关。栅极长度是如此重要，以至于我们通常以栅极长度来表示半导体工艺。例如，现在（2015 年）的大多数新设计都是在 20nm CMOS 工艺下完成的（即最小栅极长度为 20nm 的 CMOS 工艺）。几乎所有的逻辑电路都使用最小栅极长度代表工艺。速度运行最快的器件具有最少的能耗。

通道宽度 W 控制器件的强度。器件越宽，就有越多的电荷载体可以并行地穿过该装置。因此，W 越大，晶体管的导通电阻越小，器件可以承载的电流就越高。一个大的通道宽度 W 可以允许器件更快地释放负载电容，从而使器件运行得更快。但是，减小电阻也有一定的代价——器件的栅极电容也随着宽度 W 增加而增加。因此随着宽度 W 的增加，器件的栅电容充电或放电需要更长时间。

⊖　这衬底是第四端，目前忽略它。

⊖　一些非常先进的工艺正在回归金属栅极。

⊜　栅极氧化物的厚度也是关键尺寸，但是它由工艺决定并且不能被设计者改变。相反，W 和 L 由掩膜版确定，因此可由设计者调整。

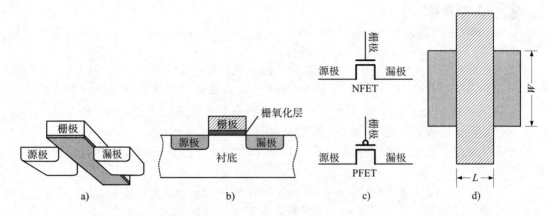

图 4-9 CMOS 场效应晶体管（FET）有三个端口。当器件打开时，源极和漏极（相同端口）之间
有电流通过。在栅极的电压控制器件是打开还是关闭。a)去除衬底的 MOSFET 的结
构。b)MOSFET 的侧视图。c)n 沟道 FET（NFET）和 p 沟道 FET（PFET）的示意图形符
号。d)MOSFET 的俯视图，显示其宽度 W 和长度 L

图 4-9c 显示了 n 沟道 MOSFET（nFET）和 p 沟道 MOSFET（pFET）的原理图形符号。
在 nFET 中，在 p 型衬底中源极和漏极是 n 型半导体，以及载流子是电子。在 pFET 中，
类型是相反的——在 n 型衬底（通常在 p 型衬底中扩散的 n 阱）中源极和漏极是 p 型的，并
且载流子是空穴。如果你不知道什么是 n 型半导体和 p 型半导体，空穴和电子是什么，别
担心，将马上介绍它们。暂且，耐心听我们讲述。

图 4-10 说明了一个 n 沟道 FET$^{\ominus}$ 的简单数字运算模型。如图 4-10a 所示，当 nFET 的
栅极为逻辑 0 时，源极和漏极是隔离的，通过一对 p-n 结（背对背二极管）彼此相连，因此
从漏极到源极没有电流流动，$I_{DS}=0$。这反映在中间面板中的原理图形符号中。如面板底
部所示，在这种状态下用一个打开的开关对 nFET 进行模拟。

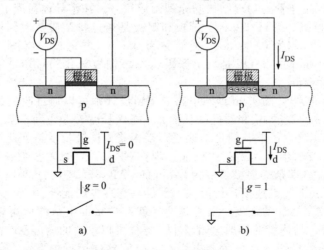

图 4-10 n 沟道 MOSFET 的简化操作。a)当栅极与源极的电压相同时，由于漏极被反相偏
置的 p-n 结（二极管）隔离，所以器件中没有电流流过。b)当向栅极施加正电压时，
其在栅极下方的通道中产生负载流子，有效地把 p 型硅转换成为 n 型硅。这种连接
源极和漏极的方式，在两级之间产生电流 I_{DS}。顶部面板显示在器件中实际发生的
情况。中间面板显示原理图。底部面板显示器件的开关模型

$\ominus$ MOSFET 工作的详细讨论远远超出了本书的范围。请查阅有关半导体器件的教科书了解更多细节。

如图 4-10b 所示，当栅极为逻辑 1，并且源极为逻辑 0 时，nFET 导通。栅极和源极之间的正电压引起栅极下面的沟道带负电荷。这些负电荷载体的存在（电子）使沟道为 n 型并且在源极和漏极之间形成一个导电区域。漏极和源极之间的电压加速了沟道中载流子的运动，导致产生了一个从漏极到源极的电流 I_{DS}。板的中间展示了 NFET 的示意图。板的底部显示出 nFET 的开关模型。当栅极为 1 且源极为 0 时，开关闭合。

重要的是要注意，如果源极为 1，开关也不会闭合，即使栅极为 1，开关也不会闭合，因为栅极和源极之间没有净电压来引发通道导电。因为如果任一端将阈值电压降低到 1 以下，则它将导通，所以在这种状态下开关也不会打开。在源极＝1 并且栅极＝1 时，nFET 处于未定义状态（从数字角度看）。最终结果是 nFET 可以明确地通过一个逻辑 0 信号。要通过逻辑 1，需要一个 pFET。

pFET 的工作原理如图 4-11 所示，与 nFET 相同。当栅极为 0 并且源极为 1 时，器件导通。当栅极为 1 时，器件关闭。当栅极为 0，且源极为 0 时，器件处于未定义状态。因为对于器件，源极必须为 1 才使其能够可靠地工作，pFET 仅仅通过逻辑 1。这与 nFET 形成了完美的互补，nFET 只能通过 0。

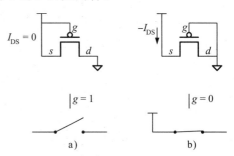

图 4-11　一个 p 沟道的 MOSFET 操作方式与一个全部使用 0 和 1 开关的 nFET 相同。a)栅极为高电平时无论源极和漏极电压如何，pFET 关断。b)当栅极电压低而源极电压高时，pFET 打开，并且电流从源极到漏极

图 4-10 和图 4-11 所示的 nFET 和 pFET 模型可以精确地模拟大部分数字逻辑电路的功能。然而，为了对逻辑电路的延时和功耗进行建模，必须在串联的源极和漏极之间添加电阻，以及在栅极和地之间添加一个电容，使我们的模型稍微复杂点，如图 4-12 所示⊖。栅极节点上的电容与器件的面积成正比，WL。另一方面，电阻与器件的长宽比 L/W 成正比。电容和电阻表达式为：

$$C_g = WLK_C \tag{4-1}$$

$$R_s = \frac{L}{W}K_R \tag{4-2}$$

其中：K_C 是电容常数，以单位面积的法拉值（F/m²）为单位；K_R 是电阻常数，以欧姆/平方（Ω/□）为单位。对于 nFET 和 pFET，K_C 是相同的，但 K_R 与 K_p 有不同的比例。pFET 具有比 nFET 更高的电阻。

图 4-13a 展示输入电压和晶体管电流之间的函数关系（nFET 和 pFET）。在稳态数字系统中，我们仅仅在图形的两个边沿进行操作，其中电流的差异是数量级的。这验证了我们的开关模型。图 4-13 也显示了 nFET 的驱动电流与 pFET 的驱动电流（K_p）比值约为 2.5。图 4-13b 表示当源极与漏极之间的电压达到 0 时，晶体管停止导电（和耗散功率）。图 4-14 显示了反相器的输入与稳态输出之间的函数关系。该图显示了 CMOS 电路在低电平和高电平输入下的抗噪声能力；在输入端电压上的小变化或噪声，不会影响输出电压。

为了方便起见，以及为了使我们的讨论独立于特定的生成过程，将以 L_{min} 为单位表示 W 和 L，这是技术上的最小栅长。例如，在 28nm 工艺技术中，将参数为 L＝28nm 和 W＝224nm 的器件定义为 L＝1，W＝8 器件，或者作为 W＝8 器件，因为 L＝1 是默认值。多数情况将用 W_{min}＝$8L_{min}$ 对 W 进行缩放，并把最小尺寸 W/L＝8 的器件作为单位尺寸的器件。然后，将其他器件的大小与此单位器件相关联。

⊖　源极和漏极在物理上是相同的，区别是电压问题。一个 nFET(pFET)的源极两个"非"门终端中最负(正)。

⊜　实际上，在源极和漏极节点上也存在电容——通常电容大约等于栅极电容的一半(取决于器件尺寸和几何形状)。然而，在本书的讨论中，将全部门节点的电容归为一类。

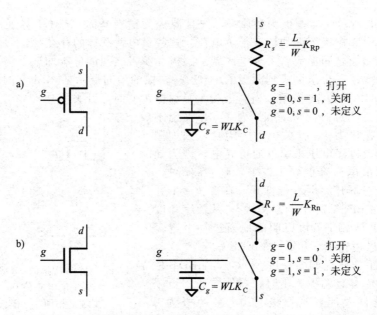

图 4-12　a)pFET 和 b)nFET 的电气模型。栅极有一个电容，其大小与其面积（WL）成正比例相关。电阻也随着栅极长度的增加而变大，但是与宽度成反比

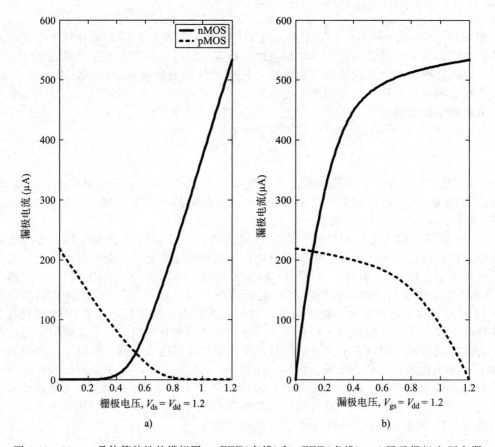

图 4-13　130nm 晶体管特性的模拟图。nFET（实线）和 pFET（虚线）；a)展示栅极电压和漏极电流的函数关系；b)为漏极电压和漏极电流的函数关系

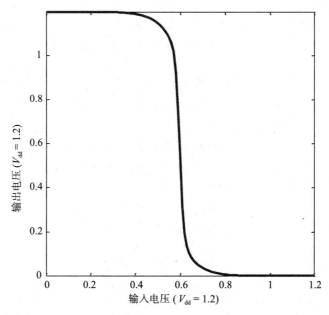

图 4-14 一个反相器输入电压与输出电压之间的函数关系

表 4-1 给出了 130nm 和 28nm 工艺下 K_C、K_{Rn} 和 K_{Rp} 的标准值。这里的关键参数是 τ_n 和 τ_p，这是该工艺下基本的时间常数。随着技术规模的扩大，K_C（以 F/m^2 为单位）与栅极长度大致成正比，可以是近似为：

$$K_C \approx 1.25 \times 10^{-9} L_{min} \tag{4-3}$$

其中：L_{min} 以 m 为单位。栅极的表面电阻和延时不再与其长度成比例关系。n 型晶体管的电阻增加，而 pFET 电阻保持不变。[注]

表 4-1 28nm 和 224nm 工艺的标准器件参数

所有数值都是在假定采用最小栅极长度和栅极宽度下得到的

参数	值(130nm)	值(28nm)	单元
K_C	2.0×10^{-16}	2.8×10^{-17}	F/m^2
K_{Rn}	2×10^4	4.2×10^4	$\Omega/\square$
K_p	2.5	1.3	
$K_{Rp} = K_p K_{Rn}$	5×10^4	5.5×10^4	$\Omega/\square$
$\tau_n = K_C K_{Rn}$	3.9×10^{-12}	1.2×10^{-12}	s
$\tau_p = K_C K_{Rp}$	9.8×10^{-12}	1.5×10^{-12}	s

例 4.2 电阻和电容

对于 130nm 和 28nm 工艺，一个 $L=1$，$W=32$ 的 nFET，其电阻 R_s 和门电容 C_g 是多少？具有相同电阻 R_s 的 pFET，其型号和电容是多少？

首先，对于 nFET：

$$R_s = \frac{L}{W} K_{Rn} = \frac{L_{min}}{32 L_{min}} K_{Rn}$$

$$R_{s,130} = 625\Omega$$

㊀ 有关器件尺寸缩小预测的信息，请参阅国际半导体技术路线图。

$$R_{s,28} = 1313\Omega$$
$$C_g = WLK_C$$
$$R_{g,130} = 6.4F$$
$$R_{g,28} = 0.896F$$

对于 pFET，我们知道电阻可以计算出宽度和电容：

$$W_p = \frac{LK_{Rp}}{R_s}$$

$$W_p = \frac{LK_{RN}K_p}{R_s}$$

$$W_p = K_pW_n$$

$$W_{p,130} = 80L_{min}$$

$$W_{p,28} = 41.6L_{min}$$

$$C_{g,130} = 16fF$$

$$C_{g,130} = 1.16fF$$

4.3 CMOS 门电路

4.1 节学习了怎样用开关表示逻辑电路，并且在 4.2 节了解大部分数字电路 MOS 晶体管能够转换为开关模型。将这些信息放在一起，能够清楚怎样用晶体管制作数字电路。

一个结构良好的逻辑电路应该支持数字信息化提取，通过产生一个输出可以作为另一个类似逻辑电路的输入。因此，需要一个电路在其输出端产生电压——不仅仅是将两个终端连接在一起的电压。电路也必须复位，会降低输入电平，从而能够复位输出电平。为了实现这一点，输出端电压必须从电源获得，而不是从其中的一个输入端获得。

4.3.1 基本 CMOS 门电路

如图 4-15 所示，当产生一个能够与输入兼容的复位输出时，静态 CMOS 门电路实现逻辑功能 f。当功能 f 为真时，pFET 开关网络将输出端 x 与电源正极（V_{DD}）连接。当功能 f 为假时，nFET 开关网络将输出端 x 与电源负极相连。这遵守了限制条件，仅在逻辑 1（高电平）时通过 pFET 开关网络和逻辑 0（低电平）的信号通过 nFET 网络。pFET 网络和 nFET 网络互补对于实现功能非常重要。如果功能重叠（二者同时为真），则从电源到地的短路会导致大电流，并可能导致电路发生永久性损坏。如果两个函数没有包含所有的输入状态（有一些输入状态，其中两个都不为真），则输出在这些状态下是未定义的。

因为 nFET 与高电平输入连接并产生一个低电平输出，pFET 的作用是刚好相反，所以只能用静态 CMOS 门产生反相逻辑功能。在单个 CMOS 门电路的输入端上的正向（负）转变可能在输出端产生负向（正）转变，或者根本不会引起任何变化。这样的逻辑功能，其中在输入上一个方向上转变会在输出上仅仅引起一个方向上的转换，因此称之为单调逻辑功能。如果输入端的转变在输出端引起的转变是在相反的方向，那么它是一个单调递减或反相逻辑功能。如果转变方向是相同的，它是一个单调递增的函数。实现非反相或非单调的逻辑功能需要多级 CMOS 门。

可以使用式（3-9）的对偶性原理来简化门电路的设计。如果要用 nFET 下拉网络实现函数 $f_n(x_1, \cdots, x_n)$ 的逻辑功能，我们知道门将实现的功能为 $f_p = \overline{f_n(x_1, \cdots, x_n)}$。通过对偶性，知道 $f_p = \overline{f_n(x_1, \cdots, x_n)} = f_n^D(x_1, \cdots,$

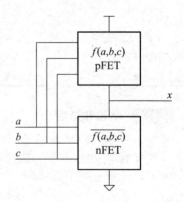

图 4-15 由功能 f 为真时的上拉高电平输出 pFET 开关网络和 f 为假时的下拉低电平输出 nFET 开关网络组成的 CMOS 门电路

$\overline{x_n}$）。所以，对于 pFET 上拉网络，可用反相输入实现想要的对偶功能。因为当输入是低电平时，它们是"开"，所以 pFET 能够反相输入。为了获得对偶功能，采用下拉网络，并且用"或"门替换"与"门，反之亦然。在开关网络中，这意味着下拉网络中的串联连接将成为上拉网络中的并联连接，反之亦然。

4.3.2 反相器、与非门和或非门

最简单的 CMOS 门电路是反相器，如图 4-16a 所示。这里 pFET 网络是一个晶体管，每当输入 a 为低电平时，将输出 x 与电源正极相连：$x = \overline{a}$。类似地，nFET 网络是一个晶体管，每当输入为高时，将输出 x 拉低。

图 4-16b 显示了反相器的原理图形符号。符号是一个向右的三角形，其输入或输出上有一个小圆圈。三角形表示放大器——表明信号被保持。圆圈（有时称为反相圈）意味着逻辑"非"。输入端的圆圈表示在输入信号到

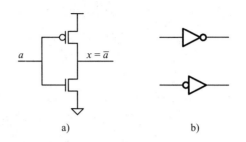

图 4-16 CMOS 反相电路。a)当 $a=0$，pFET 与 x 相连；当 $a=1$，nFET 与 x 相连；b)反相器的逻辑图形符号。在输入或者输出上的小圆圈定义了非操作

达放大器之前对信号施加"非"运算。类似地，输出上的圆圈表示在输出信号被放大之后对输出信号应用"非"运算。逻辑上，这两个符号是等价的。一般认为信号在放大前还是在放大后被反相无关紧要。为遵守圆圈（反相）规则，我们选择两个符号之一，具体如下：

圆圈规则 在可能的情况下，若一个信号来自具有反相圈输出端，这个信号输出到输入端具有反相圈的一个逻辑门的输入信号端。

使用圆圈规则绘制的原理图比逻辑信号的极性从导线一端到另一端改变的的示意图更容易阅读。这将在第 6 章中看到很多例子。

图 4-17 展示了可用于构建"与非"门电路和"异或"门电路的一些 nFET 和 pFET 开关网络实例。如果任一输入为低电平，则 pFET 的并联组合（见图 4-17b）连接输出高电平，因此 $f = \overline{a} \wedge \overline{b} = \overline{a \vee b}$。应用对偶原理，这种开关网络常常与一串联的 nFET 网络（见图 4-17c）一起实现一个"与非"门。完整的"与非"门电路如图 4-18a 所示，"与非"门的两个原理图形符号如图 4-18b 所示。上部图形符号是"与门"图形符号（正方形在左侧，半圆在右侧），在输出端具有反相圈——表示先对输入 a 和 b 进行与运算，然后反相输出 $f = \overline{a \wedge b}$。下部图形符号是所有的输入上具有反相圈的"或"门图形符号（曲线在左侧，尖端在右侧）——先对输入进行反相，然后对反相的输入进行"或"运算，$f = \overline{a} \vee \overline{b}$。按摩根定律（和对偶性），这两个功能是等效的。与反相器一样，在选择这两个符号时遵循气泡规则。

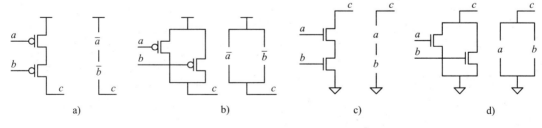

图 4-17 使用"与非"门和"或非"门实现的开关网络。a)当所有的输入为低电平时，串联的 pFET 连接高电平输出 c，$f = \overline{a} \wedge \overline{b} = \overline{a \vee b}$；b)如果输入其中之一为低电平，则并联的 pFET 连接输出为 $f = \overline{a} \vee \overline{b} = \overline{a \wedge b}$；c)当两个输入为高电平时，串联的 nFET 上拉输出低电平，$f = \overline{a \wedge b}$；d)当两个输入其中之一为真时，并联的 nFET 上拉输出低电平，$f = \overline{a \wedge b}$。"与非"门由开关网络 b)和 c)组成，然而"或非"门由 a)和 d)组成

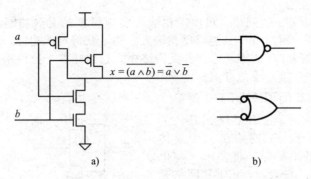

图 4-18　CMOS"与非"门。a)电路图："与非"门由一个并联的上拉网络 pFET 和一个串联的下拉网络 nFET 组成。b)原理图形符号："与非"门可以认为是一种能够反相输出(顶部)的"与"门，或者具有反相输入(底部)的"或"门

"异或"门由一个 pFET 的串联网络和一个 nFET 的并联网络构成，如图 4-19a 所示。当 a 和 b 二者都为低电平时，pFET 的串联组合(见图 4-17a)连接输出为 1，$f = \overline{a} \wedge \overline{b} = \overline{a \vee b}$。应用对偶性，此电路也可用并联的 nFET 下拉网络完成(见图 4-17d)。"异或"门的原理图形符号如图 4-19b所示。"与非"门和反相器一样，可以根据圆圈规则选择反相输入和反相输出。

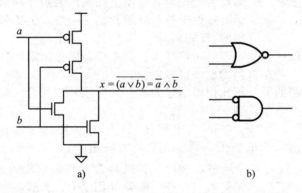

图 4-19　CMOS"或非"门。a)电路图："或非"门由一个有串联的上拉网络 pFET 和并联的下拉网络 nFET 组成。b)原理图符号："或非"门可以认为是一种具有反相输出(顶部)的"或"门，或者具有反相输入(底部)的"与"门

例 4.3　四输入"与非"门

绘制一个四输入"与非"门的晶体管级实现方式，$f = \overline{a \wedge b \wedge c \wedge d}$。

该门的实现通过两个并联 pFET 和两个串联的 nFET 来扩展双输入"与非"门。最终门如图 4-20 所示。

4.3.3　复合门

不仅仅可以通过简单的串联和并联网络建立门。也可以使用任意串并联网络，甚至非串并联网络。例如，图 4-21a 展示了一个"与或非"(AOI)门的晶体管级设计。该电路实现了函数 $f = \overline{(a \wedge b) \vee c}$ 的功能。下拉网络 a 和 b 先串联再与 c 并联。上拉网络是这个网络的对偶网络，a 和 b 先并连再与 c 串联。"与或非"门的原理图如图 4-21b 所示。

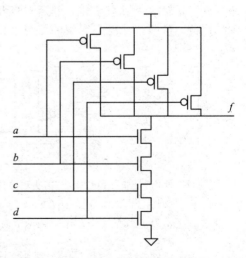

图 4-20　四输入"与非"门的晶体管级实现

图 4-22 显示了一个复杂逻辑反相门。因为它是一个单调增加的函数，门只能实现反相功能，所以不能建立一个单级的复杂逻辑门。但是，可以构建如图 4-22 所示的强函数的反码。因为它自己的对偶性，因此强函数是一个有趣的函数。也就是说，$\mathrm{maj}(\overline{a},\ \overline{b},\ \overline{c})=\overline{\mathrm{maj}(a,\ b,\ c)}$。因为可以通过下拉网络实现强函数门，这与通过下拉网络实现的一样，如图 4-22a 所示。因为所有的输入都是等效的，故强函数也是对称逻辑函数。因此，可以改变 pFET 和 nFET 的输入，不会改变函数功能。

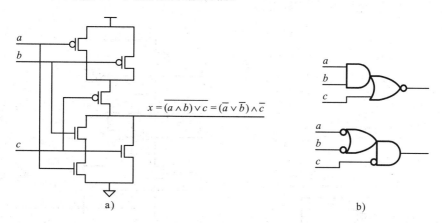

$$x = \overline{(a \wedge b) \vee c} = (\overline{a} \vee \overline{b}) \wedge \overline{c}$$

图 4-21　一个"与或非"(AOI)门。a)使用一个并串联的 nFET 上拉网络和串并联 pFET 上拉网络组成；b)两种"与或非"门的原理图

图 4-22b 显示了强函数反相门更传统的实现方式。这里的 nFET 下拉网络与图 4-22a 所示的相同，但是 pFET 上拉网络已被对偶网络所取代——用并联元件代替所有串联元件，反之亦然。例如，在下拉网络中 b 和 c 并联与 a 串联的组合转换为在上拉网络中 b 与 c 串联和 a 并联的组合。nFET 下拉网络和 pFET 上拉网络之间可以相互转换，式(3-9)给下拉网络变换提供了一种实现方式。

图 4-22c 显示了强函数反相门两个可能的原理图形符号。因为强函数是自对偶的，所以无论是否在其输入或输出上加反相圈都无关紧要。无论何种方式该功能实现的都是强函数功能。如果三个输入中至少有两个输入为高电平，则输出为低电平——具有一个低电平输出的强函数。同样的情况是，如果三个输入中的至少两个输入为低电平，则输出将为高电平——具有低电平输入的强函数。

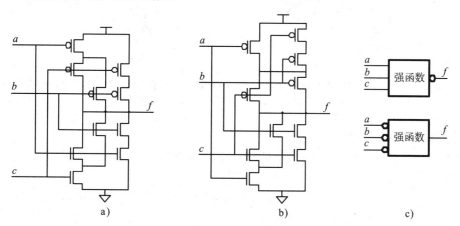

图 4-22　一个强函数反相门。如果输入中的至少两个输入为真，则输出为假。a)使用对称的上拉网络和下拉网络；b)使用一个上拉网络和一个与其对偶的下拉网络组成；c)原理图形符号：无论是否在其输入或输出上反相，该功能实现的都是强函数功能

　　严格来说，因为"异或"门是一个由非单调函数实现的门，所以不能制造一个单级的CMOS"异或"门。根据其他输入的状态，输入端的正跃迁可能在输出端产生正跃迁或负跃迁。然而，如果反转所有输入的方向，利用图 4-7a 所示开关网络，能够实现一个双输入"异或"功能的门电路，如图 4-23a 所示。图 4-23b 展示了一个三输入"异或"功能的电路。这里的开关网络不是串并联网络。如果反相输入是不可行的，则用两个 CMOS 门串联实现两输入"异或"门更有效，如图 4-23c 所示。我们把这个电路的晶体管级设计作为一个练习。"异或"门的图形符号如图 4-23d 所示。

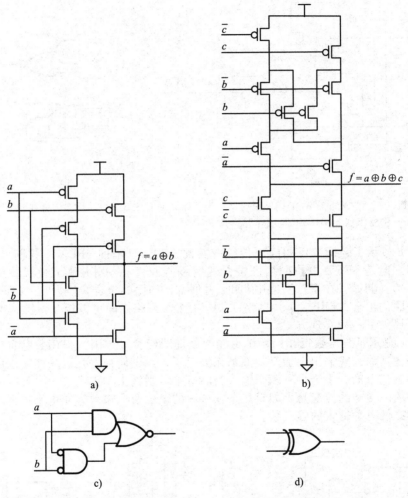

图 4-23　"异或"门。两输入晶体管级电路图，a)三输入；b)在顶部的"异或"门；c)计算"异或"门两个值的两级原理图；d)"异或"门的示意图形符号

例 4.4　CMOS 门分析

绘制一个复合门，当且仅当输入 cba 是合法的温度计编码信号时输出 0。

首先，写出布尔函数并化简它，如下所示：

$$f(c,b,a) = \overline{(\overline{c} \wedge b \wedge \overline{a}) \vee (\overline{c} \wedge b \wedge a) \vee (\overline{c} \wedge b \wedge a) \vee (c \wedge b \wedge a)}$$
$$= \overline{(\overline{c} \wedge \overline{b}) \vee (b \wedge a)}$$

因此，我们的 nFET 开关网络函数为：

$$f_{\mathrm{n}} = (\overline{c} \wedge \overline{b}) \vee (b \wedge a)$$

接下来，为了正确绘制 pFET 阵列，发现 nFET 功能是对偶的：

$$f_p(c,b,a) = (\overline{c} \wedge \overline{b}) \vee (b \wedge a)$$

图 4-24 展示了最终的答案。为了在单级实现该电路，需要对输入 c 和 b 进行取反码。

4.3.4　三态电路

有时，需要建立一个分布式多路复用器，在这里当逻辑信号 a 为真时，来自点 A 的信号节点和当逻辑信号 b 为真时来自 B 的信号节点驱动一个值到信号结。可以用三态反相器实现这一功能。这个电路，如图 4.25a 和 b 所示，当 e 为真时，将 a 驱动到 x 上，并当 e 为假时，呈现一个高阻抗（驱动既不是 1 也不是 0）到输出。当使能 e 为高电平（$\overline{e}$ 为低电平）时，中间两个晶体管导通。由 a 控制的外部晶体管作为标准的反相器。在 e 低电平（$\overline{e}$ 为高电平）的情况下，使能晶体管关闭，没有值被传递到输出。在这种状态下，输出的值最初等于以前的输出，但最终会进入一个未知状态。在 VHDL 中，未被驱动的线用"z"符号表示。

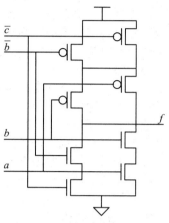

图 4-24　CMOS 电路的原理图用于检测输入 abc 是否代表合法的温度计编码

按照 4.3.1 小节的定义，三态反相器不是一个门，因为它的输出不是其输入的逻辑功能的复位。其下拉函数 $f_n(a, e)=a \wedge e$ 不等于其上拉函数的反码 $f_p=\overline{a} \wedge e$。当 f_n 和 f_p 均为假时，零冲力函数 $f_z=\overline{f_n} \wedge \overline{f_p}=\overline{e}$ 为真，并指示 x 何时进入高阻抗或 z 状态。因为该电路产生三个输出状态 0、1 和 z，所以将其称为三态电路。在这里请不要将其与具有三个信号值的逻辑电路混淆。

三态电路不受反相器限制。当使能信号 e 为低电平时，可以修改任何 CMOS 栅极电路来关闭输出。也不受单个使能信号限制。当电路是激活时任意的逻辑功能都可以确定。该功能在上拉和下拉时可能有些不同，而使能功能可以是其他电路输入的功能。其中任何 $f_z \neq 0$ 的 CMOS 电路都是三态电路。但是并非所有这些都是有用的。

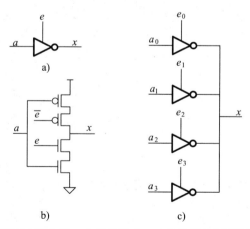

图 4-25　三态反相器有两个输入和一个信号输出。a)晶体管级原理图；b)当使能信号 e 为低电平时，没有电源连接到输出。当 e 为高电平时，输出为 $\overline{a}$。四个三态反相器实现总线或分布式多路复用器。c)当恰好一个使能信号 e_i 为高电平时，输出为 $\overline{a_i}$。当所有使能信号都为低电平时，输出不确定。如果使能信号都为高电平，则可能会造成永久性损坏

三态反相器可用于实现多路复用器和分布式多路复用器，如图 4-25c 所示。这里，四个三态反相器一起驱动相同的输出线 x。如果只有一个使能信号 e_i 有效，$x=\overline{a_i}$。如果所

有的使能信号都为低电平,则不能驱动到 x——驱动器处于高阻抗或 z 状态。如果多个使能信号同时有效(甚至在很短的时间内),可能会造成短路,导致静电流从门的电源端流到另一个门的接地端。至少,这增加了功耗并给出一个无效的输出。在最糟糕的情况下,产生的高电流会蒸发金属导线,永久地损坏芯片。即使在每个时钟周期只有一个使能信号有效,在时钟间产生的不同使能偏斜(见第 15 章)可能导致一个毁灭性的交迭。因为可能会形成超过时间点 A 和 B 之间距离的时钟偏差,因此,一般使用三态电路的分布式多路复用器是特别脆弱。

由于存在短路的潜在可能,所以应避免使用三态电路。如果已经使用,应采取有力的保护措施,确保在使能信号间不存在交迭的可能。一种方法是,在两个能信号之间设置一个空闲的周期(所有的使能信号为低电平)。或者,通过设计驱动,以便使能信号的电路在其上升沿有一个很长的延时,以及在下降沿有一个短暂延时,在产生影响之前确保电路能够自我关断——延时的差异很大足以补偿时钟偏移等因素。在大多数情况下,最好的方法是构建所需的功能——即一个分布式多路复用器或总线(见 24.2 节),静态 CMOS 门("与非"(NAND)门和"或非"(NOR)门)。

4.3.5 无效电路

在结束本章之前,研究一些既不是逻辑门,也没有任何作用的电路,但是在 CMOS 电路设计中常见的错误,这是十分有价值的。图 4-26 展示了四个代表性的错误。图 4-26a 所示缓冲区可能不起作用,因为它试图将 1 通过 pFET 和将 0 通过 nFET。晶体管不能可靠地传输通过这些值,并且因此输出信号未定义——最好情况是使输入信号摆幅衰减。图 4-26b 所示的"与非"电路实际上实现的逻辑功能为 $f = a \wedge \bar{b}$。然而,因为它不能复位其输出信号,所以它违反了数字提取的规定。如果 $b=0$,则输入端 a 的噪声直接传递到输出端⊖。在输出上的噪声不仅可以传递到输入信号,也可以传递到所有由输入驱动的门。

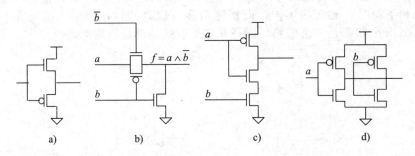

图 4-26　四种不是逻辑门的电路并且不应该被使用:a)电路试图将 1 通过 nFET 和 0 通过 pFET;b)电路不恢复高输出值;c)电路当 $a=1$ 和 $b=0$ 时不驱动输出;d)电路当 $a \neq b$ 出现静态电流

当 $a=1$ 和 $b=0$ 时,图 4-26c 所示的电路使其输出断开。由于寄生电容,前一个输出值将在输出节点上存储一段短时间。然而,一段时间后,存储的电荷将会泄漏,进而输出节点变为未定义的值。当 a 和 b 不相等时,图 4-26d 所示,最终的电路将同时使上拉和下拉网络导通。这种从电源到地的静态电流输出是一个未定义的逻辑值,它不仅浪费电源,并可能损坏芯片。

⊖　这种电路可以在边沿区域小心使用,在长导线或另一个非复位门之前但是必须跟着一个复位门。在大多情况下,最好避开这样的快捷门。

总结

　　CMOS 门电路是现代数字系统的基本构件。通过互补的 MOS(CMOS)晶体管开关逻辑得出门电路。

　　当开关在闭合时连接节点。只有当电路中所有开关闭合时，开关才串联连接其各节点，形成一个"与"功能。同样，开关的并联连接执行"或"功能。串并联开关网络可以执行任意"与"和"或"函数的组合。

　　nMOS 和 pMOS(n 型和 p 型 MOS)晶体管作为受到一定限制的开关。一个 nMOS 晶体管或 nFET 在其栅极端为高电平(逻辑 1)时导通(开关闭合)，但是它们只传递低电平信号(逻辑 0)。一个 pMOS 晶体管或者 pFET，作为互补器件，当栅极端为低电平时导通，并且只通过高电平信号。

　　构建一个 CMOS 门电路，通过构建一个 nFET 的下拉网络来实现功能 f，当 f 为真时将输出拉低，一个 pFET 的上拉网络，当 f 为真时将输出拉高。由于 pFET 的输入正好反相，使用与下拉网络对偶的上拉网络获得所需的功能。例如，为了形成"与非"门，用下拉网络 nFET 的串联连接和上拉网络 pFET 的并联连接。除了"与非"门(串联 nFET，并联 pFET)和"或非"门(并联 nFET，串联 pFET)之外，我们可以构建更复杂的门，如"与或"反相门，执行"与"和"或"的任意组合，实现最终的反相。

　　由于 nFET 和 pFET 的特性，所有的 CMOS 门都是单调减小的，即上升的输入转换永远不会导致输出转换上升。为了实现递增函数，多级 CMOS 门是必要的。

　　为了使逻辑电路原理图更具有可读性，我们使用气泡规则。在可能的情况下，如果电线一端有气泡，我们在电线的另一端画门，因此在电线的这一端也有一个气泡。

　　三态电路有一个处于高阻抗"或非"连接状态的输出，这使得几个三态电路可以驱动单个信号节点。由于三态电路之间的短路电势驱动同一节点，一般情况下应尽量避免使用这些电路。

文献解读

　　第一次使用开关网络的研究中有两项技术来自 Shannon[100] 和 Montgomerie[82]。第一次使用开关模型仿真 MOSFET 电路其中一人是 20 世纪 80 年代初的 Bryant[22]。

　　一本数字电路设计的教材，例如 Rabaey 等人的教材[94]，是有关数字逻辑电路的更详细信息的一个很好的来源。

　　Weste 和 Harris 的教科书[112] 提供了有关门布局和 VLSI 的更多信息。

　　最后，对 MOSFET 物理学感兴趣的读者应该参考 Muller，Kamins 和 Chan 的书[85]。

练习

4.1　非串行并行分析。Ⅰ. 写出图 4-27a 所示开关网络连接两个节点想要表达的逻辑功能。注意这不是串并联网络。

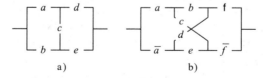

图 4-27　练习 4.1 和练习 4.2 的开关网络

4.2　非串行并行分析。Ⅱ. 写出图 4-27b 所示开关网络连接两个节点想要表达的逻辑功能。注意这不是串并联网络。

4.3　串联并行综合。Ⅰ. 制一个串并联开关电路，其实现函数 $f(x, y, z) = ((x \vee \overline{y}) \wedge ((y \wedge z) \vee \overline{x})) \vee (x \wedge y \wedge z)$。

4.4　串联并行综合。Ⅱ. 绘制一个串并联开关电路，假如其输入至少有一个为真，其实现函数 $f(w, x,$

y, z)=1。

4.5   串联并行综合。Ⅲ. 绘制一个串并联开关电路，假如其输入至少有两个为真，其实现函数 $f(w, x, y, z)=1$。

4.6   串联并行综合。Ⅳ. 绘制一个串并联开关电路，假如其输入至少有三个为真，其实现函数 $f(w, x, y, z)=1$。

4.7   串联并行综合。Ⅴ. 绘制一个串并联开关电路，假如其四个输入全部为真，其实现函数 $f(w, x, y, z)=1$。

4.8   串联并行综合。Ⅵ. 绘制一个串并联开关电路，假如其输入恰好有一个或者三个为真，其实现函数 $f(w,x, y, z)=1$。

4.9   串联并行综合。Ⅶ. 制一个串并联开关电路，假如输入 xyz 要么表示 1，要么是二进制素数（$xyz=$ 001，010，011，101，111），其实现函数 $f(x, y, z)=1$。

4.10   串联并行综合。Ⅷ. 绘制一个串并联开关电路，假如输入 $wxyz$ 要么表示 1，要么是二进制素数（$wxyz=0001$，0010，0011，0101，0111，1011，1101），其执行函数 $f(w, x, y, z)=1$。

4.11   CMOS 开关模型。Ⅰ. 在图 4-22a 所示反相门中，画出开关模型（在晶体管的位置使用闭合和打开开关），输入 $a=1$，$b=0$，$c=0$。

4.12   CMOS 开关模型。Ⅱ. 在图 4-22a 所示反相门中，画出开关模型（在晶体管的位置使用闭合和打开开关），输入 $a=1$，$b=1$，$c=1$。

4.13   CMOS 开关模型。Ⅲ. 在图 4-23a 所示门中，画出开关模型（在晶体管的位置使用闭合和打开开关），输入 $a=1$，$b=0$。

4.14   CMOS 开关模型。Ⅳ. 在图 4-23b 所示门中，画出开关模型（在晶体管的位置使用闭合和打开开关），输入 $a=1$，$b=0$，$c=1$。

4.15   电阻和电容。Ⅰ. 对于 130nm 和 28nm 工艺技术，计算 $W=20L_{min}$ 的 nFET 的电阻和栅极电容。pFET 是 $W=20L_{min}$ nFET 电阻的一半，其栅极电容是多少，宽度是指什么？假设所有晶体管都具有 $L=L_{min}$。

4.16   电阻和电容。Ⅱ. 对于 130nm 和 28nm 工艺技术，计算 $W=40L_{min}$ 的 nFET 的电阻和栅极电容。pFET 是 $W=40L_{min}$ nFET 电阻的一半，其栅极电容是多少，宽度是指什么？假设所有晶体管都具有 $L=L_{min}$。

4.17   缩放生产量。你正在设计一个面积为 $1\times10^6 L_{min}^2$ 逻辑模块。它每 $400(1 + K_P)\tau_n$ 做一个工作单元。使用表 4-1 所示数据进行所有缩放参数。

（a）你可以在 130nm 和 28nm 工艺下在 $1mm^2$ 芯片上放置多少个模块？

（b）一个模块在 130nm 和 28nm 工艺下完成一个工作单元（延时）所花费的时间是多少？

（c）使用 130nm 和 28nm 工艺，我们在 1s 内在一块芯片上总共可以完成多少工作量（生产量）？

4.18   简单门。Ⅰ. 画出一个三输入晶体管实现的"与非"门。

4.19   简单门。Ⅱ. 画出一个四输入晶体管实现的"或非"门。

4.20   CMOS 电路图。Ⅰ. 制一个使用 nFET 和 pFET 构建的复位逻辑门，其执行功能为 $f=\overline{a \wedge (b \vee c)}$。

4.21   CMOS 电路图。Ⅱ. 绘制一个使用 nFET 和 pFET 构建的复位逻辑门，其执行功能为 $f=\overline{((a \wedge b) \vee c) \vee (d \wedge e)}$。

4.22   CMOS 电路图。Ⅲ. 绘制一个使用 nFET 和 pFET 构建的复位逻辑门，其执行功能为 $f=\overline{(\bar{a} \wedge \bar{b} \wedge \bar{c}) \vee (a \wedge b \wedge c)}$。假设所有的输入和它们的反码有效。

4.23   CMOS 电路图。Ⅳ. 绘制一个使用 nFET 和 pFET 构建的复位逻辑门，当且仅当 $cba=010$，011，101，或者 111 时，其执行功能为 $f=0$。假设所有的输入和它们的反码有效。

4.24   CMOS 电路图。Ⅴ. 绘制一个使用 nFET 和 pFET 构建的复位逻辑门，其执行的功能为图 4-23c 所示的"异或"门。假设所有的输入和它们的反码有效。

4.25   CMOS 电路图。Ⅵ. 绘制一个使用 nFET 和 pFET 构建的复位逻辑门，其执行的功能为五输入多反相强函数。假设所有的输入和它们的反码有效。

4.26   CMOS 电路图。Ⅶ. 绘制一个使用 nFET 和 pFET 构建的复位逻辑门，其执行功能，当 $cba=001$，010，011，或者 101（斐波纳契数）时 $f=1$。假设所有的输入和它们的反码有效。

4.27   CMOS 电路图。Ⅷ. 绘制一个使用 nFET 和 pFET 构建的复位逻辑门，其执行功能，假如输入 cba 中有零或者两个为真时 $f=0$。假设所有的输入和它们的反码有效。

4.28   CMOS 电路图。Ⅸ. 绘制一个使用 nFET 和 pFET 构建的复位逻辑门，其执行功能，假如输入 cba

中有一个或者两个为真时 $f=1$。假设所有的输入和它们的反码有效。

4.29　CMOS 电路图。Ⅹ. 绘制一个使用 nFET 和 pFET 构建的复位逻辑门，其执行功能，当 dcba＝0010，0011，0101，0111，1011，1101(4 位素数)时 $f=0$。假设所有的输入和它们的反码有效。

4.30　CMOS 逻辑电路转化为逻辑方程式。Ⅰ. 写出图 4-28a 所示 CMOS 逻辑电路的函数。

4.31　CMOS 逻辑电路转化为逻辑方程式。Ⅱ. 写出图 4-28b 所示 CMOS 逻辑电路的函数。

4.32　CMOS 逻辑电路转化为逻辑方程式。Ⅲ. 写出图 4-28c 所示 CMOS 逻辑电路的函数。

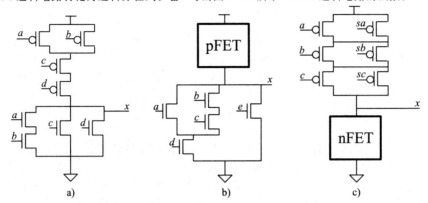

图 4-28　练习 4.30、练习 4.31、练习 4.32 的 CMOS 电路图。你可以假定 nFET 和 pFET 都可以正确的执行

4.33　三态缓冲器。描述由四个连接的三态反相器执行逻辑的两个静态实现，如图 4-25c 所示。虽然你第一个描述的应该只包括一个简单门，但是第二个包括多个门。

第5章

CMOS 电路的延时和功耗

数字系统的设计要求不仅包括功能，还包括系统的延时和功耗(或能量)。例如，加法器的设计规格如下：(i)功能，即输出是两个输入的和；(ii)延时，输入稳定后1ns内的输出必定有效；(iii)能耗，每增加一个加法器消耗的能量不超过2pJ。在本章中，将介绍估计 CMOS 逻辑电路的延时和功耗的简单方法。

5.1 CMOS 静态延时

如图 5-1 所示，逻辑门的延时 t_p 是指在 V_0 和 V_1 之间从门输入端50％的点到门输出端相同位置点之间的时间差。用这种方式定义的延时，使得可以通过简单地对各个门的延时求和计算逻辑门链的总延时。例如，在图 5-1 所示电路中从 a 到 c 的延时是两个逻辑门延时的总和。第一个反相器输出端50％的点也是第二个反相器输入的50％点。

因为 pFET 上拉网络的电阻可能不同于 nFET 下拉网络的电阻，所以 CMOS 门上升延时可能与下降延时不同。当两个延时不同时，将从下降的输入端到上升的输出端这段时间定义为上升延时，记为 t_{pr}，而下降延时记为 t_{pf}，如图 5-1 所示。

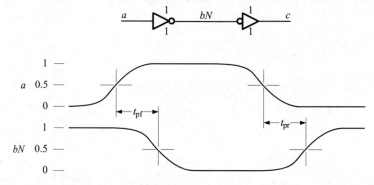

图 5-1 将门的输入端50％点到门的输出端相同点之间的那段时间定义为延时。本图展示了输入端 a 到输出端 bN 的波形，上升和下降延时分别记为 t_{pr} 和 t_{pf}

通过计算驱动端的输出电阻和负载的输入电容形成电路的 RC 时间常数，可以用 4.2 节介绍的简单开关模型来估计延时 t_{pr} 和 t_{pf}⊖。因为时间常数取决于驱动门和接收门相等的部分，不能通过门自身指定门的延时，而只能作为一个输出负载的函数。

例如，考虑用上拉宽度为 W_P 和下拉宽度为 W_N 的 CMOS 反相器驱动相同的反相器，如图 5-2a 和 b 所示⊜。对于上升和下降边沿，第二个反相器的输入电容是 pFET 和 nFET 电容之和：$C_{inv}=(W_P+W_N)C_G$。当第一个反相器的输出上升时，输出电阻是具有宽度 W_P 的 pFET，如图 5-2c 所示：$R_P=K_{RP}/W_P=K_PK_{RN}/W_P$。因此，对于上升沿有：

$$t_{pr} = R_P C_{inv} = \frac{K_P K_{RN}(W_P+W_N)C_G}{W_P} \tag{5-1}$$

类似地，对于下降沿，输出电阻是 nFET 下拉电阻，如图 5-2d 所示，$R_N=K_{RN}/W_N$。对

⊖ 实际上，驱动门的输出电容与输入电容大致相等。在这里，为简化模型，忽略了该电容。

⊜ W_P 和 W_N 是 $W_{min}=8L_{min}$ 的单位；C_G 是一个宽度为 $8L_{min}$ 门的栅极电容，因此，$C_G=0.22fF$。

于下降延时有：

$$t_{pr} = R_N C_{inv} = \frac{K_{RN}(W_P + W_N)C_G}{W_N} \tag{5-2}$$

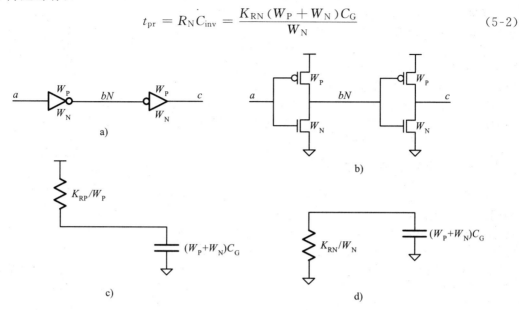

图 5-2 反相器驱动一个相同反相器的延时图。a)逻辑图（所有的数字是器件的宽度）。b)晶体管级电路。c)用于计算上升延时的开关级模型。d)下降延时的开关级模型

大多数时候，人们希望对 CMOS 门进行调整，使得上升延时和下降延时相等。也就是说，有 $t_{pr}=t_{pf}$。对于反相器，这意味着 $W_P = K_P W_N$，如图 5-3 所示。为了解释为何 pFET 的电阻率（每平方）更大，规定 pFET 的 K_P 比 nFET 的大几倍。pFET 的上拉电阻变为 $R_P = K_{RP}/W_P = (K_P K_{RN})/(K_P W_N) = K_{RN}/W_N = R_N$。由于电阻相等，所以具有相同的延时。同样地，用 W_N 取代上述公式中的 W_P，有：

$$t_{inv} = \frac{K_{RN}}{W_N}(K_P + 1)W_N C_G = (K_P + 1)K_{RN}C_G = (K_P + 1)\tau_N \tag{5-3}$$

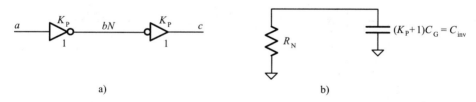

图 5-3 有相等上升/下降延时的反相器对。a)逻辑图（反映参数来自表 4.1）。b)下降延时的开关级模型（上升延时一样）

注意将 W_N 项消除。一个反相器驱动相同反相器的延时 t_{inv} 与器件宽度无关。随着器件变宽，R 减小，C 增加，总延时 RC 不变。对于 28nm 工艺，$K_P = 1.3$，此延时为 $2.3\tau_N = 2.70\text{ps}^{\ominus}$。

例 5.1 **上升和下降时间**

考虑如图 5-4 所示的"与或"门反相器。计算以 t_{inv} 为单位驱动 FO4（$C_{out} = 4C_{inv}$）反相器的最大、最小上升时间和下降时间。假设一次只有一个输入变化。

最小下降时间发生在从 $abc = 000$ 到 100 的转换中，因为在下拉通路的开关中只有一

$\ominus$ 对于一个最小尺寸 $W_N = 8L_{min}$ 的反相器，有相同的上升和下降延时，在我们的模型中 $C_{inv} = 0.5\text{fF}$。

个晶体管。进入 $4C_{inv}$ 的负载，这使得 $t_{fmin}=4t_{inv}$。最大下降时间发生在从 010 或 001 到 011 的转换过程中。这将打开具有两个 nFET 的下拉通路。延时是具有单个 nFET 的通路的 2 倍，因此 $t_{fmax}=8t_{inv}$。

最小上升时间发生在从 100 到 000 的过程中：当其他两个 pFET 都导通时，将打开由 a 控制的 pFET。因此，等效串联电阻为 $R_P=1.5K_{RN}$，并且在 $4C_{inv}$ 的负载下，我们有 $t_{rmin}=6t_{inv}$。最大上升时间发生在从 101 到 001（或 110 到 010）的过程中。在这种情况下，两个并联的 pFET 中只有一个导通，并且有 $R_P=2K_{RN}$，可得到 $t_{rmax}=8t_{inv}$。

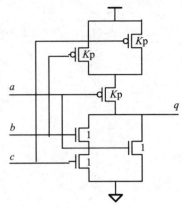

图 5-4　用于例 5.1 的"与或"门反相器

5.2　大负载下的驱动扇出

如图 5-5a 所示，尺寸为 1（$W_N=W_{min}$）的反相器在具有相同的上升/下降延时（$W_P=K_PW_N$）的条件下，考虑用单个反相器驱动四个相同的反相器。计算 RC 时间常数的等效电路如图 5-5c 所示。与相同条件的反相器（扇出 1）相比，这种 4 扇出有相同的驱动电阻 R_N，但是负载电容为 4 倍，即 $4C_{inv}$。最终结果是 4 扇出电路的延时是 1 扇出电路的延时的 4 倍。一般来说，F 扇出电路的延时是 1 扇出电路延时的 F 倍：

$$t_F=Ft_{inv} \tag{5-4}$$

对于 $F=4$ 的情况，有 $t_4=4t_{inv}=10.8ps$。这种 4 扇出（FO4）的数字电路通常用于进行比较，就 FO4 延时（t_4）而言，设计人员通常以它们的周期和逻辑深度作为参考。

如果单位尺寸的反相器驱动 4 倍大尺寸的单个反相器，则延时相同，如图 5-5b 所示。第一个反相器上的负载电容仍然是其输入电容的 4 倍。

当有一个非常大的扇出，分段增加驱动比一次性增加更加有利。延时与扇出数目成对数相关，而不是与扇出数目成线性相关。考虑图 5-6a 所示的情况。由单位尺寸反相器产生的信号 bN 驱动比单位尺寸反相器（$F=1024$ 的扇出）大 1024 倍的负载[⊖]。如果简单地将 bN 与 xN 连成一条线，则延时将为 $1024t_{inv}$。如图 5-6b 所示，但是如果分段地增加反相器，可以将电路分为五段。每段反相器都有 4 个扇出，得出总共延时为 $20t_{inv}$。

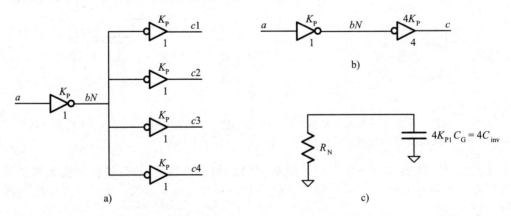

图 5-5　反相器驱动 4 个与自己同样规格的负载：a）驱动 4 个其他的反相器；b）驱动 4× 反相器；c）下降延时的开关级模型

一般来说，如果将 F 个扇出分成 n 级，每级有 $\alpha=F^{1/n}$ 个扇出，得到延时为：

$$t_{F_n}=nF^{1/n}t_{inv}=\alpha t_{inv}\log_\alpha F \tag{5-5}$$

⊖　从现在开始，上升和下降相等时，无论门的尺寸如何，都可以从图表中删除 W_P。

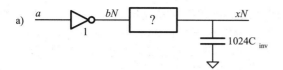

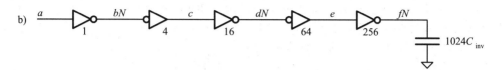

图 5-6　驱动大电容负载。a)单位规格的反相器输出需要驱动一个 1024 扇出的反相器。为了驱动一个大电容,需要一个电路来缓冲信号 bN。b)通过使用一个反相器链获得最小延时,每段的扇出数目相同(每段 4 个)

可以通过对式(5-5)关于 n(或 α)求导来求解最小延时,并将该导数设置为零。求解表明,当每段扇出 $\alpha=e$ 时,延时最小。实际上,3~6 个扇出的效果都很好。小于 3 会导致电路分级过多,而大于 6 会造成每级的延时太大。实际上 4 扇出经常被使用。总的来说,分级驱动一个大扇出 F,使用多级电路(每级有 α 个扇出)来减小延时,使延时与 F 呈线性相关变为与 F 呈对数相关,即 $\log_\alpha F$。

例 5.2　扇出

使每级有 5 个扇出,设计一种用最小尺寸的反相器驱动一个 $125C_{inv}$ 负载的方案,计算延时。

分为 3 级用最小尺寸的反相器驱动一个 5×反相器,每级的反相器驱动一个 25×反相器并且最终驱动负载。每级的延时是 $5t_{inv}$,总延时为 $15t_{inv}$。

5.3　逻辑努力的扇入

正如扇出通过增加负载电容来增加延时一样,扇入通过增加输出电阻——等效输入电容,增加门的延时。为了保持输出驱动恒定,对多输入门的晶体管进行放大,使得上拉串联电阻和下拉串联电阻等效于具有相同相对尺寸、相同上升/下降延时的反相器的电阻。

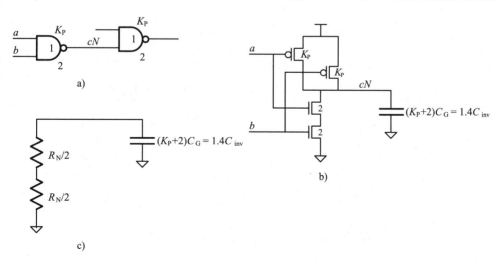

图 5-7　a)一个"与非"门驱动一个相同的"与非"门。二者的上升延时和下降延时完全相同。
　　　　b)晶体管级原理图。c)开关级模型

例如，如图 5-7a 所示，考虑用一个两输入"与非"门驱动相同的"与非"门。对每个"与非"门器件进行大小调整，使上拉网络和下拉网络具有相同的输出电阻，可作为单位驱动（相等的上升/下降延时）反相器，如图 5-7b 所示。因为在最糟糕的情况下，只有一个上拉 pFET 导通，所以设置 pFET 的 $W_P = K_P$，就像反相器一样。因为二者都在 3 个输入状态中只有一个输出为高电平（两个输入为零）时才导通，所以不用 pFET 的并联组合。为了得到一个等效于 R_N 的下拉电阻，串联链中的每个 nFET 的尺寸是最小宽度的 2 倍。如图 5-7c 所示，将这两个 $R_N/2$ 器件串联，得到的下拉电阻为 R_N。单位驱动"与非"门的每个输入电容是 pFET 和 nFET 电容的总和：

$$(2 + K_P)C_G = \frac{2 + K_P}{1 + K_P}C_{inv}$$

对于作为双输入"与非"门的逻辑努力的相同输出驱动，参考其输入电容的增加。它代表执行双输入"与非"门逻辑功能的努力（与反相器相比必须移动附加电荷）。一个门驱动相同门的延时（见图 5-7a）是其逻辑努力和 t_{inv} 决定的。

一般来说，对于有 F 个扇入的"与非"门，将根据 pFET 的 K_P 和 nFET 的 F 确定输入电容：

$$C_{NAND} = (F + K_P)C_G = \frac{F + K_P}{1 + K_P}C_{inv} \tag{5-6}$$

因此，逻辑努力为：

$$LE_{NAND} = \frac{F + K_P}{1 + K_P} \tag{5-7}$$

驱动相同"与非"门的延时为：

$$t_{NAND} = LE_{NAND}t_{inv} = \frac{F + K_P}{1 + K_P}t_{inv} \tag{5-8}$$

对于"或非"门，nFET 是并联的，因此单位驱动"或非"门具有尺寸为 1 的 nFET 下拉电路。在"或非"门中，pFET 是串联的，因此有 F 个扇入的单位驱动"或非"门具有 FW_P 尺寸的 pFET 上拉电路。总输入电容为：

$$C_{NOR} = (1 + FK_P)C_G = \frac{1 + FK_P}{1 + K_P}C_{inv} \tag{5-9}$$

因此，逻辑努力为：

$$LE_{NAND} = \frac{1 + FK_P}{1 + K_P} \tag{5-10}$$

作为参考，表 5-1 给出了"与非"和"或非"门扇入 F 与逻辑努力的函数关系，列出了在 K_P 和 $K_P = 1.3$ 两种情况下扇入为 1~5 的逻辑努力的值（28nm 工艺下的值）。

表 5-1 "与非"门和"或非"门扇入 F 与逻辑努力的关系（不考虑源/漏电容）

扇入 (F)	逻辑努力			
	$f(K_P)$		$K_P = 1.3$	
	NAND	NOR	NAND	NOR
1	1	1	1.00	1.00
2	$\frac{2 + K_P}{1 + K_P}$	$\frac{1 + 2K_P}{1 + K_P}$	1.43	1.56
3	$\frac{3 + K_P}{1 + K_P}$	$\frac{1 + 3K_P}{1 + K_P}$	1.87	2.13
4	$\frac{4 + K_P}{1 + K_P}$	$\frac{1 + 4K_P}{1 + K_P}$	2.30	2.70
5	$\frac{5 + K_P}{1 + K_P}$	$\frac{1 + 5K_P}{1 + K_P}$	2.74	3.26

按照类似的过程计算复杂门的逻辑努力。图 5-8 显示了 3 输入"与或非"(AOI)门，其大小与最小反相器的驱动强度相匹配。3 输入的每个输入电容都不一样，因此每个输入的逻辑努力必须单独计算。首先，对于 a，有：

$$C_{\mathrm{AOI},a} = (1 + 2K_{\mathrm{P}})C_{\mathrm{G}} = \frac{1 + 2K_{\mathrm{P}}}{1 + K_{\mathrm{P}}}C_{\mathrm{inv}} \tag{5-11}$$

$$\mathrm{LE}_{\mathrm{AOI},a} = \frac{1 + 2K_{\mathrm{P}}}{1 + K_{\mathrm{P}}} \tag{5-12}$$

接下来对于输入 b 和 c，有：

$$C_{\mathrm{AOI},b,c} = (2 + 2K_{\mathrm{P}})C_{\mathrm{G}} = \frac{2 + 2K_{\mathrm{P}}}{1 + K_{\mathrm{P}}}C_{\mathrm{inv}} \tag{5-13}$$

$$\mathrm{LE}_{\mathrm{AOI},b,c} = \frac{2 + 2K_{\mathrm{P}}}{1 + K_{\mathrm{P}}} = 2 \tag{5-14}$$

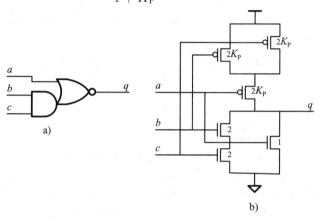

图 5-8　一个"与或非"(AOI)门的逻辑努力。a)门符号。b)具有相同上升/下降延时的单位驱动的晶体管级原理图

例 5.3　逻辑努力

计算如图 5-9 所示的 2-2"与或"门反相器的逻辑努力。

每个输入上的门的输入电容为：

$$C_{\mathrm{OAI}} = 2 + 2K_{\mathrm{P}}$$

因此，逻辑努力为：

$$\mathrm{LE}_{\mathrm{OAI}} = \frac{2 + 2K_{\mathrm{P}}}{1 + K_{\mathrm{P}}} = 2$$

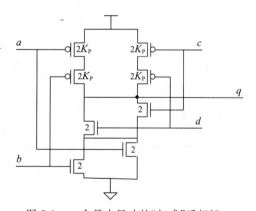

图 5-9　一个最小尺寸的"与或"反相门

5.4　延时计算

逻辑电路每 i 级的延时是由其 i 级到 $i+1$ 级的扇出或电气努力和 $i+1$ 的逻辑努力共同决定的。扇出是 i 级和 $i+1$ 级的驱动的比值。逻辑努力是电容倍增器，其应用于 $i+1$ 级的输入，以实现该级的逻辑功能。

例如，考虑如图 5-10 所示的逻辑电路。计算从 a 到 e 的延时，每次计算一级，如表 5-2 所示。驱动信号 bN 的第一级有 4 个扇出，并且其下一级(反相器)的逻辑努力为 1。该级总延时为 $4t_{\mathrm{inv}}$。驱动信号 c 的第二级有一个扇出，该级和下一级都有 4 个驱动器。信号 c 驱动一个 3 输入"或非"门，其逻辑努力为 2.13，所以这一级总延时是 2.13。驱动信号 dN 的第三级具有扇出和逻辑努力。该级的扇出是 2(四驱八)，该双输入"与非"门的逻辑努力是 1.43，总延时为 $2\times1.43=2.86$。最后，驱动信号 e 的第四级有 4 个扇出且逻辑努力为 1。不计算最终反相器（带 32 个驱动器）的延时，简单地提供了信号 e 的负载。最终求和 4 级的延时得到总延时 $t_{pae}=(4+2.13+2.86+4)t_{inv}=13.0t_{inv}=35ps$。

表 5-2　计算逻辑电路的延时

对于沿着这路径的每级，计算接收信号的扇出和门的逻辑努力。通过逻辑努力将扇出分配到延时的每级。算出这些级的总延时，用 t_{inv} 进行标准化处理

驱动器 i	信号 $i\sim(i+1)$	扇出 $i\sim(i+1)$	逻辑努力 $i+1$	延时 $i\sim(i+1)$
1	bN	4.00	1.00	4.00
2	c	1.00	2.13	2.13
3	dN	2.00	1.43	2.86
4	e	4.00	1	4.00
总和				13.0

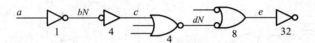

图 5-10　逻辑电路延时计算实例。每个门下的数字是其输出驱动，以有相同上升/下降延时及最小尺寸的反相器为标准（电导）

当计算带有扇入电路的最大延时时，需要确定最长（或关键）路径。通过计算每个路径的延时（见表 5-2），从而找出最大值，进而确定最长路径。例如，在图 5-11 所示电路中，假设输入信号 a 和 p 同时变化，$t=0$。延时计算如表 5-3 所示。从 a 到 c 的延时是 $7.73t_{inv}$，而从 p 到 qN 的延时是 $1.87t_{inv}$。因此，当计算最大延时，关键路径是从 a 到 c 到 dN——总延时为 $15.73t_{inv}$。如果关心电路的最小延时，那么使用从 p 到 qN 到 dN 的路径，总延时为 $9.87t_{inv}$。

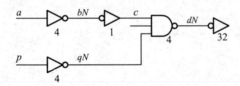

图 5-11　带扇入的逻辑电路。输入 a 和 p 同时变化。最大延时的关键路径是从 a 到 c 到 dN

表 5-3　图 5-11 的双路径延时计算

信号 $i\sim(i+1)$	扇出 $i\sim(i+1)$	逻辑努力 $i+1$	延时 $i\sim(i+1)$
bN	0.25	1	0.25
c	4	1.87	7.48
合计从 a 到 c			7.73
qN	1	1.87	1.87
合计从 p 到 qN			1.87
dN	8	1	8
从 a 到 dN 总和			15.73
从 p 到 dN 总和			9.87

一些逻辑电路具有不同门类型的扇出，如图 5-12 所示的信号 g。在这种情况下，对每

个驱动门和每个扇出计算电气努力和逻辑努力。求和得到信号 g 的总延时。上部的"与非"门有 3 个扇出,逻辑努力为 1.87,总努力为 5.61。下面的"或非"门有 2 个扇出,逻辑努力为 1.56,总努力为 3.12。因此,信号 g 总延时(或努力)为 $8.73t_{inv}$。

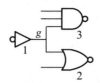

图 5-12 带有扇出的不同门类型的逻辑电路。信号 g 的总体努力通过加和扇出的乘积与所有接收门的逻辑努力计算

例 5.4 延时计算

计算如图 5-13 所示逻辑电路的延时,它是图 8-5 所示 6:64 译码器的一部分。该电路驱动 $256C_{inv}$ 的负载。每级的扇出如图 5-13 所示。信号 b 驱动反相器和两个双输入"或非"门。信号 c 一共驱动两个双输入或非门 P;d 驱动 16 个 3 输入与非门 Q。双输入"或非"门 P 和 3 输入"与非"门 Q 的逻辑努力如表 5-4 所示。

延时计算如表 5-4 所示。对于每级,通过对扇出的积、逻辑努力和下一级每个类型门尺寸求和来计算负载。然后,以 t_{inv} 为单位的延时是负载除以驱动。

表 5-4 计算如图 5-13 所示电路的延时

信号	驱动	负载(C_{inv})	延时(t_{inv})
b	2×	$2+2\times1.56\times8=27.0$	13.5
c	2×	$2\times1.56\times8=25.0$	12.5
d	8×	$16\times1.87\times4=120$	15.0
e	4×	32	8
f	32×	256	8
总和			57.0

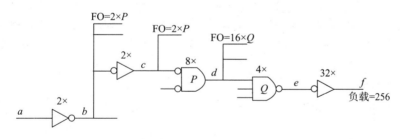

图 5-13 用于计算例 5.4 延时的电路图

5.5 延时优化

为了最小化逻辑电路的延时,要对各级进行调整,以便每级有相同的延时。对于单程 n 级路径,执行此优化的最佳方法是沿着路径 TE 计算总努力,然后为达到 $TE^{1/n}$ 的总体努力(扇出和逻辑努力的产物),在整个过程中根据每级尺寸分配努力。

例如,考虑如图 5-14 所示的电路。该电路的延时计算如表 5-5 所示。由第一个和最后一个门的比值得到需要的扇出总量为 96。通过第 3、4 级的逻辑努力(分别为 1.43 和 1.87)乘以电气努力,得到总努力为 257。以 $257^{1/4}\approx4$ 为每级的总努力(或延时)。门的电气努力是通过将这级的 4 个总努力除以逻辑努力得到的。因此,门的尺寸为 $x=4$,$y=$

$4 \times 4/1.43 = 11.2$，$z = 24.0$。得到的总延时刚刚超过 $16t_{inv}$。

假设如图 5-14 所示电路中最终反相器的驱动为 2048，而不是 96。在这种情况下，总努力是 TE $= 2048 \times 1.43 \times 1.87 \approx 5477$。如果试图把它分成 4 级，每级的延时为 $5477^{1/4} = 8.6t_{inv}$，总延时约为 $34.4t_{inv}$，这有点偏大。在这种情况下，可以通过增加偶数个反相器级来减小延时，如图 5-6 所示。最佳级数是 $\ln 5477 \approx 8$。有 8 级的话，每级必有 2.93 的努力，总延时 $23.4t_{inv}$。一个折中的电路是每级延时大约为 4，这需要 $\log_4 54776$ 级，总计延时为 $25.2t_{inv}$。

表 5-5   最小延时下最佳门尺寸，决定和划分整个电路的总努力

驱动器 i	信号 $i \sim (i+1)$	扇出 $i \sim (i+1)$	逻辑努力 $(i+1)$	尺寸 i	延时 $i \sim (i+1)$
1	bN	4.00	1.00	1	$x = 4$
2	c	2.80	1.43	4	$1.43y/x = 4$
3	dN	2.14	1.87	11.2	$1.87z/y = 4$
4	e	4	1	24.0	$96/z = 4$
总和					16

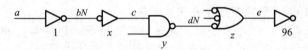

图 5-14   未确定尺寸的逻辑电路。设计 x、y、z 的尺寸使得电路的延时最小，要求每级延时相同，并且若有需要，可以增加级数

如果对图 5-14 所示的电路增加 2 个或 4 个反相器，必须确定在什么位置增加它们。可以在电路的任何一段插入一对反相器，这样不会改变其功能或延时。如果愿意将"与非"门转换为"或非"门(这通常是一个糟糕的方案，因为它增加了总努力)，甚至可以在任意点插入单个反相器。但是，如果高逻辑努力级的尺寸更大，通常为避免在其他方面消耗额外的功耗，最好把额外级放置在最后一级。但是，如果这些信号中有一个大的导线负载，在确保该点能够驱动这段导线的前提下，插入一个或多个额外级可能成为优势。

在对延时优化的讨论中，我们忽略了逻辑门自身的(或寄生)电容。寄生电容除了增加每个门的延时外，将其添加到模型中将会产生两个影响。首先，最优级的努力变成 $3 \sim 4$ 之间，而不是 e，因此增加级数的代价更大。其次，具有大型扇入的门不可避免地会导致大的门延时。例如，64 输入"与非"门将有连接输出节点的 65 个晶体管。不要建立具有高扇入的门。

例 5.5 延时最优化

为得到最小的延时，调整例 5.4 中门的大小。输入反相器为必须保持 $2\times$，以驱动信号 b 和 c。

从点 c 开始，假设所有的门都为单位规格，则将每级门的扇出(每个驱动门的数量)乘以下一级的逻辑努力来计算总努力。

从表 5-6 可以看出，由扇出和逻辑努力得出总努力为 $3.12 \times 29.9 = 93.4$，乘以增加的 128 个负载，得到总努力为 11.9×10^3。这 4 级中平均分配了总努力，每级为 $(11.9 \times 10^3)^{1/4} = 10.5$。

表 5-6   图 5-13 所示的电路每级努力的计算

信号	门扇出	逻辑努力	努力
c	2	1.56	3.12
d	16	1.87	29.9
e	1	1	1
f	1	1	1

因此，为得到一个总努力每级的努力为 10.5，我们改变了门的尺寸，尺寸和延时如表 5-7 所示。我们得出在例题 5.4 中的延时为 $3.7t_{inv}$。

表 5-7　图 5-13 所示电路每个门的最佳尺寸和延时

信号	尺寸	努力	延时
b	2		11.5
c	2	3.12	10.5
d	6.73	29.9	10.5
e	2.36	1	10.5
f	24.8	1	10.3
总和			53.3

5.6　导线延时

在现代集成电路中，大部分的延时和功耗是由连接门与门之间的导线产生的。芯片上的导线具有电阻和电容，表 5-8 列出了在 130nm 和 28nm 工艺下它们的值。在以下的例子中假定导线具有最小的尺寸，要求你在练习 5.20c 中探索导线变粗对电容和电阻的影响。

与驱动门的输出电阻相比，短的互连线的总电阻更小，可以作为集总电容的模型。例如，最小尺寸($W_N = 8L_{min}$)反相器的输出电阻为 $5.25k\Omega$。长度小于 $105\mu m$ 的互连线总电阻小于该值的 1/5，并且可以认为是集总电容。例如，正好为 $105\mu m$ 的互连线可以作为 19fF 的电容模型，与最小尺寸反相器的输入电容 0.52fF 相比，这相当于 36 个扇出。

对于较大的驱动器，较短的互连线具有与驱动器输出电阻相当的电阻。对于输出电阻为 328Ω 的 16× 最小尺寸反相器，例如，长度为 $33\mu m$ 互连线的电阻等于驱动器的输出电阻，并且导线长度必须长于 $6.1\mu m$ 的电阻至少是驱动电阻的 1/5。

表 5-8　在 130nm 和 28nm 工艺下最小尺寸的电阻和电容

参数	130nm	28nm	单位	描述
R_w	0.25	0.45	$\Omega/\square$	方块电阻
w_w	0.25	0.045	μm	导线宽度
R_w	1	10	$\Omega/\mu m$	每微米的电阻
C_w	0.2	0.18	$fF/\mu m$	每微米的电容
τ_w	0.2	1.8	$fs/\mu m^2$	RC 时间常数

与驱动器的电阻相比，研究长互连线的电阻更有意义，互连线的延时与导线长度为平方关系。如图 5-15a 示，随着互连线长度的增加，互连线的电阻和电容都线性增加，导致 RC 时间常数呈二次增加。如图 5-15b 所示，因为总电阻由互连线电阻决定，所以增加驱动器的尺寸不会改善这种情况。

如下，可以计算最小尺寸为 1mm 互连线的本征延时、电阻、电容。当建模分析分布电容和电阻时，如互连线，延时不是 RC 而是 $0.4RC$(在计算中忽略输出电容)。

$$R_{w,1mm} = R_w L = (10) \times (10)^3 = 10k\Omega \tag{5-15}$$

$$C_{w,1mm} = C_w L = (0.18 \times 10^{-15}) \times (10)^3 = 0.18pF \tag{5-16}$$

$$D = 0.4RC = 0.4(R_{w,1mm})(C_{w,1mm})^3 = 720ps \tag{5-17}$$

为了使长互连线的延时与长度呈线性相关(而不是二次相关)，互连线可以分成几段，每段由一个中继器驱动，如图 5-15c 所示。

为了得到线性延时，将长度为 L 的互连线分成长度为 $l = L/n$ 的 n 个部分。在每个部分的末尾，插入一个反相器(或中继器)来驱动下一段导线。近似得出总延时是 3 个 RC 延时的总和：互连线本身电阻、线电容穿过驱动器的电阻、下一个驱动器电容通过线和驱动

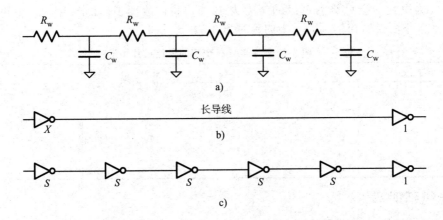

图 5-15 a)在芯片上一根长导线具有明显的串联电阻 R_w 和并联电容 C_w,其延时与长度成平方关系。b)驱动一根长导线通常会产生难以接受的延时和上升时间。由于导线的电阻率,增加驱动器 X 的尺寸不会有任何帮助。c)可以通过在导线中每隔一段固定距离插入大小为 S 的中继器,导线的延时与导线长度由平方相关变为线性相关

器的电阻⊖。图 5-16 所示电路展示了这个模型,有:

$$D_l = 0.4R_{w,l}C_{w,l} + R_rC_{w,l} + C_r(R_{w,l} + R_r) \qquad (5\text{-}18)$$

$$D_L = \frac{L}{l}0.4l^2R_{w,l}C_w + lR_rC_w + C_r(lR_w + R_r) \qquad (5\text{-}19)$$

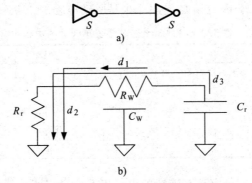

图 5-16 a)一个导线段示意,每段由大小为 S 的中继器驱动和终止。b)建立有 3 个延时之和的延时模型:导线本征延时(d_1)、导线电容通过驱动电阻放电(d_2)以及随后的驱动门通过驱动器和导线放电的延时(d_3)

通过对每段长度导线的延时求导,并将其设置为 0,可以使用式(5-19)推导出最小延时中继器之间的间隔:

$$\frac{\mathrm{d}}{\mathrm{d}l}D_L = 0.4R_wC_w - \frac{R_rC_r}{l^2} = 0 \qquad (5\text{-}20)$$

$$l = \sqrt{\frac{t_{inv}}{0.4R_wC_w}} = 61\mu\mathrm{m} \qquad (5\text{-}21)$$

图 5-17a 展示了延时如何随中继器间距改变而变化。间距很小时,中继器的延时占主导地位。一旦超过约 $60\mu\mathrm{m}$,延时开始增加。例如,中继器间隔增加 8 倍会导致延时增加 2

⊖ 这是一个用于理解总延时非常简单的模型,但是它给出了最佳中继器间距的合理估算方法。更加准确和复杂的模型请参考文献[8]和[29]。

倍。因此，可以按照类似的程序来找到最佳的中继器间距，即

$$D_L = \frac{L}{l}\left(0.4l^2 R_w C_w + \frac{lR_{inv}C_w}{S} + SC_{inv}\left(lR_w + \frac{R_{inv}}{S}\right)\right) \tag{5-22}$$

$$\frac{d}{dS}D_L = C_{inv}R_w - \frac{R_{inv}C_w}{S^2} = 0 \tag{5-23}$$

$$S = \sqrt{\frac{R_{inv}C_w}{C_{inv}R_w}} = 13.5 \tag{5-24}$$

$$D_{L,1mm} = 228ps \tag{5-25}$$

保证每段导线之间的延时相互独立，最佳驱动器尺寸为最小反相器尺寸的 13.5 倍。驱动器大小与延时之间的关系如图 5-17b 所示，超过一定值后曲线几乎是平的。一旦驱动器达到了一定阈值，它们对延时影响最小。不过，大的驱动器确实增加了能源消耗。

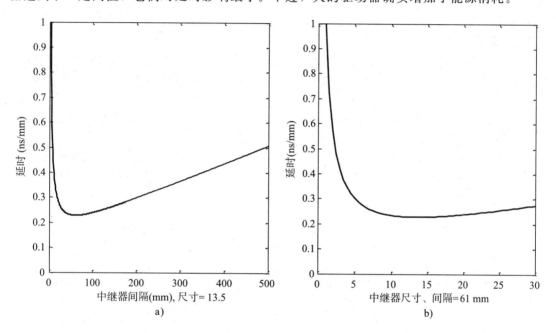

图 5-17　a)在两个中继器之间的 1mm 互连线延时与互连线长度的关系。b)1mm 互连线的延时与
　　　　具有最佳间隔的中继器尺寸的函数关系。1mm 互连线的不重复延时为 720ps

例 5.6 互连线延时

计算在 28nm 工艺下 1mm 长最小宽度导线的延时，其分为四段，每个段由 10× 最小尺寸反相器驱动。使用表 5-8 和表 4-1 所示的值。

计算互连线段和中继器的电阻和电容过程如下。最小尺寸反相器的 $W_N = 8L_{min}$，所以 10× 反相器的 $W_N = 80L_{min}$。然后

$$R_w = 10\,\frac{\Omega}{\mu m} \times 250\mu m = 2500\Omega$$

$$C_w = 0.18\,\frac{fF}{\mu m} \times 250\mu m = 45fF$$

$$R_r = \frac{K_{RN}}{W_N} = \frac{4.2 \times 10^4}{80} = 525\Omega$$

$$C_r = W_N(1 + K_P)K_C = 80 \times (1 + 1.3) \times 2.8 \times 10^{-17}$$

使用式(5-18)，计算每段导线的延时，分别为：

$$D_l = 0.4R_wC_w + R_rC_w + (R_r + R_w)C_r$$
$$= 0.4 \times 2500 \times 45 + 525 \times 45 + 2500 + 525 \times 5.15$$
$$= 45\ 000 + 23\ 600 + 15\ 579 = 84\ 179\text{fs}$$
$$\approx 84.2\text{ps}$$

在例题中对产生延时有最大影响的是互连线自身的延时。

整段互连线的延时是，四段，$4D_l = 4 \times 84.2 = 337\text{ps}$。

5.7　CMOS 电路的功耗

许多数字设计受能量、功耗的约束。电路的能量消耗（以 J 计）直接影响移动设备的电池寿命或为系统供电的成本。功耗（W 或 J/s）与电路产生的热量有关，因此需要冷却系统。不合理的冷却芯片可能导致芯片被高温永久损坏。数字设计师必须了解如何计算和优化能量和功耗。

5.7.1　动态功耗

在 CMOS 芯片中，大部分能量消耗是由栅极电容和导线电容的充电与放电造成的。电容先从 V_0 充电到 V_1，然后通过电阻再次放电到 V_0，消耗的能量为：

$$E = CV^2 \tag{5-26}$$

对于 28nm 工艺，$C_{inv} = 0.6\text{fF}$，$V = V_1 - V_0 = 0.9\text{V}$，$E_{inv} = 0.49\text{fJ}$。也就是说，最小尺寸的反相器在进行充电和放电时消耗半毫微焦耳能量。

例如，当完成一个完整循环时，计算如图 5-10 所示电路消耗的能量。该输入循环的内部节点一直到 e 并且包括 e。考虑每个门的输入电容、逻辑努力（LE）和 C_{inv}，得到：

$$E = CV^2 = V^2 \sum_i C_i = V^2 C_{inv} \sum_i s_i \text{LE}_i$$
$$= E_{inv} \sum_i S_i \text{LE}_i = E_{inv}(1 + 4 + 4\text{LE}_{NOR3} + 8\text{LE}_{NAND2} + 32)$$
$$= 27.9\text{fJ}$$

通常在设计电路时会使逻辑电路的每级具有相等的延时。然而，正如前面的例子所示，能量消耗是由链中最大门所决定的。

电容充电和放电消耗的功率（$P = E/T = Ef$）取决于信号转换频率。对于电容为 C 的电路，其频率为 f，并且每个周期具有 α 次转变$^{\ominus}$，消耗的功耗为：

$$P = 0.5CV^2 f\alpha \tag{5-27}$$

式中：因子 0.5 表示一半的能量在充电中消耗，另一半在放电时消耗。反相器的激活因子为 $\alpha = 0.33$，时钟频率为 $f = 2\text{GHz}$，$P = 162\text{nW}$。

为了减少电路消耗的功率，可以降低式（5-27）中的任何一项。如果降低电压，则功耗呈二次关系减小。然而，电路在较低电压下也运行较慢。因此，经常将 V 和 f 一起减小，每次将 V 和 f 减半时，功耗降低到原值的 1/8。降低电容通常通过使电路尽可能小来实现——使导线长度最小，从而减小导线电容。

激活因子 α 可以通过一些措施来减小。首先，重要的是电路不产生不必要的转换。对于组合电路，每个输入在输出上最多产生一个转换。因为毛刺或冒险会导致不必要的能量消耗，故应尽量消除毛刺或冒险（参见 6.10 节）。也可以用门控制（停止）到电路未使用的部分的时钟来减小激活因子，使得这些未使用的部分完全不活动。例如，如果在特定的周期不使用加法器，则停止加法器的时钟，阻止加法器的输入和组合逻辑进行切换，从而节省大量功耗。

$\ominus$　在每个周期中，将信号从 0 到 1 或 1 到 0 的转换视为 $\alpha = 1$。时钟信号 $\alpha = 2$。一些参考使用一个激活因子来计算完整周期而不是转换，因此获得总功耗的一半。

5.7.2　静态功耗

到目前为止，一直专注于动态功耗——电容充电和放电消耗的能量。随着栅极长度和电源电压的缩小，静态漏电功耗已成为越来越重要的因素。漏电电流是 MOSFET 处于关断状态($V_{GS}=0$，$V_{DS}=V_{DD}$)流过 MOSFET 的电流，并且它与 e^{-V_T} 成正比。因此，随着阈值电压的降低，漏电电流呈指数增长。该曲线的斜率通常称为亚阈值斜率，通常约为 70mV/10 倍频程。也就是说，对于阈值电压每降低 70 mV，则漏电流增加 10 倍。因为较低的电源电压要求较低的阈值电压，导致更高的漏电流，所以缩放电源电压已经不再继续采用。

通过使用一个具有较高 V_T 的晶体管可以降低静态功耗。这些晶体管以较低的速度或较高的电源电压(动态能量)或同时满足二者实现。许多数字设计在关键路径上使用低 V_T 晶体管，并且在其他地方使用高 V_T 晶体管。消除漏电电流的另一种方法是关闭电源门电路。门电源在空间和时间上通过间隔距离控制，因为在状态开和关之间它需要使用大量的时间和控制逻辑。

思考一个适用于高速应用的过程，电源电压为 0.9V、漏电流为 100nA/μm。这意味着每个最小尺寸的晶体管($W=224$nm)消耗约 20nW 的功耗($P=IV$)。记住，商业芯片有相当于 10 亿到 20 亿个最小尺寸反相器，芯片漏电功耗范围为 20～40W。这是这些功耗预算(在 60～120W 的芯片)中非常重要的一部分。

5.7.3　功耗缩放

CMOS 晶体管的电容用 L 进行缩放。这是因为平行板电容的所有三维尺度都与 L 呈线性关系，并且 $C=LW/H$。对于恒定的电源电压，任何给定逻辑模块的能量也可以用 L 缩放。因此，芯片的能量密度增加 $1/L$，即如果将 L 减半，则每单位面积消耗的能量将加倍。即使在恒定频率下，功耗密度也以 $1/L$ 增加，这远远超出了冷却芯片的能力。当尝试通过增加频率来提高性能时，问题会变得更糟，它将导致功耗密度增长为 $1/L^2$。为提高性能，许多设计师现在转向并行设计，运行更多较慢的模块。并行是一种提升性能更有效能的方式。

例 5.7　能量计算

当信号 a 通过一个整周期从 0 变到 1 并返回到 0 时，计算图 5-14 所示电路消耗的动态功耗，其中，$x=4$，$y=12$ 和 $z=24$。假设在所有方式下，a 总是能够传播到 e。你可以忽略导线电容，并假设电源电压 $V_{DD}=1$V。

表 5-9　例 5.7 的能量计算

信号	电容(C_{inv})	信号	电容(C_{inv})
a	1	dN	$24\times1.87=44.9$
bN	4	e	96
c	$12\times1.43=17.2$	总和	163

计算每个阶段的电容以及它们的和。动态能量为 $E=CV^2$，由于 $V=1$，$E=C$。首先用 C_{inv} 计算电容，然后在求和后将单位转换为 F(见表 5-9)。因此，总电容为 $163\times C_{inv}=163\times0.515fF=84$fF。因此，循环 a 的动能是 84fJ。

总结

本章中，你学习了一种简单估计 CMOS 逻辑电路延时和功耗的方法。虽然这不能代替详细的电路仿真，但这种方法将帮助你估计标准 CMOS 逻辑电路的延时和动态能耗，其准确性约为 20%。同样重要的是，它为你提供了一种比较不同电路设计和选择正确解决方案的方法。

使用第 4 章介绍的 MOSFET 的简单开关级模型，再结合简单的 RC 模型估计 CMOS 门的延时。延时是输出电阻的驱动门乘以被驱动的总电容的结果。如果直接驱动负载，延时随着驱动器的扇出增加呈线性增加。为了更快地驱动大负载，构建了一个多级驱动结构，通过每级一个固定倍数（通常为 4×）来增加驱动能力。

在保持输出电阻恒定的同时增加 CMOS 门的复杂性来增加门的输入电容。将这种增加的输入电容称为门的逻辑努力。驱动门的扇出（或电力）和驱动门的逻辑努力的乘积是一个逻辑阶段的总体努力。该阶段的延时与总努力成比例。当每个阶段的总努力处于平衡和接近最佳总努力时——约为 4，延时最小。

芯片上导线的电阻和电容随导线长度线性增加。由这可推导出导线延时 RC，其随着导线长度的增加而呈二次关系增加。为使得导线延时随着长度增加而线性增加，将导线分成若干个固定长度的线段，每段用一个中继器驱动。

CMOS 芯片由于作为信号开关，其电容充放电消耗的能量是动态功耗，而由于晶体管的漏电电流产生的能量消耗是静态功耗。动态功耗与门的切换相关，即 $E=CV^2$。对于标准的反相器，在 28nm 的工艺中该能量约为 0.5fJ。对于频率为 f 和激活因子 α，动态功耗为 $P=0.5Ef\alpha$。

静态功耗在很大程度上是由于亚阈值泄漏电流消耗的，其与阈值电压呈指数相关。对于阈值电压每降低 70mV，泄漏电流增加 10 倍。通过调节器件的阈值电压，可以设置目标泄漏电流——以性能为代价。通常高速过程会引起最坏的泄漏电流，占当前功耗总量的 30% 左右，虽然低泄漏过程有一个可忽略不计的泄漏电流，但是大大降低了门的速度。

文献解读

Mead 和 Rem 首先为驱动大容性负载描述了指数曲喇叭[77]。在参考文献[50]中可以找到关于 CMOS 延时模型的进一步研究。这两个参考文献为发现 RC 延时使用了 Elmore 延时模型[41]。

Sutherland 和 Sproull 在 1991 年提出了逻辑努力的概念[104]，并且 Sutherland、Sproull 和 Harris 已经写了一篇专门描述这个概念及其应用的文章[102]。

练习

5.1 上升时间和下降时间。I. 计算图 5-18a 所示门的最大和最小上升时间/下降时间。假设一次只有一个输入切换，并且门驱动一个 $4C_{inv}$ 的输出。你可以用 t_{inv} 来表示你的答案。

5.2 上升时间和下降时间。II. 计算图 5-18b 所示门的最大和最小上升时间/下降时间。假设一次只有一个输入切换，并且门驱动一个 $4C_{inv}$ 的输出。你可以用 t_{inv} 来表示你的答案。

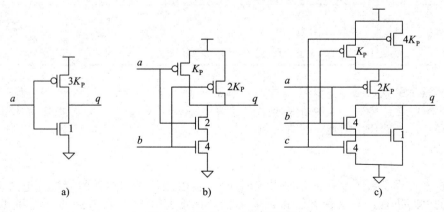

图 5-18 例 5.1～5.3 的电路

5.3 上升时间和下降时间。Ⅲ. 计算图 5-18c 所示门的最大和最小上升时间/下降时间。假设一次只有一个输入切换，并且门驱动一个 $4C_{inv}$ 的输出。你可以用 t_{inv} 来表示你的答案。

5.4 反相器链的延时和功耗。Ⅰ. 用一连串的 FO2 反相器实现最小尺寸反相器(尺寸 1)驱动尺寸为 256 的反相器，计算延时和功耗。用 t_{inv} 和 E_{inv} 表达你的答案。

5.5 反相器链的延时和功耗。Ⅱ. 用一连串的 FO4 反相器实现最小尺寸反相器(尺寸 1)驱动尺寸为 256 的反相器，计算延时和功耗。用 t_{inv} 和 E_{inv} 表达你的答案。

5.6 反相器链的延时和功耗。Ⅲ. 使用一连串的 FO8 反相器实现最小尺寸反相器(尺寸 1)驱动尺寸为 256 的反相器，计算延时和功耗。用 t_{inv} 和 E_{inv} 表达你的答案。

5.7 反相器链的延时和功耗。Ⅳ. 使用一连串的 FO16 反相器实现最小尺寸反相器(尺寸 1)驱动尺寸为 256 的反相器，计算延时和功耗。用 t_{inv} 和 E_{inv} 表达你的答案。

5.8 CMOS 门的尺寸。Ⅰ. 考虑一个实现函数 $f = \overline{a \wedge (b \vee (c \wedge d))}$ 功能的四输入静态 CMOS 门。
(a)在输出上用气泡绘制该门的原理图形符号；
(b)为该门绘制晶体管示意图，并对这些晶体管的上升延时和下降延时进行排序，以最小尺寸反相器的上升/下降延时为单位；
(c)计算该门每个输入的逻辑努力。

5.9 CMOS 门尺寸。Ⅱ. 对于实现 $f = \overline{(a \wedge b) \vee (c \wedge d)}$ 功能的门，重复练习 5.8。

5.10 CMOS 门尺寸。Ⅲ. 对于图 5-19，完成下列要求：
(a)画出正确的 pFET 网络结构；
(b)对于具有相同的上升和下降电阻的最小尺寸反相器，算出每个晶体管的尺寸；
(c)计算每个输入的逻辑努力。

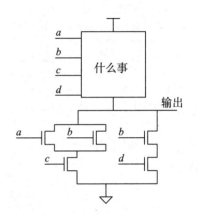

图 5-19　练习 5.10 的电路

5.11 延时计算。Ⅰ. 计算图 5-20 所示电路的延时，用 t_{inv} 表示。
5.12 延时计算。Ⅱ. 计算图 5-21 所示电路的延时，用 t_{inv} 表示。
5.13 延时计算。Ⅲ. 计算图 5-22 所示电路的延时，用 t_{inv} 表示。

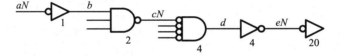

图 5-20　练习 5.11、练习 5.14 和练习 5.22 的电路图。每个门的大小通过位于门下的数字表示

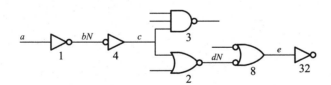

图 5-21　练习 5.12、练习 5.15 和练习 5.23 的电路图。每个门的大小通过位于门下的数字表示

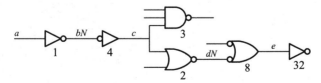

图 5-22　练习 5.13、练习 5.16、练习 5.24 的电路图。每个门的大小通过位于门下的数字表示

5.14 延时优化。Ⅰ. 调整图 5-20 所示门的大小，得出最小延时。你可能不会更改输入或输出门的大小。
5.15 延时优化。Ⅱ. 调整图 5-21 所示门的大小，得出最小延时。你可能不会更改输入或输出门的大小。
5.16 延时优化。Ⅲ. 调整图 5-22 所示门的大小，得出从 a 到 dN 的最小延时。你可能不会更改输入或输出门的大小。

5.17　导线延时。Ⅰ. 计算在 28 nm 工艺下 10 mm 导线的延时，将其分为 20 个 0.5 mm 长的线段，每段用一个 20×最小尺寸的反相器驱动。

5.18　导线延时。Ⅱ. 计算在 28nm 工艺下 1mm 导线的延时，将其分为 5 个 200 μm 长的线段，每段用一个 10×最小尺寸的反相器驱动。

5.19　导线延时。Ⅲ. 计算在 28nm 工艺下 1mm 导线的延时，将其分为 10 个 100 μm 长的线段，每段用一个 10×最小尺寸的反相器驱动。

5.20　导线延时和功耗。Ⅰ. 在以下情况中，使用比最小尺寸大 13.5 倍的中继器。

(a)计算通过 5mm 导线传 1 位的最短时间。使用该电路传 1 位所需的总能量是多少？

(b)如果将中继器的间距加倍，那么新的延时和功耗是多少？

(c)绘制以下图表：延时与每段导线长度、功耗与每段导线长度和功耗与延时的散点图。

5.21　导线延时和功耗。Ⅱ. 大于最小尺寸导线的中间线提供较低的电阻和较高的电容。例如，具有 3× 宽的导线可能有 1/3 的电阻和 2 倍多的电容。对于这种导线，计算这类中继器的最优尺寸、间距和最小延时。

5.22　功耗计算。Ⅰ. 计算当输入 aN 从 0 变到 1 并循环返回到 0 时，图 5-20 所示电路消耗的能量。假设变化可以传播到 eN，$V_{DD}=1V$。

5.23　功耗计算。Ⅱ. 计算当输入 a 从 0 到 1 并循环返回到 0 时，图 5-21 所示电路消耗的能量。假设变化可以传播到 e 但是不能到 3 输入"与非"门的输出，$V_{DD}=1.1V$。

5.24　功耗计算。Ⅲ. 计算当输入 a 从 0 变到 1 并循环返回到 0 时，图 5-22 所示电路消耗的能量。假设变化可以传播到 dN，但是 p 点任然为 0，$V_{DD}=0.9V$。可以忽略 7×反相器的输出负载。

5.25　功耗设计。手机无线电芯片和高利用率服务器处理器之间的功耗设计如何不同？你将使用什么功耗降低机制？有什么不同的约束？

第 6 章

组合逻辑电路

组合逻辑电路在一组输入上实现逻辑功能。用于管理、计算和数据控制，组合电路是数字系统的核心。时序逻辑电路(见第 14 章)使用组合电路生成其下一个状态函数。

本章介绍组合逻辑电路，并讲述按照特定要求设计逻辑电路的步骤。曾经，在 20 世纪 80 年代中期之前，组合电路的手动综合是数字设计实践的主要部分。然而，今天，设计人员将逻辑电路的规范写入硬件描述语言(如 VHDL)中，并通过计算机辅助设计(CAD)程序自动进行综合。

因为每个数字设计师都应该明白如何按规范要求设计逻辑电路，所以在这里介绍手工综合过程。了解此过程，可以帮助设计者更好地理解在实践中执行此功能的 CAD 工具，并且在极少数情况下可以自己手动生成关键的逻辑块。

6.1 组合逻辑

如图 6-1 所示，组合逻辑电路产生一组输出，这些输出的状态仅取决于输入的当前状态。当然，当输入改变状态时，输出反映这一变化需要一些时间。然而，除了这种延时之外，输出不反映电路的历史状态。对于组合电路，不管以前输入状态的顺序，给定的输入状态将始终产生相同的输出状态。一个电路其输出状态取决于先前的输入状态，我们称之为时序电路(见第 14 章)。

例如，如果逻辑电路至少有 $(n/2+1)$ 个输入为 1，则接收 n 个输入，并输出为 1，这种电路大多数是组合电路。输出仅取决于当前输入状态下 1 的数量。以前的输入状态不影响输出。

另一方面，如果 n 个输入中的 1 的数目大于先前的输入状态，则该输出 1 的电路是时序的(非组合的)。给定的输入状态，例如 $i_k=011$，如果先前的输入是 $i_{k-1}=010$，则可能导致输出 $o=1$，如果先前的输入是 $i_{k-1}=111$，则可以导致输出 $o=0$。因此，输出不仅取决于当前输入，还取决于以前输入的历史(在这种情况下，是最近的历史状态)。

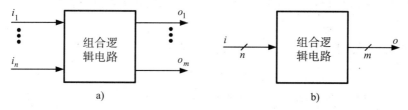

图 6-1 一个组合逻辑电路产生一组输出 $\{o_1, \cdots, o_m\}$，这些输出仅仅依赖一组当前状态的输入 $\{i_1, \cdots, i_n\}$。a)组合逻辑(CL)电路模块展示 n 个输入和 m 个输出。b)等价模块展示 n 个输入和 m 个输出

静态性使其易于设计和分析。组合逻辑电路很重要，正如我们发现，通常时序电路相当复杂。实际上，为了使时序电路易于处理，通常限定自己使用同步时序电路(见第 14 章)，该同步时序电路使用组合逻辑来产生下一个状态函数。

请注意，仅依赖于其输入的逻辑电路是 combinational，而不是 combinatorial。虽然这两个词听起来相似，但它们有着不同的意义。单词 combinatorial 是指数学计算，而不是逻辑电路。为了永远记住它们，请记住组合逻辑电路组合，其输入产生一个输出。

6.2 闭包

组合逻辑电路的一个重要特性是，它们在非循环结构下是类似的。也就是说，如果我们将多个组合逻辑电路连接在一起(将一个输出连接为另一个的输入)——并避免创建任何循环，结果，该新电路依旧是一个组合逻辑电路。因此，可以将小的组合逻辑电路连接在一起构成一个大型的组合逻辑电路。

非循环和循环组成的一个例子如图 6-2 所示。如图 6-2a 所示电路，是通过非循环组合两个较小的组合电路实现的电路，该电路是组合逻辑电路。另一方面，图 6-2b 所示的电路不是组合电路。它将上部模块的输出状态传输为下部模块的输入状态来创建循环。该反馈变量的值可以记住电路的历史。所以该电路的输出不仅仅是其输入的函数。事实上，我们应当注意触发器，构建大多数时序逻辑电路的模块是使用合适的反馈类型构建的，如图 6-2b所示。

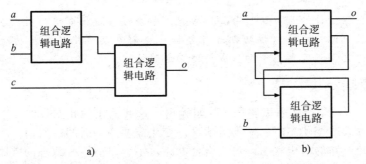

图 6-2　组合逻辑电路在非周期下是闭合的。a)两个组合逻辑电路的非闭合组合本身还是一个组合逻辑电路。b)两个组合逻辑电路的闭合组合是非组合的。这闭合组合的反馈创造了一个内部状态

很容易通过归纳法证明，组合电路的非循环组成本身也是组合电路，从输入开始到输出。让组合模块的输入仅连接主输入(即不连接其他模块的输出)成为第 1 级模块。类似地，让一个模块的输入只连接到主输入或者 1 到 k 级模块的输出，该模块成为第 $k+1$ 级模块。通过定义，所有的 1 级模块是组合的。那么，如果假设所有的 1 级到 k 级模块是组合的，那么第 $k+1$ 级模块也是组合的。由于它的输出仅取决于其输入的当前状态，并且由于其所有输入仅取决于当前主输入的状态，那么其输出也仅取决于主输入的当前状态。

6.3 真值表、最小项、"与"门标准形式

假设要构建一个组合逻辑电路，当 4 位输入表示二进制素数时，输出 1。表示这个电路实现的逻辑功能的一种方法是，使用英文描述——正如规定。然而，通常更喜欢更准确的定义。

通常从一个显示每个输入组合的输出值的真值表开始。表 6-1 显示了 4 位素数函数[⊖]的真值表。对于 n 输入函数，真值表有 2^n 行(在此情况下为 16)，每个输入组合对应一个。每行列出该输入组合的电路输出(1 位输出为 0 或 1)。

当然，在表中显示 0 和 1 输出是有点多余的。显示那些输出为 1 的输入组合就足够了。4 个素数函数的简略表如表 6-2 所示。

⊖　请注意，这是真正的"素数或 1"函数，因为输入为"1"且"1"不是素数时为真[45]。我们将它作为练习(练习6.5)，设计一个不包括"1"的素数函数。

表 6-1 4 位素数或 1、电路的真值表

数	输入	输出	数	输入	输出
0	0000	0	8	1000	0
1	0001	1	9	1001	0
2	0010	1	10	1010	0
3	0011	1	11	1011	1
4	0100	0	12	1100	0
5	0101	1	13	1101	1
6	0110	0	14	1110	0
7	0111	1	15	1111	0

表 6-2 4 位素数电路的简略真值表

下列仅列出输出为 1 时的输入。

数	输入	输出	数	输入	输出
1	0001	1	7	0111	1
2	0010	1	11	1011	1
3	0011	1	13	1101	1
5	0101	1	其他		0

简化表（见表 6-2）展示实现素数功能逻辑电路的一种方法。对表的每一行，仅仅对于该行中显示的输入组合连接一个"与"门，以便该"与"门的输出为真。例如，对于真值表中的第一行，使用连接的"与"门实现函数 $f_1 = \bar{d} \wedge \bar{c} \wedge \bar{b} \wedge a$（其中 d，c，b 和 a 是 4 位的 1 位）。如果对表的每一行重复这个过程，得到完整的功能为：

$$f = (\bar{d} \wedge \bar{c} \wedge \bar{b} \wedge a) \vee (\bar{d} \wedge \bar{c} \wedge b \wedge \bar{a}) \vee (\bar{d} \wedge \bar{c} \wedge b \wedge a) \vee (\bar{d} \wedge c \wedge \bar{b} \wedge a)$$
$$\vee (\bar{d} \wedge c \wedge b \wedge a) \vee (d \wedge \bar{c} \wedge b \wedge a) \vee (d \wedge c \wedge \bar{b} \wedge a) \qquad (6\text{-}1)$$

图 6-3 显示了与式（6-1）对应的逻辑示意图。七个"与"门对应于式（6-1）的七个乘积项，又对应表 6-2 的七行。当输入与真值表中相应行列出的输入值匹配时，每个"与"门的输出变为高电平。例如，当输入为 0101（十进制 5）时，标记为"5"的"与"门的输出变为高电平。"与"门反馈给一个七输入"或"门，如果任何"与"门具有高输出，则输出高电平，即如果输入满足 1，2，3，5，7，11 或 13——这是所需的功能。

式（6-1）中的每个乘积项称为最小项。最小项是一个乘积项，包括每个电路的输入或它的反码。式（6-1）中的每个项包括所有的四个输入（或它们的反码）。因此，它们是最小项。最小项的名称源于这四个输入乘积项代表输入状态的最小（单个）数量或真值表的行数。正如将在 6.4 节中所述，可以编写代表多个输入状态的乘积项——实际上组合了最小项。

可以如下简写式（6-1）：

$$f = \sum_{i_n} m(1,2,3,5,7,11,13) \qquad (6\text{-}2)$$

以表示输出是括号中列出最小项的总和（逻辑

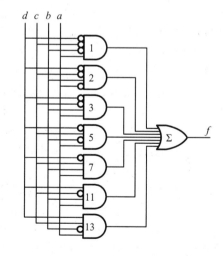

图 6-3 一个 4 位素数电路连接的（积之和）标准形式。一个"与"门产生与真相表的每一行相关联的最小项，得出输出为真。一个"或"门结合最小项，当输入与这些行都匹配时，得出输出是真

"或")。因为每个最小项对应真值表的一行，所以如式(6.2)所示，最小项的列是当函数为真时真值表行的列表。

回顾 3.4 节，该节内容表示逻辑函数作为最小项的总和是每个逻辑函数唯一的正常形式。虽然这种形式是独一无二的，但并不是特别有效。可以通过结合最小项简化乘积项从而做得更好，每个项表示真值表的多行。

例 6.1 真值表

为能判断一个 4 位数是 3 倍数的函数绘制一个简单真值表。如果输入是 3 的倍数：3、6、9、12 或 15，则该函数的输出应为真。还将该函数表示为最小项的总和。

简化的真值表如表 6-3 所示，它简单列出了输出为真的输入组合。表示最小项的和，我们记：

$$f = \sum_{i_n} m(3,6,9,12,15)$$

表 6-3 一个 3 项并联功能的简化真值表

数	输入	输出	数	输入	输出
3	0011	1	12	1100	1
6	0110	1	15	1111	1
9	1001	1	其他		0

6.4 "与"电路的蕴含项

表 6-2 的检查显示了仅在一个位置上不同的几行。例如，行 0010 和行 0011 仅在最右边(最不重要)位置上不同。因此，如果允许门的应用 X(匹配 0 或 1)表示，那么可以用单行 001X 代替两行 0010 和 0011。这个新行 001X 对应于一个乘积项，其中仅包括四个输入中的三个(或它们的反码)：

$$f_{001X} = \overline{d} \wedge \overline{c} \wedge b = (\overline{d} \wedge \overline{c} \wedge b \wedge \overline{a}) \vee (\overline{d} \wedge \overline{c} \wedge b \wedge a) \qquad (6\text{-}3)$$

001X 乘积项包含 0010 和 0011 两个最小项，因为只有当它们中至少一个为真时才为真。因此，在逻辑函数中，可以用更简单的乘积项 001X 替换 0010 和 0011 两个最小项而不改变其功能。

只有当函数为真时，乘积项如 001X($\overline{d} \wedge \overline{c} \wedge b$)才是真实的，该项称为函数的蕴含项。这只是乘积项表达功能的一种方式。最小项可能是也可能不是函数的蕴含项。因为包含着这项功能——当 0010 为真时函数为真，所以最小项 0010($\overline{d} \wedge \overline{c} \wedge \overline{b} \wedge a$)是主函数的蕴含项。注意，0100($\overline{d} \wedge c \wedge \overline{b} \wedge \overline{a}$)也是一个最小项(它是一个包含每个输入或其反码的乘积)，但它不是主函数的蕴含项。当 0100 为真时，因为 4 不是素数所以主函数是错误的。如果一个乘积是函数的一个最小项，那么它既是函数的最小项也是蕴含项。

在立方体上可视化蕴含项通常是有用的，如图 6-4 所示。该图显示把一个 3 位素数函数映射到一个三维立方体上。立方体的每个顶点代表最小

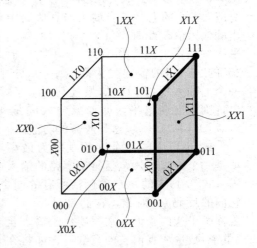

图 6-4 3 位素数函数的立方体可视化模型。每个顶点对应一个最小项，每条边对应两个变量，并且每个面对应一个单变量。加粗的体顶点，加粗的边，和阴影面显示 3 位素数函数的蕴含项

项。从立方体中可以很容易地看出，哪些最小项和蕴含项可以被组合成更大的蕴含项⊖。只有一个变量(例如，001 和 011)不同的最小项是彼此相邻的，两个顶点之间的线段(例如 01X)代表包含两个最小项(两个相邻最小项的或)的乘积。只有一个变量不同(例如，0X1 和 1X1)的边在立方体上相邻，并且在二者之间的面包括两个边的乘积(例如 XX1)。在这个图中，3 位素数函数显示为五个加粗的顶点(001，010，011，101 和 111)。连接这些顶点得到的五条加粗黑线边代表五个双变量函数的蕴含项(X01，0X1，0X1，X11，和 1X1)。最后，阴影面(XX1)代表单一变量函数的蕴含项。

完整的 4 位素数函数的立方体如图 6-5 所示。只有函数的最小项被标记。为了表示四个变量，我们把四维立方体绘制为两个三维立方体，一个在另一个立方体内。像以前一样，顶点代表最小项，边表示具有一个 X 的乘积项，并且面代表有两个 X 的乘积项。然而，在四维的图形中，也有代表三个 X 乘积项的八个体积区域。例如，外部立方体表示为 1XXX——所有最小项最左边(最重要的)位 d 是真的。4 位素数函数有七个顶点(最小项)。连接相邻的顶点得到七个边(含有只有单个 X 的边)。最后，连接相邻的边得到一个单一的面(包含两个 X)。所有这些 4 位素数函数的蕴含项如表 6-4 所示。

综合和优化逻辑功能的计算机程序使用逻辑函数的内部表达式作为一组蕴含项，其中每项被表示为一个具有元素 0，1 或 X 的向量。为了简化函数，第一步是产生所有函数的蕴含项，如表 6-4 所示。

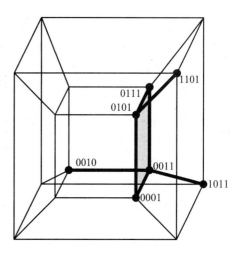

图 6-5 4 位素数函数的立方体可视化模型

为实现这一目标，系统程序是从函数所有的最小项开始的(表 6-4 的"4"列)。对于每个最小项，尝试将 X 插入到每个可变位置。如果结果是函数的蕴含项，请在单个 X 的蕴含项(表 6-4 的"3"列)中插入它。然后，对于每个具有一个 X 的蕴含项，尝试将 X 插入剩余的所有非 X 位置，如果结果为蕴含项，将其插入到具有两个 X 蕴含项的列表中。对于有两个 X 的蕴含项重复该过程，直到不再产生新的蕴含项为止。这样一个程序会给出一个列最小项，并且产生列最小项。

如果蕴含项 x 具有性质用 X 代替 x 的数字 0 或 1，导致其不是蕴含项的乘积，那么我们称之为 x 的主蕴含项。主蕴含项是一个不能产生更大并且自身仍然是一个蕴含项的蕴含项。素数函数的主蕴含项如表 6-4 所示。

表 6-4 4 位素数函数的所有主蕴含项，用粗体表示

变量的数量			
4	3	2	1
0001	**001X**	**0XX1**	
0010	00X1		
0011	0X01		
0101	0X11		
0111	01X1		
1011	**X011**		
1101	**X101**		

⊖ 如果蕴含项包含更多的最小项，则它比另一个蕴含项更大。例如，蕴含项 001 尺寸为 1，因为它只包含一个最小项。蕴含项 01X 尺寸为 1，因为它包含两个最小项(001 和 011)，因此更大。

如果函数的一个主蕴含项，x，是包含函数 y 的特定最小项的唯一主蕴含项，我们认为 x 是必要主蕴含项；因为没有其他主蕴含项包括 y，所以 x 是必不可少的。没有 x 的主蕴含项的集合将不包括最小项 y。4 位素数函数的所有四个主蕴含项是必不可少的。蕴含项 $0XX1$ 是包含 0001 和 0111 的唯一主蕴含项。最小项 0010 仅包含在主蕴含项 $001X$ 中，$X101$ 是包含 1101 的唯一主蕴含项，1011 仅包含在 $X011$ 主蕴含项中。

例 6.2 蕴含项

写出下面函数所有的蕴含项并且指出哪一个是主蕴含项：

$$f = \sum_{i_n} m(0,1,4,5,7,10)$$

表 6-5 列出了蕴含项。首先写出在最左边栏中 6 个最小项。然后，检查是否改变这些最小项中的任何 1 位，可以得到另一个是新蕴含项的最小项。如果是这样，在下一列中输入一个有 X 的蕴含项。例如，改变 0000 的 LSB 给出了 0001，这也是一个蕴含项，所以把 $000X$ 放在三变量列中。

重复这个过程，在三个变量蕴含项中的任何非 X 位进行补充，是否可以发现另一个 3 变量的蕴含项。如果是这样，输入两个变量的蕴含项，其位于下一列中。例如，把 $000X$ 的第二位改变为 $010X$，这也是一个蕴含项，所以将 $0X0X$ 添加到双变量蕴含项的列表中。这是这个函数唯一的双变量蕴含项。

表 6-5   在例 6.2 中给出函数的蕴含项和主蕴含项

变量的数量							
4	3	2	1	4	3	2	1
0000	$000X$	$0X0X$		0101	$010X$		
0001	$0X00$			0111	$01X1$		
0100	$0X01$			1010			

函数的 3 个主蕴含项通过加粗表示；因为改变该最小项的任何位后不再是蕴含项，所以 1010 是一个主蕴含项。因此，1010 不被任何 3 变量蕴含项封装。类似地，因为它不被 $0X0X$ 封装，所以 $01X1$ 是主蕴含项⊖。因为在函数中不能给出一个包含最小项的蕴含项比它更大，所以最大的蕴含项 $0X0X$ 是主蕴含项。

6.5 卡诺图

因为绘制立方体（特别是在四维或更多维度中）不方便，所以经常将立方体平铺为一个二维图形，称为卡诺图（或简称 K-map）。图 6-6a 显示了四变量的最小项是怎样排列为一个四变量的卡诺图。卡诺图中每个正方向对应一个最小项，图 6-6a 所示卡诺图中的正方向以最小项的数字标记。将一对变量分配到每个方向上，并使用格雷码排序，以便把正方形移动到另一个维度中引起一个变量改变——包括从结束回到开始的循环。例如，在图 6-6a 所示卡诺图中，将输入 $dcba$ 最右边 2 位 ba 赋值给水平轴。当我们沿着这个轴移动时，这 2 位（ba）依次取值 00，01，11 和 10。以类似的方式将最左边的 2 位 dc 映射到垂直轴。因为从列到列和从行到行（包括环绕）只有一个变量变化，所以只有一个变量不同的两个最小项在卡诺图中是相邻的，正如在立方体中表示的相邻项。

图 6-6b 显示了 4 位素数函数的卡诺图。每个正方形的内部要么是 1，表示这个最小项是函数的一个蕴含项，或者 0，表示不是。后来允许正方形包含 X，最小项可能是也可能不是蕴含项——即它是不需要注意的。

图 6-6c 显示了卡诺图中相邻性质，就像立方体的邻接属性一样，可以很容易地找到更大的蕴含项。该图显示如何在卡诺图上确定素数函数的主蕴含项。包含 2 个小正方形（单

⊖   在这里使用"prime"这个词与素数函数没有任何关系。

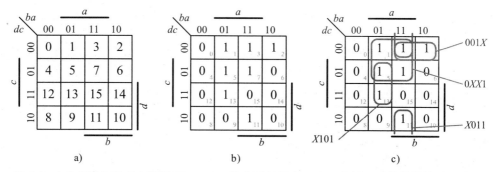

图 6-6 4 位素数函数的卡诺图（K-map）。沿水平轴输入 a 和 b 变量，而沿纵轴输入 c 和 d 变量。卡诺图被布置为每个正方形与正好只有一个输入变量变化的所有正方形相邻（包括环）。a)在四变量卡诺图中安排最小项。b)4 位素数函数的卡诺图。c)具有函数的四主蕴含项的卡诺图。注意蕴含项 X011 包含从上到下

$X)$的三个蕴含项是在图中相邻的 1 对小正方形上。例如，蕴含项 X011 是在 $ab=11$ 从上到下$(c=0)$列中的 1 对 1。尺寸为 4 的蕴含项包含 4 个尺寸为 1 的小正方形并且可能也是一个正方形，就像 0XX1 的情况一样，也可以是一个完整的行或列，但在这个函数中都不是。例如，乘积 XX00 对应卡诺图最左边一列。

图 6-7 显示了具有两个、三个和五个变量的卡诺图最小项排列。五个变量的卡诺图由并列的两个四变量卡诺图组成。两个卡诺图相应的正方形被认为是相邻的，因为它们的最小项仅仅是变量 e 的值不同。可以通过四变量卡诺图的 4×4 阵列形成八个变量的卡诺图。

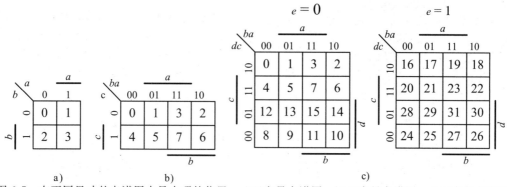

图 6-7 在不同尺寸的卡诺图中最小项的位置。a)双变量卡诺图；b)三变量卡诺图；c)五变量卡诺图

例 6.3 卡诺图

绘制例 6.2 函数的卡诺图，并圈出主蕴含项。

该函数的卡诺图显示在图 6-8 中，其中确定了主蕴含项。通过将 1 放在对应最小项的正方形中绘制卡诺图，该最小项是函数的蕴含项。我们通过组合相邻的 1 来找出更大的蕴含项。

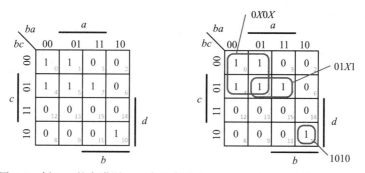

图 6-8 例 6.3 的卡诺图，一个具有最小项 0，1，4，5，7 和 10 的函数

6.6　封装函数

一旦有了一个函数蕴含项的列表，问题就变为如何选择一套最简洁的蕴含项来封装函数。如果函数的每个最小项包含在至少一个封装的蕴含项中，则一组蕴含项是函数的封装。我们在产品中定义蕴含项的成本作为变量数。因此，一个四变量函数，像 0011 这样的最小项成本为 4，像 001X 这样的有一个 X 的蕴含项的成本为 3，像 0XX1 这样有 2 个 X 的蕴含项的成本为 2 等。

选择一套实惠的蕴含项过程如下：

(1)以一个空的封面开始；

(2)给封面添加所有必要的主蕴含项；

(3)对于每个剩余未封装的最小项，为封装添加包含已经设计最小项的最大的蕴含项。

这种操作方法将产生好的封装效果。但是，不能保证它给出的方案成本最低。根据步骤(3)决定最小项被封装的顺序，以及在成本相同时选择封装最小项的方法，不同的封装方法可能导致不同的成本。

对于 4 位素数函数，该函数完全由四个必要的主蕴含项封装。因此，综合过程在步骤(2)之后完成，并且封装方法是最小且唯一的。

但是，请考虑图 6-9a 所示的逻辑功能。这个功能没有必要的主蕴含项，所以过程直接从步骤(1)直接跳到步骤(3)。在步骤(3)中，假设按数字顺序选择未封装的最小项，则从最小项 000 开始。可以用 X00 或 0X0 封装 000。二者都是函数的蕴含项。如果选择 X00，则这封装如图 6-9b 所示。如果选择 0X0，得到如图 6-9c 所示的封装。这两个封装都是最小的——它们不是唯一的。

该过程也可能产生非最小封装。在图 6-9 所示的卡诺图中，假设最初选择蕴含项 X00，然后选择蕴含项 X11。这是可能的，因为它是包含未封装最小项的最大(2 号)蕴含项之一。但是，如果做出这个选择，就不能在三个最小项内封装这个函数，完成封装需要 4 个最小项。实际上，这并不重要。逻辑门是便宜的，除极少数情况外，没有人关心你的封装是否很小。

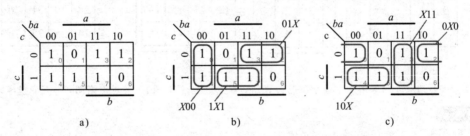

图 6-9　一个具有非唯一最小项和没有必要蕴含项覆盖的函数。a)函数的长诺图。b)一个封装包含 X00、1X1 和 01X。c)不同的封装包含 10X、X11 和 0X0

例 6.4　封装函数

推导三变量函数的最小项封装：

$$f = \sum_{i_n} m(1,3,4,5)$$

如图 6-10 所示的卡诺图，有三个两变量蕴含项 0X1，X01，和 10X。然而仅仅只有 0X1 和 10X 是必要的。该函数功能完全可以由两个主蕴含项实现，因此将函数写为：

$$f = 0X1 \vee 10X$$

或者

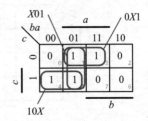

图 6-10　用于例 6.4 封装的卡诺图

$$f(c,b,a) = (\bar{c} \wedge a) \vee (c \wedge \bar{b})$$

6.7 从封装转变为门

一旦有一个逻辑函数最低成本的封装方法，该封装方式可以通过把每个蕴含项实例化为一个"与"门，直接转变为门，并使用一个"或"门对"与"门的输出进行求和。这样一个 4 位素数函数的"与或"门实现如图 6-11a 所示。

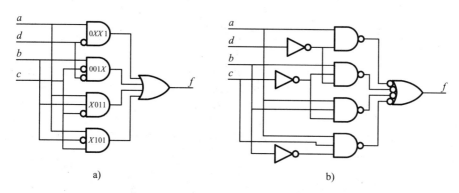

图 6-11　4 位素数函数的逻辑电路。a)在输入端有任意的反相圈的"与"门和"或"门的逻辑电路。在函数的封装中每个"与"门对应一个主蕴含项。b)使用 CMOS "与非"门和反相器的逻辑电路。与"非"门常用于执行"与"和"或"功能。反相器根据需要反相输入

使用 CMOS 逻辑仅限于反相门，因此，如图 6-11b 所示，使用同时有"与"和"或"功能的"与非"门。因为 CMOS 门具有相同极性（全有反相圈或无反相圈）的输入，所以根据需要添加反相器以反相输入。可以很容易地使用"或非"门设计功能；然而，"与非"门是首选，因为对于相同的扇入它们具有更低的逻辑努力（见 5.3 节）。

CMOS 门也受到扇入的限制（见 5.3 节）。在标准的单元库中，"与非"门或者"或非"门的最大扇入为 4。如果需要较大的扇入，用"与"门或者"或"门构建树形门（例如，两个"与非"门连接到一个"或非"门），根据需要添加反相器来校正极性。

6.8 不完全的指标函数

经常设计规范会要求永远不会使用某一组输入状态（或最小项）。例如，假设要求我们设计一个只能接收输入 0 到 9 范围内的十进位的检测电路。也就是说，对于 0 到 9 之间的输入，如果数字是素数和 0，我们的电路必须输出 1，否则为 0。然而，对于 10 到 15 之间的输入，我们的电路可以输出 0 或 1——输出未指定。

可以通过利用这些无关的输入状态来简化逻辑，如图 6-12 所示。图 6-12a 显示了十进制素数函数的卡诺图。在与无关输入状态对应卡诺图的每个正方形中放一个 X。实际上，将输入状态分为三组：f_1——输出必须为 1 的输入组合；f_0——输出必须为 0 的输入组合；f_x——输出未指定的输入组合，可以是 0 或 1。在这种情况下，f_1 是用 1（1，2，3，5 和 7）标记的五个最小项的集合，f_0 包含标记为 0（0，4，6，8 和 9）五个最小项，f_x 包含剩余的最小项（10～15）。

一个不完整的特殊函数的蕴含项可以是任何乘积项，至少包括 f_1 的一个最小项，并且不包括任何 f_0 中的最小项。因此，可以通过在 f_x 中包含最小项来扩展蕴含项。图 6-12b 显示了十进制素数函数的四个主蕴含项。注意原始素数函数的蕴含项 001X 已经扩展为 X01X，包含 f_x 中两个最小项。已经添加了 X1X1 和 XX11 两个新的主蕴含项，每个都通过组合 f_1 中两个最小项和 f_x 的两个最小项得到。注意，11XX 和 1X1X 放入乘积项完全在 f_x 中，即使它们不含有 f_0 的最小项，它们也不是蕴含项。要成为一个蕴含项，乘积项至少必须包含一个 f_1 中的最小项。

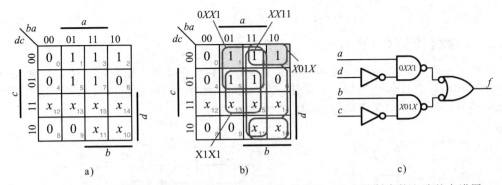

图 6-12 一个十进制素数电路的设计说明卡诺图中的无关性。a) 十进制素数电路的卡诺图。用 X 标记的输入状态 10～15 是无关状态。b) 显示了主蕴含项的卡诺图。该电路有四个主蕴含项：$0XX1$，$X01X$，$XX11$ 和 $X1X1$。前两个是必不可少的，因为它们分别是封装中包含 0001 和 0010 唯一的蕴含项；后两个（$XX11$ 和 $X1X1$）不是必需的，实际上也是不需要的。c) 从卡诺图推导出的 CMOS 逻辑电路。两个"与非"门对应于两个必需的主蕴含项

使用式 (6-2) 的符号，可以写出一个函数为：

$$f = \sum_{i_n} m(1,2,3,5,7) + D(10,11,13,14,15) \tag{6-4}$$

也就是说，这函数是五个最小项加上六个无关项之和。

使用 6.6 节描述的相同步骤构成了一个无关函数的封装。在图 6-12 所示的例子中，有两个必要的主蕴含项：$0XX1$ 是包含 0001 的唯一主蕴含项，$X01X$ 是包含 0010 的唯一主蕴含项。这两个必要的主蕴含项涵盖 f_1 中所有的五个最小项，因此它们构成这函数的封装。所得的 CMOS 门电路如图 6-12c 所示。

例 6.5 不完整的指标函数

利用你知道输入是素数的事实。设计一个检测 4 位输入何时等于 7 的电路。

填写如图 6-13 所示的卡诺图，将输入空间分成 f_1，f_X 和 f_0。输入组合 7 标记为 1，所有的非素数输入组合都标记为 X——因为我们知道这些组合不会在我们的输入端出现，其余的输入组合标记为 0。所得到的电路可以用单个二进制输入"与"门执行。

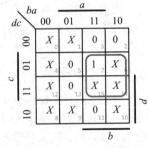

图 6-13 满足例 6.5 的卡诺图，一个不完整的特殊函数

6.9 实现和之积

到目前为止，我们专注于真值表为 1 的输入状态，以及产生积之和的逻辑电路。通过对偶性，还可以通过关注真值表为 0 的输入状态，实现和之积的逻辑电路。因为与具有同样扇入的"或非"门比"与非"门具有更低的逻辑努力，所以通常更喜欢积之和这种 CMOS 实现方式。但是，有一些函数，它们的和之积执行比积之和更便宜。这两种方式通常都是生成和选择更好电路方法。

最大项是包含每个变量或其反码的和 (OR)。在一个真值表或卡诺图中每个 0 对应一个最大项。例如，在图 6-14 所示的卡诺图中，该逻辑函数有两个最大项 $\bar{a} \vee \bar{b} \vee \bar{c} \vee \bar{d}$ 和 $\bar{a} \vee b \vee \bar{c} \vee \bar{d}$。为了简单起见，参考 OR(0000) 和 OR(0010)。注意，在卡诺图中一个最大项对应输入状态的反码，因此最大项 0，OR(0000) 在卡诺图的正方形 15 对应一个 0。我们能结合邻近的 0，也可以用相同的方式组合相邻的 1，所以 OR(0000) 和 OR(0010) 可以

组合为和 OR($00X0$) = $\bar{a} \vee \bar{c} \vee \bar{d}$。

除了卡诺图的 1 分组用 0 代替外，和之积电路的
设计过程与积之和的设计相同。图 6-15 所示的，用一
个具有三个最大项的函数说明了该过程。图 6-15a 显
示了该功能的卡诺图。在图 6-15b 所示卡诺图中，两
个素数的和（不能由不包括 1 制作的更大的"或"项）被
标注：OR($00X0$) 和 OR($0X10$)。在卡诺图中，这两
个和需要封装所有的 0。最后，图 6-15c 显示了用和之
积的逻辑电路执行该函数。该电路由两个"或"门组
成，每个都表示素数的和，并且将"与"门的输入与
"或"门输出相连，因此当两个"或"门的输出为有一个
为 0 时，该函数的输出为 0。

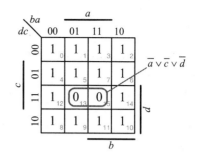

图 6-14　一个有两个最大项 OR(0000)
和 OR(0010)的卡诺图，它们
可以结合为一个单个项 OR
($00X0$)

一旦掌握了积之和逻辑电路的设计，生成和之积
逻辑电路的最简单方法就是，找到积之和项电路对应
逻辑函数的反码（由交换 f_1 和 f_0，留下 f_X 不改变）。然后，为实现该电路的输出的反码，
应用摩根定理，通过把所有的"与"门变为"或"门并对电路的输入取反码。

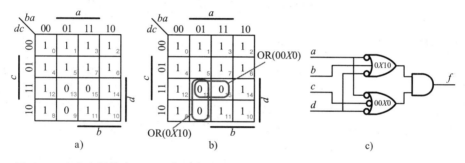

图 6-15　和之积的综合。a)具有三个最大项的函数的卡诺图。b)两个主要的和。c)
和逻辑电路的乘积

例如，考虑十进制素数函数。该函数反码的卡诺图如图 6-16a 所示。在图 6-16b 所示卡
诺图中确定了这个函数的三个蕴含项。积之和逻辑电路实现了如图 6-16c 所示卡诺图函数的
反码。这个电路直接来自三个主蕴含项。图 6-16d 所示的展示出了计算十进制素数函数（在卡
诺图图 6-15a 和 b 的反码）的和之积的逻辑电路。通过图 6-16c 所示的逻辑电路输出的反码并
且应用摩根定理来将"与"门（"或"门）转换为"或"门（"与"门）），获得新的逻辑电路。

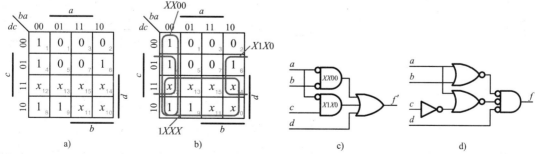

图 6-16　使用反码方式实现和之积的十进制素数电路。a)十进制素数函数（十进制复合数函数）反
码的卡诺图。b)函数（$XX00$，$X1X0$ 和 $1XXX$）的主蕴含项。c)计算反码十进制素数函数
积之和的逻辑电路。d)生成十进制素数函数的逻辑电路。这是从 c)逻辑电路使用摩根定
理得出的

例 6.6 和之积

用一种最小的和之积表达式来表达三输入函数 $f = \sum_{i_n} m(1,7)$。

画出图 6-17 所示的卡诺图，并且明确函数 $f' = \sum_{i_n} m(0,1,3,4,5,6)$ 反码的蕴含项，能够写出：

$$f' = \bar{a} \vee (b \wedge \bar{c}) \vee (\bar{b} \wedge c)$$

然后，应用式(3-9)，可以写出：

$$f = a \wedge (\bar{b} \wedge c) \wedge (b \wedge \bar{c})$$

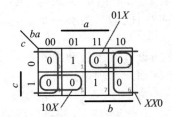

图 6-17 卡诺图和一种满足例 6.6 中函数反码的和之积的封装方式

6.10 冒险

在极少数情况下我们关心，组合电路是否响应单个输入上单个转换产生的瞬时输出。在大多数时候，这不是一个问题。对几乎所有的组合电路，我们只关心给定的输入稳态输出是否正确——不是输出如何达到稳定状态。然而，在组合电路的某些应用中，例如，在产生时钟或反馈的异步电路中，单个输入转换产生至多一个输出转换是十分重要的。

例如，考虑图 6-18 所示的双输入多路复用器的电路。当 $c=1$ 时，该电路将设置输出 f 等效于输入 a，当 $c=0$ 时，等效于输入 b。该电路的卡诺图如图 6-18a 所示。卡诺图显示两个必要的主蕴含项：$1X1(a \wedge c)$ 和 $01X(b \wedge c)$，它们一起包含了该函数的功能。实现该功能的逻辑电路，为实现两个主蕴含项使用两个"与"门，如图 6-18b 所示。每个门内的数字表示门的延时。输入 c 上的反相器延时为 3，而其他三个门都为单位延时。

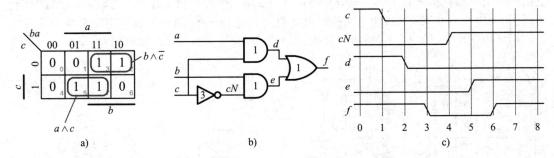

图 6-18 具有静态 1 冒险的双输入多路复用器的电路。a)两个必要的主蕴含项函数的卡诺图。b)多路复用器的门级逻辑电路。c)图 b 逻辑电路图，在当 $a=b=1$ 时输入 c 下降变化的时序图

图 6-18c 所示的展示当 $a=b=1$ 且输入 c 在时间 1 从 1 变为 0 时，该逻辑电路的瞬时响应。在三个单位时间之后，在时间 4，反相器 cN 的输出上升。同时，上部的"与"门 d 的输出在时间 2 处下降，导致输出 f 在时间 3 下降。在时间 4，信号 cN 的上升使得信号 e 上升，这又使信号 f 在时间 6 上升。因此，输入 c 上的单个转换首先导致下降，然后在输

出 f 引起一个上升。

输出 f 上的瞬变现象 $1-0-1$ 称为静态 1 冒险。输出通常预期为静态 1，但有瞬时冒险为 0。类似地，对单个输入转换执行 $0-1-0$ 响应的输出称为具有静态 0 冒险。对于更复杂的电路，具有更多的逻辑水平，也可能表现出动态冒险。一个动态—1 的冒险是一个输出状态在 $0-1-0-1$ 的变化中产生的：从 0 开始，以 1 结束，但是有 3 个转换而不是 1 个。类似地，动态 0 冒险是以状态 0 为结束的三个转换序列。

直观地，图 6-18 所示的静态 1 冒险发生是，因为当输入从 111 至 011 其转换时，与蕴含项 $1X1$ 相关的门在与蕴含项 $01X$ 相关的门打开之前关闭。可以通过用一个自身的蕴含项 $X11$ 封装转变，来消除这种冒险，如图 6-19 所示。第三个"与"门（见图 6-19b 的中间的与门），该门与蕴含项 $X11$ 对应，当其他两个门切换其继续输出高电平。一般来说，可以通过添加多余的蕴含项来封装这些转变消除电路的冒险。

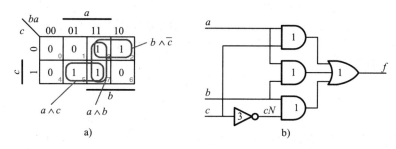

图 6-19　没有冒险的两输入多路复用器的电路。a)有 3 个主蕴含项的函数的卡诺图。即使它不存在，蕴含项 $X11$ 也需要包含从 111 到 011 的变化。b)3 冒险多路复用器的门级逻辑电路

例 6.7　冒险

修复在图 6-20 所示电路中的冒险。也就是说，保留电路的逻辑功能，同时消除输入转换期间发生的任何冒险。

图 6-20 所示的是两个门对应于 $X00$ 和 $0X1$ 的含义。绘制该电路的卡诺图（见图 6-21），我们发现需要封装从 000 到 001 的转换。否则，根据相对的门速度，当另一个门在其他门打开之前关闭，在此转换期间输出可能会暂时变为 0。添加蕴含项 $00X$——用虚线圈出——涵盖了转换。图 6-22 所示的逻辑电路增加了一个涵盖转换的蕴含项 $00X$ 的门，并且消除了冒险。

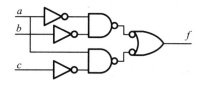

图 6-20　例题 6.7 中有一个冒险需要修复的电路图

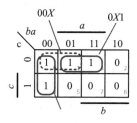

图 6-21　卡诺图显示了图 6-20 所示电路所实现的功能。在稳定蕴含项提供一个封装时，当 a 在 0 和 1 之间切换 $b=c=0$ 时，会发生冒险。我们通过添加虚线蕴含项来修复冒险

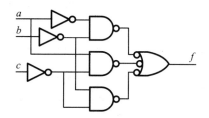

图 6-22　具有与图 6-20 所示电路有一样功能的电路图，但是没有任何冒险

总结

在本章中，你已经学会了如何手动综合组合逻辑电路。给出一个电路的英文描述，你可以生成一个门级实现方式。首先写出电路的真值表来精确定义函数的行为。在卡诺图中嵌入真值表，这可以很方便地识别函数的蕴含项。回想一下，蕴含项是包括至少一个 f_1 的最小项和不包含 f_0 的最小项的组合。可能包括也可能不包括 f_x 的最小项。

一旦蕴含项被确定，就可以通过找到一组最小蕴含项，该蕴含项包含 f_1 中的每一个最小项，产生一个该函数的封装方法。首先确定主蕴含项，这些主蕴含项没有更大蕴含项，然后确定必要主蕴含项，封装 f_1 的最小项的主蕴含项不包括其他主蕴含项。首先用函数的必要主蕴含项实现我们的封装，然后添加包含未封装的 f_1 最小项的主蕴含项，直到所有的 f_1 被封装为止。封装方式不是唯一的；根据添加主蕴含项的顺序完成封装，可能会得到一个完全不同的最终结果。

根据封装方式可以直接绘制出一个用于实现该功能的 CMOS 逻辑电路。每个蕴含项可以封装成为一个"与非"门，它们的输出由"与非"门（其执行或功能）组合，并且根据需要将反相器添加到输入中得到。

虽然它对于了解手动逻辑综合的这个过程是有用的，但在实践中几乎不会使用这个方法。现代逻辑设计几乎总是通过使用自动逻辑综合来实现的，其中，CAD 程序对逻辑函数进行高级描述并自动生成逻辑电路。自动综合程序可以将逻辑设计者从卡诺图的琐碎设计中解放出来，从而使他们能够在更高层次上工作并提高工作效率。此外，大多数自动综合程序产生的逻辑电路优于一个熟练设计师手动生成的。综合程序考虑利用库中特殊单元格来完成多级电路以及进行实施，并且可以在挑选最佳的单元之前尝试数千种组合。让 CAD 程序做它们所擅长的工作这是最好的（找到最佳 CMOS 电路来实现给定的功能），让设计人员专注于人类所擅长的（为系统想出一个更好的高级结构）。

文献解读

关于使用映射技术设计逻辑的更深入的介绍可以在 Karnaugh 的原创论文[63] 中找到。本文基于 Veitch 于 1952 年提出的技术[109]。Quine-McCluskey 算法用于查找最小映射，详见 McCluskey 的 1956 年的论文[74]。

练习

6.1　组合电路。图 6-23 所示的哪一个电路是组合逻辑电路？每个正方形盒子本身是一个组合电路。

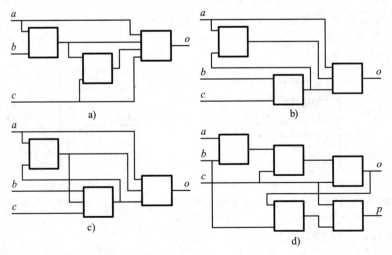

图 6-23　练习 6.1 的逻辑电路图。每个正方形盒子本身是一个组合电路

6.2 斐波那契电路。设计一个 4 位斐波那契电路。如果它的输入是斐波那契数(即 0，2，2，3，5，8 或 13)则该电路输出 1。请执行以下步骤。

(a)为函数写一个真值表。

(b)绘制功能函数的卡诺图。

(c)确定函数的主蕴含项。

(d)确定哪些主蕴含项(如果有的话)是必要的。

(e)找到一种函数的封装方法。

(f)绘制该函数的 CMOS 门电路。

6.3 最小逻辑。绘制一个逻辑图，该函数的功能为当输入 $(dcba)$ 为 3，4，5，7，9，13，14 或 15 时函数为真。使用最小可能数量的门输入。可以使用真实和互补的输入(即你可以使用 a 和 a')。

6.4 十进制斐波那契电路。重复练习 6.2，但是对于十进制斐波那契电路。这个电路只需要输出 0~9 的输入。输出是不关心的对于其他六个输入状态的。

6.5 素数电路。设计一个电路，如果其 4 位输入为真素数时(不包括"1")，则其输出为真。即如果输入为 2，3，5，7，11 或 13 时，输出为真。按照与练习 6.2 相同的步骤完成。

6.6 十进制素数电路。设计一个电路，如果其 4 位十进制输入实际上是素数，输出为真，不包括"1"。即输入为 2，3，5 或 7 时输出为真。在输入组合在 10~15 之间是输出为 X (不在乎)。按照与练习 6.2 相同的步骤完成。

6.7 3 倍电路。设计一个 4 输入电路，即输入为 3，6，9，12 或 15 的输出为真的电路。

6.8 组合设计。设计一个实现函数 $f = \sum m(3,4,5,7,9,13,14,15)$ 功能的最小 CMOS 电路。

6.9 五输入素数电路。设计一个五输入素数电路。如果输入是 0 到 31 之间的素数(不包括"1")，则输出为真。

6.10 六输入素数电路。设计一个六输入素数电路。该电路还必须识别 32 和 63 之间的素数(二者都不是素数)。

6.11 非独特的封装。设计一个实现函数 $f = \sum m(0,1,2,9,10,11)$ 的四输入电路。

6.12 总和的乘积。Ⅰ. 用和的积形式设计练习 6.4 的十进制斐波那契电路。

6.13 总和的乘积。Ⅱ. 用和的积形式设计练习 6.4 的十进制素数电路。

6.14 七段解码器。Ⅰ. 练习 6.14~练习 6.41 共同使用一个七段解码器的描述，一个具有 4 位输入 a 和 7 位输出 q 的组合电路。根据如下形式，q 的每个位对应于显示的七个段中的一个：

```
 0000
5    1
5    1
 6666
4    2
4    2
 3333
```

也就是说，q 的 0 位(LSB)控制顶部段，位 1 控制为右上角段，以此类推，位 6(MSB)控制中间段。7.3 节更详细地描述了七段解码器。全解码器解码所有 16 中输入组合——对于组合 10~15 的近似字母 A~F(大写 A，C，E，F 和小写字母 b，d)。十进制解码器只解码 0~9 组合，其余的都不需要关心。

为整个七段解码器的第 0 段设计一个产品积之和的电路。

6.15 七段解码器。Ⅱ. 如练习 6.14 描述，为整个七段解码器的第 1 段设计一个产品积之和的电路。

6.16 七段解码器。Ⅲ. 如练习 6.14 描述，为整个七段解码器的第 2 段设计一个产品积之和的电路。

6.17 七段解码器。Ⅳ. 如练习 6.14 描述，为整个七段解码器的第 3 段设计一个产品积之和的电路。

6.18 七段解码器。Ⅴ. 如练习 6.14 描述，为整个七段解码器的第 4 段设计一个产品积之和的电路。

6.19 七段解码器。Ⅵ. 如练习 6.14 描述，为整个七段解码器的第 5 段设计一个产品积之和的电路。

6.20 七段解码器。Ⅶ. 如练习 6.14 描述，为整个七段解码器的第 6 段设计一个产品积之和的电路。

6.21 十进制七段解码器。Ⅰ. 如练习 6.14 描述，为整个七段解码器的第 0 段设计一个产品积之和的电路。

6.22 十进制七段解码器。Ⅱ. 如练习 6.14 描述，为整个七段解码器的第 1 段设计一个产品积之和的电路。

6.23 十进制七段解码器。Ⅲ. 如练习 6.14 描述，为整个七段解码器的第 2 段设计一个产品积之和的电路。

6.24 十进制七段解码器。Ⅳ. 如练习 6.14 描述，为整个七段解码器的第 3 段设计一个产品积之和的电路。

6.25 十进制七段解码器。Ⅴ. 如练习 6.14 描述，为整个七段解码器的第 4 段设计一个产品积之和的电路。

6.26 十进制七段解码器。Ⅵ. 如练习 6.14 描述，为整个七段解码器的第 5 段设计一个产品积之和的电路。

6.27 十进制七段解码器。Ⅶ. 如练习 6.14 描述，为整个七段解码器的第 6 段设计一个产品积之和的电路。

6.28 和之积的七段解码器。Ⅰ. 如练习 6.14 描述，为整个七段解码器的第 0 段设计一个产品和之积的电路。

6.29 和之积的七段解码器。Ⅱ. 如练习 6.14 描述，为整个七段解码器的第 1 段设计一个产品和之积的电路。

6.30 和之积的七段解码器。Ⅲ. 如练习 6.14 描述，为整个七段解码器的第 2 段设计一个产品和之积的电路。

6.31 和之积的七段解码器。Ⅳ. 如练习 6.14 描述，为整个七段解码器的第 3 段设计一个产品和之积的电路。

6.32 和之积的七段解码器。Ⅴ. 如练习 6.14 描述，为整个七段解码器的第 4 段设计一个产品和之积的电路。

6.33 和之积的七段解码器。Ⅵ. 如练习 6.14 描述，为整个七段解码器的第 5 段设计一个产品和之积的电路。

6.34 和之积的七段解码器。Ⅶ. 如练习 6.14 描述，为整个七段解码器的第 6 段设计一个产品和之积的电路。

6.35 和之积的十进制七段解码器。Ⅰ. 如练习 6.14 描述，为整个七段解码器的第 0 段设计一个产品和之积的电路。

6.36 和之积的十进制七段解码器。Ⅱ. 如练习 6.14 描述，为整个七段解码器的第 1 段设计一个产品和之积的电路。

6.37 和之积的十进制七段解码器。Ⅲ. 如练习 6.14 描述，为整个七段解码器的第 2 段设计一个产品和之积的电路。

6.38 和之积的十进制七段解码器。Ⅳ. 如练习 6.14 描述，为整个七段解码器的第 3 段设计一个产品和之积的电路。

6.39 和之积的十进制七段解码器。Ⅴ. 如练习 6.14 描述，为整个七段解码器的第 4 段设计一个产品和之积的电路。

6.40 和之积的十进制七段解码器。Ⅵ. 如练习 6.14 描述，为整个七段解码器的第 5 段设计一个产品和之积的电路。

6.41 和之积的十进制七段解码器。Ⅶ. 如练习 6.14 描述，为整个七段解码器的第 6 段设计一个产品和之积的电路。

6.42 多输出。Ⅰ. 设计一个积之和的电路，该电路产生在练习 6.14 中描述的十进制七段解码器的 0，1 和 2 段输出。分配在输出之间可能的逻辑。

6.43 多输出。Ⅱ. 设计一个积之和的电路，该电路产生在练习 6.14 中描述的十进制七段解码器的 3，4，5 和 6 段输出。分配在输出之间可能的逻辑。

6.44 冒险。Ⅰ. 修复图 6-24a 所示电路中可能存在的冒险。

6.45 冒险。Ⅱ. 修复图 6-24b 所示电路中可能存在的冒险。

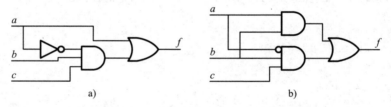

图 6-24 练习 6.24 和练习 6.25 的逻辑电路图

6.46 加法器卡诺图。Ⅰ. 半加法器是一个采用 1 位二进制数 a 和 b 为输入和以 S 半加法器和数 s 与进位 co 为输出的逻辑电路。co 和 s 的连接是由 a 和 b(例如，如果 $a=1$ 和 $b=1$，$s=0$ 和 $co=1$)产生的。第 10 章更详细地描述了半加法器。

(a)写出半加法器输出 s 和 co 的真值表。

(b)绘制半加法器输出 s 和 co 的卡诺图。

(c)圈出主蕴含项，并写出半加法器输出 s 和 co 的逻辑方程。

6.47 加法器卡诺图。Ⅱ. 全加法器是一个采用 1 位二进制数 a，b 和 ci(进位)为输入和以 s 和 co 为输出的逻辑电路。co 和 s 的连接是由 a，b 和 ci(例如，如果 $a=1$，$b=1$，和 $ci=1$，然后 $s=0$ 和 $co=1$)产生的。第 10 章更详细地描述了全加法器。

(a)写出全加法器输出 s 和 co 的真值表。

(b)绘制全加法器输出 s 和 co 的卡诺图。

(c)圈出主蕴含项，并写出全加法器输出 s 和 co 的逻辑方程。

(d)在半加法器中怎样使用"异或"门？在全加法器它将如何起到何种作用？

第 7 章
组合逻辑电路的 VHDL 描述

第 6 章介绍了如何根据设计要求手动实现组合逻辑电路的综合。基于前述布尔表达式的硬件描述语言（VHDL）（3.6 节）和对 VHDL 的初始讨论（1.5 节），本章将介绍如何用 VHDL 描述一个组合逻辑电路。一旦电路采用 VHDL 描述，那么它便可以实现自动综合，避免了手动的烦琐。

由于所有的优化都是在综合时完成，所以采用 VHDL 的一个主要目的在于它的易读性和可维护性。出于这一原因，使用 VHDL 时，电路的功能描述（如 case 语句的真值表描述）比其行为描述（如并行赋值语句"或"门级结构描述）更加合适。相较于电路的手动综合，针对于电路功能的描述方式更易于读/写和维护。

为了验证 VHDL 设计电路实体的正确性，需要写一个测试程序。测试程序是在电路仿真时所用的一段 VHDL 代码。它可以实例化被测试的电路设计实体，并产生仿真输入，以及检查设计实体的输出。设计实体必须是严格符合 VHDL 可综合子集形式的一段代码，而测试程序由于其不需要被综合，故可使用所有的 VHDL 语句，包括循环语句。在一个典型的现代数字电路设计项目中，设计验证的工作量至少和电路设计本身是一样的。

7.1 基本数字电路的 VHDL 描述

在使用 VHDL 描述组合逻辑电路时，对于比较容易综合成逻辑电路的结构限制语言的使用。

具体来说，限制仅仅使用并行信号赋值语句、**case** 语句、**if** 语句或其他一些组合电路设计实体的结构组成来描述一个组合逻辑电路。

本节将会考虑用 VHDL 的四种方式执行在第 6 章中介绍的素数电路（加上数字 1）。

7.1.1 VHDL 的设计实体

在深入素数电路的四种实现方式之前，快速回顾 VHDL 设计实体的结构。设计实体是一个带有特定输入和输出端口的逻辑块。其逻辑功能就是根据电路的当前输入状态来计算输出。在声明一个实体后，可以实例化一个或多个副本，亦或实例。

VHDL 设计实体的基本形式如图 7-1 所示，而图 7-2 所示的则展示了采用 VHDL 进程语句描述 4 位素数电路的实体。所有的设计实体均包含实体声明和结构体两大部分。实体声明以关键字 **entity** 标识。实体的名字则在关键字 **entity** 和 **is** 之间给出（见图 7-2）。关键字 key 之后的括号内是输入、输出信号声明。每一个信号包括信号的名称，后跟一个冒号（:），然后使用关键字 in 和 out 区别信号的流向——输入、输出。在实体内，使用关键字 **buffer** 来标识一个可以读的输出信号。**Inout** 仅被用来标识一个双向的接口，而这在实际应用中很少采用。信号流向之后的部分是信号的数据类型。例如在图 7-2 中，输入信号 **input** 的数据类型是 std_logic_vector，而输出信号 isprime 的数据类型则是 std_logic（这些数据类型已经在 1.5 节介绍过了）。

结构体部分说明了计算设计实体输出的逻辑。结构体以关键字 **architecture** 开始，接着是关键字 **of**（见图 7-2 的 case_impl），然后是实体声明的名称，最后则是关键字 **is**。在关键字 **begin** 之前可以有组件和内部信号的声明（在图 7-2 所示的例子中则没有）。紧接着便是并发的列表语句。不像 C 语言或 Java 语言程序设计语言语句，在 VHDL 中每个语句都是并行运行的。在 VHDL 的子电路块中，并行语句由一个或多个进程语句、并

```
entity <entity_name> is
  port( <port_declarations> );
end <entity_name>;

architecture <implementation_name> of <entity_name> is
  <component_declarations>
  <internal_signal_declarations>
begin
  <concurrent_statements>
end <implementation_name>;
```

图 7-1 一个 VHDL 设计实体依次包含有实体声明、结构体及并行语句。其中，实体声明由输入和输出端口声明列表构成；结构体则包含内部信号声明。而电路的逻辑功能由并行语句来实现

```
------------------------------------------------------------------
-- prime
--   input   - 4 bit binary number
--   isprime - true if "input" is a prime number 1, 2, 3, 5, 7, 11, or 13
------------------------------------------------------------------

library ieee;
use ieee.std_logic_1164.all;

entity prime is
  port( input : in std_logic_vector(3 downto 0);
        isprime : out std_logic );
end prime;

architecture case_impl of prime is
begin
  process(input) begin
    case input is
      when x"1" | x"2" | x"3" | x"5" | x"7" | x"b" | x"d" => isprime <= '1';
      when others => isprime <= '0';
    end case;
  end process;
end case_impl;
```

图 7-2 使用选择语句直接编码真值表实现 4 位素数（包括 1）函数的 VHDL 描述

行信号语句、元件实例化或生成语句构成。这些例子已经在 7.1.2 节到 7.1.8 节中的 4 位素数电路设计中给出。关于生成语句的介绍，将放在 9.1 中。

7.1.2 case 语句

正如图 7-2 所示，VHDL 的 **case** 语句可以用来直接描述真值表的逻辑功能。**case** 语句必须在一个进程中使用，它可以描述每个输入所对应的逻辑输出。关键字 **case** 和 **is** 之间的信号显示了输入查找表。在 **case** 语句内的关键字 **when** 用来指定查找表的行。在这个例子中，为了节约空间，用符号"|"来隔开不同的输入列表，并将所有的输入所对应的输出 isprime 指定为 1。为了避免输入和输出出现不匹配的情况，使用了关键字 others。在默认的情况下，指定输出 isprime 为 0。使用箭头来指定不同输入状态下所对应的的输出真值表。

在 VHDL-2018 中，std_logic_vector 的一般格式是 `<size> <base> "<value> "`

（也称为字符串）。这里的<size>是一个十进制数，它描述了数字的位宽度。在常数的定义中，指定其数据宽度为 7 位。由此可知，3b"0"和 7b"0"是两个不同的数，它们的值虽然都是 0，但其数据的宽度不同，第一个为 3 位，第二个则有 7 位。对于一个数的<base>部分，b 对应二进制，d 对应十进制，o 对应八进制，x 则对应十六进制。最后，数字中的<value>部分表示的是在指定<base>部分下该数的值。如果<size>部分被省略，则可以从<value>中数字的位数来推断其数据宽度。例如，由于一个十六进制数是 4 位的，所以可以推测 x"00"是 8 位数据的宽度。当<size>和<base>都被省去时，则默认是二进制数。例如，"0101"是一个 4 位二进制常数，其值为 5。

需要注意的是，case 语句必须在 VHDL 的进程语句中使用。在图 7-2 中，这一语法指出，每当位于关键字 **process** 后的括号内的信号状态改变时，case 语句将重新运行。在这个例子中，当 4 位输入信号 input 改变其状态时，case 语句会被重新执行一次。

当采用过程语句描述一个组合电路时，其至关重要的一点就是把所有输入都包括在敏感列表中。敏感列表在关键字 **process** 之后，其圆括号内的敏感信号用逗号隔开。如果一个输入没有被写在敏感列表中，那么当它改变时进程语句将不会被运行。这一结果将是时序逻辑而非组合逻辑。也可以从另一个方面来说明这一点，敏感列表中缺少输入信号通常会引起电路的调试困难。在最新的 VHDL 版本 VHDL-2008 中，可以在敏感列表中写入关键字 **all** 来避免这一问题，例如，**process(all)**。这就可以使得任何一个输入信号在改变时都会引起进程语句的执行。在这本书中，将普遍使用这一语法。

图 7-3 显示了在典型的 CMOS 标准单元库中采用美国 Synopsys 公司的 Design Compiler 综合图 7-2 所示的 VHDL 描述语句。它对于图 7-2 所示 VHDL 行为描述语句的转换，指明了电路的功能实现（如真值表）、VHDL 的结构以及怎样去实现电路（如 5 个逻辑门及它们的连接）。VHDL 被综合为 5 个逻辑门：二个"与或非"门、二个"非"门和一个"异或"门。n1 到 n4 用来声明逻辑门之间的互联线。对于每一个逻辑门，通过提供元件标签来使用元件实例化语句，Design Compiler 实现门的实例化。元件标签后跟着一个冒号（:），接着是门的类型（如 OAI13），然后使用端口映射指定哪个信号连接到门的输入和输出，这由使用箭头复合分隔符的命名关联方式实现。例如，"A1 => n2"，这意味着信号 n2 与门的输入信号 A1 相关联。

需要指出的是，一个设计实体可以通过名字关联的形式实现实例化，但这需要明确的指定输入和输出信号，也可以用一个简化符号实现实体的实例化。例如，如果依次声明端口，可以使用称之为位置关联的语法形式来实例化"异或"门：

```
U4: XOR2 port map (input(2), input(1), n4);
```

使用位置关联语法，上面的语句含蓄地将端口 input(2) 和 input A 关联起来，因为 input(2) 在关联列表的第一个位置，而输入端口 A 也在元件声明语句中的第一个位置处。名称关联和位置关联是等价的。对于复杂的元件，名称关联法避免了时序混乱的可能（同时，也防止了端口时序改变时的错误）。而对于一个简单的元件，位置关联法更加简洁和易读。而且，符号 input(2) 也表明我们关心的是索引为 2 的这一输入端口。

图 7-4 展示了经综合器优化后的电路原理图。不像第 6 章介绍的两级综合法，这里采用四级逻辑（不包括反相器），其中包含一个"异或"门、"与"门及"或"门等。然而这电路也实现了相同的逻辑功能（$0XX1$，$001X$，$X101$，$X011$）。正如图中所描述的，U1 门的底部端口表示的是 $001X$ 项。由于合并 input(0) 的逻辑项实现了 U5 门的共享，所以 U5 门则对应着其余三个逻辑项。"或"门上部的输入（n3）和 input(0) 进行逻辑"与"运算得到的是 $0XX1$。"异或"门的输出 $0XX1$、$X10X$ 分别 input(0) 进行与运算则得到其余两项 $X101$ 和 $X011$。

```
library IEEE;
use IEEE.std_logic_1164.all;

entity prime is
  port( input : in std_logic_vector (3 downto 0);
        isprime : out std_logic );
end prime;

architecture SYN_case_impl of prime is
  component OAI13 is
    port( A1, B1, B2, B3: in std_logic; Y: out std_logic );
  end component;
  component OAI12 is
    port( A1, B1, B2: in std_logic; Y: out std_logic );
  end component;
  component INV is
    port( A: in std_logic; Y: out std_logic );
  end component;
  component XOR2 is
    port( A, B: in std_logic; Y: out std_logic );
  end component;
  signal n1, n2, n3, n4 : std_logic;
begin
  U1: OAI13 port map( A1=>n2, B1=>n1, B2=>input(2), B3=>input(3), Y=>isprime);
  U2: INV port map( A=>input(1), Y=>n1);
  U3: INV port map( A=>input(3), Y=>n3);
  U4: XOR2 port map( A=>input(2), B=>input(1), Y=>n4);
  U5: OAI12 port map( A1=>input(0), B1=>n3, B2=>n4, Y=>n2);
end SYN_case_impl;
```

图 7-3　在典型的标准单元库中使用新思科公司的综合工具 Design Compiler 综合图 7-2 所示的 VHDL 描述。综合电路的原理图如图 7-4 所示

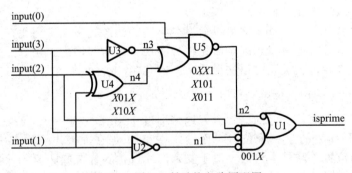

图 7-4　图 7-3 所示的电路原理图

　　这电路综合的例子说明了现在计算机辅助工具的强大功能。而对于一个有经验的设计师，必须花费相当大的精力才能生成一个像这样的电路。而且，通过一定的约束文件，一个综合工具仅需要较少的代价就可以实现电路的性能不断优化，当然这主要是速度而非面积优化。随着现代综合工具的不断发展，逻辑电路设计者的主要任务由电路优化向规格转变。然而，随着系统规模的变大，这一规范任务的复杂性也不断增加。

例 7.1　用 case 语句实现温度计编码检测

写一个实体，检测一个 4 位输入是否符合温度计编码信号（0000，0001，0011，0111，

1111）。要求使用 case 语句实现这一功能。

如图 7-5 所示，这个设计实体首先声明输入（input）和输出（output）。其中，case
语句包含两行：第一行最小项输出为 1，第二行默认语句输出 0。

```vhdl
library ieee;
use ieee.std_logic_1164.all;

entity therm is
  port( input: in std_logic_vector(3 downto 0);
        output: out std_logic );
end therm;

architecture case_impl of therm is
begin
  process(all) begin
    case input is
      when "0000" | "0001" | "0011" | "0111" | "1111" => output <= '1';
      when others => output <= '0';
    end case;
  end process;
end case_impl;
```

图 7-5 采用选择语句描述温度计编码检测电路的 VHDL

7.1.3 case? 语句的声明

VHDL-2008 版本包含一个匹配的 case 语
句，它用关键字 **case?** 来代替 **case**。在匹配的
case 语句中，允许设计者使用 std_logic 来指
定多个输入而"不在乎"符号（"—"）。如图 7-6 所
示，另一种实现素数判别的方式是，采用 case?
语句指定蕴含项。由于已经在图 7-2 中给出了实
体 prime 的声明，现在仅需给出一个结构体就可
以了，可是我们必须给结构体一个不同的名称
（match_case_impl）。除了使用 case? 语句来
代替 **case** 语句外，其余的部分和图 7-2 所示的
完全相同。Case? 语句，这允许我们可以在每个
情况的左边放置蕴含项，而不仅仅是最小项。例
如，第一种情况 "0--1" 和蕴含项 0XX1 关联，它
包括了最小项 1，3，5，7。使用 case? 语句时要

```vhdl
architecture mcase_impl of prime is
begin
  process(all) begin
    case? input is
      when "0--1" => isprime <= '1';
      when "0010" => isprime <= '1';
      when "1011" => isprime <= '1';
      when "1101" => isprime <= '1';
      when others => isprime <= '0';
    end case?;
  end process;
end mcase_impl;
```

图 7-6 4 位素数函数的 VHDL 结构体在一
个封装体中用匹配条件的声明描述
蕴含项。注实体声明如图 7-2 所示

注意，每种情况不能交迭。例如，"0-1" 项和 "001-" 项交迭了，因为它们都含有最小项 3。

当一个组合设计实体的输入可以合并时，可以选择采用 Case? 语句。例如，禁止输
入使输出为低电平而不需要顾忌其他输入信号，或者一个优先编码器（见 8.5 节）。然而，
对于素数识别电路，图 7-2 所示的实现方式会更适合一点，因为它更清晰地描述了这一逻
辑功能并且易于维护。这里也没有必要去手动减少蕴含项，可以让综合工具去做。

例 7.2 采用 case? 语句实现温度编码检测

使用 Case? 语句设计一个实体，用来检测 4 位输入温度编码信号是否合法。假设实
体声明已经在图 7-5 中给出，因此只需要给出一个新的结构体就可以了。

这里综合工具可以更好地实现逻辑优化，减少逻辑项。然而，温度编码电路的逻辑方

程可以写为：

$$f(a_3, a_2, a_1, a_0) = (\overline{a_3} \wedge \overline{a_2} \wedge \overline{a_1}) \vee (\overline{a_3} \wedge \overline{a_2} \wedge a_1 \wedge a_0) \vee (a_2 \wedge a_1 \wedge a_0)$$

在图 7-7 所示的匹配声明的情况下执行该功能。

7.1.4 if 语句

正如图 7-8 所示，使用 if 语句来描述一个组合逻辑电路是可能的。If 语句必须在一个进程中，并以关键字 **if** 开始，其后是一个以关键字 **then** 开始后接带有布尔返回值类型的表达式。关键字 **then** 之后提供一个时序语句的列表。在这个例子中，使用单个信号赋值语句，即"isprime <= '1';"。在 if 语句中可以使用 VHDL 中关键字 **elsif** 表示多条件的情况，其中，**elsif** 表示的是"else if"。在这个例子中，使用 **elsif** 检测 2~13 中的素数。最后，应该在关键字 else 包含一个默认项，以防止之前所有的条件都不被选中。在这一例子中，当输入不是素数时，在关键字 **else** 后将 isprime<= '1'.

```
architecture mcase_impl of therm is
begin
  process(all) begin
    case? input is
      when "000-" => output <= '1';
      when "0011" => output <= '1';
      when "-111" => output <= '1';
      when others => output <= '0';
    end case?;
  end process;
end mcase_impl;
```

图 7-7　采用 case? 实现温度编码检测
　　　　电路的结构体。注实体声明如图
　　　　7-5 所示

```
architecture if_impl of prime is
begin
  process(all) begin
    if input = 4d"1" then isprime <= '1';
    elsif input = 4d"2" then isprime <= '1';
    elsif input = 4d"3" then isprime <= '1';
    elsif input = 4d"5" then isprime <= '1';
    elsif input = 4d"7" then isprime <= '1';
    elsif input = 4d"11" then isprime <= '1';
    elsif input = 4d"13" then isprime <= '1';
    else isprime <= '0';
    end if;
  end process;
end if_impl;
```

图 7-8　采用 if 语句直接描述真值表的方式
　　　　实现 4 位素数判别电路。注实体声明
　　　　如图 7-2 所示

然而，如果一些人经常编写程序设计语言的代码并对 if 语句仅有直观感受，那么我们并不建议他们使用 if 语句。因为他们很容易忽略 else 语句，或者忘记在分支语句对每个变量进行赋值（见 B.10.1 的规则 2），这很容易产生时序逻辑电路。在这本书，只有在状态机中指定下一个状态时（第 14 章），才使用 if 语句。

7.1.5 并行赋值语句

正如前面所说，进程中的 VHDL 语句都是时序语句。而不在进程内的语句则为并行语句。图 7-9 显示了素数电路的第四种 VHDL 描述。这个例子中使用并发信号赋值语句来描述逻辑函数方程。然而，使用逻辑函数来描述这一电路并没有什么优势。真值表描述方式易于程序代码编写，也容易阅读，更容易维护。综合工具可以减少逻辑函数的真值，并且优化逻辑门阵列。

```
architecture logic_impl of prime is
begin
  isprime <= (input(0) AND (NOT input(3))) OR
             (input(1) AND (NOT input(2)) AND (NOT input(3))) OR
             (input(0) AND (NOT input(1)) AND input(2)) OR
             (input(0) AND input(1) AND NOT input(2)) ;
end logic_impl;
```

图 7-9　采用并行赋值语句方式实现 4 位素数判别电路。注实体声明如图 7-2 所示

例 7.3　**温度编码检测的并行信号赋值语句描述**

使用并行信号赋值语句设计一个实体，用来检测 4 位输入温度编码信号是否合法。假设实体声明已经在图 7-5 中给出，因此只需要给出一个新的结构体就可以。

这里综合工具可以更好地实现逻辑优化，减少逻辑项。然而，温度编码电路的逻辑方程可以写为：

$$f(a_3, a_2, a_1, a_0) = (\overline{a_3} \wedge \overline{a_2} \wedge \overline{a_1}) \vee (\overline{a_3} \wedge \overline{a_2} \wedge a_1 \wedge a_0) \vee (a_2 \wedge a_1 \wedge a_0)$$

写出图 7-10 所示等式的并行信号赋值语句。

```
architecture assign_impl of therm is
begin
  output <= ((NOT input(3)) AND (NOT input(2)) AND (NOT input(1))) OR
            ((NOT input(3)) AND (NOT input(2)) AND input(1) AND input(0)) OR
            (input(2) AND input(1) AND input(0));
end assign_impl;
```

图 7-10　温度编码检测的并行信号赋值语句的 VHDL 的结构体

7.1.6　选择信号赋值语句

图 7-11 举例说明了素数判别电路的选择信号赋值语句描述。选择信号赋值语句由关键字 **with** 标识，接着是一个读入的信号和关键字 **select**，然后是被赋值信号。在这个例子中，通过对关键字 **with** 和 **select** 之间表达式的值与关键字 **when** 后选择列表匹配，isprime 被赋予相应的值。选择项由符号（｜）分隔。位于关键字 **when** 右侧的选择项必须是不相同的。关键字 **others** 可以作为没有明确被列出值的简称。当有多个 **when** 语句时，这多个赋值语句通过逗号来区分。相比于一个选择语句，信号选择语句可以更简洁地描述真值表，但不能在进程中使用。

```
architecture select_impl of prime is
begin
  with input select
    isprime <= '1' when 4d"1" | 4d"2" | 4d"3" | 4d"5" | 4d"7" | 4d"11" | 4d"13",
               '0' when others;
end select_impl;
```

图 7-11　用选择信号赋值语句的 4 位素数函数的 VHDL 结构体描述。注实体声明如图 7-2 所示

7.1.7　条件信号赋值语句

图 7-12 举例说明了素数判别电路的条件信号赋值语句描述。这里通过对每个 when 语句后的表达式结果的匹配，对 isprime 赋予相应的值。条件信号赋值语句适合于一些简单的比较逻辑。当一种情况优先于其他情况时，采用条件信号赋值语句也是比较合适的。如果多个 when 语句都是真时，依照它们在声明列表中的时序，优先考虑第一个。与选择信号赋值语句一样，条件信号赋值语句也不能在进程中使用。

```
architecture cond_impl of prime is
begin
  isprime <= '1' when input = 4d"1" else
             '1' when input = 4d"2" else
             '1' when input = 4d"3" else
             '1' when input = 4d"5" else
             '1' when input = 4d"7" else
             '1' when input = 4d"11" else
             '1' when input = 4d"13" else
             '0';
end cond_impl;
```

图 7-12　用选择信号赋值语句的 4 位素数函数的 VHDL 结构体描述

7.1.8　结构描述

图 7-13 所示的是，素数判别电路的结构性描述。这更像图 7-3 所示综合工具综合的结果，描述实例化元件以及它们之间的连接。与图 7-3 所示的不同的是，这里并没有 OAI13 等实例元件。相反，采用 6.5 节中图 6-6 所示的蕴含项来构建电路。除此之外，图 7-13 所示的包括了一个实例化"与"门 and_gate 设计实体的设计规范，也包括了一个实例化元件绑定的结构体的配置声明例子。并没有实例化"或"门和"非"门，而是采用了四个并行赋值语句，如"n1 <= not input(1);"。这样做的目的是强调并行赋值语句和组件实例化可以一起使用。还需要注意的是，因为它们都是并行语句，所以元件实例化的时序和并行赋值语句的行没什么关系。不像软件编程语言，这里的元件实例化语句和并行赋值语句是并行操作的。以用于组件标识的位置（AND1）和命名关联（AND2，AND3，AND4）来举例。"与"门 and_gate 的元件和实体声明包括默认输入赋值，而没有使用:= '1'。这样做可以使我们使用位置关联法来指定所有的三输入"与"门和一个二输入"与"门。

```
architecture struct_impl of prime is
  component and_gate is
    port( a, b, c  : in std_logic := '1'; y : out std_logic );
  end component;
  signal a1, a2, a3, a4, n1, n2, n3: std_logic;
begin
  -- Note that the order in which component instantiations and
  -- concurrent assignment statements appear has no effect.
  AND1: and_gate port map( input(1), n2, n3, a1 ); -- positional association
  AND2: and_gate port map( y=>a2, a=>input(0), b=>n3 ); -- named association
  AND3: and_gate port map( y=>a3, a=>input(0), b=>n1, c=>input(2) );
  AND4: and_gate port map( y=>a4, a=>input(0), b=>input(1), c=>n2 );
  isprime <= a1 or a2 or a3 or a4;
  n1 <= not input(1);
  n2 <= not input(2);
  n3 <= not input(3);
end struct_impl;


-- Each entity declaration must include packages used in its architecture bodies.
library ieee;
use ieee.std_logic_1164.all;

entity and_gate is
  port( a, b, c : in std_logic := '1'; y : out std_logic );
end and_gate;

architecture logic_impl of and_gate is
begin
  y <= a and b and c;
end logic_impl;

architecture alt_impl of and_gate is
begin
  y <= not (not a or not b or not c);
end alt_impl;
```

图 7-13　用包括一个结构性声明的结构性描述的 4 位素数函数 VHDL 描述

```
-- Without the optional configuration declaration below all and_gate component
-- instantiations in work.prime(struct_impl) will use work.and_gate(alt_impl).
configuration my_config of prime is
  for struct_impl
    for AND1, AND3 : and_gate
      use entity work.and_gate(alt_impl);
    end for;
    for others : and_gate
      use entity work.and_gate(logic_impl);
    end for;
  end for;
end configration my_config;
```

图 7-13　（续）

采用不同的实现方式设计两个"与"门的结构体，分别标记为 logic_impl、alt_impl。可以通过使用实例化声明语句有选择地指定使用元件。在一个简单的设计中，配置声明语句通常是省略的，这里对于每一个实体声明仅有一个结构体。

可选配置声明以关键字 **configuration** 标识，接着是配置名称（如 my_config，见图 7-13）、关键字 **of**、配置实体的名称（如 prime）和关键字 **is**。接下来，由于可能会有多个结构体，将指定配置第一个 **for** 之后的结构体。接着，对于每个实例化元件，实现特定实体和结构体的组合。连接步骤首先实现第一个指定元件的连接，这主要使用嵌套在第一个 **for** 的 for 语句（如"**for** AND1, AND3:and_gate"）。接着是实体间的连接（如 **use entity** work.and_gate(alt_impl)）。

这里以素数电路的结构描述为例说明 VHDL 的使用范围。对于一个简单的素数电路，设计者应该先采用一个比较简单的描述方式，然后让综合工具去优化和综合。例如对于简单的素数判别电路，无论是图 7-2、图 7-6、图 7-8、图 7-9、图 7-11、图 7-12 的不同方式，像美国 Synopsys 公司的 Design Compiler 综合程序都会产生相同的电路。更典型的是，只有当在实例化比这里所提到的"与"门更大的元件时，才有可能考虑使用结构体。

例 7.4　温度代码检测的结构式描述

写出一个 VHDL 结构的设计实体，用来检测 4 位输入温度编码信号是否合法。假设实体声明已经在图 7-5 中给出，因此只需要给出一个新的结构体就可以了。

重新写出例 7.3 中温度编码电路的简化逻辑方程为：

$$f(a_3, a_2, a_1, a_0) = (\overline{a_3} \wedge \overline{a_2} \wedge \overline{a_1}) \vee (\overline{a_3} \wedge \overline{a_2} \wedge a_1 \wedge a_0) \vee (a_2 \wedge a_1 \wedge a_0)$$

我们直接实例化"与"门，并将"与"门的输出分配给中间信号（t2、t1、t0）。配置语句使用关键字 **all**，这意味着所有的 and_gate 元件都将与 work.and_gate(impl) 关联起来。其结果如图 7-14 所示。

7.1.9　十进制素数函数

图 7-15 所示的举例说明了 VHDL 中不完全指定功能（见 6.8 节）的描述。尽管蕴含项多于最小项时匹配的 case 语句可以实现简化，但这里希望用综合工具实现电路的优化。再次使用 VHDL 中的 case 语句来描述一个真值表。在这个例子中，不再将 std_logic 的值 '-' 赋给 isprime，而是采用默认的方法（如 **others** =>）使得输出与输入状态 10～15 无关。由于仅能使用一条默认语句并且这里用它来指定这种无关项，因此必须明确地指定这五种状态的输出为 0。

使用 Synopsys 公司的综合工具 Design Compiler 实现图 7-15 所示的 VHDL 描述语句结果显示在图 7-16 中，其电路结构原理图展示在图 7-17 中。由于采用了不完全指定，与

```
architecture struct_impl of therm is
  component and_gate is
    port( a, b, c, d  : in std_logic :='1'; Y : out std_logic );
  end component;
  signal i1, i2, i3, t2, t1, t0 : std_logic;
begin
  i1 <= not input(1);
  i2 <= not input(2);
  i3 <= not input(3);
  AND1: and_gate port map(y=>t0, a=>i3, b=>i2, c=>i1 );
  AND2: and_gate port map(y=>t1, a=>i3, b=>i2, c=>input(1), d=>input(0) );
  AND3: and_gate port map(y=>t2, a=>input(2), b=>input(1), c=>input(0) );
  output <= t2 or t1 or t0;
end struct_impl;

library ieee;
use ieee.std_logic_1164.all;

entity and_gate is
  port( a, b, c, d : in std_logic := '1'; y : out std_logic );
end and_gate;

architecture impl of and_gate is
begin
  y <= a and b and c and d;
end impl;

configuration my_config of therm is
  for struct_impl
    for all: and_gate
      use entity work.and_gate(impl);
    end for;
  end for;
end;
```

图 7-14　温度编码检测的 VHDL 结构式描述

前面含有一个四输入门、一个三输入"异或"门和两个反相器的完全指定电路相比，这里仅使用一个二输入门、一个三输入门和一个反相器。

```
library ieee;
use ieee.std_logic_1164.all;

entity prime_dec is
  port( input : in std_logic_vector(3 downto 0);
        isprime : out std_logic );
end prime_dec;

architecture impl of prime_dec is
begin
  process(input) begin
    case input is
```

图 7-15　用一个具有无关的默认输出的选择语句进行的 4 位十进制素数函数的 VHDL 描述

```
          when x"0" | x"4" | x"6" | x"8" | x"9" => isprime <= '0';
          when x"1" | x"2" | x"3" | x"5" | x"7" => isprime <= '1';
          when others => isprime <= '-';
        end case;
    end process;
end impl;
```

图 7-15　（续）

```
library ieee;
use ieee.std_logic_1164.all;

entity prime_dec is
    port( input : in std_logic_vector (3 downto 0);  isprime : out std_logic);
end prime_dec;

architecture SYN_impl of prime_dec is

    component OAI21X1
        port( A, B, C : in std_logic;  Y : out std_logic);
    end component;
    component INVX1
        port( A : in std_logic;  Y : out std_logic);
    end component;
    component AND2X1
        port( A, B : in std_logic;  Y : out std_logic);
    end component;


    signal n4, n5, n6, n7 : std_logic;
begin

    U7 : AND2X1 port map( A => input(0), B => n5, Y => n6);
    U8 : INVX1 port map( A => n6, Y => n4);
    U9 : INVX1 port map( A => input(1), Y => n7);
    U10 : INVX1 port map( A => input(3), Y => n5);
    U11 : OAI21X1 port map( A => n7, B => input(2), C => n4, Y => isprime);

end SYN_impl;
```

图 7-16　使用新思科公司的 Design Compiler 的综合工具综合图 7-15 中 VHDL 描述语句的结果。综合电路的原理图如图 7-17 所示。这电路图比图 7-4 所示的完全指定的电路更简单

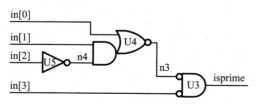

图 7-17　图 7-16 所示电路的原理图

7.2　素数电路的测试文件

可以通过一个测试文件来验证 VHDL 描述设计实体的正确性。测试文件本身便是一个 VHDL 设计实体。它不能被综合成硬件电路，而只是方便用于设计实体的测试。在测试文件中实例化设计实体，并产生激励信号，然后可以检查输出信号的正确性。总之，测试平台与你实验室中的测量仪器是相同的，其产生输入信号然后观察输出结果。

图 7-18 显示了一个简单的素数电路的测试文件。我们曾在图 3-8 中第一次见到测试文件，用 --pragma translate_off 和 --pragma translate_on 围绕测试文件，避免把测试文件当成同样的可综合设计实体进行综合。另一种方法是，可以将测试文件放在一个独立的文件中，可以被仿真但不能被综合。正如前面所述，测试文件本身便是一个设计实体，但是它没有输入和输出。在这个例子中，测试文件的内部信号作为测试实体的输入和输出信号。测试文件中声明素数电路的输入为 std_logic_vector 类型的信号 count。当想要实例化一个结构体时，使用语句 direct instantiation，而不是元件或配置声明。因此，测试文件实例化素数电路实体的 case_impl 结构体时，使用以下语句：

```
DUT: entity work.prime(case_impl) port map(input, isprime);
```

```
-- pragma translate_off
library ieee;
use ieee.std_logic_1164.all;
use ieee.std_logic_unsigned.all;
use ieee.numeric_std.all;

entity test_prime is
end test_prime;

architecture test of test_prime is
  signal input: std_logic_vector(3 downto 0);
  signal isprime: std_logic;
begin
  -- instantiate module to test
  DUT: entity work.prime(case_impl) port map(input, isprime);

  process begin
    for i in 0 to 15 loop
      input <= std_logic_vector(to_unsigned(i,4));
      wait for 10 ns;
      report "input = " & to_string(to_integer(unsigned(input))) &
          " isprime = " & to_string(isprime);
    end loop;
    std.env.stop(0);
  end process;
end test;
-- pragma translate_on
```

图 7-18　素数设计实体 findexto_integer 的 VHDL 测试文件

直接实例化设计实体的语句为：

```
<inst_label>: entity <entity_name>(<arch_identifier>)  port map (<assoc_list>);
```

这里的 <inst_label> 是实例化元件的标识，<entity_name> 是设计实体的名字，<arch_identifier> 是结构体的名字，<assoc_list> 则是关联列表，可以采用位置或名字关联的方式。在这个例子中，<entity_name> 是 work.prime。使用 work 连缀 prime，这是由于，当 VHDL 编译器分析每一个实体和结构体声明时，它都会把结果记录到工作库中，这通常称之为"work"。

测试文件的实际测试代码通常包含在进程语句中。这个进程语句就像我们之前看到的（例如图 7-2 和图 7-15）。除此之外，它不是在输入信号变化时才执行一次，而是从仿真开始一直重复执行。这是因为触发进程语句缺乏包含信号（如图 7-2 中的 input）触发在 **process** 内部已被评估声明的敏感列表。也就是说，在图 7-18 中关键字 **process** 之后的圆括号内没有任何信号。在每次的 for 循环的迭代中，input 总会被仿真运算。要做到这一点，需要把 i 转换成无符号数，这就像数据类型 std_logic_vector，除此 1 位可以看成一个无符号数（例如零或整数）。通过使用在程序包 ieee.numeric_std 中的 to_unsigned 函数可以实现这一功能。函数 to_unsigned 的第一个参数是整形的，第二个则指定了输出的位宽。然后，使用类型转换功能将无符号结果转换为 std_logic_vecto，这是类似于 C 语言或 C++ 语言编程语言。下一行语句"wait for 10ns;"的意思是，在仿真模拟进程中应该等待 10ns 的时间然后再执行下一条语句。这就允许我们可以在测试中设定输出的时间。下一条语句使用 **report** 显示输入和输出结果。为了打印出输入的十进制形式，首先要将其转为无符号数，接着调用 ieee.numeric_std 中定义的 to_integer 函数，然后再调用函数 to_string。经过 16 次迭代，循环完成。然后调用 VHDL-2008 函数 std.env.stop() 停止仿真。没有这个过程，在 for 循环结束后进程语句将立即重新执行。另一种方法则是使用无条件的等待语句，即"**wait;**"。

在图 7-18 所示编码中，DUT 元件与产生输入及打印输出信号的进程语句并行执行。DUT 的输入信号由进程语句通过 input 传递过来。类似地，DUT 的输出通过信号 isprime 传递到进程中。需要注意地是，即使进程没有敏感列表，isprime 也可以在进程内被读取。这与软件语言中函数的参数不同。

测试文件并没有描述一块设计实体，而只是一种输入仿真或测试模式，以及输出结果的监视器。由于测试实体不需要被综合，所以可以使用一些不可综合的 VHDL 结构设计。例如在图 7-18 所示编码中，不含敏感列表的进程语句、for 语句，以及 wait for 10ns 等语句均不能被综合，但它们在测试中经常使用。在编写 VHDL 时，一定要清楚地知道是在编写可综合的代码，还是测试文件。它们有着不同的使用场合。

图 7-19 列出了图 7-18 所示测试文件及图 7-2 所示素数电路的仿真结果。在测试文件中，for 循环的每次迭代，都会打印一行输出。**report** 的参数必须为字符串。打印的字符使用符号'&'连接。VHDL-2008 在 ieee.std_logic_1164 包中提供了 to_string 函数。顾名思义，to_string 可以实现将一个值转换为一个字符串。对于整型和二进制 std_logic_vector，其输出结果为十进制形式的字符串。这里也可以打印十六进制(to_hstring)的和八进制(to_ostring)的。在打印十进制形式的输入过程中，首先将其转换为无符号类型，其本质上是一个 std_logic_vector，可解释为 2 的反码无符号数。可以使用 ieee.numeric_std 中定义的 to_integer 函数，实现无符号数到整型的转换。相比于 std_logic_vector 和无符号数，在 VHDL 中整型至少是 32 位的。

由检测输出结果可以看到，素数电路设计运行正确。

对于一些只需要检查一次的简单设计，手动检查的方法是合适的。但对于那些大的或者需要重复测试的设计，手动检查

```
input = 0 isprime = 0
input = 1 isprime = 1
input = 2 isprime = 1
input = 3 isprime = 1
input = 4 isprime = 0
input = 5 isprime = 1
input = 6 isprime = 0
input = 7 isprime = 1
input = 8 isprime = 0
input = 9 isprime = 0
input = 10 isprime = 0
input = 11 isprime = 1
input = 12 isprime = 0
input = 13 isprime = 1
input = 14 isprime = 0
input = 15 isprime = 0
```

图 7-19 图 7-2 所示的设计实体在图 7-18 所示测试文件激励下的输出

烦琐且易出错。在这种情况下，测试文件不但需要产生输入激励，还必须检查输出结果。

一种实现自我检测的方法是，实例化两个单独的设计实体并比较其输出，如图 7-20 所示（另一种方法则是图 7-3 所示的反函数法）。在图 7-20 所示编码中，测试文件分别创建两个设计实体实例 case_impl（见图 7-2）和 mcase_impl（见图 7-9）。所有的 16 种输入模式都应用于这两种设计实体中。使用不等式运算符 /= 来比较其输出，当 isprime0 不等于 isprime1 时，其评估为 true。这种比较是在底层 std_logic 类型中进行的。此类型包括 VHDL 仿真器中可用于指示某些情况的特殊值，例如断开的连线（如未初始化的 'U'）。因此，使用 std_logic 和 std_logic_vector 可以查找错误。然而，如果其值被限定为逻辑值 0 或 1，此时错误也许不能被发现。如果设计实体的输出没有匹配任何模式，变量 check 设置为 1。所有情况都被尝试后，根据 check 的值，提示 PASS 或 FAIL。

```
-- pragma translate_off
library ieee;
use ieee.std_logic_1164.all;
use ieee.std_logic_unsigned.all;
use ieee.numeric_std.all;

entity test_prime_mcase is
end test_prime_mcase;

architecture test of test_prime_mcase is
  signal input: std_logic_vector(3 downto 0);
  signal check: std_logic; -- set to 1 on mismatch
  signal isprime0, isprime1: std_logic ;
begin
  -- instantiate both implementations
  p0: entity work.prime(case_impl) port map(input, isprime0) ;
  p1: entity work.prime(mcase_impl) port map(input, isprime1) ;

  process begin
    check <= '0';
    for i in 0 to 15 loop
      input <= std_logic_vector(to_unsigned(i,4));
      wait for 10 ns;
      if isprime0 /= isprime1 then
        check <= '1';
      end if;
    end loop;
    wait for 10 ns;
    if check /= '1' then report "PASS"; else report "FAIL"; end if;
    std.env.stop(0);
  end process;
end test;
-- pragma translate_on
```

图 7-20　素数设计实体的第二个实现方式的 Go/no-go 测试文件

例 7.5 **温度代码检测器测试文件**

编写一个 VHDL 测试文件，可以同时检测例 7.1～例 7.4 中所写的设计实体。

如图 7-21 所示，测试文件要求用户手动检查输出 assign_impl 是正确的。使用 pass/fail 测试来验证其他三个实体实例化，将其输出和 therm(assign_impl) 的输出进行比较。测试输出结果（见图 7-22）证实了 VHDL 设计的正确性。

```vhdl
-- pragma translate_off
library ieee;
use ieee.std_logic_1164.all;
use ieee.std_logic_unsigned.all;
use ieee.numeric_std.all;

entity therm_test is
end therm_test;

architecture test of therm_test is
  signal count: std_logic_vector(3 downto 0);
  signal t0, t1, t2, t3, check: std_logic;
begin
  M0: entity work.therm(assign_impl) port map( count, t0 );
  M1: entity work.therm(case_impl)   port map( count, t1 );
  M2: entity work.therm(mcase_impl)  port map( count, t2 );
  M3: configuration work.my_config   port map( count, t3 );

  process begin
    count <= "0000";
    check <= '0';
    for i in 0 to 15 loop
      wait for 10 ns;
      report "input = " & to_string(count) & " therm = " & to_string(t0);
      if t0 /= t1 then check <= '1'; end if;
      if t0 /= t2 then check <= '1'; end if;
      if t0 /= t3 then check <= '1'; end if;
      count <= count + 1;
    end loop;
    if check = '0' then report "PASS";
    else report "FAIL"; end if;
    std.env.stop(0);
  end process;
end test;
-- pragma translate_on
```

图 7-21　验证例 7.1～例 7.4 四个温度代码检测器的测试文件

```
input = 0000 therm = 1
input = 0001 therm = 1
input = 0010 therm = 0
input = 0011 therm = 1
input = 0100 therm = 0
input = 0101 therm = 0
input = 0110 therm = 0
input = 0111 therm = 1
input = 1000 therm = 0
input = 1001 therm = 0
input = 1010 therm = 0
input = 1011 therm = 0
input = 1100 therm = 0
input = 1101 therm = 0
input = 1110 therm = 0
input = 1111 therm = 1
PASS
```

图 7-22　图 7-21 所示的测试文件的输出结果。我们必须手动检查每个输出是否正确

7.3 七段译码器

本节将研究七段译码器的设计,以及介绍常量定义、信号级联和反相功能检查的概念。

七段显示器通过点亮七个发光字段子集来描述一个十进制数字。字段以数字 8 的形式排列,如图 7-23 的顶部所示,数字从 0 到 6。七段译码器是一个硬件模块,它可以接收 4 位二进制编码的输入信号,bin(3 到 0),并产生一个 7 位的输出信号,segs(6 到 0),以此表示哪些部分应该被点亮来显示由 bin 编码的编号。例如,对于二进制代码"4",0100,将其输入到 7 段译码器中,输出为 0110011,表示为 0,1,4 和 5 部分被点亮以显示数字"4"。

```
-------------------------------------------------------------------
-- define segment codes
-- seven bit code - one bit per segment, segment is illuminated when
-- bit is low.  Bits 6543210 correspond to:
--
--       0000
--      5    1
--      5    1
--       6666
--      4    2
--      4    2
--       3333
--
-------------------------------------------------------------------
library ieee;

package sseg_constants is
  use ieee.std_logic_1164.all;
  subtype sseg_type is std_logic_vector(6 downto 0);

  constant SS_0 : sseg_type := 7b"1000000";
  constant SS_1 : sseg_type := 7b"1111001";
  constant SS_2 : sseg_type := 7b"0100100";
  constant SS_3 : sseg_type := 7b"0110000";
  constant SS_4 : sseg_type := 7b"0011001";
  constant SS_5 : sseg_type := 7b"0010010";
  constant SS_6 : sseg_type := 7b"0000010";
  constant SS_7 : sseg_type := 7b"1111000";
  constant SS_8 : sseg_type := 7b"0000000";
  constant SS_9 : sseg_type := 7b"0010000";
  constant SOFF : sseg_type := 7b"1111111";

  component sseg is
    port( bin : in std_logic_vector(3 downto 0);
          segs : out sseg_type );
  end component;
end package;
```

图 7-23 定义七段译码器的常数

在描述七段译码器中第一个要务是定义十个常数,其每个用来描述哪些部分被点亮以显示特定的数字。图 7-23 所示的说明了我们如何声明为服务于该目的程序包。具体来说,它显示了以 VHDL 关键字 **packet** 标识的 package declaration，后跟一个标识符用于引用该包，然后关键字后面是十个常量的定义，SS_0 到 SS_9，最后是一个组件声明。为七段译码器定义了一个不变量 SOFF，它所有的值全为零（空白显示），另外还为七段译码器定义了一个组件声明。包声明语句由 **package** 关键字标识，后面是包的名称（sseg_constants），接着是关键字 is。我们可以在设计实体声明之前通过写入"**use** work.sseg_constants.**all**;"语句，来使用 sseg_constants 包中的常量和组件声明。

常量的声明需要使用 VHDL 关键字 **constant**。每个常数声明将常量名称映射到常量值，并具有数据类型。例如，常量名 SS_4 把 0011001 的 7 位字符串定义为它的值，类型是 sseg_type。使用关键字 **subtype** 定义类型 sseg_type，并将其设置为等同于 std_logic_vector(6 到 0)。常量也可以在结构体中声明，其形式为：

```
architecture <architecture_identifier> of <entity_name> is
  <constant_declarations>
  <signal_declarations>
begin
  ...
```

由于我们想在多个设计实体中使用定义的常量，所以通常选择在一个程序包中定义它们。

一般来说，常量的定义有以下两个原因。首先，使用常量名称而不是值，可以使代码更易于阅读和维护。其次，定义一个常数可以允许通过更改某个值进而改变其所有使用它的值。例如，我们不想要底部的"9"。为此，只需将 SS_9 的定义更改为 0011000 而不再是 0010000，这种改变会自动传递到每个使用的 SS_9 中。没有这样的定义，将不得不手动编辑常量的使用，并且很可能会错过一些修改。

常数定义给出了用 VHDL 描述数字的语法（数字的语法在 7.1.2 节描述）的另一种定义。在图 7-23 所示的常数定义中，所有的数字是二进制的。在图 7-25 所示的反七段设计中使用十六进制数字。

现在已经定义了常数，设计七段译码器的设计实体 **sseg** 的 VHDL 编码是很简单的。随着标准包，用一行代码"**use** work.sseg_constants.**all**;"来包含常数定义。如图 7-24 所示，用 case 语句来描述真值表的设计实体，就像 7.1.2 节介绍的素数函数。输出值使用我们定义的常数来定义。用助记符标记常量名字比选择语句的右侧都是 0 和 1 字符串，更容易读这段代码。当输入值不在 0～9 范围内，设计实体 sseg 会输出 SOFF。

```
-----------------------------------------------------------------
-- sseg - converts a 4-bit binary number to seven segment code
--
-- bin  - 4-bit binary input
-- segs - 7-bit output, defined above
-----------------------------------------------------------------

library ieee;
use ieee.std_logic_1164.all;
use work.sseg_constants.all;

entity sseg is
  port( bin : in std_logic_vector(3 downto 0); segs : out sseg_type );
end sseg;
architecture impl of sseg is
begin
```

图 7-24　七段译码器用选择语句执行

```
process(all) begin
  case bin is
    when x"0" => segs <= SS_0;
    when x"1" => segs <= SS_1;
    when x"2" => segs <= SS_2;
    when x"3" => segs <= SS_3;
    when x"4" => segs <= SS_4;
    when x"5" => segs <= SS_5;
    when x"6" => segs <= SS_6;
    when x"7" => segs <= SS_7;
    when x"8" => segs <= SS_8;
    when x"9" => segs <= SS_9;
    when others => segs <= SOFF;
  end case;
end process;
end impl;
```

图 7-24 （续）

为了帮助测试七段译码器，定义一个相反的七段译码器设计，如图 7-25 所示。向设计 insseg 中输入 7 位字符串 segs。如果输入是图 7-23 定义的 10 个代码中的一个，电路在输出 bin 中输出相应的二进制码，在输出 valid 中输出一个"1"。如果输入是 SOFF，则其全部被声明为 0（当输入超出范围时，相应的译码器的输出），输出是 valid=0, bin=0。如果输入是其他码中的任何一个，输出是 valid=0, bin=1。再一次，我们的反七段译码器用选择语句来描述真值表。在这种情况下，有两个真值表对应的输出对应 valid 和 bin。

```
library ieee;
use ieee.std_logic_1164.all;
use ieee.numeric_std.all;
use work.sseg_constants.all;

entity invsseg is
  port( segs : in sseg_type;
        bin : out std_logic_vector(3 downto 0);
        valid : out std_logic );
end invsseg;

architecture impl of invsseg is
begin
  process(all) begin
    case segs is
      when SS_0 =>  valid <= '1'; bin <= x"0";
      when SS_1 =>  valid <= '1'; bin <= x"1";
      when SS_2 =>  valid <= '1'; bin <= x"2";
      when SS_3 =>  valid <= '1'; bin <= x"3";
      when SS_4 =>  valid <= '1'; bin <= x"4";
      when SS_5 =>  valid <= '1'; bin <= x"5";
      when SS_6 =>  valid <= '1'; bin <= x"6";
      when SS_7 =>  valid <= '1'; bin <= x"7";
      when SS_8 =>  valid <= '1'; bin <= x"8";
```

图 7-25 反七段译码器的 VHDL 描述常常用于检查七段译码器的输出

```
            when SS_9 =>  valid <= '1'; bin <= x"9";
            when SOFF =>  valid <= '0'; bin <= x"0";
            when others =>valid <= '0'; bin <= x"1";
          end case;
        end process;
    end impl;
```

图 7-25 （续）

现在已经定义了七段译码器的设计实体 sseg 和它的逆设计实体 invsseg，我们可以用逆设计编写一个测试文本来检验译码器本身的功能。图 7-26 展示了测试文本。测试文本实例化了译码器和它的反。译码器输入 bin_in，产生输出 segs。逆电路输入 segs，产生输出 valid 和 bin_out。

```
-- pragma translate_off
library ieee;
use ieee.std_logic_1164.all;
use ieee.std_logic_unsigned.all;
use ieee.std_logic_arith.all;
use work.sseg_constants.all;

entity test_sseg is
end test_sseg;

architecture test of test_sseg is
  signal bin_in: std_logic_vector(3 downto 0);   -- binary code in
  signal segs: sseg_type;                        -- segment code
  signal bin_out: std_logic_vector(3 downto 0);  -- binary code out of inverse coder
  signal valid: std_logic;                       -- valid out of inverse coder
  signal err: std_logic;
begin
  -- instantiate decoder and checker
  SS:  sseg port map(bin_in,segs);
  ISS: entity work.invsseg(impl) port map(segs,bin_out,valid);

  process begin
    err <= '0';
    for i in 0 to 15 loop
      bin_in <= conv_std_logic_vector(i,4);
      wait for 10 ns;
      report to_hstring(bin_in) & " " & to_string(segs) & " " &
             to_hstring(bin_out) & " " & to_string(valid);
      if bin_in < 4d"10" then
        if (bin_in /= bin_out) or (valid /= '1') then
          report "ERROR"; err <= '1';
        end if;
      else
        if (bin_out /= "0000") or (valid /= '0') then
          report "ERROR"; err <= '1';
        end if;
      end if;
```

图 7-26 使用逆函数来测试输出的七段译码器的测试文本

```
      end loop;
      if err = '0' then report "TEST PASSED";
      else report "TEST FAILED"; end if;
      std.env.stop(0);
   end process;
end test;
-- pragma translate_on
```

图 7-26 （续）

在实例化和连接设计实体后，测试文本包含一个遍历 16 种可能的输入 for 循环。对于在 0～9 之间的输入，它检查 bin_in=bin_out 和 valid 是 1。如果这两个条件都不满足，就会出现错误。类似地，对于超出范围的输入，它检查 bin_out 和 valid 都是 0。

使用一个逆设计实体来检查组合设计实体的功能，在编写测试程序中是一个常用的方法。在检查算术电路时十分有用(详见第 10 章)。例如，为一个平方根写测试文本，我们可以平方结果(一个更简单的操作)，检查我们是否得到原始值。

在测试平台中使用逆设计实体也是用来检测模型常规的例子。用测试程序检测模型就像在软件中的断言。插入多余的逻辑来检查不变性、无论如何测试应该一直为真(例如，两个模型不应该同时驱动总线)。因为检测模型是在测试文件中，所以它们不占据任何空间。它们不包括在综合逻辑中，消耗芯片面积为 0。然而在模拟时，它们在检测错误时是非常重要的。

总结

这章已经学习了写组合逻辑函数的 VHDL 的描述。真值表能够直接转换为 VHDL 的选择语句：

```
process(input)
begin
  case input is
    when x"1" | x"2" | x"3" | x"5" | x"7" | x"b" | x"d" => isprime <= '1';
    when others => isprime <= '0';
  end case;
end process;
```

这里，我们使用选择语句来处理当输出为 1 时所有输入的集合，默认情况下函数为 0。这 VHDL 的 case? 语句就像 case 语句，但是它允许在一些位中包含 -s。当输入的特定位使剩余的输入为不相关，指定函数是很有用的。

VHDL 的并行赋值语句允许我们直接写一个逻辑方程，就像

```
majority <= (a AND b) OR (a AND c) or (b AND c) ;
```

VHDL 的逻辑函数可以封装在设计实体中。设计实体包含一个实体声明，之后是结构体声明。实体声明的端口声明中包含输入和输出的列表。更大的函数可以实例化设计实体，通过连接它们到相同的信号来连接一个设计实体的输出到另一个的输入。

通过编写测试文本，我们验证了 VHDL 的设计实体。不想一个设计实体最终被综合为硬件，测试文本是不会综合的，并且用 VHDL 的另一种风格编写。测试文本实例化正在被测试的设计实体，声明输入和输出信号，然后在一个进程声明中制定一系列测试模式。理想情况下，测试文本验证适当的行为和给出通过/失败的指示。将会在第 20 章更详细地讨论验证。

文献解读

关于 VHDL 更多的信息可以在 Ashenden 的 The Designer's Guide 书中找到[3]或者也可以在关于这语言的许多其他书中找到。网上有一些好的 VHDL 参考资料。

练习

7.1　斐波那契选择。为一个接收 4 位输入的电路编写 VHDL 程序，如果输入为斐波那契数(0，1，2，3，4，5 或 13)，则输出为真。你必须通过设计一个条件语句来完成。

7.2　斐波那契电路——并发信号分配。为一个接收 4 位输入的电路编写 VHDL 程序，如果输入为斐波那契数(0，1，2，3，4，8 或 13)，则输出为真。你必须通过使用最小化逻辑功能的并发赋值语句来完成。

7.3　斐波那契电路——结构。为一个接收 4 位输入的电路编写 VHDL 程序，如果输入为斐波那契数(0，1，2，3，4，8 或 13)，则输出为真。你必须通过结构化的 VHDL，直接实例化"与"门和"或"门来完成。你将需要编写单独的与和或设计实体。

7.4　斐波那契测试台。编写一个测试平台，并验证练习 7.1～练习 7.3 中的设计实体是否正常工作。你发现四个设计实体中哪一个最容易写入和维护？

7.5　斐波那契逻辑综合。使用综合工具来综合你在练习 7.1～练习 7.3 中写的斐波那契电路。绘制每个合成输出电路结果的逻辑图。比较和对比每个设计实体的输出电路。

7.6　5 位素数电路。编写一个接收 5 位输入的电路的 VHDL 程序，如果输入是素数(2，3，5，7，11，13，17，19，23，29 或 31)，则输出为真。叙述为什么你选择的方法(案例，并发作业，结构)是正确的方法。

7.7　3 的倍数电路。编写一个接收 4 位输入的电路的 VHDL 程序，如果输入为 3 的倍数(3，6，9，12 或 15)，则输出为真。描述为什么你选择的方法(案例，并发作业，结构)是正确的方法。

7.8　试验台。为练习 7.7 的 3 的倍数电路编写一个 VHDL 测试平台。

7.9　十进制斐波那契电路。编写一个保证输入在 0～9 范围内 4 位电路的 VHDL 程序，如果输入为斐波那契数(0，1，2，3，4，5)，则输出为真。输出是与输入状态 10～15 无关。描述为什么你选择的方法(案例，并发作业，结构)是正确的方法。

7.10　5 的倍数电路。为一个电路编写一个 VHDL 描述，如果它的 5 位输入是 5 的倍数，则输出为真。

7.11　平方电路。为一个电路编写一个 VHDL 描述，如果一个电路的 8 位输入是一个平方数，即 1，4，9 等，则输出为真。

7.12　立方电路。为一个电路写入一个 VHDL 描述，如果它的 8 位输入是一个立方数，即 1，8，27，64 等则输出为真。

7.13　位反转——选择。写一个 VHDL 设计实体，它采用 5 位输入，输出值等于反序输入输出的 5 位值。例如，输入 01100 得到输出为 00110，输入 11110 得到输出为 01111。你必须使用一个条件语句实现设计实体。

7.14　位反转——分配。写一个 VHDL 设计实体，它采用 5 位输入，输出值等于反序输入输出的 5 位值。例如，输入 01100 得到输出为 00110，输入 11110 得到输出为 01111。你必须使用一个单一的并行的赋值语句实现设计实体。你需要使用连接算符。

7.15　下一个斐波那契数字。Ⅰ. 编写一个采用 4 位输入并输出为一个代表下一个斐波那契数的 5 位数的 VHDL 设计实体。输出对输出的映射如下：

$$f(0001) = 00010;$$
$$f(0010) = 00011;$$
$$f(0011) = 00101;$$
$$f(0101) = 01000;$$
$$f(1000) = 01101;$$
$$f(1101) = 10101。$$

如果输入无效，你可以假设输入是合法的斐波那契数和输出与之无关('-')。记住，如果你不测试你的电路，则它不工作。为了这个问题(和练习 7.16 和练习 7.17)，我们忽略斐波那契序列的前导 0，1，只使用 1，2，3，5，……

7.16　下一个斐波那契数字。Ⅱ. 修改练习 7.15 的斐波那契电路，当输入为有效斐波那契数时，输出信号有效为 1，否则当输入为无效斐波那契数时，为 0。你的设计实体应输出下一个 5 位数字。

7.17 下一个斐波那契数字。Ⅲ. 修改练习 7.16 的斐波那契电路，包括两个新的输入：rst 和 ivalid。如果 rst 等于 1，则你的设计实体输出（有效和下一个数字）必须为 0。如果 ivalid 为 0，那么输出有效信号必须为 0，而不考虑输入数。如果 rst 为 0 且 ivalid 为 1，则电路按照练习 7.16 中的描述进行工作。你的逻辑应该在一个条件中实施？语句中不超过八个语句和默认值。

7.18 现场可编程门阵列（FPGA）的实现。使用 FPGA 映射工具（如阿尔特拉公司或赛灵思公司的可编程工具）将图 7-24 所示的七段解码器映射到 FPGA。使用布图规划工具查看 FPGA 的布局。综合使用了多少逻辑块？

7.19 七段解码器。修改七段解码器，对于输入状态为 10 到 15，分别的输出字符"A"到"F"（小写"b"和"d"）。

7.20 反七段解码器。修改反七段解码器以接收"9"的两个可能的代码 1111011 或 1110011，即，底部段（段 3）打开或关闭。

7.21 试验台。为检查输出并显示测试的通过或失败，修改图 7-18 所示的测试平台。

7.22 选择乘法。使用选择语句编写 VHDL 设计实体，输入为 2 位数字并通过输入的乘积得出的输出为 4 位数（例如，$10_2 \times 11_2 = 0110_2$）。你将在第 10～12 章中学习如何设计真正的乘数。

7.23 发现第一个 1。一个发现第 1 位为 1 单元将检测并输出输入中最高有效 1 的位置。用 VHDL 写一个 case? 声明，为实现发现第 1 位为 1 设计需要获取一个 16 位输入并输出一个在第一个位置为 1 的 4 位信号。如果输入中没有 1，还包括 1 的输出。为测试你的电路，我们在第 8 章讨论这个电路的不同实现方式。

7.24 因式分解电路。为采用 4 位输入的电路编写一个 VHDL 描述，并产生输出 2，3，5，7，11 和 13。如果与输出对应的数字均匀地分配输入，给定的输出为高。例如，当输入为 6 时，输出 2 和 3 为高电平，其他输出为低电平。

第 8 章
组合逻辑电路基本单元

译码器、多路复用器、编码器等电路模块被反复用在数字电路设计中。这些基本单元是现代数字电路设计的基础。我们通常将若干个基本单元组合起来以设计一个具有特定功能的模块，而不是写出其真值表然后直接综合出逻辑实现。

在 20 世纪七八十年代，大多数的数字系统都由小规模集成电路构成，而每一个小规模集成电路仅由这些基本单元的某一种构成。例如，当时流行的 TTL 逻辑[106] 7400 系列包含了许多复用器和译码器。在那个阶段，数字电路设计的艺术主要是从 TTL 数据手册中选择正确的基本单元，并将其组装成模块。现在，大多数逻辑实现都采用 ASIC 或 FPGA 的方式，并不受 TTL 数据手册中可用的基本单元的约束。然而，这些基本单元仍然是搭建系统时非常有用的逻辑单元。

8.1 多位标记

在本书中，我们将在所有图中使用总线标记来表示多位信号。例如，在图 8-1 所示电路中，用单根线表示一个 8 位信号 $b_{7:0}$。信号线上的对角斜线表示该信号是一个多位信号。斜线下方的数字"8"表示总线位宽是 8 位。

一般使用对角连接器从一个多位信号中选择单个位或某一个子字段，例如，b_7 或 b_5 以及 3 位子字段 $b_{5:3}$。每一个对角连接器都由被选择的位标记。位选可能会出现重叠的情况，例如 b_5 和 $b_{5:3}$。子字段 $b_{5:3}$ 本身就是一个多位信号，相应地用斜线和数字"3"进行标记。

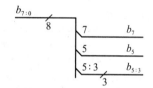

图 8-1　用穿过信号并标示总线宽度的斜线来表示一个多位信号或总线。使用对角连接器从多位信号中选择单个位或子字段，每一个对角连接器都标有被选择位和子字段，这可能会出现重叠的情况

8.2 译码器

通常，译码器可将一种编码转换成另一种编码。7.3 节已经给出了二进制七段译码器的例子。但是，我们通常提到的译码器是指二进制码-独热码的译码器。它将一个二进制编码(每一位都代表一个符号)转化成一个独热码(每 1 位都代表一个符号但最多同时有 1 位为高电平)。8.4 节将讨论这一过程的逆过程，即编码器。它将独热码转化成二进制编码。

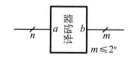

图 8-2　n-m 线译码器原理图

n-m 线(有时也用 n:m 表示)译码器的原理图图形符号如图 8-2 所示。输入信号 a 是一个 n 位二进制信号，输出是一个 m 位($m \leqslant 2^n$)独热信号。

表 8-1 给出了 3-8 线(也可表示为 3:8)译码器的真值表。如果将输入和输出都当作二进制数，那么如果输入值为 i，输出值等于 2^i。

表 8-1　3-8 线译码器的真值表：将一个 3 位二进制输入 bin 转化成一个 8 位独热码输出 ohout

bin	ohout	bin	ohout
000	00000001	100	00010000
001	00000010	101	00100000
010	00000100	110	01000000
011	00001000	111	10000000

    n-m 线译码器的 VHDL 描述如图 8-3 所示。该设计实体引入了 VHDL 中类常数的使用。该设计实体使用了类常数 *n* 和 *m*，使该实体能够用于实例化任意输入和输出位宽的译码器。在实体声明描述中，关键字 **generic** 之后的语句：n:integer:=2;声明了 n(输入信号宽度)是一个默认值为 2 的整型常量。同样，m(输出信号宽度)是一个默认值为 4 的整型常量。

```
----------------------------------------------------------------
-- n -> m  Decoder
-- a - binary input    (n bits wide)
-- b - one-hot output  (m bits wide)
----------------------------------------------------------------
library ieee;
use ieee.std_logic_1164.all;
use ieee.numeric_std.all;

entity Dec is
  generic( n : integer := 2; m : integer := 4 );
  port( a : in std_logic_vector(n-1 downto 0);
        b : out std_logic_vector(m-1 downto 0) );
end Dec;

architecture impl of Dec is
  signal one: unsigned(m-1 downto 0);
  signal shift: integer;
begin
  one   <= to_unsigned(1,m);
  shift <= to_integer(unsigned(a));
  b     <= std_logic_vector(one sll shift);
end impl;
```

图 8-3　*n-m* 线译码器的 VHDL 描述

    如果对该组件进行实例化，程序将为所有类常量创建默认值。例如，下列代码将创建一个默认值 n=2，m=4 的 2-4 线译码器。

```
Dec24: Dec port map(x,y);
```

此处 x 和 y 通过位置关联连接到输入信号 a 和输出信号 b(声明未示出)。

    在实例化一个组件时，我们可以覆盖默认的类常量值。这种参数化组件的实例化的一般形式为：

```
<instance_label>: <component_identifier> generic map(<assoc_list>)
                                         port map(<assoc_list>);
```

    例如，实例化一个 3-8 线译码器的相应 VHDL 代码如下：

```
Dec38: Dec generic map(n=>3, m=>8) port map(a=>x,b=>y);
```

    这里，**generic map**(n=>3, m=>8)为实例化标签为 Dec38 的 Dec 组件的实例化位置 n=3 和 m=8(使用命名关联)。当然也可以使用位置关联：

```
Dec38b: Dec generic map(3,8) port map(x,y);
```

    其中，**generic map**(3,8)为另一个实例化标签为 Dec38b 的 Dec 组件的实例化位置 n=3 和 m=8(使用位置关联)。类似地，搭建一个 4-10 线译码器为：

Dec410: Dec **generic map**(4,10) **port map**(x,y);

注意，对于输入宽度 n，输出宽度 m 不必一定等于 2^n。在许多情况下（并非全部输入状态都发生），实例化具有小于全位宽输出（$m=2^n$）的译码器是非常有用的。在图 8-3 所示的设计实体中，使用了左移运算符⊖"**sll**"将"1"移位到由二进制输入 a 指定的位置，以产生独热输出信号 **b**。"one **sll** shift"的一种替代写法是："shift_left(one,shift)"。

用"与"门产生每个输出，并以此构造小型译码器，如图 8-4 中 2-4 线译码器所示。每个输入都经由一个反相器求反，然后每个输出"与"门选择输入的真或反构成对应于该输出的乘积项。例如，输出 b_1 由输入 a_0 和 $\overline{a_1}$ 的"与"结果产生，因此 $b_1 = a_0 \wedge \overline{a_1}$。

大型译码器可由小型译码器构成，如图 8-5 所示的 6-64 线译码器。6 位输入 $a_{5:0}$ 被分成三个 2 位的字，每个字经由一个 2-4 线译码器译码，产生三个 4 位信号 x、y 和 z。实际上，该预编码级将一个 6 位二进制输入转换为三个四进制（基 4）输入。四位信号 x、y 和 z 中的每一个都表示一个四进制数。独热表示的四进制数中的每一位都对应相应的值 0、1、2 或 3。64 个输出由组合了每个四进制数其中 1 位的 64 个三输入"与"门产生。输出 b_i 对应的"与"门输入为输出序号 i 的四进制表示所对应的位。例如，输出 b_{27}（图中未示出）的"与"门输入是 x_1、y_2 和 z_3，因为 $27_{10} = 123_4$。

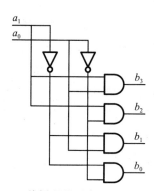

图 8-4 2-4 线译码器示意图。反相器阵列对输入求反，"与"门阵列产生输出

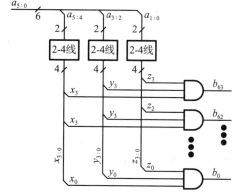

图 8-5 6-64 线译码器示意图。三个 2-4 线译码器将每对输入预译码为三个 4 位独热信号 x、y 和 z。64 个三输入"与"门阵列使用这些预译码信号产生最后输出

使用图 8-5 所示的预译码器构建一个大型译码器，通过将一个多输入"与"门分解成两级较小的"与"门的级联，从而降低了逻辑努力（参见 5.3 节）。对于图 8-5 所示的 6-64 线译码器，若考虑用单级来实现，则必须使用六输入的"与"门。而采用 2-4 线预译码器的实现方案，只需要用三个二输入"与"门（各自对应一个预译码器）和后接的三输入"与"门替代六输入"与"门。通过共享跨多个输出的二输入"与"门，该电路的效率也大大提高了。在图 8-5 中，每一个二输入"与"门（每个预译码器的输出）都在 16 个输出之间共享（每 1 位"与"门输出都用于另外两个与门输出四进制数的任意组合）。

大型译码器的设计是布线密度和逻辑效率的折中。单级 $2\text{-}2^n$ 线的译码器需要 $2n$ 条线来得到输入及其反相信号来驱动 2^n 个"与"门。使用 2-4 线预译码器实际上需要相同数量的连线，因为原输入的四根线（2 位输入及其求反）被四线独热四进制数代替。这显然是非常有利的，因为在不增加线轨的情况下输出门的扇入减小了一半。此外，每当输入信号改变时，四进制信号中最多会有 2 位改变状态（一个变为高电平，一个变为低电平），但是真/反二进制输入信号的所有四条线都有可能改变状态，因此采用预译码器可以降低功耗。

⊖ VHDL 中的右移操作符为"**srl**"。

由 2-4 线到 3-8 线的预译码器将会涉及更多的折中。为了将输出门的扇入减少 33%（从 $n/2$ 到 $n/3$），连线数量增加了 33%（从 $2n$ 到 $8n/3$）。这仍然是一个很好的权衡。然而，由于所需的连线数量过多，一般很少使用更大的预译码器（例如 4-16 线的）。一个 i 输入预译码器需要 $2^i n/i$ 条连线和 (n/i) 输入的"与"门。

对于非常大的译码器，预译码器的高位数通常经过分配以消除在整个"与"门阵列上驱动所有输出连线的需要。例如，在图 8-5 所示译码器（实际上并非一个很大的译码器）中，可以分配生成 $x_{3:0}$ 的预译码器的四个"与"门，使得生成 x_0 的"与"门和生成 $b_{15:0}$ 的输出"与"门相邻，生成 x_1 的"与"门和生成 $b_{31:16}$ 的"与"门相邻，以此类推。对于宽输入译码器，以这种方式分配译码器会减少布线轨迹。当分配第二最高有效译码器时，最高有效译码器的每个输出按照该方式重复，即牺牲掉部分预编码门共享带来的优点来减小布线复杂度。

实际上，n-2^n 线译码器可以用来构建任意 n 输入的逻辑函数。译码器产生了所有 2^n 个 n 输入的最小项。可以用一个"或"门将目标函数所包含的最小项组合起来。例如，图 8-6 给出了如何使用 3-8 线译码器来实现一个 3 位的素数函数。译码器生成所有 8 个最小项 $b_{7:0}$，"或"门将目标函数包含的最小项 b_1、b_2、b_3、b_5 和 b_7 组合起来。

使用译码器这种方式描述 3 位素数函数的 VHDL 设计实体如图 8-7 所示。虽然用这种方式实现素数函数非常低效，但却是一种非常简洁和极具可读性的方法，它和素数方程的表达式非常接近，而高效的综合器将对这种描述进行更有效的化简。

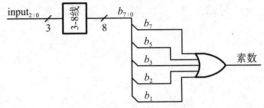

图 8-6　用 3-8 线译码器实现三位素数函数（包括 1）

```vhdl
library ieee;
use ieee.std_logic_1164.all;
use work.ch8.all; -- ch8 package (not shown) includes component declaration for Dec

entity Primed is
  port( input: in std_logic_vector(2 downto 0);
        output: out std_logic );
end Primed;

architecture impl of Primed is
  signal b: std_logic_vector( 7 downto 0 );
begin
  -- instantiate a 3->8 decoder
  d: Dec generic map(n=>3,m=>8) port map(a=>input,b=>b);

  -- compute the output as the OR of the required minterms
  output <= b(1) or b(2) or b(3) or b(5) or b(7);
end impl;
```

图 8-7　使用 3-8 线译码器描述 3 位素数函数的 VHDL 设计实体

请注意，为了在图 8-7 所示代码中使用图 8-3 所示的译码器设计实体，必须使用组件声明或者使用 7.2 节引入的直接实例化语法。一般更倾向于使用可综合代码的组件声明，因为它允许后期使用 7.1.8 节所介绍的配置声明来修改绑定。正如之前图 7-13 所示，我们可以将组件声明放在结构体 Primed 中。然而，对于常用的组件，如本章介绍的组合基本单元，将组件声明组合打包不但节省了时间，而且还减小了 VHDL 代码规模。因此，在图 8-7 及之后的示例中，我们引用一个名为"ch8"的包，其中包含了本章每一个设计实体的组件声明。可以使用 7.3 节介绍的语法来声明这样一个包，具体如图 7-23 所示。本章中的 ch8 及之后章节用到类似包的 VHDL 代码都包含在本书网站提供的 VHDL 示例中。

例 8.3 **大型译码器**

编写一个使用 2-4 线译码器构建 4-16 线译码器的 VHDL 设计实体。

该设计实体的 VHDL 代码如图 8-8 所示。采用图 8-5 所示的分层设计方案。首先实例化两个 2-4 线译码器 d1 和 d0，它们分别将输入 a 的高 2 位和低 2 位译码成 4 位独热信号 x 和 y。使用 VHDL slice 标记符选出的总线位子集（例如，a(1 **downto** 0)选出了 a 中的低 2 位）。然后用信号 y 的每一位和 x 进行"与"运算，得到输出信号 b 的每 4 位。我们的设计实体使用 VHDL 中的数组聚合符号来复制信号 y 的每一位。8.3 节进一步讨论了数组聚合和 slice 语法。

```vhdl
library ieee;
use ieee.std_logic_1164.all;
use work.ch8.all;

entity Dec4to16 is
  port( a: in std_logic_vector(3 downto 0);
        b: out std_logic_vector(15 downto 0) );
end Dec4to16;

architecture impl of Dec4to16 is
  signal x, y : std_logic_vector(3 downto 0); -- output of predecoders
begin
  -- instantiate predecoders
  d0: Dec port map(a(1 downto 0),x);
  d1: Dec port map(a(3 downto 2),y);

  -- combine predecoder outputs with AND gates
  b(3 downto 0)   <= x and (3 downto 0 => y(0));
  b(7 downto 4)   <= x and (3 downto 0 => y(1));
  b(11 downto 8)  <= x and (3 downto 0 => y(2));
  b(15 downto 12) <= x and (3 downto 0 => y(3));
end impl;
```

图 8-8 用 2-4 线译码器和 16 个"与"门实现 4-16 线译码器

8.3 多路复用器

图 8-9 给出了 k 位 n-1 线多路复用器的原理图符号。该电路输入为 n 个不同的位宽为 k 的输入信号 a_0, ···, a_{n-1}, 以及 n 位独热选择信号 s。该电路选择信号 s 中为高电平的位所对应的输入信号 a_i, 并在 k 位输出信号 b 上输出该 a_i 的值。实际上，多路复用器的作用类似于一个 k 极 n 掷开关，在选择信号的控制下选择输出 n 个输入信号中的一个。

多路复用器通常用作数字系统中的数据选择器。例如，ALU 输入上的多路复用器（见 18.6 节）选择供给 ALU 的数据源，另一个多路复用器选择 ALU 的输出，而 RAM 地址线上的多路复用器则选择数据源以在每个周期内提供一个存储器地址。

图 8-10 给出了 1 位 4-1 线多路复用器的两种实现方式。图 8-10a 所示的实现方案采用"与"门和"或"门。每个数据输入 a_i 与相应的信号选择位 s_i 进行"与"运算，然后再将所有"与"门输出进行"或"

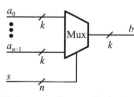

图 8-9 k 位 n-1 线多路复用器原理图

运算。由于选择信号是独热信号，只有与所选输入对应的选择信号位 s_i 为真；相应地，该"与"门输出为 a_i，而其他"与"门输出都为零。因此"或"门的输出等于被选择输入信号 a_i。另一种采用三态门缓冲器的设计方案如图 8-10b 所示。三态缓冲器（见 4.3.4 节）是一种逻辑电路，如果控制信号（底部输入）为高电平，那么三态门输出等于数据输入（左输入），如果控制信号为低电平，那么输出断开（开路）。选择信号中为高电平的某一位 s_i 使得其中一个三态缓冲器能够将 a_i 传递到输出端；而其他所有三态缓冲器都被禁止了，即与输出端之间有效断开。

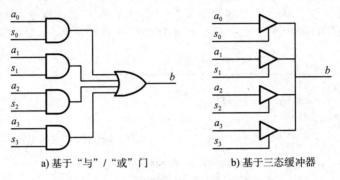

a) 基于"与" / "或" 门   b) 基于三态缓冲器

图 8-10   4-1 线多路复用器原理图

三态门实现的优点是，它更有利于分配，让每个缓冲器尽量与其对应的数据源相邻，并且三态门与输出之间只通过一根线相连（练习 8.7 将要求用 CMOS 逻辑门搭建该结构）。因此，由于必须与输出端"或"门相连，"与"/"或"门实现在布线分配方面与三态门实现相比难度更大。

图 8-11 给出了任意位宽的 3-1 线多路复用器的 VHDL 描述。该设计实体输入为 3 个 k 位数据 a0、a1 和 a2，以及一个 3 位独热输入选择信号 s，最终产生一个 k 位输出 b。该实现采用与图 8-10a 所示门级实现相匹配的并行信号赋值语句，但有两个不同之处。首先，由于这是一个三输入多路复用器，所以有三个"与"门而不是四个。第二，更重要的是，由于该多路复用器是 k 位宽的，所以每个"与"门也是 k 位宽的，也就是两输入"与"门的 k 个副本。

```vhdl
-- three-input mux with one-hot select (arbitrary width)
library ieee;
use ieee.std_logic_1164.all;

entity Mux3 is
  generic( k : integer := 1 );
  port( a2, a1, a0 : in std_logic_vector( k-1 downto 0 ); -- inputs
        s : in std_logic_vector( 2 downto 0 ); -- one-hot select
        b : out std_logic_vector( k-1 downto 0 ) );
end Mux3;

architecture logic_impl of Mux3 is
begin
  b <= ((k-1 downto 0 => s(2)) and a2) or
       ((k-1 downto 0 => s(1)) and a1) or
       ((k-1 downto 0 => s(0)) and a0);
end logic_impl;
```

图 8-11   任意输入宽度 3-1 线多路复用器的 VHDL 描述

为了将选择信号的每 1 位（例如 s(0)）都馈入到 k 位宽的"与"门中，首先必须复制一

个 k 位宽的信号，该信号每一位都是 s(0)。使用 VHDL 中的数组聚合符号来实现信号的复制。写入(k-1 **downto** 0 => x)使得信号 x 的 k 个副本相连。因此在这个设计实体中，通过写入(k-1 **downto** 0 => s(0))得到选择信号 s(0)的 k 个副本。

std_logic_vector 是 VHDL 数组类型的一个示例。具体而言，std_logic_vector 是一个元素类型为 std_logic 的数组。如上所示，VHDL 中确定某数组值的方法之一就是使用数组聚合符。如上形成一个聚合数组的语法为：

(<range_specification> => <expression>)

在此处，<range_specification> 可以是一个离散的范围，例如，k-1 **downto** 0 或者关键词 **others**，而<expression> 可以是一个信号或是一个常数。

另一种采用 case 语句描述的 3-1 线多路复用器 VHDL 代码如图 8-12 所示。当 s 是独热信号时，该描述就等同于图 8-11 所示的描述，但是用 case 语句描述更便于阅读和理解。默认情况下，使用数据聚合"(others => '-')"代替"when others => "来指定 k 位宽的 std_logic_vector 类型值。在数组聚合中使用 **others** 表示对应数组的元素都取默认值('-')。(others => '-')的宽度则要求与给定信号 b 的宽度相匹配。采用这种方式而不是一个位串的原因是，信号 b 的宽度可以通过为通用参数 k 赋不同的值来修改，具体而言就是在组件实例化时用一个 **generic map** 语句对 k 值进行修改。

```
-- three-input mux with one-hot select (arbitrary width)
library ieee;
use ieee.std_logic_1164.all;

entity Mux3a is
  generic( k : integer := 1 );
  port( a2, a1, a0 : in std_logic_vector( k-1 downto 0 ); -- inputs
        s : in std_logic_vector( 2 downto 0 ); -- one-hot select
        b : out std_logic_vector( k-1 downto 0 ) );
end Mux3a;

architecture case_impl of Mux3a is
begin
  process(all) begin
    case s is
      when "001" => b <= a0;
      when "010" => b <= a1;
      when "100" => b <= a2;
      when others => b <= (others => '-');
    end case;
  end process;
end case_impl;
```

图 8-12　基于 case 语句的任意输入宽度 3-1 线多路复用器的 VHDL 描述

使用选择信号赋值的第三种方案如图 8-13 所示[⊖]。

大多数标准单元库为多路复用器提供的是独热选择信号，多数情况下这也正是我们想要的，因为选择信号正是独热码。然而，在一些特定情况下我们将需要具有二进制选择信号的多路复用器。这可能是因为我们的选择信号采用了二进制形式而并非独热形式，比如

⊖　在 s 不是独热的情况下，即 s 全零或有多位置 1 时，根据综合过程中对图 8-12 和图 8-13 中 s 其他默认值的不同翻译，这两种描述可能会有与图 8-11 给出的描述不同的行为。

必须通过长距离(或通过窄引脚接口)传输选择信号,并且希望尽可能节省布线资源。

图 8-14a 给出了二进制选择多路复用器的原理图。该电路采用 $m = \lceil \log_2 n \rceil$ 位的二进制选择信号 sb,并根据 sb 的二进制值选择 n 个输入信号之一,例如 sb=i,则选择输入 a_i。

我们可以使用两个已经设计好的模块来实现二进制多路复用器,如图 8-14b 所示。用一个 m-n 线译码器将二进制选择信号 sb 译码成 n 位的独热选择信号,然后再使用独热选择信号多路复用器来选择所需的输入。

k 位宽的 3-1 线二进制选择多路复用器的 VHDL 描述如图 8-15 所示。该描述与图 8-14b 所示的完全吻合。一个 2-3 线的译码器被实例化,以将 2 位二进制选择信号 sb 转化成 3 位独热选择信号 s。然后在常规的(独热选择)3-1 线多路复用器中使用独热选择信号 s 来选择所需要的输入。

```vhdl
architecture select_impl of Mux3a is
begin
  with s select
    b <= a0 when "001",
         a1 when "010",
         a2 when "100",
         (others => '-') when others;
end select_impl;
```

图 8-13 使用选择信号赋值语句实现任意输入宽度 3-1 线多路复用器的 VHDL 描述,注意其实体声明如图 8-12 所示

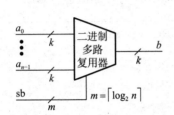

a) k 位宽的 n-1 线二进制选择多路复用器选择输入 a_i,其中,i 是 m 位的二进制选择信号 sb 的值

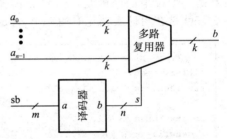

b) 可以用一个译码器和一个常规(独热选择)多路复用器实现二进制选择复用器

图 8-14 二进制选择多路复用器

```vhdl
-- 3:1 multiplexer with binary select (arbitrary width)
library ieee;
use ieee.std_logic_1164.all;
use work.ch8.all;

entity Muxb3 is
  generic( k : integer := 1 );
  port( a2, a1, a0 : in std_logic_vector( k-1 downto 0 ); -- inputs
        sb : in std_logic_vector( 1 downto 0 ); -- binary select
        b : out std_logic_vector( k-1 downto 0 ) );
end Muxb3;

architecture struct_impl of Muxb3 is
  signal s: std_logic_vector(2 downto 0);
begin
  -- decoder converts binary to one-hot
  d: Dec generic map(2,3) port map(sb,s);
  -- multiplexer selects input
  mx: Mux3 generic map(k) port map(a2,a1,a0,s,b);
end struct_impl;
```

图 8-15 用一个译码器和一个常规多路复用器组成的 3-1 线二进制选择多路复用器的 VHDL 描述

4-1 线二进制选择多路复用器的原理图如图 8-16 所示。译码器输出端的每个双输入"与"门已经与复用器输入端的双输入"与"门合并，形成了一个三输入的"与"门。

这种二者互相融合的实现比两个模块的简单组合更加高效。然而，如图 8-15 所示，两个模块的组合实现也不一定是低效率的。一个良好的综合程序将根据这样的描述生成非常高效的门级实现。再次强调，VHDL 描述的目标是可读的、可维护的、可综合的，至于设计优化应该留给综合工具去完成。

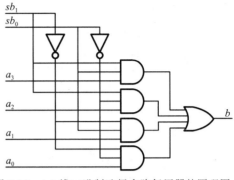

图 8-16　4-1 线二进制选择多路复用器的原理图

用 case 语句和选择信号赋值语句实现的二进制选择多路复用器的 VHDL 描述分别如图 8-17 和图 8-18 所示。与图 8-15 所示的结构性描述相反，这些都是多路复用器的行为级描述，因此更加易读。

```
architecture case_impl of Muxb3 is
begin
  process(all) begin
    case sb is
      when "00" => b <= a0;
      when "01" => b <= a1;
      when "10" => b <= a2;
      when others => b <= (others => '-');
    end case;
  end process;
end case_impl;
```

图 8-17　用 case 语句描述的一个二进制选择多路复用器的 VHDL 描述。注意，该描述的实体声明与图 8-15 所示的一致

```
architecture select_impl of Muxb3 is
begin
  with sb select
    b <= a0 when "00",
         a1 when "01",
         a2 when "10",
         (others => '-') when others;
end select_impl;
```

图 8-18　用选择信号赋值语句描述的一个二进制选择多路复用器的 VHDL 描述。注意，该描述的实体声明与图 8-15 所示的一致

一个常见的设计错误是，在最初的选择信号已是独热形式（例如，确定哪个竞争者获得对共享资源的访问权限的仲裁器输出）的情况下，设计人员却仍然选择使用二进制选择多路复用器。

设计人员经常会将这样一个独热选择信号编码成二进制选择信号（见 8.4 节），再通过二进制选择复用器将其译码成独热选择信号。这种不必要的编码译码既浪费芯片面积、增加功耗，又使 VHDL 描述复杂化。还有许多设计者过度使用二进制选择复用器，因为他们将多路复用器等同于二进制选择多路复用器。我们应尽量避免这样做。一个基本的多路复用器是独热选择信号输入的，如果你已经有一个独热选择信号，那么直接采用独热选择信号多路复用器就可以了。

我们也可以将几个小的独热选择多路复用器组合起来，通过将这些复用器的输出进行或操作以构建一个更大的多路复用器。然后一个多位的独热选择向量就被划分到各个小的多路复用器中。并且大多数多路复用器的选择信号都将为零，输出也为零。只有被选输入对应的某一个小多路复用器才能获得一个独热选择信号，使得被选输入能够一直传播到输出端。例如，图 8-19 给出了如何利用两个 3-1 线多路复用器构建一个 6-1 线多路复用器。为了使各个小复用器输出相"或"得到正确的结果，当选择信号全零的时候，该复用器输出也必须等于零。而对于三态多路复用器（见图 8-10b）或图 8-12 和图 8-13 所示代码中含有无关情况的复用器，情况又将有所不同。

在图 8-19 所示代码中，3-1 线多路复用器的选择输入使用了 VHDL 位选操作符，从总线中选出一个位子集（例如，s(2 downto 0) 选择出信号 s 的低 3 位），其语法为：

```
<array_signal_name>( <discrete_range> )
```

```
library ieee;
use ieee.std_logic_1164.all;
use work.ch8.all;

entity Mux6a is
  generic( k : integer := 1 );
  port( a5, a4, a3, a2, a1, a0 : in std_logic_vector(k-1 downto 0);
        s: in std_logic_vector(5 downto 0); -- one-hot select
        b: out std_logic_vector(k-1 downto 0) );
end Mux6a;

architecture impl of Mux6a is
  signal bb, ba : std_logic_vector(k-1 downto 0);
begin
  b <= ba or bb;
  MA: Mux3 generic map(k) port map(a2,a1,a0, s(2 downto 0), ba);
  MB: Mux3 generic map(k) port map(a5,a4,a3, s(5 downto 3), bb);
end impl;
```

图 8-19　通过对两个三输入多路复用器的输出进行或操作构建一个六输入的多路复用器

其中，<array_signal_name> 是具有数组类型（例如 std_logic_vector）信号的名称，而<discrete_range> 是给出索引值范围的表达式，例如"2 **downto** 0"或者"8 **to** 15"。但是位选操作的方向必须与信号声明的方向保持一致。

大型二进制多路复用器由若干小型多路复用器构造而成，如图 8-20 所示。该图显示了如何由五个 4-1 线多路复用器构成一个 16-1 线多路复用器。输出端的单个 4-1 线多路复用器采用选择信号的最高有效位（MSB）$s_{3:2}$ 作为选择信号，选择四个 4 位输入组。在每个输入组内，选择信号的最低有效位（LSB）$s_{1:0}$ 选择该组四个输入之一。例如，被选输入信号是 a_{11}，选择信号 s 被置为 1011，即 11 的二进制编码。MSB 是"10"，输出端的多路复用器将输入 x_2 选中送到输出端，即选择 a_8 到 a_{11} 的信号组。LSB 是 11，再从该组输入中选择出 a_{11}。与图 8-19 所示的独热实现方式相比，这种复用器树结构的一个缺点是，如果选择信号 s 的 LSB 改变，信号 $x_{3:0}$ 的每一位都将发生转换，从而要消耗额外的能量，然而这其中只有一位是我们所需要的。

可以使用二进制选择 2^n-1 线多路复用器，通过将方程的真值表置于多路复用器的输入端来实现任意 n 输入的组合逻辑函数。多路复用器的二进制选择输入充当逻辑函数的输入，并选择真值表对应的输入。3 位素数函数的实现如图 8-21a 所示。实际上可以通过分解输入的最后一位，仅用一个 2^{n-1} 输入的多路复用器就可以实现任意一个 n 输入的逻辑函数。采用这种方法设计的 3 位素数函数如图 8-21b 所示。实际上，我们将真值表划分成了两部分，$sb_2=0$ 和 $sb_2=1$。对于剩余输入 $sb_{1:0}$ 的每个组合，我们比较两个真值表。

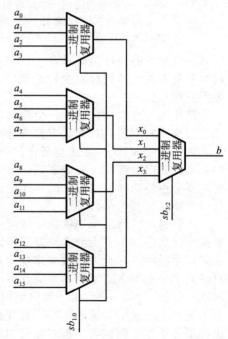

图 8-20　用小型二进制选择复用器的树形结构构建的一个大型二进制选择多路复用器

如果两个半真值表都为 0(1)，就在相应的多路复用器输入上置 0(1)。然而如果当 $sb_2=0$ 时函数值为 0(1) 且 $sb_2=1$ 时函数值为 1(0)，就在相应的多路复用器输入上置 $sb_2(\overline{sb_2})$。

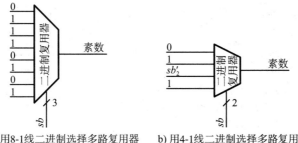

a) 用8-1线二进制选择多路复用器　　　b) 用4-1线二进制选择多路复用器
　　实现3位素数函数　　　　　　　　　　实现3位素数函数

图 8-21　组合逻辑函数可以直接用二进制选择多路复用器实现

使用多路复用器实现 3 位素数函数的 VHDL 设计实体如图 8-22 所示。选择 2^n 输入多路复用器来实现该设计是因为它更容易编写、阅读和维护。再一次，我们将低层次的优化留给综合工具。

```
library ieee;
use ieee.std_logic_1164.all;
use work.ch8.all;

entity Primem is
  port( input : in std_logic_vector(2 downto 0);
        isprime : out std_logic );
end Primem;

architecture impl of Primem is
  signal b : std_logic_vector(0 downto 0);
begin
  M: Muxb8 generic map(1) port map("1","0","1","0","1","1","1","0",input,b);
  isprime <= b(0);
end impl;
```

图 8-22　使用 8-1 线二进制选择多路复用器实现的 3 位素数函数的 VHDL 描述，其数据输入设置为素数真值表

8.4　编码器

编码器的原理图如图 8-23 所示，它是将一个独热输入信号转换为二进制编码输出的组合逻辑模块。编码器是译码器的反函数。它接收 n 位的独热信号输入并产生一个 $m=\lceil\log_2 n\rceil$ 位的二进制输出信号。编码器只有在输入信号是独热码时才能正常工作。

如图 8-24 所示的一个 4-2 线编码器，它的每一个输出都由一个“或”门实现。每个“或”门的输入为该“或”门输出被置位时，输出二进制数对应的所有独热输入位。例如在图 8-24 所示电路中，仅对于二进制编码 2 和 3 来说，输出 b_1 应置 1，因此该“或”门的输入就包含独热输入位 a_2 和 a_3。

用逻辑函数式描述的 4-2 编码器的 VHDL 设计实体如图 8-25 所示。该描述遵循图 8-24 所示的原理图。输出信号 b 的两位在某单个语句中被赋值，通过使用拼接运算符“&”将两个独立的逻辑函数连接起来，每个方程对应信号 b 的某 1 位。可以看到，在测试脚本中已经应用了字符串的拼接运算符(例如，图 3-8、图 7-18、图 7-21 和图 7-26)。这里将运算连接符应用于两个表达式，(a(3) or a(2)) 和 (a(3) or a(1))，每一个表达式产生 1 位

std_logic 类型的值。运用该拼接运算符的结果是，输出 b 能够被赋一个长度为 2，数据类型为 std_logic_vector 的值。

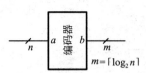

图 8-23 $n\text{-}m$ 线编码器的原理图，编码器将一个 n 位的独热信号转换成一个 $m=\lceil \log_2 n \rceil$ 位的二进制信号

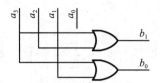

图 8-24 4-2 线编码器的原理图

```
-- 4:2 encoder
library ieee;
use ieee.std_logic_1164.all;
entity Enc42 is
  port( a : in std_logic_vector(3 downto 0);
        b : out std_logic_vector(1 downto 0) );
end Enc42;
architecture impl of Enc42 is
begin
  b <= (a(3) or a(2)) & (a(3) or a(1));
end impl;
```

图 8-25 4-2 线编码器的 VHDL 描述

"b <= (a(3) or a(2)) & (a(3) or a(1));"等同于以下两行：

```
b(1) <= a(3) or a(2);
b(0) <= a(3) or a(1);
```

但却比这两行更加简洁。拼接表达式的最左侧位，即"(a(3) or a(2))"，被赋给信号 b 的最左侧位，而不管最左侧位的索引值是多少。在"(a(3) or a(2))"和"(a(3) or a(1))"外加圆括号是因为拼接符(&)比逻辑运算符"or"有更高的运算优先权。我们也可以针对 std_logic_vector 类型的值用拼接运算符。

为了方便比较，图 8-26 给出了同一个模型的行为级 VHDL 描述。在独热输入情况下，该设计实体与图 8-25 所示的实体具有相同的行为。对于其他非零输入的情况，行为级设计实体将输出置为无关态('-')，而逻辑设计实体则通过将输入进行或运算产生一个输出。一般优先选择行为级描述，因为它既可以在仿真阶段检测非法输入状态，又能够为综合器提供优化空间，通过利用无关态来最小化输出产生逻辑。

当输入全零时，该编码器输出编码也为 0。这将有助于如下所述的利用多个小编码器来构建一个大编码器的行为。如果不需要该功能，可以直接从 case 语句中删掉该零行。

一个大编码器可以由小编码器树构建而来，如图 8-27 所示。该图给出了由多个 4-2 线编码器构成一个 16-4 线编码器的例子。为了实现这种组合，必须在每个 4-2 线编码器的输出端加一个汇总输出。如果编码器的任一输入为真，则该输出信号为真。输出的 LSB 是对四个 4-2 线编码器的输出进行"或"操作⊖得来的，编码器的输出直接接到"或"门的输入。

输出的 MSB 则由另一个 4-2 线编码器对输入级编码器的汇总输出进行编码得到。这个最终编码器的汇总输出(未示出)可以作为整个 16-4 线编码器的汇总输出。可以通过建立更多级数的编码器树结构来构建更大的编码器。

⊖ 这就是为什么针对图 8-26 中的输入"0000"的情况，我们将输出置为"00"而不是"-"。

```
-- 4:2 encoder
library ieee;
use ieee.std_logic_1164.all;

entity Enc42b is
  port( a : in std_logic_vector( 3 downto 0 );
        b : out std_logic_vector( 1 downto 0 ) );
end Enc42b;

architecture impl of Enc42b is
begin
  process(all) begin
    case a is
      when "0001" => b <= "00";
      when "0010" => b <= "01";
      when "0100" => b <= "10";
      when "1000" => b <= "11";
      when "0000" => b <= "00"; -- to facilitate large encoders
      when others => b <= "--";
    end case;
  end process;
end impl;
```

图 8-26　4-2 线编码器的 VHDL 行为级描述

为了清楚该编码器树的工作原理，考虑输入 a_9 为真而其余输入为零的情况。第三个（从下往上）输入编码器的输入是 0010，因此该编码输出是 01，并将其汇总输出信号置 1。其他所有输入编码器都是零输入，因而产生 00 输出。由于其他编码器输出为 00，所以第三个编码器的输出通过两个"或"门直接生成输出的 LSB：$b_{1:0} = 01$。因为只有第三个输入编码器的汇总输出被置 1，因此 MSB 编码器的输入是 0100，因而它的编码输出为 $b_{3:2} = 10$，得到最终输出为 $b_{3:0} = 1001$，其十进制数为 9。

树形编码器的 VHDL 代码如图 8-28 所示。在具有汇总输出的 4-2 线编码器 Enc42a 的代码中，生成汇总输出 c 的语句使用了定义在 std_logic_misc 中的函数 or_reduce(x)，该函数返回将信号 x 的所有位进行"或"运算的结果。

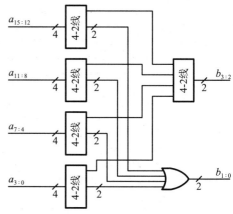

图 8-27　大型编码器可以由小型编码器树构成。每个小型编码器都需要一个额外的输出，以表明其输入是否至少有其一为真

```
-- 4 to 2 encoder - with summary output
library ieee;
use ieee.std_logic_1164.all;
use ieee.std_logic_misc.all;

entity Enc42a is
```

图 8-28　用 4-2 线编码器树结构搭建的带有汇总输出（Enc42a）的 16-4 线编码器 VHDL 代码。任一设计实体输入为真则汇总输出为真

```vhdl
    port( a : in std_logic_vector(3 downto 0);
          b : out std_logic_vector(1 downto 0);
          c : out std_logic );
end Enc42a;

architecture impl of Enc42a is
begin
  b <= (a(3) or a(2)) & (a(3) or a(1));
  c <= or_reduce(a);
end impl;


-- factored encoder
library ieee;
use ieee.std_logic_1164.all;
use work.ch8.all; -- for Enc42a component declaration

entity Enc164 is
  port( a : in std_logic_vector( 15 downto 0 );
        b : out std_logic_vector( 3 downto 0 ) );
end Enc164;

architecture impl of Enc164 is
  signal c: std_logic_vector(7 downto 0); -- intermediate result of first stage
  signal d: std_logic_vector(3 downto 0); -- if any set in group of four
begin
  -- four LSB encoders each include 4-bits of the input
  E0: Enc42a port map( a(3 downto 0), c(1 downto 0), d(0) );
  E1: Enc42a port map( a(7 downto 4), c(3 downto 2), d(1) );
  E2: Enc42a port map( a(11 downto 8), c(5 downto 4), d(2) );
  E3: Enc42a port map( a(15 downto 12), c(7 downto 6), d(3) );

  -- MSB encoder takes summaries and gives msb of output
  E4: Enc42 port map( d(3 downto 0), b(3 downto 2) );

  -- two OR gates combine output of LSB encoders
  b(1) <= c(1) or c(3) or c(5) or c(7);
  b(0) <= c(0) or c(2) or c(4) or c(6);
end impl;
```

图 8-28 (续)

例8.2 温度计编码器

编写一个 VHDL 设计实体，将 4 位温度计码编码成反映该码中 1 的个数的二进制数。如果输入不是温度计码，则输出被指定为一个无关值，如图 8-29 所示。

```vhdl
library ieee;
use ieee.std_logic_1164.all;

entity ThermometerEncoder is
  port( a: in std_logic_vector(3 downto 0); -- thermometer coded input
        b: out std_logic_vector(2 downto 0)); -- # of 1s in input (if legal)
end ThermometerEncoder;
```

图 8-29 温度计二进制编码器的 VHDL 代码

```
architecture impl of ThermometerEncoder is
begin
  process(all) begin
    case a is
      when "0000" => b <= 3d"0";
      when "0001" => b <= 3d"1";
      when "0011" => b <= 3d"2";
      when "0111" => b <= 3d"3";
      when "1111" => b <= 3d"4";
      when others => b <= "---";
    end case;
  end process;
end impl;
```

图 8-29 （续）

8.5 仲裁器和优先编码器

图 8-30 给出了仲裁器的原理图图形符号，有时称它为 find-first-one(FF1) 单元。该电路接收任意输入信号，输出一个独热信号，该信号中唯一的 1 表示输入信号中 LSB1 的位置。

例如，如果 8 位仲裁器的输入为 01011100，则输出为 00000100，因为输入中 LSB1 是第 2 位。在某些应用会将仲裁器反转来寻找 MSB1。然而对于本节余下部分，我们都专注于寻找输入信号中 LSB1 的仲裁器。

图 8-30 仲裁器原理图

在数字系统中，仲裁器一般用来仲裁共享资源请求。例如，假如 n 个单元共享一根总线且同时只能有一个单元访问该总线，则应该使用一个 n 输入仲裁器来确定在给定周期内哪个单元有权访问该总线（见 24.2 节）$^{\ominus}$。仲裁器还用于算术电路中，为了规范化数，我们需要找到数的 MSB1（见 11.3.3 节）。在该应用中，它们被称作 find-first-one 单元，因为这里没有仲裁行为，而且仲裁器被反转（与此处我们讨论的相比）以找到 MSB1。

仲裁器电路可以是迭代电路。也就是说，我们可以单就仲裁器的某一位设计逻辑，并重复（或者迭代）该逻辑。图 8-31 给出了仲裁器的某一位（位 i）的逻辑。一个"与"门产生该位的授权输出 g_i。如果请求信号 r_i 为高电平，并且截至目前没有发现有 1（用顶部输入信号 $No\_one\_yet_{i-1}=1$ 表示），则该授权信号 g_i 被置为高电平。如果在当前位或者任何先前位中都没有找到 1，则第二个"与"门输出高电平并向下发出信号，表明直至目前没有发现 1。我们将在数字设计研究中见到许多迭代电路的例子。它们广泛应用于算术电路（见第 10 章）。

例如，要构建一个 4 位仲裁器，连接图 8-31 所示的位单元的四个副本，并将第一个单元的顶部输入置 1 即可。

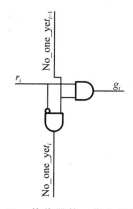

图 8-31 仲裁器某一位的逻辑图。只有当截至目前没有找到 1，并且当前输入为 1 时，输出才为真。如果在先前位中已经找到 1，或者如果该阶段的输入为 1，则输出信号通知其他级已找到 1

$\ominus$ 在这个应用中，我们通常会使用循环优先级仲裁器，以便资源被公平地共享。使用固定优先仲裁器，对连接到最低有效输入的单元是不公平的。

得到的电路如图 8-32a 所示。垂直"与"门链扫描请求输入信号，直到找到第一个 1，并禁止该输入以下的所有输出。输出"与"门将首个输入的 1 传递给输出，并将第一个输出 1 以下的所有输出强制置零。

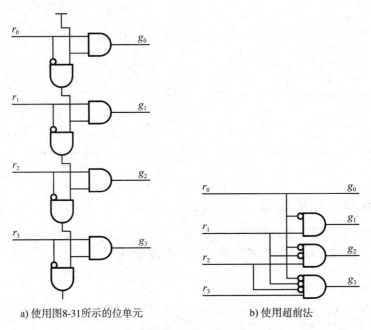

a) 使用图8-31所示的位单元　　　　b) 使用超前法

图 8-32　4 位仲裁器的两种实现方式

该电路中的"与"门线性链造成了随输入数量的增加而线性增加的延时。对于某些应用来说，该延时可能会显得过高。我们可以通过扁平化逻辑来缩短该延时，如图 8-32b 所示。这种技术通常称为超前技术，因为产生输出 g_3 的门超前考虑了输入端 r_0、r_1 和 r_2，而不是等待它们产生的影响通过"与"门链传播至 g_3 的输出"与"门。我们将在 12.1 节讨论更多可扩展的超前技术来处理迭代电路。

两个仲裁器的 VHDL 描述如图 8-33 所示。其中一个仲裁器 Arb 找到 LSB1，而另一个 RArb 则找到 MSB1。Arb 的实现遵循图 8-32a 所示方法。信号 g 由表示目前无 1 的信号 c 与请求输入信号 r 进行与运算而产生。表示目前无 1 的信号 c 由一个连接符产生，使其 LSB 被置 1(输出 g0 一直被使能)，其余位 c(i) = **not** r(i-1) **and** c(i-1)。起初该定义看起来是循环的，因为 c 由它本身定义。但是仔细考察后发现，c 的每一位都只取决于它的 LSB，因此该定义不是循环的。

```
-- arbiter (arbitrary width) - LSB is highest priority
library ieee;
use ieee.std_logic_1164.all;
entity Arb is
  generic( n: integer := 8 );
  port( r: in std_logic_vector(n-1 downto 0); g: out std_logic_vector(n-1 downto 0) );
end Arb;
architecture impl of Arb is
  signal c : std_logic_vector(n-1 downto 0);
begin
```

图 8-33　两个任意宽度的固定优先权仲裁器的 VHDL 描述。Arb 找到 LSB 为 1，而 RArb 找到 MSB 为 1

```
    c <= (not r(n-2 downto 0) and c(n-2 downto 0)) & '1';
    g <= r and c;
end impl;
----------------------------------------------------------------------------------
-- arbiter (arbitrary width) - MSB is highest priority
library ieee;
use ieee.std_logic_1164.all;
entity RArb is
  generic( n: integer := 8 );
  port( r: in std_logic_vector(n-1 downto 0); g: out std_logic_vector(n-1 downto 0) );
end RArb;
architecture impl of RArb is
  signal c : std_logic_vector(n-1 downto 0);
begin
  c <= '1' & (not r(n-1 downto 1) and c(n-1 downto 1));
  g <= r and c;
end impl;
```

图 8-33　（续）

为了方便比较，图 8-34 给出了在输入 a 中找到 LSB 为 1 的一个 4 位仲裁器行为级描述。该描述用 **case?** 语句将 16 行的真值表压缩到了 5 行。默认情况（"**when others** => "）不应出现。但我们必须包含默认值，因为 std_logic 类型包括不可综合值（例如，未初始化的值 'U' 和不确定值 'X'），并且 VHDL 要求所有输入组合（包括那些不可综合的值）都被包含在 **case** 或 **case?** 语句中。

```
-- arbiter four bits wide - LSB is highest priority
library ieee;
use ieee.std_logic_1164.all;

entity Arb_4b is
  port( r : in std_logic_vector( 3 downto 0 );
        g : out std_logic_vector( 3 downto 0 ) );
end Arb_4b;

architecture impl of Arb_4b is
begin
  process(r) begin
    case? r is
      when "0000" => g <= "0000";
      when "---1" => g <= "0001";
      when "--10" => g <= "0010";
      when "-100" => g <= "0100";
      when "1000" => g <= "1000";
      when others => g <= "----";
    end case?;
  end process;
end impl;
```

图 8-34　寻找 LSB 为 1 的 4 位仲裁器的 VHDL 描述

仲裁器应用之一是构建优先编码器，如图 8-35 所示。

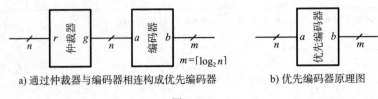

a) 通过仲裁器与编码器相连构成优先编码器　　　　　b) 优先编码器原理图

图 8-35

优先编码器输入 n 位信号 a 并输出 $m = \lceil \log_2 n \rceil$ 位二进制信号 b，表示输入 a 中第一个 1 的位置。优先编码器分两步工作，如图 8-35a 所示。首先，仲裁器在输入信号 a 中找到第一个 1 并输出一个独热信号 g (只有该位被置 1)。然后通过编码器将独热信号 g 转化成二进制编码信号 b。优先级编码器的 VHDL 描述如图 8-36 所示。

```
-- 8:3 priority encoder
library ieee;
use ieee.std_logic_1164.all;
use work.ch8.all;

entity PriorityEncoder83 is
  port( r: in std_logic_vector(7 downto 0);
        b: out std_logic_vector(2 downto 0) );
end PriorityEncoder83;

architecture impl of PriorityEncoder83 is
  signal g: std_logic_vector(7 downto 0);
begin
  A: Arb port map(r,g);
  E: Enc83 port map(g,b);
end impl;
```

图 8-36　优先编码器的 VHDL 描述

当输入 a 为零时，仲裁器输出 g=0，不是独热信号。在这种情况下，编码器 (如果如 8.4 节所述由"或"门构成) 也将输出 b=0，通常这是可以接受的。然而在一些应用中，必须检测这个全零状态，并且应该能从第一位置零的输入情况中区分出输入为全零的情况，并输出一个特殊的编码。这可以通过使仲裁器比其他应用中的仲裁器宽 1 位，并将最后一位置 1 来实现。

优先编码器的行为级 VHDL 描述如图 8-37 所示。在输入 r=8b"0"情况下，电路输出无关态 "---" 而不是 0。实际上很容易对此进行修改，对于输入 r=8b"0"的情况，可以在 **case?** 语句中添加一行来为 b (或辅助输出) 赋任意希望的值。

例 8.3 可编程优先仲裁器

使用位选操作符号，为可编程优先仲裁器写出 VHDL 描述。该优先级仲裁器应该接收一个决定 r 中拥有最高优先权的位的独热优先信号 p。优先级应该在第 $n-1$ 位到第 0 位范围内，从最高优先级位向左循环递减。例如，对于一个 8 位仲裁器，如果 p 的第 6 位被置 1，那么 r(6) 就有最高优先级，r(7) 具有第二高优先级，r(0) 具有第三高优先级，等等。为方便时序验证，该设计不应包括循环逻辑。

我们可以通过写入以下两个语句来实现循环逻辑所需的功能：

```
c <= p or (not (r(n-2 downto 0) & r(n-1)) and c(n-2 downto 0) & c(n-1));
g <= r and c;
```

```
-- 8:3 priority encoder
library ieee;
use ieee.std_logic_1164.all;

entity PriorityEncoder83b is
  port( r: in std_logic_vector( 7 downto 0 );
        b: out std_logic_vector( 2 downto 0 ) );
end PriorityEncoder83b;

architecture impl of PriorityEncoder83b is
begin
  process(all) begin
    case? r is
      when "-------1" => b <= 3d"0";
      when "------10" => b <= 3d"1";
      when "-----100" => b <= 3d"2";
      when "----1000" => b <= 3d"3";
      when "---10000" => b <= 3d"4";
      when "--100000" => b <= 3d"5";
      when "-1000000" => b <= 3d"6";
      when "10000000" => b <= 3d"7";
      when others => b <= (others => '-');
    end case?;
  end process;
end impl;
```

图 8-37 优先编码器的行为级 VHDL 描述

请注意，在 VHDL 中没有比连接符(&)有更高优先级的运算符了，它的优先级甚至高于 **and**。第一行语句从通过信号 p 指定的 1 位置开始计算每一位的进位信号 c，然后只要 r 的相应位是低电平则循环地向左传播。该语句找到最高优先级请求。不幸的是，该逻辑是循环的，因此与现在的时序验证工具不兼容。

为了使该逻辑非循环，我们将其进位链复制，使其长度为 $2n$。因此能够传播第 n-1 位的进位而不会产生循环。其代码如下：

```
c <= ((n-1 downto 0 => '0') & p) or
     (not (r(n-2 downto 0) & r & r(n-1)) and c(2*n-2 downto 0) & '0');
g <= r and (c(2*n-1 downto n) or c(n-1 downto 0));
```

8.6 比较器

图 8-38 给出了相等比较器的原理图符号。该组件输入为两个 n 位二进制信号 a 和 b，并输出一个 1 位的信号，该信号表明 a 是否等于 b。即 a 与 b 对应的每一位是否都相等。

图 8-39 给出了一个 4 位相等比较器的逻辑图。"异或非"(XNOR)门("同或"门)阵列比较输入信号的各个位。

如果两个输入相等，则相应的"同或"门的输出为高，即如果 $a_i = b_i$，则信号 eq_i 为真。如果所有位相等，组合了所有 eq_i 信号的"与"门输出为真。或者，我们也可以将相等比较器设计为迭代电路，通过线性扫描位来确定输入各位是否相等。

图 8-40 所示为相等比较器的 VHDL 描述。在这里使用 VHDL 条件信号赋值语句，结合了由 std_logic_vector 定义的相等运算符。一种等效的替代实现是，使用同或运算符执行按位比较，如下所示：

```
eq <= and_reduce(a xnor b);
```

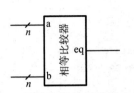

图 8-38 相等比较器的原理图。如果 $a = b$ 则输出信号 eq 为真

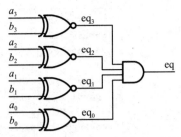

图 8-39 4 位相等比较器的逻辑图。"异或非"门 ("同或"门)阵列用于比较输入 a 和 b 的各 个位。"与"门组合各个比较信号,如果所 有位相等则输出为真

```
-- Equality comparator
library ieee;
use ieee.std_logic_1164.all;

entity EqComp is
  generic( k: integer := 8 );
  port( a, b: in std_logic_vector(k-1 downto 0);
        eq: out std_logic );
end EqComp;

architecture impl of EqComp is
begin
  eq <= '1' when a = b else '0';
end impl;
```

图 8-40 一个采用条件信号赋值语句的相等比较器的 VHDL 描述

这里使用 ieee.std_logic_misc 中定义的 and_reduce(x) 函数来组合"同或"门的 输出位,而不需要声明中间信号。

幅度比较器是一个比较两个二进制数的相对幅度的组件。严格来说,这是一个算术电 路,它将其输入视为数,因此我们应该把对它的详细讨论推迟到第 10 章。而之所以在此 处介绍幅度比较器,是因为它是迭代电路的一个很好的例子。

图 8-41 显示了幅度比较器的原理图。如果 n 位输入 a 大于 n 位输入 b,则 1 位输出 gt 为真。判断一个二进制数大于另一个二进制数的依据是,如果不 相等的 MSB 为 1,则该数大于另一个数。

我们可以为幅度比较器搭建两个不同的迭代电路,如图 8-42 所示,在图 8-42a 所示电路中,从 LSB 扫描到 MSB,找到两个 数不相等的 MSB。在该设计中有一个传播信号 gtb(大于以下)。 信号 gtb_i 如果置 1,表示从 LSB 到第 $i-1$ 位信号 a 大于信号 b, 即 $gtb_i = 1$ 意味着 $a_{i-1:0} > b_{i-1:0}$。如果 $a_i > b_i$ 或 $a_i = b_i$,且 $a_{i-1:0} > b_{i-1:0}$,则 $gtb_i + 1$ 置 1。

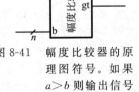

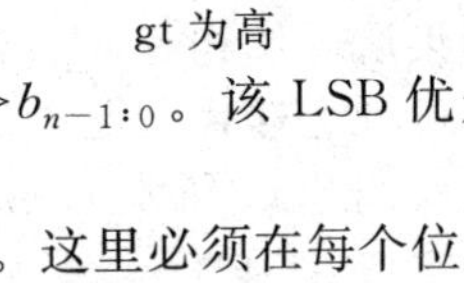

图 8-41 幅度比较器的原 理图符号。如果 $a > b$ 则输出信号 gt 为高

MSB 的 gtb_n 信号给出了最终比较结果,因为它意味着 $a_{n-1:0} > b_{n-1:0}$。该 LSB 优先 的幅度比较器的 VHDL 描述如图 8-43 所示。

图 8-42b 所示电路给出了另一种 MSB 优先的幅度比较器迭代实现。这里必须在每个位之 间传播两个信号。信号 gta_i(大于以上)表示对于比当前位更高权重的位有 $a > b$,即 $a_{n-1:i+1} > b_{n-1:i+1}$。类似地,$eqa_i$(等于以上)表示 $a_{n-1:i+1} = b_{n-1:i+1}$。这两个信号从

MSB 到 LSB 扫描各个位。一旦发现不相等，我们便可知道答案。如果第一个不相等的位得到的是 $a > b$，在该位位置之外将 gta_{i-1} 置 1，并且将 eqa_{i-1} 清零，这些值将一直传播到输出。另一方面，如果输入第 1 位不相等，且 $b > a$，则将 eqa_{i-1} 清零，同时也将 gta_{i-1} 置零。这些信号也将一直传播到输出。输出是信号 gta_{i-1}。

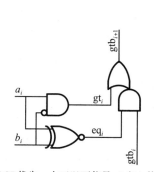

a) LSB优先，大于以下信号gtb向上传播

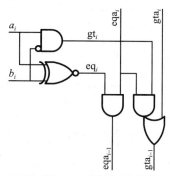

b) MSB优先，向下传播两个信号：
大于以上gta，等于以上eqa

图 8-42　幅度比较器的两个迭代实现

```vhdl
library ieee;
use ieee.std_logic_1164.all;

entity MagComp is
  generic( k: integer := 8 );
  port( a, b: in std_logic_vector(k-1 downto 0);
        gt: out std_logic );
end MagComp;

architecture impl of MagComp is
  signal eqi, gti : std_logic_vector(k-1 downto 0);
  signal gtb: std_logic_vector(k downto 0);
begin
  eqi <= a xnor b;
  gti <= a and not b;
  gtb <= (gti or (eqi and gtb(k-1 downto 0))) & '0';
  gt <= gtb(k);
end impl;
```

图 8-43　LSB 优先幅度比较器的 VHDL 描述

图 8-44 给出了幅度比较器的行为级 VHDL 描述。该设计实体比图 8-43 所示的更容易理解。

当需要满足特定的时序约束时，使用超前技术，大多数综合工具能够根据该代码生成非常好的逻辑。图 8-40 所示的相等比较器已经是行为级描述形式了。

例 8.4　**三路相等比较器**

为三路相等比较器写一个 VHDL 代码表达式，如果三个输入 a、b 和 c 彼此相等，则输出为真。

这里比较两对输入就足够了。请注意等于(=)的运算符优先级高于 **and**。具体 VHDL 代码如下：

```vhdl
eq <= '1' when a = b and a = c else '0';
```

```
-- Behavioral Magnitude comparator
library ieee;
use ieee.std_logic_1164.all;

entity MagComp_b is
  generic( k: integer := 8 );
  port( a, b: in std_logic_vector(k-1 downto 0);
        gt: out std_logic );
end MagComp_b;

architecture impl of MagComp_b is
begin
  gt <= '1' when a > b else '0';
end impl;
```

图 8-44 幅度比较器的行为级 VHDL 描述

8.7 移位器

移位器是一个组合逻辑块, 它输入一个位串 a 和一个移位计数 n, 输出移位 n 位后的 a。左移器左移, 右移器右移, 桶形移位器将输入 a 从左侧(或右侧)溢出的位轮换, 使其出现在右侧(或左侧)输入上。漏斗移位器则选择较大位字段中指定位置的一个小位字段。

图 8-45 给出了左移移位器的 VHDL 代码。使用默认参数, 该设计实体接收 8 位输入 a 和 3 位移位计数 n, 并产生 15 位输出 b, b 等于被左移 n 位后的 a。最大移位计数 n=7 时, 输入位字段与输出 b 左对齐。而移位计数 n 最小时, 输入位字段与输出 b 右对齐。

```
library ieee;
use ieee.std_logic_1164.all;
use ieee.numeric_std.all;

entity ShiftLeft is
  generic( k: integer := 8; lk : integer := 3 );
  port( n: in std_logic_vector(lk-1 downto 0); -- how much to shift
        a: in std_logic_vector(k-1 downto 0); -- number to shift
        b: out std_logic_vector(2*k-2 downto 0) ); -- the output
end ShiftLeft;

architecture impl of ShiftLeft is
  signal input: unsigned(2*k-2 downto 0);
  signal shift: integer;
begin
  input <= unsigned((2*k-2 downto k => '0') & a);
  shift <= to_integer(unsigned(n));
  b <= std_logic_vector( input sll shift );
end impl;
```

图 8-45 左移位器的 VHDL 描述

图 8-46 给出了桶形移位器的 VHDL 代码。该设计实体在信号 x 上执行 a 的左移, 然后将 x 的高位与 x 的低位进行"或"运算, 以产生输出 b。

我们将漏斗移位器的 VHDL 描述留在练习 8.17 中由读者完成。

```
library ieee;
use ieee.std_logic_1164.all;
use ieee.numeric_std.all;

entity BarrelShift is
  generic( k: integer := 8; lk: integer := 3 );
  port( n: in std_logic_vector(lk-1 downto 0); -- how much to shift
        a: in std_logic_vector(k-1 downto 0); -- number to shift
        b: out std_logic_vector(k-1 downto 0) ); -- the output
end BarrelShift;

architecture impl of BarrelShift is
  signal shift_amt: integer; -- amount to shift
  signal input: unsigned(2*k-2 downto 0); -- zero padded input
  signal shift_out: std_logic_vector(2*k-2 downto 0); -- output before wrapping
begin
  input <= unsigned( (2*k-2 downto k => '0') & a );
  shift_amt <= to_integer(unsigned(n));
  shift_out <= std_logic_vector( input sll shift_amt );
  b <= shift_out(k-1 downto 0) or ('0' & shift_out(2*k-2 downto k));
end impl;
```

图 8-46　桶形移位器的 VHDL 描述

8.8 ROM

只读存储器（或 ROM）是一个实现查找表的组件。它接收地址作为输入，并输出存储在该地址中的值。ROM 是只读的，因为存储在表中的值是预先固定的，已经制造为成品的 ROM 的硬连线不能更改。在 8.9 节中，我们将考察读/写存储器，它可以更改查找表的内容。第 25 章将给出从系统角度对存储器的讨论。

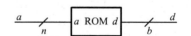

图 8-47　ROM 的原理图图形符号。n 位地址 a 选择表中的位置。存储在该位置的值在 b 位数据输出 d 上输出

ROM 的原理图图形符号如图 8-47 所示。对于 N 字 $\times b$ 位的 ROM，$n = \lceil \log_2 N \rceil$ 位的地址信号 a 选择表中的一个字。存储在该字中的 b 位数据在输出信号 d 上输出。

对于一个 ROM 来说，可以通过将某逻辑函数的真值表存储在该 ROM 中来实现任意的逻辑函数。例如，我们可以用一个 10 字 $\times 7$ 位的 ROM 来实现七段译码器。值 1111110（0 的分段模式）被放置在第一个位置（位置 0），值 0110000（1 的分段模式）被放置在第二个位置（位置 1），以此类推。

使用译码器和三态缓冲器简单实现的 ROM 如图 8-48 所示。n-N 线译码器将 n 位的二进制地址 a 译码为 N 位独热字选择信号 w。该字选择信号的每 1 位都连接到三态门。当地址 $a = i$ 输入到 ROM 时，字选择信号 w_i 变为高，并使相应的三态缓冲器驱动表输入 d_i 到输出。

对于大型 ROM，图 8-48 所示的一维 ROM 结构变得笨拙并且效率低下。译码器变得非常大——需要 N 个"与"门。在一定规模之上，将 ROM 构建为一个二维单

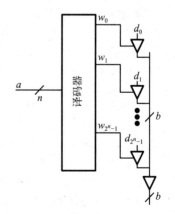

图 8-48　可以使用译码器和一组具有连接到其输入的常数的三态门来实现 ROM。地址被译码以选择一个三态门。该门将其对应的值驱动到输出上

元阵列能够明显提高效率，如图 8-49 所示。

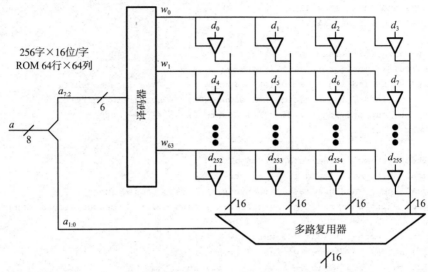

图 8-49 采用二维结构可以更有效地实现 ROM。译码器选择某一行字，多路复用器从该行中选出需要的某列

这里，8 位地址 $a_{7:0}$ 分为 6 位行地址 $a_{7:2}$ 和 2 位列地址 $a_{1:0}$。行地址被输入到译码器中，用于通过 64 位独热选择信号 w 来选择某一行。列地址被输入到二进制选择多路复用器中，该多路复用器从该行中选择适当的字。例如，如果地址为 $a=5=000101$，则行地址为 $0001=1$，列地址为 01。因此，w_1 变为高电平以选择包含 d_4 至 d_7 的行，多路复用器选择该行的第二个字 d_5。

虽然地址位不均匀分割，但图 8-49 所示的 ROM 是使用正方形的位阵列来实现的。64 行，每行包含 64 位，4 个字，每个字 16 位。正方形阵列倾向于提供最有效的存储器布局，因为它们使外围设备（译码器和多路复用器）的开销最小化。通常使用位选或独立存储的多个阵列结构构建非常大的 ROM（超过 $10^5 \sim 10^6$ 位），如 25.2 节所述。

实际上，ROM 通常采用高度优化的电路。为了清楚起见，我们在这里用常规逻辑符号来说明 ROM——每个位置上都分配一个三态缓冲器。实际上，大多数 ROM 使用只需单个晶体管（或不存在晶体管）存储某位数值的电路。

当然，我们可以使用 **case** 语句在 VHDL 中对 ROM 进行建模，如图 8-50 所示。这样的模块可以通过综合实现 ROM 功能的逻辑门实现，或者采用硬连线结构的 ROM 组件实现。根据 ROM 内容的不同，该模块综合的逻辑将具有不同的面积、延时和功耗。这可能使之后设计过程中修改 ROM 数据变得困难。此外，随着 ROM 规模变大，case 语句的规模和设计者出现错误的可能性都将增加。

或者，可以使用从文件初始化的 std_logic_vector 值的数组来建模 ROM，如图 8-51 所示。不幸的是，IEEE 标准 1076 中定义的 VHDL 不提供用于从文件初始化 ROM 的方法。因此，不同的工具供应商已经使用不同的方法来实现对这一重要特征的支持。图 8-51 包括对两种常用方法的支持，如下所述。在讨论如何初始化 ROM 之前，我们首先需要讨论用于声明 ROM 的语法。

使用以下三行将 ROM 本身声明为 VHDL 数组：

```
subtype word_t is std_logic_vector(data_width-1 downto 0);
type mem_t is array(0 to (2**addr_width-1)) of word_t;
...
signal rom_data: mem_t ...
```

```
-- rom(fixed width) built with a case statement
library ieee;
use ieee.std_logic_1164.all;

entity rom_case is
  port( a : in std_logic_vector(3 downto 0);
        d : out std_logic_vector(7 downto 0) );
end rom_case;

architecture impl of rom_case is
begin
  process(all) begin
    case a is
      when x"0" => d <= x"00";
      when x"1" => d <= x"11";
      when x"2" => d <= x"22";
      when x"3" => d <= x"33";
      when x"4" => d <= x"44";
      when x"5" => d <= x"12";
      when x"6" => d <= x"34";
      when x"7" => d <= x"56";
      when x"8" => d <= x"78";
      when x"9" => d <= x"9a";
      when x"a" => d <= x"bc";
      when x"b" => d <= x"de";
      when x"c" => d <= x"f0";
      when x"d" => d <= x"12";
      when x"e" => d <= x"34";
      when x"f" => d <= x"56";
      when others => d <=x"00";
    end case;
  end process;
end impl;
```

图 8-50　用 case 语句搭建的 ROM 的 VHDL 描述。由于它没有参数化且不易修改，推荐使
用图 8-51 所示的 ROM

```
-- rom (arbitrary width, size)
library ieee;
use ieee.std_logic_1164.all;
use ieee.numeric_std.all;
use ieee.std_logic_textio.all;
use std.textio.all;

entity ROM is
  generic( data_width: integer := 32;
           addr_width: integer := 4;
           filename: string := "dataFile" );
  port( addr: in std_logic_vector(addr_width-1 downto 0);
        data: out std_logic_vector(data_width-1 downto 0) );
end ROM;
```

图 8-51　任意大小 ROM 的 VHDL 描述。在仿真或综合开始时，使用从参数化名称为
filename 的文件加载的数据初始化 ROM

```
architecture impl of ROM is
  subtype word_t is std_logic_vector(data_width-1 downto 0);
  type mem_t is array(0 to (2**addr_width-1)) of word_t;

  -- ModelSim and Vivado will initialize RAM/ROMs using the following function
  impure function init_rom (filename: in string) return mem_t is
    file init_file: text open read_mode is filename;
    variable init_line: line;
    variable result_mem: mem_t;
  begin
    for i in result_mem'range loop
      readline(init_file,init_line);
      ieee.std_logic_textio.read(init_line, result_mem(i));
    end loop;
    return result_mem;
  end init_rom;

  signal rom_data: mem_t := init_rom(filename);

  -- Quartus initializes RAM/ROMs via ram_init_file synthesis attribute
  -- filename must be in MIF format (different format than used by init_rom)
  attribute ram_init_file : string;
  attribute ram_init_file of rom_data : signal is filename;
begin
  data <= rom_data(to_integer(unsigned(addr)));
end impl;
```

图 8-51 （续）

第一行声明 word_t 为 std_logic_vector 的子类型，其预设宽度为 data_width
位。下一行以关键字 **type** 开头，将一个新的类型 mem_t 声明为包含 2^{addr_width} 个元素的数
组，每个元素的子类型为 word_t。上面的最后一行将 rom_data 声明为具有 mem_t 类型
的信号。

要访问地址为 addr 的 ROM 中的值，我们使用以下语句：

```
data <= rom_data(to_integer(unsigned(addr)));
```

由于 VHDL 是一种强类型定义语言，这要求我们在使用它来对数组进行索引之前，
将地址明确地转换为整数类型的值。

使用 MentorGraphicsModelSim© 和 Xilinx Vivado© 等支持的 VHDL 函数是一种初始
化 ROM 的有效方法。在图 8-51 所示代码中该函数在以下行中首次声明：

```
impure function init_rom (filename: in string) return mem_t ...
```

并且在以下行被调用：

```
signal rom_data: mem_t := init_rom(filename);
```

对该函数的调用执行一次，以在仿真开始时或者在综合期间为存储器提供内容。

初始化 ROM 的第二种方法是与 Altera Quartus Ⅱ© 相配合，使用 VHDL 属性声明和
规范使设计人员能够指定包含 ROM 内容(.mif 格式)的文件名：

```
attribute ram_init_file : string;
attribute ram_init_file of rom_data : signal is filename;
```

综合期间 Quartus Ⅱ©将 `rom_data` 上的 `ram_init_file` 属性识别为特殊的（Altera 特定）综合属性。

无论是使用 `case` 语句还是阵列结构对 ROM 进行建模，对于超过一定大小（几千字节）的 ROM，通常应采用定制 ROM 组件，而不是综合逻辑块的方式来实现 ROM。第一，通过优化电路设计和布局，ROM 通常比等效逻辑电路小得多，也要快得多。第二，常规结构使我们可以改变 ROM 的内容而不改变其总体布局，只要它的大小不变，只需要对 ROM 内部做一些细微的变化。一些 ROM 可以只通过改变某单一的金属层来进行编程，从而使改变 ROM 内容的代价相对较小。

大多数 ROM 的内容在制造时就已经确定好了——通过是否存在晶体管来表示某位置上存储的值为 0 或者是 1。可编程 ROM 或 PROM 可以在没有模型的情况下进行制造，并且之后可以通过在一个浮动栅极上吹熔丝或放置电荷来进行编程。使用 PROM 可削减配置 ROM 所需的工具成本，可使低容量应用程序更经济。一些 PROM 是一次性编程的，一旦编程，就不能更改。可擦除可编程 ROM（或 EPROM），可以被擦除和重新编程多次。一些 EPROM 可通过紫外线曝光（UV-EPROM）被擦除，而其他 EPROM 则是电可擦除（EEPROM）的。

8.9　读/写存储器

读/写存储器（或 RWM）类似于 ROM，但允许对存储表的内容进行更改或写入。由于历史原因，读/写存储器通常称为 RAM⊖。普遍做法是使用术语 RAM 来指代 RWM，因此我们也将采用这种做法。严格来说，RAM 是一个时序逻辑器件——它具有状态，因此其输出取决于历史输入，所以应该推迟对 RAM 的讨论直到第 14 章。但是，由于 RAM 是很常见的基本单元，我们将在这里讨论一些关于 RAM 的基础知识。

单端口 RAM 的原理图图形符号如图 8-52a 所示。如果写入信号 wr 为低电平，RAM 就与 ROM 具有同样的功能。在输入 a 上给定一个地址，则在输出 b 上输出地址对应的存储器内容。当信号 wr 变高时，进行写操作。数据输入 di 上的值被写入由地址 a 指定的位置。我们可以使用该 RAM 在其某个位置存储一个值——通过给定地址 a 并置 wr 为高。同样，我们可以读出该存储的值——通过给定寻址地址并置 wr 为低。

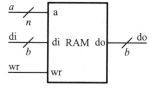

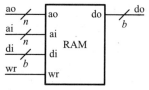

a) 单端口RAM共享用于读写的地址线　　　　b) 双端口RAM具有单独的地址线：
　　　　　　　　　　　　　　　　　　　　　　　ao用于读取，ai用于写入

图 8-52　RAM 的原理图图形符号。如果写信号 wr 为真，则将数据输入 di 写入到所选位置

在图 8-52a 所示单端口 RAM 中，一次只能由地址 a 指定一个位置。如果我们在由 a 指定的位置上进行写操作，就不能同时读取其他位置。双端口 RAM 克服了这个限制。双端口 RAM 的原理图图形符号如图 8-52b 所示。对于双端口 RAM 来说，读端口（信号 ao 和 do）与写端口（信号 ai、di 和 wr）无关。由 ao 指定的位置上的数据可以在数据输入 di 写入由 ai 指定的不同位置的同时被读取到数据输出 do 上。双端口 RAM 通常用于连接两个子系统，一个子系统写入 RAM，另一个子系统读取它。RAM 可以构造为任意数量的读

⊖　RAM 是 random-access memory 的首字母缩写。我们已经定义的 ROM 和 RAM 都允许随机访问——可以以任何顺序访问任何位置。相比之下，磁带则是一种顺序访问存储器——必须按顺序访问存储在磁带上的字。

取和写入端口,但是 RAM 的成本会随着端口数量的增加而增加。

一种简单的由两个译码器、锁存器和三态缓冲器实现的双端口 RAM 如图 8-53 所示。读取译码器和三态缓冲器构成与图 8-48 所示同样的 ROM 结构。读取地址 ao 被译码成 N 个读取字选择行 wo_0, …, wo_{N-1}。每个读取字选择相应行并将相应位置上数据读取到输出 do 上。

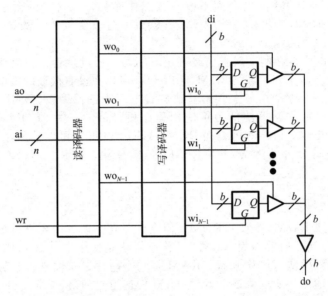

图 8-53 双端口 RAM 可以使用两个译码器和锁存器来存储数据,以及用一个三态缓冲器阵列读取数据。实际的 RAM 常使用二维结构和更高效的电路设计来存储数据

读取端口和 ROM 之间的区别在于,存储在每个位置的数据是从 RAM 中的锁存器获得的(而不是 ROM 中的常量)。锁存器是一个简单的存储元件,当其使能 G 输入为高电平时,将其输入 D 复制到其输出端 Q。

当 G 为低电平时,输出 Q 保持先前的值——这提供了一个简单的 1 位存储器。锁存器在 27.1 节会有更详细的描述。

当 wr 有效时,RAM 的写端口使用写入译码器对写入地址 ai 进行译码,以写入写字选择线 wi_0, …, wi_{N-1}。当 wr 无效时,所有写字选择线保持低电平。当写入位置为 i 时,写字选择线 wi_i 变高,将 di 上的输入数据存储在第 i 个锁存器中。当地址改变或 wr 变低时,wi_i 变为低电平,锁存器保持存储的数据。

与 ROM 一样,实际 RAM 的实现比我们在此描述的简单方案效率要高得多。大多数 RAM 都采用二维结构,就像图 8-49 所示的 ROM 结构那样。它更多涉及用于写入的"复用器"列,这里不再做进一步讨论。实际上大多数 RAM 都使用比这里给出的锁存器加三态缓冲器更有效的位单元。大多数静态 RAM(SRAM)使用六晶体管存储单元,而目前动态 RAM(DRAM)则使用由单个晶体管和存储电容组成的单元。这些 RAM 单元的电路细节超出了本书的范围。

如图 8-54 所示,我们给出了对一个双端口 RAM 进行建模的 VHDL 代码。读取功能与图 8-51 所示的 ROM 相同。写入功能在该 process 中实现,并且在信号 write 为高时实时更新所选择的位置。当 write 为低时,最后一个写入该地址的数据被保存。如上所述,由于它保存状态,因此 RAM 不是组合电路,而是一个时序电路(见第 14 章)。与图 8-51 所示的 ROM 不同的是,RAM 未初始化为任何值。每个地址必须在读取之前写入,以避免得到未定义的数据值⊖。许多 RAM 组件都有一个同步接口，需要时钟沿来执行读或写操作。我们将在第 25 章进一步讨论 RAM。

```vhdl
-- RAM of parameterized size and width
library ieee;
use ieee.std_logic_1164.all;
use ieee.numeric_std.all;

entity RAM is
  generic( data_width: integer := 32;
           addr_width: integer := 4 );
  port( ra, wa: in std_logic_vector(addr_width-1 downto 0);
        write: in std_logic;
        din: in std_logic_vector(data_width-1 downto 0);
        dout: out std_logic_vector(data_width-1 downto 0) );
end RAM;

architecture impl of RAM is
  subtype word_t is std_logic_vector(data_width-1 downto 0);
  type mem_t is array(0 to (2**addr_width-1)) of word_t;
  signal data: mem_t;
begin
  dout <= data(to_integer(unsigned(ra)));

  process(all) begin
    if write = '1' then
      data(to_integer(unsigned(wa))) <= din;
    end if;
  end process;
end impl;
```

图 8-54 一个 RAM 块的 VHDL 描述。无论何时写入信号为高时，din 被写入到位置 wa。我们不断地将存储在地址 ra 上的值赋值给输出

8.10 可编程逻辑阵列

可编程逻辑阵列(PLA)具有一种规则的结构，它可以配置为实现任意由部分积之和组成的逻辑函数。如图 8-55 所示，PLA 由"与"门阵列和"或"门阵列组成。"与"门阵列具有一个二维结构(输入及其反相信号)，垂直向下排列，产生的部分积水平连接。在每一行中，任意一组输入及其反相信号的组合被连接到"与"门的输入，以实现任意部分积。连接到每个"与"门的输入及其反相信号用图中的正方形表示。例如，第一行"与"门将输入 a_0、$\overline{a_1}$ 和 $\overline{a_2}$ 相"与"，产生乘积项 $a_0 \wedge \overline{a_1} \wedge \overline{a_2}$。

"与"门阵列更像是 ROM 中的译码器，除了每行的乘积项是任意的，译码器每行的乘积项是对应于该行地址的最小项。PLA 的几行可以同时变高，而 ROM 中的译码器一次只能有一个输出有效。

"或"门阵列具有另一种二维结构：乘积项水平连接，输出和垂直连接。在每一列中，任意乘积项进行或操作以形成最终输出。在图 8-55 所示电路中，由每个"或"门组合的乘积项用正方形表示。例如，最右边的那一列将最下面的三个乘积项结合到一起。

⊖ 一些 SRAM 提供复位信号或逻辑以将 0 写入每一个寄存器。

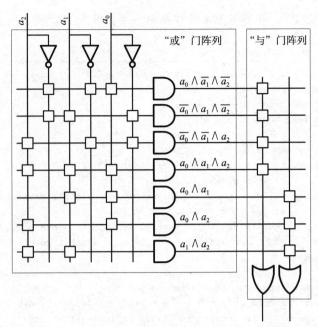

图 8-55　可编程逻辑阵列（PLA）由"与"门阵列和"或"门阵列组成。对连接进行编程，可以通过"与"门阵列实现任意乘积项。然后将这些乘积项通过"或"门阵列将逻辑函数的部分积之和组合起来。该图给出了在"与"门阵列中实现具有七个乘积项的全加器，以及在"或"门阵列中的两个输出（和以及进位）

实际上，PLA 通常对于"与"门阵列和"或"门阵列使用相同的结构，即"与非"门或者是"或非"门结构。根据摩根定律，"与非"-"与非"阵列等效于图 8-55 所示的"与"-"或" PLA 阵列。而"或非"-"或非"PLA 阵列实现了函数的互补形式，并且可以通过顺接反相器直接实现该函数。通常采用高度优化的电路结构，其中阵列中的每个交叉点仅需要单个晶体管（或其不存在）。

大多数 PLA 在制造时都采用硬连线。每个乘积项中的元素和每个和中的乘积项都通过晶体管的存在或不存在来选择。一些 PLA 可以通过配置存储空间来控制是否将某元素包含在乘积项或乘积项的和中。这种可配置 PLA 的规模比同等硬连线 PLA 的大很多倍。

8.11　数据表

在较大的设计中经常会用到基本单元或整个子系统，但无须了解其实现细节。当以这种方式使用基本单元时，我们依赖的是块的规范。这个规范（通常称为数据表）提供了足够的信息来方便我们使用该块，但省略了块构造的内部细节。数据表通常包含以下内容。

（1）块的功能描述。功能描述应该是足够详细的，以完全确定块的行为。对于组合块，通常使用真值表或逻辑函数来确定块的功能。

（2）块的输入和输出的详细描述。逐个给出信号名称、位宽、方向以及一些简要描述。

（3）所有块参数的描述（如果有的话）。

（4）对块中所有可见状态和寄存器的描述（针对于时序逻辑块）。

（5）块的同步时序。块的周期级时序。

（6）时序参数。单周期内输入和输出信号的时序。

（7）电气特性。功率要求、功耗、输入和输出信号电平、输入负载和输出驱动电平等。

我们推迟讨论功能（5）和功能（6），直到讨论完时序电路和一些有关电路时序方面的问题。

假设 4-16 线译码器的示例数据表如图 8-56 所示。此数据表描述了模块的行为，而不描述其具体实现细节。模块的功能由式(b=1 << a)确定。我们也可以很容易地使用16行真值表来描述其功能。时序部分以皮秒(ps)指定模块的传播和污染延时(见第 15 章)。最后，电气部分给出输入负载为飞法(fF)数量级，输出电阻(驱动)单位为千欧(kΩ)。

```
Name: decode_4_16

Description: 4 to 16 decoder

Inputs:
  Name   Width   Direction   Description
  a      4       in          binary input
  b      16      out         one-hot output

Function:
  b = 1<<a

Timing:
  Parameter  Min    Max     Units   Description
  t_dab             300     ps      Delay from a to b - no load on b
  t_cab      100            ps      Contamination delay from a to b - no load on b

Electrical
  Parameter  Min    Max     Units   Description
  c_a               20      fF      Capacitance of each bit of a
  r_b        5              kOhms   Effective output resistance of each bit of b
```

图 8-56 4-16 线译码器的数据表示例

作为实际芯片的基本单元，通常在数据手册中具有其电气和时序参数的实际值。对于尚未综合的 VHDL 块来说，这些参数是尚且未知的。例如，在块被综合出来并且块的实际物理设计完成之前，块的每个输入负载电容都是未知的。

约束文件用于指定时序目标并给出电气参数。然后将这些目标(或约束)用于指导综合和电路设计工具。4-16 线译码器的一个非常简单的约束文件如图 8-57 所示。该文件是 Synopsys Design Compiler® 对应的形式。该文件指定了译码器从 a 到 b 的延时不得超过 0.2ns。该文件不指定输入负载，而是指定输入 a 由一个相当于驱动 INV4 的单元驱动。如果综合器使输入电容太大，则包含在电路总延时中的由该单元驱动 a 所带来的延时将难以满足时序约束。最后，文件指定输出 b 的每位负载为 5(电容单位)。综合器必须合理设置译码器的输出驱动大小，足以驱动负载而又不会造成过大的延时。

```
set_max_delay 0.2 -from {a} -to {b}
set_driving_cell -lib_cell INV4 {a}
set_load -pin_load 5 {b}
```

图 8-57 4-16 线译码器的约束文件示例

8.12 知识产权模块

设计团队通过将自己设计的实体与从其他来源获得的设计实体相结合来搭建完整的芯片。其中从别处获得的设计实体通常称为 IP，即知识产权模块⊖。

IP 块可从 IP 供应商以及开源门户获得。一些供应商专门从事特定类型的 IP 供应。例如，ARM 和 MIPS 是专门从事微处理器销售的 IP 供应商。大多数手机中的微处理器 IP

⊖ 术语知识产权(IP)比这里使用的要广泛得多。IP 包含独立于物理对象的任何有价值的东西。也就是说，这个价值是由智力而不是制造本身创造的。例如，所有软件、书籍、电影、音乐、设计(包括 VHDL 设计)都是 IP。

都由 ARM 授权。

对软件发展具有革命性意义的开源运动在硬件世界中也同样影响深远。其中有许多有用的 VHDL IP 可以在开源许可下免费获取，其网址为 http://www.opencores.org。可用的模块包括处理器、接口（例如，以太网、PCI、USB 等）、加密/解密块、压缩/解压缩块等。虽然这些基本单元比本章所述的更复杂，但它们涉及的概念是相同的。设计团队通过组合多个块来构建系统。而这些块由指定其功能、接口和参数的数据表（以及约束文件）描述。

与所有事情一样，注意事项（买方谨防）同样适用于知识产权。购买的 IP 并不总是符合其规格。一位谨慎的设计师将会彻底测试获得的每一个 IP。

总结

在本章中，我们介绍了数字电路设计中一些常见的模式和风格，给出了在设计中反复使用的一些常见电路。

译码器：将输入信号的二进制编码转换成独热码的表示形式。例如，我们用译码器选择存储器的某一行。

编码器：与译码器相反，编码器将独热输入信号转换成它的二进制表示。

仲裁器：在输入中找到第一个高位（从右或左开始扫描）。例如，仲裁器可用于控制对共享资源的访问以及标准化浮点数。将仲裁器与编码器相结合，可构成优先编码器。仲裁器在输入中找到第一个高位，编码器将该独热信号转换为二进制形式，输出第一个 1 位置对应的二进制编码。

多路复用器：在独热选择信号的控制下，多路复用器选择众多输入中将要驱动到输出的那一个。多路复用器广泛应用于所有类型的数据路径中的数据选择控制。将多路复用器与译码器组合可构成二进制选择多路复用器。译码器将二进制选择信号转换为独热信号，然后多路复用器用这个独热信号来选择输入。

比较器：比较两个二进制数，输出二者相等或给出它们之间的大小关系。比较器一般通过迭代电路来实现。

移位器：移动或轮换输入信号以产生输出信号。例如，移位器可用于加法器中浮点数的对齐。

存储器：只读（ROM）存储器或读/写存储器（RAM）。给定一个地址，存储器返回存储在该地址中的值。对于 RAM，也可以将某个值写入该地址。存储器在第 25 章有详细的讨论。

译码器、编码器和多路复用器之类的大型基本单元电路，可以分层地由小规模电路的树形结构搭建起来。当模块的规模较大时，这些分层设计的电路具有较小的门数，速度更快，并且消耗的能量也小于一般的扁平实现策略的。

基本单元（以及其他设计实体）通常用于那些不必了解各个块内部实现的设计中。这些 IP 块的外部特性则由数据表给定。

文献解读

《TTL 数据手册》[106] 在 20 世纪 70 年代首次发表，详细描述了 TTL 逻辑中经典的 7400 系列作为独立芯片提供的基本单元功能。这些芯片包括简单的逻辑门、多路复用器、译码器、七段译码器、算术函数、寄存器、计数器（见第 16 章）等。TTL 数据手册还提供了很多很好的数据表，每个部分都列出了功能、接口、电气参数和时序参数等。

FPGA 厂商经常为设计人员提供一个基本单元设计实体库。Altera 公司的参数化组件库[1] 就是这样一个例子。它包括译码器、多路复用器和许多第 10 章将要讨论的算术电路。

在数字集成电路教科书（如参考文献[94]和[112]）中探讨了 RAM、ROM 和 PLA 的设计。

练习

8.1　译码器。编写一个 3-8 线译码器的 VHDL 结构描述。

8.2　译码器逻辑。使用 4-16 线译码器和"或"门实现一个七段译码器。

8.3　双热译码器。考虑一个 n 位双热信号，n 位二进制信号中只有 2 位等于 1，共有 $(n(n-1))/2$ 个 n 位双热符号。假设将这些信号按它们的二进制值进行排序；即，对于 $n=5$，排列顺序为 00011，00101，00110，…，11000。设计一个 4-5 线二进制-双热译码器。

8.4　大型译码器。Ⅰ. 用 2-4 线译码器和 3-8 线译码器作为基本单元实现一个 5-32 线译码器，编写 VHDL 设计实体。

8.5　大型译码器。Ⅱ. 用 3-8 线译码器作为基本单元实现一个 6-64 线译码器，编写 VHDL 设计实体。

8.6　大型译码器。Ⅲ. 用 2-4 线译码器作为基本单元实现一个 6-64 线译码器，编写 VHDL 设计实体。

8.7　分布式多路复用器。实现一个大的(32 输入)多路复用器，其中每个多路复用器的输入及其相关的选择信号分布在整个大芯片的不同部分。32 个输入和选择信号位于一条 0.4mm 长的线路上。给出如何使用静态 CMOS 门电路(例如，"与非"门、"或非"门和反相器——无三态门)实现，并且要求相邻输入位置之间只有一条延伸线路。

8.8　多路复用器逻辑。使用 8-1 线二进制选择多路复用器实现一个 4 位斐波那契电路(如果输入为斐波那契数，输出为真)。

8.9　译码器测试平台。使用编码器作为检查器为 4-16 线译码器编写测试平台。

8.10　双热编码器。参照练习 8.3 设计一个 5-4 线双热编码器。

8.11　可编程优先编码器。为具有可编程优先级(输入一个独热选择信号，指定拥有最高优先级的位)的优先编码器编写 VHDL 设计实体。优先级从该位位置向右循环递减。

8.12　二进制优先仲裁器。为具有可编程优先级的仲裁器编写 VHDL 设计实体，一个二进制输入信号选择哪个位拥有最高优先级。优先级从该位位置向右循环递减。

8.13　循环仲裁器。每个周期中的最高优先级输入位于上一次赢得仲裁的输入的右边，设计该仲裁器。即假设以前的获胜者是当前模块的输入。

8.14　比较器。为任意位宽的幅度比较器编写 VHDL 设计实体，将比较信息从 MSB 一直向下传播到 LSB，如图 8-42 所示。

8.15　三路幅度比较器。Ⅰ. 为三路幅度比较器编写 VHDL 设计实体，如果输入严格按照顺序 $a>b>c$ 排列，则输出为真。

8.16　三路幅度比较器。Ⅱ. 为三路幅度比较器编写 VHDL 设计实体，如果输入不是按照顺序 $a \geqslant b \geqslant c$ 大小排列，则输出为真。

8.17　漏斗移位器。为一个 i-j 的漏斗移位器编写 VHDL 设计实体，该实体输入为 i 位的输入 a 以及 $l=\log_2(i-j)$ 位的移位计数 n，产生一个 j 位($j<i$)的输出 b=a(n+j-1 **downto** n)。

8.18　基本单元使用。Ⅰ. 使用二进制加法器、比较器、多路复用器、译码器、编码器和仲裁器等基本单元以及逻辑门，设计一个 8×2 流行度电路——一个接收 8 个 2 位的二进制数，输出输入中 4 个 2 位数出现的次数。修改电路以同时输出最常出现的那个 2 位数(出现最高次数相同时，数字大的取胜)。

8.19　基本单元使用。Ⅱ. 设计一个组合逻辑电路，输入为三个 8 位数，输出其中值最小的那一个。

8.20　基本单元使用。Ⅲ. 设计一个组合电路，输入为三个 8 位数，输出三个数的中间值(不是最大值也不是最小值)。

8.21　ROM 逻辑——素数方程。使用 ROM 实现 4 位素数函数。需要多大的 ROM？N 和 b 分别是多少？每个位置存储的数据是什么？

8.22　ROM 逻辑——七段译码器。用 ROM 实现七段译码器。需要多大的 ROM？N 和 b 分别是多少？每个位置存储的数据是什么？

8.23　PLA——素数函数。使用 PLA 实现 4 位素数函数。需要多少个乘积项与和项？每个乘积项以及和项之间的连接怎样的？

8.24　PLA——七段译码器。用 PLA 实现七段译码器。需要多少个乘积项与和项？每个乘积项以及和项之间的连接怎样的？

第9章
组合逻辑电路设计实例

本章我们将通过一些组合逻辑电路的设计实例来加强对之前章节中的一些概念的理解。倍三电路是另一个迭代电路的例子。1.4 节介绍的明天电路是基于模块化子电路设计计数器电路的一个示例。优先级仲裁器是利用之前章节所描述的设计实体搭建起来的构建块电路。最后，井字游戏电路的设计给出了一个更复杂的例子，这其中涉及了很多概念。

9.1 倍三电路

在本节我们将设计一个确定输入数据是否为 3 的倍数的电路。我们采用一种迭代电路结构（例如在 8.6 节介绍的幅度比较器电路）来实现该功能。该电路的结构框图如图 9-1 所示。每一级对当前级的输入做除数为 3 的二进制长除，每次除法保留余数，舍弃商数。电路从输入最高有效位（MSB）逐位检测输入，并计算当前余数（0、1 或 2），然后在输入最低有效位（LSB）检测最终余数是否等于零。对每一级来说，前级余数和当前输入组成一个新 3 位二进制数，余数在左边高位而当前输入在右边低位，然后对这个 3 位二进制数进行模 3 运算，其结果作为本级右侧的余数输出，参与下一级的运算。

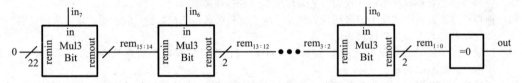

图 9-1 倍三电路框图。电路计算输入的模 3 余数，按位从左边最高有效位（MSB）到右边最低有效位（LSB）扫描。每一级计算由 remin 中的 2 位与当前输入（in）串接起来的一个 3 位二进制数的模 3 余数。如果最低有效位中余数为零，则该数是 3 的倍数

倍三迭代电路每一位单元的 VHDL 设计实体如图 9-2 所示。其中信号 remin 代表左侧相邻位单元的输出余数，因此它相对于当前位的权重为 2，该信号表示余数 0，1 或 2。然而在当前级 remin 被左移 1 位，其值变为 0，2 或 4。因此，可以将 remin 与当前输入连接形成一个新的 3 位二进制数，然后对这个数取余数（mod 3）。一个 case 语句将用来计算新的余数。

倍三电路的顶层设计实体如图 9-3 所示。该设计实体通过实例化 8 个图 9-2 所示的位单元得到。各单元之间通过一个 16 位的信号 re 将 2 位余数相连。最终输出通过最低有效位余数与零进行比较得出。

虽然图 9-2 所示的设计实体只接收一个 8 位的输入，但通过实例化和连接适当数量的位单元，就可以直接构建出任意输入长度的倍三检测电路。

倍三电路的测试平台如图 9-4 所示。测试平台使用 VHDL 模运算操作符 **mod** 检验在此测试电路下的输出余数（mod 3），并将它与零进行比较。比较结果用 VHDL 的 boolean 类型表示。我们用 VHDL-2008 条件运算符"??"将输出数据类型从 std_logic 转换成 boolean 类型，这是由于不等式的两个操作数必须是相同数据类型的。注意到我们并不想在我们的实际电路中用 **mod** 运算，因为那将迫使综合程序实例化采用异常昂贵的除法器。

然而在测试平台中使用 **mod** 运算，由于不需要对它进行综合，因此不会造成上述问题。

```
-----------------------------------------------------------------------------
-- Multiple_of_3_bit
-- Cell for iterative multiple-of-3 circuit.
-- Determines the remainder (mod 3) of the number from this bit to the MSB.
-- Input:
--    input - the current bit of the number being checked
--    remin - the remainder after the last bit checked (2 bits)
-- Output:
--    remout - the remainder after checking this bit (2 bits).
--
-- remin has weight 2 since it is from the bit to the left, thus remin & input
-- forms a 3-bit number.  We divide this number by 3 and produce the remainder
-- on remout.
-----------------------------------------------------------------------------

library ieee;
use ieee.std_logic_1164.all;

entity Multiple_of_3_bit is
  port( input: in std_logic;
        remin: in std_logic_vector(1 downto 0);
        remout: out std_logic_vector(1 downto 0) );
end Multiple_of_3_bit;

architecture impl of Multiple_of_3_bit is
begin
  process(all) begin
    case remin & input is
      when "000" => remout <= 2d"0";
      when "001" => remout <= 2d"1";
      when "010" => remout <= 2d"2";
      when "011" => remout <= 2d"0";
      when "100" => remout <= 2d"1";
      when "101" => remout <= 2d"2";
      when others => remout <= "--";
    end case;
  end process;
end impl;
```

图 9-2 倍三电路位单元 VHDL 描述

```
-------------------------------------------------------
-- Multiple_of_3
-- Determines whether input is a multiple of 3
-- Input:
--    input - an 8-bit binary number
-- Output:
--    output - true if in is a multiple of 3
-------------------------------------------------------
```

图 9-3 8 位输入的倍三电路 VHDL 描述。该设计实体实例化了 8 个图 9-2 所示的模块并
    检查最后输出是否为零

```
library ieee;
use ieee.std_logic_1164.all;
use work.ch9.all;

entity Multiple_of_3 is
  port( input: in std_logic_vector( 7 downto 0 );
        output: out std_logic );
end Multiple_of_3;

architecture impl of Multiple_of_3 is
  signal re: std_logic_vector(17 downto 0); -- two bits of remainder per cell
begin
  -- instantiate 8 copies of the bit cell
  b7: Multiple_of_3_bit port map(input(7),"00",re(15 downto 14));
  b6: Multiple_of_3_bit port map(input(6),re(15 downto 14),re(13 downto 12));
  b5: Multiple_of_3_bit port map(input(5),re(13 downto 12),re(11 downto 10));
  b4: Multiple_of_3_bit port map(input(4),re(11 downto 10),re(9 downto 8));
  b3: Multiple_of_3_bit port map(input(3),re(9 downto 8),re(7 downto 6));
  b2: Multiple_of_3_bit port map(input(2),re(7 downto 6),re(5 downto 4));
  b1: Multiple_of_3_bit port map(input(1),re(5 downto 4),re(3 downto 2));
  b0: Multiple_of_3_bit port map(input(0),re(3 downto 2),re(1 downto 0));

  -- output is true if remainder out is zero
  output <= '1' when re(1 downto 0) = "00" else
            '0';
end impl;
```

图 9-3 （续）

```
-- pragma translate_off
library ieee;
use ieee.std_logic_1164.all;
use ieee.numeric_std.all;

entity testMul3 is
end testMul3;

architecture test of testMul3 is
  signal input: std_logic_vector( 7 downto 0 );
  signal output, err: std_logic;
begin
  DUT: entity work.Multiple_of_3(impl) port map(input,output);

  process begin
    err <= '0';
    for i in 0 to 255 loop
      input <= std_logic_vector(to_unsigned(i,8));
      wait for 10 ns;
      if (?? output) /= ((i mod 3) = 0) then
          err <= '1';
      end if;
    end loop;
```

图 9-4 倍三电路测试平台的 VHDL 描述

```
        if not err then report "PASS"; end if;
        std.env.stop(0);
    end process;
end test;
-- pragma translate_on
```

图 9-4 （续）

测试平台声明了在测试输入信号下的电路，并输出信号，以及实例化倍三电路的设计实体，然后再遍历所有可能的输入状态。在每一输入状态下测试电路的结果都将与通过 **mod** 运算得到的输出结果进行比较。一旦出现不匹配，则标记错误。如果所有状态的测试结果都没有出现不匹配情况，则测试通过。

9.2 明天电路

在 1.4 节我们介绍了一种日历电路。该电路设计实体的关键在于如何实现明天电路，即按今天日期所在的月份、几号、星期几的格式给定，以同样的格式计算明天的日期。

本节我们将具体介绍明天电路的 VHDL 实现。

数字电路设计的关键步骤之一就是如何将一个复杂的问题划分为一些简单的子问题。通常，我们先设计出简单的设计实体解决这些子问题，然后再将这些子问题进行综合来解决复杂问题。针对明天电路，我们可以定义两个子问题：

（1）一周中星期数的增量（这完全独立于月份或者日期）。

（2）确定当前月份的天数。

图 9-5 给出了一个确定星期数增量的 VHDL 设计实体。如果当前日期是 SATUR-DAY（在我们定义的一个名为"calendar"的包中星期六定义为 7，其余未示出），该设计实体将明天的日期设置为 SUNDAY（定义为 1）。如果当前日期不是 **SATURDAY**，那么设计实体只进行加一操作得到明天的星期数。

```
library ieee;
use ieee.std_logic_1164.all;
use ieee.std_logic_unsigned.all;
use work.calendar.all;  -- our definition of constants SUNDAY..SATURDAY (not shown)

entity NextDayOfWeek is
  port( today: in std_logic_vector( 2 downto 0 );
        tomorrow: out std_logic_vector( 2 downto 0 ) );
end NextDayOfWeek;

architecture behav of NextDayOfWeek is
begin
  tomorrow <= SUNDAY when today = SATURDAY else today + 1;
end behav;
```

图 9-5　NextDayOfWeek 设计实体的 VHDL 描述

在 16.1 节我们将会看到，NextDayOfWeek 电路的设计实体实际上是一个计数器的组合逻辑部分，而计数器是一个增加自身状态的电路。这里不同的是当计数器到达 SATURDAY 后它会重置为 SUNDAY。

这一设计实体根据对 SATURDAY 和 SUNDAY 的定义进行编码。然而，只有当日期是由从 SUNDAY 到 SATURDAY 由连续的 3 位二进制整数表示的时候电路才能正常工作。在练习 9.9

中我们将试着设计一个更通用的版本，这个更通用的设计实体可以在星期数随机定义的情况下正常工作。

图 9-6 给出了计算给定月份所包含的天数的 VHDL 设计实体。这只是一个使用默认 case 语句（**when others** => ）来处理一个月有 31 天的情况的简单例子。如果我们将各月份定义为常数会使得设计实体更容易阅读。在日常生活中经常将月份数字化，因此这样做不会给大家带来迷惑。

```vhdl
library ieee;
use ieee.std_logic_1164.all;

entity DaysInMonth is
  port( month : in std_logic_vector(3 downto 0); -- month of the year 1=Jan, 12=Dec
        days : out std_logic_vector(4 downto 0) ); -- number of days in month
end DaysInMonth;

architecture impl of DaysInMonth is
begin
  process(all) begin
    case month is
      -- thirty days have September...
      -- all the rest have 31
      -- except for February which has 28
      when 4d"4" | 4d"6" | 4d"9" | 4d"11" => days <= 5d"30";
      when 4d"2" => days <= 5d"28";
      when others => days <= 5d"31";
    end case;
  end process;
end impl;
```

图 9-6　非闰年计算月份天数设计实体的 VHDL 描述

聪明的读者会立即注意到，以上的 DaysInMonth 设计实体并不完全正确。我们并没有考虑闰年的情况，即当二月只有 29 天时又该如何。我们将这个问题作为一道练习题（练习 9.10），把它留给读者来修补这个漏洞。

我们已经对两个子模块进行了定义，现在便可以开发出完整的明天电路设计实体了。图 9-7 给出了整个明天电路的设计实体的 VHDL 描述。在设计实体、输入/输出和信号的声明之后，程序以实例化两个子模块开始。NextDayOfWeek 设计实体将直接产生输出 tomorrowDoW，这里也是唯一用到 todayDoW 输入的地方。函数 day-of-week 完全独立于月份和 day-of-month 函数。

接下来电路实例化 DaysInMonth 模块，它产生一个内部信号 daysInMonth 编码当前月份的最后一天。tomorrow 模块则产生另外两个内部信号：lastDay 为真，即今天是当月最后一天；lastMonth 为真，即当前月份是 12 月。有了这两个内部信号，电路便可以用条件赋值语句来计算明天所属的月份（tomorrowMonth）和具体日期（tomorrow-DoM）。

完全验证该电路将是一个不小的挑战。一种方法是，暴力枚举出所有七年之内的日期作为输入，共有 2555 种输入状态。通过观察我们可发现求解星期几的问题是完全独立的，因此可以对其独立求解，从而减小到 365 个输入。我们也可以将这个测试继续压缩，只需要验证每月的开头和结尾。我们还必须对 DaysInMonth 进行单独测试，以确保输出每月正确的天数。

```vhdl
library ieee;
use ieee.std_logic_1164.all;
use ieee.std_logic_unsigned.all;
use work.calendar.all;

entity Tomorrow is
  port( todayMonth: in std_logic_vector(3 downto 0);
        todayDoM: in std_logic_vector(4 downto 0);
        todayDoW: in std_logic_vector(2 downto 0);
        tomorrowMonth: out std_logic_vector(3 downto 0);
        tomorrowDoM: out std_logic_vector(4 downto 0);
        tomorrowDoW: out std_logic_vector(2 downto 0) );
end Tomorrow;

architecture impl of tomorrow is
  signal daysinmonth : std_logic_vector(4 downto 0);
  signal lastday, lastmonth : std_logic;
begin
  -- compute next day of week
  ndow: entity work.nextdayofweek port map(todaydow,tomorrowdow);

  -- compute month and day of month
  dim: entity work.daysinmonth port map(todaymonth,daysinmonth);

  -- compute month and day of month
  lastday <= '1' when todaydom = daysinmonth else '0';
  lastmonth <= '1' when todaymonth = december else '0';
  tomorrowmonth <= january when lastday and lastmonth else
                   todaymonth+1 when lastday else
                   todaymonth;
  tomorrowdom <= 5d"1" when lastday else todaydom+1;
end impl;
```

图 9-7　明天电路的 VHDL 描述，给定今日日期以及日期、星期的格式，以同样的格式计算
明天的日期

9.3　优先级仲裁器

接下来的例子是一个四输入的优先级仲裁器，该电路有四个输入，输出为四个输入中最大值的索引。若存在输入有相同最大值的情况，电路输出为输入最大值的最低索引。例如，仲裁器的四个输入分别为 28、32、47 和 19，则仲裁器输出为 2，因为第二个输入(47)是最大值。如果四个输入是 17、23、19、23，仲裁器将输出 1，因为第一个输入和第三个输入具有相同的最大值(23)，但是第一个输入的索引值最低。

该电路的一个应用是决定网络设备中数据发送的优先次序。服务质量(QoS)策略给各数据包一个评分，而后网络设备根据评分来决定下一个被发送的数据包。评分高的数据包将优先发送。在这个应用中，各数据包的评分作为电路的输入，由电路选择出下一个要发送的数据包。

优先级仲裁器的一个实现方案如图 9-8 所示，图 9-9 所示给出了该方案具体的 VHDL实现。该方案采用一个类似竞赛的策略来选择具有最高优先级的输入。具体如下，在第一轮中将输入 0 和输入 1，输入 2 和输入 3 同时进行比较，在第二轮再对第一轮的结果再进行比较。

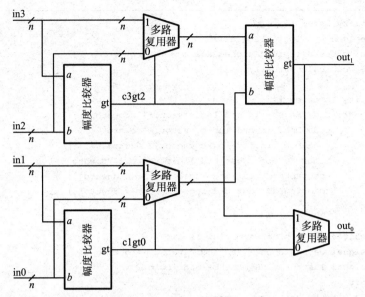

图 9-8 四输入优先仲裁器，该电路选择出四个输入最大值的索引，通过两轮比较选择出输入最大值，然后再计算得到最大值的索引

```
-------------------------------------------------------------------------------
-- 4-input Priority Arbiter
-- Outputs the index of the input with the highest value
-- Inputs:
--   in0, in1, in2, in3 - n-bit binary input values
-- Out:
--   o - 2-bit index of the input with the highest value
--
-- We pick the "winning" output via a tournament.
-- In the first round we compare in0 against in1 and in2 against in3
-- The second round compares the winners of the first round.
-- The MSB comes from the final round, the LSB from the selected first round.
--
-- Ties are given to the lower numbered input.
-------------------------------------------------------------------------------

library ieee;
use ieee.std_logic_1164.all;
use work.ch8.all;

entity PriorityArbiter is
  generic( n : integer := 8 );
  port( in3, in2, in1, in0: in std_logic_vector(n-1 downto 0);
        o: buffer std_logic_vector( 1 downto 0 ) );
end PriorityArbiter;

architecture impl of PriorityArbiter is
  signal match0winner, match1winner: std_logic_vector(n-1 downto 0);
  signal c1gt0, c3gt2: std_logic_vector(0 downto 0);
begin
```

图 9-9 四输入优先级仲裁器的 VHDL 描述

```
-- first round of tournament
round0match0: MagComp generic map(n) port map(in1,in0,c1gt0(0)); -- compare in0 and in1
round0match1: MagComp generic map(n) port map(in3,in2,c3gt2(0)); -- compare in2 and in3

-- select first round winners
match0: Mux2 generic map(n) port map(in1, in0, c1gt0 & not c1gt0, match0winner);
match1: Mux2 generic map(n) port map(in3, in2, c3gt2 & not c3gt2, match1winner);

-- compare round0 winners
round1: MagComp generic map(n) port map( match1winner, match0winner, o(1));

-- select winning LSB index
winningLSB: Mux2 generic map(1) port map(c3gt2, c1gt0, o(1) & not o(1), o(0 downto 0) );
end impl;
```

图 9-9　（续）

每一轮比较都采用一个幅度比较器（见 8.6 节）来完成。为了在有多个输入最大值情况下选择出最小输入的索引，幅度比较器通过计算信号 c1gt0 的值进行判断，当 in1>in0 时 c1gt0 等于 1。

否则 c1gt0 等于 0，意味着输入 in0 赢得这轮竞赛。类似地，in3 和 in2 也做同样的比较。

为了选择出第二轮竞赛的两个竞争者，采用了两个 2-1 线多路复用器（见 8.3 节）。两个复用器分别选出 in0 和 in1、in2 和 in3 中的优胜者，复用器的片选信号是第一轮比较器的输出。

第三个幅度比较器用来进行第二轮比较，输入为之前两个复用器的输出，也就是第一轮的优胜者。该幅度比较器输出即为优先仲裁器输出的最高位（MSB），如果该输出等于 1，表示最大值等于 in2 或 in3，反之则最大值等于 in0 或 in2。

为了得到优先级仲裁器输出的最低位（LSB），我们对第一轮比较器的输出再进行一次选择，用一个 2-1 线的复用器来完成，片选信号为最后一个比较器的输出。

9.4　井字游戏电路

本节我们将设计一个实现井字游戏的组合逻辑电路。给定一个起始落子位置，电路计算出下一落子的方格位置。对于一个组合逻辑电路来说，该游戏一次只能走一步。但是该电路也很容易改造成一个可以完成整个游戏操作的时序电路（见第 14 章）。我们将在 19.3 节实现该时序电路。

首要任务就是决定如何表示井字游戏中的方格点。我们将输入方格位置用两个 9 位的变量来表示：xin 对其中一方 X 落子方格位置进行编码，oin 则对另一方 O 落子方格位置进行编码。画出每一个 9 位的变量对应的编码方式示意图，如图 9-10a 所示。图中左上角为该变量最低位（LSB），而右下角为变量最高位（MSB）。例如，图 9-10b 所示的落子位置分别代表了 xin=1000000001 和 oin=000011000。对于一种合法的落子位置，xin 和 oin 必须是正交的，也即 xin∧oin=0。

严格来说，对于落子用 X 表示的一方须满足条件：$N_X+1 \geqslant N_O \geqslant N_X$，其中，$N_O$ 表示 oin 一方落子数量，N_X 则表示 xin 一方落子的数量。如果 X 一方先手，那么两方所走的步数必须时时保持相等。如果是 O 一方先手，那么 oin 一方的步数始终比 xin 一方的步数多一步。

电路的输出也是一个 9 位的独热向量，表明电路下一次将

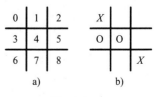

图　9-10

要落子的位置。一次合法的操作是要保证与两方的输入变量都正交。对下一轮落子操作来说，xin 将会被原 xin 和 xout 的"或"操作的结果所替代，而对手也将在原 oin 上增加一次落子操作。

目前我们已经表示了井字方格，下一步将搭建具体的电路。分治策略是解决这一难题的有效方法，它由一系列有序的模块构成，每一种模块提供一种下一步落子的策略。能够产生可行的落子策略并且优先级最高的模块将被最终选中。例如，一组有效的有序策略模块如下。

(1)获胜：如果下一步可以完成三子连珠，执行。

(2)不输：如果下一步能堵住对手的两子连珠，执行。

(3)首个空位：以特定的顺序扫描所有井字格点，选择第一个位置为空的格点，执行。

最后，选择电路将上述策略模块的输出作为输入并将拥有最高优先权的模块作为最后的输出。在这种模块化设计中，设计者后期能够很容易地增加更多的策略模块来重新定义电路的功能。

井字游戏电路的顶层设计实体如图 9-11 所示，图 9-12 给出了该设计实体的 VHDL 描述。图中例示了四个模块：两个 TwoInArray 模块，一个 Empty 模块和 Select3 模块。第一个 TwoInArray 模块找到能够让我们下一步就能赢得比赛的空格位置（如果存在的话），即在本行或本列，或者对角线位置上有两个 X 并且没有 O。第二个 TwoInArray 模块找到如果下一步不在某处落子，对手将在下一步赢得比赛的位置，即在本行或本列，或者对角线位置上有两个 O 并且没有 X 的位置。我们采用相同的模块来实现以上两种策略，因为二者所需的功能完全一样，只是 O 和 X 恰好相反而已。下一个模块 Empty 的功能是找到第一个按特定次序排序的空位置。这些空位置按照他们的战略价值来进行排序。最后，Select3 模块根据之前三个模块的输出选择出具有最高优先权的落子策略。

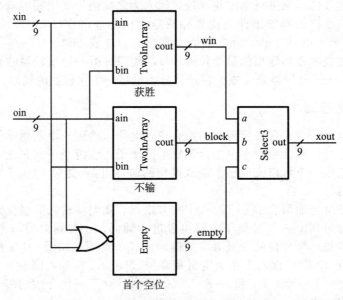

图 9-11　tic-tac-toe 顶层设计，三个策略模块接收输入 xin 和 oin，计算出可能的"获胜"，"不输"，"首个空位"落子策略。再选择出三个策略中优先级最高的一个作为下一步的落子策略

井字游戏的实现的大部分工作都由 TwoInArray 设计实体完成，如图 9-13 所示。该设计实体创建了 8 个 TwoInRow 设计实体的实例化，TwoInRow 设计实体如图 9-14 所示。每一 TwoInRow 设计实体检查其中一条线（行、列或对角线）上的落子情况。如果在该条线

```
  -------------------------------------------------------------------------
  -- TicTacToe
  -- Generates a move for X in the game of tic-tac-toe
  -- Inputs:
  --   xin, oin - (9-bit) current positions of X and O.
  -- Out:
  --   xout - (9-bit) one-hot position of next X.
  --
  -- Inputs and outputs use a board mapping of:
  --
  --   0 | 1 | 2
  --  ---+---+---
  --   3 | 4 | 5
  --  ---+---+---
  --   6 | 7 | 8
  --
  -- The top-level circuit instantiates strategy components that each generate
  -- a move according to their strategy and a selector component that selects
  -- the highest-priority strategy component with a move.
  --
  -- The win strategy component picks a space that will win the game if any exists.
  --
  -- The block strategy component picks a space that will block the opponent
  -- from winning.
  --
  -- The empty strategy component picks the first open space - using a particular
  -- ordering of the board.
  -------------------------------------------------------------------------

  library ieee;
  use ieee.std_logic_1164.all;
  use work.tictactoe_declarations.all;

  entity TicTacToe is
    port( xin, oin: in std_logic_vector( 8 downto 0 );
          xout: out std_logic_vector( 8 downto 0 ) );
  end TicTacToe;

  architecture impl of TicTacToe is
    signal win, blk, emp : std_logic_vector( 8 downto 0 );
  begin
    WINX: TwoInArray port map(xin, oin, win);
    BLOCKX: TwoInArray port map(oin, xin, blk);
    EMPTYX: Empty port map( not (oin or xin), emp);
    COMB: Select3 port map(win,blk,emp,xout);
  end impl;
```

图 9-12　tic-tac-toe 电路顶层 VHDL 描述

上检查出有两个 a 并且没有 b，那么就在该条线上剩余的空余位置上写 1。该设计实体包括了三个四输入"与"门，每一个"与"门检查该条线上三个格点的落子情况。注意到在每个"与"门中我们只检查输入 b 的某一位，这是因为我们假设的前提是输入是合法的，即某一位置上如果 a 是 1，那么相应位置上 b 等于 0。

```
------------------------------------------------------------------------------
-- TwoInArray
-- Indicates whether any row or column or diagonal in the array has two pieces of
-- type a and no pieces of type b. (a and b can be x and o or o and x)
-- Inputs:
--   ain, bin - (9 bits) array of types a and b
-- Output:
--   cout - (9 bits) location of space to play in to complete row, column
--          or diagonal of a.
-- If more than one space meets the criteria the output may have more than
-- one bit set.
-- If no spaces meet the criteria, the output will be all zeros.
------------------------------------------------------------------------------


library ieee;
use ieee.std_logic_1164.all;
use work.tictactoe_declarations.all;

entity TwoInArray is
  port( ain, bin: in std_logic_vector( 8 downto 0 );
          cout: out std_logic_vector( 8 downto 0 ) );
end TwoInArray;

architecture impl of TwoInArray is
  signal rows, cols, cc: std_logic_vector( 8 downto 0 );
  signal ddiag, udiag : std_logic_vector( 2 downto 0 );
begin
  -- check each row
  TOPR: TwoInRow port map( ain(2 downto 0), bin(2 downto 0), rows(2 downto 0) );
  MIDR: TwoInRow port map( ain(5 downto 3), bin(5 downto 3), rows(5 downto 3) );
  BOTR: TwoInRow port map( ain(8 downto 6), bin(8 downto 6), rows(8 downto 6) );


  -- check each column
  LEFTC:  TwoInRow port map( ain(6) & ain(3) & ain(0),
                             bin(6) & bin(3) & bin(0),
                             cc(8 downto 6) );
  MIDC:   TwoInRow port map( ain(7) & ain(4) & ain(1),
                             bin(7) & bin(4) & bin(1),
                             cc(5 downto 3) );
  RIGHTC: TwoInRow port map( ain(8) & ain(5) & ain(2),
                             bin(8) & bin(5) & bin(2),
                             cc(2 downto 0) );
  (cols(6),cols(3),cols(0),cols(7),cols(4),cols(1),cols(8),cols(5),cols(2)) <= cc;

  -- check both diagonals
  DNDIAGX: TwoInRow port map( ain(8)&ain(4)&ain(0), bin(8)&bin(4)&bin(0), ddiag );
  UPDIAGX: TwoInRow port map( ain(6)&ain(4)&ain(2), bin(6)&bin(4)&bin(2), udiag );

  cout <= rows or cols or (ddiag(2) & "000" & ddiag(1) & "000" & ddiag(0)) or
          ("00" & udiag(2) & "0" & udiag(1) & "0" & udiag(0) & "00");
end impl;
```

图 9-13 TwoInArray 设计实体的 VHDL 描述

```
-------------------------------------------------------------------
-- TwoInRow
-- Indicates whether a row (or column, or diagonal) has two pieces of type a
-- and no pieces of type b. (a and b can be x and o or o and x)
-- Inputs:
--   ain, bin - (3 bits) row of types a and b.
-- Outputs:
--   cout - (3 bits) location of empty square if other two are type a.
-------------------------------------------------------------------
library ieee;
use ieee.std_logic_1164.all;

entity TwoInRow is
  port( ain, bin : in std_logic_vector( 2 downto 0 );
        cout : out std_logic_vector( 2 downto 0 ) );
end TwoInRow;

architecture impl of TwoInRow is
begin
  cout(0) <= not bin(0) and not ain(0) and ain(1) and ain(2);
  cout(1) <= not bin(1) and ain(0) and not ain(1) and ain(2);
  cout(2) <= not bin(2) and ain(0) and ain(1) and not ain(2);
end impl;
```

图 9-14　TwoInRow 设计实体的 VHDL 描述。当某条线上出现两个 a 并且没有 b 时，该设计实体在空位置上输出 1

图 9-13 所示的设计中前三个 TwoInRow 模块实例化检查各行是否存在 a 落两子且 b 在此行无子的情况，并将结果保存到一个 9 位的向量 rows 中。如果 rows 中有任一位为 1，a 若在相应位置落子将在该行三子连珠从而获胜。类似地，接下来三个 TwoInRow 模块实例化检查各列并将结果保存在一个 9 位向量 cols 中。

最后的两个 TwoInRow 模块实例化则分别检查下对角线和上对角线的情况并将结果分别保存到 3 位的向量 ddiag 和 udiag 中。

在检查完各行、列，以及对角线后，最后的工作就是将之前各个 TwoInRow 模块得到的结果通过"或"操作组合成一个 9 位的向量。

向量 rows 和向量 cols 可直接按位进行"或"操作。而由对角线产生的向量 ddiag 和向量 udiag 则必须先扩展成 9 位的向量，保证原有效的 3 位被扩展到合适的位置上。

Empty 设计实体如图 9-15 所示，该设计实体采用一个仲裁器（见 8.5 节）寻找输入变量中第一个不为零的位。注意到顶层设计实体已经将两个输入变量进行了"或"操作并取反，因此该设计实体输入中的每一位 1 都对应一个空位置。输入变量按照特定次序排序，并使用连接语句给出我们想要的优先级顺序（中间第一，然后是四角，最后是四边）。输出也按照同样的规则排序以便与输入保持对应。

Seclect3 设计实体的 VHDL 描述如图 9-16 所示，该设计实体实际上也是一个仲裁器。在此例中，一个 27 位的仲裁器扫描三个输入以寻找第一位。即首先找出非零的最高优先级输入，再找出该输入中非零的首位。该 27 位仲裁器的输出通过三个输入对应位进行"或"操作而减小到 9 位。

值得一提的是，整个 tic-tac-toe 电路在底层的设计都是由 TwoInRow 模块和 RArb 模块搭建起来的。这表明了由组合构建块搭建电路的有效性。

```
-----------------------------------------------------------------------------
-- Empty
-- Pick first space not in input.  Permute vector so middle comes first,
-- then corners, then edges.
-- Inputs:
--   i - (9 bits) occupied spaces
-- Outputs:
--   o - (9 bits) first empty space
-----------------------------------------------------------------------------

library ieee;
use ieee.std_logic_1164.all;
use work.ch8.all; -- for RArb

entity Empty is
  port( i: in std_logic_vector(8 downto 0);
        o: out std_logic_vector(8 downto 0) );
end Empty;

architecture impl of Empty is
  signal op: std_logic_vector(8 downto 0);
begin
  RA: RArb generic map(9) port map( i(4)&i(0)&i(2)&i(6)&i(8)&i(1)&i(3)&i(5)&i(7),op );
  (o(4),o(0),o(2),o(6),o(8),o(1),o(3),o(5),o(7)) <= op;
end impl;
```

图 9-15 Empty 设计实体的 VHDL 描述。该设计实体采用一个优先选择器根据查找次序按
照中间、四个角、四条边的优先级顺序找出第一个空位

```
-----------------------------------------------------------------------------
-- Select3
-- Picks the highest-priority bit from 3 9-bit vectors
-- Inputs:
--   a, b, c - (9 bits) Input vectors
-- Outputs:
--   output - (9 bits) One-hot output has a bit set (if any) in the highest
--            position of the highest-priority input.
-----------------------------------------------------------------------------

library ieee;
use ieee.std_logic_1164.all;
use work.ch8.all;

entity Select3 is
  port( a, b, c: in std_logic_vector( 8 downto 0 );
        output: out std_logic_vector( 8 downto 0 ) );
end Select3;

architecture impl of Select3 is
  signal x: std_logic_vector(26 downto 0);
begin
  RA: RArb generic map(27) port map(a & b & c, x);
  output <= x(26 downto 18) or x(17 downto 9) or x(8 downto 0);
end impl;
```

图 9-16 Seclect3 设计实体的 VHDL 描述，采用一个 27 输入的仲裁器寻找具有最高优先
权策略模块的第 1 位可以落子的位置。三个仲裁器的输出再经过一个"或"门得到最
终结果

图 9-17 给出了 tic-tac-toe 设计实体一个简单的测试平台。该测试平台实例化了两个
TicTacToe 设计实体。其中一个玩 X，而另一个玩 O。该测试平台首先通过一些直接测
试检测 X 一方，在该测试平台中称作 dut。五个向量分别检测"空位置"、"获胜"和"不输"
策略，同时检测行、列和对角线上的落子情况。

```vhdl
-- pragma translate_off
library ieee;
use ieee.std_logic_1164.all;

entity TestTic is
end TestTic;

architecture test of TestTic is
  signal x, o, xo, oo: std_logic_vector( 8 downto 0 );
begin
  DUT: entity work.TicTacToe(impl) port map(x,o,xo);
  OPPONENT: entity work.TicTacToe(impl) port map(o,x,oo);

  process begin
    -- all zeros, should pick middle
    x <= "000000000"; o <= "000000000";
    wait for 10 ns; report to_string(x) & " " & to_string(o) & " -> " & to_string(xo);
    -- can win across the top
    x <= "000000101"; o <= "000000000";
    wait for 10 ns; report to_string(x) & " " & to_string(o) & " -> " & to_string(xo);
    -- near-win: can't win across the top due to block
    x <= "000000101"; o <= "000000010";
    wait for 10 ns; report to_string(x) & " " & to_string(o) & " -> " & to_string(xo);
    -- block in the first column
    x <= "000000000"; o <= "000100100";
    wait for 10 ns; report to_string(x) & " " & to_string(o) & " -> " & to_string(xo);
    -- block along a diagonal
    x <= "000000000"; o <= "000010100";
    wait for 10 ns; report to_string(x) & " " & to_string(o) & " -> " & to_string(xo);
    -- start a game - x goes first
    x <= "000000000"; o <= "000000000";
    for i in 0 to 6 loop
      wait for 10 ns;
      report to_hstring(x(0)&o(0))&" "&to_hstring(x(1)&o(1))&" "&to_hstring(x(2)&o(2));
      report to_hstring(x(3)&o(3))&" "&to_hstring(x(4)&o(4))&" "&to_hstring(x(5)&o(5));
      report to_hstring(x(6)&o(6))&" "&to_hstring(x(7)&o(7))&" "&to_hstring(x(8)&o(8));
      report "";
      x <= x or xo;
      wait for 10 ns;
      report to_hstring(x(0)&o(0))&" "&to_hstring(x(1)&o(1))&" "&to_hstring(x(2)&o(2));
      report to_hstring(x(3)&o(3))&" "&to_hstring(x(4)&o(4))&" "&to_hstring(x(5)&o(5));
      report to_hstring(x(6)&o(6))&" "&to_hstring(x(7)&o(7))&" "&to_hstring(x(8)&o(8));
      report "--------";
      o <= o or oo;
    end loop;
    std.env.stop(0);
  end process;
end test;
-- pragma translate_on
```

图 9-17 tic-tac-toe 测试平台的 VHDL 描述，先做直接测试，然后两方对弈

五组直接测试数据完成之后，测试平台开始模拟整个井字游戏的过程，将每一个模块的输出进行按位"或"操作之后作为下一轮的输入。游戏（通过编写一个脚本来给出 report 语句输出的信息）结果如图 9-18 所示。

```
. . .      . . .      O . .      O . X      O . X
. . .      . X .      . X .      . X .      . X .
. . .      . . .      . . .      . . .      O . .

O . X      O . X      O . X      O O X      O O X
X X .      X X O      X X O      X X O      X X O
O . .      O . .      O . X      O . X      O X X
```

图 9-18　tic-tac-toe 测试平台两方对弈的结果

游戏以井格全空开始。Empty 模块有效，X 在优先级最高的中间空位置落子。在接下来的两步中，Empty 模块依然有效，X 和 O 将分别在右上角和左上角落子。此时 X 已经出现了两子连珠，因此"不输"策略有效，O 将在左下角位置（位置 6）落子，如图 9-18 中第一行最后一张图所示。

紧接着，在图 9-18 的第二行，由于 O 在第一列中占有两子且该列中没有 X 落子，采用围堵规则，这将使得 X 在左侧边（位置 3）落子；然后 O 再在中间一行拦截 X。此时 Empty 策略使得 X 在剩下的一个角落位置落子。在最后的两次落子操作中，Empty 策略使得 O 和 X 填满剩下的空位置。游戏以平局结束。

该测试平台所进行的验证无法做到充分的操作验证。许多的输入组合并没有被尝试。如果想要彻底地验证该设计需要一个专门的检测器。这通常将在更高级的编程语言（例如 C 语言）中实现，并与仿真器相连。仿真结果与高级语言模型结果相匹配，那么该操作就得到了有效验证。我们希望的是同样的错误不要在仿真结果和高级语言模型中同时出现。

一旦检测器就位，仍然需要选择测试向量。经过更多的直接测试后（例如，8 条线上的"赢""不输""几乎赢""几乎不输"），我们可以采取两种方法。一种采取穷举的测试方法（共有 2^{18} 种输入状态）。我们可能有时间遍历所有输入状态，这取决于仿真器能够运行多快。另一种方法是，如果没有足够多的时间来进行穷举测试，我们可以采用随机测试的方法，随机产生输入模式，然后检验输出结果。

总结

在本章中我们给出了四个扩展的例子，这些例子已经汇集了大部分在本书中所学的关于组合逻辑电路的知识。倍三电路是一个迭代电路的例子，它是由 8 个 Multiple_of_3_bit 模块搭建起来的，每一个 Multiple_of_3_bit 模块又是由一个 case 语句来实现组合设计实体的例子。顶层设计实体是结构化 VHDL 的一个很好的例子。该电路的测试平台采用了穷举测试的方法并进行了自检。

在 1.4 节我们详述了明天电路，该电路实现的功能是给定今日日期计算出明天的日期。该电路模块给出了同时用 case 语句和并行赋值语句定义一个组合逻辑电路的例子。该电路的顶层设计实体在同一级结合了结构化的 VHDL——实例化并连接模块——和并行赋值语句的使用。

优先仲裁器电路的设计给出了如何用组合逻辑块实现某功能的实例，在此例中主要涉及了比较器和多路复用器。该电路采用一种竞赛机制，先用比较器决定出每组输入的获胜者，再用多路复用器将前级获胜者选出，作为下一轮竞赛的输入。

最后，井字游戏电路阐释了一个功能复杂的电路如何由简单电路搭建而来，同时如何用分治策略将一个复杂任务分解成一些简单的问题，再分而治之。顶层电路实体实例化了各个策略模块，然后用一个仲裁器选择出最高优先权的方案。相应地，每一种策略模块都由一些简单的组合逻辑模块实现。在电路最底层，整个电路都由仲裁器和 TwoInRow 模块构成。

练习

9.1　表决电路。用加法器、比较器、多路复用器、编码器、译码器、优先仲裁器，以及逻辑门等组合逻辑模块，设计一个输入 5 个 3 位独热码，输出其中出现频率最高的一个 3 位独热码。设计方法不限。例：如果输入是 100、100、100、010、001，输出应为 100。

9.2　中间电路。用二进制加法器、比较器、多路复用器、译码器、编码器、仲裁器，以及逻辑门等组合模块，设计一个输入 3 个 8 位独热码：$a2_{7:0}$、$a1_{7:0}$ 以及 $a0_{7:0}$，输出三个输入的中间值。例：如果输入是 $a2=10000000$，$a1=00010000$，$a0=00000001$，输出应为三个输入独热码中的中间值 00010000。

9.3　倍五电路设计。采用类似于 9.1 节倍三电路的设计方法，设计一个倍五检测电路，如果输入的 8 位数据是 5 的倍数则输出置 1。

9.4　倍五电路实现。给出练习 9.3 中电路的 VHDL 描述，并编写测试平台，要求验证所有输入情况。

9.5　倍十电路设计。设计一个倍十检测电路，如果输入的 8 位数据是 10 的倍数则输出置 1。（提示：思考实现该功能需要几位余数）

9.6　倍十电路实现。给出练习 9.5 中电路的 VHDL 描述，并编写测试平台，要求验证所有输入情况。

9.7　模 3 电路设计。修改 9.1 节倍三电路检测电路的设计，使得输出为输入的模 3 运算结果，即 output＝in%3。

9.8　模 3 电路实现。给出练习 9.7 中的 VHDL 描述，并编写测试平台，要求验证所有输入情况。

9.9　修改 9.2 节日历电路。Ⅰ. 重新编写 NextDayOfWeek 设计实体的 VHDL 代码，使其能够按照特定顺序不断重复 SUNDAY、MONDAY…SATURDAY。

9.10　修改 9.2 节日历电路。Ⅱ. 使其能够正确工作在输入为闰年的情况下。假设你的输入包括闰年，以 12 位二进制形式表示。

9.11　日历表示。设计一个组合逻辑电路，该电路输入为从 0000 年 1 月 1 日算起的天数，输出具体的月份和日期。（选做：同时生成星期几）

9.12　优先级仲裁器设计。在 9.3 节中优先级仲裁器输出的是输入最大值的最小索引，现在修改设计使得电路输出最大值的最大索引。

9.13　优先级仲裁器实现。给出练习 9.12 中电路的 VHDL 描述，选取特定的测试数据对此进行验证。

9.14　5 输入优先级仲裁器。修改 9.3 节优先级仲裁器设计，使其拥有 5 组输入。

9.15　8 输入优先级仲裁器。修改 9.3 节优先级仲裁器设计，使其拥有 8 组输入。

9.16　反优先级仲裁器。修改 9.3 节优先级仲裁器设计，使其输出为输入中最小值的索引。

9.17　修改 9.3 节的优先级仲裁器设计：输出为输入中的最大值。

9.18　井字游戏电路。Ⅰ. 扩展 9.4 节 tic-tac-toe 设计实体，增加一个新的策略模块，该策略在某空位置落子以形成在某行、列或对角线上有两子。新建一个设计实体 OneInRow，找出只有一个 X 和一个 O 的行、列或对角线。利用该模块搭建一个新的设计实体 OneInArray 来实现该策略。

9.19　井字游戏电路。Ⅱ. 扩展 9.4 节 tic-tac-toe 设计实体，增加一个新的策略模块，该策略在全空的情况下，第一颗落子位置选择 space0(左上角)。

9.20　井字游戏电路。Ⅲ. 扩展 9.4 节 tic-tac-toe 设计实体，增加一个新的策略模块，当除了在某对角各有一个 O，并且 X 处于正中间位置而其余位置为空时，选择与 X 相邻的位置落子。（在下图中标记 H 的位置落子⊖）。

```
O . .
H X .
. . O
```

9.21　井字游戏电路输入验证。在 tic-tac-toe 设计实体增加一个电路模块验证输入是否合法。

9.22　井字游戏结束。在 tic-tac-toe 设计实体增加一个电路模块，当游戏结束时输出一个信号，并指出游戏最终结果。该信号编码应该包括：游戏中、赢、输、平局。

9.23　验证。为 tic-tac-toe 设计实体建立一个验证模块并编写测试平台，要求对本设计进行随机数验证。

⊖　如果在该情况下选择在角落处落子，那么对手 O 将会在两步之后赢得比赛。

## 第三部分

算术运算电路

第 10 章
算术运算电路

许多数字系统都是对数进行操作，执行诸如加法或乘法等算术运算。例如，数字音频系统将波形表示为一串数字序列，然后执行算术运算，以达到滤波和缩放波形的目的。

数字系统内部以二进制形式来表示数。算术功能，包括加法和乘法，作为这些二进制数的组合逻辑函数而被执行。在本章中，我们将介绍正整数和负整数的二进制表示，并进一步讨论简单加法，减法，乘法和除法运算。在第 11 章中，通过对逼近实数的浮点数表示进行考察，以扩展这些基本知识。在第 12 章中，我们着重考虑加速算术运算的方法。最后，在第 13 章中介绍使用这些算术运算的几个设计实例。

10.1 二进制数

通常情况下，我们习惯于用十进制来表示数，或采用十进制符号表示。也就是说，我们使用一个位置符号，其中每个数字的权重是其右边数字的 10 倍。例如，数字 1234_{10}（下标意味着十进制表示）表示数 $1 \times 1000 + 2 \times 100 + 3 \times 10 + 4$。可能是由于我们有十个手指可用以计数，所以更习惯使用十进制进行计数。

对于数字电子器件来说，它们没有十个手指。相反，只有 1 和 0 这两个状态，可以用于表示数值。因此，虽然计算机可以采用十进制来表示数，并且有时的确这样做，但是采用二进制或二进制符号来表示数是更合理且自然的。使用二进制表示，每个数字的权重为其右边数字的 2 倍。例如，1011_2（下标意味着采用的是二进制）表示为：$1 \times 8 + 0 \times 4 + 1 \times 2 + 1 = 11_{10}$。

更一般地，基数为 b 时，a_{n-1}, a_{n-2}, $\cdots$, a_1, a_0 表示的数的值为：

$$v = \sum_{i=0}^{n-1} a_i b^i \tag{10-1}$$

对于一个二进制数，$b = 2$，我们有：

$$v = \sum_{i=0}^{n-1} a_i 2^i \tag{10-2}$$

其中：a_{n-1} 为二进制表示的最左或最高有效位（MSB）；a_0 为最右或最低有效位（LSB）。

我们可以通过考察目标进制表示基数对应的式(10-1)或式(10-2)，将数的表示从一个进制转换到另一个进制，正如之前将 1011_2 转换为 11_{10} 那样。采用这种方法，可以把十进制表示转换为二进制表示。例如，$1234_{10} = 1 \times 1111101000_2 + 10_2 \times 1100100_2 + 11_2 \times 1010_2 + 100_2 \times 1 = 1111101000_2 + 11001000_2 + 11110_2 + 100_2 = 10011010010_2$。然而，该过程有点乏味，需要大量的二进制计算。

通常更方便的做法是，重复地减去比该数小的 2 的最高次幂，然后将这些 2 的幂项累加起来形成最终的数。例如，在式(10-3)中，我们将十进制数 1234_{10} 转换成二进制数。从左列的 1234_{10} 开始，反复减去比当前剩余数小的 2 的最高次幂。每次从左列中减去一个值时，我们将相同的数，但是以二进制表示形式累加到右列。在底部，左列剩余值为 0，表示我们已经减去了 1234_{10} 的整个值，此时右列是 10011010010_2，即为 1234_{10} 的二进制表示。我们在此列中累加了 1234_{10} 的整个值，每一次操作一个位：

$$
\begin{array}{rl}
1234_{10} & \qquad\qquad 0_2 \\
-1024_{10} & \quad +10\;000\;000\;000_2 \\
\hline
210_{10} & \quad\;\;10\;000\;000\;000_2 \\
-128_{10} & \qquad\quad +10\;000\;000_2 \\
\hline
82_{10} & \quad\;\;10\;010\;000\;000_2 \\
-64_{10} & \qquad\qquad +1\;000\;000_2 \\
\hline
18_{10} & \quad\;\;10\;011\;000\;000_2 \\
-16_{10} & \qquad\qquad\quad +10\;000_2 \\
\hline
2_{10} & \quad\;\;10\;011\;010\;000_2 \\
-2_{10} & \qquad\qquad\qquad +10_2 \\
\hline
0_{10} & \quad\;\;10\;011\;010\;010_2
\end{array}
\qquad (10\text{-}3)
$$

因为用二进制表示数可能会相当长，表示 4 位十进制数字需要 11 位，所以有时会使用十六进制或以十六为基数来表示它们。因为 $16=2^4$，因此很容易在二进制数和十六进制数之间进行转换。我们简单地将二进制数分成每 4 位一组的块，并将每个块都转换为十六进制数。例如，1234_{10} 二进制表示为 10011010010_2，十六进制则表示为 $4D2_{16}$。下面，我们将 10011010010_2 分成每 4 位一组，从右边开始，将这些二进制数分组转换成十六进制数表示。我们使用字母 $A \sim F$ 分别表示值为 $10 \sim 15$ 的数字。因此 $10_{10}=A_{16}$，$11_{10}=B_{16}$，$12_{10}=C_{16}$，$13_{10}=D_{16}$，$14_{10}=E_{16}$，以及 $15_{10}=F_{16}$。所以，十六进制数 $4D2_{16}$ 中的字符 D 代表了第二个数字（权重为 16）的值为 13：

$$
\underset{4}{0100} \quad \underset{D}{1101} \quad \underset{2}{0010} \quad {}_{16} \qquad (10\text{-}4)
$$

一些数字系统使用二 – 十进制编码，或 BCD 码，来表示十进制数。在这种编码方式下，每个十进制数字由 4 位二进制数来表示。在 BCD 编码中，该值由下式给出：

$$
v=\sum_{i=0}^{n-1} d_i\, 10^i \qquad (10\text{-}5)
$$

$$
=\sum_{i=0}^{n-1}\left(10^i \times \sum_{j=0}^{3} a_{ij}\, 2^j\right) \qquad (10\text{-}6)
$$

也就是说，十进制分组 d_i 由 10 的幂加权，而十进制分组 d_i 的 4 位二进制表示中的每一位数 b_{ij} 由 2 的幂加权。例如，前例 $1234_{10}=0001001000110100_{\mathrm{BCD}}$：

$$
\underset{0001}{1} \quad \underset{0010}{2} \quad \underset{0011}{3} \quad \underset{0100}{4} \quad {}_{\mathrm{BCD}}^{10} \qquad (10\text{-}7)
$$

我们使用二进制来表示数字系统中的数的原因是它使常见的运算（加法，减法，乘法等）很容易执行。和往常一样，我们通常会选择适合当前任务要求的表示形式。如果有不同的操作要执行，我们可能会选择不同的表示形式。

例 10.1　二进制数的转换

将数字 5961 转换为以下进制表示：二进制、十六进制和 BCD 码。

我们可以按照式(10-3)中相同的过程来得到该数的二进制表示。最终结果中共有 13 位：

$$
\begin{array}{rl}
5961_{10} & \qquad\qquad\qquad 0_2 \\
-4096_{10} & \quad +1\;000\;000\;000\;000_2 \\
\hline
1865_{10} & \quad\;\;1\;000\;000\;000\;000_2 \\
-1024_{10} & \qquad\quad +10\;000\;000\;000_2 \\
\hline
841_{10} & \quad\;\;1\;010\;000\;000\;000_2 \\
-512_{10} & \qquad\qquad +1\;000\;000\;000_2 \\
\hline
329_{10} & \quad\;\;1\;011\;000\;000\;000_2 \\
-256_{10} & \qquad\qquad\quad +100\;000\;000_2
\end{array}
$$

$$
\begin{array}{r r}
73_{10} & 1\ 011\ 100\ 000\ 000_2 \\
-64_{10} & +1\ 000\ 000_2 \\
\hline
9_{10} & 1\ 011\ \overline{101\ 000\ 000_2} \\
-8_{10} & +1\ 000_2 \\
\hline
1_{10} & 1\ 011\ 101\ \overline{001\ 000_2} \\
-1_{10} & +1_2 \\
\hline
0_{10} & 1\ 011\ 101\ 001\ \overline{001_2}
\end{array}
$$

因此数 5961_{10} 用二进制表示为 $1\ 011\ 101\ 001\ 001_2$。为了将它转换成十六进制，将这个二进制数按每 4 位进行分组：

$$
\begin{array}{ccccc}
0001 & 0111 & 0100 & 1001 & {}_2 \\
1 & 7 & 4 & 9 & {}_{16}
\end{array}
$$

最终 BCD 编码表示为：0101 1001 0110 0001。

10.2　二进制加法

我们首先考虑的是加法运算。我们以与十进制加法相同的方式进行二进制数的加法运算，即从左往右逐位相加。唯一的区别是这里的数是二进制的，而不是十进制的。这实际上使得加法操作更简单了，因为只需要记住四种可能的数字组合就够了，而不是十进制下的 100 种。

要将两个位 a 和 b 加在一起，其结果 r 只有四种可能性，如表 10-1 所示。第一行，$0+0$ 得 $r=0$，第二行和第三行中，$0+1$ 或 $1+0$ 得 $r=1$。最后，如果 a 和 b 都等于 1，得到 $r=1+1=2$。

为了将结果 r 表示在 0 到 2 范围内，需要另外两个输出 s 和 c，如表 10-1 所示。s 表示和，也即 LSB。c 表示进位，也即 MSB。这些名字的由来会在接下来的多位加法器的讨论中逐渐变得清晰。

表 10-1　半加器的真值表

a	b	r	c	s	a	b	r	c	s
0	0	0	0	0	1	0	1	0	1
0	1	1	0	1	1	1	2	1	0

两位相加产生和以及进位的电路，我们称之为半加器（HA）。不难发现，产生和 s 的真值表与"异或"门的真值表相同，产生进位 c 的真值表和"与"门真值表相同。因此我们可以仅用"异或"门和"与"门就可以实现半加器，如图 10-1 所示。

为了处理进位输入，我们需要一个接收三输入的电路：a、b 和 cin（进位），并产生一个和，我们用 r 表示。现在结果 r 的范围可以从 0 到 3，但是它仍然可以由两个位表示，s 以及进位输出 cout。将三个权重相等的位相加在一起以产生和以及进位的电路称为全加器，全加器的真值表如表 10-2 所示。

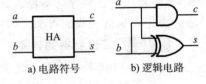

a) 电路符号　　b) 逻辑电路

图 10-1　半加器

表 10-2　全加器的真值表

a	b	cin	r	cout	s	a	b	cin	r	cout	s
0	0	0	0	0	0	1	0	0	1	0	1
0	0	1	1	0	1	1	0	1	2	1	0
0	1	0	1	0	1	1	1	0	2	1	0
0	1	1	2	1	0	1	1	1	3	1	1

一个全加器电路如图 10-2 所示。从表 10-2 我们可观察到输出 s 与三输入"异或"门的真值表相同(即当奇数个输入为真时,输出为真)。

只要输入中的大多数为真,即三输入中有两个或两个以上的输入为真,则进位输出 cout 为真,因此进位输出可以用判断大多数的电路来实现(式(3-6))。

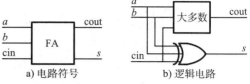

图 10-2 全加器

精明的阅读者现在可能已经察觉到加法器电路实际上等同于一个计数器。在所有输入均等效的情况下,半加器或全加器仅对其输入中 1 的数量进行计数,并将计数值以二进制的形式送到输出。对于半加器,计数范围从 0 到 2,而对于全加器,计数范围从 0 到 3。

我们可以利用这个计数属性用半加器构造一个全加器,如图 10-3a 所示。在图中,圆括号中的数字表示信号的权重。输入权重全部为(1)。输出结果是权重为(1)的和以及权重为(2)的进位等二进制数。因为加法器对其输入中的 1 进行计数,所以输入权重应该都是相等的,否则一个输入将比另一个输入代表更多。我们使用一个半加器对两个原始输入进行计数,产生一个和,我们称之为 p(传播),以及一个进位,我们称之为 g(产生)。如果传播信号 p 为真,则 cin 中的一位进位将导致进位输出变高。也就是说,进位输入传播到进位输出。如果进位产生信号 g 为真,则进位输出 cout 为真,而不考虑当前进位输入。此时我们说,输入 a 和 b 产生了进位输出。我们将在 12.1 节看到产生信号 g 和传播信号 p 如何用于构建快速加法器的。然而,目前我们继续讨论简单加法器。

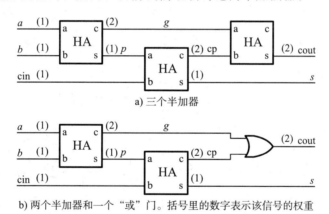

a) 三个半加器

b) 两个半加器和一个"或"门。括号里的数字表示该信号的权重

图 10-3 构建全加器的两种方案

第二个半加器将 p(权重(1))与进位输入 cin(权重(1))作为输入产生和输出 s(权重(1)),以及进位输出,称之为 cp(用于传播进位)(权重(2))。目前为止,我们有一个权重为(1)的信号 s 和两个权重为(2)的信号 cp 和 g。我们使用第三个半加器将两个权重为(2)的信号作为输入,它的和输出(权重(2))就是最终全加器的进位输出。

第三个半加器的进位输出(权重为(4))不被使用,这是由于当前总共只有 3 个输入,不会发生等于 4 的计数。

我们可以利用以下事实来简化图 10-3a 所示的电路:a)我们只需要最后一个加法器的和输出 s;b)最后一个加法器的两个输入 g 和 cp 不会同时为高。利用事实 a)可以用"异或"门代替最后一个半加器。由于第三个半加器的进位输出未使用,因此不需要半加器中的"与"门。而利用事实 b)可以用在 CMOS 中更容易实现的"或"门来代替"异或"门,因为除了两个输入都为高时的状态之外,它们的真值表是相同的。最终简化结果为如图 10-3b 所示的电路。该电路的 VHDL 描述如图 10-4 所示。

```
--------------------------------------------------------------------
-- half adder
library ieee;
use ieee.std_logic_1164.all;
entity HalfAdder is
  port( a, b: in std_logic;
        c, s: out std_logic ); -- carry and sum
end HalfAdder;
architecture impl of HalfAdder is
begin
  s <= a xor b;
  c <= a and b;
end impl;
--------------------------------------------------------------------
-- full adder - from half adders
library ieee;
use ieee.std_logic_1164.all;
use work.ch10.all;
entity FullAdder is
  port( a, b, cin: in std_logic;
        cout, s: out std_logic ); -- carry and sum
end FullAdder;
architecture impl of FullAdder is
  signal g, p: std_logic; -- generate and propagate
  signal cp: std_logic;
begin
  HA1: HalfAdder port map(a,b,g,p);
  HA2: HalfAdder port map(cin,p,cp,s);
  cout <= g or cp;
end impl;
```

图 10-4　由半加器构成的全加器的 VHDL 描述

图 10-5 给出了一个优化的 CMOS 全加器逻辑电路。该电路包括一个反相器和五个 CMOS 门电路 Q1～Q5，其中包括两个两输入"与非"门 Q1 和 Q3，以及三个三输入"或与非"（OAI）门 Q2，Q4 和 Q5。Q1 和 Q2 形成前级半加器，输出 p 和 g 的反。Q3 和 Q4 形成"同或"门，作为第二级半加器的"异或"门产生输出 s。

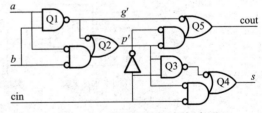

图 10-5　全加器的 CMOS 门级实现

Q5 的输入"或"门（最低有效位"与"门）充当第二级半加器的"与"门。而且期间不产生信号 cp，它保持在 Q5 的内部。Q5 的输出与门（最低有效位"或"门）执行或操作将 g 与 cp 组合，并产生进位输出。

以上阐述了如何在 CMOS 门中实现这些运算电路。幸运的是，由于强大的现代逻辑综合工具，我们很少会在门级处理算数电路。

现在我们已经有了 1 位加法器，可以继续探讨多位加法。要进行多位数的加法，我们只需从右到左依次按位进行 1 位二进制加法操作。例如，假设我们进行 4 位二进制数的加法操作，加数分别为 3_{10}（0011）和 6_{10}（0110），计算过程如下：

$$
\begin{array}{r}
1\ 1\ 0\ \ \\
0\ 1\ 1\ 0 \\
+\ 0\ 0\ 1\ 1 \\
\hline
1\ 0\ 0\ 1
\end{array}
$$

从最右边的列开始，将两个 LSB 0 和 1 相加得到 1 作为最后结果的 LSB。由于相加结果小于 2，所以结果可以用单个位表示，并且进入下一列的进位（由最顶行的小灰数字表示）为 0。算上低位进位输入，第二列的三个输入分别是 0、1 和 1，结果为 2，所以和的第 2 位为 0，而第三列的顶部的进位为 1。在第三列中，三个输入分别是 1、1 和 0，同样是两个 1，所以和以及进位分别为 0 和 1。在第四列也是最后一列中，只有进位输入为 1，所以和为 1，进位输出（未显示）为 0。最后结果为 $0110 + 0011 = 1001$ 或 $6_{10} + 3_{10} = 9_{10}$。

例 10.2 　二进制加法

做二进制加法：$71_{10} + 51_{10}$

首先我们将这些数转化成二进制表示：$71_{10} = 1000111_2$，$51_{10} = 110011_2$，接下来做加法（最上面一行是进位输出，最下面一行是和输出）：

$$
\begin{array}{rl}
c & 0001110 \\
  & 1000111 \\
+ & 0110011 \\
\hline
s & 1111010
\end{array}
$$

再将得到的结果转化成十进制数，得到：$1111010_2 = 122_{10}$。

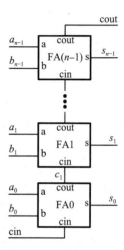

图 10-6　多位加法器

我们可以用全加器以相同的方式构建多位加法器电路，从 LSB 到 MSB 依次执行。具体电路如图 10-6 所示。底部的全加器 FA0 将进位输入 cin 与两个 LSB 输入 a_0 和 b_0 相加，产生和的最低位 s_0 以及进位 c_1。当然我们完全可以用一个半加器来代替它，但是使用全加器可以允许接收进位输入。之后的每个全加器 FAi 将该位的进位 c_i 与该位的输入 a_i 和 b_i 相加以产生该和 s_i，以及进位到下 1 位的进位输出 c_{i+1}。

对于大多数应用，当用 VHDL 描述加法器时更多的是采用行为级描述，如图 10-7 所示。在声明输入和输出之后，这里实际上的描述是在单行内使用"+"运算符将单位的 cin 和 n 位的输入 a 和 b 相加。而将 cout 和 s 连接之后的结果作为最后输出。

```
-- multi-bit adder - behavioral
library ieee;
use ieee.std_logic_1164.all;
use ieee.std_logic_unsigned.all;

entity Adder is
  generic( n: integer := 8 );
  port( a, b : in std_logic_vector(n-1 downto 0);
        cin: in std_logic;
        cout: out std_logic;
        s: out std_logic_vector(n-1 downto 0));
end Adder;

architecture impl of Adder is
  signal sum: std_logic_vector(n downto 0);
begin
  sum <= ('0' & a) + ('0' & b) + cin;
  cout <= sum(n);
  s <= sum(n-1 downto 0);
end impl;
```

图 10-7　多位加法器的行为级 VHDL 描述。该描述使用 std_logic_unsigned 中"+"的定义来描述加法

正如此例所示，现代综合工具在行为级描述方面已表现十分出色，并能生成非常高效的逻辑网表。实际上，现在许多综合工具都自带有各种优化的算术单元库，因此很少有必要如此详细地描述一个加法器。

作为一种说明，加法器另一种 VHDL 描述如图 10-8 所示。该设计实体根据"与"，"或"和"异或"等操作来描述纹波进位加法器的逐位相加逻辑。该描述定义了 n 位传播变量和产生变量，然后使用它们来计算进位。进位的定义使用了连接符，以及子字段规范，使得进位 c 的第 i 位是第 $i-1$ 位的函数。这并不是循环定义。

```
-- multi-bit adder - bit-by-bit logical
architecture ripple_carry_impl of Adder is
  signal p, g: std_logic_vector(n-1 downto 0);
  signal c: std_logic_vector(n downto 0);
begin
  p <= a xor b; -- propagate
  g <= a and b; -- generate
  c <= (g or (p and c(n-1 downto 0))) & cin; -- carry = g or (p and c)
  s <= p xor c(n-1 downto 0); -- sum
  cout <= c(n);
end ripple_carry_impl;
```

图 10-8　纹波进位加法器逐位逻辑 VHDL 描述

虽然该描述对于阐释加法器的逻辑定义很有用，但生成的逻辑网表效率却低于图 10-7 所示的行为级描述。这是因为综合工具可能无法将其识别为一个加法器，因此就不执行特殊的加法器综合。相反，当使用"＋"运算符时，毫无疑问，它所描述的电路是一个加法器电路。另一方面，逻辑描述也难以阅读和维护。没有设计实体名称，信号名称和注释，读者可能会花一段时间来研究该设计实体以辨别其功能。相比之下，使用"＋"运算符，读者（或综合工具）很容易就能明白是什么意思。

n 位加法器（见图 10-6～图 10-8）接收两个 n 位输入并产生 $n+1$ 位的输出。这确保有足够的位宽来表示可能出现的最大和。例如，使用一个 3 位加法器，将二进制数 111 和 111 相加，得到一个 4 位结果 1110。然而，在许多应用中，我们需要一个 n 位输出。例如，我们可能希望将输出用作随后的输入。在这种情况下，必须要丢弃进位只保留 n 位和。特别地，当把输出限制在 n 位，但计算得到的是一个很大而不能被表示为 n 位的输出时，就会出现溢出问题。

溢出通常对应一种错误情况。我们可以很容易地检测到，当进位输出为 1 时，就发生了溢出。大多数加法器在溢出情况下执行模运算，即计算 $a+b\pmod{2^n}$。例如，对于一个 3 位加法器，$111+010=001\pmod{8_{10}}$。在练习 10.20 中将考察一个饱和加法器，它在溢出情况下采取不同的方法来产生输出。

10.3　负数和减法

对于 n 位二进制数，使用式（10-2）只能表示出最大值为 2^n-1 的非负整数。通常把所说的二进制正整数称为无符号数（因为它们不带＋或－符号）。在本节，我们将看到如何使用二进制数来表示正整数和负整数，通常称为有符号数。表示有符号数，我们主要有三种选择：基 2 补码表示，1 的反码表示和符号数值表示。

概念上最简单的系统是符号数值表示法。只需向数字中添加一个符号位 s 就可以表示有符号数，如果 $s=0$ 表示正数，$s=1$ 则表示负数。按照惯例，我们将符号位放在最左边（MSB）的位置。现在考虑数字 $+23_{10}$ 和 -23_{10} 的有符号表示。在符号数值表示中，$+23_{10}=$

010111_2 和$-23_{10}=110111_{2\mathrm{SM}}$。这两个数之间唯一变化是有着不同的符号位。因此数值函数表示为：

$$v = -1^s \times \sum_{i=0}^{n-1} a_i 2^i \tag{10-8}$$

为了求 1 的反码表示的数的负数，我们对数的所有位求反。所以，为了对示例数$+23_{10}=$ 010111_2 求反，我们得到$-23_{10}=101000_{2\mathrm{OC}}$。数值函数为：

$$v = -a_{n-1}(2^{n-1}-1) + \sum_{i=0}^{n-2} a_i 2^i \tag{10-9}$$

此处的符号位 a_{n-1} 是有权重的，它的实际权重是$-(2^{n-1}-1)$，这是一个全 1 的二进制数表示，因此将这种表示方法称为 1 的反码表示。

最后，为了求一个基 2 补码表示的数的负数，我们对数的所有位求反，然后在最低位加 1。同样的例子，$+23_{10}=010111_2$，而$-23_{10}=1010001_2$，此时数值函数为：

$$v = -a_{n-1}2^{n-1} + \sum_{i=0}^{n-2} a_i 2^i \tag{10-10}$$

相比于 1 的反码表示，符号位的权重减小了 1，变为-2^{n-1}。

那么应该在给定的系统中使用这三种格式中的哪一种呢？答案取决于系统。然而，绝大多数数字系统都采用基 2 补码表示，因为它简化了加法和减法运算。做二进制加法时可以将正数或负数的补码直接相加，并得到正确的答案。这在符号数值表示或 1 的反码表示系统中并非如此。

例如，考虑运算$(+4)+(-3)=+1$用 4 位二进制有符号数表示。以下三种数字系统给出了这一计算的输入和输出。基 2 补码系统所做的运算是$+4(0100)+(-3)(1101)=$ $+1(10001)$，忽略最高位进位就能得到正确答案，以下例子大多都会涉及进位和溢出的问题。相反，单纯地将$+4$和-3的 1 的反码表示相加得到的是$10000^{\ominus}$，单纯地将$+4$和-3的符号数值表示相加得到的是$1111^{\ominus}$，这里给出所有输入和输出：

	基 2 补码	1 的反码	符号数值
$+4$	0100	0100	0100
-3	1101	1100	1011
$+1$	0001	0001	0001

为了搞清楚为什么基 2 补码表示让负数加法变得容易，有必要认真考察一下我们是如何表示一个基 2 补码整数的，即按位求反加 1。将 x 按位求反后得到值为 2^n-1-x（对 4 位二进制整数是 $15-x$）；例如，$15-3=12$，用二进制表示是 1100，这也是 3 的 1 的反码表示。而 x 的补码表示实际上是 2^n-x，对 4 位二进制整数来说是 $16-x$；例如，$16-3=$ 13，二进制表示为 1101，这也是 3 的补码。由于所有加法都是在模 2^n 下进行的，2^n-x $(\mathrm{mod}2^n)$ 和 $-x(\mathrm{mod}2^n)$ 相等，所以我们得到结果是正确的。再回到我们的例子，有：

$$\begin{aligned} 4-3 &= 4+(16-3) \quad (\mathrm{mod}\ 16) \\ &= 17 \quad (\mathrm{mod}\ 16) \\ &= 1 \end{aligned} \tag{10-11}$$

当我们将 1 的反码和基 2 补码算法可视化地表示在一个轮上，会对理解它们有所帮助，如图 10-9 所示。这里表示从 0000（12 点钟位置）到 1111 的 4 位二进制数，以顺时针方向围绕一个圆周递增。图 10-9a、b、c 所示的分别使用基 2 补码表示，1 的反码表示和符号数值表示来表示这些数。

⊖　在练习 10.33 中，我们将看到一个 1 的反码加法器如何通过使用循环进位来搭建。

⊖　符号数值的负数加法通常首先转化为 1 的反码或基 2 补码。

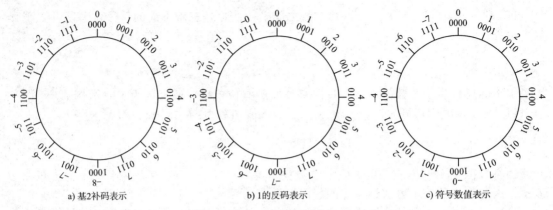

a) 基2补码表示　　　　　b) 1的反码表示　　　　　c) 符号数值表示

图 10-9 三种负数编码方式的数轮表示

从图 10-9 显而易见的是，1 的反码表示和符号数值表示针对 0 都没有唯一的表示。例如，在 1 的反码表示中，0000 和 1111 都表示 0，这使得在做数值比较时变得困难。等式比较器(见 8.6 节)本身不能确定两个 1 的反码或符号数值表示的数是否相等，因为可能出现其中一个是＋0 而另一个等于－0 的情况。

更重要的是，该轮让我们直观地看到模数运算的效果。－x 与某个数相加与将该数沿圆周顺时针移动 $16-x$ 步等效，与在圆周上逆时针移动 x 步的结果也完全相同。例如，－3 相当于顺时针移动 13 步或逆时针方向移动 3 步，所以将－3 加到－5 至＋7 之间的任何值都会得到正确的结果。将－3 加到－6 至－8 之间的值会导致溢出，因为我们无法表示小于－8 的结果。

我们如何在做基 2 补码加法时候检测溢出呢？从上面我们看到，可以通过模数运算产生一个进位，并得到正确答案。并且还可以得到超出范围的结果。例如，当做加法－3＋(－6)或者＋4＋4 时会发生什么？

我们得到的结果分别是＋7 和－8，而这两个结果都是不正确的。我们如何检测到这种情况并表示溢出呢？

这里要注意的关键是符号发生了变化。我们可以随意地将一个正数与负数相加(反之亦然)，并得到范围内的结果。只有当我们将相同符号的两个数相加并得到相反符号的结果时，才会发生溢出。因此，我们可以通过比较输入和输出的符号来检测溢出[⊖]。

现在做负数加法，我们可以建立一个减法电路。减法器输入为两个基 2 补码数 a 和 b，输出 $q=a-b$。图 10-10 给出了加/减法电路。在加法模式下，输入 sub 为低电平，所以输入 b 通过"异或"门不变，加法器产生输出 $a+b$。当输入 sub 为高电平时，输入 b 通过"异或"门被求反，加法器进位输入也为高电平，因此加法器产生结果：$a+\bar{b}+1=a-b$。

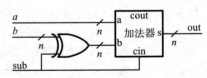

图 10-10 一个基 2 补码加/减法单元

图 10-11 显示了如何用三个门扩展加/减法电路以检测溢出。第一个"异或"门检测两个输入符号是否不同(sid)；第二个"异或"门确定输入符号是否不同于输出符号(siod)。"与"门检查两个输入符号是否相同(sid＝0)并且不同于输出符号(siod＝1)。如果是这样，则发生溢出。

我们可以将溢出检测简化为单个"异或"门，如图 10-12 所示。这种简化是基于对符号位的进位输入和进位输出的考察。表 10-3 列举了输入为正，异号/或为负，进位 0 或 1 的

⊖ 我们将在接下来看到，可以通过比较最后一位的进位输入和进位输出来完成相同的功能。

六种情况。当输入符号不同($p=1$,$g=0$)时,符号位的进位输入将传播。因此,在这种情况下,进位的输入和输出是相同的。当输入均为正($p=0$,$g=0$)时,符号位有进位输入,则会导致溢出,并且进位不会传播。最后,如果输入都为负($g=1$),除非符号位有进位输入,否则将发生溢出。因此,我们认为当且仅当符号位的进位输入(cis)和进位输出(cos)不同时,发生溢出。

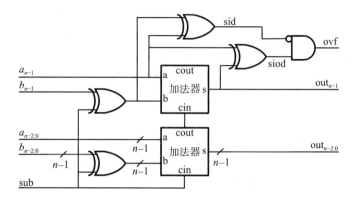

图 10-11 基于符号位比较的具有溢出检测的基 2 补码加/减法单元

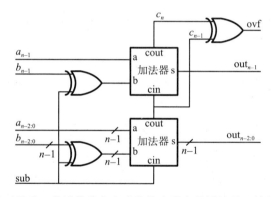

图 10-12 基于最后 1 位进位输入和进位输出溢出检测的基 2 补码加/减法单元

表 10-3 加法器的输入和符号位的进位输入情况,用于检测溢出。表中各列显示了 a 和 b 的符号位(as 和 bs),符号位的进位输入和进位输出(cis 和 cos),以及输出符号位。只有当符号位的进位输入和进位输出不同时才会发生溢出

as	bs	cis	qs	cos	ovf	备 注
0	0	0	0	0	0	输入都为负,进位输入为 1,无溢出
0	0	1	1	0	1	输入都为负,进位输入为 0,溢出
0	1	0	1	0	0	输入不同,进位输入为 1,无溢出
0	1	1	0	1	0	输入不同,进位输入为 0,无溢出
1	1	0	0	1	1	输入都为正,进位输入为 1,溢出
1	1	1	1	1	0	输入都为正,进位输入为 0,无溢出

加/减单元的 VHDL 代码如图 10-13 所示。该代码实例化了 1 位加法器来做符号位加法,以及 $n-1$ 位加法器来做剩余位的加法。输入 b 与输入 sub 的"异或"操作在每个加法器的参数列表里执行。

另一种 VHDL 实现如图 10-14 所示。此代码使用"+"运算符的赋值语句代替实例化预定义的加法器。在做加法之前,它仍然对输入 b 执行直接"异或"操作。

```
-- add a+b or subtract a-b, check for overflow
library ieee;
use ieee.std_logic_1164.all;
use ieee.std_logic_unsigned.all;
use work.ch10.all;

entity AddSub is
  generic( n: integer := 8 );
  port( a, b: in std_logic_vector(n-1 downto 0);
        sub: in std_logic; -- subtract if sub=1, otherwise add
        s: out std_logic_vector(n-1 downto 0);
        ovf: out std_logic ); -- 1 if overflow
end AddSub;

architecture structural_impl of AddSub is
  signal c1, c2: std_logic; -- carry out of last two bits
begin
  ovf <= c1 xor c2; -- overflow if signs don't match

  -- add non sign bits
  Ai: Adder generic map(n-1)
        port map(a(n-2 downto 0),b(n-2 downto 0) xor (n-2 downto 0 => sub),sub,c1,
            s(n-2 downto 0));
  -- add sign bits
  As: Adder generic map(1)
        port map(a(n-1 downto n-1), b(n-1 downto n-1) xor (0 downto 0 => sub),c1,c2,
            s(n-1 downto n-1));
end structural_impl;
```

图 10-13   具有溢出检测功能的加/减法单元结构化 VHDL 代码。该实现方案实例化了加法器

```
-- add a+b or subtract a-b, check for overflow
architecture behavioral_impl of AddSub is
  signal c1, c2: std_logic; -- carry out of last two bits
  signal c1n: std_logic_vector(n-1 downto 0);
  signal c2s: std_logic_vector(1 downto 0);
begin
  -- overflow if signs don't match
  ovf <= c1 xor c2;
  -- add non-sign bits
  c1n <= ('0'&a(n-2 downto 0)) + ('0'&(b(n-2 downto 0)xor(n-2 downto 0=>sub))) + sub;
  s(n-2 downto 0) <= c1n(n-2 downto 0);
  c1 <= c1n(n-1);
  -- add sign bits
  c2s <= ('0'&a(n-1)) + ('0'&(b(n-1) xor sub)) + c1;
  s(n-1) <= c2s(0);
  c2 <= c2s(1);
end behavioral_impl;
```

图 10-14   具有溢出检测功能的加/减单元的行为 VHDL 描述。此实现使用"＋"运算符执行基
          2 补码加法。实体声明与图 10-13 所示相同

也许有人会试图避免直接"异或"，而是使用以下语句来描述一个加/减法单元（忽略进
位输出和溢出）：

```
process(a,b,sub) begin
  if sub then
    s <= a - b;
  else
    s <= a + b;
  end if;
end process;
```

不要这样做。几乎所有的综合工具都将为此代码生成两个独立的加法器，一个用于执行"+"，另一个执行"-"。虽然这段代码很清楚且易于阅读，但是它的综合效果并不好，它产生了 2 倍的可替代逻辑。

一旦有了减法器，在输出端外加一个零，检测器就可以得到一个比较器。我们做减法 $s=a-b$，那么如果 $s=0$，则 $a=b$，如果 s 的符号位为 1，则有 $(a-b)<0$，因此 $a<b$。

当两个长度不同的基 2 补码有符号数做加法时，必须先对较短的数做符号位的扩展。要求是，具有负权重的符号位必须对齐到相同位置。如果未经符号位扩展，则较短数字的负权重位符号位将会被错误地加到较长数字的正权重位。例如，如果我们将一个 4 位表示的数 $1010(-6_{10})$ 与一个 6 位表示的数 $001000(+8_{10})$ 相加，得到结果是 $010010=18_{10}$，这是因为 1010 被错误翻译成了 $001010_2=10_{10}$。

通过复制符号位到左侧的新位，就可以扩展基 2 补码数的符号位。例如，将 1010 扩展到 6 位就是 111010。现在所做加法变成 $001000+111010=000010=2_{10}$，这是正确结果。

在硬件中，符号扩展不需要额外的门，只需要重复连接到符号位就可以实现。在 VHDL 中使用连接运算符很容易表达。例如，如果 a 是 n 位，b 是 $m<n$ 位，我们通过写入以下代码将 b 扩展到 n 位：

```
...
generic( n: integer := 6;  m: integer := 4 );

signal a: std_logic_vector(n-1 downto 0);
signal b: std_logic_vector(m-1 downto 0);

... (n-m downto 0 => b(m-1)) & b(m-2 downto 0) ... -- sign extend b to n bits
```

当对一个基 2 补码有符号数进行移位操作时，重要的是当数右移时符号位能够被复制，左移时能够检测溢出。结果的符号位与输入的符号位不同，就会发生左移溢出。将一个 n 位基 2 补码数 b 正确右移 3 个位置，我们可以写出：

```
use ieee.numeric_std.all;
...
signal b: signed(n-1 downto 0);
...
shift_right(b,3)
```

将 b 右移一个可变量 s，$0 \leqslant s \leqslant m$，我们可以写出：

```
use ieee.numeric_std.all;
...
signal b: signed(n-1 downto 0);
...
shift_right(b,to_integer(unsigned(s)));
```

例 10.3　负数

将有符号数 -82 转化成符号数值表示，1 的反码表示，以及基 2 补码表示的 8 位二进制数。

我们注意到，82用二进制表示是1010010_2，要转换成符号数值表示格式，我们只需要将符号"1"附加到数的开头位置：11010010。通过对正数（01010010）的所有位求反得到1的反码表示形式：10101101。最后，由1的反码表示加1得到基2补码表示：10101110。

例 10.4 减法

基2补码表示下做减法：$72_{10} - 82_{10}$

首先必须先将72和-82转化成基2补码的二进制表示：01001000和10101110（见例10.3）。接下来做加法：

$$
\begin{array}{ll}
c & 00010000 \\
  & 01001000 \\
+ & \underline{10101110} \\
s & 11110110
\end{array}
$$

最终，通过验证得到11110110_2确实等于-10_{10}。

10.4 乘法器

我们采用与十进制乘法相同的方式做二进制乘法：乘数，移位和加法。1位二进制乘法比十进制乘法更简单，因为只有四种情况需要考虑：$0 \times 0 = 0$，$1 \times 0 = 0$，$0 \times 1 = 0$，$1 \times 1 = 1$。因此，两个1位数相乘可以通过"与"门来实现。将一个多位二进制数n与1位二进制数b相乘只会得到两种结果：如果$b = 1$，则$n \times b = n$，如果$b = 0$，则$n \times b = 0$。要将两个多位数相乘，我们引进移位操作。将一个二进制数左移1位等同于将这个数乘以2。例如，数$101_2 = 5_{10}$，如果将该数左移1位，得到$1010_2 = 10_{10}$，继续左移一位得到$10100_2 = 20_{10}$，以此类推。

为了将两个无符号二进制数$a_{n-1}, \cdots, a_0$以及$b_{n-1}, \cdots, b_0$相乘，将被乘数a对应乘数b中等于1的位置移位后的副本相加。也就是说，我们通过计算$b_0 a + b_1 (a << 1) + \cdots + b_{n-1}(a << (n-1))$。

例如，做乘法$a = 101_2 \times 110_2$（$5_{10} \times 6_{10}$），该过程为：

$$
\begin{array}{r}
1\ 0\ 1 \\
\times\ 1\ 1\ 0 \\
\hline
0\ 0\ 0 \\
1\ 0\ 1 \\
1\ 0\ 1 \\
\hline
1\ 1\ 1\ 1\ 0
\end{array}
$$

此处$b_0 = 0$，因此全零行处于未经移位的位置。我们将经过左移1位后的101（$b_1 = 1$）和左移2位后的101（$b_2 = 1$）相加。将这三个部分积相加得到的结果为$11110 = 30_{10}$。

对两个4位无符号二进制数进行乘法运算的电路如图10-15所示。16个"与"门阵列形成四个4位部分积。第一行的四个"与"门得到部分积$b_0 a$。第二行形成$b_1 a$并左移1位，之后以此类推。然后，12个全加器阵列通过对部分积列求和以产生最终8位乘积$p_7 \cdots p_0$，由$b_0 \wedge a_0$形成的部分积pp_{00}是唯一的权重为1的部分积，因此它直接产生p_0。部分积pp_{01}和pp_{10}权重均为2，并由全加器相加得到p_1。通过将pp_{02}、pp_{11}和pp_{20}与权重为1的加法器的进位一起求和来计算乘积位p_2。剩余的位以类似的方式计算，通过将本列中的部分积与前一列产生的进位相加得到。

请注意，列中的所有部分积的指数相加都等于该列的权重：例如，02、11和20都与该列权重2相对应，这是因为部分积的权重等于产生部分积的输入位的指数的总和。为了搞清楚这一点，考虑乘法可以表示为：

$$
p = \sum_{i=0}^{n-1} \sum_{j=0}^{n-1} (a_i \wedge b_j) \times 2^{i+j} \tag{10-12}
$$

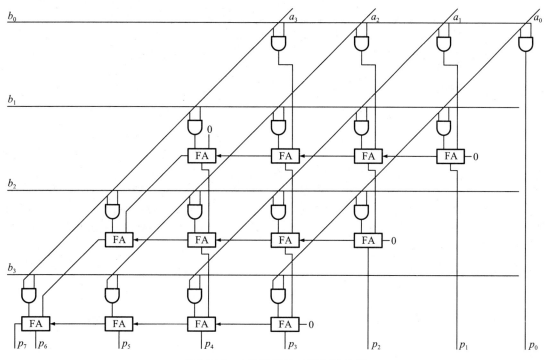

图 10-15　4 位无符号二进制乘法器

　　4 位乘法器的 VHDL 代码如图 10-16 所示。四个赋值语句产生了部分积 pp0 到 pp3，每个部分积都是一个 4 位向量。然后实例化三个 4 位加法器，以将这些部分积相加。这些加法器的第二个输入是前级加法器输出的高 3 位与 0（针对第一个加法器）或者前级加法器的进位输出的连接。

```
-- 4-bit multiplier
library ieee;
use ieee.std_logic_1164.all;
use work.ch10.all;

entity Mul4 is
  port( a, b: in std_logic_vector(3 downto 0);
        p: out std_logic_vector(7 downto 0) );
end Mul4;

architecture impl of Mul4 is
  signal pp0, pp1, pp2, pp3, s1, s2, s3: std_logic_vector(3 downto 0);
  signal cout1, cout2, cout3: std_logic;
begin
  -- form partial products
  pp0 <= a and (3 downto 0=>b(0));
  pp1 <= a and (3 downto 0=>b(1));
  pp2 <= a and (3 downto 0=>b(2));
  pp3 <= a and (3 downto 0=>b(3));

  -- sum up partial products
  A1: Adder generic map(4) port map(pp1, '0' & pp0(3 downto 1),'0',cout1,s1);
```

图 10-16　一个 4 位无符号数乘法器的 VHDL 代码

```
A2: Adder generic map(4) port map(pp2,cout1 & s1(3 downto 1),'0',cout2,s2);
A3: Adder generic map(4) port map(pp3,cout2 & s2(3 downto 1),'0',cout3,s3);

-- collect the result
p <= cout3 & s3 & s2(0) & s1(0) & pp0(0);
end impl;
```

图 10-16 （续）

图 10-15 和图 10-16 所示的乘法器都是针对无符号数的乘法而设计的。当它的输入 a 变成以基 2 补码表示的有符号数时，该计算就不能给出正确的结果，因为部分积在进行加法运算之前没有经过符号位扩展至全位宽。此外，在 b 输入为基 2 补码负数时也不能产生正确的结果。这是因为 b_3 上的乘法计数被加权为 8 而不是 −8。我们将修改乘法器的结构以处理基 2 补码数乘法作为练习（练习 10.50）。此外，使用 Booth 重编码（参见 12.2 节）会产生一个本身就能处理有符号数乘法的乘法器。

例 10.5 二进制乘法

做十六进制无符号数 E_{16} 和 D_{16} 的乘法。

乘法运算最终结果是 $B6_{16}$，具体过程如下：

```
          1 1 1 0
     ×    1 1 0 1
          1 1 1 0
        0 0 0 0
      1 1 1 0
    1 1 1 0
  1 0 1 1 0 1 1 0
```

10.5 除法

截至目前我们已经知道了如何用二进制形式表示有符号和无符号整数，以及如何对这些数进行加法、减法和乘法运算。要构建一个包括完整四则运算的计算器，我们还需要学习如何对二进制数做除法运算。

与十进制除法类似，我们通过移位，比较和减法来做二进制除法。给定一个 b 位的除数 x 和一个 c 位的被除数 y，得到一个 c 位的商，满足 $q = \lfloor y/x \rfloor$，同时计算一个 b 位的余数 r，满足 $r = y - qx = y \pmod x$。商 q 的输出长度必须与被除数 c 保持一致，以正确处理当 $x = 1$ 时的情况。

我们在做除法运算时每次只处理一个位，从左（MSB）到右依次得到 q。从比较 $x'_{2b-1} = 2^{2b-1}x = x \ll (2b-1)$ 与 $r'_{2b-1} = y$ 开始，我们让 $q_{2b-1} = x'_{2b-1} \leqslant r'_{2b-1}$，然后计算当前的余数 $r'_{2b-2} = r'_{2b-1} - q_{2b-1}x'_{2b-1}$ 以及移位之后的除数 $x'_{2b-2} = 2^{2b-2}x = x'_{2b-1} \gg 1$，以准备下一次迭代运算。对每 1 位 i 我们重复比较，计算 $q_i = x'_i \leqslant r'_i$，然后计算 $r'_{i-1} = r'_i - q_i x'_i$ 以及 $x'_{i-1} = x'_i \gg 1$。

例如，考虑除法 $132_{10} = 10000100_2$ 除以 $11_{10} = 1011_2$，计算过程如下：

```
               1 1 0 0
    1 0 1 1 | 1 0 0 0 0 1 0 0      y
            − 1 0 1 1 0 0 0        x'₃
              1 0 1 1 0 0          r'₂
            − 1 0 1 1 0 0          x'₂
                        0
```

　　对于前四轮迭代来说，$i=7$，…，4（图中未示出），$x'_i > y$，因此没有进行减法操作。最终，在第 5 轮迭代中，$i=3$，有 $x'_3 = 1011000 < r'_3 = y$，因此让 $q_3 = 1$ 并同时做减法，计算 $r'_2 = y - x'_3 = 101100$。将 x'_3 右移 1 位得到 $x'_2 = 101100$，这两个数相等因此 $q_2 = 1$。减法结果给出 $r'_1 = 0$，因此 y 随后的几位都等于 0。

　　一个 6 位数除以 3 位数的除法器如图 10-17 所示。该电路有几乎相同的 6 级结构。其中第 i 级通过将经过正确移位操作后的输入 x'_i 与前一级所剩余数 r'_i 进行比较以产生 q_i。第 i 级的余数 r'_{i-1} 由一个减法器和一个多路复用器产生。减法器从前一级余数中减去经过移位后的输入，如果 $q_i = 1$，多路复用器选择减法后的结果 $r'_i - x'_i$ 作为新的余数。反之如果 $q_i = 0$，余数保持不变。第 0 级产生商的 LSB 为 q_0，以及最终的余数为 r。

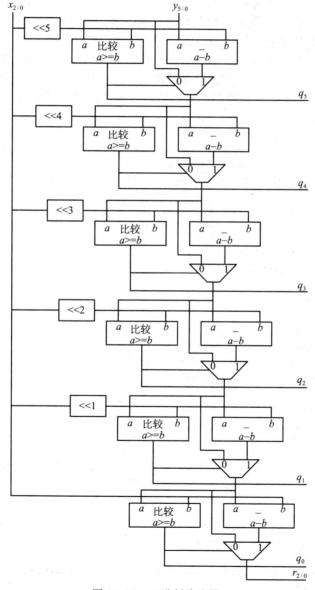

图 10-17　二进制除法器

　　除法器在门数方面是相当昂贵的，但也不像图 10-17 所示的那么昂贵。为了清楚起见，该图给出了六个减法器和六个比较器。实际上，减法器可以用作比较器，减法器的进位输出可以用作商位。如果减法器的进位输出是 1，那么必然有 $a \geqslant b$。通过这种优化，电路可以用六个减法器和六个多路复用器实现。

可以通过减小减法器的位宽来做进一步优化。第一个减法器可以是 1 位的。为了说明这一点，请注意对于 $x \ll 5$，其低 5 位中有零。因此，结果的低 5 位将等于 y 的低 5 位，$y_{4:0}$，然而我们不需要减去这些位。另请注意，如果 x 在其 LSB 以外的任何 1 位中有任何非零位，则可以保证 $(x \ll 5) > y$，减法的结果是不需要的。因此，不需要将 x 的高位送到减法器。然而，我们需要检查 x 的高位是否非零，作为计算商 q_5 的 MSB 的一部分。如果 x 的高位非零，则 $(x \ll 5) > y$，并且 $q_5 = 0$。通过这些观察，我们发现第一个减法器只需要从 y 的 MSB 中减去 x 的 LSB，因此 1 位减法器就足够了。类似地，我们可以使用 2 位减法器来计算 q_4，3 位减法器来计算 q_3，以及用 4 位减法器计算 q_2。q_1 和 q_0 也可以使用 4 位减法器来计算。q_1 级的余数长度要保证不超过 5 位，而 q_0 级中的余数最多为 4 位。因此，可以省略这些减法器的高位。

6 位-3 位除法器的 VHDL 代码如图 10-18 所示。此代码使用减法器来代替比较器，并优化每一级减法器的位宽。每个减法器通过使用 Adder 组件（见图 10-7）实现，第二个输入求反，进位置 1。每个多路复用器都使用赋值语句和操作符 "?:" 来实现。

```
-- Six-bit by three-bit divider
--   At each stage we use an adder to both subtract and compare.
--   The adders start 1 bit wide and grow to 4 bits wide.
--   We check the bits of x to the left of the adder as part of
--   the comparison.
--   Starting with the fourth iteration (that computes q[2]) we
--   drop a bit of the remainder each iteration.  It is guaranteed
--   to be zero.
library ieee;
use ieee.std_logic_1164.all;
use work.ch10.all;

entity Divide is
  port( y: in std_logic_vector( 5 downto 0 ); -- dividend
        x: in std_logic_vector( 2 downto 0 ); -- divisor
        q: buffer std_logic_vector( 5 downto 0 ); -- quotient
        r: out std_logic_vector( 2 downto 0 ) ); -- remainder
end Divide;
architecture impl of Divide is
  signal co5, co4, co3, co2, co1, co0: std_logic;  -- carry out of adders
  signal sum5: std_logic_vector(0 downto 0); -- sum out of adder - stage 1
  signal sum4: std_logic_vector(1 downto 0); -- sum out of adder - stage 2
  signal sum3: std_logic_vector(2 downto 0); -- sum out of adder - stage 3
  signal sum2, sum1, sum0: std_logic_vector(3 downto 0); -- sum out of adder -
      stage 4, 5, 6
  signal r4, r3, r2: std_logic_vector(5 downto 0);
  signal r1: std_logic_vector(4 downto 0);
  signal r0: std_logic_vector(3 downto 0);
begin
  SUB5: Adder generic map(1) port map(y(5 downto 5),not x(0 downto 0),'1',co5,sum5);
  q(5) <= co5 and not (x(2) or x(1)); -- if x<<5 bigger than y, q(5) is 0
  r4 <= (sum5 & y(4 downto 0)) when q(5) else y;
```

图 10-18　一个 6 位-3 位除法器的 VHDL 代码

```
SUB4: Adder generic map(2) port map(r4(5 downto 4),not x(1 downto 0),'1',co4,sum4);
q(4) <= co4 and not x(2); -- compare
r3 <= (sum4 & r4(3 downto 0)) when q(4) else r4;

SUB3: Adder generic map(3) port map(r3(5 downto 3),not x(2 downto 0),'1',co3,sum3);
q(3) <= co3; -- compare
r2 <= (sum3 & r3(2 downto 0)) when q(3) else r3;

SUB2: Adder generic map(4) port map(r2(5 downto 2),'1' & not x,'1',co2,sum2);
q(2) <= co2; -- compare
r1 <= (sum2(2 downto 0) & r2(1 downto 0)) when q(2) else r2(4 downto 0); -- msb is zero,
        drop it

SUB1: Adder generic map(4) port map(r1(4 downto 1),'1' & not x,'1',co1,sum1);
q(1) <= co1; -- compare
r0 <= (sum1(2 downto 0) & r1(0)) when q(1) else r1(3 downto 0); -- msb is zero, drop it

SUB0: Adder generic map(4) port map(r0(3 downto 0),'1' & not x,'1',co0,sum0);
q(0) <= co0; -- compare
r <= sum0(2 downto 0) when q(0) else r0(2 downto 0); -- msb is zero, drop it
end impl;
```

图 10-18 （续）

对第一级来说，输入 x 的高 2 位作为比较的一部分进行检查，在第二级检查 x 的 MSB。VHDL 代码的其余部分直接来自原理图。

除了消耗大量的面积外，除法器工作速度也很慢。这是因为必须完成每一级中的减法才能确定多路复用器选择信号，因此才能开始计算做下一级减法之前的中间余数。因此，必须执行长度为 $b+1$（在第一个 b 级之后）的 c 次减法运算，使用纹波进位加法器的 $c-b$ 位除法器的延时与 $c \times b$ 成比例。这与乘法器相反，乘法器中的部分积可以并行求和。

例 10.6 除法

做除法 $EA_{16} \div 12_{16}$。

最终计算结果为 D_{16}，计算过程如下：

```
            00001101
      10010|11101010
           -10010000
            ─────────
            1011010
           -1001000
            ─────────
            10010
           -10010
            ─────────
                0
```

总结

本章主要介绍如何使用组合逻辑电路实现算数运算，学习了如何表示正数和负数，以及在典型的计算器中如何做整数的四则运算，包括加、减、乘和除法。

我们用加权表示法对多位数进行表示，其中最右侧位（最低有效位或 LSB）权重是 1，其余位权重是其右相邻位权重的 2 倍。换句话说，当前位 i 如果等于 1，那么它代表的值就是 2^i。

我们用基 2 补码表示负数，其中最左侧位（最高有效位或 MSB）的权重为负。在有符号数中，把该位称为符号位。符号位为 0 表示正数，为 1 表示负数。在基 2 补码表示中，负数的补码等于正数按位求反（1 的反码表示）再加 1。当对有符号数进行操作时，经常必须对它们进行符号位扩展，可以通过复制符号位来进行符号位的扩展，以便所有操作数保持位置上的对齐。

使用这种加权二进制表示，我们可以一次 1 位地执行多位信号的加法，当 2 位之和产生进入下一位位置的输出时，执行进位操作。通过将 3 位权重相等的数求和的真值表转换为 2 位二进制输出，得到了全加器。多位加法由全加器的迭代电路执行。为了进行减法运算，必须将其中一个输入转换成基 2 补码表示，然后再进行加法运算。

当算术运算的结果太大而不能在给定输出信号位宽上表示时，会发生溢出。对于无符号加法，当存在最后一位的进位时，会检测到溢出。对于有符号加法，当两个输入具有相同符号然而输出具有相反的符号时，或等效地，当符号位的进位输入不同于符号位的进位输出时，就会发生溢出。一些系统使用饱和算法来限制由溢出引起的错误。

乘法和除法与十进制数完全相同。通过乘法，将一个输入的每一位与另一输入的每一位相乘（按位"与"），形成部分积的矩阵。每个部分积的权重等于原输入权重的乘积。也就是说，$pp_{ij} = a_i \wedge b_j$ 具有权重 2^{i+j}。加法器阵列用于对部分积求和，以给出最终答案。我们将在第 12 章看到如何更快地做到这一点。

二进制除法器通常采用长除法，从当前余数中减去经过移位后的除数作为新的余数，对于第一次迭代来说，余数就是被除数。

练习

10.1　十进制到二进制转换。Ⅰ. 将 817 从十进制转换到二进制表示。尽量使用最少的位数，并将最后结果用十六进制表示出来。

10.2　十进制到二进制转换。Ⅱ. 将 1492 从十进制转化到二进制表示。尽量使用最少的位数，并将最后结果用十六进制表示出来。

10.3　十进制到二进制转换。Ⅲ. 将 1963 从十进制转化到二进制表示。尽量使用最少的位数，并将最后结果用十六进制表示出来。

10.4　十进制到二进制转换。Ⅳ. 将 2012 从十进制转化到二进制表示。尽量使用最少的位数，并将最后结果用十六进制表示出来。

10.5　二进制到十进制转换。Ⅰ. 将 0011 0011 0001 从二进制转化到十进制表示。

10.6　二进制到十进制转换。Ⅱ. 将 0111 1111 从二进制转化到十进制表示。

10.7　二进制到十进制转换。Ⅲ. 将 0100 1100 1011 0010 1111 从二进制转化到十进制表示。

10.8　二进制到十进制转换。Ⅳ. 将 00010110 1101 从二进制转化到十进制表示。

10.9　十六进制到十进制转换。Ⅰ. 将 2C 从十六进制转化到十进制表示。并将最后结果用二-十进制编码（BCD）表示。

10.10　十六进制到十进制转换。Ⅱ. 将 BEEF 从十六进制转化到十进制表示。并将最后结果用二-十进制编码（BCD）表示。

10.11　十六进制到十进制转换。Ⅲ. 将 2015 从无符号十六进制转化到十进制表示。并将最后结果用二-十进制编码（BCD）表示。

10.12　十六进制到十进制转换。Ⅳ. 将 F00D 从无符号十六进制转化到十进制表示。并将最后结果用二-十进制编码（BCD）表示。

10.13　十六进制到十进制转换。Ⅴ. 将 DEED 从无符号十六进制转化到十进制表示。并将最后结果用二-十进制编码（BCD）表示。

10.14　二进制加法。Ⅰ. 将下列两个二进制数相加：

$$\begin{array}{r} 1010 \\ + \ 0111 \\ \hline \end{array}$$

10.15　二进制加法。Ⅱ. 将下列两个二进制数相加：

$$\begin{array}{r} 011\ 1010 \\ + \ 110\ 1011 \\ \hline \end{array}$$

10.16 二进制加法。Ⅲ. 将下列两个十六进制数相加:

$$2A$$
$$+\ 3C$$

10.17 二进制加法。Ⅳ. 将下列两个十六进制数相加:

$$BC$$
$$+\ AD$$

10.18 位计数电路设计。用全加器设计一个电路,接收一个 7 位输入,输出一个表示输入中 1 的个数的 3 位二进制数。

10.19 位计数电路实现。对练习 10.18 中的设计编写 VHDL 代码,通过仿真,验证其正确操作过程。

10.20 饱和加法器设计。在一些应用,特别是信号处理中,希望加法器饱和,在溢出状态下产生 2^{n-1} 的结果,而不是模运算之后结果。设计一个饱和加法器,可以使用 n 位加法器和 n 位多路复用器作为基本组件。

10.21 饱和加法器实现。对练习 10.20 中的设计编写 VHDL 代码,通过对一些具有代表性的情况进行仿真,验证功能正确性。编写的代码中应将加法器的位宽设置为参数。

10.22 向量加法器。设计一个具有一个 32 位加法器,两个 16 位加法器或者四个 8 位加法器功能的电路,并编写 VHDL 代码。电路中最多使用 32 个全加器。设计实体的输入分别为 a(31 **downto** 0), b(31 **downto** 0), add2x16 和 Add4x8,输出为 s(31 **downto** 0)。具体操作参考表 10-4 所示的,不必处理减法和溢出问题。

表 10-4 练习 10.22 中向量加法器输出模式

add2x16	add4x8	结　　果
0	0	s(31downto0)＝a(31downto0)＋ b(31downto0)
1	0	s(31downto16)＝a(31downto16)＋ b(31downto16)
		s(15downto0)＝a(15downto0)＋ b(15downto0)
0	1	s(31downto24)＝a(31downto24)＋ b(31downto24)
		...
		s(7downto0)＝a(7downto0)＋ b(7downto0)
1	1	s(31downto0)＝32sb"－"

不允许用 case 或 case? 语句来简单实现表 10-4 所示功能。

10.23 BCD 码加法设计。设计一个电路接收两个 3 位数(12 位)BCD 码数(式(10-6)),输出二者之和(用 BCD 表示)。

10.24 BCD 加法实现。对练习 10.23 中的设计编写 VHDL 代码,并编写测试平台验证操作。

10.25 负数。Ⅰ. 将＋17 分别用符号数值表示,1 的反码表示,基 2 补码表示法表示成 8 位二进制数。

10.26 负数。Ⅱ. 将－17 分别用符号数值表示,1 的反码表示,基 2 补码表示法表示成 8 位二进制数。

10.27 负数。Ⅲ. 将－31 分别用符号数值表示,1 的反码表示,基 2 补码表示法表示成 8 位二进制数。

10.28 负数。Ⅳ. 将－32 分别用符号数值表示,1 的反码表示,基 2 补码表示法表示成 8 位二进制数。

10.29 减法。Ⅰ. 做以下两个基 2 补码二进制数的减法:

$$0101$$
$$-\ 0110$$

10.30 减法。Ⅱ. 做以下两个基 2 补码二进制数的减法:

$$0101$$
$$-\ 1110$$

10.31 减法。Ⅲ. 做以下两个基 2 补码二进制数的减法:

$$1010$$
$$-\ 0010$$

10.32 减法。Ⅳ. 做以下两个基 2 补码二进制数的减法:

$$0101$$
$$-\ 0111$$

10.33 1 的反码加法器设计。为 1 的反码数设计一个加法器。(提示:首先将两个数正常相加,如果该第一个加法产生了进位,则需要递增结果给出正确结果。直接的解决方案需要一个加法器和一个增

量器，但都可以由单个加法器完成)

10.34 1的反码加法器实现。对练习 10.33 中的反码加法器编写 VHDL 代码，通过对一些具有代表性的情况进行仿真，验证功能正确性。

10.35 饱和基 2 补码加法器设计。在练习 10.20 中，我们看到了如何为正数建立饱和加法器。本次练习将扩展此设计，使其能够处理负数，在正向和负向都饱和。在正向溢出时，加法器将产生输出 $2^{n-2}-1$，负向上溢出时加法器产生输出 -2^{n-2}。

10.36 饱和基 2 补码加法器实现。对练习 10.35 中的基 2 补码饱和加法器编写 VHDL 代码，通过对一些具有代表性的情况进行仿真，验证功能正确性。

10.37 符号数值加法器设计。设计一个电路，接收输入两个符号数值表示的二进制数并输出二者之和，输出同样以符号数值表示。

10.38 符号数值加法器实现。对练习 10.37 中的符号数值加法器编写 VHDL 代码，通过对一些具有代表性的情况进行仿真，验证功能正确性。

10.39 非标准符号表示。考虑可以表示从−4 到 11 的一种 4 位表示。每一个负数由它正常的基 2 补码数表示，例如−4＝1100。相似地，每一个正数都由正常的二进制表示，例如 11＝1011。

(a)为这种表示画一个数轮(参见图 10-9)。

(b)画一个能够处理这些数的加法器，并检测溢出。

(c)解释如何求某个数的负数。

10.40 乘法器。Ⅰ. 将下列两个无符号二进制数相乘：

$$\begin{array}{r} 0101 \\ \times\ 0101 \end{array}$$

10.41 乘法器。Ⅱ. 将下列两个无符号二进制数相乘：

$$\begin{array}{r} 0110 \\ \times\ 0011 \end{array}$$

10.42 乘法器。Ⅲ. 将下列两个无符号二进制数相乘：

$$\begin{array}{r} 0101 \\ \times\ 0101 \end{array}$$

10.43 乘法器。Ⅳ. 将下列两个无符号十六进制数相乘：

$$\begin{array}{r} A \\ \times\ C \end{array}$$

10.44 倍五电路。使用加法器，组合构建块和门，设计一个接收 4 位基 2 补码二进制输入 $a(3\ \textbf{downto}\ 0)$ 的电路，并输出一个 7 位基 2 补码输出 $b(6\ \textbf{downto}\ 0)$，输出是输入值的 5 倍。不能使用乘法器，使用可能的最小加法器位数。

10.45 十五倍电路。使用加法器，组合构建块和门，设计一个接收 4 位基 2 补码二进制输入 $a(3\ \textbf{downto}\ 0)$ 的电路，并输出一个 8 位基 2 补码输出 $b(7\ \textbf{downto}\ 0)$，输出是输入值的 15 倍。不能使用乘法器，使用可能的最小加法器位数。

10.46 十六倍电路。设计一个接收 8 位基 2 补码二进制输入 $a(7\ \textbf{downto}\ 0)$ 的电路，并输出输入数值 16 倍的 12 位基 2 补码输出 $b(11\ \textbf{downto}\ 0)$。尽量少使用逻辑。

10.47 BCD 乘法器设计。设计一个接收两个 3 位数(12 位)BCD 数(见式(10-6))输入，并输出二者乘积的 BCD 码。

10.48 BCD 乘法器实现。为练习 10.47 中的 BCD 乘法器设计编写 VHDL 代码，并用测试平台对其进行功能验证。

10.49 电路设计。用加法器、组合逻辑构建块和门电路，设计一个接收四个输入 a、b、c 和 d，输出 $a-b+(c\times d)$。输入 a 是一个 4 位基 2 补码数，输入 b 是一个 4 位 1 的反码数，输入 c 是一个 2 位无符号数，输入 d 是一个 4 位无符号数。

10.50 基 2 补码乘法器设计。设计一个基 2 补码二进制数乘法器，考虑以下两个方案：

(a)对部分积进行符号扩展来处理输入 a 为负数的情况，如果 b 为负则采用一个"求反器"对最后一组部分积求负。

(b)将两个输入转换成符号数值表示，进行无符号数乘法，并将最后结果转换回基 2 补码表示。

比较这两种方法的成本和性能(延时)，选择成本最低的方法，并用基本组件(门、加法器等)完成设计。

10.51 基 2 补码乘法器实现。对练习 10.51 中的基 2 补码乘法器编写 VHDL 代码，通过对一些具有代表性的情况进行仿真，验证其功能正确性。

10.52　二进制除法。Ⅰ．对下列两个无符号二进制数做除法，给出具体求解过程：
$$101110_2 \div 101_2$$

10.53　二进制除法。Ⅱ．对下列两个无符号二进制数做除法，给出具体求解过程：
$$101110_2 \div 011_2$$

10.54　二进制除法。Ⅲ．对下列两个无符号十六进制数做除法，给出具体求解过程：
$$AE_{16} \div E_{16}$$

10.55　二进制除法。Ⅳ．对下列两个无符号十六进制数做除法，给出具体求解过程：
$$F7_{16} \div 6_{16}$$

10.56　除法器中减法器位宽。对以下每个组给定的除数和被除数位宽，决定除法器中每一级需要的减法器位宽：

(a)被除数 4 位，除数 4 位；

(b)被除数 6 位，除数 4 位；

(c)被除数 4 位，除数 3 位。

第11章
定点数和浮点数

在第 10 章中，我们介绍了计算机运算的基础：二进制整数加，减，乘，除运算。在本章，我们通过更详细地研究数的表示来继续探索计算机算术运算。通常整数不足以满足我们的需求。例如，假设希望表示在 0（真空）和 0.9 个大气压之间变化的压力，误差最大为 0.001 个大气压。或者当我们需要区分 0.899 和 0.9 时，整数就不够用了。对于这个问题，我们将介绍二进制小数点（类似于十进制小数点）的概念，并采用定点二进制数表示。

在某些情况下，我们需要表示具有很大动态范围的数据。例如，假设需要表示 1 ps（10^{-12} s）到一个世纪（约 3×10^9 s），精度为 1‰的时间范围。要使用定点数来覆盖此范围需要 72 位。然而，如果使用一个浮点数，允许二进制小数点的位置改变，则仅需用 13 位：其中，6 位用来表示数字，另外 7 位用来编码二进制小数点的位置。

11.1　误差的表示：准度、精度和分辨率

数字电子技术中，我们将一个数 x 表示成一个位串 b。在数字系统中使用了许多不同的数系统。数系统可以认为是两个函数 R 和 V。表示函数 R 将数 x 从一些数的集合（例如实数，整数等）映射成位串 b：$b = R(x)$。值函数 V 将由特定位串表示的数字（来自同一集合）返回值 $y = V(b)$。

考虑映射到某范围内的实数集或从某范围内实数集映射。对于给定的长度，可能的实数要比可能的位串多得多，所以许多实数必须映射到相同的位串上。因此，如果将一个实数用函数 R 映射到一个位串上，然后再用函数 V 映射回实数，我们几乎总是会得到与最开始的实数稍微不同的实数。也就是说，如果我们计算 $y = V(R(x))$，则 y 和 x 将有所不同。区别来源于表示错误。我们可以用绝对意义上的（例如，表示具有 2mm 的误差）或相对于数的大小的误差来表达（例如，该表示具有 3%的误差）。在点 x 用下列表达式来表示绝对误差：

$$e_a = |V(R(x)) - x| \tag{11-1}$$

以及相对误差：

$$e_r = \left| \frac{V(R(x)) - x}{x} \right| \tag{11-2}$$

数的表示质量由其准度和精度表示⊖，即其输入范围 X 上最大误差。绝对准度为：

$$a_a = \max_{x \in X} |V(R(x)) - x| \tag{11-3}$$

以及相对准度为：

$$a_r = \max_{x \in X} \left| \frac{V(R(x)) - x}{x} \right| \tag{11-4}$$

自然地，在 $x = 0$ 附近没有定义相对精度。当我们想要以给定的相对精度经济地表示数时，通常都使用浮点数。当要以给定的绝对精度经济地表示数时，使用定点数将更有效率。我们将在之后部分中描述这两个表示。

有时，人们会考虑数系统中使用的位数，也即其长度（精度常常被误用为长度，例如说某系统具有 32 位精度）。在其他时候，人们关心可以被某数系统识别的最小差异，也即

⊖　本书中我们将准度与精度互换使用。

系统的分辨率。决定某一种表示的质量的，既不是长度也不是分辨率，最重要的是精度。

例如，假设我们用最近的整数表示每个实数，将 $X=[0，1000]$ 范围内的实数表示为 10 位二进制整数。选择离某个实数最近的整数常常涉及将某个实数舍入到另一整数。例如，我们将 512.742 表示成 513 或 1000000001_2，该数的表示错误 $e_a(512.742)=|512.742-513|=0.258$。整个范围上的误差是 $a_a(x)=0.5$，因为两个整数的中间值(例如 512.500)无论是向上舍入还是向下舍入都有相等最大误差。注意，这里的误差取决于表示函数 R。如果我们选择函数 R，使得每个实数 x 由小于 x 的最接近的整数表示，那么得到 $e_a(512.742)=0.742$，以及 $a_a(x)=1$。对于正实数而言，应用第二种表示函数通常被称为将实数截断为整数。

再次，不要将精度与分辨率混淆。上面讨论的舍入和截断表示的分辨率都是 1.0，整数都间隔一个单位，但舍入精度为 0.5，截断精度为 1.0。

例 11.1 计算精度

在 1.3 节中我们将温度从 68 度到 82 度表示成一个 3 位数，其中，

$$T = 68 + 2\sum_{i=0}^{2} 2^i \mathrm{TempA}_i$$

对于该表示，找出该方案的绝对精度，相对精度和分辨率。假设采用舍入方式，计算从 68 到 82 对应的数的这些值。

该方案的分辨率或者 LSB 的加权值为 2，绝对精度 $a_a=1$。例如，79 被舍入到 80，$|79-80|=1$。介于 68 到 70 之间的数 69，具有最低的相对精度：

$$a_r = \left| \frac{V(R(69))-69}{69} \right|$$
$$a_r = \left| \frac{70-69}{69} \right|$$
$$a_r = 1.4\%$$

该表示对于从 68 到 82 之间的数的相对精度为 1.4%。

例 11.2 表示设计

表示从 54 500 000km 到 4 500 000 000km，精度为 3%，需要的分辨率是多少？这分别代表了太阳和水星，太阳和海王星之间的距离。假设采用舍入方案。

最大误差将在 54 500 000 和 54 500 000+r 中间值处，其中，r 代表我们的分辨率。因此：

$$a_r = \left| \frac{V(R(x))-x}{x} \right|$$
$$3\% = \left| \frac{54\,500\,000 - 54\,500\,000 - 0.5r}{54\,500\,000 + 0.5r} \right|$$
$$r = 3\,370\,000$$

为了达到我们的目标，在我们的表示中 LSB 将最多代表 3 370 000km，LSB 权重为 3 000 000km，用于计算距离 D 的 11 位表示求值函数为：

$$D = 54.5 \times 10^6 + 3 \times 10^6 \sum_{i=0}^{10} 2^i$$

11.2　定点数

11.2.1　表示

一个 b 位二进制定点数表示的数 $a_{n-1}, a_{n-2}, \cdots, a_1, a_0$ 的值由下式给出：

$$v = 2^p \sum_{i=0}^{n-1} a_i 2^{i-n} \tag{11-5}$$

式中：p 为决定二进制小数点位置的常数，从数的最左侧算起。

例如，考虑 $n=4$ 位的定点数系统，其中，二进制小数点位于 $p=1$ 处，即 MSB 的右侧。也就是说，二进制小数点右侧有 3 位，它们是数的小数部分，二进制小数左边的一位表示数的整数部分。我们经常使用缩写 $p.f$ 来表示数的整数位和小数位。使用该速记方法，对于 $n=4$ 和 $p=1$ 的系统就表示为 1.3 定点系统。如果我们在整数位的左边添加一个额外的符号位，则把结果为 $(p+f+1)$ 位的系统称为一个 $sp.f$ 系统。我们在 $sp.f$ 系统中使用基 2 补码表示。

小数位数 $f=n-p$，决定了数系统的分辨率。该系统的分辨率，或者可以区分的最小间隔是 $r=2^{-f}$。例如，$f=3$ 时，1.3 定点系统的分辨率为 1/8，即 0.125。每个二进制数都会以 1/8 的整数倍为增量改变。整数位的位数 p 决定了数系统能够表示的范围。系统可以表示的最大数是 2^p-r。对于有符号数系统，我们可以表示的最小（最负，最不接近零）的数是 -2^p。如果按如下方式重写式(11-5)，就能更容易地看出表示的范围和精度为：

$$v = r \sum_{i=0}^{n-1} a_i 2^i \tag{11-6}$$

要将二进制定点数转换为十进制表示，我们只需将其转换为整数并乘以 r 即可。表 11-1 显示了一些示例，将定点数转换成十进制数及小数表示。

表 11-1　定点数示例

格式	数	r	整数	值
1.3	1.011	0.125	11	1.375(11/8)
s1.3	01.011	0.125	11	1.375(11/8)
s1.3	11.011	0.125	-5	$-0.625(-5/8)$
2.4	10.0111	0.0625	39	2.4375(39/16)

要将十进制数转换为定点二进制数，最简单的方法是，首先将十进制数乘以 2^f，然后将所得乘积舍入到最接近的整数，最后将生成的十进制整数转换到二进制整数。例如，假设要将 1.389 转换成 1.3 定点格式。首先将数乘以 8，得到 11.112。然后把数舍入到 11，并转换成二进制，得到 1.011，表示数 1.375。因此，该表示中的误差（所表示的值和实际值之间的差异）为 $1.389-1.375=0.014$，或者误差是实际值的 1%。如果我们总是舍入到最接近的值，则范围内所有值（表示的精度）的最大误差应为 $r/2$，在这里为 0.0625。当接近于零时，这个误差占被表示值的百分比将会增加。对于接近零的数字，误差为 100%。

虽然十进制整数可以转换为零误差的二进制整数，但一般来说，十进制小数部分不能被转换为有限长度的没有误差的二进制小数。由于 5 不能整除 2 的任何次幂，所以 0.1_{10} 不能精确地表示为有限长度的二进制小数。

可表示成 2 的方幂的十进制小数，例如 0.25 或 0.125 等，可以精确地表示为二进制小数。但是，其余十进制小数，例如 0.1 或 0.389 等，则不能精确地表示成二进制小数。当位数增加，误差会越来越小，但不会等于零。如果要求达到零误差，可以对数进行缩放（例如 1000 倍），或者使用 BCD 表示。

定点二进制数经常应用于信号处理中，例如音频和视频流的处理。在这些应用中，范围和精度是众所周知的，并且可以改变二进制小数点的位置，使得在消除（或最小化）溢出可能性的同时，使数系统覆盖到全范围。通常，所表示的值被压缩，使得它们的值落在 -1 到 1 之间，因此它们可以用 $s0.f$ 格式表示。对于大多数信号处理，16 位就能满足需要，因此就可以使用 $s0.15$ 格式来表示。

考虑用 10mV 的精度表示 0 到 10V 之间的电压。假设我们希望这个表示尽可能地使用最少的位。很明显，我们需要二进制小数点左侧的 4 位来表示 10。为了实现 10mV 的精度，将需要 20mV 的分辨率。因此，我们需要二进制小数点右侧的 6 位，因此具有 $2^{-6}=$

0.015 625 的分辨率，而精度为 $2^{-7}=0.007\ 812\ 5$。因此，可以使用 10 位 4.6 定点格式直接将该范围的电压表示为指定的精度。

另一种表示方法是使用数字缩放。如果使用 9 位二进制数，我们可以表示从 0 到 511 的值。如果将这个数按比例压缩，即每计一个数对应于 20mV，然后我们只用 9 位就可以表示出 10V 范围内的精度为 10mV 的数。

例 11.3 二进制定点数的转化

将数 4.23 转化成下列格式的定点数，然后再将它们转化回十进制数，假设全部采用舍入方法。

(a)$s4.2$；

(b)$s4.5$；

(c)12 位，表示数 4.23×100。

将十进制数的整数部分转换为二进制是容易的：$4_{10}=100_2$。我们使用类似于转换整数的方法找到数字的小数部分：

$$
\begin{array}{rr}
0.23_{10} & 0.000_2 \\
-0.125_{10} & +0.001_2 \\
\hline
0.105_{10} & 0.0010_2 \\
-0.0625_{10} & +0.0001_2 \\
\hline
0.0425_{10} & 0.00110_2 \\
-0.03125_{10} & +0.00001_2 \\
\hline
0.01125_{10} & 0.0011100_2 \\
-0.0078125_{10} & +0.0000001_2 \\
\hline
0.0034375_{10} & 0.0011101_2 \\
\end{array}
$$

$\cdots$

注意，我们不能在有限的二进制小数位下精确地表示出 0.23。为了将该值表示为 $s4.2$ 格式的数，我们将数的小数部分舍入到 0.01_2，得到结果为 00100.01。如将此数转换回十进制数得到的是 4.25_{10}。$s4.5$ 格式下该数表示为 00100.00111_2 或 4.21875_{10}。最后，缩放 $4.23 \times 100=423_{10}=00110100111_2$。

例 11.4 设计一个定点系统

描述表示距离从 0 到 31AU，精度为 0.05AU 所需要的位数。

由于该表示中的所有数均为正数，所以不需要符号位。我们只需要 5 位来表示整数位 0～31 的数。使用舍入方案，需要 0.1AU 或更低的分辨率。由于 $2^{-4}<0.1$，可以使用 4 位作为小数部分。因此，最终表示格式是 9 位：5.4。

11.2.2 算术运算

我们可以对定点二进制数执行四则运算，就像它们是整数一样。因此可以使用与第 10 章描述的相同的运算电路。然而，需要谨慎考虑的是，算术运算结果的范围和精度可能与输入的范围和精度不同。

两个 $p.f$ 定点数相加得到的结果是 $(p+1).f$ 定点数。如果希望将结果限制为一个固定格式 $p.f$ 的定点数，可能会遇到溢出情况，其结果可能超出 $p.f$ 可以表示的范围。例如，考虑用于表示电压的 4.6 定点表示。如果将两个电压加在一起将得到 0 到 20V 之间的结果。为了表示这整个范围，至少需要 5.6 定点表示。

当对定点数序列做加法时，通常要先在更大的范围内做加法，然后进行压缩以及舍入以适合所需的范围和精度。例如，假设有 16 个值，我们希望把它们相加，每个都以 $s4.6$ 的定点格式表示，每个值代表 -10V 到 10V 之间的电压。但是最后总和要求在 -10 到 10

之间。使用 $s8.6$ 格式执行求和，以避免中间结果发生任何可能的溢出，然后再转换回 $s4.6$ 格式。在某些情况下会采用饱和算法进行最终转换，如果超出规定范围，则输出被钳制在可表示的最大值上（见练习 10.20）。

要将两个不同表示格式的定点数相加，首先必须将两个数的二进制小数点对齐。这通常通过将两个数转换为具有足够大的 p 和 f 的定点表示来实现，使其足以覆盖这两种表示。例如，考虑将 2.3 格式的数 01.101 与 3.2 格式的数 101.01 相加，首先将两个数转换为 3.3 格式，然后做加法 $001.101 + 101.010$，结果是 110.111。

两个定点数相乘，其结果中二进制小数点两边的位数都是输入的 2 倍。例如，两个 4.6 格式的定点数相乘，结果将是一个 8.12 格式的定点数。又例如，假设用一个 10A 范围内，精度为 10mA 的电流信号乘以一个 10V 范围内，精度为 10mV 的电压信号，这两个信号都是 4.6 格式。其结果是 100W 范围内，精度为 $100\mu W$ 的 8.12 格式的功率信号。

许多信号处理器都将数压缩到 0.16 格式（或有符号数的 $s0.15$ 格式）。两个 0.16 格式数相乘将得到一个 0.32 格式的数。一个常见的操作是以 0.16 格式获取两个向量的点积。为了允许这种操作在不损失精度的情况下进行，许多流行的信号处理器都具有 40 位的累加器。它们最多累加 256 个 0.32 格式的乘法结果，给出一个 8.32 格式的和（对于有符号数，其结果为 $s8.30$ 格式）。然后再通过压缩和舍入，最终返回一个 0.16 格式的结果。

在大多数情况下，最终计算出的高精度结果必须舍入到原始精度。舍入是通过丢弃数最右边某些位来降低精度的过程。当一个十进制数舍入到最接近的整数时，如果知道下 1 位数是 5 或更大则应向上舍入，如果是 4 或更小则应向下舍入。二进制舍入的工作方式与之相同。如果丢弃的 MSB 是 1，则向上舍入，如果是 0，则向下舍入。例如，一个 0.8 格式的数 .10001000 以 0.4 格式舍入为 .1001，0.8 格式的数 .10000111 以 0.4 格式舍入为 .1000。向上舍入时需要加法操作（或至少一个增量器），因此它不是一个空操作。舍入有可能会改变所有剩余的位。例如，将 0.8 格式的数 .01111000 舍入到 0.4 格式，其结果为 .1000。

例 11.5　定点数操作

对 $s2.3$ 格式的数 010.001 和 $s0.4$ 格式的数 0.1011 做加法，减法以及乘法，结果保留全精度。

首先，对齐二进制小数点后做加法：

$$
\begin{array}{r}
010.0010 \\
+\,000.1011 \\
\hline
010.1101
\end{array}
$$

为了做减法，将 010.001 和 0.1011 的基 2 补码相加，对齐小数点时，还必须对该数进行符号位扩展：

$$
\begin{array}{r}
010.0010 \\
+\,111.0101 \\
\hline
001.0111
\end{array}
$$

最后计算乘积：

$$
\begin{array}{r}
00010.001 \\
\times\,0000.1011 \\
\hline
000010001 \\
000100010 \\
+\,010001000 \\
\hline
010111011
\end{array}
$$

最终乘积是格式为 $s2.7$ 的数：001.0111011_2。

11.3　浮点数

11.3.1　表示

高动态范围的数通常以浮点格式表示。特别地，当我们需要固定比例（非绝对）的精度时，采用浮点格式表示数是非常高效的。

一个浮点数有两个部分，指数 e 和尾数 m。浮点表示的数值由下式给出：

$$v = m \times 2^{e-x} \tag{11-7}$$

式中：m 为二进制小数；e 为二进制整数；x 为用于能使动态范围居中的指数偏移。尾数 m 是一个小数，意味着二进制小数点位于 m 的 MSB 的左侧。指数 e 是一个整数，意味着二进制小数点位于其 LSB 的右侧。如果 m 的各位表示为 m_{n-1}，…，m_0，以及 e 的各位表示为 e_{k-1}，…，e_0，则数值由下式给出：

$$v = \sum_{i=0}^{n-1} m_i 2^{i-n} \times 2^{\left(\sum_{i=0}^{k-1} e_i 2^k - x\right)} \tag{11-8}$$

我们将具有 a 位尾数和 b 位指数的浮点数系统记为 aEb 格式。例如，具有 5 位尾数和 3 位指数的系统记为 5E3 系统。我们还使用"E"表示法进行写数。例如，尾数为 10010，指数为 011 的一个 5E3 格式的数记为 10010E011。假设零偏移，则该数值为 $v=(18/32)\times 8=4.5$。

我们也可以将 4.5 表示为 01001E100（$(9/32)\times 16$）。大多数浮点数系统不允许数 4.5 的第二个表示，并坚持所有的浮点数都应通过左移尾数（同时递减指数）直到尾数的 MSB 等于 1 或者指数等于 0 来进行规格化。对于规格化的浮点数，可以通过逐位比较快速地检查两个数是否相等。如果数不是规格化的，则必须先对其进行规格化（或至少对齐），然后才能进行比较。一些数系统通常通过省略尾数的 MSB 来简化规格化，因为它几乎总是等于 1（参见练习 11.23）。

通常，当存储浮点数时，指数存储在尾数的左侧。例如，11001E011 将作为 01111001 存储在 8 位存储器中。只要数经过了规格化，将指数存储在左边就可以通过整数比较来代替浮点数比较。也就是说，对于两个浮点数 a 和 b，如果 $a>b$，则有 $i_a>i_b$，其中，i_a 和 i_b 分别是 a 和 b 的整数表示。

如果要表示一个带符号的数，通常在指数的左边再加一个符号位。例如，在 8 位表示中，可以将一个数表示为 S4E3，从左到右依次包含了符号位，3 位指数和 4 位尾数（SEEEMMMM）。在这种表示中，位串 11001001 表示为 -9E4 或者（零偏移）$(-9/16)\times 2^4=-9$。

浮点数正是应用于二进制数的科学计数法。像科学计数法一样，浮点数的误差与数的大小成比例。因此，浮点数是以指定的比例精度来表示数值的有效方法，特别是当所讨论的值具有高动态范围的时候。

例如，假设需要以 1‰ 的精度表示 1ns 到 1000s 的时间。在这个范围的低端需要 10ps 的精度，而在这个范围的高端需要表示 1000s 的精度，是低端所需精度的 10^{14} 倍。如果采用定点表示将需要 46 位（10.36）以 10ps 的精度（20ps 分辨率）表示 1000s。使用浮点数表示时，注意到在高端范围内只需要 10s 的精度（分辨率为 20s）。因此尾数只需要 6 位。通过使用可以表示 2^{64} 范围内的 6 位指数来覆盖大的动态范围（$10^{12}<2^{40}$）。我们将指数偏移（式（11-7）中的 x）设置为 54，所以可以表示的数达到 2^{10}。因此可以使用 12 位 6E6 浮点数表示达到 46 位（10.36）定点数表示的相同相对精度。

就像非缩放定点数一样，二进制浮点数不能完全精确地表示任意十进制数，因为 1/10 不能精确地表示为有限长度的二进制小数。因此，例如，值 0.3 就只能以二进制近似。这个近似值可以通过添加尾数位来确定任意精确，但总是会存在误差。在误差必须为零的应用中，必须使用 BCD 或缩放表示。

例 11.6　浮点数设计

设计一个浮点表示方案，以 5% 的误差表示从 1×10^{-6} 到 1×10^{7} 范围内的值。并用该格式表示值 4.5。

本方案中总共需要五个尾数位，以将最高位的 1 和尾数的其余部分表示为所需的精度。要表示的最小数是 1×2^{-20}，而最大的数是 1×2^{24}。因此需要一个至少等于 44 的指数范围，共需要 6 位。指数偏移为 20。

注意到 4.5 等于 0.10010×2^3，在以上格式中被表示为 10010E010111。

11.3.2　非规格化数和逐级下溢

如果不允许使用非规格化数，那么表示函数将有很大的间隔，因为我们可以表示的最接近零的数（例如在 4E3 中）是 1000E000，在没有偏移情况下表示的数是 0.5。这对于小于 0.5 的数会产生较大的相对误差。我们可以通过使用指数为 0 的非规格化数来减小这个相对误差。将 1/4 表示为 0100E000，1/8 表示为 0010E000，以及 1/16 表示为 0001E000，在这种情况下，比较小的数的误差幅度减小到原来的 1/8。通常，n 位尾数表示的较小数的误差将减小到原来的 $1/2^{n-1}$。

这种表示通常称为逐级下溢，因为它减小了由于下溢引起的误差，算术运算给出的结果比可以表示的最小数更接近零。这解决了对于同一个数具有多个表示的问题。因为这些非规格化数被限制为指数等于 0，所以每个值只有一个表示。

为了简化表示，在这里描述的算术单元不支持逐级下溢。我们将支持该表示形式的扩展作为练习 11.29 和练习 11.30。

11.3.3　浮点数乘法

浮点数相乘很简单：只需将尾数相乘并将指数相加。这将使尾数位数增加 1 倍，指数位数加 1。通常，通过舍入尾数（如 11.2.2 节所述）并丢弃由指数相加所产生的额外的位以产生与输入相同格式的结果。当尾数被舍入时，必须调整指数以弥补被丢弃的位所带来的影响。如果存在指数偏移，也必须调整指数以补偿两次偏移的影响。如果无法在没有额外指数位的情况下表示该数，则产生溢出信号。舍入尾数所需的增量本身可能导致下一个尾数位的进位。如果发生这种情况，则尾数再次右移，指数也相应递增。

例如，考虑将 101E011(5) 与 101E100(10) 相乘，均以 3E3 格式，无指数偏移。目标是以相同的格式产生规格化的结果。输入是 101E011 和 101E100，101 和 101 相乘给出 011001(25/64)，指数 011 和 100 相加给出 $111(7_{10})$。事实上这是正确答案，因为 $25/64 \times 2^7 = 50$。现在需要把这个结果转换成 3E3 格式。

为了给出 3 位规格化尾数，将尾数向左移动 1 位并丢弃最低的 2 位。同时将指数减 1 得到 110 作为调整后的指数。由于丢弃的 MSB 为 0，因此舍入时不需要增量。结果用原格式表示为 110E110($6/8 \times 2^6 = 48$)。这里的误差是由于在舍入时丢弃了尾数的 LSB。

例 11.7　浮点数乘法

将 4E3 格式的两个数相乘，其中指数偏移为 4：
$$1100E010 \times 1100E110$$
首先通过对两个输入指数求和(1000_2)并减去指数偏移(100_2)得到 100_2 作为指数输出。接下来将两个尾数相乘，得乘积为 0.10010000_2 或 0.1001_2。此处不需要规格化表示，最终答案是 1001E100。

图 11-1 给出了一个浮点乘法器的框图，该乘法器的 VHDL 描述如图 11-2 所示。图中的 FF1 模块找到 pm 中的最左侧的 1 位，其中，pm 是乘法器输出的乘积。因为两个输入都被规格化，所以可以肯定该位是乘积中左边 2 位之一。因此，可以直接使用 pm[7] 来选择 pm

中哪 4 位作为 sm，其中，sm 是移位后的乘积$^\ominus$。信号 rnd 是 pm 中的第一个被丢弃的位，用于确定是否需要舍入增量。信号 xm、sm 舍入后的乘积，是一个 5 位的信号。像 pm 一样，sm 的高 2 位中必有一个为 1。因此，使用 MSB xm(4) 选择哪一组 4 位数作为规格化尾数的输出。请注意，我们保证在此最后一轮移位后不再需要另外的一轮移位，因为如果 xm(4) 是 1，则 xm(0) 一定等于 0(参见练习 11.26)。

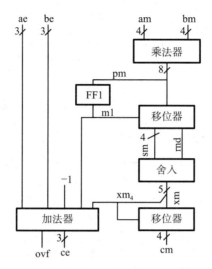

图 11-1　3E4 格式输入输出的浮点数乘法器

```vhdl
library ieee;
use ieee.std_logic_1164.all;
use ieee.std_logic_unsigned.all;
use work.ch10.all;

entity FP_Mul is
  generic( e: integer := 3 );
  port( ae, be: in std_logic_vector(e-1 downto 0); -- input exponents
        am, bm: in std_logic_vector(3 downto 0); -- input mantissas
        ce: out std_logic_vector(e-1 downto 0); -- result exponent
        cm: out std_logic_vector(3 downto 0); -- result mantissa
        ovf: out std_logic ); -- overflow indicator
end FP_Mul;

architecture impl of FP_Mul is
  signal pm: std_logic_vector(7 downto 0); -- result of initial multiply
  signal sm: std_logic_vector(3 downto 0); -- after shift
  signal xm: std_logic_vector(4 downto 0); -- after inc
  signal rnd: std_logic; -- true if MSB shifted off was one
  signal oece: std_logic_vector(e+1 downto 0); -- to detect exponent ovf
begin
  -- multiply am and bm
  MULT: Mul4 port map(am,bm,pm);
```

图 11-2　浮点乘法器的 VHDL 描述

$\ominus$　在这种情况下，FF1 模块只需选择 pm 中的 1 位，如 VHDL 描述所示。然而使用非规格化数则必须有全优先编码器的功能。

```
-- Shift/Round: if MSB is 1 select bits 7:4 otherwise 6:3
sm <= pm(7 downto 4) when pm(7) else pm(6 downto 3);
rnd <= pm(3) when pm(7) else pm(2);

-- Increment
xm <= ('0' & sm) + ("000" & rnd);

-- Final shift/round
cm <= xm(4 downto 1) when xm(4) else xm(3 downto 0);

-- Exponent add
oece <= ("00" & ae) + be + (pm(7) or xm(4)) - 1;

ce <= oece(e-1 downto 0);
ovf <= oece(e-1) or oece(e-2);
end impl;
```

图 11-2　（续）

11.3.4　浮点数加/减法

由于需要对齐输入并对输出进行规格化，因此浮点加法比乘法稍微复杂一些。该过程有三个步骤：对齐，相加和规格化。在对齐步骤中，较小指数的尾数向右移，与具有较大指数的尾数对齐，保证权重相等的位相互对齐。一旦两个尾数对齐，它们可以像整数一样进行加或减运算。

这种加法可能会产生非规格化的结果。加法产生的进位可能导致尾数必须向右移 1 位，以将最高有效位的 1 放到结果的 MSB 中。或者，减法可能会在结果的多位 MSB 中留下 0，需要左移以将最高有效位的 1 放到结果的 MSB 中。规格化步骤找到结果中最高有效位的 1，将结果移位直到将这个 1 置于尾数的 MSB 中，并相应地调整指数。如果规格化结果是右移 1 位，可能会导致丢弃结果的 LSB。丢弃这 1 位时需要考虑进行舍入而不是截断。

作为浮点加法的一个例子，假设我们将 5 和 11 相加，都用 5E3 格式表示。在该格式下，数字 5 表示为 10100E011，数字 11 表示为 10110E100。在对齐时，我们将 5 的尾数向右移动 1 位，使其与 11 的尾数对齐。实际上，我们将 5 重写为 01010E100，即对尾数进行规格化，使两个数的指数保持一致。参数对齐后就可以对尾数进行相加。尾数加法产生了一个进位，得到了一个 6E3 格式的 100000E100 的结果。为了使此结果规格化，使其满足 5E3 格式，我们将尾数向右移一个位置，并将指数加 1，得到最终结果为 10000E101 或 16。

第二个例子，做减法 $10-9$，都以 s5E3 格式表示。这里，$+9$ 表示为 $+10010$E100，10 表示为 $+10100$E100。这两个数字具有相同的指数，因此它们已经对齐，在做减法之前不需要移位。两个数相减给出结果是 00010E100，这是非规格化的。为了将这个数进行规格化，我们将尾数向左移三个位置，并将指数递减 3，得到结果 10000E001 或 1。

在加法和减法之前对齐浮点数将导致超出较大那个数 LSB 之外的位被丢弃。因此，浮点运算不是关联的。例如，考虑将一个较小的值 b 加到一个较大的值 A 中。如果 b 足够小，则 $b+A=A$。如果紧接着从该和中减去 A，我们会发现 $b+(A-A)=0$。这与它最初给出的答案不同：$b+(A-A)=b$。

例 11.8　**浮点数加法和减法**

对下列 4E3 格式指数偏移为 4 的两个数做加法和减法：
$$1100E100 + 1110E011;\quad 1100E100 - 1110E011;$$

为了做加法，首先对较小的数进行移位以对齐二进制小数点：

$$0.1100E100$$
$$+\ 0.0111E100$$
$$=\ 1.0011E100$$
$$\approx 1010E101$$

在做完加法后我们不得不对和进行规格化，由于最后被舍弃的是 1，所以应该对结果向上舍入。

减法遵循类似的方法，仍然是加上被减数移位后的基 2 补码数：

$$0.1100E100$$
$$+\ 1.1001E100$$
$$0.0101E100$$
$$=\ 1010E011$$

这次规格化的结果必须左移，才能得到正确结果。

浮点加法器的原理框图如图 11-3 所示，该加法器的 VHDL 描述如图 11-4 所示。输入指数逻辑模块比较两个指数，产生信号 agtb，以确定哪个输入尾数需要移位，以及信号 de，给出要移位的位数。输入转换模块使用信号 agtb 来转换两个尾数，使得具有较大指数的尾数在信号 gm 上，具有较小指数的尾数在信号 lm 上。然后，尾数 lm 被移位 de 位以对齐尾数$^\ominus$。对齐的尾数相加，产生信号 sm，通常 sm 比输入尾数宽 1 位。然后使用反向优先级编码器来查找 sm 中的最高有效位的 1。然后移位以将该位移到结果的 MSB，得到信号 nm。该移位的范围从 1 位右移到全位宽左移。信号 rnd 将右移 1 位时所丢弃的位捕获。指数的调整反映了位移量。如果指数不能以给定的位数表示，就会发生溢出。

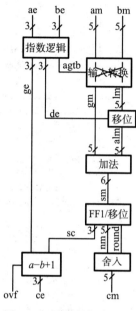

图 11-3　浮点数加法器

```
library ieee;
use ieee.std_logic_1164.all;
use ieee.std_logic_unsigned.all;
use ieee.numeric_std.all;
use work.ch8.all;

entity FP_Add is
  generic( e: integer := 3; m: integer := 5 );
  port( ae, be: in std_logic_vector(e-1 downto 0); -- input exponents
        am, bm: in std_logic_vector(m-1 downto 0); -- input mantissas
        ce: out std_logic_vector(e-1 downto 0); -- result exponent
        cm: out std_logic_vector(m-1 downto 0); -- result mantissa
        ovf: out std_logic );
end FP_Add;

architecture impl of FP_Add is
  signal ge, le, de, sc: std_logic_vector(e-1 downto 0);
  signal gm, lm, alm: std_logic_vector(m-1 downto 0);
  signal sm, nmrnd: std_logic_vector(m downto 0);
```

图 11-4　浮点数加法器的 VHDL 描述

$\ominus$　聪明的读者会立即注意到我们将信号 alm 设成 5 位而不是 6 位可能会导致舍入时的位丢失，我们将在练习 11.24 中修正这一点。

```vhdl
    signal ovfce: std_logic_vector(e downto 0);
    signal agtb: std_logic;
begin
    -- input exponent logic
    agtb <= '1' when ae >= be else '0';
    ge <= ae when agtb else be;
    le <= be when agtb else ae;
    de <= ge - le;

    -- select input mantissa
    gm <= am when agtb else bm;
    lm <= bm when agtb else am;

    -- shift mantissa to align
    alm <= std_logic_vector(shift_right(unsigned(lm),to_integer(signed(de))));

    -- add
    sm <= ('0' & gm) + ('0' & alm);

    -- find first one
    FF1: RevPriorityEncoder generic map(6,3) port map(sm, sc);

    -- shift first 1 to MSB
    nmrnd <= std_logic_vector(shift_left(unsigned(sm),to_integer(signed(sc))));

    -- adjust exponent
    ovfce <= ('0' & ge) - ('0' & sc) + 1;
    ovf <= ovfce(e);

    -- round result
    cm <= nmrnd(m downto 1) + ((m-1 downto 1 => '0') & nmrnd(0));
end impl;
```

图 11-4 （续）

总结

在本章中，我们讨论了如何针对特定的应用选择具有足够范围和精度的数系统。我们可以用绝对或相对的方式来表达某一种表示误差。对于给定的表示函数 $R(x)$，可以计算该表示在任何点 x 处的绝对和相对误差。其中表示精度是该表示范围内的最大误差。

定点数具有固定的二进制小数点，二进制小数点右侧为小数位，左侧为整数位。例如，$s1.14$ 格式表示的是一个带符号位的 16 位数，二进制小数点左侧有 1 位整数位，小数点右侧有 14 位小数位。二进制小数点右侧的位表示小数值。在 $s1.14$ 表示中，LSB 的权重为 2^{-14}。定点数的操作比浮点数操作简单，如果进行适当缩放，它们会具有良好的绝对精度。

浮点数表示的数值为 $v = m \times 2^{e-x}$，其中，m 为尾数，e 为指数，x 为指数偏移。将 m 乘以 2^{e-x} 具有允许 m 中的二进制小数点浮动的效果，因此得名。浮点数的操作比整数的操作更复杂，因为在操作之前需要对齐尾数，以使对应的位具有相等的权重。浮点数的优点在于，对于给定位数和所需范围，它比定点数有更大的相对精度。浮点数使设计人员工作更简单并且不必缩放其变量。浮点数的大范围还允许设计人员将缩放推迟到硬件上去实现。

为了使每个值都具有单一表示，通过将尾数左移（并相应地递减指数）来将浮点数规格化，使得尾数的 MSB 为 1。由于尾数的 MSB 始终为 1 我们经常忽略它，故将它称为隐含 1。为了使较小的数能被准确地表示，当指数为 0 时，允许将数用非规格化格式表示，这种方法称为逐级下溢方法。

浮点数乘法一般通过指数相加和尾数相乘来进行。乘法的结果必须舍入，以适应所需数量的输出位，乘法结果也要进行规格化，以使输出的最高有效位为 1。

浮点加法运算要求尾数首先对齐，对指数较小的数进行尾数移位，使得对应位具有相等的权重。加法之后，结果必须进行规格化，位数移位以使其在 MSB 中为 1，并相应地调整指数。

文献解读

更多有关浮点格式的信息，请参阅 IEEE 浮点标准[58,54]。

练习

11.1　定点数表示。Ⅰ. 将下列定点数转化成十进制数：1.0101 格式 1.4。

11.2　定点数表示。Ⅱ. 将下列定点数转化成十进制数：11.0101 格式 s1.4。

11.3　定点数表示。Ⅲ. 将下列定点数转化成十进制数：101.011 格式 3.3。

11.4　定点数表示。Ⅳ. 将下列定点数转化成十进制数：101.011 格式 s2.3。

11.5　定点数表示。Ⅰ. 将 1.5999 转化到最近的 $s1.5$ 格式定点数表示，给出绝对和相对误差。

11.6　定点数表示。Ⅱ. 将 0.3775 转化到最近的 $s1.5$ 格式定点数表示，给出绝对和相对误差。

11.7　定点数表示。Ⅲ. 将 1.109375 转化到最近的 $s1.5$ 格式定点数表示，给出绝对和相对误差。

11.8　定点数表示。Ⅳ. 将 1.171775 转化到最近的 $s1.5$ 格式定点数表示，给出绝对和相对误差。

11.9　定点数表示的绝对误差。在 -1 到 1 之间找一个十进制数，使该数转化成 $s1.5$ 格的定点数表示的绝对误差最大。

11.10　定点数表示的相对误差。在 0.1 到 1 之间找一个十进制数，使该数转化成 $s1.5$ 格的定点数表示误差百分比最大。

11.11　选择定点表示方案。Ⅰ. 以 0.1PSI 的精度表示一个范围从 -10PSI 到 10PSI 的相对压力信号。选择一个指定精度的并且以最少位数覆盖此范围的定点表示方案。

11.12　选择定点表示方案。Ⅱ. 选择从 0.001 到 1 范围内的定点数表示方案，整个范围内精度为 1%，并使用最小位数。

11.13　浮点数表示。Ⅰ. 将下列偏移量为 3 的浮点数转化成十进制数：1111E111 格式 4E3。

11.14　浮点数表示。Ⅱ. 将下列偏移量为 3 的浮点数转化成十进制数：1010E100 格式 4E3。

11.15　浮点数表示。Ⅲ. 将下列偏移量为 3 的浮点数转化成十进制数：1100E001 格式 s3E3。

11.16　浮点数表示。Ⅳ. 将下列偏移量为 3 的浮点数转化成十进制数：0101E101 格式 s3E3。

11.17　浮点数表示。Ⅰ. 将 -23 转化成偏移量为 8，格式为 $s3E5$ 的浮点数，并给出相对和绝对误差。

11.18　浮点数表示。Ⅱ. 将 100 000 转化成偏移量为 8，格式为 $s3E5$ 的浮点数，并给出相对和绝对误差。

11.19　浮点数表示。Ⅲ. 将 999 转化成偏移量为 16，格式为 $s3E5$ 的浮点数，并给出相对和绝对误差。

11.20　浮点数表示。Ⅳ. 将 64 转化成偏移量为 16，格式为 $s3E5$ 的浮点数，并给出相对和绝对误差。

11.21　选择浮点表示方案。Ⅰ. 选择从 -10 到 10 范围内的浮点数表示方案，整个范围内幅度大于 1/32 时精度为 0.1，并使用最小位数。

11.22　选择浮点表示方案。Ⅱ. 选择从 0.001 到 100 000 000 范围内的浮点数表示方案，整个范围内精度为 1%，并使用最小位数。

11.23　隐含 1。许多浮点格式省略了尾数的 MSB。也就是说，不用再存储这 1 位。例如，IEEE 单精度浮点标准通过省略尾数的 MSB 来存储 24 位尾数的 23 位。这称为隐含 1。因此一些格式默认这个丢失的 MSB 始终为 1。然而，在接近于零时这将导致错误行为。可以通过将尾数的 MSB 默认为 0，当 e 为 0 时将指数设为 $1-x$（与 e 为 1 时相同的指数），可以实现更好的误差特征（以复杂性为代价）。具有该特征的数系称为逐级下溢的系统。

　　(a)假设已有一个 5E3 浮点数系统，指数偏移 x 等于 0 以及隐含 1（尾数包括一个隐含的 1 以及其后的 4 位）。在 $[-2,2]$ 区间内绘制误差曲线，该系统没有逐级下溢。

　　(b)在(a)问相同的轴上，绘制相同数系统误差曲线，但该系统逐级下溢。

(c)在没有逐级下溢系统中，哪个值的百分比误差最大？

(d)是否存在一个值范围，逐级下溢系统的误差大于非逐级下溢系统误差？如果存在，这个范围是多少？

11.24 浮点加法，结果舍入。修正图 11-3 所示的框图和图 11-4 所示的 VHDL，以说明 lm 在舍入时可能丢失的位。例如，$1.0000 \times 2^0 + 1.1111 \times 2^{-1}$ 应输出 1.0000×2^1（从 1.11111×2^0 舍入）而不是 1.1111×2^0。创建一个新信号，$guard$，表示信号 alm 的 LSB 右边的位，并当它等于 1 时将它加到和 sm 中。

11.25 浮点减法。扩展图 11-3 和图 11-4 所示的浮点加法器，以处理带符号的浮点数并执行浮点减法。假设每个输入操作数的符号由单独的信号线 as 和 bs 给出，并且结果的符号由信号 cs 输出。

11.26 浮点乘法。在 11.3.3 节中我们提到，如果舍入后的乘积 xm 的 MSB 是 1，那么其 LSB 一定是 0，但并没有为此提供证明，请你证明该结论的正确性。

11.27 规格化浮点数的乘法。修改 11.3.3 节中浮点乘法的设计以使其工作在规格化输入的情况下。

11.28 下溢浮点加法。两个规格化数的浮点数相加的结果可能会导致尾数 MSB 不能用一个 1 表示，但也不是 0。这是一个下溢的情况。修改 11.3.4 节的加法器，以检测发生下溢的情况并输出检测信号。

11.29 逐级下溢加法。扩展 11.3.4 节中的加法器设计，以处理逐级下溢时的情况，即当输入指数为零时，处理非规格化输入。

11.30 逐级下溢乘法。扩展 11.3.3 节中的乘法器设计，以处理逐级下溢的情况。

11.31 隐含 1 和逐级下溢。考虑一个系统，使用在尾数 MSB 中隐含 1 的表示方法，如练习 11.23 所述。扩展此系统以允许数逐级下溢。并确保不会在系统中造成任何空隙或者冗余表示（提示：让指数为 0 和 1 代表相同的值，但一个有隐含 1，而另一个没有）。将以下数转换为该系统下 4E3 格式的表示形式：

(a)1/8；

(b)4；

(c)1/16；

(d)32。

11.32 逐级下溢和隐含 1 系统下的加法。扩展 11.3.4 节中的加法器设计，以处理隐含 1 的逐级下溢情况。（练习 11.31）

11.33 逐级下溢和隐含 1 系统下的乘法。扩展 11.3.3 节中的乘法器设计，以处理隐含 1 的逐级下溢情况。（练习 11.31）

11.34 对数表示。考虑一个数系统，固定基数 b 下数值表达式为 $v = b^{e^{-x}}$。该系统与浮点表示系统类似，只是其尾数总是等于 1，因此被省略。考虑 $b = 2^{1/8}$ 时的具体情况。假设必须将从 $1\mu V$ 到 $1MV$ 范围内的电压，以相对精度为 5% 表示出来。该表示在所需位数方面与定点和浮点表示相比如何？

第 12 章

快速运算电路

在本章中，我们将介绍三种提高运算电路工作速度的方法，特别是乘法器电路。从 12.1 节开始重新讨论二进制加法器，并通过使用分层超前进位电路将电路延时从 $O(n)$ 缩短到 $O(\lg(n))$。该技术可以直接应用于构建快速加法器，也可用于加速乘法器中部分积的求和。在 12.2 节中，我们将看到如何通过将其中一个输入重编码为高基数的有符号数，大大减少乘法器中需要求和的部分积的数量。最后在 12.3 节，采用全加器树结构，使电路以延时 $O(\lg(n))$ 进行累加。如何将这三种技术组合应用于快速乘法器将作为练习 12.17 至练习 12.20。

12.1　超前进位

回想 10.2 节讨论的加法器被称为纹波进位加法器，因为进位信号的转换必须逐位波动以影响最终和 MSB 的最终值。这种纹波进位的方式导致加法器的延时随加法器的位数增加而线性增加。而对于大型加法器，这种线性延时的代价有时候过于高昂了。

如图 12-1 所示，对加法器的位宽采用双树结构，可以建立一个具有对数延时而非线性延时的加法器。该电路可计算上层树中位组的进位传播和进位产生，然后使用这些信号产生下层树中的每个位的进位信号。如果位 i 的进位输入将从位 i 传播到位 j，并产生位 j 的进位输出，则传播信号 p_{ij} 为真。如果位 j 产生进位，而无论位 i 的进位输入是什么，则产生信号 g_{ij} 为真。可以如下递归地定义信号 p 和 g：

$$p_{ij} = p_{ik} \wedge p_{(k+1)j}, \quad \forall k : i <= k < j \tag{12-1}$$

$$p_{ii} = p_i = a_i \oplus b_i \tag{12-2}$$

$$g_{ij} = (g_{ik} \wedge p_{(k+1)j}) \vee g_{(k+1)j}, \quad \forall k : i <= k < j \tag{12-3}$$

$$g_{ii} = g_i = a_i \wedge b_i \tag{12-4}$$

前两个等式定义了传播信号。如果进位信号从位 i 传播到位 $k(p_{ik})$，然后再从位 $k+1$ 传播到位 $j(p_{(k+1)j})$，其中 k 在 i 到 $j-1$ 的范围内任取，则该进位信号在位 i 到位 j 的范围内传播。当然，通常取其平均间隔，选择 $k = \lfloor(i+j)/2\rfloor$。

结合图 10-3 所讨论的，当间隔下降到单个位时，计算 p_{ii}，或直接记为 p_i。当该位输入中恰有其一为真 $(a_i \oplus b_i)$，则进位在该位传播。

第一个产生方程式表示，不管位 i 的进位输入如何，如果 (1) 从 k 位产生进位输出，而不管位 i 的进位输入如何，然后从位 $k+1$ 传播到位 j，或 (2) 无论位 $k+1$ 的进位输入如何，都将从位 j 产生一个进位输出，这都会产生一个进位信号。产生信号对应的基本情况如图 10-3 所

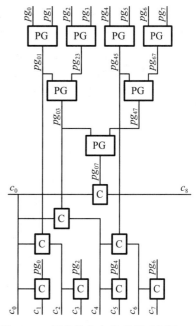

图 12-1　超前进位电路的原理框图。每个 pg 信号代表 2 位，1 位代表传播信号 p，表明进位在指定范围内传播。另 1 位代表产生信号 g，表明在指定范围外将产生进位输出。pg 信号通过树形结构以跨越更大的位范围。然后 pg 信号被用于第二个树形结构以产生每个位的进位信号 c

示。而对于单个位来说，只有当两个输入都为真时，产生信号才为高。

通过式(12-1)～式(12-4)可以轻松地构建图 12-1 所示的进位电路的顶层部分。对于图 12-1 所示的 8 位进位电路，我们想知道第 7 位的进位输出 c_8 是什么。因此必须计算 p_{07} 和 g_{07}。为了简化绘图，将这两个信号结合起来统称为 pg_{07}。选择 $k=3$ 并从 pg_{03} 和 pg_{47} 来计算 pg_{07}。标记为 PG 的逻辑块是式(12-1)和式(12-3)的逻辑实现，如图 12-2 所示。然后，我们递归地细分这些间隔，直到划分到计算每一个位的信号 p 和 g 为止。

一旦递归地产生了 pg 信号，我们将使用这些信号产生进位。继续构造一种树形结构，从跨过整个 8 位范围的进位信号开始，然后是 4 位的组，2 位的组，最后到 1 位。在每一级，我们都从前一级进位和 pg 信号来计算当前级的进位输出：

$$c_{j+1} = g_{ij} \lor (c_i \land p_{ij}) \tag{12-5}$$

图 12-1 所示的 C 逻辑块是式(12-5)的体现，具体逻辑电路如图 12-3 所示。

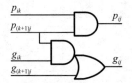

图 12-2　传播信号 p_{ij} 和产生信号 g_{ij} 的产生逻辑，从 i 到 j 整个范围内传播信号 p 和产生信号 g 的函数表达式由该范围内的相邻子范围 ik 和 $(k+1)j$ 上的信号 p 和 g 决定

图 12-3　根据前级进位和 pg 信号产生进位信号的逻辑

图 12-1 所示的 8 位超前进位电路，以及从加法器输入 a 和 b 产生 p 和 g 的逻辑对应的 VHDL 代码如图 12-4 所示。代码直接包括了输入，PG 和 C 逻辑块的逻辑功能，而不是先为每个块定义一个模块，再分别实例化它们。采用这种方式，根据等式方程编写代码将使代码更容易编写和理解。

```
-- 8-bit carry-look-ahead
-- takes 8-bit inputs a and b, ci and produces co ;
-- this module generates many unused signals which the synthesizer optimizes away
library ieee;
use ieee.std_logic_1164.all;

entity Cla8 is
  port( a, b: in std_logic_vector(7 downto 0);
        ci: in std_logic;
        co: out std_logic_vector(8 downto 0) );
end Cla8;

architecture impl of Cla8 is
  signal p, g, p2, g2, p4, g4, p8, g8: std_logic_vector(7 downto 0);
  signal coi: std_logic_vector(8 downto 0);
begin
  -- input stage of PG cells
  p <= a xor b;
  g <= a and b;


  -- p and g across multiple bits
```

图 12-4　8 位超前进位电路的 VHDL 描述。代码产生了很多无用的中间信号，但这些最终都会被综合器优化掉

```
-- px(i)/gx(i) is propagate/generate across x bits starting at bit i
p2 <= p and ('0' & p(7 downto 1)); -- across pairs - only 0,2,4,6 used
g2 <= ('0' & g(7 downto 1)) or (g and ('0' & p(7 downto 1)));
p4 <= p2 and ("00" & p2(7 downto 2)); -- across nybbles - only 0,4 used
g4 <= ("00" & g2(7 downto 2)) or (g2 and ("00" & p2(7 downto 2)));
p8 <= p4 and ("0000" & p4(7 downto 4)); -- across byte - only 0 used
g8 <= ("0000" & g4(7 downto 4)) or (g4 and ("0000" & p4(7 downto 4)));

-- first level of output, derived from ci
coi(0) <= ci;
coi(8) <= g8(0) or (ci and p8(0));
coi(4) <= g4(0) or (ci and p4(0));
coi(2) <= g2(0) or (ci and p2(0));
coi(1) <= g(0) or (ci and p(0));

-- second level of output, derived from first level
coi(6) <= g2(4) or (coi(4) and p2(4));
coi(5) <= g(4) or (coi(4) and p(4));
coi(3) <= g(2) or (coi(2) and p(2));

-- final level of output derived from second level
coi(7) <= g(6) or (coi(6) and p(6));
co <= coi;
end impl;
```

图 12-4 （续）

图 12-4 所示的 VHDL 代码产生了许多并未使用的信号。例如，代码中的名为 p2(i) 的成对传播信号 $pi(i+1)$，即只需要偶数位，但却为所有 8 位都产生了该信号。类似地，4 位宽的传播和产生信号 p_4 和 g_4，仅使用位 0 和位 4，也全部产生了 8 位，以及 8 位宽的传播和产生信号 p_8 和 g_8，其中仅有位 0 被使用。这种编写代码的风格使得编写等式方程变得更加容易，并且这并没有造成浪费，因为综合器将会优化掉未使用的信号并且仅产生所需要的逻辑。

图 12-1 和图 12-4 所示的电路扇入均为 2。也就是说，每级的 p 和 g 信号被成对地组合以产生下一级的 p 和 g 信号。根据现有技术中某一逻辑级的最佳扇入和扇出（见 5.2 节和 5.3 节），构建具有更大扇入的进位超前电路可能会更快。例如，图 12-5 给出了一个 4 扇入的 16 位超前进位电路。

图 12-5 所示电路的 VHDL 描述如图 12-6 所示。与直接实现超前进位方程组的图 12-4 所示代码相反，该模块使用子模块（见图 12-7）进行编写代码，以实现 4 位宽的 PG 和进位函数。对于基 4 的情况，这将使得代码更加易读。

当然，超前进位电路的扇入或者基数不需要一定是 2 的幂。也可以建立扇入为 3、5、6 或任何其他值的超前进位电路。在某些情况下，使用混合基设计可以实现更好的性能，其中靠前的级（连线较短）使用较大的扇入，而在后面的级使用较小的扇入（连线更长），以在长导线造成更大的电气贡献与小扇入导致更小的逻辑贡献之间取得平衡。

虽然已经在有关加法器的讨论中提出了超前进位的概念，但是该技术可以应用于任何一个一维的迭代函数。例如，使用超前树形结构，仲裁器（见 8.5 节）和比较器（见 8.6 节）的延时可以实现与输入数量的对数值成比例。

所需要的仅仅是将迭代电路的逻辑写成传播-产生的形式：

$$p_i = f_p(a_i, b_i, \cdots) \tag{12-6}$$

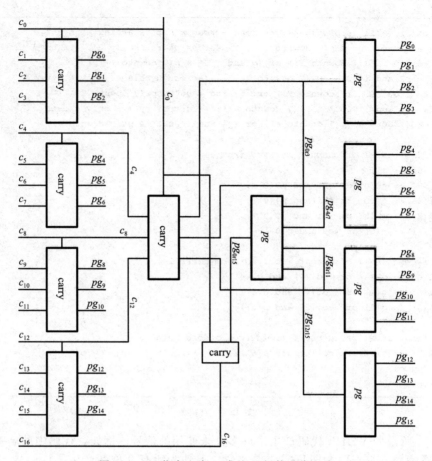

图 12-5　16 位扇入为 4(或基 4)超前进位电路

```
-- 16-bit radix-4 carry-look-ahead
library ieee;
use ieee.std_logic_1164.all;
use work.ch12.all;

entity Cla16 is
  port( a, b: in std_logic_vector(15 downto 0);
        ci: in std_logic;
        co: out std_logic_vector(16 downto 0) );
end Cla16;

architecture impl of Cla16 is
  signal p, g: std_logic_vector(15 downto 0);
  signal p4, g4: std_logic_vector(3 downto 0);
  signal p16, g16: std_logic;
  signal co1284: std_logic_vector(2 downto 0);
begin
  -- input stage of PG cells
  p <= a xor b;
  g <= a and b;
```

图 12-6　图 12-5 所示电路中 16 位基 4 超前进位单元的 VHDL 描述

```
-- input PG stage
PG10: PG4 port map(p(3 downto 0),g(3 downto 0),p4(0),g4(0));
PG11: PG4 port map(p(7 downto 4),g(7 downto 4),p4(1),g4(1));
PG12: PG4 port map(p(11 downto 8),g(11 downto 8),p4(2),g4(2));
PG13: PG4 port map(p(15 downto 12),g(15 downto 12),p4(3),g4(3));

-- p and g across 16 bits
PG2: PG4 port map(p4, g4, p16, g16);

-- MSB and LSB of carry
co(16) <= g16 or (ci and p16);
co(0) <= ci;

-- first level of carry
C10: Carry4 port map(ci,p4(2 downto 0), g4(2 downto 0),co1284);
co(12) <= co1284(2);
co(8) <= co1284(1);
co(4) <= co1284(0);

-- second level of carry
C20: Carry4 port map(ci,p(2 downto 0),g(2 downto 0),co(3 downto 1));
C21: Carry4 port map(co1284(0),p(6 downto 4),g(6 downto 4),co(7 downto 5));
C22: Carry4 port map(co1284(1),p(10 downto 8),g(10 downto 8),co(11 downto 9));
C23: Carry4 port map(co1284(2),p(14 downto 12),g(14 downto 12),co(15 downto 13));
end impl;
```

图 12-6 （续）

```
-- four-bit PG module
library ieee;
use ieee.std_logic_1164.all;
use ieee.std_logic_misc.all;
entity PG4 is
  port( pi, gi: in std_logic_vector(3 downto 0);
        po, go: out std_logic );
end PG4;
architecture impl of PG4 is
begin
  po <= and_reduce(pi);
  go <= gi(3) or (gi(2) and pi(3)) or (gi(1) and pi(3) and pi(2)) or
        (gi(0) and pi(3) and pi(2) and pi(1));
end impl;
------------------------------------------------------------------------
-- four-bit carry module
library ieee;
use ieee.std_logic_1164.all;
entity Carry4 is
  port( ci: in std_logic; p, g: in std_logic_vector(2 downto 0);
        co: out std_logic_vector(2 downto 0) );
end Carry4;
```

图 12-7 图 12-6 所示超前进位模块 4 位 PG 和 Carry 模块

```
architecture impl of Carry4 is
  signal gg: std_logic_vector(3 downto 0);
begin
  gg <= g & ci;
  co <= gg(3 downto 1) or (gg(2 downto 0) and p) or
        ((gg(1 downto 0) & '0') and p and (p(1 downto 0) & '0')) or
        ((gg(0) & "00") and p and (p(1 downto 0)&'0') and (p(0) & "00"));
end impl;
```

图 12-7 （续）

$$g_i = f_g(a_i, b_i, \cdots) \tag{12-7}$$

$$c_{i+1} = g_i \vee (p_i \wedge c_i) \tag{12-8}$$

$$o_i = f_o(c_i, a_i, b_i, \cdots) \tag{12-9}$$

例如，一个从 LSB 到 MSB 传播-产生的进位传播幅度比较器就可以写成传播-产生的形式：

$$p_i = \overline{(a_i \oplus b_i)} \tag{12-10}$$

$$g_i = a_i \wedge \overline{b_i} \tag{12-11}$$

$$o = c_N \tag{12-12}$$

采用这种形式，我们可以使用图 12-5 所示的电路构建一个仅有四个逻辑级的 16 位幅度比较器。因为幅度比较器只需要进位的 MSB 作为其输出，所以可以略去图 12-5 所示的 carry 模块。

在编写 VHDL 代码时，使用超前进位表达式来描述其他函数比使用此公式描述加法器更为重要。现代综合工具非常善于将 VHDL 代码：

```
s <= a + b;
```

映射为一个高度优化加法器，包括在合适的约束下采用超前进位技术。但综合工具不会对其他功能函数，例如优先编码器和比较器，执行此优化。

我们将在练习 12.2 到练习 12.4 看到更多关于超前进位电路应用的例子。

12.2　Booth 重编码

10.4 节描述的无符号二进制乘法器产生了 m 个 n 位部分积，并且需要 $m \times (n-1)$ 个全加器单元将这些部分积求和以得到最终结果。我们可以采用以 2（或更大）为因子的 Booth 重编码将部分积的数量减少。另外，重编码本身可以处理有符号基 2 补码输入的情况。

基 2^i 重编码是将原本 n 位的二进制乘数重编码为 (n/i) 位数的基 2^i 数。例如，将 6 位二进制数 $b = 011011_2$ 重新写成 3 位四进制（基 4）的数 123_4。如果将该数乘以另外一个二进制数 $a = 010011_2$，则只需要对 3 个部分积进行求和，如图 12-8 所示。

这种简单的重编码要求从 a 的移位倍数中选择部分积，最高到 $(2^i - 1)$ 倍。例如，上面讨论的基 4 乘法需要 a、$2a$ 和 $3a$ 等。$2a$ 的值可以由简单的移位得到，但是 $3a$ 需要进行移位和加法才能获得。但即使加上预计算 $3a$ 所付出的开销，计算乘积所需的全部加法器的总数也减少了近一半。

Booth 重编码消除了对预加法计算（基 4）的需要，并且能够自然地处理基 2 补码符号数。它通过被当作有符号数的位数的重叠来实现。编码后的每位数是一个 $(i+1)$ 位的位字段，并且相邻位字段只有 1 位重叠。考虑将某位数看作是一个位向量 b_{i-1}, b_{i-2}, $\cdots$, b_0, b_{-1}。每位数的 MSB，

```
   010011
x     123
~----
   0111001
0100110
0010011
------
01000000001
```

图 12-8　一个二进制数与四进制数相乘的一个示例。与 6 位乘 6 位的二进制数乘法相比，它只有 3 个二进制部分积需要求和

即 b_{i-1}，权重是 $-(2^{i-1})$，其余中间位 b_j 的权重为 2^j，每位数的 LSB，即 b_{-1}，权重为 1。由于重叠，这种加权方式保持了重编码后数的总权重不变。

考虑对一个 8 位基 2 补码二进制数 b_7，$\cdots$，b_0 进行基 4 重编码。将该数重编码为基 4 的 4 位数 d_3，$\cdots$，d_0，其中，第 i 位由分别以 -2，1，1 为权重的 3 位 $b_{2i+1} b_{2i}$，b_{2i-1} 组成（整位数的权重为 4^i）。重叠位的权重相加等于基 2 补码数该位的正确权重。例如，b_1 是 d_0 的 MSB，它的权重等于 -2，同时 b_1 是 d_1 的 LSB，其权重为 4，将这两个权重相加得到 b_1 的正确权重为 2。表 12-1 所示的阐述了为何这种重叠亦适用于 b_3 和 b_5。表中线下每列权重之和等于线上对应位的权重。为了使 3 位的 d_0 正常地工作，假设一个总是等于零的位 b_{-1}。

表 12-1　8 位二进制数的基 4 Booth 重编码的权重

位	b_7	b_6	b_5	b_4	b_3	b_2	b_1	b_0	b_{-1}
权重	-128	64	32	16	8	4	2	1	n/a
d_3	-128	64	64						
d_2			-32	16	16				
d_1					-8	4	4		
d_0							-2	1	1

如表 12-2 所示，Booth 重编码乘法器中每一个基 4 数 d_i 都可能取以下 5 个值之一，即 -2，-1，0，1，2。

表 12-2　基 4 数 d_i 可能取值

b_{2i+1}	b_{2i}	b_{2i-1}	d_i	b_{2i+1}	b_{2i}	b_{2i-1}	d_i
0	0	0	0	1	0	0	-2
0	0	1	1	1	0	1	-1
0	1	0	1	1	1	0	-1
0	1	1	2	1	1	1	0

因此可以构造一个乘法器，用每一个 Booth 重编码数来选择五个被乘数倍数中的其中一个作为部分积，最终部分积数量减少为原来的一半。所有这些被乘数的倍数都可用简单的移位（乘 2）和逻辑求负（基 2 补码求负数）得到。

图 12-9 所示的给出了一个基 4 Booth 重编码的 6 位×4 位基 2 补码乘法器设计。该设计的 VHDL 实现如图 12-10 和图 12-11 所示。

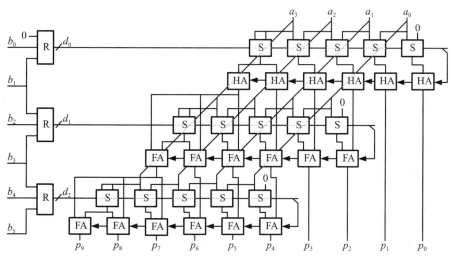

图 12-9　基 4 Booth 重编码的 6 位×4 位基 2 补码乘法器

```vhdl
-- 6-bit x 4-bit radix-4 Booth multiplier
library ieee;
use ieee.std_logic_1164.all;
use ieee.std_logic_signed.all;
use work.ch12.all;

entity R4Mult64 is
  port( a: in std_logic_vector(3 downto 0);
        b: in std_logic_vector(5 downto 0);
        s: out std_logic_vector(9 downto 0) );
end R4Mult64;

architecture impl of R4Mult64 is
  -- recoded digits - {negate, select2, select1}
  signal d2, d1, d0: std_logic_vector(2 downto 0);
  signal pp0, pp1, pp2: std_logic_vector(4 downto 0);
  signal ps0, ps1, ps2: std_logic_vector(5 downto 0);
  signal bi: std_logic_vector(6 downto 0);
begin
  bi <= b & '0';
  -- Recoders
  R0: Recode4 port map(bi(2 downto 0), d0);
  R1: Recode4 port map(bi(4 downto 2), d1);
  R2: Recode4 port map(bi(6 downto 4), d2);

  -- Selectors - in equation form - sign extend on select 1 (d(0))
  pp0 <= (4 downto 0 => d0(2)) xor (((4 downto 0 => d0(1)) and (a & '0'))
         or ((4 downto 0 => d0(0)) and (a(3) & a)));
  pp1 <= (4 downto 0 => d1(2)) xor (((4 downto 0 => d1(1)) and (a & '0'))
         or ((4 downto 0 => d1(0)) and (a(3) & a)));
  pp2 <= (4 downto 0 => d2(2)) xor (((4 downto 0 => d2(1)) and (a & '0'))
         or ((4 downto 0 => d2(0)) and (a(3) & a)));

  -- Adders - behavioral - sign extend partial sums
  ps0 <= (pp0(4) & pp0) + ("0000" & d0(2));
  ps1 <= (pp1(4) & pp1) + ((2 downto 0 => ps0(5)) & ps0(4 downto 2))
         + ("0000" & d1(2)); -- second row of adders
  ps2 <= (pp2(4) & pp2) + ((2 downto 0 => ps1(5)) & ps1(4 downto 2))
         + ("0000" & d2(2)); -- third row of adders

  -- Output
  s <= ps2 & ps1(1 downto 0) & ps0(1 downto 0);
end impl;
```

图 12-10 图 12-9 所示基 4 Booth 重编码乘法器的 VHDL 代码

在图 12-9 所示的左侧，使用三个重编码模块（R）将输入 $b_{5:0}$ 的 3 位重叠字段重编码为三个带符号的四进制数 $d_{0:2}$。请注意，LSB d_0 由 b_1，b_0 和 b_{-1}（始终为 0）计算得来。重编码的细节如图 12-11 所示。每个重编码数表示为一个 3 位字段。MSB 编码决定该数是否为负数，最低 2 位编码决定数为 2 还是 1。如果 d_i 等于零，则 3 位都为 0。

每个 R 模块的输出都驱动一行选择模块（S）。由 d_i 驱动的 S 模块通过选择性地移位（如果 $d_i = \pm 2$）或求负（如果 $d_i = -1$ 或 -2），从而实现 $a_{3:0}$ 和 d_i 的相乘。当 $d_i = \pm 1$ 时，输入 a 必须符号扩展到 5 位，以给出符号正确的 5 位 S 模块的输出。

```
-- Radix-4 recode block
-- Output is invert, select 2, select 1.
library ieee;
use ieee.std_logic_1164.all;

entity Recode4  is
  port( b: in std_logic_vector(2 downto 0);
        d: out std_logic_vector(2 downto 0) );
end Recode4;

architecture impl of Recode4 is
begin
  process(all) begin
    case b is
      when "000" | "111" => d <= "000"; -- no select, no invert
      when "001" | "010" => d <= "001"; -- select 1
      when "011"         => d <= "010"; -- select 2
      when "100"         => d <= "110"; -- select 2, invert
      when "101" | "110" => d <= "101"; -- select 1, invert
      when others        => d <= "000"; -- should never be selected
    end case;
  end process;
end impl;
```

图 12-11　图 12-10 所示 Booth 重编码乘法器的重编码模块

同时必须将负高位 $d_{i,2}$ 加到每一行 S 模块的输出上以使乘法器完整，因为负数的基 2 补码等于按位求反再加一。

尽管操作数 a 只有 4 位宽，并且 S 模块的输出只有 5 位宽，用于完成补码的加法也必须是 6 位宽，以处理所有可能情况。例如，当 $a = -8_{10} = 1000_2$ 和 $d_i = -2$ 时。得到的部分积 $pp_i = +16_{10} = 010000$ 总共需要 6 位。必须对 6 位加法的两个输入进行符号扩展才能获得正确的结果。

对于每一行加法器，低 2 位将直接用作输出，而高 4 位被符号扩展为 6 位，并与下一行的经过符号扩展的部分积累加。最终输出是 10 位的基 2 补码数。

虽然我们给出的例子执行的是基 4 重编码，但理论上可以使用 2 的任意次幂作为基数进行重编码。基数为 8 的重编码采用重叠的 4 位字段，权重分别为 -4，2，1，1，以产生一个从 -4 到 4 范围内的八进制数。需要一个预计算加法器来产生 $3a$ 作为 S 模块的输入之一。

一个基 16 重编码器则采用权重分别为 -8，4，2，1，1 的重叠的 5 位字段来产生范围从 -8 到 8 的值十六进制数。同时需要加法器来产生 $3a$、$5a$ 和 $7a$ 作为 S 模块的输入。$6a$ 可以通过由 S 模块将 $3a$ 进行移位产生。基 32 甚至是基 64 的重编码器也是可能的，并且对于非常大的乘法器来说这将是非常有趣的。

12.3　华莱士树

图 10-5 所示的简单无符号数乘法器和图 12-9 所示的重编码乘法器都通过一系列与输入位数成比例的加法器线性地传播进位。

对于简单的 $n \times m$ 位乘法器，进位链的长度为 $n+m-2$。对于 $n \times m$ 位基 4 Booth 重编码乘法器，进位链的长度为 $n+m/2+1$。我们可以将加法器排列成树形结构而不是线性阵列，从而将部分积累加的延时从 $O(n)$ 缩短到 $O(\lg(n))$，树形结构通过压缩部分积，直到每个权重对应的部分积数量最多不超过二时结束。然后将再超前进位技术（见 12.1 节）应用于最终求和部分。

图 12-12 所示的给出了图 10-15 所示 4 位乘法器的部分积（标记为 pp_{ij}）累加的电路。图中左侧的部分积是图 10-15 所示的"与"门的输出，信号 $pp_{ij} = a_i \wedge b_j$。由五个全加器（FA）和一个半加器组成的华莱士树对部分积进行压缩，直到每个权重对应最多两个部分积为止。然后，超前进位加法器求得最终乘积，加法器的延时与位宽的对数值成正比。

在图中，部分积按权重垂直分组。虚线将各个组分隔开。第 0 组和第 1 组的权重分别是 1 和 2，它们对应的部分积数量都不超过两个，因此不需要压缩。这些部分积可以直接作为超前进位加法器的输入。

第 2 组，权重为 4，共有三个部分积位（pp_{02}，pp_{11} 和 pp_{20}），它们作为一个全加器的输入，产生一个权重等于 4 的信号 $w_1 a_2$ 作为超前进位加法器的输入，以及一个权重等于 8 的信号 $w_1 a_3$ 被传递到下一分组中。

中间信号的名称体现了信号的级数与信号权重的对数值，并通过它来辨别某级某权重的特定信号。例如，$w_1 a_3$ 表明它处于第 1 级中，其权重为 $2^3 = 8$，并且是具有这两个属性的第一个信号，因为其标签为 a。

第 3 组，权重等于 8，共有四个部分积。其中三个输入到一个全加器中，另一个被传递到第 2 级中的全加器中。该全加器输入为两个第 3 组第 1 级信号 $w_1 a_3$ 和 $w_1 b_3$，以及第 3 组剩下的一个输入 pp_{30}，产生一个第 3 组第 2 级信号 $w_2 a_3$，以及一个第 4 组第 2 级信号 $w_2 a_4$，这两个信号都是超前进位加法器的输入。

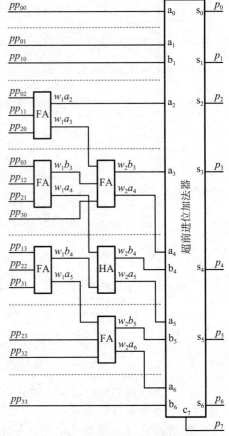

图 12-12 用于累加图 10-15 所示简单无符号 4×4 乘法器部分积的华莱士树结构

剩余组的部分积压缩过程与之类似。每组中的部分积和中间信号通过全加器和半加器后减少，直到每组中的信号数量为两个或更少，这时它们被输入到最终的超前进位加法器求最终和。

通过使用全加器和半加器，每一级的加法器都减少了部分积数量，如表 12-3 所示。该表显示了对于每一个权重为 i 的输入数量，通过一级全加器和半加器产生了多少个权重为 i 和 $2i$ 的输出。例如，对于权重为 i 的 6 输入，使用两个全加器分别产生权重为 i 和 $2i$ 的两个输出。在某些情况下，我们可以选择是否进行压缩。例如，对于给定权重的两个部分积，可以选择直接跳过这些输入，像图 12-12 所示第 1 组中直接作为超前进位加法器的输入，或者将它们输入到半加器中产生权重分别为 i 和 $2i$ 的输出。这种替代压缩在表格的最后两列中显示。

表 12-3 华莱士树的某一级部分积数量的压缩

输 入	输 出		替 代		输 入	输 出		替 代	
	$2i$	i	$2i$	i		$2i$	i	$2i$	i
1	1	0			5	2	2		
2	1	1	2	0	6	2	2		
3	1	1			7	3	2		
4	2	1			8	3	3	4	2

根据表 12-3 所示的压缩数据，表 12-4 所示的给出了一个简单无符号数 8×8 乘法器的部分积由四级全加器和半加器压缩的过程。第一行是组号，即权重以 2 为底的对数值（$\log_2$（权重））。

表 12-4　简单无符号数 8×8 乘法器的部分积累加华莱士树。标记为"pps"的行给出每个权重的部分积的数量，后续的各行给出了经过该级全加器压缩之后各权重对应剩余的信号数

$\log_2$（权重）	14	13	12	11	10	9	8	7	6	5	4	3	2	1	0
pps	1	2	3	4	5	6	7	8	7	6	5	4	3	2	1
第一级	1	3	2	4	4	4	6	5	5	4	3	3	1		
第二级	2	1	3	3	3	4	4	4	3	3	2	1			
第三级	2	2	2	2	2	3	3	3	2	1					
第四级				2	2	2	2	1							

第二行是每组中部分积（pps）的数量：对给定权重的需要求和的位数。剩余的行给出各级全加器之后对应权重剩余的信号数。具体内容根据表 12-3 所示的压缩规则进行。每个结果仅取决于它垂直上面行的数和垂直上面行的数的右列那个数。例如，第 9 组在第一级之后还有四个信号。这包括了第 9 组中的六个部分积压缩后的两个信号和在第 8 组中进行七个部分积的压缩而产生的两个附加进位信号。

在第 12 组的第二级，可以选择将两个第一级的信号直接传递到第三级，或者用一个半加器传递一个信号并向第 13 组进位一个信号。如果是通过直接传递的方式，在第三级便可以用一个全加器将 3 个信号压缩到 2 个，一个在第 12 组，另一个进位到第 13 组。

这种避免使用半加器的策略可以等我们累积了足够多的信号之后再使用全加器，这将降低下一级信号的总数。

表 12-5 所示的显示了 Booth 重编码如何减少部分积的数量，以及完成压缩所需的级数。由于使用了 Booth 重编码处理有符号数乘法，因此必须将所有部分积的符号扩展到全位宽，还必须指明华莱士树中每个输入（位 0，2，4 和 6）的进位输入位。采用重编码技术，在超前进位加法器之前，与没有重编码的乘法器实现需要的四级相比，只需要三级即可实现 16 位乘法器。

表 12-5　一个 8×8 有符号数基 4 Booth 乘法器华莱士树部分积累加 $10 \sim 15$ 组各组都有 4 个输入，因为所有部分积都经过了符号位扩展

$\log_2$（权重）	15	14	13	12	11	10	9	8	7	6	5	4	3	2	1	0
pps	4	4	4	4	4	4	4	4	4	5	3	4	2	3	1	2
第一级	3	3	3	3	3	3	3	3	4	3	3	2	3	1		
第二级	2	2	2	2	2	2	2	2	3	2	2	1				
第三级	2	2	2	2	2	2	2	1								

除了用于乘法中部分积的求和之外，全加器单元树结构还可用于以 $O(\lg(N)\lg(b))$ 为延时的 N 个 b 位数相加。例如，图 12-13 所示的显示了如何使用一个三级全加器树结构来计算六个数的和。该电路的 VHDL 代码如图 12-14 所示。

因为加法器的每一级将给定权重的信号数量减少 $2/3$，所以将 N 个数压缩到两个加法器的输入所需要的级数 S 被限制在：

$$S \geqslant \lceil \log_{3/2}(N/2) \rceil \tag{12-13}$$

不幸的是，这个约束不是十分严格。例如，它表明，十个输入可以分四级进行求和，然而实际上却需要五级才能完成。一个更强的约束可以写为：

$$S(N) = 0, \quad 0 \leqslant N \leqslant 2 \tag{12-14}$$

$$S(N) = 1 + S(N - \lfloor N/3 \rfloor), \quad N \geqslant 3 \tag{12-15}$$

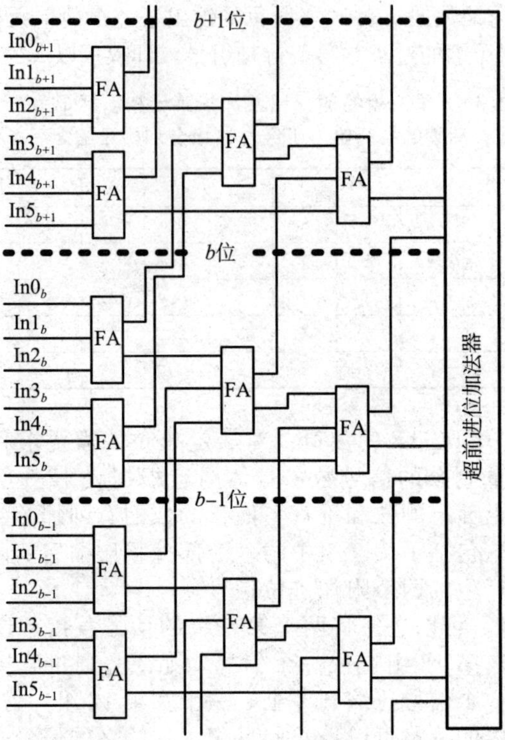

图 12-13　多输入加法器，所有输入经过一系列的全加器压缩到最终的 2 个数，最后两个数再经由传统的多位加法器相加

```vhdl
library ieee;
use ieee.std_logic_1164.all;
use ieee.std_logic_signed.all;
use work.ch10.all;

entity MultiAdder_FA_Tree is
  port( in0, in1, in2, in3, in4, in5: in std_logic_vector(3 downto 0);
        output: out std_logic_vector(6 downto 0) );
end MultiAdder_FA_Tree;

architecture impl of MultiAdder_FA_Tree is
  signal se_in0, se_in1, se_in2, se_in3, se_in4, se_in5: std_logic_vector(6 downto 0);
  signal s00, s01, s10, s20: std_logic_vector(6 downto 0); -- s(level)(unit)
  signal c00, c01, c10, c20: std_logic_vector(6 downto 0); -- c(level)(unit)
  signal toss: std_logic_vector(3 downto 0); -- outputs thrown away as bit 7 not needed
begin
  -- sign extend the inputs
  se_in0 <= in0(3) & in0(3) & in0(3) & in0;
  se_in1 <= in1(3) & in1(3) & in1(3) & in1;
  se_in2 <= in2(3) & in2(3) & in2(3) & in2;
  se_in3 <= in3(3) & in3(3) & in3(3) & in3;
  se_in4 <= in4(3) & in4(3) & in4(3) & in4;
  se_in5 <= in5(3) & in5(3) & in5(3) & in5;
```

图 12-14　6 输入有符号数加法器 VHDL 设计实体，由 1 位全加器模块构成（fa）

```
--  Set lower bit carry ins to 0
c00(0) <= '0'; c01(0) <= '0';
c10(0) <= '0'; c20(0) <= '0';

FA01_0: FullAdder port map(se_in0(0),se_in1(0),se_in2(0),c00(1),s00(0));
FA02_0: FullAdder port map(se_in3(0),se_in4(0),se_in5(0),c01(1),s01(0));
FA10_0: FullAdder port map(s00(0),c00(0),c01(0),c10(1),s10(0));
FA20_0: FullAdder port map(s01(0),s10(0),c10(0),c20(1),s20(0));

-- Array adders for bits 1, 2, 3, 4, 5 to reduce code length
FAA: for i in 1 to 5 generate
  FA00i: FullAdder port map(se_in0(i),se_in1(i),se_in2(i),c00(i+1),s00(i));
  FA01i: FullAdder port map(se_in3(i),se_in4(i),se_in5(i),c01(i+1),s01(i));
  FA10i: FullAdder port map(s00(i),c00(i),c01(i),c10(i+1),s10(i));
  FA20i: FullAdder port map(s01(i),s10(i),c10(i),c20(i+1),s20(i));
end generate;

FA01_6: FullAdder port map(se_in0(6),se_in1(6),se_in2(6),toss(0),s00(6));
FA02_6: FullAdder port map(se_in3(6),se_in4(6),se_in5(6),toss(1),s01(6));
FA10_6: FullAdder port map(s00(6),c00(6),c01(6),toss(2),s10(6));
FA20_6: FullAdder port map(s01(6),s10(6),c10(6),toss(3),s20(6));

output <= s20 + c20;
end impl;
```

图 12-14　（续）

每级权重相等的 N 个输入信号由 $a = \lfloor N/3 \rfloor$ 个全加器压缩到 $N-a$ 个，直到仅剩两个信号为止。表 12-6 所示的给出了 $S(N)$ 的前 16 个值。

表 12-6　使用全加器华莱士树结构将 N 个输入减少到两个所需的级数

N	S	N	S
1	0	9	4
2	0	10	5
3	1	11	5
4	2	12	5
5	3	13	5
6	3	14	6
7	4	15	6
8	4	16	6

在本节我们研究了如何使用全加器压缩相等权重的信号，全加器将 3 位权重相等的信号压缩到反映 3 位输入中 1 的个数的 2 位二进制数。因此，在上下文使用中，全加器有时称为 3-2 压缩器或者 3-2 计数器。当然，采用更大基数压缩器来构造压缩树也是完全可能的。

例如，我们可以设计一个接收 7 位相等权重输入的 7-3 压缩器，输出 3 位二进制数，代表输入中 1 的个数。练习 12.12 将探讨用这个模块构造华莱士树。还可以组合两个全加器（对进位输入和输出建模）构成一个 4-2 压缩器。这一概念将在练习 12.13 中探讨。

12.4　综合注意事项

虽然有时候需要明确地对乘法器和加法器编辑设计代码来实现特定的目标，但在大多数情况下，现代综合工具都表现得十分出色，一般只需使 VHDL std_logic_signed 运算符"*"和"+"即可生成非常高效的有符号数和无符号数乘法器和加法器。综合工具有一个很大的加法器和乘法器设计库，并将选择符合指定时序约束的最便宜的设计。

总结

本章已经介绍了如何设计快速运算电路。我们已经涵盖了现在几乎所有高性能运算电路都使用的三种技术：超前进位，Booth 重编码和华莱士树。

使用逻辑模块树结构计算某字段的进位输出，可以构成一个延时与 $\log_2(n)$ 成正比而非与 n 成正比的 n 位加法器。为了构建一个超前进位树，我们通过指定函数 p 和 g 来描述加法（或其他迭代函数），表示进位在某 1 位传播，或不管进位输入是什么都将有一个进位产生。我们从较小的位字段的 p 和 g 函数，单个位，递归地计算一个较大的位字段的 p 和 g 函数。一旦计算出某 1 位字段的进位，就使用一个倒树形结构计算每 1 位的进位输出。

以 2（或更大）为基数的 Booth 重编码对乘法器其中一个输入进行重编码，减少需要求和的部分积数量。例如，采用基 4 Booth 重编码，将 n 位输入重编码成一个基 4 的 $(n/2)$ 位数，其中每位数取 -2 到 2 之间的一个整数值。用于计算每个部分积的"与"门被扩展以进行选择移位（针对 2 和 -2）和求负（针对 -2 和 -1）。然后，将最后压缩得到的部分积相加。Booth 重编码的优点是，基本不需要额外的修改就可以直接处理输入为基 2 补码数的情况。

可采用加法器树结构对乘法器的部分积进行求和运算（无论其是否采用重编码）。例如，华莱士树将使 N 个部分积的累加求和时间减少到与 $\log_{3/2}(N/2)$ 成正比。

虽然理解这些用于构建快速算术电路的技术很重要，但是现代综合工具都拥有包括所有这些技术在内的优化算术单元设计库。因此，在实现标准算术功能时，不需要手动地实例化这些设计实体。综合工具将自动且高效地处理这些情况。在实现其他功能时，可能需要手动实例化这些设计，例如在设计其他可以从超前进位结构获得一些优势的迭代电路时。

文献解读

MacSorley 发表于 1961 年的论文[75]包括了本章所描述的所有技术以及其他一些技术。它表明了 20 世纪 60 年代初计算机算数领域的成熟程度。Weinberger 和 Smith 于 1956 年首次发表论文[111]，描述了超前进位技术。有关快速加法器的更多信息，请参考 Harris 的并行前置加法器的分类[46]或 Ling 关于快速加法的论文[70]。

重编码技术源自 Booth 的算法[15]，该算法最初被开发用于在软件中顺序执行乘法。在这里描述的并行形式与 MacSorley[75]所描述的相似。华莱士树则在参考文献[110]中首次被提出。

过去三个章节几乎只停留在计算机算术的表面阶段。有兴趣的读者可以参考许多优秀的教科书和专著，其中包括参考文献[25，42-43，53]。

练习

12.1 混合基超前进位。为一个扇入为 5 或 6 的 PG 模块构成的超前进位 32 位幅度比较器，编写 VHDL 代码。

12.2 反向进位传播。编写一个 32 位幅度比较器的 VHDL 代码，通过从 MSB 到 LSB 传播进位，使用扇入为 4 的超前进位技术。

12.3 超前仲裁器。编写一个 32 位的仲裁器的 VHDL 代码，并且使用扇入为 4 的超前进位技术。

12.4 超前优先编码器。结合超前进位和图 8-24 所示的技术构建一个优先编码器，扇入为 4。

12.5 无符号重编码乘法器。重新设计图 12-9 和图 12-10 所示的基 4 Booth 重编码乘法器以处理无符号数的情况。

12.6 基 8 Booth 重编码器。设计一个基 8 重编码器。给出如表 12-1 和表 12-2 所示的表格。编写 VHDL

进行 6×6 乘法运算，只生成两个部分积。

12.7　基 16 Booth 重编码器。重复练习 12.6，但采用基 16 的 Booth 重编码执行 8×8 乘法。

12.8　Booth 重编码最优化。对于 64 位有符号数乘法，确定需要最少的全加器的重编码基数。包括用于预先计算 a 的倍数的加法器和用于计算部分积的加法器。

12.9　Booth 重编码最优化。对于 128 位有符号数乘法器，重复练习 12.8。

12.10　所有加法器是否都是必需的。图 12-9 所示的每行中最左边的两个加法器具有相同的输入信号。因此，有人认为最左边的加法器可以被省略，其输出连接到同一行中倒数第二个加法器的进位输出。这是真的吗？如果是这样，解释为什么；如果不是，解释为什么不是，并建议一种替代方法来简化这个逻辑。（提示：确保你考虑 $a=-8$ 和 $b=2$，8 或 12 的情况）

12.11　基于华莱士树的基 4 Booth 重编码 16×16 位乘法器。为基 4 Booth 重编码 16×16 位乘法器的华莱士树结构画一张像表 12-4 和表 12-5 所示那样的表，以对部分积求和。请注意对部分积进行符号位扩展。

12.12　七输入计数单元的华莱士树。假设，就像全加器一样，它接收三个权重为 i 的输入，产生一个权重为 i 和一个权重为 $2i$ 的输出，有一个七输入"双加法器"单元，它接收七个权重为 i 的输入，并产生各一个具有权重 i，$2i$ 和 $4i$ 的输出。使用这些七输入单元（以及全加和半加器），为 16×16 位基 4 Booth 重编码乘法绘制像表 12-4 和表 12-5 所示那样的表。

12.13　4-2 压缩器。图 12-15 所示的给出了一个 4-2 压缩器，它接收 4 位输入，并通过使用两个加法器产生 2 位输出。

　　(a) 对于使用这些"四"输入单元的 16×16 位基 8 Booth 重编码乘法器，绘制与表 12-4 和表 12-5 所示类似的表格。可以假定预加部分积可用。

　　(b) 使用 4-2 压缩器将 n 个部分积减少到两个，对延时有什么限制？以全加器的延时为据给出答案。这与使用基本的 3-2 华莱士树相比更快还是更慢？

　　(c) 对于相同数量的输入，一个 4-2 压缩器的延时必须是多少，才能使 4-2 华莱士树具有与 3-2 华莱士树相同的延时？

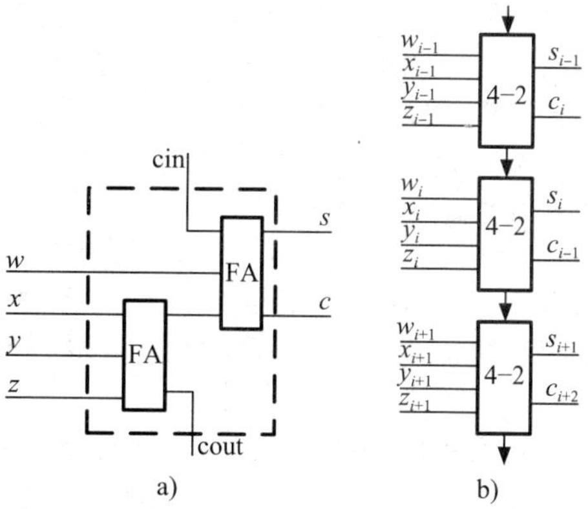

图 12-15　由两个全加器组成的 4-2 压缩器 a) 需要 4 位输入并产生进位与和。如 b) 所示，中间进位从某一位传递到下一位。在练习 12.13 中使用了这个结构

12.14　华莱士树选择。用半加器重做表 12-5 所示第 12 组第一级中的压缩，而不是直接将第 12 组的两个部分积直接传递到第二级。

12.15　每个部分积拥有 2 位的华莱士树。绘制一个像表 12-4 和表 12-5 所示那样的表格，用于对一个 15 位的基 8 Booth 重编码乘法器的部分积求和。假设每个部分积由两个位组成，以允许在不预先求和的情况下处理 $3a$ 的情况。

12.16　简化的华莱士树。图 12-12 所示的两个全加器可以被半加器代替。重绘更改后的图表明如何处理现在加法器的额外输入。现在的设计，采用三个半加器和三个全加器，比原来的设计更好吗？解释为什么是，或为什么不是。

12.17　快速乘法器设计。设计一个 32×32 位基 2 补码乘法器，使其具有最小的延时。设计应包括部分积的 Booth 重编码（选取最佳基数），华莱士树以减少部分积数量，以及超前进位加法器（选取最佳基数）来执行最终求和。谨慎处理求和树中部分积的符号位扩展。最后给出设计方案的延时分析。

12.18　快速乘法器实现。对练习 12.17 中的乘法器设计编写 VHDL 代码，并编写测试平台对其进行验证。

12.19　快速无符号乘法器设计：设计一个 32×32 位无符号数乘法器，达到延时最小。设计应包括部分积的 Booth 重编码（选取最佳基数），华莱士树以减少部分积数量，以及超前进位加法器（选取最佳基数）来执行最终求和。谨慎处理求和树中部分积的符号位扩展。最后给出设计方案的延时分析。

12.20　快速无符号乘法器实现。对练习 12.19 中的乘法器设计编写 VHDL 代码，并编写测试平台对其进行验证。

第13章
算术运算电路设计实例

本章给出了使用第10章~第12章介绍的技术的几个算术电路的设计和实现。首先，介绍定点复数乘法器的设计。然后引入一个8位浮点格式，并设计了在此格式和定点格式之间转换的单元。最后，阐述有限脉冲响应(FIR)滤波器的实现。

13.1 复数乘法器

两个复数 $a+ib$ 和 $c+id$ 相乘得：

$$(a+ib) \times (c+id) = (ac-bd)+i(bc+da) \tag{13-1}$$

为得到复数乘法的实部和虚部，共需要四个乘法器和两个加法器⊖。由于 $i^2=-1$，因此必须从两个输入的实部乘积中减去虚部乘积，以得到最后输出的实部。

这里的复数乘法器使用 $s1.14$ 定点格式(参见11.2节)表示，这在数字信号处理中是很常见的。为了避免导致溢出错误或丢失精度，直到最终求和之前都将保持中间值的全位宽。两个 $s1.14$ 数相乘得到一个 $s2.28$ 格式的乘积，然后这两个乘积相加得到一个 $s3.28$ 格式的结果。模块的最后一级检查溢出，并将 $s3.28$ 的结果返回到 $s1.14$ 格式。当 $s3.28$ 结果的三个 MSB 不相同时，会发生溢出。最高位为 1 表示负溢出，0 则表示正溢出。复数乘法器使用饱和运算，将结果限制在发生溢出情况以内，以使误差最小化(参见练习10.20)。

该实现的结构图和 VHDL 代码分别如图 13-1 和图 13-2 所示。

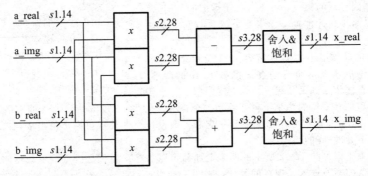

图 13-1　$s1.14$ 定点复数乘法器。由两个 16 位乘法器和两个 31 位加法器组成，该电路输入两个复数 a 和 b，产生复数输出 x

图 13-1 所示的设计很简单，因为乘法器和加法器都不是特殊的设计单元，但它的性能不是最优的。图中每个乘法器都有部分积产生和压缩树，最后通过 31 位加法器产生一个最终结果(见 12.3 节)。为了消除该加法器的延时，我们可以修改乘法器，以省略最终的求和阶段，直接输出压缩后的部分积。可使用两个全加器将这四个值减少到最终加法阶段的两个输入。输出的实部需要一个减法运算，该运算是在将 a_img 输入到修改后的乘法器之前对它进行求负来执行的。

⊖　也可以使用三个乘法器 $(da, bc, (a-b)(c+d))$ 来搭建该电路，但是此处专注于四个乘积项的实现。

```vhdl
library ieee;
use ieee.std_logic_1164.all;
use ieee.std_logic_signed.all;

entity complex_mult is
  port( a_real, a_img, b_real, b_img : in std_logic_vector(15 downto 0);
        x_real, x_img : out std_logic_vector(15 downto 0) );
end complex_mult;

architecture impl of complex_mult is
  signal overflow_pos_real, overflow_pos_img : std_logic;
  signal overflow_neg_real, overflow_neg_img : std_logic;
  signal no_overflow_real, no_overflow_img : std_logic;
  signal p_ar_br, p_ai_bi, p_ai_br, p_ar_bi : std_logic_vector(31 downto 0);
  signal s_real, s_img : std_logic_vector(31 downto 0);
  signal s_real_rnd, s_img_rnd: std_logic_vector(17 downto 0);
begin
  -- s2.28
  p_ar_br <= a_real * b_real;
  p_ai_bi <= a_img * b_img;
  p_ai_br <= a_img * b_real;
  p_ar_bi <= a_real * b_img;

  -- s3.28
  s_real <= p_ar_br - p_ai_bi;
  s_img <= p_ar_bi + p_ai_br;

  -- Round up on half, s3.14
  s_real_rnd <= s_real(31 downto 14) + s_real(13);
  s_img_rnd <= s_img(31 downto 14) + s_img(13);

  -- check for overflow & clamp  (bits 17, 16, 15 not equal)
  overflow_pos_real <= (not s_real_rnd(17)) and (s_real_rnd(16) or s_real_rnd(15));
  overflow_neg_real <= (s_real_rnd(17)) and not(s_real_rnd(16) and s_real_rnd(15));
  no_overflow_real <= not (overflow_pos_real or overflow_neg_real);

  overflow_pos_img <= (not s_img_rnd(17)) and (s_img_rnd(16) or s_img_rnd(15));
  overflow_neg_img <= (s_img_rnd(17)) and not(s_img_rnd(16) and s_img_rnd(15));
  no_overflow_img <=  not (overflow_pos_img or overflow_neg_img);

  x_real <= ((15 downto 0 => overflow_pos_real) and x"7fff") or
            ((15 downto 0 => overflow_neg_real) and x"8000") or
            ((15 downto 0 => no_overflow_real) and s_real_rnd(15 downto 0));

  x_img <= ((15 downto 0 => overflow_pos_img) and x"7fff") or
           ((15 downto 0 => overflow_neg_img) and x"8000") or
           ((15 downto 0 => no_overflow_img) and s_img_rnd(15 downto 0));
end impl;
```

图 13-2　复数乘法器的 VHDL 代码

图 13-3 所示的给出了结构图，但是将中间连线的宽度和完成最终的设计留给读者，见练习 13.1。

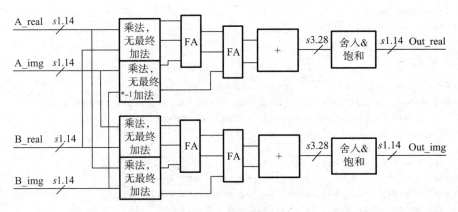

图 13-3 更快的 s1.14 定点格式复数乘法器，该实现方案消除了每个乘法器最后一级的加法器，通过两个全加器将四个输出值压缩到两个

13.2 定点格式和浮点格式之间的转换

本节介绍一种 8 位浮点格式，并探索如何在 12 位有符号数和这种新格式之间进行转换。我们使用的格式是定制的，类似于 A 律和 μ 律音频压缩中使用的格式。像这些格式一样，它将 12 位有符号整数压缩为 8 位的表示形式。它并不代表小数大小。

13.2.1 浮点格式

8 位浮点格式如图 13-4 所示，代表从 −2047 到 2047 范围内的值，精度为 5 位。格式包含单个符号位，3 位指数位和 4 位尾数位。用 MSB 的隐含 1 来扩展 4 位尾数（见练习 11.23），以表示每个定点数的五个 MSB。为了准确地表示小于 16 的数，采用了逐级下溢方式（见 11.3.2 节）。

符号	指数	尾数
7	6:4	3:0

图 13-4 本章中用到的浮点格式

零被简单地表示为 00_{16}，值 80_{16}（负 0）表示算术错误码[⊖]。当进行算术运算发生溢出时，我们将结果置为 80_{16} 以表明运算发生了错误。当错误码是任何浮点函数的输入（如加法）时，输出也将自动置为该码。

浮点格式的求值方程为：

$$v = \begin{cases} -1^s m, & \exp = 0 \\ -1^s 2^{e-1}(10000_2 + m), & \exp \neq 0 \end{cases} \tag{13-2}$$

为了提供逐级下溢，0 和 1 的指数都于尾数 LSB 的右侧编码一个二进制小数点。

不同之处在于，指数大于 0 表示尾数 MSB 的左边为 1，而指数为 0 则不是。指数 1 到 7 的偏移为 1，也即尾数向左移 $e-1$ 位得到该数的值。

忽略可能的位数舍入，计算浮点表示的方程为：

$$s = v < 0 \tag{13-3}$$

$$e = \begin{cases} 0, & \log_2(|x|) < 4 \\ \lfloor \log_2(|x|) \rfloor - 3, & \log_2(|x|) \geqslant 4 \end{cases} \tag{13-4}$$

$$m = |x| 2^{-\min(e-1, 0)} \tag{13-5}$$

对浮点数进行编码时，隐含着尾数是输入的 5 位 MSB。指数对 MSB 的位置进行编码。

转换为浮点数也包括舍入到新尾数的步骤。使用简单的舍入方案，超过二分之一就舍入到 1。图 13-5 和图 13-6 所示的分别显示了表示值和相对误差。该表示的相对误差永远不超过 3.1%，第一个有误差的数是 33。只有当被移出的幅度位都为 0 时，才会出现无误

⊖ 类似于 IEEE 浮点标准中的 NaN。

差表示。

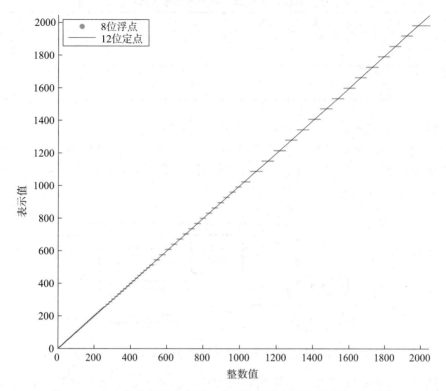

图 13-5 定点数及其浮点表示，截断使得浮点数小于或等于初始值

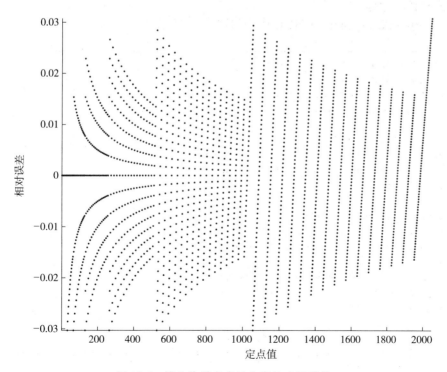

图 13-6 该 8 位浮点表示方案的表示误差

表 13-1 所示的给出了几个示例数，以及它们的浮点表示。

表 13-1 各个定点数及其浮点表示第三列表示将浮点值转换回 12 位定点表示

定点表示(hex)	浮点表示(hex)	转换后的浮点数(hex)	定点表示(hex)	浮点表示(hex)	转换后的浮点数(hex)
000	00	000	0de	4c	0e0
003	03	003	59d	76	580
00f	0f	00f	7ff	7f	7c0
011	11	011	fff	81	fff

13.2.2 定点-浮点转换

图 13-7 所示的给出了一个 12 位定点数到 8 位浮点数转换的结构图。首先使用求负模块和多路复用器将输入从基 2 补码格式转换为符号数值表示。接下来，FF1 单元找到 MSB 的 1(参见 8.5 节)。

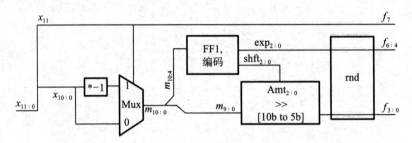

图 13-7 将定点数转换成浮点数的结构图

该独热信号立即被输入到一个优先编码器中，以对 3 位指数和尾数的位移量进行编码。该逻辑将输入的最低有效的 10 位移位到尾数中。舍入一个数可能会导致需要递增指数。(因此可能导致溢出)

定点数-浮点数转换器的 VHDL 代码如图 13-8 所示。

```
library ieee;
use ieee.std_logic_1164.all;
use ieee.std_logic_unsigned.all;
use ieee.numeric_std.all;

entity fix2float is
  port( fixed: in std_logic_vector(11 downto 0);
        float: out std_logic_vector(7 downto 0) );
end fix2float;

architecture impl of fix2float is
  signal exp, shift: std_logic_vector(2 downto 0);
  signal mag: std_logic_vector(10 downto 0);
  signal mant_lng: std_logic_vector(10 downto 0);
  signal mant: std_logic_vector(4 downto 0);
  signal new_exp: std_logic_vector(3 downto 0);
  signal sign: std_logic;
begin

  mag <= (not fixed(10 downto 0))+1 when fixed(11)='1' else fixed(10 downto 0);
  sign <= fixed(11);
```

图 13-8 定点数-浮点数转换的 VHDL 顶层实体

```
process(all) begin
  case? mag(10 downto 4) is
    when "1------" => exp <= "111"; shift <= "110";
    when "01-----" => exp <= "110"; shift <= "101";
    when "001----" => exp <= "101"; shift <= "100";
    when "0001---" => exp <= "100"; shift <= "011";
    when "00001--" => exp <= "011"; shift <= "010";
    when "000001-" => exp <= "010"; shift <= "001";
    when "0000001" => exp <= "001"; shift <= "000";
    when "0000000" => exp <= "000"; shift <= "000";
    when others    => exp <= "---"; shift <= "---";
  end case?;
end process;


-- Shift the mantissa and round
mant_lng <= std_logic_vector(shift_right(unsigned(mag(9 downto 0) & '0'),
                                  to_integer(unsigned(shift))));
mant <= ('0' & mant_lng(4 downto 1)) + mant_lng(0);


-- Check for round overflow
new_exp <= ('0' & exp) + mant(4);


-- If the exponent overflowed, saturate
float <= (sign & "1111111") when new_exp(3) = '1' else
         (sign & new_exp(2 downto 0) & mant(3 downto 0));
-- Using mant(3 downto 0) is correct even with the round overflow,
-- since in that case mant(4 downto 1)=mant(3 downto 0)="0000"
end impl;
```

图 13-8　（续）

当进行移位时，设计实体保存一个舍入位（mant_lng(0)），并将其加回到尾数。如果在舍入操作之前尾数已经是 4 位"1111"，则会溢出并将对指数加 1。如果指数溢出，就使输出饱和。在给出的设计实体中，输入 800_{16}（-2048）不会被转换为 ff_{16}，而是转换为 0 ×80 的错误码。练习 13.4 将要求修复此缺陷。

13.2.3　浮点-定点转换

浮点到定点转换结构图和 VHDL 描述分别如图 13-9 和图 13-10 所示。转换过程的第一步是通过检查指数是否等于 0 来确定隐含 1 是否存在。

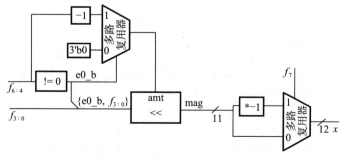

图 13-9　浮点-定点转换结构图

如果 1 存在，从指数中减去 1，然后将尾数和隐含位左移指定量。最后，如有必要，取幅值的负值。

```vhdl
library ieee;
use ieee.std_logic_1164.all;
use ieee.std_logic_unsigned.all;
use ieee.numeric_std.all;

entity float2fix is
  port( float: in std_logic_vector(7 downto 0);
        fixed: out std_logic_vector(11 downto 0) );
end float2fix;

architecture impl of float2fix is
  signal sign, implied_one: std_logic;
  signal exponent, shift: std_logic_vector(2 downto 0);
  signal mant: std_logic_vector(3 downto 0);
  signal mag: std_logic_vector(11 downto 0);
begin
  sign <= float(7);
  exponent <= float(6 downto 4);
  mant <= float(3 downto 0);

  shift <= "000" when exponent = "000" else exponent-1;
  implied_one <= '1' when not (exponent = "000") else '0';

  mag <= std_logic_vector( shift_left( unsigned("0000000" & implied_one & mant),
                                  to_integer(unsigned(shift)) ) );
  fixed <= (not mag)+1 when sign='1' else mag;
end impl;
```

图 13-10　浮点-定点转换的设计实体

13.3　FIR 滤波器

本节详细介绍四阶有限脉冲响应(FIR)滤波器的设计。给定四个输入值和权重，模块的输出为：

$$y = w_0 x_0 + w_1 x_1 + w_2 x_2 + w_3 x_3 \tag{13-6}$$

也就是说，滤波器执行四元素向量 w 和 x 的点积。输入和输出值采用 13.2 节描述的浮点格式。权重为 1.4 定点格式。对于所给的实现，限定权重为正，并且其总和不超过 1：

$$0 \leqslant w_i \leqslant 1, \ \sum_{i=0}^{3} w_i \leqslant 1 \tag{13-7}$$

我们将在练习 13.7 和练习 13.8 中要求读者去掉这些限制。

由于浮点方案仅代表 12 位动态范围($s11.0$)，所以我们选择采用定点格式进行所有算术运算。这些定点运算单元将比对应的浮点运算单元更小更快。权重值以无符号 1.4 格式（第 16）输入。为了避免中间精度损失，$s11.0 \times 1.4$ 乘法器的输出保持 $s11.4$ 定点格式。由于权重之和小于 1 的限制，加法器输出 $s11.4$ 格式的值。FIR 滤波器的最后一级将剩余的小数部分进行舍入，并转换回 8 位浮点格式。结构图和数值表示如图 13-11 所示。

FIR 滤波器的 VHDL 代码如图 13-12 所示。首先使用图 13-10 所示的转换模块将每个浮点数转换为定点格式输入。接下来，对定点值(fixi)进行符号扩展并乘以权重(weighted1)。乘以权重后数的总和经过舍入转换回浮点格式。该过程的最后一步是如果输入是错误码，则输出也是错误码。

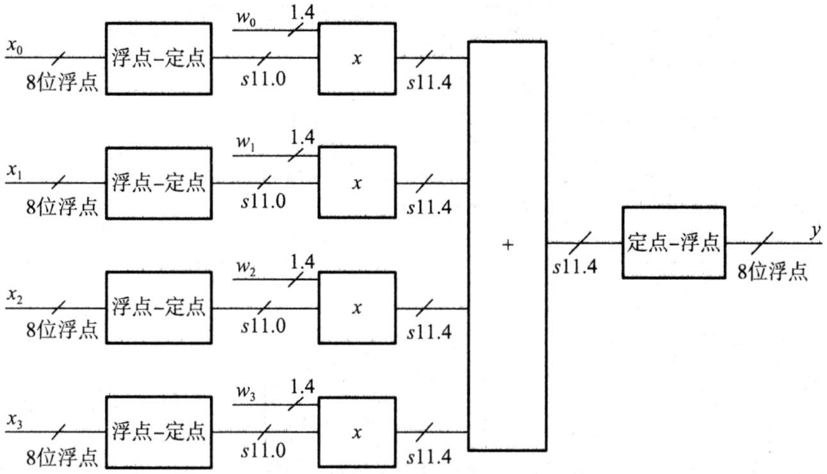

图 13-11　FIR 滤波器结构图。所有权重必须为正，并且总和不超过 1。滤波器将 8 位浮点输入转换为 12 位定点格式。所有中间值均为全位宽定点，以免损失精度

```
-- A four-input floating-point FIR filter
library ieee;
use ieee.std_logic_1164.all;
use ieee.std_logic_signed.all;
use work.ch13.all;

entity fir is
  -- A four-input floating-point FIR filter
  port( x0, x1, x2, x3: in std_logic_vector(7 downto 0);
        -- The output will only be an error if any of the 4 inputs is an error code
        -- As the weights are restricted to be no greater than one
        w0, w1, w2, w3: in std_logic_vector(4 downto 0);
        -- In 1.4 format, max value = 16/16
        output: out std_logic_vector(7 downto 0) );
end fir;

architecture impl of fir is
  signal fix0, fix1, fix2, fix3, fixed_out: std_logic_vector(11 downto 0);
  -- The weighted floating point numbers, s11.4
  signal weighted0, weighted1, weighted2, weighted3, shift1: std_logic_vector(16 downto 0);
  signal w_sum: std_logic_vector(16 downto 0);
  signal float_out: std_logic_vector(7 downto 0);
  signal err: std_logic;
begin
  CONV0: float2fix port map(x0, fix0);
  CONV1: float2fix port map(x1, fix1);
  CONV2: float2fix port map(x2, fix2);
  CONV3: float2fix port map(x3, fix3);

  weighted0 <= fix0 * w0;
  weighted1 <= fix1 * w1;
  weighted2 <= fix2 * w2;
  weighted3 <= fix3 * w3;
```

图 13-12　浮点 RIR 滤波器的 VHDL 设计实体

```
    w_sum <= weighted0 + weighted1 + weighted2 + weighted3;
    fixed_out <= w_sum(15 downto 4)+w_sum(3);

    CONVOUT: fix2float port map(fixed_out,float_out);

    err <= '1' when (x0 = x"80") or (x1 = x"80") or (x2 = x"80") or (x3 = x"80") else '0';
    output <= x"80" when err = '1' else float_out;
end impl;
```

图 13-12 （续）

总结

在本章，我们通过三个扩展的示例，汇集了从第 10 章～第 12 章中学到的大部分内容。在复数乘法器的章节中说明了使用定点数时会遇到的溢出和精度问题，以及如何使用舍入和饱和来处理这些问题。

对基于流行音频压缩标准的定点-浮点转换的讨论，显示了浮点表示在相对精度方面优点，并阐释了浮点表示的许多细节。它包括隐含 1 和逐级下溢表示。转换过程中需要谨慎进行舍入和规格化。

最后一个例子是有限脉冲响应滤波器。该模块说明了多功能数字系统的用处。它具有浮点输入和输出，定点权重，并在内部执行定点计算等特点（它使用定点-浮点转换设计实体对数据进行来回转换）。必须仔细注意内部表示的范围和精度，以避免溢出或精度损失。

文献解读

我们的 μ 律版本来自 G. 711 标准[59]。

练习

13.1　快速复数乘法器设计。给出图 13-3 所示复数乘法器的详细设计（包括线宽和华莱士树）。不需要编写 VHDL 代码，但需要解释为什么这样的方式使设计简单。

13.2　快速复数乘法器实现。编写练习 13.1 中复数乘法器对应的 VHDL 代码以实现该设计，并做相应的验证。

13.3　多输入复数乘法器。输入为 8 个不同的 $s1.14$ 格式定点数，对输入两两相乘并输出，设计，编写并验证 VHDL 代码。在最后输出之前不能有精度损失。

13.4　定点-浮点转换。图 13-8 所示代码中，当输入值为 800_{16} 时该定点转换不能正常工作，请修复该问题。

13.5　定点-浮点转换。采用截断。修改图 13-8 所示代码中的定点-浮点转换，使用截断（丢弃被移出的位），而不是舍入。这种格式的最大表示误差是多少？针对所有输入绘制误差曲线。

13.6　3E5 格式浮点数。设计一个定点-浮点和浮点-定点转换器，可以在 32 位有符号整数和 3E5 浮点表示之间进行转换。该格式有符号位，5 位指数（最大值 29），隐含 1 和 2 位显式尾数位。使用隐含 1，逐级下溢和截断。该表示允许通过仅表示输入值的三个 MSB 来进行 4×数据压缩。请问最大表示误差是多少？

13.7　扩展 FIR 滤波器。Ⅰ. 修改图 13-12 所示的 FIR 滤波器以接收 $s2.5$ 格式的权重，其约束为：

$$-1 \leqslant \sum_{i=0}^{3} w_i \leqslant 1$$

13.8　扩展 FIR 滤波器。Ⅱ. 修改练习 13.7 中 FIR 滤波器设计，去掉权重之和的约束，请确认检测溢出。

13.9　扩展 FIR 滤波器。Ⅲ. 采用图 13-12 所示的 FIR 滤波器模块，不用修改，设计一个 16 阶 FIR 函数，求所有 16 输入的平均值。注意使精度损失最小化。要想完全消除精度损失，需要对滤波器的哪一部分进行修改？

13.10 考虑以上所有，绘制一个 4 阶复数 FIR 滤波器的结构图。输入和最终输出均为 3E5 格式的复数。权重为 s1.4 定点复数。指出所有中间连线的格式和位宽。直到最后输出前不允许发生精度损失。

13.11 叉积。一个向量(a_x, a_y, a_z)与另一个向量(b_x, b_y, b_z)的叉积为另一个向量(c_x, c_y, c_z)，其中，

$$c_x = a_y b_z - a_z b_y$$
$$c_y = a_z b_x - a_x b_z$$
$$c_z = a_x b_y - a_y b_x$$

设计一个模块，输入两个三维 s3.14 格式的向量，输出向量不必是 s3.14 格式的，但须是无精度损失的最小位宽。

13.12 平方根近似。在计算从 0.5 到 2 之间的值的平方根时，一种近似计算[⊖]为：

$$\sqrt{x} \approx 1 + \frac{x-1}{2} - \frac{(x-1)^2}{8} + \frac{(x-1)^3}{16}$$

设计和编写使用上述公式计算格式为 1.8 的数近似平方根的 VHDL 设计实体。假设输入在 0.5 和 2 之间，输出也为 1.8 格式数，但没有任何中间精度损失。0.5 和 2 之间的所有数中最坏情况下误差是多少？

13.13 近似除法。在计算从 0.5 到 1 之间的值的倒数时，一种近似计算[⊜]为：

$$\frac{1}{x} \approx 1 + (1-x) + (1-x)^2 + (1-x)^3 + (1-x)^4$$

(a)画出从 $x=0.5$ 到 $x=1$，该表示的误差。

(b)设计一个浮点除法模块(23E8 格式)，将被除数乘以除数的倒数。提供至少与图 11-1[⊝]所示的一样详细的结构图。

13.14 BCD－二进制。设计和编写 VHDL 设计实体，将 4 位数的无符号 BCD 数转换为 14 位二进制数表示。

13.15 二进制－BCD。设计和编写 VHDL 设计实体，将 14 位无符号二进制数转换为 4 位数的 BCD 值。

⊖ 通过计算 $x=1$ 附近泰勒级数$\sqrt{x}$得到。
⊜ 通过计算 $x=1$ 附近泰勒级数 $1/x$ 得到。
⊝ 请注意，几乎没有哪个系统可以容忍在除法操作上有任何误差。

第四部分

同步时序逻辑

第14章
时 序 逻 辑

　　时序逻辑的输出不仅取决于其输入，还取决于其状态，而状态反映了历史输入。通常时序逻辑电路都会有反馈，即将组合逻辑块计算出的状态变量返回到输入。一般来说，由异步反馈构成的时序逻辑电路可能由于多个状态位在不同时间改变而使得设计和分析变得复杂。假如限定在同步时序逻辑，则可以简化本章的设计和分析，其中状态变量保存在寄存器中并在每个时钟信号的上升沿更新。[⊖]同步时序逻辑电路或有限状态机(FSM)的行为完全由两个逻辑方程描述：一个根据其输入和当前状态计算下一个状态，另一个根据输入和当前状态计算输出。一般通过状态表或状态图的形式描述这两个函数。如果状态被指定为符号，则状态分配将状态符号映射到一组位向量，通常使用二进制和独热状态分配这两种方式。

　　给定状态表(或状态图)和状态分配，实现 FSM 的主要任务就只是简单地综合出状态方程和输出逻辑方程。对于独热状态编码，综合尤其简单，因为每个状态都映射到单独的触发器和状态图中的所有边沿，导致每一个状态都对应到触发器输入端的逻辑函数。对于二进制编码，状态向量的每1位都由卡诺图化简给出逻辑方程。

　　FSM 的 VHDL 实现可以通过一个状态寄存器来保存当前状态，用组合逻辑描述下一状态和输出函数，如第7章所述的 case 语句。状态分配应使用常量参数以便在不改变 FSM 本身描述的情况下进行更改 FSM 的功能。应特别注意在电路启动时应将 FSM 复位为一个已知状态。

14.1 时序电路

　　回想前面章节，我们提到组合逻辑电路的输出仅依赖于当前输入状态。还有一点就是，组合电路必须是无环的。如果向组合逻辑电路添加一个反馈，产生了一个如图 14-1 所示的环路，则该电路将变成一个时序电路。时序电路的输出不仅取决于其当前输入，还取决于历史输入。

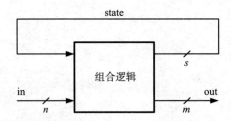

图 14-1　携带状态信息的反馈通路被添加到组合逻辑电路时，便形成了时序电路。时序电路的输出取决于当前输入和状态，其中当前状态是先前状态的函数

　　由反馈创建的环路允许电路存储有关先前输入的信息。我们将存储在反馈信号上的信息称为电路的状态。

　　时序电路的输出是其当前输入和状态的函数。同时它产生电路下一个状态，该状态也

　⊖　我们将在第26章重新讨论异步时序电路。

是输入和当前状态的函数。

图 14-2 所示的是一个复位-置位(RS)触发器,它是一个非常简单的时序逻辑电路,由两个"或非"门⊖组成。电路的输出 q 作为状态变量反馈给输入。电路的行为由方程 $q = r\bar{r} \wedge (s \vee q)$ 描述。状态变量 q 出现在方程的两边。为了使电路动态更清晰,我们将其改写为 $q_{new} = \bar{r} \wedge (s \vee q_{old})$。也就是说,该方程式告诉我们如何由输入和 q 的旧状态导出 q 的新状态。

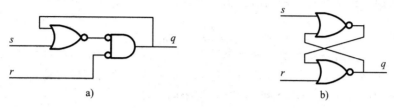

图 14-2 RS 触发器是时序电路中的一个简单例子

从等式(和原理图)可以看出,如果 $r=1$, $q=0$,则触发器被复位。如果 $s=1$ 且 $r=0$,则 $q=1$,触发器被置位;如果 $s=0$ 且 $r=0$,则输出 q 保持先前状态。输出 q 反映最后一个为高电平的输入。如果 r 最后为高,则 $q=0$。如果 s 最后为高,则 $q=1$。表 14-1 所示的状态表总结了这种行为。

表 14-1 RS 触发器的状态表

r	s	q_{old}	q_{new}
0	0	0	0
0	0	1	1
0	1	X	1
1	X	X	0

因为时序电路的功能取决于信号随时间的变化而变化的情况,所以经常使用时序图描述它们的行为。RS 触发器的工作时序图如图 14-3 所示。该图显示了信号 r, s 和 q 随时间变化的波形和信号电平。时间轴从左到右,信号间的箭头表明了信号电平跳转的因果关系。

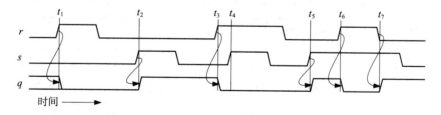

图 14-3 RS 触发器的工作时序图,信号值从左到右按时间轴显示

最初,q 处于未知状态,它可以是高或低,因此由高线和低线同时表示。在时刻 t_1,r 变高,导致 q 下降——触发器复位。信号 s 在 t_2 变高,导致 q 变高,触发器置位。触发器在 t_3 再次复位。信号 s 在 t_4 变高,但这对输出没有影响,因为 r 也为高。信号 s 在 t_5 由低电平变高,触发器被置位。当 r 变高时,它再次在 t_6 重置,即使 s 仍然为高。当 r 变低时,触发器在 t_7 最后一次置位。

⊖ 绘制电路如图 14-2a 所示。也有许多人(不遵守气泡规则)绘制电路如图 14-2b 所示。

14.2 同步时序电路

图 14-2 所示的 RS 触发器非常简单，但是具有多位状态反馈的时序电路可能会有非常复杂的行为。复杂度一部分是由于下一状态信号的不同位可能在不同时间发生变化。这样的竞争可能导致下一输出状态将取决于电路延时。我们推迟讨论一般的异步时序电路，直到第 26 章。在此之前，我们将注意力集中在同步时序电路中，使用时钟存储元件来确保所有状态变量同时改变状态，即与时钟信号保持同步。同步时序电路有时称为有限状态机或 FSM。

同步时序逻辑电路的框图如图 14-4 所示。电路是同步的，因为状态反馈环路由 s 位宽（其中 s 是状态位数）的 D 触发器中断。在 15.2 节将要详细描述的这种触发器电路在时钟信号的上升沿用当前输入值更新输出值。在其他时间内，输出都保持稳定。将 D 触发器插入反馈回路限制所有状态位必须同时改变，这消除了产生竞争的可能性。

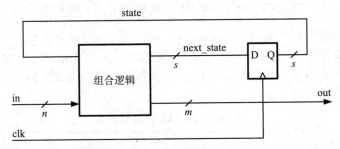

图 14-4 同步时序电路利用时钟存储元件(这里是 D 触发器)中断状态反馈环路。触发器确保所有状态变量的值同时改变，即当时钟信号上升沿时

图 14-5 所示的时序图说明了同步时序电路的工作原理。在每个时钟周期内，从时钟的一个上升沿到下一个上升沿的这段时间里，组合逻辑计算下一个状态和输出(图中未示出)，二者均是当前输入和状态的组合函数。

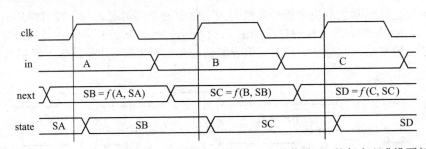

图 14-5 同步时序电路的工作时序图。状态信号在时钟信号 clk 的每个上升沿更新

在时钟的每个上升沿，当前状态(状态)用在上一个时钟周期内计算出的下一个状态来更新。

例如，在图 14-5 所示的第一个时钟周期内，当前状态是 SB，在本周期结束之前，输入变为 B。然后组合逻辑计算下一个状态 SC=f(B，SB)。在第一个周期结束时，时钟再次上升，将当前状态更新为 SC。直到时钟信号的下一个上升沿到来之前，状态将保持为 SC。

我们可以逐个时钟地分析同步时序电路。给定时钟周期内的输出和下一个状态仅取决于当前状态和在该时钟周期内电路的输入。在每个时钟上升沿，当前状态都更新为下一个状态。

例如，假设状态函数和输出逻辑如表 14-2 所示。如果电路从状态 00 开始，并且在前 9 个周期中的输入序列为 011011011，那么它每个周期内的状态和输出将是什么呢？

表 14-2 示例同步时序逻辑电路的状态表

状态	下一状态		输出	
	in＝0	in＝1	in＝0	in＝1
00	00	01	0	0
01	00	11	0	1
11	01	10	0	1
10	11	00	0	1

示例电路的工作如表 14-3 所示。在第 0 个周期，从状态 00 开始，输入和输出都是 0。在状态 00，输入为 0 的情况下，下一个状态也是 00，所以在第 1 个周期，电路保持在状态 00，但当前的输入是 1。状态 00，输入为 1 时，下一个状态为 01，对应的是第 2 个周期。在状态 01，输入为 1 时，得到下一个状态是 11，第 3 个周期。在第 3 个周期，状态 11 的输入变为 0，使下一个周期又回到状态 01，即第 4 个周期。接下来的两个周期，输入均为 1，第 5 个周期和第 6 个周期状态分别为 11 和 10。第 6 个周期中的 0 输入使我们又回到第 7 个周期，状态为 11。第 7 个周期和第 8 个周期的 1 输入使第 8 个周期和第 9 个周期的状态分别为 10 和 00。在第 8 个周期，由于当前状态是 10 并且输入为 1，所以输出为 1。

表 14-3 输入序列为 011011011 由表 14-2 描述的时序逻辑电路的状态序列

周期	状态	输入	输出
0	00	0	0
1	00	1	0
2	01	1	0
3	11	0	0
4	01	1	0
5	11	1	0
6	10	0	0
7	11	1	0
8	10	1	1
9	00		0

FSM 的一个表示形式是状态表，如表 14-2 所示，以表格形式给出下一状态和输出函数。等效的图形表示是状态图，如图 14-6 所示。

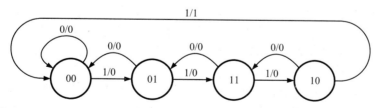

图 14-6 表 14-2 所示 FSM 的状态图。圆圈表示四个状态。每个箭头表示从当前状态到下一状态的状态转换，并标记为输入/输出，分别表示导致状态转换的输入，以及当前状态下该输入对应的输出

图 14-6 所示的每个圆圈都表示一个状态。并以状态名称作为标记。这里使用状态变量的值作为状态名。今后将引入符号状态名，使其独立于状态编码。下一个状态由箭头指示。每个箭头都表示状态转换，并在该转换期间用输入和输出值进行标注。例如，从状态 00 到状态 01 的箭头标记为 1/0，意味着在状态 00 中，若输入为 1，则下一个状态为 01，

输出为 0。注意，箭头可能会从一个状态指向自身，就像从状态 00 到状态 00，输入为 0 的情况一样。同样，与状态 10 中输入为 1 时，从状态 10 转换到状态 00 一样，图中转换可能会有相当长的一段距离。

14.3　交通灯控制器

FSM 的第二个例子，考虑控制南–北路与东–西路交叉路口的交通灯控制问题，如图 14-7 所示。

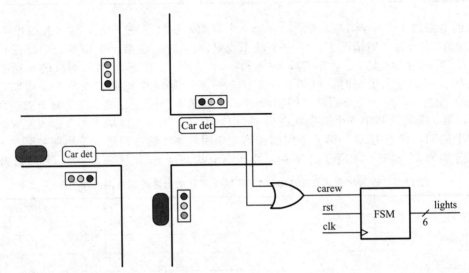

图 14-7　用 FSM 控制交叉路口的交通灯。FSM 有两个输入：一个复位信号(rst)和一个表明一辆汽车正在东西方向路上等待(carew)的信号。FSM 输出有 6 位，控制三个南–北红绿灯(绿，黄，红)和三个东–西红绿灯

算上南–北路和东–西路各自的绿–黄–红灯，共有 6 个灯需要控制。FSM 将 carew 作为输入信号，表示有汽车正在东–西方向的路上等待。第二个输入 rst，将 FSM 复位到一个已知状态。

我们从 FSM 的文字描述开始。

(1)复位 FSM：南–北方向为绿灯，东–西方向为红灯。

(2)当东西方向检测到一辆汽车(carew=1)时，先让东–西方向变成绿灯，然后再使南–北方向变回绿灯。

(3)一个方向上的绿灯必须首先转到一个黄灯状态，然后再进入红灯状态。

(4)某一个方向上，只有在另一个方向上是红灯时才有可能变绿灯。

满足我们要求的 FSM 的状态图如图 14-8 所示。与图 14-6 所示的状态图相比，它有两个主要区别。

首先，状态由符号名称标记。第二，输出值在状态下面而不是在转换中给出。这是因为输出仅是状态的函数，与输入无关$^{\ominus}$。

FSM 复位到状态 GNS(绿灯–南–北方向)。在这种状态下，输出为 100 001。前一个 100 代表南北方向的绿灯亮(绿–黄–红)。而 001 代表东西方向的红灯亮(也是绿–黄–红)。因此，交通灯在南北方向是绿灯，在东西方向是红灯。复位到这个状态满足第一条规则。标记$\overline{carew}$的箭头使 FSM 一直处于状态 GNS，直到在东西方向检测到汽车。

　$\ominus$　对于一个 FSM，其输出仅取决于当前状态，而不依赖于输入时称之为 Moore 状态机。输出取决于当前状态和
　　输入的 FSM 称为 Mealy 状态机。

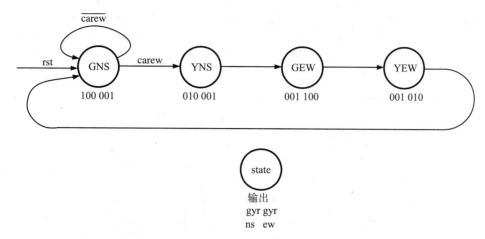

图 14-8　交通灯控制器 FSM 的状态图。状态由符号名称标记。输出在每个状态下给
　　　　出(南-北方向绿-黄-红信号(3 位)，东-西方向绿-黄-红信号)。复位箭头被
　　　　省略，FSM 复位到状态 GNS

当东西方向检测到汽车时，信号 carew 变为 1，时钟的下一个上升沿使 FSM 进入状态
YNS(黄灯，南-北)。在这种状态下，输出为 010 001。010 表示南北方向黄灯，001 表示
东西方向为红灯。在东西方向变为绿灯之前，过渡到这一状态满足从 GNS 向 GEW 过渡
时的第三条规则。从状态 YNS 出来的箭头没有任何标注，这意味着这种状态转换总是发
生(除非 FSM 被复位)。

状态 GEW(绿灯，东-西)始终在状态 YNS 之后。在这种状态下输出为 001 100，南北
方向为红灯，东西方向为绿灯。该状态及其所在的顺序满足第二条规范。状态 YEW 始终
在状态 GEW 之后。状态 YEW(黄灯，东-西)输出 001 010，在南北方向为红灯，东西方
向为黄灯。该状态满足关于 GEW 和 GNS 之间转换的第三条规范。

交通信号灯控制器的状态表如表 14-4 所示。复位信号未显示。我们在练习 14.3 到练
习 14.9 中将探讨这种基本交通灯控制器的一些变形。

表 14-4　交通灯控制器 FSM 的状态表，FSM 被复位到状态 GNS

状态	下一状态		输出
	carew＝0	carew＝1	
GNS	GNS	YNS	100 001
YNS	GEW	GEW	010 001
GEW	YEW	YEW	001 100
YEW	GNS	GNS	001 010

例 14.1　状态机

绘制填充脉冲序列中缺失脉冲的 FSM 的状态图。输入 a 通常每五个周期就变成高电
平，持续一个周期。当输入 a 在预期周期内变高，或者提前一个周期，输出 q 就在下一个
周期变高。如果输入 a 早一个或迟一个周期变高，时序被复位，在五个周期后 a 再次变高。

如果 a 提前或推迟两个周期变高，则忽略。如果 a 在预期周期内没有变高，输出 q 无
论如何都会在预期周期之后的一个周期内变高。

状态图如图 14-9 所示，共有 8 个状态。每个状态的输出在状态名下给出。复位时，
FSM 由状态 R 启动，等待 a 的第一个脉冲。当该脉冲到达时，FSM 转移到状态 1 并输出
一个 1。FSM 继续转到状态 2，3 和 4，并忽略在状态 1，2 或 3 中到达的任何输入。如果
a 在状态 4 为高(提前了一个周期)，FSM 回到状态 1——复位时序。在状态 5 预期时间内

到达的脉冲导致 FSM 转换到状态 1——复位序列。如果状态 5 中的 a 为零，则 FSM 转移到状态 M，使输出变高以处理丢失或延时的脉冲。如果在状态 M 中 a 变高，则控制转移到状态 L 以复位延时脉冲的时序。否则，控制转移到状态 2 以处理丢失的脉冲且不复位时序。

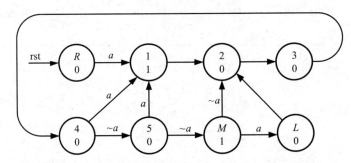

图 14-9 脉冲填充器 FSM 的状态图，如例 14.1 所描述

14.4 状态分配

当使用符号名称指定 FSM 的状态时，如图 14-8 或表 14-4 所示，在实现 FSM 之前，需要将实际的二进制值分配给各个状态。这个将值分配给各个状态的过程称为状态分配。

对于同步 FSM，只要每个状态的值是唯一的，就可以将任何一组值分配给各个状态[⊖]。因此至少需要 $s_{min} = \log_2(N)$ 位来表示 N 个状态。然而，最好的状态分配并不总是对应使用最少的位。状态向量的每 1 位都称为一个状态变量。

一个独热状态分配使用 N 位来表示 N 个状态。每个状态都有自己的表示位。当 FSM 处于第 i 个状态时，状态变量相应位 b_i 等于 1。在所有其他状态下，b_i 等于 0。交通信号灯控制器 FSM 的独热状态分配如表 14-5 所示。四个状态共需要 4 位来表示。在任何状态下，只有一个位被置 1。独热状态分配使得 FSM 的逻辑设计特别简单，我们将在接下来的讨论中看到这一点。

二进制状态分配使用最小位数 $s_{min} = \log_2(N)$ 来表示 N 个状态。对于 $N!$ 个可能的二进制状态分配(4 位对应 24 个状态)，选择哪种并不重要。虽然已经有许多关于选择状态分配以最小化逻辑实现的学术论文，但实际上它并不重要。

除了极少数情况以外，通过优化状态分配而节省的门数并不重要。不要浪费很多时间在状态分配上，设计时间比几个门更重要。

交通灯控制器 FSM 的一个可能的二进制状态分配如表 14-6 所示。这种特定的状态赋值使用格雷码表示，因此每个状态转换只有 1 位发生变化。这有时会降低功耗并最大限度地减少逻辑。当然也可以很容易地选择一个二进制计数(GEW = 10，YEW = 11)分配方式，但其实没有太大的区别。

表 14-5 交通灯控制器 FSM 独热状态分配

状态	编码
GNS	0001
YNS	0010
GEW	0100
YEW	1000

表 14-6 交通灯控制器 FSM 二进制状态分配

状态	编码
GNS	00
YNS	01
GEW	11
YEW	10

⊖ 在异步状态机中这是不对的，为了避免竞争，需要谨慎进行状态分配。

14.5 有限状态机的实现

给定状态表(或状态图)和状态分配,FSM 的实现被简化到设计两个组合逻辑电路的问题,一个用于计算电路下一个状态,一个用于计算输出。这些组合逻辑电路与 s 位宽的 D 触发器组合,在每个时钟的上升沿从下一个状态更新当前状态。这样的多位 D 触发器通常称为寄存器,当它用于保持 FSM 的状态时,被称为状态寄存器。

采用独热状态分配时,下一状态逻辑的实现是状态图的直接转换,如图 14-10 所示的交通灯控制器 FSM 所示那样。四个触发器对应于四个状态:GNS、YNS、GEW 和 YEW。当第一个触发器置 1 时,FSM 处于状态 GNS。反馈到每个触发器 D 输入的逻辑是状态图中反馈到相应状态的转换箭头信号的逻辑“或”。对于状态 GEW 和 YEW 来说,这只是单根连线而已。这些状态总是跟着前一状态。对于状态 YNS,其输入逻辑是前一状态(GNS)和从 GNS 到 YNS 的转换条件(carew)的逻辑“与”。

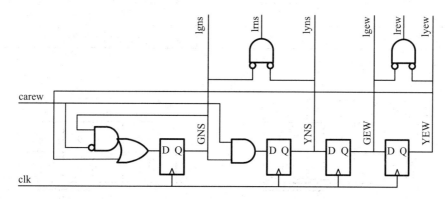

图 14-10 采用独热状态编码实现交通灯控制器的 FSM。共使用了四个触发器,每一个都对应一个状态。进入状态的箭头被直接翻译为相应触发器之前的逻辑。顶部显示的输出表示每个单独信号灯的状态。例如,lrns 表示的是南北方向的红灯亮

在状态图中,状态 GNS 是两个箭头的目标,因此需要一个“或”门来组合它们。输入逻辑是来自状态 YEW 的信号与状态 GNS 和条件信号$\overline{carew}$的逻辑“与”输出的“或”,这对应于从状态 GNS 到其自身的后沿。

通常可以以这样的方式直接实现一个独热 FSM。这使得在逻辑综合之前,FSM 的设计和维护都非常简单。综合工具可以简单地为每个状态实例化一个触发器,以及为每个转换箭头安排适当的输入门。状态机的功能也能从逻辑中立即看出。在转换箭头上添加,删除或更改条件都是直接进行的,并且只影响与转换箭头相关联的逻辑部分。但随着现代逻辑综合工具的发展,这种方法的优势大大降低了。

图 14-10 所示的电路的输出逻辑由两个“或非”门组成。状态 GNS、YNS、GEW 和 YEW 直接驱动绿灯和黄灯的输出。通过考察每个方向上的亮灯情况产生红灯输出,如果某个方向上的黄灯和绿灯都熄灭,红灯应亮起:$r = \bar{y} \land \bar{g}$。

为了用二进制状态编码来实现 FSM,我们继续对每个状态变量进行逻辑综合。首先将状态表转换为真值表,将每个下一状态变量表示为当前状态变量和所有输入的函数。例如,具有表 14-6 所示状态编码的交通灯控制器 FSM 的真值表如表 14-7 所示。

根据这个状态表,我们绘制了两个卡诺图,如图 14-11 所示。左侧的卡诺图体现了下一个状态(ns_1)的 MSB 的真值表,右侧的卡诺图体现下一状态的 LSB(ns_0)的真值表。这里下一状态的逻辑非常简单。ns_1 函数只有单个素项,ns_0 函数有两个。这三个都是必不可少的。这里的逻辑非常简单:

$$ns_1 = s_0 \tag{14-1}$$

$$ns_0 = (s_0 \vee carew) \wedge \overline{s_1} \tag{14-2}$$

式中：ns_1、ns_0为下一状态变量；s_1和s_0为当前状态变量。

表 14-7 表 14-6 所示状态分配对应的交通灯控制器 FSM 的下一状态函数的真值表

状态	carew	下一状态（ns_1，ns_0）	备　注
00	0	00	绿灯，南-北方向，carew＝0
00	1	01	绿灯，南-北方向，carew＝1
01	0	11	黄灯，南-北方向，carew＝0
01	1	11	黄灯，南-北方向，carew＝1
10	0	10	绿灯，东-西方向，carew＝0
10	1	10	绿灯，东-西方向，carew＝1
11	0	00	黄灯，东-西方向，carew＝0
11	1	00	黄灯，东-西方向，carew＝1

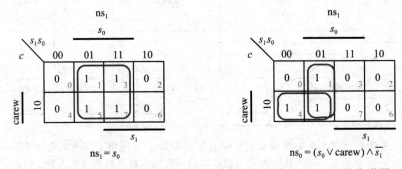

图 14-11 根据当前状态和输入 carew 计算下一状态（ns_1，ns_0）的卡诺图

现在已经有了下一状态函数，剩下要做的就是推导出输出函数。为了做到这一点，我们写下输出的真值表，在这里输出只是当前状态的函数。

如表 14-8 所示。输出变量的逻辑函数可直接由该表导出如下：

$$g_{ns} = \overline{s_1} \wedge \overline{s_0} \tag{14-3}$$

$$y_{ns} = \overline{s_1} \wedge s_0 \tag{14-4}$$

$$r_{ns} = s_1 \tag{14-5}$$

$$g_{ew} = s_1 \wedge s_0 \tag{14-6}$$

$$y_{ew} = s_1 \wedge \overline{s_0} \tag{14-7}$$

$$r_{ew} = \overline{s_1} \tag{14-8}$$

表 14-8 表 14-6 所示的状态分配对应的交通信号灯控制器 FSM 的输出函数的真值表

状态	输出
00	100 001
01	010 001
11	001 100
10	001 010

通过结合下一状态和逻辑方程，我们得到图 14-12 所示的逻辑图。

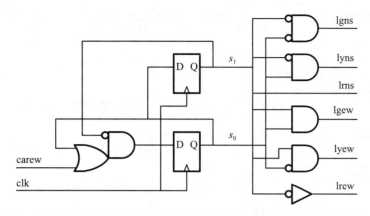

图 14-12 用表 14-6 所示的状态分配实现交通信号灯控制器 FSM 的逻辑示意图

14.6 有限状态机的 VHDL 实现

使用 VHDL，设计 FSM 只是简单地确定状态函数和输出函数并选择一种状态分配。逻辑综合完成了生成下一状态和输出逻辑的所有工作。交通灯控制器 FSM 的 VHDL 描述如图 14-13 所示。大部分逻辑都在单个 case 语句中，同时定义了状态函数和输出函数。case 语句中使用的语法 std_logic_vector'(X) 是一个 VHDL 限定表达式。该限定表达式的语法为 <type_mark>'(<expression>)，当 <expression> 的类型不明确时使用。在这种情况下，我们需要清楚的是，数组聚合的类型应为 std_logic_vector，用于在最后一种情况下对 next1 的赋值，以使之合法，因为数组聚合也可以是 string 类型（它是一个字符数组）。

有关这个代码的三个要点如下。

(1)在实现所有的时序逻辑时，所有状态变量都应该被明确地声明为 D 触发器。不要让 VHDL 编译器去推断该用什么触发器。在这段代码中，状态触发器在以下代码中被明确地实例化：

```
-- instantiate state register
STATE_REG: vDFF generic map(SWIDTH) port map(clk,next_state,current_state);
```

该代码实例化了以 clk 为时钟信号的位宽为 SWIDTH 的 D 触发器，输入 next_state，并输出 current_state。其中，组件 vDFF 在图 14-16 所示的包 ff 中定义，这将在接下来描述。

(2)在设计 FSM 时，使用 VHDL 常量声明（**constant**）来定义所有常量。不要在代码中对任何常量编写硬件代码。应以此方式声明的常量包括状态向量的位宽 SWIDTH，状态编码（例如，GNS），以及输入和输出编码（例如，GNSL）。

特别地，为状态编码定义符号名称能够通过更改定义来更改状态分配。我们将在下面看到这样的例子。

(3)确保将 FSM 复位。这里我们声明两个下一状态向量，next1 和 **next**。**case** 语句将计算 next1 作为下一个状态，忽略复位信号 rst。如果 rst 有效，则最后赋值语句将用复位状态 GNS 覆盖下一状态：

```
-- add reset
next_state <= GNS when rst else next1;
```

以这种方式将下一状态函数的复位输出进行分解，大大提高了代码的可读性。如果没有这样做，则必须重复每个状态的复位逻辑，而不是只做一次。

```
---------------------------------------------------------
-- Traffic_Light
-- Inputs:
--   clk - system clock
--   rst - reset - high true
--   carew - car east/west - true when car is waiting in east-west direction
-- Outputs:
--   lights - (6 bits) {gns, yns, rns, gew, yew, rew}
-- Waits in state GNS until carew is true, then sequences YNS, GEW, YEW
-- and back to GNS.
---------------------------------------------------------
library ieee;
use ieee.std_logic_1164.all;
use work.Traffic_Light_Codes.all;
use work.ff.all;

entity Traffic_Light is
  port( clk, rst, carew: in std_logic;
        lights: out lights_type );
end Traffic_Light;

architecture impl of Traffic_Light is
  signal current_state, next_state, next1: state_type;
begin
  -- instantiate state register
  STATE_REG: vDFF generic map(SWIDTH) port map(clk,next_state,current_state);

  -- next state and output equations - this is combinational logic
  process(all) begin
    case current_state is
      when GNS =>
        if carew then next1 <= YNS;
        else next1 <= GNS; end if;
        lights <= GNSL;
      when YNS => next1 <= GEW; lights <= YNSL;
      when GEW => next1 <= YEW; lights <= GEWL;
      when YEW => next1 <= GNS; lights <= YEWL;
      when others =>
        next1 <= std_logic_vector'(SWIDTH-1 downto 0 => '-');
        lights <= "------";
    end case;
  end process;

  -- add reset
  next_state <= GNS when rst else next1;
end impl;
```

图 14-13　交通灯控制器 FSM 的 VHDL 描述

　　交通灯控制器 FSM 的 VHDL 常数定义如图 14-14 所示。以这种方式使用关键字 **constant** 使我们能够在代码中引入符号名称，提高代码可读性，并且还能很方便地修改编码。例如，图 14-15 所示替换的独热状态编码，将 FSM 从二进制转换为独热状态分配，而不用改变任何其他行的代码。

```
            process(clk) begin
                if rising_edge(clk) then
                    Q <= D;
                end if;
            end process;


library ieee;
use ieee.std_logic_1164.all;


package Traffic_Light_Codes is
    ------------------------------------------------
    -- define state assignment - binary
    ------------------------------------------------
    constant SWIDTH: integer := 2;
    subtype state_type is std_logic_vector(SWIDTH-1 downto 0);
    constant GNS: state_type := "00";
    constant YNS: state_type := "01";
    constant GEW: state_type := "10";
    constant YEW: state_type := "11";
    ------------------------------------------------
    -- define output codes
    ------------------------------------------------
    subtype lights_type is std_logic_vector(5 downto 0);
    constant GNSL: lights_type := "100001";
    constant YNSL: lights_type := "010001";
    constant GEWL: lights_type := "001100";
    constant YEWL: lights_type := "001010";
end package;
```

图 14-14　交通灯控制器状态变量的 VHDL 描述及输出编码

```
            constant GNS: state_type := "1000";
            constant YNS: state_type := "0100";
            constant GEW: state_type := "0010";
            constant YEW: state_type := "0001";
```

图 14-15　交通灯控制器 FSM 独热状态分配的 VHDL 定义

　　vDFF 组件的 VHDL 代码如图 14-16 所示，以及包 ff 的声明。触发器的边沿敏感行为由 **process** 语句描述。

　　该语句在 clk 的每个上升沿执行输出 Q <= D 的更新。这由条件 "rising_edge(X)" 决定，当信号 X 上升沿到来时，该值为真。大多数综合工具都允许 "**if** rising_edge(clk) **then**" 语句中有比 "Q <= D" 更复杂的表达式，它将被综合成门。但是，这样的代码可能相对来说难于理解。

　　交通灯控制器测试平台如图 14-17 所示。要彻底测试 FSM，应访问每个状态并遍历状态图的每一个边沿。实现这一遍历目标对于交通灯控制器 FSM 来说并不是特别困难。

　　测试平台分为三个部分。首先，它实例化一个 Traffic_Light 设计实体，也就是被测单元。第二部分是执行时钟生成和输出的进程（**process**）。代码定义了一些变量并产生了一个 10ns 周期的时钟。输出在时钟周期的中间位置完成，即当 clk 拉低时刻。

```vhdl
library ieee;
package ff is
  use ieee.std_logic_1164.all;
  component vDFF is -- multi-bit D flip-flop
    generic( n: integer := 1 ); -- width
    port( clk: in std_logic;
          D: in std_logic_vector( n-1 downto 0 );
          Q: out std_logic_vector( n-1 downto 0 ) );
  end component;
  component sDFF is -- single-bit D flip-flop
    port( clk, D: in std_logic; Q: out std_logic );
  end component;
end package;

library ieee;
use ieee.std_logic_1164.all;

entity vDFF is
    generic( n: integer := 1 );
    port( clk: in std_logic;
          D: in std_logic_vector( n-1 downto 0 );
          Q: out std_logic_vector( n-1 downto 0 ) );
end vDFF;

architecture impl of vDFF is
begin
  process(clk) begin
    if rising_edge(clk) then
      Q <= D;
    end if;
  end process;
end impl;

library ieee;
use ieee.std_logic_1164.all;

entity sDFF is
  port( clk, D: in std_logic;
        Q: out std_logic );
end sDFF;

architecture impl of sDFF is
begin
  process(clk) begin
    if rising_edge(clk) then
      Q <= D;
    end if;
  end process;
end impl;
```

图 14-16 D 触发器的 VHDL 描述

```vhdl
-- pragma translate_off
library ieee;
use ieee.std_logic_1164.all;
use work.Traffic_Light_Codes.all;

entity Test_Fsm1 is
end Test_Fsm1;

architecture test of Test_Fsm1 is
  signal clk, rst, carew: std_logic;
  signal lights: std_logic_vector(5 downto 0);
begin
  DUT: entity work.Traffic_Light(impl) port map(clk,rst,carew,lights);

  -- clock with period of 10 ns
  process begin
    clk <= '1'; wait for 5 ns;
    clk <= '0'; wait for 5 ns;
    report to_string(rst) & " " & to_string(carew) & " " &
           to_string( <<signal DUT.current_state: state_type>> ) & " " &
           to_string(lights);
  end process;

  -- input stimuli
  process begin
    rst <= '0'; carew <= '0';      -- start w/o reset to show x state
    wait for 15 ns; rst <= '1';    -- reset
    wait for 10 ns; rst <= '0';    -- remove reset
    wait for 20 ns; carew <= '1';  -- wait 2 cycles, then car arrives
    wait for 30 ns; carew <= '0';  -- car leaves after 3 cycles (green)
    wait for 20 ns; carew <= '1';  -- wait 2 cycles then car comes and stays
    wait for 60 ns;
    std.env.stop(0);
  end process;
end test;
-- pragma translate_on
```

图 14-17 交通灯控制器 FSM 的 VHDL 测试平台

请注意，要在 Traffic_Light 中打印出 current_state 的值，应在测试平台的第二部分使用语法"<< **signal** DUT.current_ state：state_ type>>"。这是 VHDL 2008 外部名称的一个示例。它使我们能够读取测试中设计实体深层信号的值，而无须向顶层接口添加信号。外部名称以复合分隔符"<<"开始，后跟访问对象的类型，可以是 signal，variable 或 constant 等类型，后跟一个外部路径名，后面再跟一个冒号(:)，后跟一个对象的子类型，最后再跟一个复合分隔符">>"作为结束。在这种情况下，DUT.current_state 是我们要打印出来的信号的外部路径名。外部路径名称由实例化组件的实例化标签(在这种情况下为 DUT)和内部信号名组成，每个实例化标签用周期符号(.)分隔。

最后一部分是包含测试脚本的进程，该脚本生成被测模块的输入。我们使用在 std.env 包中定义的 VHDL-2008 std.env.stop() 函数。函数 stop() 会导致仿真停止。如果没有调用这个函数，仿真将不会终止，因为产生时钟的第一个进程永远不会到达无条件等待语句（即"**wait**"）。

被测器件（被标记为"DUT"的部件）的输入和响应如图 14-18 所示，它显示了时钟的每个下降沿的信号，如图 14-19 所示。最初，state 和 next 都处于未知状态（文本输出中为 x，波形中为 1 和 0 之间的线）。信号 rst 在第二个时钟周期被置位，以复位到已知状态。下一状态信号 next 立即响应，state 在时钟的上升沿跟随。FSM 保持在状态 00，直到 carew 在第 5 个时钟周期被置 1，导致 FSM 在第 6 个时钟周期进入状态 01，这样可以通过状态 01，11，10 启动状态序列，并在时钟 9 返回到状态 00。这次它保持在状态 00 的时间为两个周期，直到在第 10 个周期中 carew 变高电平使得 FSM 在第 11 个时钟再次启动序列。此次 carew 保持高电平，该序列将一直重复直到仿真结束。

```
0 0 UU ---
1 0 -  ---
0 0 00 100001
0 0 00 100001
0 1 00 100001
0 1 01 010001
0 1 11 001100
0 0 10 001010
0 0 00 100001
0 1 00 100001
0 1 01 010001
0 1 11 001100
0 1 10 001010
0 1 00 100001
0 1 01 010001
```

图 14-18　使用图 14-17 所示的测试平台模拟图 14-13 所示的交通灯控制器 FSM 的结果。每行显示在时钟下降沿的 rst，carew，state 和 light 等信号的值

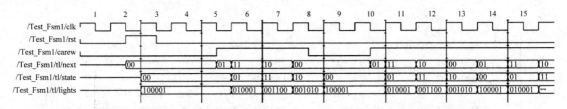

图 14-19　图 14-17 所示的测试平台对应图 14-13 所示交通灯控制器的仿真波形

例 14.2　VHDL FSM

为例 14.1 的脉冲填充器 FSM 编写一个 VHDL 设计实体。

代码如图 14-20 所示。在这个例子中，我们在结构内声明了 FSM 的常量，而不是将它们放在单独的包中。我们声明了两个内部信号，一个用于当前状态，称为 state，另一个用于下一状态，称为 nxt。我们实例化一个寄存器来保存状态。最后使用 process 和 case 语句将状态表编码为组合逻辑。

```vhdl
library ieee;
use ieee.std_logic_1164.all;
use work.ff.all;

entity PulseFiller is
  port( clk, rst, a: in std_logic;
        q: out std_logic );
end PulseFiller;

architecture impl of PulseFiller is
  constant SWIDTH: integer := 3;
```

图 14-20　例 14.2 的脉冲填充器的 VHDL 实现

```vhdl
    constant SR: std_logic_vector(SWIDTH-1 downto 0) := "000";
    constant S1: std_logic_vector(SWIDTH-1 downto 0) := "001";
    constant S2: std_logic_vector(SWIDTH-1 downto 0) := "011";
    constant S3: std_logic_vector(SWIDTH-1 downto 0) := "010";
    constant S4: std_logic_vector(SWIDTH-1 downto 0) := "110";
    constant S5: std_logic_vector(SWIDTH-1 downto 0) := "111";
    constant SM: std_logic_vector(SWIDTH-1 downto 0) := "101";
    constant SL: std_logic_vector(SWIDTH-1 downto 0) := "100";
    constant SX: std_logic_vector(SWIDTH-1 downto 0) := "---";

    signal state, nxt: std_logic_vector(SWIDTH-1 downto 0);
begin
    sreg: vDFF generic map(SWIDTH) port map(clk, nxt, state);

    process(all) begin
      case? rst & a & state is
        when '1' & '-' & SX => q <= '0'; nxt <= SR;
        when '0' & '0' & SR => q <= '0'; nxt <= SR;
        when '0' & '1' & SR => q <= '0'; nxt <= S1;
        when '0' & '-' & S1 => q <= '1'; nxt <= S2;
        when '0' & '-' & S2 => q <= '0'; nxt <= S3;
        when '0' & '-' & S3 => q <= '0'; nxt <= S4;
        when '0' & '0' & S4 => q <= '0'; nxt <= S5;
        when '0' & '1' & S4 => q <= '0'; nxt <= S1;
        when '0' & '0' & S5 => q <= '0'; nxt <= SM;
        when '0' & '1' & S5 => q <= '0'; nxt <= S1;
        when '0' & '0' & SM => q <= '1'; nxt <= S2;
        when '0' & '1' & SM => q <= '1'; nxt <= SL;
        when '0' & '-' & SL => q <= '0'; nxt <= S2;
        when others => q <= '-'; nxt <= SX;
      end case?;
    end process;
end impl;
```

图 14-20　（续）

总结

在本章，我们将时间维添加到了数字系统的学习中。通过向组合逻辑电路添加反馈，创建了时序逻辑电路：输出不仅是输入的函数，而且是其当前状态的函数，因而间接地与其历史状态也相关。组合逻辑电路是静态的，在给定相同输入的情况下总是产生相同的输出，时序逻辑电路的行为则随着时间的推移而展开。

为了克服状态变量之间的潜在竞争，同步时序逻辑电路在所有反馈路径中都包括时钟触发器或寄存器。这使得所有状态变量在时钟信号的上升沿同时更新。同步时序逻辑电路的状态是离散的。在每个时钟周期，状态被更新为根据先前状态和时钟上升沿对应的输入计算出的值。同步时序逻辑电路的这种分步行为使电路易于分析和设计。

我们从描述 FSM 功能的状态图或状态表开始设计同步时序电路或 FSM。状态分配为 FSM 的每个状态分配唯一的值。从分配图表中，我们可以使用本书前面描述的方法写出下一状态和输出的组合逻辑函数。

通过明确地实例化状态寄存器，然后使用 case 或并行信号赋值语句设计组合逻辑来计算下一个状态和输出，从而用 VHDL 实现 FSM。重要的是确保在复位时将状态寄存器初始化为已知状态。

文献解读

Huffman 的论文"时序开关电路的综合"[52]中可以找到关于 FSM 和时序逻辑的最初描述。Moore[83]和 Mealy[79]的关于时序 FSM 的论文也提供了这个主题的背景。关于最近 FSM 理论的探索，请参考 Kohavi 的文章，文献[68]。许多教科书，如 Brown 的数字逻辑基础[20]，探讨了 FSM 逻辑的手工综合。

对交通信号灯相关主题感兴趣的读者可以阅读 1927 年的两篇论文[71,76]，文章讨论了现在无处不在的交通信号灯发明的使用。

练习

14.1 引导序列。I. 表 14-2 所示的描述了有限状态机没有复位输入。说明如何通过提供一个固定的输入序列，使状态机处于已知状态，而不管其初始启动状态如何。总是将 FSM 置于相同状态的输入序列称为引导序列。

14.2 引导序列。II. 假如表 14-4 所示的交通灯控制器 FSM 没有复位到状态 GNS，找到将使状态机复位到状态 GNS 的引导序列。

14.3 改进的交通灯控制器。I-I. 修改表 14-4 所示的交通灯控制器 FSM，使其在某一方向变为绿灯之前使两个方向都变红灯，持续一个周期。给出新的 FSM 的状态表和状态图。

14.4 改进的交通灯控制器。I-II. 为练习 14.3 中改进的交通灯控制器选择一个状态分配，并导出计算下一状态和输出的逻辑函数。给出下一状态变量和输出变量的卡诺图，以及 FSM 的门级示意图。

14.5 改进的交通灯控制器。I-III. 为练习 14.3 中的状态机的实现编写 VHDL 代码，并验证。

14.6 改进的交通灯控制器。II-I. 修改表 14-4 所示的交通信号灯控制器 FSM，以便增加一个额外的输入 carns，表示有汽车在南北方向等待。修改逻辑，一旦信号灯转换到东西方向，它就保持在东西方向绿灯状态，直到检测到在南北方向有等待的汽车。给出新的 FSM 的状态表和状态图。

14.7 改进的交通灯控制器。II-II. 为练习 14.6 中改进的交通灯控制器选择一个状态分配，并导出计算下一状态和输出的逻辑函数。给出下一状态变量和输出变量的卡诺图，以及 FSM 的门级示意图。

14.8 改进的交通灯控制器。II-III. 为练习 14.7 中的状态机的实现编写 VHDL 代码，并验证。

14.9 改进的交通灯控制器。III-I. 修改表 14-4 所示的交通信号灯控制器 FSM，只要 carew 为真，便使 FSM 保持在状态 GEW。给出新 FSM 的状态表和状态图。

14.10 改进的交通灯控制器。III-II. 为练习 14.9 中改进的交通灯控制器选择一个状态分配，并给出计算下一状态和输出值的逻辑。给出下一状态变量和输出变量的卡诺图，以及 FSM 的门级示意图。

14.11 改进的交通灯控制器。III-III. 为练习 14.10 中的状态机的实现编写 VHDL 代码，并验证。

14.12 改进的脉冲填充器。I. 修改例 14.1 的 FSM，使其输入 a 脉冲周期为六个时钟周期而不是五个。画出改进后 FSM 的状态图。

14.13 脉冲填充器状态表。为例 14.1 中 FSM 写一个状态表。

14.14 脉冲填充器状态分配。使用三个状态变量设计例 14.1 的脉冲填充器 FSM 的状态分配。R 状态应编码 000，状态 1 应编码 001。分配剩余状态，以使在每次转换时尽可能少的状态位变化。

14.15 脉冲填充器实现。为例 14.1 的脉冲填充器 FSM 写出下一状态逻辑的方程式。使用以下状态分配：$R=000$，$1=001$，$2=010$，$3=011$，$4=100$，$5=101$，$M=110$，$L=111$。

14.16 脉冲填充器独热实现。使用独热状态分配画出例 14.1 中脉冲填充器 FSM 的实现示意图。

14.17 FSM 实现。实现状态编码为 $GNS=00$，$YNS=01$，$GEW=10$ 和 $YEW=11$ 的交通灯控制器 FSM。画出下一状态变量和输出变量的卡诺图及 FSM 的门级示意图。

14.18 数字锁。I. 画出数字锁的状态图和状态表。锁有两个输入 a 和 b，一个输出 unlock。仅当观察到序列 a，b，a，a 时才有输出。序列的每个元素必须持续一个或多个周期，并且序列元素之间必须有一个或多个周期的两输入同时为低的情况。解锁后，任何一个输入变为高电平都将导致输出 unlock 变为低电平。

14.19 数字锁。II. 用 VHDL 实现练习 14.18 中数字锁的状态机。

14.20 基础自动售货机。I. 练习 14.20～练习 14.22 将专注于为一个简单的自动售货机设计一个 FSM。

这台机器售出单一的售价为 $0.40 的商品,只接受五分镍币和 10 分铸币。输入信号为 nickel 和 dime,输出信号为 vend 和 charge。当机器中插入五分镍币($0.05)或 10 分铸币($0.10)时,两个输入信号被置为高电平(每次只有一个为高电平)。当投入了足够多的钱时,信号 vend 在一个周期内变高。如果被投入了 $0.45,那么 charge 也会持续一个周期的高电平。在售出物品后,状态机返回到没有插入货币的初始状态。我们将在 16.3.1 节中探讨更加灵活的自动售货机。为此状态机画出状态图和状态表。

14.21 基础自动售货机。Ⅱ. 使用练习 14.20 中的状态图和二进制状态分配,求出输出信号和下一状态逻辑。

14.22 基础自动售货机。Ⅲ. 用 VHDL 实现练习 14.20 中的自动售货机。当用户连续插入两个五分镍币,六个 10 分铸币和三个五分镍币,画出输出波形和状态波形。

14.23 带 25 美分的自动售货机。Ⅰ. 在练习 14.20 的基础上修改状态表和状态图,包括允许一个 25 美分($0.25)输入。假设自动售货机在每个 charge 为高的时钟周期内输出一个五分镍币。

14.24 带 25 美分的自动售货机。Ⅱ. 为练习 14.23 中状态机的实现编写 VHDL 代码。

14.25 飞机指示灯。Ⅰ. 绘制 FSM 的状态图和状态表,用于控制商用客机的安全带和无电子设备标志。状态机有三个输入:alt10k,alt25k,smooth。每当飞机沿任一方向移动 10 000(25 000)英尺时,alt10k(alt25k)将持续一个周期的高电平。如果飞机没有爬升,下降或遇到气流,信号 smooth 将被设置为高电平。当飞机低于 10 000 英尺时,状态机应将 noelectronics 信号设置为高电平,否则为低。只有当飞机高于 25 000 英尺,并且信号 smooth 已经至少五个周期保持高电平,信号 seatbet 才被置为低电平。假设飞机最初在地面上。

14.26 飞机指示灯。Ⅱ. 使用一个独热状态编码,从练习 14.25 求出计算状态图的下一状态和输出逻辑函数。

14.27 飞机指示灯。Ⅲ. 为练习 14.25 中状态机的实现编写 VHDL 代码。

14.28 防抱死制动器。Ⅰ. 防抱死制动系统的 FSM 接收两个输入(wheel 和 time),并产生单个输出(unlock)。每次车轮旋转一个较小的量,输入信号 wheel 就产生持续一个时钟周期的高电平脉冲。输入 time 每 10ms 就产生持续一个时钟周期的高电平脉冲。如果状态机从最后一个 wheel 脉冲开始,又检测到两个 time 脉冲,则得出结论:车轮被锁定,并使 unlock 产生持续一个时钟周期的高电平脉冲以驱动制动器。unlock 变高后,状态机等待两个 time 脉冲,然后恢复正常运行。因此,在 unlock 脉冲之间存在至少四个 time 脉冲。为此状态机画出状态图(气泡图)。

14.29 防抱死制动器。Ⅱ. 为练习 14.28 的防抱死制动器状态机的实现编写 VHDL 代码,并对其进行验证。

14.30 方向传感器。Ⅰ. 方向传感器用于检测旋转齿轮的方向。每当齿轮齿越过传感器的左侧或右侧时,输入一个高脉冲。该状态机有两个输入,il 和 ir,两个输出,ol 和 or。在任何时候 il 有一个或持续多个周期的高电平,并且之后零个周期或更多周期,在 ir 上有持续零个周期或更多周期的高电平脉冲,FSM 应该在 ol 上输出一个单周期高电平脉冲。类似地,如果 ir 上的高电平之后,紧跟着 il 上有高电平脉冲,则在 or 输出一个单周期高电平脉冲。我们在图 14-21 所示时序中提供了一个示例波形。请画出状态图和状态表。

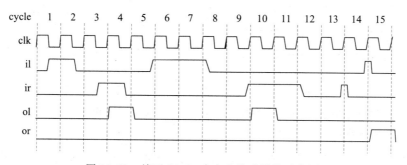

图 14-21 练习 14.30 中方向传感器的时序图

14.31 方向传感器。Ⅱ. 为练习 14.30 中的方向传感器的实现编写 VHDL 代码,并对其进行验证。

第15章
时序约束

FSM 能运行多快？是否有可能由于逻辑太快而导致 FSM 不能正常工作？本章通过分析 FSM 和构建 FSM 的触发器的时序来回答这些问题。

FSM 由两个时序约束决定最大延时约束和最小延时约束。FSM 运行的最大速度取决于下一状态逻辑的最大传播延时路径上的两个触发器参数(建立时间和传播延时)。另一方面，最小延时约束取决于其他两个触发器参数(保持时间和污染延时)以及下一状态逻辑的最小污染延时。我们将看到，如果不满足最小延时约束，则由于违反保持时间约束，FSM 可能无法以任何时钟速度运行。时钟偏移，即到达不同触发器的时钟之间的延时，将影响最大延时约束和最小延时约束。

15.1 传播延时和污染延时

在同步系统中，逻辑信号在一个时钟周期结束时从一个稳定状态更新到新的稳定状态，直到下一个时钟周期结束为止。在这两个稳定状态之间，可能会经历任意次数的转换。

在分析逻辑块的时序时，我们关注两个时间。首先，我们想知道，输入第一次改变之后(新时钟周期)，输出维持其初始稳定值(上一个时钟周期)多长时间。我们将该时间称为块的污染延时，即旧的稳定值被新的输入转换，污染所需的时间。请注意，输出值的第一次改变通常不会将输出置于新的稳定状态。其次我们想知道的是，在输入停止变化后，输出达到新的稳定状态需要多长时间。我们将这个时间称为块的传播延时，即输入端稳定值传播到输出端稳定值所需的时间。

传播延时和污染延时如图 15-1 所示。图 15-1a 所示的给出了一个输入为 a 和输出为 b 的组合逻辑块。图 15-1b 所示的显示了当输入 a 变化时输出 b 的响应情况。直到时刻 t_1，输入 a 和输出 b 都处于上一个时钟周期的稳定状态。在 t_1 时刻，输入 a 首先变化。如果 a 是一个多位信号，那么该时刻对应的是输入 a 中首先发生信号转换的时刻，其他位可能会在稍后的时间内改变。无论是 1 位还是多位，t_1 是 a 首次发生转换的时刻。在达到新的稳定状态之前，a 中某些位可能会多次改变。在时刻 t_2，t_1 之后经过污染延时 t_{cab} 的时刻，此刻 a 的首次变化可能会影响输出 b，b 可能会改变状态。

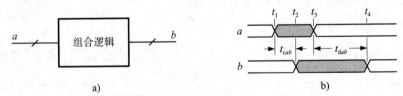

图 15-1　传播延时 t_{dab} 和污染延时 t_{cab}。逻辑块的污染延时是从输入信号第 1 位第一次变化到输出信号第 1 位第一次变化的时间。逻辑块的传播延时是从输入信号最后 1 位最后一次改变到输出信号最后 1 位最后一次改变的时间

直到时刻 t_2，输出 b 都保持在前一个时钟周期的稳定值。b 的第 1 位在时刻 t_2 第一次发生转换，正如 a 在 t_1 时刻的转换那样；b 中该位在达到稳定状态之前可能再次转换，b 的其他位可能在此之后也发生改变。

在时刻 t_3，输入 a 停止改变状态。从 t_3 时刻到至少当前时钟周期的结束，信号 a 处于

其稳定状态。时刻 t_3 表示 a 的最后 1 位最后一次发生转换的时刻。在时刻 t_4，t_3 之后经过传播延时 t_{dab}，输入 a 的最后 1 位的变化对输出 b 具有最后的影响。从这一刻到至少本时钟周期结束，输出 b 保持稳定状态。

我们将从信号 a 到信号 b 的传播（污染）延时表示为 t_{dab}（t_{cab}）。下标中的"d"或"c"分别表示传播或污染。下标的其余部分给出了延时的源信号和目标信号。也就是说，t_{dxy} 是从信号 x 转变到信号 y 的延时。

如 5.1 节所述，延时是从输入信号超过其信号摆幅的 50% 的点到输出信号超过其信号摆幅的 50% 的点的测量。以这种方式测量延时，可以使线性路径上的传播延时和污染延时相加，如图 15-2 所示。图中的时序图显示，当两个模块串联组合时，它们的延时总和为：

$$t_{cac} = t_{cab} + t_{cbc} \tag{15-1}$$
$$t_{dac} = t_{dab} + t_{dbc} \tag{15-2}$$

为了处理具有并行通路的电路，我们简单地列举所有可能的单位路径。总体污染延时是所有路径上最小的污染延时，而整个传播延时则是所有路径上最大的传播延时。

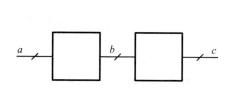
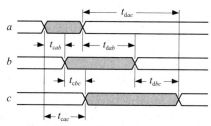

a) 两个模块的串联，输入信号 a，中间信号 b 和输出信号 c　　b) $t_{cac} = t_{cab} + t_{cac}$ 的时序图，传播延时与之类似，$t_{dac} = t_{dab} + t_{dbc}$

图 15-2　线性路径上的传播延时和污染延时的和

图 15-3a 所示给出了一个具有静态-1 类冒险的电路（回顾 6.10 节）。每个门符号中的值是以任意时间为单位的门延时（这里假设基本门的污染延时和传播延时是相同的）。图 15-3b 所示的时序图说明了当 $b=1$ 和 $c=0$ 时信号 a 下降沿之后电路的时序。输出经过两个时间单位第一次变化，经过四个时间单位后最后一次变化。因此，$t_{caf}=2$，$t_{daf}=4$。

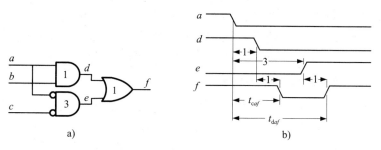

图 15-3　表明传播延时和污染延时电路冒险的例子

我们可以通过枚举所有路径获得相同的结果。最小延时路径为 a-d-f，污染延时为 2，而最大路径为 a-e-f，因此传播延时为 4。

污染延时和传播延时与输入状态无关。如图 15-3a 所示，从 a 到 f 电路的污染延时是 2，而不管信号 b 和 c 的状态如何。该延时表示输出可能在 a 改变之后的两个时间单位改变，但不保证它一定改变。

许多人将污染延时与最小传播延时混淆。其实它们是不一样的。最小传播延时对应的是在输入改变后出现在电路输出上的正确稳态值的延时最小值（在某些参数范围：电压，温度，工艺变化，输入组合）。相比之下，污染延时是从输入开始改变，到其输出从旧的稳定值第一次开始改变的时间。这二者是不一样的。通常决定污染延时的转换不是将输出转换为新稳态值，而是转换到一些中间值，例如图 15-3 所示的冒险中 a 到 0 的转换。

例 15.1 传播延时与污染延时

在图 15-4 所示的电路中计算从输入 a 到输出 q 的传播延时和污染延时。每个逻辑门上方的数字是以 ps 为单位表示的延时。

最小延时是直接从 a 到"或非"门再到 q 的路径的延时。因此，$t_{caq} = 25\text{ps}$。最大延时还包括两个反相器和"与非"门，因此 $t_{daq} = 65\text{ps}$。

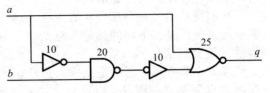

图 15-4 例 15.1 中计算延时的电路

15.2 触发器

确定 FSM 是否满足时序约束，以及它将以何种速度运行，由用于构建 FSM 的时钟存储元件来决定，在我们的例子中是 D 触发器。D 触发器的原理图图形符号如图 15-5 所示。多位 D 触发器有时称为寄存器。在这里，把 D 触发器看作是一个黑盒子，也就是说，我们只关注它的外部行为，而不用考察这个行为是如何实现的。我们推迟对于 D 触发器的深入讨论，直到第 27 章。

D 触发器在时钟信号的上升沿对其输入进行采样，并以采样值更新输出。该采样和更新过程在图 15-5b 所示的时序图中进行了说明。为了正确进行采样，在时钟上升沿之前和之后的一段时间内，输入数据（如时序图中的顶部波形所示）必须保持稳定。具体来说，在时钟到达其幅值的 50% 之前，数据必须达到其正确值（图中标记为 x）至少一个建立时间 t_s，并且该数据此后必须在该值保持稳定至少一个保持时间 t_h，直到时钟下降到幅值的 50%[⊖] 为止。在数据波形的灰色区域，D 可以取任何值。然而，在触发器的建立和保持期间，它必须保持一个稳定的值 x，以正确地对值 x 进行采样。

如果输入满足其建立和保持时间约束，触发器将以采样值 x 更新输出，如图 15-5b 的底部波形所示。旧值（在时钟上一个上升沿被采样）将在输出上保持稳定，直到时钟上升沿之后的污染延时 t_{ccQ} 为止。电路在该时刻之前都会稳定在旧值。在污染延时之后，触发器的输出可能改变，但不一定是正确的值。输出值不能保证正确的时间段在图中用灰色表示。在时钟上升沿之后经过传播延时 t_{dcQ}，能够确定输出具有从输入采样的值 x。然后，直到下一个时钟上升沿之后 t_{ccQ} 的时间内，该值将保持稳定。

15.3 建立时间和保持时间约束

目前我们已经介绍了系统命名法，FSM 的时序约束其实非常简单。

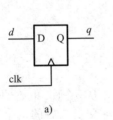

a)

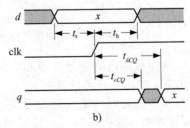

b)

图 15-5 D 触发器。D 触发器在时钟的上升沿对其输入进行采样，并以采样值更新输出。为了正确地采样，在时钟上升沿到来之前 t_s 到时钟上升沿之后 t_h 时间内，输入必须保持稳定。输出最快在时钟沿之后 t_{ccQ} 可能会改变。输出在时钟沿 t_{dcQ} 之后取正确的值

⊖ 注意，t_s 或 t_h 有可能为负，但是 $t_s + t_h$ 一定为正。

为了确保时钟周期 t_{cy} 足够长，以满足 D 触发器最长路径的建立时间，必须满足以下条件：

$$t_{cy} \geqslant t_{dCQ} + t_{dMax} + t_s \tag{15-3}$$

其中：t_{dMax} 是从 D 触发器的输出到下一个 D 触发器输入的最大传播延时。

我们还必须保证，在 D 触发器的输入端没有信号被如此快地污染，以至于违反保持时间的约束：

$$t_h \leqslant t_{cCQ} + t_{cMin} \tag{15-4}$$

其中：t_{cMin} 是从 D 触发器的输出到下一个 D 触发器的输入的最小污染延时。

式(15-3)和式(15-4)两个约束决定了系统的时序。建立时间约束(式(15-3))给出电路运行的最小时钟周期 t_{cy} 来决定系统性能。另一方面，保持时间约束是一个正确性约束。如果违反了式(15-4)，则电路可能不符合其保持时间约束，因此可能会发生故障，而无论时钟周期为多少。

图 15-6 所示的显示了一个简单的 FSM，我们将用它来说明建立时间约束和保持时间约束。FSM 由两个触发器组成。上触发器产生状态位 a，经过最大长度(最大传播延时)逻辑路径(Max)后产生信号 b，信号 b 又由下触发器采样。下触发器产生信号 c，经过最小长度(最小污染延时)逻辑路径后产生信号 d，信号 d 再由上触发器采样。注意，最小延时路径的目标触发器不一定是最大延时路径的源触发器(反之亦然)。一般来说，我们需要测试所有触发器到触发器的可能路径，才能找到最小路径和最大路径。

图 15-6 所示电路中从上触发器到下触发器的最大延时路径强调了下触发器的建立时间。如果该路径太慢，下一个时钟沿可能在输入信号 b 到达最终稳定值之前到达下触发器。图 15-7 所示的重复图 15-6 所示的并突出显示了此路径。与该路径对应的时序图如图 15-8 所示。假设时钟上升沿在信号 d 上的采样值是 x，则在触发器传播延时 t_{dCQ} 之后，触发器的输出 a 将取值 x，并在该时钟周期的剩余时间内保持该值。信号 a 是组合模块 Max 的输入，Max 产生信号 b。在从 a 到 b 的附加传播延时 t_{dab} 之后(t_{dab} 对应于约束(式(15-3))中的 t_{dMax})，信号 b 取该时钟周期内的最终值 $f(x)$。信号 b 必须在下一个时钟上升沿之前 t_s 时间内稳定在这个最终值，才能满足约束式(15-3)。沿着最大路径的建立时间和传播延时的总和必须小于时钟周期时间。在时序图中，信号 b 稍微提前一点稳定，留下 t_{slack} 的时序裕度。时钟周期 t_{cy} 可以通过 t_{slack} 减小，并且仍然满足建立时间约束。

图 15-6 所示电路中从下触发器到上触发器的最小延时路径强调了上触发器的保持时间。如果该路径太快，信号 d 可能在时钟上

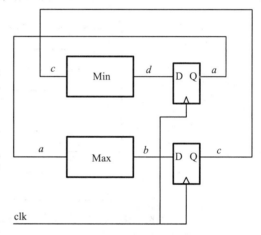

图 15-6　一个简单的 FSM 以说明建立时间和保持时间

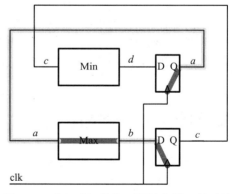

图 15-7　建立时间约束。源触发器上的时钟到目标触发器上的时钟的最大路径如图中阴影所示。从时钟的上升沿开始，信号必须传播到触发器(t_{dCQ})的 Q 输出端，并在下一个时钟边沿到来之前的至少一个建立时间(t_s)通过最大延时逻辑路径(t_{dab})传播到下触发器的输入端

升沿之后保持时间之前就改变。图 15-9 给出了此时序路径的突出显示。说明沿该路径的信号的时序图如图 15-10 所示。在时钟的上升沿触发器污染延时 t_{cCQ} 之后，信号 c 可以先改变。在逻辑块的污染延时 t_{ccd}（对应于约束（式（15-4））中的 t_{cMin}）之后，信号 d 可能改变。

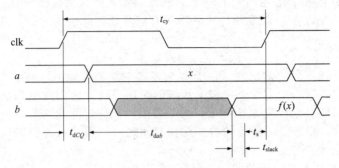

图 15-8 说明建立时间约束的时序图

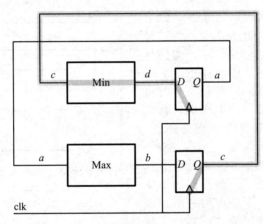

图 15-9 保持时间约束。源触发器上的时钟到目标触发器上的时钟的最小污染延时路径如图中阴影所示。从时钟的上升沿起，污染延时必须足够长，以使信号 d 在该时钟沿之后的保持时间 t_h 内保持稳定

为了满足保持时间约束，信号 d 的第一次改变在时钟上升沿之后 t_h 时间内不允许发生。沿着最小路径的污染延时的总和必须大于保持时间。在图中，污染延时总和大于保持时间以一定的时间裕度或松弛时间，t_{slack}。

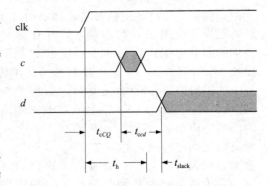

图 15-10 说明保持时间约束的时序图

例 15.2 建立时间和保持时间

考虑一个 $t_s = 50\text{ps}$，$t_h = 40\text{ps}$，$t_{cCQ} = t_{dCQ} = 60\text{ps}$ 的 D 触发器，用于实现 FSM 的状态寄存器。下一状态逻辑具有 $t_d = 800\text{ps}$ 的传播延时和 $t_c = 50\text{ps}$ 的污染延时。计算在 $f_{cy} = 1\text{GHz}$ 下运行的建立时间和保持时间 slack。

对于建立时间约束，我们有：

$$t_{sslack} = t_{cy} - t_{dCQ} - t_d - t_s = 1000 - 60 - 800 - 50 = 90\text{ps}$$

保持时间 t_{hslack} 为：

$$t_{hslack} = t_{cCQ} + t_c - t_h = 60 + 50 - 40 = 70\text{ps}$$

15.4 时钟偏移的影响

在理想的芯片中，时钟信号将在所有触发器的输入端同时变化。实际上，时钟分配网络中的器件变化和线延时会导致时钟信号的时序从触发器到触发器略有变化。我们将时钟定时中的这种空间变化称为时钟偏移。时钟偏移对建立时间约束和保持时间约束都有不利的影响。对于 t_k 的时钟偏移，这两个约束变成了：

$$t_{cy} \geqslant t_{dCQ} + t_{dMax} + t_s + t_k \tag{15-5}$$

和

$$t_h \leqslant t_{cCQ} + t_{cMin} - t_k \tag{15-6}$$

图 15-11 所示的给出了带时钟偏移的图 15-5 所示的 FSM。具有延时时间为 t_k（偏移幅度）的延迟线（椭圆形块）连接到时钟输入和上触发器的时钟之间。因此，时钟的每个边沿到达下触发器的时间比到达上触发器的早 t_k。最大长度路径的时钟来源被延时，等效于使该路径变长。以类似的方式，将最短路径的时钟延时，等效于使该路径变短。

时钟偏移对最小长度路径的影响，以及因而对保持时间约束的影响如图 15-12 所示。从时钟到 c 到 d 的污染延时之和如上所示。然而，现在信号 d 必须保持稳定，直到延时时钟 clk d 之后 t_h，或原始时钟 clk 之后 $t_h + t_k$ 为止。效果与增加保持时间 t_k 相同。

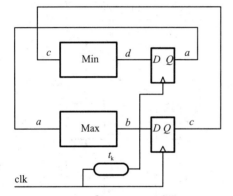

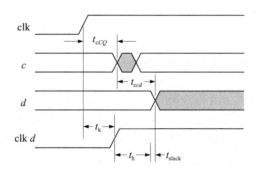

图 15-11　带时钟偏差的图 15-5 所示的 FSM　　图 15-12　表明时钟偏移对保持时间约束影响的时序图

图 15-13 所示的时序图说明了时钟偏移对建立时间约束的影响。延时输入到上触发器的时钟使得 a 的转换延时了 t_k，等效于将 t_k 加到了最大路径延时。

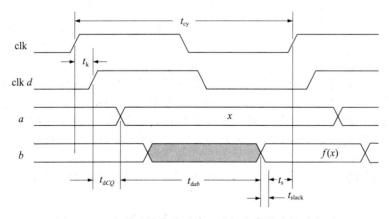

图 15-13　表明时钟偏移对建立时间约束影响的时序图

例 15.3 时钟偏移

重复例 15.2 中的 slack 计算，考虑时钟偏移 $t_k = 75\text{ps}$。

时钟偏移总是会使 slack(裕量)减小。有时钟偏移时，建立时间的 slack 的计算为：

$$t_{sslack} = t_c y - t_{dCQ} - t_d - t_s - t_k = 1000 - 60 - 800 - 50 - 75 = 15\text{ps}$$

保持时间的 slack 的计算为：

$$t_{hslack} = t_{cCQ} + t_c - t_h - t_k = 60 + 50 - 40 - 75 = -5\text{ps}$$

当时钟有 75ps 的时钟偏移时，系统不再满足保持时间约束，因为 slack 为负。

15.5 时序示例

现在考虑一个 16 位 FSM 的示例，其中，下一个状态是当前状态乘以 3(见图 15-14)以后的结果。使用纹波进位加法器(见 10.2 节)来计算两个值的和并将其存储在触发器中。假设从全加器块的任意输入的污染延时 t_{cFA} 为 10ps，传播延时 t_{dFA} 为 30ps。

触发器之间的最小污染延时为 10ps，最大传播延时为 $16t_{dFA} = 480\text{ps}$。

假设触发器的 t_{cCQ} 和 t_{dCQ} 分别为 10ps 和 20ps。触发器还具有 20ps 的建立时间和 10ps 的保持时间。首先检查电路是否满足保持时间约束：

$$t_h \leqslant t_{cCQ} + t_{cFA}$$
$$10\text{ps} \leqslant 10\text{ps} + 10\text{ps}$$

接下来计算最小周期：

$$t_{cy} \geqslant t_{dCQ} + t_d + t_s$$
$$t_{cy} = 20 + 480 + 20 = 520\text{ps}$$

即使触发器参数为负，这些方程仍然有效。执行无偏移时序分析的步骤在任何情况下都保持不变：找到最小逻辑延时和最大逻辑延时，并验证式(15-3)和式(15-4)。

为了构建更可靠的电路，我们希望验证设计没有违反时序约束，即使在 20ps 的时钟偏移情况下也是如此。该时钟偏移可能存在任意两个触发器之间的任一方向上。再一次从保持时间开始：

$$t_h \leqslant t_{cCQ} + t_{cFA} - t_k$$
$$10 \leqslant 10 + 10 - 20$$

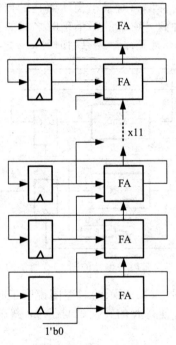

图 15-14 15.5 节中的 16 位电路。最小逻辑污染延时是一个全加器的延时，传播延时是 16 个全加器的延时

这里有一个错误：表明保持时间违例。与建立时间违例不同，我们不能简单地增加我们的周期时间来解决这个问题。为此必须重新设计触发器，修改时钟分配，以减少时钟偏移，或在触发器的输入端添加额外的逻辑。最简单的解决方案是，选择在触发器输入端增加额外的逻辑。为了做到这一点，我们必须在每个触发器的输入之前(或在输出之后)插入一个 10ps 的污染延时的逻辑。

我们必须在周期时间计算中包括这个新的延时(假设这个逻辑的传播延时和污染延时是相等的)：

$$t_{cy} \geqslant t_{dCQ} + t_d + t_{extra} + t_s + t_k$$
$$t_{cy} = 20 + 480 + 10 + 20 + 20 = 550\text{ps}$$

以上表明示例电路能够以 1.8GHz 的频率运行。

15.6 时序和逻辑综合

对于每个设计，我们在 15.6 节中进行的时序分析必须在每个操作条件下在触发器的所有可能组合之间的所有逻辑路径上重复进行⊖。即使是少量的门，手动进行时序分析也是很耗时的，并且容易出错。面对大规模逻辑电路，时序检查几乎不可能通过手工分析来进行。值得庆幸的是，综合和时序工具可以替我们完成这项工作。

将 VHDL 模型转换为逻辑门的逻辑综合工具拥有每个门的时序模型。给定操作条件，逻辑和约束，综合工具将确定每条路径上是否违反时序约束。如果该工具发现有时序违例，它将尝试用符合时序约束的实现来替换该逻辑。工具并非一开始就以最快的设计实现，而是采用迭代方式。综合工具首先生成最小面积（或功耗）逻辑。然后，该工具仅针对违反建立时间约束的路径生成更快的实现。例如，VHDL 加法可以用纹波进位加法器实现。如果纹波进位加法器太慢，它将被更快，更大的超前进位加法器代替。

标准单元库的特征在于为每个工艺角中的每一个单元提供包括触发器约束的时序模型。⊖设计者负责在约束文件中指定时钟信号的名称，期望的时钟周期和输入/输出的延时。用 TCL 语言编写的示例脚本，指定这些约束并调用综合工具，具体如图 15-15 所示。脚本导入 RTL 文件，用于控制程序计数器的 FSM，设置时钟名称和周期（ns），创建时钟，并指定输入和输出延时。综合工具的输出包括违反时序约束的所有逻辑路径的列表。例如，图 15-16 所示的列出了示例中出现故障的路径。该路径从 PC 的第 11 位到第 26 位运行，但没有在触发器的建立时间窗口内到达。

```
set top pc_28bit_top
set src_files [list\
 ./rtl/pc_28bit_top.vhd\
 ./rtl/pc_28bit.vhd ]
read_vhdl -vhdl2008 ${src_files}
current_design ${top}
# Clocks
set clk_name   CLK
set clk_period 1
create_clock -name ${clk_name} -period ${clk_period} \
 [get_ports ${clk_name}]

set_input_delay .2 -clock CLK $all_inputs
set_output_delay .5 -clock CLK $all_outputs
```

图 15-15　一段 TCL 脚本，设置 1ns 的时钟周期。并且将系统的输入和输出延时分别设置为 200ps 和 500ps

除了由综合工具执行的定时分析之外，通常还使用单独的静态时序分析（STA）工具来验证最终设计（包括互连寄生效应）是否满足所有时序约束。

我们可以使用时序模型来执行 VHDL 仿真。然而，只有当输入向量（模拟的情况）激活关键路径时，这种模拟才能找到时序误差。因为很难证明所有的路径都能经过测试，因此时序仿真不足以验证芯片是否满足所有的时序约束。

为了证明芯片满足时序约束，需要进行静态时序分析，该分析找出违反时序约束的所有路径。

⊖ 在高电压和低温的最优逻辑延时情况下，保持时间违例更频繁。然而在高芯片温度和低工作电压的最坏逻辑延时情况下，建立时间违例更常见。

⊖ 这些模型和其他表征数据由标准单元库的供应商提供。特征化标准单元库通常要比设计库需要更多的努力。

```
Des/Clust/Port      Wire Load Model       Library
---------------------------
pc_28bit_top        area_1Kto2K           CORE

Point                                  Incr      Path
---------------------------
clock CLK (rise edge)                  0.00      0.00
clock network delay (ideal)            0.00      0.00
I_pc_28bit/PC_reg[11]/CP (DFPQX9)      0.00      0.00 r
I_pc_28bit/PC_reg[11]/Q (DFPQX9)       0.20      0.20 f
U382/Z (BFX53)                         0.08      0.28 f
U197/Z (NAND2X7)                       0.06      0.34 r
U458/Z (OAI12X18)                      0.05      0.39 f
U267/Z (AOI21X12)                      0.03      0.42 r
U265/Z (OAI21X12)                      0.03      0.45 f
U257/Z (IVX18)                         0.06      0.51 r
U256/Z (AND2X35)                       0.10      0.61 r
U358/Z (NAND2X7)                       0.05      0.66 f
U628/Z (XNOR2X18)                      0.10      0.76 f
U430/Z (NAND2X14)                      0.05      0.81 r
U533/Z (NAND3X13)                      0.11      0.92 f
I_pc_28bit/PC_reg[26]/D (DFPQX9)       0.00      0.92 f
data arrival time                                0.92

clock CLK (rise edge)                  1.00      1.00
clock network delay (ideal)            0.00      1.00
I_pc_28bit/PC_reg[26]/CP (DFPQX9)      0.00      1.00 r
library setup time                    -0.12      0.88
data required time                               0.88
---------------------------
data required time                               0.88
data arrival time                               -0.92
---------------------------
slack (VIOLATED)                                -0.04
```

图 15-16　综合后违反建立时间约束的示例路径。这个特定路径是许多故障路径之一，从程序
　　　　　计数器的第 11 位运行到第 26 位。通常，从行为级 VHDL 转换为门级时，逻辑信号
　　　　　的名称是不明确的

总结

本章介绍了如何分析同步时序逻辑电路的时序。组合逻辑模块的时序由两个数描述。电路的污染延时 t_{cab} 是从输入 a 的任何变化开始直到输出 b 的前一个稳态值变化或被污染。污染延时对于分析保持时间时序约束很重要。电路的传播延时 t_{dab} 是在时钟周期的剩余时间内从输入 a 上的最后一次改变到输出 b 稳态值稳定的时间。传播延时用于分析建立时间时序约束。

D 触发器或寄存器的时序由四个参数决定。在时钟的上升沿之前，寄存器的输入必须保持稳定一个建立时间 t_s，并且直到时钟上升沿之后的保持时间 t_h 内都必须保持。如果寄存器的建立时间约束和保持时间约束得到满足，寄存器的输出将在时钟上升沿污染延时

t_{cCQ}后被污染（旧值不再稳定），并且在时钟上升沿传播延时t_{dCQ}之后保持新值。对于大多数触发器，$t_{cCQ} = t_{dCQ}$，触发器在一个步骤内更新为最终状态。

从组合逻辑和寄存器的这些时序属性，我们可以推导出一个寄存器的保持时间约束为：

$$t_{h} \leqslant t_{cCQ} + t_{cMin} - t_{k}$$

以及寄存器的建立时间约束为：

$$t_{cy} \geqslant t_{dCQ} + t_{dMax} + t_{s} + t_{k}$$

其中：t_{k}是时钟偏移；t_{cMin}是所有组合逻辑路径上的最小污染延时；t_{dMax}是所有组合逻辑路径上的最大传播延时。

在实际中，我们使用静态时序分析工具来验证设计是否符合建立时间约束和保持时间约束。这些工具计算设计中所有可能的组合路径的延时，并检查每个触发器是否满足建立时间约束和保持时间约束。

文献解读

Dally 和 Poulton[33] 以及 Weste 和 Harris[112] 详细介绍了简单的基于触发器的时钟方案和更复杂的基于锁存器方案的时序分析。参考文献中介绍了综合和优化工具使用的算法[80]。Brunvand 最近的一本书[21] 详细介绍了设计过程，包括如何使用商业时序分析工具。

练习

15.1 传播延时和污染延时。Ⅰ. 计算图 15-17 所示每个输入到输出的传播延时和污染延时。假设每个门都有 10ps 的延时。

15.2 传播延时和污染延时。Ⅱ. 计算图 15-18 所示电路从触发器 A 到输出端的污染延时和传播延时。假设每个门的延时为 10ps。

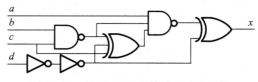

图 15-17　练习 15.1 中简单的组合电路

15.3 传播延时和污染延时。Ⅲ. 计算图 15-18 所示电路从触发器 B 到输出端的污染延时和传播延时。假设每个门的延时为 10ps。

15.4 传播延时和污染延时。Ⅳ. 计算图 15-18 所示电路从触发器 C 到输出端的污染延时和传播延时。假设每个门的延时为 10ps。

15.5 传播延时和污染延时。Ⅴ. 计算图 15-18 所示电路从触发器 D 到输出端的污染延时和传播延时。假设每个门的延时为 10ps。

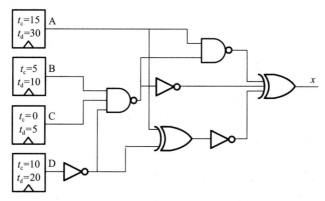

图 15-18　练习 15.2～练习 15.6 中使用的简单电路。每个触发器的延时单位都是 ps，每个门延时都为 10ps

15.6 传播延时和污染延时。Ⅵ. 图 15-18 所示电路的总体污染延时和传播延时是多少？假设每个门的延时为 10ps。

15.7 建立时间和保持时间。Ⅰ. 对于表 15-1 所示的触发器 A，绘制一个波形，使触发器的输入在 t_s 之前为高电平，t_h 之后变为低电平。包括 clk，D 和 Q（初始为 0）。标记图上的所有约束。

15.8 建立时间和保持时间。Ⅱ. 对于表 15-1 所示的触发器 B，绘制一个波形，使触发器的输入在 t_s 之前为高电平，t_h 之后变为低电平。包括 clk、D 和 Q（初始为 0）。标记图上的所有约束。

表 15-1 练习中使用的三种不同的触发器的格式

参数（ps）	FF A	FF B	FF C
t_s	20	100	−30
t_h	10	−20	80
t_{cCQ}	10	2	40
t_{dCQ}	20	30	50

15.9 建立时间和保持时间。Ⅲ. 对于表 15-1 所示的触发器 C，绘制一个波形，使触发器的输入在 t_s 之前为高电平，t_h 之后变为低电平。包括 clk、D 和 Q（初始为 0）。标记图上的所有约束。

15.10 建立时间和保持时间违例。Ⅰ. 对于表 15-1 所示的触发器 A 和一个 2GHz 的时钟，请对图 15-19 所示进行时序违例的考察。如果存在保持时间违例，请指出必须添加延时的位置，指定需要的延时量，并重新检查建立时间约束是否违例。如果存在建立时间违例，请计算电路能够正确工作的最大频率。

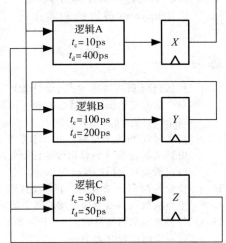

15.11 建立时间和保持时间违例。Ⅱ. 对于表 15-1 所示的触发器 B 和一个 2GHz 的时钟，请对图 15-19 所示进行时序违例的考察。如果存在保持时间违例，请指出必须添加延时的位置，指定需要的延时量，并重新检查建立时间是否违例。如果存在建立时间违例，请计算电路能够正确工作的最大频率。

15.12 建立时间和保持时间违例。Ⅲ. 对于表 15-1 所示的触发器 C 和一个 2GHz 的时钟，请对图 15-19 所示进行时序违例的考察。如果存

图 15-19 练习 15.10～练习 15.12 和练习 15.22～练习 15.24 中使用的简单逻辑电路

在保持时间违例，请指出必须添加延时的位置，指定需要的延时量，并重新检查建立时间是否违例。如果存在建立时间违例，请计算电路能够正确工作的最大频率。

15.13 逻辑约束。Ⅰ. 对于表 15-1 所示的触发器 A 和一个 1GHz 时钟，对于分离两个触发器的任何逻辑块，最小 t_c 和最大 t_d 是多少？

15.14 逻辑约束。Ⅱ. 对于表 15-1 所示的触发器 B 和一个 1GHz 时钟，对于分离两个触发器的任何逻辑块，最小 t_c 和最大 t_d 是多少？

15.15 逻辑约束。Ⅲ. 对于表 15-1 所示的触发器 C 和一个 1GHz 时钟，对于分离两个触发器的任何逻辑块，最小 t_c 和最大 t_d 是多少？

15.16 避免保持时间违例。Ⅰ. 作为一名设计人员，负责实现一个触发器，在无时钟偏差的情况下，消除所有保持时间违例。为了保证触发器能够避免所有保持时间违例，请列出触发器必须满足的不等式。

15.17 避免保持时间违例。Ⅱ. 作为一名设计人员，负责实现一个触发器，时钟偏差为

t_k，消除所有保持时间违例。为了保证触发器能够避免所有保持时间违例，请列出触发器必须满足的不等式。

15.18 后端制造违例。当完成芯片流片之后，从制造厂商拿回来的芯片不工作，如何测试故障是由建立时间违例造成的，还是由保持时间违例造成的？描述需要进行的测试。

15.19 时钟延时。假设图 15-20 所示的内部触发器的 $t_s = t_h = 50\text{ps}$，$t_{dCQ} = t_{cCQ} = 80\text{ps}$。外部触发器的 t_s，t_h，t_{dCQ} 和 t_{cCQ} 分别是多少？

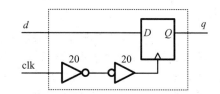

图 15-20 通过在时钟输入和内部触发器之间插入两个共有 40ps 延时的反相器来构成外部触发器。该图为练习 15.19 所用

15.20 数据延时。重复练习 15.19，与在 clk 输入端放置两个反相器不同的是，将这两个反相器放在 d 输入端。

15.21 输出延时。重复练习 15.19，与在 clk 输入端放置两个反相器不同的是，将这两个反相器放在 q 输出端。

15.22 时钟偏移。Ⅰ. 计算图 15-19 所示允许的最大时钟偏移。指出哪一对触发器之间会发生时钟偏移，以及是否会引起建立时间违例或保持时间违例。使用触发器 A 和一个 2ns 的时钟。你可能需要枚举所有可能的路径并写出建立时间约束方程式和保持时间约束方程式。

15.23 时钟偏移。Ⅱ. 重复练习 15.22，但采用触发器 B 和一个 2ns 时钟。

15.24 时钟偏移。Ⅲ. 重复练习 15.22，但采用触发器 C 和一个 4ns 时钟。

15.25 时序分析。两个 64 位的数相乘得到一个 128 位的结果。

(a)假设输入和输出由触发器终止，系统中存在多少起始触发器和结束触发器的组合？

(b)手动检查寄存器－寄存器路径中的时序违例需要 30s，如果在九个不同的进程中检查每个路径上的建立时间违例和保持时间违例情况，请估计对整个乘法器进行完整的时序分析需要多长时间。

第 16 章
数据通路的时序逻辑

在第 14 章，我们了解了如何通过为次态函数编写状态表并合成实现该表的逻辑，从而从状态图中合成出 FSM。然而对于很多时序任务，用表达式表示次态函数实际上比用表表示更加简单。这些函数被更有效率地描述和实现为数据通路，其中次态由逻辑功能计算，涉及的电路通常包括运算电路、多路选择器和其他构建块电路。

16.1 计数器

16.1.1 一个简单的计数器

假设要构建一个状态图如图 16-1 所示的 FSM。当输入 r 为真时，该电路被强制置为状态 0。当输入 r 为假时，状态机就从 0 到 31 计数，然后遁循环返回到 0。由于这种计数行为，这个 FSM 被称为计数器。

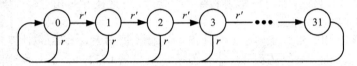

图 16-1　5 位计数器设计状态转换图

可以使用第 14 章的方法来设计计数器。用这种方法实现的 3 位计数器（八个状态）的 VHDL 描述如图 16-2 所示⊖。3 位位宽的触发器组保持当前状态 count，并在时钟的每个上升沿更新为 nxt 所指示的状态。其中，case 语句匹配实现状态转换表，指定每个输入和当前状态组合所对应的次态。

虽然计数器可以用这种方式生成，但是它过于冗长和低效。我们可以看到状态表中存在重复的行，但实际上 FSM 的行为可以完全由单行语句实现：

```
nxt <= (others => '0') when rst else count+1;
```

数组聚合符号"(**others** => '0')"被用来指定一个 std_logic_vector( )型的变量的所有元素都等于'0'。这是一个 FSM 的数据通路（datapath）描述，它的次态为当前状态和输入的函数。

使用这种数据通路描述的 n 位计数器设计实体的 VHDL 描述如图 16-3 所示。n 位触发器组保持当前状态 count，并在时钟的每个上升沿更新为 nxt 所表示的状态，其中，次态函数由一个并发信号赋值语句描述。如果信号 rst 为高，则下一个状态为 0，否则为 count + 1。

该计数器的框图如图 16-4 所示。该图说明了此实现的数据通路本质。次态由流过包括运算模块和多路选择器的组合构建块路径的数据流来计算。在本设计中，两个构建块分别为一个在复位（0）和增量（count＋1）之间进行选择的多路选择器和一个将 count 实现为 count＋1 的递增器。

⊖　一个用这种方法实现的 5 位（32 个状态）计数器需要 32 行的状态表。

```vhdl
library ieee;
use ieee.std_logic_1164.all;
use work.ff.all;

entity Counter1 is
  port( clk, rst: in std_logic;
        count: buffer std_logic_vector(2 downto 0) );
end Counter1;

architecture impl of Counter1 is
  signal nxt: std_logic_vector( 2 downto 0 );
begin
  COUNTER: vDFF generic map(3) port map(clk,nxt,count);

  process(all) begin
    case? rst & count is
      when "1---" => nxt <= 3d"0";
      when 4d"0" => nxt <= 3d"1";
      when 4d"1" => nxt <= 3d"2";
      when 4d"2" => nxt <= 3d"3";
      when 4d"3" => nxt <= 3d"4";
      when 4d"4" => nxt <= 3d"5";
      when 4d"5" => nxt <= 3d"6";
      when 4d"6" => nxt <= 3d"7";
      when others => nxt <= "000";
    end case?;
  end process;
end impl;
```

图 16-2   由状态转换表描述的 3 位计数器 FSM

```vhdl
library ieee;
use ieee.std_logic_1164.all;
use ieee.std_logic_unsigned.all;
use work.ff.all;

entity Counter is
  generic( n: integer := 5 );
  port( clk, rst: in std_logic;
        count: buffer std_logic_vector(n-1 downto 0) );
end Counter;

architecture impl of Counter is
  signal nxt: std_logic_vector(n-1 downto 0);
begin
  COUNTER: vDFF generic map(n) port map(clk,nxt,count);

  nxt <= (others => '0') when rst else count+1;
end impl;
```

图 16-3   由单条并发语句描述的 n 位计数器 FSM

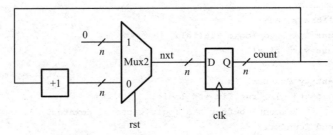

图 16-4 一个简单的计数器的框图。计数器状态保存在状态寄存器（触发器）中。次态由多路
选择器选择，如果 rst 有效，次态为零，否则为增量器的输出结果（count+1）

　　一般来说，一个时序数据通路电路的形式如图 16-5 所示。与任何同步时序逻辑电路
一样，状态保持在状态寄存器中。输出逻辑电路根据输入和当前状态来计算输出信号。次
态由次态电路从输入和当前状态的函数计算得到。数据通路与其他电路的区别在于次态逻
辑和输出逻辑是由函数而不是表描述的。对于此例中简单的计数器而言，输出逻辑只是当
前状态，而次态逻辑是在递增和重置为零之间进行选择。后续部分会介绍更复杂的时序数
据通路的示例。然而，它们的次态和输出描述都与此例相同。

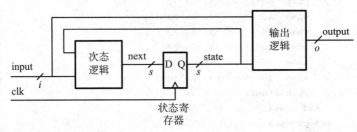

图 16-5 数据通路的时序电路一般由状态寄存器、次态逻辑和输出逻辑组成，次态和输出逻
辑由函数而不是表描述

16.1.2　递增/递减/加载计数器

　　上例中的简单计数器只有两个次态：复位和递增，但一个计数器的次态通常会有更多
的选择。它可能需要递减（倒数）以及递增，也可能需要保持其当前值，有时候，还需要可
以加载一个任意值。

　　图 16-6 显示了这种递增/递减/加载（UDL）计数器的 VHDL 描述。计数器有四个控制
输入（rst, up, down, load）和一个 n 位数据输入（input），次态函数由相应的 case
语句描述。一些 CAD 工具可能难以识别连接四个 std_logic 型信号（rst, up, down 和
output）的 std_logic_vector( )类型，因此，这里使用已经验证通过的表达式 td_logic_
vector′(rst&up&down&load)来表述。如果 rst 被断言有效，则次态为 0；如果 up 有
效，则次态为 out + 1；如果 down 有效（不是 up 或 rst），计数器的次态为 out - 1 并实
现递减；而当 load 有效时，计数器则设置次态为 input，并由此加载数据。最后，如果
没有控制输入有效，则计数器设置次态为 output，以此保持其当前值。

　　该描述能够准确地完成 UDL 计数器的功能，并且能够满足大多数用途。但是它的效率
相对较低，因为它同时实例化了一个递增器（计算 out + 1）和一个递减器（计算 out - 1）。
在第 10 章简单学习了计算机的算法以后，我们知道这两个电路实际上可以合并。

　　如果此时的操作模式对节省门的数量有所要求（虽然这不大可能发生），那么可以采用
图 16-7 所示的更经济的计数器电路。该电路将 case 语句中的增量和减量运算分解出来，
用信号 outpm1 来实现（输出 out 增加（p）或者减（m）1）。该信号由一个并发信号赋值语句
描述，如果信号 down 为假，则向信号 output 加 1；如果信号 down 为真，则向信号
output 加一1，该代码与图 16-6 所示的代码相同。

```vhdl
library ieee;
use ieee.std_logic_1164.all;
use ieee.std_logic_unsigned.all;
use work.ff.all;

entity UDL_Count1 is
  generic( n: integer := 4 );
  port( clk, rst, up, down, load: in std_logic;
        input: in std_logic_vector(n-1 downto 0);
        output: buffer std_logic_vector(n-1 downto 0) );
end UDL_Count1;

architecture impl of UDL_Count1 is
  signal nxt: std_logic_vector(n-1 downto 0);
begin
  COUNT: vDFF generic map(n) port map(clk,nxt,output);

  process(all) begin
    case? std_logic_vector'(rst & up & down & load) is
      when "1---" => nxt <= (others => '0');
      when "01--" => nxt <= output + 1;
      when "001-" => nxt <= output - 1;
      when "0001" => nxt <= input;
      when others => nxt <= output;
    end case?;
  end process;
end impl;
```

图 16-6 递增/递减/加载(UDL)计数器的 VHDL 描述

```vhdl
library ieee;
use ieee.std_logic_1164.all;
use ieee.std_logic_unsigned.all;
use work.ff.all;

entity UDL_Count2 is
  generic( n: integer := 4 );
  port( clk, rst, up, down, load: in std_logic;
        input: in std_logic_vector(n-1 downto 0);
        output: buffer std_logic_vector(n-1 downto 0) );
end UDL_Count2;

architecture impl of UDL_Count2 is
  signal outpm1, nxt: std_logic_vector(n-1 downto 0);
begin
  COUNT: vDFF generic map(n) port map(clk,nxt,output);

  outpm1 <= output + ((n-2 downto 0 => down) & '1');

  process(all) begin
    case? std_logic_vector'(rst & up & down & load) is
      when "1---" => nxt <= (others => '0');
```

图 16-7 共用递增器/递减器的递增/递减/加载(UDL)计数器的 VHDL 描述

```
        when "01--" => nxt <= outpm1;
        when "001-" => nxt <= outpm1;
        when "0001" => nxt <= input;
        when others => nxt <= output;
      end case?;
    end process;
  end impl;
```

图 16-7　（续）

　　UDL 计数器的框图如图 16-8 所示。与图 16-4 所示的简单计数器和大多数数据通路电路一样，UDL 计数器使用多路选择器选择次态，其中某些选择项由功能单元创建。这里多路选择器有四个输入——选择输入（load）、递增/递减器的输出（up 或者 down）、0（reset）和保持（hold）。其中仅有的功能单元是一个可以从当前计数中加 1 或减 1 的递增/递减器。信号 down 控制电路是递增还是递减，组合逻辑块通过对输入信号译码产生多路选择器的选择信号。图 16-9 显示了与框图对应的 VHDL 语言描述。

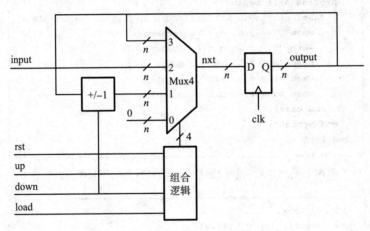

图 16-8　递增/递减/加载计数器的框图

```
library ieee;
use ieee.std_logic_1164.all;
use ieee.std_logic_unsigned.all;
use work.ff.all;
use work.ch8.all; -- for Mux4

entity UDL_Count3 is
  generic( n: integer := 4 );
  port( clk, rst, up, down, load: in std_logic;
        input: in std_logic_vector(n-1 downto 0);
        output: buffer std_logic_vector(n-1 downto 0) );
end UDL_Count3;

architecture impl of UDL_Count3 is
  signal outpm1, nxt: std_logic_vector(n-1 downto 0);
  signal sel: std_logic_vector(3 downto 0);
begin
  REG: vDFF generic map(n) port map(clk,nxt,output);
```

图 16-9　一个共用递增器/递减器和使用多路选择器的递增/递减/负载计数器的 VHDL 描述

```
    REG: vDFF generic map(n) port map(clk,nxt,output);

    outpm1 <= output + ((n-2 downto 0 => (not up)) & '1');

    MUX: Mux4 generic map(n) port map(output, input, outpm1, (n-1 downto 0 => '0'),
          ((not rst) and (not up) and (not down) and (not load)) &
          ((not rst) and load) &
          ((not rst) and (up or down)) &
          rst,
          nxt);
  end impl;
```

图 16-9 （续）

16.1.3 定时器

许多应用，例如上文介绍的较复杂的交通灯控制器的设计版本，需要用定时器设置初始时间 t，并在 t 个周期结束之后，发出信号指示时间已经结束。这种应用类似于一个设置了等待时间的厨房定时器，当等待结束后发出声音通知。

FSM 定时器的框图如图 16-10 所示。它沿用了熟悉的方法，即次态由多路选择器从常数、输入和功能单元的输出（在此情况下是递减器）中进行选择。该框图的不同之处在于它包括一个输出功能单元。当计数器减为零时，零状态检查器将断言信号 done 有效。

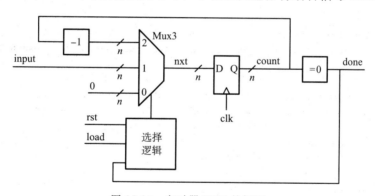

图 16-10　定时器 FSM 的框图

为了操作定时器，时间间隔由信号 input 输入并在控制信号 load 有效时被加载。加载后的每一个周期，内部状态 count 都进行倒数。当 count 变为零时，信号 done 被断言有效，倒数停止。其中复位输入信号 rst 在上电时用于初始化定时器。

定时器的 VHDL 描述如图 16-11 所示。它的风格类似于简单的计数器和由多路选择器、状态寄存器构成的结构化 UDL 计数器。递减器在多路选择器的参数列表中实现。为了避免定时器的持续倒数，在信号 done 有效并且信号 load 无效时，选择多路选择器的零输入，而对信号 done 的条件赋值还实现了零检查器的功能。

例 16.1 递增/递减 3 的计数器

现在为任意宽度的计数器写一个 VHDL 设计实体，在复位后，如果输入信号 inc 有效，则计数增加 3，如果输入 dec 有效，则递减 3，否则保持其值。

VHDL 代码如图 16-12 所示。如果 dec 为真，则定义信号 pm3 为-3，否则就为 3。这里使用标准包 ieee.std_logic_arith 中定义的函数 conv_std_logic_vector。该函数需要两个整数参数，一个是要转换为 std_logic_vector 型的值，一个是要生成 std_logic_vector 型的位宽。信号 pm3 被输入到一个加法器以实现加法和减法。匹配的

case 声明语句用于实现为 nxt 选择适当值的多路选择器。需要注意的是，如果 inc 和 dec 同时有效，nxt 将被设置为一个未定义（不关心）的值，"（others => '-')"。

```vhdl
---------------------------------------------------------------------
-- Timer design entity
-- rst sets count to zero
-- load sets count to input
-- Otherwise count decrements and saturates at zero (doesn't wrap)
-- Done is asserted when count is zero
---------------------------------------------------------------------

library ieee;
use ieee.std_logic_1164.all;
use ieee.std_logic_unsigned.all;
use work.ch8.all;
use work.ff.all;

entity Timer is
  generic( n: integer := 4 );
  port( clk, rst, load: in std_logic;
        input: in std_logic_vector(n-1 downto 0);
        done: buffer std_logic );
end Timer;

architecture impl of Timer is
  signal count, next_count, cntm1, zero: std_logic_vector(n-1 downto 0);
  signal sel: std_logic_vector(2 downto 0);
begin
  CNT: vDFF generic map(n) port map(clk,next_count,count);
  MUX: Mux3 generic map(n) port map(count - 1,input, (n-1 downto 0 => '0'),
        ((not rst) and (not load) and (not done)) &
        (load and (not rst)) &
        (rst or (done and (not load)))),
        next_count);
  done <= '1' when count = 0 else '0';
end impl;
```

图 16-11　定时器的 VHDL 描述

```vhdl
library ieee;
use ieee.std_logic_1164.all;
use ieee.std_logic_unsigned.all;
use ieee.std_logic_arith.all;
use work.ff.all;

entity IncDecBy3 is
  generic( n: integer := 8 );
  port( clk, rst, inc, dec: in std_logic;
        output: buffer std_logic_vector(n-1 downto 0) );
end IncDecBy3;
```

图 16-12　递增/递减 3 计数器的 VHDL 实现

```
architecture impl of IncDecBy3 is
  signal outpm3, pm3, nxt: std_logic_vector(n-1 downto 0);
begin
  SR: vDFF generic map(n) port map(clk,nxt,output);

  pm3 <= conv_std_logic_vector(-3,n) when dec else conv_std_logic_vector(3,n);
  outpm3 <= output + pm3;

  process(all) begin
    case? rst & inc & dec & outpm3 is
      when "1--" => nxt <= (others => '0'); -- reset
      when "010" => nxt <= outpm3;          -- increment
      when "001" => nxt <= outpm3;          -- decrement
      when "000" => nxt <= output;          -- hold
      when others=> nxt <= (others => '-');
    end case?;
  end process;
end impl;
```

图 16-12 （续）

16.2 移位寄存器

除了递增、递减和比较以外，另一种常用的数据通路功能是移位。移位寄存器常用于串行器和解串器中。其中，串行器将并行数据转换为串行形式，而解串器会将其转换回并形形式。

16.2.1 一个简单的移位寄存器

一个简单的移位寄存器的框图如图 16-13 所示，它的 VHDL 描述如图 16-14 所示。移位寄存器除非被复位，否则它的下一状态总是当前状态向左移 1 位，而输入 sin 将补充最右边的一位数据（LSB）。在 VHDL 的实例中，2 选 1 多路选择器由条件赋值语句描述，而向左移位的功能由表达式完成：

output(n- 2 downto 0) & sin

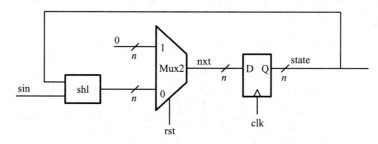

图 16-13 一个简单的移位寄存器的框图

在此，级联操作将 sin 与 output 信号最右边的 $n-1$ 位连接在一起，将输出有效地向左移一位并插入信号 sin 作为 LSB。

这个简单的移位寄存器可以用于串转并转换器。串行输入由 sin 接收，而每 n 个时钟，数据由 output 并行读出。有时还需要某些类型的帧协议来确定数据并行开始和结束的时间，例如，确定在哪一个时钟周期读取并行的输出。

```
-----------------------------------------------------------------
-- Basic shift register
-- rst - sets out to zero, otherwise out shifts left - sin becomes lsb
-----------------------------------------------------------------

library ieee;
use ieee.std_logic_1164.all;
use work.ff.all;

entity Shift_Register1 is
  generic( n: integer := 4 );
  port( clk, rst, sin: in std_logic;
        output: buffer std_logic_vector(n-1 downto 0) );
end Shift_Register1;

architecture impl of Shift_Register1 is
  signal nxt: std_logic_vector(n-1 downto 0);
begin
  nxt <= (others => '0') when rst else output(n-2 downto 0) & sin;
  CNT: vDFF generic map(n) port map(clk, nxt, output);
end impl;
```

图 16-14　一个简单的移位寄存器的 VHDL 描述。如果 rst 被断言有效，寄存器将被置为全 0，否则它将执行左移操作，并且由 sin 填充右边的 LSB 位

16.2.2　左移/右移/加载(LRL)移位寄存器

与前例中复杂的计数器类似，也可以设计一个复杂的移位寄存器，它可以实现向任意方向移位并且加载数据。这种左移/右移/加载(LRL)移位寄存器的框图如图 16-15 所示，其 VHDL 描述如图 16-16 所示。设计实体使用一个 case 语句在零、左移(由级联完成)和右移(也由级联完成)、输入和输出之间进行选择。需要注意的是，移位表达式为：

output(n-2 downto 0) & sin
sin & output(n-1 downto 1)

它并不产生任何逻辑。移位操作只是一种连线——将 sin 和 output 中的被选择的位适当的连接至多路选择器的输入端。

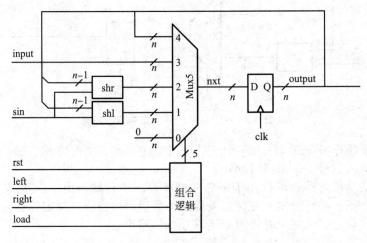

图 16-15　左移/右移/加载移位寄存器的框图

```
--------------------------------------------------------------------
-- Left/Right SR with Load
--------------------------------------------------------------------

library ieee;
use ieee.std_logic_1164.all;
use work.ff.all;

entity LRL_Shift_Register is
  generic( n: integer := 4 );
  port( clk, rst, left, right, load, sin: in std_logic;
        input: in std_logic_vector(n-1 downto 0);
        output: buffer std_logic_vector(n-1 downto 0) );
end LRL_Shift_Register;

architecture impl of LRL_Shift_Register is
  signal nxt: std_logic_vector(n-1 downto 0);
begin
  CNT: vDFF generic map(n) port map(clk,nxt,output);
  process(all) begin
    case? std_logic_vector'(rst & left & right & load) is
      when "1---" => nxt <= (others => '0');           -- reset
      when "01--" => nxt <= output(n-2 downto 0) & sin; -- left
      when "001-" => nxt <= sin & output(n-1 downto 1); -- right
      when "0001" => nxt <= input;                      -- load
      when others => nxt <= output;                     -- hold
    end case?;
  end process;
end impl;
```

图 16-16 左移/右移/加载移位寄存器的 VHDL 描述

16.2.3 通用的移位寄存器/计数器

如果 LRL 移位寄存器设计实体也可以实现递增、递减，并检查是否为零，那么它可以代替在本节中到目前为止讨论的任何设计实体。这个想法并不像看起来的那么牵强。起初我们可能会认为当只需要一个简单的计数器时，使用一个全功能的设计实体是一种浪费。但是，大多数综合系统在有恒定输入的情况下进行综合时会消除从不使用的逻辑（例如，如果 up/down 始终为零，那么递增器/递减器将被消除）。因此，实际上未使用的逻辑并不会造成多余的开销⊖。使用通用移位寄存器/计数器的优点是它只需要使用和维护一个设计实体。

通用移位/计数器设计实体的 VHDL 描述如图 16-17 所示。此代码在很大程度上结合了之前个别设计实体的代码。它采用一个 7 选 1 多路选择器在输入、当前状态、递增、递减、左移、右移和零之间进行选择。递增/递减由一个赋值完成（与 UDL 计数器一样），而移位由级联实现（与 LRL 移位器一样）。

与之前设计不同的是，此通用设计实体设计了仲裁器实体 RArb，来确保多路选择器的选择输入不会在同一时间被断言有效。这个仲裁设计实体的编码在总编码的上方。对于 7 个选择输入的情况使得实例化仲裁器组件来执行此种逻辑会更容易。在很多通用移位器/计数器（或任何其他数据通路的设计实体）的应用中，如果可以肯定两个指令输入不会在同一时间有效，那么就不需要仲裁器（无论是通过组件还是明确的实现）。但是，为了验

⊖ 在此之前先检查所使用的综合系统是否如此操作。

```
-----------------------------------------------------------------------
-- Universal Shifter/Counter
-- inputs take priority in order listed
-- rst - resets state to zero
-- left - shifts state to the left, sin fills LSB
-- right - shifts state to the right, sin fills MSB
-- up - increments state
-- down - decrements state - will not decrement through zero.
-- load - load from in
--
-- Output done indicates when state is all zeros.
-----------------------------------------------------------------------
library ieee;
use ieee.std_logic_1164.all;
use ieee.std_logic_unsigned.all;
use work.ff.all;
use work.ch8.all;

entity UnivShCnt is
  generic( n: integer := 4 );
  port( clk, rst, left, right, up, down, load, sin: in std_logic;
        input: in std_logic_vector(n-1 downto 0);
        output: buffer std_logic_vector(n-1 downto 0);
        done: buffer std_logic );;
end UnivShCnt;

architecture impl of UnivShCnt is
  signal sel: std_logic_vector(6 downto 0);
  signal nxt, outpm1: std_logic_vector(n-1 downto 0);
begin
  outpm1 <= output + ((n-1 downto 1 => down) & '1');
  CNT: vDFF generic map(n) port map(clk,nxt,output);
  ARB: RArb generic map(7)
    port map(rst & left & right & up & (down and (not done)) & load & '1', sel);
  MUX: Mux7 generic map(n)
    port map( (n-1 downto 0 => '0'), output(n-2 downto 0) & sin,
              sin & output(n-1 downto 1), outpm1, outpm1, input, output, sel, nxt);
  done <= '1' when output = 0 else '0';
end impl;
```

图 16-17 通用移位器/计数器的 VHDL 描述，其中使用了共用的递增器/递减器和一个显示的
多路选择器。仲裁器用来确保多路选择器的选择线不会被同时断言

证输入命令实际上是独热形式的，在设计实体中加入 assertion 声明代码就非常有效。例如，声明一个信号是独热的，用户可以这样写：

```
count <= ("0" & input(0)) + ("0" & input(1)) + ("0" & input(2));
err <= '1' when count > 1 else '0';
```

设计者必须在每个时钟边沿检查此错误条件是否发生。此声明是一个逻辑表达式，它并不综合出门⊖，如果违反了表达式，它会在仿真中产生错误标志。

例 16.2 移位量可变

编写一个移位寄存器的 VHDL 设计实体,它可以向左移零位、1 位、2 位或 3 位,此移位量由两位位宽的输入 sh_amount 决定。移位器右边的 MSB 位由 3 位输入 sin 填充。

VHDL 代码如图 16-18 所示。首先,将 sin 与输出 output 级联,以此实现将输出左移 3 位。结果被定义为 unsigned 无符号数,因为移位操作必须知道偏移量是否带有符号。然后按照 3-sh_amount 来移位已经由 sin 填充 MSB 的 output 数据。**Srl** 移位运算符右边的运算必须是 integer 类型。因此,首先将 sh_amout 转换为 integer 类型,通过将其设为 unsigned 无符号类型,然后调用在 ieee.numeric_std 中定义的函数 to_integer。

```vhdl
library ieee;
use ieee.std_logic_1164.all;
use ieee.numeric_std.all;
use work.ff.all;

entity VarShift is
  generic( n: integer := 8 );
  port( clk, rst: in std_logic;
        sh_amount: in std_logic_vector(1 downto 0);
        sin: in std_logic_vector(2 downto 0);
        output: buffer std_logic_vector(n-1 downto 0) );
end VarShift;

architecture impl of VarShift is
  signal sh_i, sh_o: unsigned(n+2 downto 0);
  signal nxt: std_logic_vector(n-1 downto 0);
begin
  SR: vDFF generic map(n) port map(clk,nxt,output);
  sh_i <= unsigned(output & sin);
  sh_o <= sh_i srl 3-to_integer(unsigned(sh_amount));
  nxt  <= (others => '0') when rst else std_logic_vector(sh_o(n-1 downto 0));
end impl;
```

图 16-18 例 16.2 描述的移位量可变的移位器的 VHDL 描述

16.3 控制和数据划分

数字设计中的一个通用的风格是,将设计分离成控制 FSM 和数据通路,如图 16-19 所示。数据通路通过多路选择器和功能单元——如本章的计数器和移位寄存器——计算它的次态。另一方面,控制 FSM 通过状态表计算它的次态。设计实体的输入被分成控制输入(控制 FSM 的状态)和数据输入(数据通路的输入),设计实体的输出也进行类似的划分。控制 FSM 通过一组命令信号来控制数据通路,而数据通路通过返回一组状态信号与控制 FSM 进行通信。

到目前为止,本章涉及的计数器和移位寄存器的例子都是这种组织结构的一种简化形式。它们每一个都包含一个数据通路——包括多路选择器和功能单元(移位器、累加器、和/或加法器)——和一个控制单元。然而,它们的控制单元都经过严格的组合。数据通路的命令(例如,多路选择器的选择命令和加/减的控制命令)和控制输出也都只与当前控制输入和数据通路的状态有关。本节将研究两个控制部分包括内部状态的设计实体。

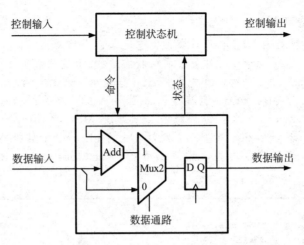

图 16-19　系统通常被划分为数据通路和控制部分，其中数据通路的次态由功能单元决定，而控制部分的次态由状态表决定

16.3.1　示例：自动售货机 FSM

一个饮料自动售货机控制器的设计。设计规范如下：自动售货机可以接收 5 分硬币、10 分硬币和 25 分硬币。每当硬币进入硬币槽以后，三条硬币类型指示（5 分镍币 nickel，10 分硬币 dime、25 分硬币 quarter）线之一就会出现一个时钟周期的脉冲。商品的价格由机器内部的 n 位开关（以 5 分为单位）设置，并以 n 位信号 price 输入到控制器。当投入购买饮料的硬币总额足够时，状态信号 enough 被断言有效。一旦 enough 被断言有效，并且用户按下 dispense 按钮，信号 serve 将被断言有效一个周期并提供饮料。在 serve 被断言以后，FSM 必须等待，直到表示机器已经完成服务的完成信号 done 被断言有效为止。在服务完成后，机器会向用户找零（如果需要）。找零时一次为 5 美分，同时断言信号 change 有效一个周期，并在等待指示已经找完 5 美分的信号 done 有效之后再继续进行下一次 5 美分的找零，或者返回到最初状态。任何时候当信号 done 都被断言有效时，都必须等待 done 变为低之后再继续其他操作。

首先考虑 FSM 的控制部分，关注它的输入和输出。所有的输入，除了 price 以外（rst、nickel、dime、quarter、dispense 和 done）的都是控制输入，输出（serve 和 change）都是控制输出。需要从数据通路得到的状态信号包括信号 enough（表明已存入足够的钱）和信号 zero（表明零钱已经找完）。而针对数据通路的命令在关注数据状态时再进行考虑。

现在考虑 FSM 控制部分的状态。如图 16-20 的状态图所示，自动售货机主要运行在三个阶段[⊖]。首先，在投币状态（状态 deposit）中，用户存入硬币然后按下 dispense 按钮。当信号 dispense 和表示投币金额已足够的信号 enough 都被断言有效时，FSM 进入服务阶段（状态 serve1 和 serve2）。在服务状态 serve1 中，状态机将等待表示已经提供了饮料的完成信号 done 被断言有效，并在状态 serve2 中等待信号 done 不再有效。FSM 只会在状态 serve1 的第一个周期断言输出服务信号 serve 有效。如果不需要找零，信号 zero 为真，FSM 从 serve2 状态返回到投币 deposit 状态。但是，如果需要找零，FSM 进入找零阶段（状态 change1 和 change2）。FSM 在这些状态之间转换，在 change1 状态中断言 change 有效并等待信号 done 有效，在 change2 状态中等待 done 重新变为低。每次在转换至 change1 的第一个周期中断言输出信号 change 有效。只有在找完所有的零钱后，FSM 才能回到 deposit 状态。

⊖　在该图中，从一个状态到自身的分支线被省略。如果使 FSM 跳出当前状态的所有条件都不满足，则 FSM 停留在当前状态。

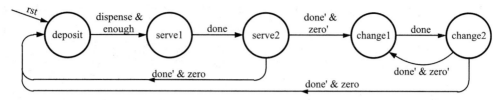

图 16-20　自动售货机控制器控制部分的状态图。为了清楚起见，省略了从状态到其自身的分支线。如果使状态跳转的边沿分支的逻辑条件都不为真，FSM 将保持在当前状态

在定义了控制状态部分以后，现在把注意力转向数据状态。这个 FSM 有一个单一的数据状态，即 FSM 当前欠用户的钱数——以 5 分镍币为单位，这个钱数的状态变量为 amount，而不同操作对状态变量 amount 的影响如下：

> 重置：amount←0；
> 投入一个硬币：amount←amount＋value，当 value＝1，2 或 5，分别对应 5
> 　　分镍币、10 分硬币、25 分硬币
> 提供饮料：amount←amount－price；
> 以 5 分镍币为单位找零：amount←amount－1.
> 否则：amount 不需要找零

现在我们可以设计一个支持这些操作的数据通路。状态变量 amount 可以被清零，可以增加或减少，也可以保留原值。从这些寄存器传输中，我们看到设计需要如图 16-21所示的数据通路。状态 amount 的次态 nxt 是由一个 3 选 1 多路选择器从 0、amount 或 sum 之间选择的，而 sum 是由一个加法/减法单元从 amount 中增加或减去 value 的值后输出的。value 是由 4 选 1 多路选择器从 1、2、5 或 price 中选择得到的。从图中可以看出，控制数据通路所需的命令信号是两个多路选择器的选择信号和加法/减法单元的控制信号。

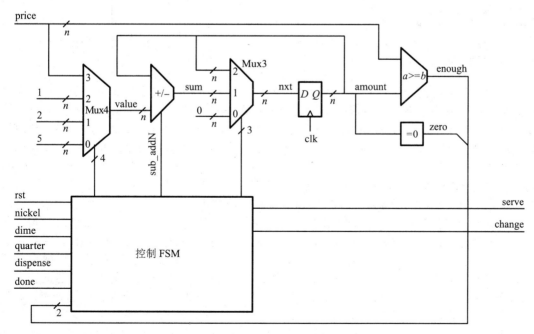

图 16-21　自动售货机控制器的框图

自动售货机控制器的 VHDL 代码如图 16-22～图 16-25 所示，顶层设计实体如

图 16-22 所示。这个设计实体只是实例化了控制实体(VendingMachineControl)和数据组件(VendingMachine-Control)并将它们连接起来。命令信号 sub、selval 和 selnext 在这个层次声明，状态信号 enough 和 zero 也同样在此声明。

```
------------------------------------------------------------------
-- VendingMachine - Top level design entity
-- Just hooks together control and datapath
------------------------------------------------------------------
library ieee;
use ieee.std_logic_1164.all;
use work.vending_machine_declarations.all;

entity VendingMachine is
  generic( n: integer := DWIDTH );
  port( clk, rst, nickel, dime, quarter, dispense, done: in std_logic;
        price: in std_logic_vector(n-1 downto 0);
        serve, change: out std_logic );
end VendingMachine;

architecture impl of VendingMachine is
  signal enough, zero, sub: std_logic;
  signal selval: std_logic_vector(3 downto 0);
  signal selnext: std_logic_vector(2 downto 0);
begin
  VMC: VendingMachineControl port map(clk, rst, nickel, dime, quarter, dispense, done,
                                      enough, zero, serve, change, selval, selnext,
                                      sub);
  VMD: VendingMachineData generic map(n) port map(clk, selval, selnext, sub, price,
                                                  enough, zero);
end impl;
```

图 16-22　自动售货机控制器的 VHDL 顶层设计实体，只是实例化了控制和数据组件并将它们连接在一起

自动售货机控制器设计实体的 VHDL 描述包括两个部分。图 16-23 所示的为设计实体的前半部分，其中包含了为生成输出和命令变量的逻辑代码。它定义了 first 这个变量，该变量用于区分状态 serve1 和 change1 的第一个周期。在这两个状态的第一个周期以后，first 都会变低。这个变量使状态机能够在每次访问这些状态时确保仅断言一个周期的输出，并且每次访问到 change1 状态时只对 amount 减少一次。如果没有 first 这个变量，就需要将 serve1 和 change1 都扩展为两个状态。而输出信号 serve 和 change 是信号 first 与状态 serve1、change1 中相应的信号相"与"产生的。

数据通路的控制信号是由输入和状态变量决定的。这两个选择信号是独热码变量。每一个位都由一个逻辑表达式来决定。信号 selval(用于选择送入加/减单元的值)在投币状态(dep 为真)和 dispense 被按下时选择 price。如果在投币状态投入了一个镍币，或者是处于找零状态时，就会选择 1。而如果投入的是 10 分币或者 25 分币，就会选择 2 和 5。信号 selnext 为数量变量 amount 选择下一个状态。如果 rst 为真，则选择 0，如果变量 selv 为真，则选择加/减单元的输出。否则，将选择 amount 的当前值。如果一枚硬币被投入或者 dispense 和 enough 都为真，则变量 selv 在投币状态中为真。而在找零的状态中，如果 first 为真，它也为真。另外，在投币状态中，当 dispense 被断言有效时，可以选择 price，因为只有在 enough 同样被断言有效的情况下，才选择加/减单元的输出。

```
library ieee;
use ieee.std_logic_1164.all;
use work.ff.all;
use work.vending_machine_declarations.all;

entity VendingMachineControl is
  port( clk, rst, nickel, dime, quarter, dispense, done, enough, zero: in std_logic;
        serve, change: out std_logic;
        selval: out std_logic_vector(3 downto 0);
        selnext: out std_logic_vector(2 downto 0);
        sub: out std_logic );
end VendingMachineControl;

architecture impl of VendingMachineControl is
  signal state, nxt, nxt1: std_logic_vector(SWIDTH-1 downto 0);
  signal nfirst, first, serve_1, change_1, change_int, dep, selv: std_logic;
begin
  -- outputs
  serve_1 <= '1' when state = SERVE1 else '0';
  change_1 <= '1' when state = CHANGE1 else '0';
  serve <= serve_1 and first;
  change_int <= change_1 and first;
  change <= change_int;

  -- datapath controls
  dep <= '1' when state = DEPOSIT else '0';
  selval <= (dep and dispense) &
            ((dep and nickel) or change_int) &
            (dep and dime) &
            (dep and quarter);

  -- amount, sum, 0
  selv <= (dep and (nickel or dime or quarter or (dispense and enough))) or
          (change_int and first);
  selnext <= (not (selv or rst)) & ((not rst) and selv) & rst;

  -- subtract
  sub <= (dep and dispense) or change_int;

  -- only do actions on first cycle of serve_1 or change_1
  nfirst <= not (serve_1 or change_1);
  first_reg: sDFF port map(clk, nfirst, first);
```

图 16-23　自动售货机控制器控制设计实体的 VHDL 描述(第 1 部分，共两部分)。控制设
　　　　计实体的第一部分显示了使用并发条件赋值语句和并发简单信号赋值语句实现
　　　　的输出和命令变量

　　最后，在 dispense 和 change 动作时，加/减控制信号被设置为减法。否则，为加法。

　　控制设计实体的下半部分如图 16-24 所示，它显示了 FSM 的次态逻辑。该逻辑使用
case 语句来实现，其中选择判断是基于四个输入信号和当前状态的连接，大多数转换编
码为单个条件触发。例如，当 FSM 处于投币状态并且 deposit 和 enough 都为真时，第
一种条件"11-"&DEPOSIT 被触发。当 FSM 处于投币状态时，它还需要进行其他两个可
替代的条件编码。其中一个单独的并发条件信号赋值语句用于将 FSM 复位到投币状态。

```
-- state register
state_reg: vDFF generic map(SWIDTH) port map(clk, nxt, state);

-- next state logic
process(all) begin
  case? dispense & enough & done & zero & state is
    when "11--" & DEPOSIT => nxt1 <= SERVE1;  -- dispense & enough
    when "01--" & DEPOSIT => nxt1 <= DEPOSIT;
    when "-0--" & DEPOSIT => nxt1 <= DEPOSIT;
    when "--1-" & SERVE1  => nxt1 <= SERVE2;  -- done
    when "--0-" & SERVE1  => nxt1 <= SERVE1;
    when "--01" & SERVE2  => nxt1 <= DEPOSIT; -- not done and zero
    when "--00" & SERVE2  => nxt1 <= CHANGE1; -- not done and not zero
    when "--1-" & SERVE2  => nxt1 <= SERVE2;  -- done
    when "--1-" & CHANGE1 => nxt1 <= CHANGE2; -- done
    when "--0-" & CHANGE1 => nxt1 <= CHANGE1; -- done
    when "--00" & CHANGE2 => nxt1 <= CHANGE1; -- not done and not zero
    when "--01" & CHANGE2 => nxt1 <= DEPOSIT; -- not done and zero
    when "--1-" & CHANGE2 => nxt1 <= CHANGE2; -- not done and zero
    when others => nxt1 <= DEPOSIT;
  end case?;
end process;

nxt <= DEPOSIT when rst = '1' else nxt1;
end impl;
```

图 16-24　自动售货机控制器控制设计实体的 VHDL 描述(第 2 部分，共 2 部分)。控制设计
实体的第 2 部分显示了使用匹配的 case 语句实现的次态函数

图 16-25 显示了自动售货机控制器数据通路的 VHDL 描述。这段代码非常接近图 16-21
所示的数据通路部分。一个状态寄存器保存当前的数量。一个三输入的多路选择器从 0、
加/减单元的输出 sum 和 amount 的当前值中进行选择并将结果连接至状态寄存器。一个
加/减单元实现对 amount 增加或减少 value 表示的值。一个四输入多路选择器选择要加
或减的 value 值。最后，两个条件赋值语句产生状态信号 enough 和 zero。

自动售货机控制器的测试激励如图 16-26 所示，而该测试激励下控制器的仿真波形如
图 16-27 所示。该测试激励展示了一个在 VHDL- 2008 中引入的新特征：外部名称(external
names)。在 **report** 声明语句中，第一次调用 to_hstring 会在实体 VendingMachineControl
中打印信号 state 的值，该值在实体 VendingMachine 的内部被实例化，实体
VendingMachine-Control 又在测试激励中被实例化。需要注意的是，相比于将信号添
加到 VendingMachine-Control 和 VendingMachine 的实体声明中，这里使用外部名称
语法"<< **signal** DUT.VMC.STATE :std_logic_vector>>"来访问 VendingMachineControl
中的 state 值。这里 DUT.VMC.STATE 是要打印出来的信号的外部路径名。

测试激励从复位 FSM 开始，然后存入 5 分硬币，接着是一个 10 分硬币，使得金额
amount 增加到 3(15 美分)。在这一时间点上继续一个没有输入的周期，并确保 amount
保持为 3。然后使 dispense 有效，以验证在没有存入足够钱的情况下不会成功获得一种
饮料。接下来，在两个相连的周期中分别投入两个 25 美分，将数量 amount 增加到 8，然
后是 13。当金额达到 13 时，信号 enough 就会变高，因为它已经超过了饮料的价格(11)。
在一个空闲的周期后再次断言 dispense 有效。这一次它会起作用，状态转换到
001(serve1)且数量 amount 减少到 2(扣除 11 的价格)。

在 serve1 状态(状态=001)的第一个周期中，信号 serve 被断言有效。FSM 继续在

```vhdl
library ieee;
use ieee.std_logic_1164.all;
use work.ff.all;
use work.ch8.all;
use work.ch10.all;
use work.vending_machine_declarations.all;

entity VendingMachineData is
  generic( n: integer := 6 );
  port( clk: in std_logic;
        selval: in std_logic_vector(3 downto 0); -- price, 1, 2, 5
        selnext: in std_logic_vector(2 downto 0); -- amount, sum, 0
        sub: in std_logic;
        price: in std_logic_vector(n-1 downto 0); -- price of soft drink - in nickels
        enough: out std_logic; -- amount > price
        zero: out std_logic ); -- amount = zero
end VendingMachineData;

architecture impl of VendingMachineData is
  signal sum, amount, nxt, value, z: std_logic_vector(n-1 downto 0);
  signal ovf: std_logic;
begin
  -- state register holds current amount
  AMT: vDFF generic map(n) port map(clk, nxt, amount);

  -- select next state from 0, sum, or hold
  z <= (nxt'range => '0');
  NSMUX: Mux3 generic map(n) port map(amount, sum, z, selnext, nxt);

  -- add or subtract a value from current amount
  ADD: AddSub generic map(n) port map(amount, value, sub, sum, ovf);

  -- select the value to add or subtract
  VMUX: Mux4 generic map(n) port map(price, CNICKEL, CDIME, CQUARTER, selval, value);

  -- comparators
  enough <= '1' when amount >= price else '0';
  zero <= '1' when amount = (amount'range => '0') else '0';
end impl;
```

图 16-25 自动售货机控制器的数据通路

这个状态保持一个周期，等待信号 done 变为高。它在状态 serve2(状态＝011)中仅维持一个周期，因为信号 done 已经为低，并且继续进入状态 change1(状态＝010)。在状态 change1 的第一个周期，输出信号 change 被断言有效(将一个 5 分硬币返回给用户)，并且 amount 减少到 1。FSM 在 change1 状态继续持续一个周期并等待 done 信号有效。然后在状态 change2(状态＝100)中持续仅一个周期，然后返回到 change1——因为 zero 不为真。信号 change 再次被断言有效，amount 在 change1 的第一个周期减少。这一次，amount 被减少到零，并且信号 zero 被断言有效。在 change1 状态下等待第二个周期后，FSM 将转换到 change2 并返回到 deposit 状态(因为 zero 被重置)，准备下一次启动。

```
-- pragma translate_off
library ieee;
use ieee.std_logic_1164.all;
use work.vending_machine_declarations.all;

entity testVend is
end testVend;

architecture test of testVend is
  signal clk, rst, n, d, q, dispense, done: std_logic;
  signal NDQd, price: std_logic_vector(3 downto 0);
  signal serve, change: std_logic;
begin
  DUT: entity work.VendingMachine(impl) generic map(4)
    port map(clk=>clk, rst=>rst, nickel=>n, dime=>d, quarter=>q, dispense=>dispense,
             done=>done, price=>price, serve=>serve, change=>change);

  process begin
    report to_string(n & d & q & dispense) & " " &
      to_hstring(<<signal DUT.VMC.STATE: std_logic_vector>>) & " " &
      to_hstring(<<signal DUT.VMD.AMOUNT: std_logic_vector>>) & " " &
      to_string(serve) & " " & to_string(change);
    wait for 5 ns; clk <= '1';
    wait for 5 ns; clk <= '0';
  end process;

  process(clk) begin
    if rising_edge(clk) then
      done <= serve or change; -- give prompt feedback
    end if;
  end process;

  process begin
    rst <= '1'; price <= CPRICE;
    (n,d,q,dispense) <= std_logic_vector'("0000");
    wait for 20 ns; rst <= '0';
    wait for 10 ns; (n,d,q,dispense) <= std_logic_vector'("1000"); -- nickel 1
    wait for 10 ns; (n,d,q,dispense) <= std_logic_vector'("0100"); -- dime 3
    wait for 10 ns; (n,d,q,dispense) <= std_logic_vector'("0000"); -- nothing
    wait for 10 ns; (n,d,q,dispense) <= std_logic_vector'("0001"); -- try dispense
    wait for 10 ns; (n,d,q,dispense) <= std_logic_vector'("0010"); -- quarter 8
    wait for 10 ns; (n,d,q,dispense) <= std_logic_vector'("0010"); -- quarter 13
    wait for 10 ns; (n,d,q,dispense) <= std_logic_vector'("0000"); -- nothing
    wait for 10 ns; (n,d,q,dispense) <= std_logic_vector'("0001"); -- dispense 2
    wait for 10 ns; (n,d,q,dispense) <= std_logic_vector'("0000");
    wait for 100 ns;
    std.env.stop(0);
  end process;
end test;
-- pragma translate_on
```

图 16-26　自动售货机控制器的 VHDL 测试激励

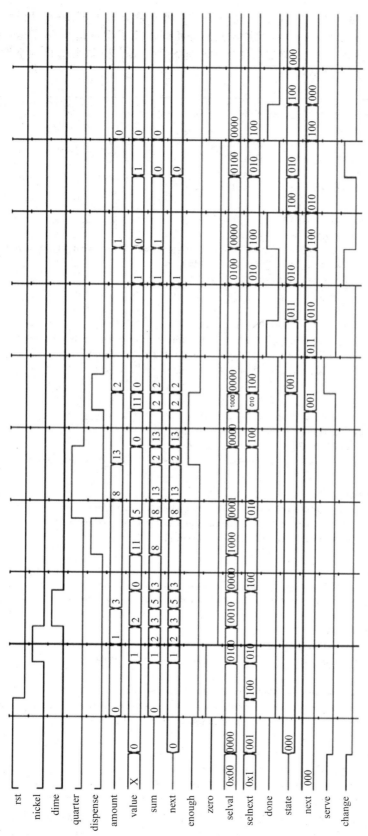

图16-27 自动售货机在图16-26所示的激励下的仿真波形

　　自动售货机作为单个 VHDL 设计实体的另一种实现方式如图 16-28 所示，该 FSM 的控制部分与图 16-23 和图 16-24 所示的控制部分相同，除了生成信号 selval 和 selnext 的逻辑被省略了之外。数据通路部分使用单个匹配的 case 语句来选择一个增量 inc，当 amount 保持不变时，它为零。

```vhdl
-- VendingMachine - Flat implementation
library ieee;
use ieee.std_logic_1164.all;
use ieee.std_logic_unsigned.all;
use work.ff.all;
use work.vending_machine_declarations.all;

entity VendingMachine1 is
  generic( n: integer := DWIDTH );
  port( clk, rst, nickel, dime, quarter, dispense, done: in std_logic;
        price: in std_logic_vector(n-1 downto 0);
        serve, change: buffer std_logic );
end VendingMachine1;

architecture impl of VendingMachine1 is
  signal serve_1, change_1, dep, enough, zero, nfirst, first: std_logic;
  signal state, nxt, nxt1: std_logic_vector(SWIDTH-1 downto 0);
  signal amount, namount, inc: std_logic_vector(n-1 downto 0);
begin
  -- decode
  serve_1 <= '1' when state = SERVE1 else '0';
  change_1 <= '1' when state = CHANGE1 else '0';
  dep <= '1' when state = DEPOSIT else '0';
  nfirst <= not (serve_1 or change_1); -- not in serve_1 or change_1

  -- state registers
  STATE_REG: vDFF generic map(SWIDTH) port map(clk,nxt,state);
  DATA_REG:  vDFF generic map(n) port map(clk,namount,amount);
  FIRST_REG: sDFF port map(clk,nfirst,first);

  -- outputs
  serve <= '1' when (state = SERVE1) and (first = '1') else '0';
  change <= '1' when (state = CHANGE1) and (first = '1') else '0';

  -- status signals
  enough <= '1' when (amount >= price) else '0';
  zero <= '1' when (amount = (amount'range => '0')) else '0';

  process(all) begin -- datapath - select increment
    case? std_logic_vector'(nickel & dime & quarter & dep & serve & change) is
      when "---010" => inc <= (inc'range => '0') - price;
      when "100100" => inc <= CNICKEL;
      when "010100" => inc <= CDIME;
      when "001100" => inc <= CQUARTER;
      when "---001" => inc <= (inc'range => '0') - CNICKEL;
```

图 16-28　自动售货机作为单一设计实体的另一种实现方法。数据通路被实现为选择增量的单个进程。此代码共 2 部分，此为第 1 部分，第 2 部分与图 16-24 所示的相同

```
      when others => inc <= (inc'range => '0');
   end case?;
end process;


-- datapath - select next amount
namount <= (namount'range => '0') when rst else amount + inc;
```

图 16-28 （续）

16.3.2 示例：组合锁

第二个控制和数据通路的示例是一个接收十进制键盘输入的电子组合锁。用户必须输入十进制数字序列的密码，然后按下 enter 键。如果用户输入的顺序正确，则输出信号 unlock 被断言有效（类似于开门的螺栓）。如果要重新上锁，用户需要再一次按下 enter 键。如果用户输入的顺序不正确，则显示忙碌的信号 busy 被断言有效，并且激活定时器，在等待预先设定的时间后才允许用户再次尝试解锁。当用户输入整个序列并按下 enter 键之后，显示忙碌的信号灯才会亮起。这是因为如果信号灯在第一个不正确的按键被按下时就亮起，就会给用户可以通过一次一次试验来发现密码的机会。

密码锁系统有三个输入：key、key_valid、enter。具有 4 位编码的信号 key 表示当前按下的密码，同时伴有信号 key_valid，表示此密码是否有效。键盘已经经过预处理，使得每个按键被按下时都断言 key 并且仅维持一个周期有效。信号 enter 也以类似的方式进行预处理，使得每当用户按下 enter 键来解锁或重新上锁时，信号 enter 仅维持一个周期有效。密码序列的长度由内部变量 length 设置，序列本身存储在一个内部存储器中。

图 16-29 显示了组合锁 FSM 控制部分的状态图。FSM 复位为 enter 状态。在这个状态下，FSM 接收输入。每当一个键按下时，FSM 都会与预期的数字进行对比检查。如果它是正确的（kmatch），FSM 停留在输入状态，如果不是（valid $\wedge$ $\overline{\text{kmatch}}$），FSM 则转到 wait1 状态。FSM 会一直处于 wait1 状态，直到 enter 被按下，然后进入 wait2 状态。FSM 在 wait2 状态中启动一个定时器并一直处于此状态，同时断言信号 busy 有效，直到定时器定时完成并断言信号 done 有效为止。

当输入的密码都正确时，FSM 仍将处于 enter 状态——只要有一个输入不正确就会将它带到 wait1 状态——信号 lmatch 将会为真。信号 lmatch 只有在密码的长度与内部长度变量 length 匹配时，才会为真。如果此时按下 enter 键，FSM 将转入 open 状态（enter $\wedge$ lmatch）并解锁。如果在 open 状态第二次按下 enter 键，FSM 将返回到复位状态。如果在 enter 状态，enter 键在密码长度不匹配时被按下（输入的密码太少或太多时）（enter $\wedge$ $\overline{\text{lmatch}}$），FSM 将进入 wait2 状态。

图 16-30 显示了组合锁数据通路部分的框图。数据通路有两个不同的部分。上面的部分比较了输入密码的长度和值。下面的部分计算当输入密码不正确时需等待的时间间隔。该部分由一个定时器组件组成，该组件在控制信号 load 有效时，加载定时器的定时间隔 twait。然后定时器进行倒计时，并在为 0 时，断言状态信号 done 有效。

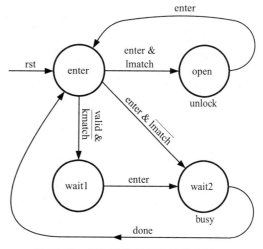

图 16-29 组合锁控制部分的状态图

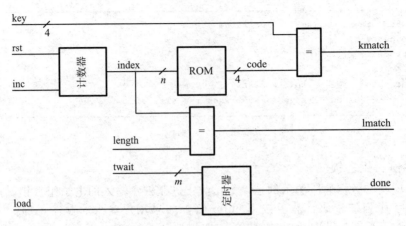

图 16-30 组合锁数据通路部分的框图

数据通路的上半部分由一个计数器、一个 ROM 和两个比较器组成。计数器用于跟踪现在处于密码的哪一位数字上。在进入 enter 状态之前它被重置为零，然后在按下每个键时进行累加计数。计数器的输出信号 index 用来选择要进行比较的数字。信号 index 同时与变量 length 进行比较，并生成状态信号 lmatch。它同时还是 ROM 中存储密码的地址。FSM 从 ROM 读取所存密码的当前数字，断言信号 code，并与用户输入的密钥进行比较，生成状态信号 kmatch。图 16-31 和图 16-32 显示了组合锁的 VHDL 代码。这里控制和数据通路被放在一个设计实体中。这样消除了将控制和数据部分连接在一起的代码，但是对于大型设计实体这样可能导致此段代码不能被广泛应用。

```
----------------------------------------------------------------------
-- CombLock
-- Inputs:
--   key - (4-bit) accepts a code digit each time key_valid is true
--   key_valid - signals when a new code digit is on key
--   enter - signals when entire code has been entered
-- Outputs:
--   busy - asserted after incorrect code word entered during timeout
--   unlock - asserted after correct codeword is entered until enter
--            is pressed again.
----------------------------------------------------------------------

library ieee;
use ieee.std_logic_1164.all;
use work.ff.all;
use work.ch16.all;
use work.comb_lock_codes.all;

entity CombLock is
  generic( n: integer := 4;    -- bits of code length
           m: integer := 4 ); -- bits of timer
  port( clk, rst, key_valid, enter: in std_logic;
        key: in std_logic_vector(3 downto 0);
        busy, unlock: buffer std_logic );
end CombLock;
```

图 16-31 组合锁的 VHDL 描述(第 1 部分，共两部分)。本部分描述了如图 16-30 所示
         的数据通路

```
architecture impl of CombLock is
  signal rstctr: std_logic; -- reset the digital counter
  signal inc: std_logic; -- increment the digit counter
  signal load: std_logic; -- load the timer
  signal done: std_logic; -- timer done
  signal kmatch, lmatch, senter, swait1: std_logic;
  signal index: std_logic_vector(n-1 downto 0);
  signal code: std_logic_vector(3 downto 0);
  signal state, nxt, nxt1: std_logic_vector(SWIDTH-1 downto 0);
begin
  ----- datapath --------------------------------------
  CTR: UDL_Count3 generic map(n)
          port map(clk,rstctr,inc,'0','0',"0000",index);  -- counter
  MEM: ROM generic map(n,4,"comb_lock.txt") port map(index, code);
  TIM: Timer generic map(m) port map(clk,rst,load,TWAIT,done); -- wait timer
  kmatch <= '1' when code = key else '0'; -- key comparator
  lmatch <= '1' when index = LENGTH else '0'; -- length comparator
```

图 16-31 （续）

设计实体的数据通路部分如图 16-31 所示。VHDL 代码直接遵循图 16-30 所示的框图。计数器使用递增/递减/加载计数器（见 16.1.2 节）。其中信号 rst 和 up 是仅有的控制输入，而信号 load 和 down 都为零。综合器在综合计数器时，将利用这些零控制输入消除未使用的逻辑。16.1.3 节的定时器组件用于在 wait2 状态下进行倒计时。两个比较器用赋值语句来实现。

图 16-32 显示了组合锁设计实体控制部分的 VHDL 描述。代码的上部分生成输出和次态变量。输出信号 busy 和 unlock 是通过对状态变量 state 译码生成的，因为每当状态机处于 wait2 和 open 状态时，这些输出都为真。enter 和 wait1 状态也被译码并用于命令方程中。命令信号 rstctr 在计数器需要重置，或者在会转换到 enter 状态（wait2 和 open）的状态时被置位，用于复位数字计数器，这样计数器提前被置零，并准备好在 enter 状态下对密码进行计数。同样，信号 load 在会转入 wait2 状态的状态（enter 和 wait1）时将定时器加载，以便它可以在 wait2 中倒计时。每当在 enter 状态中按下一个按键时，信号 inc 就使计数器加 1。另外用另一个进程实现次态函数。

```
  ----- control ---------------------------------------
  senter <= '1' when state = S_ENTER else '0'; -- decode state
  unlock <= '1' when state = S_OPEN  else '0';
  busy   <= '1' when state = S_WAIT2 else '0';
  swait1 <= '1' when state = S_WAIT1 else '0';
  rstctr <= rst or unlock or busy;  -- reset before returning to enter
  inc <= senter and key_valid;      -- increment on each key entry
  load <= senter or swait1;         -- load before entering wait2

  SR: vDFF generic map(SWIDTH) port map(clk,nxt,state); -- state register

  process(all) begin
    case? enter & lmatch & key_valid & kmatch & done & state is
      when "--10-" & S_ENTER => nxt1 <= S_WAIT1; -- valid and not kmatch
```

图 16-32 组合锁的 VHDL 描述（第 2 部分，共 2 部分）。本部分描述控制部分。并发赋值语句生成命令和输出信号，一个进程语句描述组合逻辑和计算次态函数

```
        when "0-11-" & S_ENTER => nxt1 <= S_ENTER; -- valid and kmatch
        when "110--" & S_ENTER => nxt1 <= S_OPEN;  -- enter and lmatch
        when "100--" & S_ENTER => nxt1 <= S_WAIT2; -- enter and not lmatch
        when "0-0--" & S_ENTER => nxt1 <= S_ENTER; -- not enter and not valid

        when "1----" & S_OPEN  => nxt1 <= S_ENTER; -- enter
        when "0----" & S_OPEN  => nxt1 <= S_OPEN;  -- not enter

        when "1----" & S_WAIT1 => nxt1 <= S_WAIT2; -- enter
        when "0----" & S_WAIT1 => nxt1 <= S_WAIT1; -- not enter

        when "----1" & S_WAIT2 => nxt1 <= S_ENTER; -- done
        when "----0" & S_WAIT2 => nxt1 <= S_WAIT2; -- not done

        when others => nxt1 <= S_ENTER;
      end case?;
    end process;

  nxt <= S_ENTER when rst else nxt1;
end impl;
```

图 16-32 （续）

在一系列测试激励下组合锁设计实体的仿真波形如图 16-33 所示。测试激励访问了所有状态并遍历了图 16-29 所示的状态图的所有边界转换条件。这需要尝试三次解锁，包括一次正确的尝试和两次失败的尝试。在复位后，测试首先进入正确的序列，在 1 和 7 之后暂停。在进入按下最后的 8 的周期时，enter 键被按下，unlock 在下一个周期变为高电平，FSM 进入 open 状态（状态 = 1）。信号 enter 在为低一个周期以后，将再次变为高电平，并将 FSM 返回到 enter 状态。

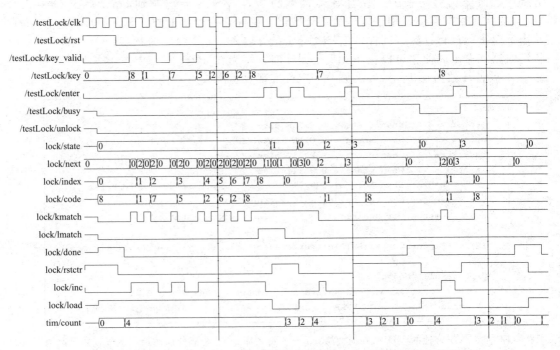

图 16-33　图 16-31 和图 16-32 所示的组合锁设计实体的测试模拟仿真波形

解锁的第二次尝试为输入一段无效密码。一旦第一个键输入不正确(是 7 而不是 8),机器就会转到 wait1 状态(状态=2)。它保持在这个状态,直到在 enter 被按下时进入 wait2 状态(状态=3)。在 wait2 状态下,输出 busy 被断言,定时器从 4 开始倒数计数[⊖]。

解锁的第三个尝试为输入长度不匹配的密码。在输入第一个正确的数字后,enter 键被按下。因为还没有输入正确长度的密码(lmatch=0),状态机会转到 wait2 状态并开始倒计时。

总结

本章学习了将系统分为数据通路和控制逻辑的过程,这是从模块设计到系统设计的第一步。同时还学习了如何设计数据通路 FSM 和设计次态功能由表达式而不是表描述的 FSM。

数据通路 FSM 的常用部分包括计数器,其中次态是通过递增或递减当前状态得到的,除此之外还有移位寄存器,它通过移位当前状态得到下一状态。这些 FSM 还可能具有将任意值加载到状态寄存器的功能。

大多数系统被划分为数据通路和控制逻辑。数据通路包括有表示值的状态,如自动售货机中找零的数量或音频信号的幅度大小。数据通路的次态函数由表达式定义,或在结构上通过连接多路选择器和功能单元直接定义。

相比之下,控制逻辑用于实现代表离散操作模式的状态。当数据通路的操作由框图或表达式描述时,控制逻辑的操作由状态图或状态表描述。

练习

16.1 环形计数器。考虑一个由 4 位状态寄存器 state 构成的数据通路 FSM,其中,它的次态由以下 VHDL 语句描述:

```
nxt <= "000" when rst = '1' else (state(2 downto 0) & not state(3));
```

请为这个 FSM 画一个状态图,并简单描述此 FSM 的功能。

16.2 线性反馈移位寄存器。I. 考虑一个由 4 位状态寄存器 state 构成的数据通路 FSM,其中,它的次态由以下 VHDL 语句描述:

```
nxt <= "0001" when rst = '1' else (state(2 downto 0) & (state(3) xor state(2)));
```

请为这个 FSM 画一个状态图,并简单描述此 FSM 的功能。

16.3 线性反馈移位寄存器。II. 考虑一个由 5 位状态寄存器 state 构成的数据通路 FSM,其中,它的次态由以下 VHDL 语句描述:

```
nxt <= "00001" when rst = '1' else (state(3 downto 0) & (state(4) xor state(2)));
```

请为这个 FSM 画一个状态图,并简单描述此 FSM 的功能。

16.4 饱和计数器。I. 绘制一个计数器的框图,其中计数器可以递增计数、递减计数和加载数据。但是,当计数达到可实现的最大计数和倒数为零时,该计数器必须饱和而不是溢出。

16.5 饱和计数器。II. 用 VHDL 实现练习 16.4 中的饱和计数器。

16.6 多个计数器。I. 修改图 16-9 所示的递增/递减/加载计数器,使其有四个独立的计数寄存器。添加一个 2 位输入 rd,以选择四个计数器中的一个,使其在给定的任何操作下被修改。

16.7 多个计数器。II. 修改练习 16.6 中的计数器,使其具有一个源寄存器输入 rs 和一个目标寄存器输入 rd。例如它可以使用户设置 cnt3=cnt0−1(rd=3,rs=0)。rd 信号还指定加载的目标寄存器。

16.8 斐波那契数列。I. 画出使用数据通路电路计算 16 位斐波那契数列的框图。在每个周期内,电路输出下一个斐波那契数(复位后从 0 开始)。当下一个数字大于 16 位时,电路应该发出指示信号。

⊖ 实际中会使用更长的时间间隔。然而,使用短暂的时间间隔大大减少了模拟仿真的时间,并使波形读取更为容易。

16.9 斐波那契数列。Ⅱ. 用 VHDL 语言实现练习 16.8 的数据通路的 FSM。

16.10 自动售货机。Ⅰ. 按以下方式修改 16.3.1 节中的自动售货机设计。当有硬币投入售货机时，相应的信号会变为高电平，并维持若干个周期。每次只计算硬币一次，并且输入在下一个硬币被投入之前变为低电平。

16.11 自动售货机。Ⅱ. 按以下方式修改 16.3.1 节中的自动售货机设计。如果用户在当前实现中不断地投入硬币，则计数器可能溢出。设计自动售货机具有一个饱和的计数器，并且退回多余的硬币。

16.12 组合锁。Ⅰ. 按以下方式修改 16.3.2 节中的组合锁，使锁具有多用户的功能（最多 8 个）。第一个数字用于选择用户，其他的输入是解锁的密码。所有代码必须存储在一个 ROM 中。

16.13 组合锁。Ⅱ. 按以下方式修改 16.3.2 节中的组合锁。允许（单个）用户在值不正确的情况下依然可以开锁。例如，如果密码为 12345，下面的任何一个密码也都可以打开锁：11345、12385 或者 12349。对于长度为 n 的密码，对于原本的实现和现在的放宽约束的实现，请计算猜中正确组合的概率。

16.14 番茄称重。Ⅰ. 一包装厂包装番茄并放入纸箱，保证每个纸箱含有至少 16oz（盎司，$1oz = 28.34952g$）的番茄。每一个番茄重 4～6oz，所以每个纸箱将容纳三或四个西红柿。接下来的三个问题将要求你设计一个模块，依次接收每个番茄的重量，并输出一个包装的总重量和一个有效的信号。系统的输入信号有 rst（清除重量）、clk、weight(2 到 0)（当前番茄的重量）和 valid_in（输入重量的有效信号）。当重量总和（输出信号 weight_out(4 到 0)）是 16oz 或更多时，置位信号 valid_out 为高。在有效的输出信号表明番茄已经超过 16oz 之后，下一个输入重量应该与 0 相加，并开始一个新的包装。请画出本模块的数据通路框图。

16.15 番茄称重。Ⅱ. 描述如何生成你在练习 16.14 中建立的数据通路的控制信号（使用逻辑方程或框图都可以）。

16.16 番茄称重。Ⅲ. 用 VHDL 语言实现并验证练习 16.14 番茄称重机。

16.17 计算器 FSM。Ⅰ. 一个八进制计算器的数据通路有一个 24 位的输入寄存器 in_reg 和 24 位累加器 acc。这两个寄存器的内容都显示为八进制（进制－8）数字。在复位时两个寄存器都被清零。计算器的按钮包括 C（清除）、数字 0～7 和功能＋、－、×。按下 C 键一次，会清零 in_reg。按下 C 键两次，并且中间没有其他按键按下，会把 acc 清零。按下数字键，将会使 in_reg 左移 3 位，并将按下的数字存入低 3 位。按下功能键就会对两个寄存器执行此功能并将结果存入 acc 中。请为这个计算器的数据通路绘制框图。

16.18 计算器 FSM。Ⅱ. 请画出练习 16.17 的计算器的控制部分的框图。

16.19 计算器 FSM。Ⅲ. 用 VHDL 代码实现练习 16.17 的计算器，并编写测试激励验证你的 VHDL 代码。

16.20 计算器 FSM。Ⅳ. 如果要使计算器能够接收十进制输入（数字 0～9）而不是八进制数字，请用英语描述并画出框图，表明需要做的修改。每个数字必须被单独地存储和显示，也就是说，使用一个如练习 6.14 所示的七段码显示模块。

16.21 升序序列检测器。编写一个 VHDL 设计实体，它从 8 位输入 input 接收 8B 的序列，其中第一字节由一个单位宽信号 start 指示开始。设计实体应该在最后一个字节输入之后的周期断言单位宽完成信号 done。在同一周期，如果 8 字节是升序序列，它还应该断言单位宽信号 in_sequence，即如果第 $(i+1)$ 字节比第 i 字节多 1，$b_{i+1} = b_i + 1$，i 为 1～7。

16.22 降序序列检测器。编写一个 VHDL 设计实体，它从 8 位输入 input 接收 8B 的序列，其中第一字节由一个单位宽信号 start 指示开始。设计实体应该在最后一个字节输入之后的周期断言单位宽完成信号 done。在同一周期，如果 8 字节是降序序列，它还应该断言单位宽信号 in_sequence，即如果第 $(i+1)$ 字节比第 i 字节少 1，$b_{i+1} = b_i - 1$，i 为 1～7。

第 17 章

分解有限状态机

分解 FSM 是一个将一个 FSM 分解为两个或者更多更简单的 FSM 的过程。采用正交分解的方法将一个 FSM 分解为多个可以独立运行的子 FSM，可以大大简化 FSM 的设计。分解后的子 FSM 之间通过逻辑信号进行信息交互。一个 FSM 提供输入控制信号到另一个 FSM 并感应其输出状态信号。如果是正确的分解，FSM 设计就会更简单，同时分解所要解决的问题也会使得 FSM 更容易理解和实现。

在一个分解的 FSM 中，每个子 FSM 的状态表示多维度状态空间的一维。所有子 FSM 的状态共同定义了组合 FSM 的状态——组合 FSM 的状态空间中的一个点。组合 FSM 的状态数等于各个子 FSM 的状态空间中的点数⊖的乘积。如果单个子 FSM 具有几十个状态，那么整个 FSM 具有数以千计、数以百万计的状态就很平常。因此在不考虑状态分解的情况下处理这样大量的状态就变得不切实际。

16.3 节已经显示了一种形式的状态分解，我们设计了一个将数据通路组件和控制组件分开的 FSM。实际上，整个 FSM 被分解为数据通路部分和控制部分。这里将通过展示控制部分本身如何继续被状态分解来推广这个概念。

本章将通过两个例子来说明状态分解。第一个示例从一个扁平的 FSM 开始，并将其分解成多个子 FSM。第二个示例直接从规范中导出一个分解的 FSM，而不需要经过第一个扁平化的 FSM。实际情况中，绝大多数 FSM 是使用第二种方法设计的。分解通常是一个 FSM 设计规范的自然产物，它很少应用于一个已经扁平的 FSM。

17.1 闪光器设计

假设需要设计一个闪光器控制程序，它有一个输入 in，一个输出 out。当 in 处于高电平（一个周期）时，它将启动闪光序列。在该序列期间，输出信号 out，驱动发光二极管（LED），闪烁三次。每一次闪烁，信号 out 会变为高电平（LED 亮起）六个周期。在两次闪烁中间，输出信号 out 变为低电平四个周期。在第三个闪烁之后，FSM 的状态返回到 OFF 状态并等待输入信号 in 的下一个脉冲。

该闪光器的状态转换图如图 17-1 所示。这个 FSM 包括 27 个状态：三次闪光中的每一次闪光有六个状态，闪光中间的两次间隔的每一个有四个状态，还有一个 OFF 态。可以使用一个包括 27 个分支的 case 语句来实现此 FSM。然而，如果设计规范变为要求每一次闪光为 12 个周期，有四次闪光，闪光之间为 7 个周期，因为 FSM 的层次设计是扁平的，所以这些改变都需要完全改变 case 语句的声明。

下面以闪光器设计示例状态分解的过程。对于此 FSM，可以采用两种方式来分解。首先可以分解序列中闪光开启和闪光关闭间隔的时间到一个定时器。这样可以减少 6 个闪光状态和 4 个间隔态到一个状态。这种对时间的分解不仅简化了 FSM 的设计，而且让开、关和间隔状态时间周期的改变更简单。其次可以分解出三次闪光状态（尽管最后一个闪光序列有细微的差别），这样的分解在简化 FSM 设计的同时也使得闪光的次数易于修改。

图 17-2 所示的显示了如何将闪光器设计中的定时过程分解到一个 FSM。如 17.2b 所示，这个 FSM 由一个主 FSM（master FSM）和一个定时器 FSM（timer FSM）构成，其中主

⊖ 对于大部分 FSM，状态空间中并不是所有的点都会被遍历。

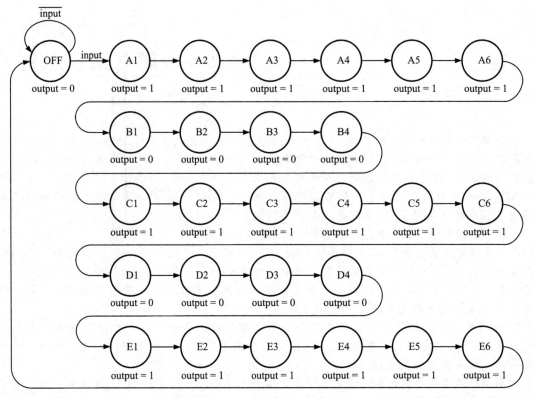

图 17-1 闪光器设计的状态转换图

FSM 接收信号 in 并产生信号 out。定时器 FSM 接收由主 FSM 产生的两个控制信号并返回一个指示状态的信号。控制信号 tload 使定时器加载数据到一个倒计时定时器（例如启动定时器），信号 tsel 选择要加载的数据。当 tsel 为高时，定时器倒数 6 个时钟周期。当 tsel 为低时，计时器倒数 4 个周期。当定时器倒数完成时，断言信号 done 并一直保持直到计数器重新加载为止。定时器的状态如图 17-2c[⊖] 所示。定时器被实现为如 16.1.3 节所述的数据通路 FSM。

主 FSM 的状态图如图 17-2a 所示。除了每个重复的状态序列（例如，A1 到 A6）由单个状态代替以外，这些状态与图 17-1 所示的状态完全对应。FSM 从 OFF 状态开始。该 FSM 为开启后的序列（tsel=1）反复加载定时器的倒计时值。当输入信号 in 为真时，FSM 跳转到 A 状态，同时信号 out 变为高，定时器开始倒计时。主 FSM 保持在状态 A，等待定时器完成计数和信号 done 有效。它将保持在这个状态六个周期。在状态 A 的最后一个周期，信号 done 为真，tload 被断言并与 done 相等（tload=done），计数器加载关闭序列的倒计时值（tsel=0）。需要注意的是，tload 只在状态 A 的最后一个周期当 done 为真时被断言。如果它在状态 A 的每个周期期间被都被断言，那么定时器将持续被复位，永远也达不到状态 DONE。由于信号 done 在最后一个周期为真，所以机器在下一个周期中进入状态 B，并且输出 out 变低。该过程在状态 B~E 中重复，每个状态在移动到下一个状态之前都会等待信号 done 有效。每一个状态（E 除外）在其最后一个周期通过使 tload=done 加载下一个状态的计数器值。

如果对比图 17-2 与图 17-1 所示的 FSM，我们会发现扁平设计的 FSM 已经被分解。表示当前闪光周期和闪光间隔（状态名称中的数字部分，或图 17-1 所示的水平位置的部

⊖ 此状态图仅显示了状态 DONE 中 tload 处于活动时的状态。其实定时器可以在任何状态下加载。为了清楚起见，省略附加边沿转换。

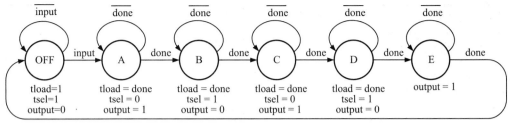

a) 主FSM状态图

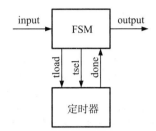

b) 主FSM和定时器FSM的连接关系图

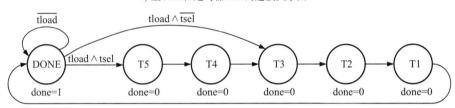

c) 定时器FSM状态图

图 17-2 分解出定时器的闪光器状态转换图

分)的计数部分由定时器完成,而表明处在哪个闪光或者间隔的状态由主 FSM 完成(以字母命名的状态,或图 17-1 所示的垂直位置的部分)。通过以这种方式将状态分解成水平和垂直两部分,可以用两个分别有 6 个状态的 FSM 来代替原本有 27 个状态的 FSM。

图 17-2a 所示的主 FSM 的 VHDL 代码如图 17-3 所示。此 flash 设计实体实例化了一个状态寄存器和一个定时器(参见图 17-4)。它使用一个匹配的 case 语句描述组合的次态和它的输出逻辑。并将 fsm_output_t 的类型用关键字 **record** 定义为一个 VHDL 的记录(**record**)类型。VHDL 的记录类型与 C 编程语言中的结构(struct)类型相似。fsm_output_t 记录类型包含三个均为 std_logic 类型的元素——output,tload 和 tsel——它们的类型都为 std_logic。信号 fsm_out 被声明为具有类型 fsm_output_t。这 6 个状态单独对 fsm_out 赋值,就是对设计实体的输出和两个定时器控制的赋值。赋值的右侧部分,例如('0','1','1'),是赋值的集合。这里使用点(例如,output<= fsm_out.output)来访问 fsm_out 的元素。次态 nxt1,由嵌套在每种 case 情况下的 if 语句来赋值。需要注意的是,定时器控件 fsm_out.tload 的赋值取决于定时器状态信号 done 的值。这是一个输入信号 done 直接影响输出 fsm_out.tload 而没有延时的例子。在每个状态,次态保持与当前状态相同,除非输入信号或信号 done 有效。最后的条件信号赋值语句描述的状态是当 rst 有效时,将 FSM 重置为 OFF 状态。

为了完整起见,图 17-4 所示的列出了定时器的 VHDL 代码。它的实现方式与 16.1.3 节所述的类似。

图 17-2 所示的分解后的闪光器设计的仿真波形图如图 17-5 所示。正数第四行的输出信号 output,显示了所预期的三个脉冲,每个脉冲宽度为六个时钟,间隔为四个时钟。主 FSM 的状态波形位于输出的正下方,定时器的状态波形位于图底部。波形显示出了当

```vhdl
-- Flash - flashes out three times 6 cycles on, 4 cycles off
--          each time in is asserted.
library ieee;
use ieee.std_logic_1164.all;
use work.ff.all;
use work.flash_declarations.all;

entity Flash is
  port( clk, rst, input: in std_logic; -- input triggers start of flash sequence
        output: out std_logic ); -- output drives LED
end Flash;

architecture impl of Flash is
  type fsm_output_t is record output, tload, tsel : std_logic; end record;
  signal fsm_out : fsm_output_t;
  signal state: std_logic_vector(SWIDTH-1 downto 0); -- current state
  signal nxt, nxt1: std_logic_vector(SWIDTH-1 downto 0); -- next state with and w/o reset
  signal done: std_logic; -- timer output
begin
  -- instantiate state register
  STATE_REG: vDFF generic map(SWIDTH) port map(clk,nxt,state);

  -- instantiate timer
  TIMER: Timer1 port map(clk,rst,fsm_out.tload,fsm_out.tsel,done);

  process(all) begin
    case state is
      when S_OFF => fsm_out <= ('0','1','1');
        if input then nxt1 <= S_A; else nxt1 <= S_OFF; end if;
      when S_A =>   fsm_out <= ('1',done,'0');
        if done then nxt1 <= S_B; else nxt1 <= S_A; end if;
      when S_B =>   fsm_out <= ('0',done,'1');
        if done then nxt1 <= S_C; else nxt1 <= S_B; end if;
      when S_C =>   fsm_out <= ('1',done,'0');
        if done then nxt1 <= S_D; else nxt1 <= S_C; end if;
      when S_D =>   fsm_out <= ('0',done,'1');
        if done then nxt1 <= S_E; else nxt1 <= S_D; end if;
      when S_E =>   fsm_out <= ('1',done,'1');
        if done then nxt1 <= S_OFF; else nxt1 <= S_E; end if;
      when others => fsm_out <= ('1',done,'1');
        if done then nxt1 <= S_OFF; else nxt1 <= S_E; end if;
    end case;
  end process;

  nxt <= S_OFF when rst else nxt1;
  output <= fsm_out.output;
end impl;
```

图 17-3　图 17-2(a)中主 FSM 的 VHDL 语言描述

定时器倒数计时时,主 FSM 如何保持在一个状态——闪烁时从 5 倒数至 0,间隔时从 3 开始倒数。定时器控制波形(直接位于定时器状态波形之上)显示了信号 tload 如何在状态 A~E(1~5)中跟随信号 done 的变化。

```
-- Timer 1 - reset to done state.  Load time when tload is asserted
--   Load with T_ON if tsel, otherwise T_OFF.  If not being loaded or
--   reset, timer counts down each cycle.  Done is asserted and timing
--   stops when counter reaches 0.
library ieee;
use ieee.std_logic_1164.all;
use ieee.std_logic_unsigned.all;
use ieee.std_logic_misc.all;
use work.ff.all;
use work.flash_declarations.all;

entity Timer1 is
  generic( n: integer := T_WIDTH );
  port( clk, rst, tload, tsel: in std_logic;
        done_o: out std_logic );
end Timer1;

architecture impl of Timer1 is
  signal done: std_logic;
  signal next_count, count: std_logic_vector(n-1 downto 0);
begin
  -- state register
  STATE: vDFF generic map(n) port map(clk, next_count, count);

  -- signal done
  done <= not or_reduce(count); done_o <= done;

  -- next count logic
  process(all) begin
    case? std_logic_vector'(rst & tload & tsel & done) is
      when "1---" => next_count <= (others => '0');
      when "011-" => next_count <= T_ON;
      when "010-" => next_count <= T_OFF;
      when "00-0" => next_count <= count - '1';
      when "00-1" => next_count <= count;
      when others => next_count <= count;
    end case?;
  end process;
end impl;
```

图 17-4   用于图 17-2 所示的闪光器的定时器 FSM 的 VHDL 语言描述

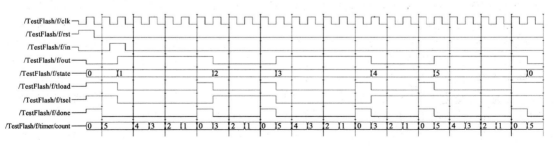

图 17-5   图 17-2 所示的分解后的闪光器 FSM 仿真波形图

　　因为状态 A、C 和 E 实际在重复同样的功能，所以可以进一步分解 FSM。它们唯一的区别是闪光持续的次数，所以可以将闪光次数分解到另一个计数器中，如图 17-6 所示。这里，主 FSM 只有三个状态来确定 FSM 是处于关闭、闪光，还是间隔状态。而处在闪光或间隔状态中的具体位置由定时器决定，如图 17-2 所示。最后，需要的闪光次数由计数器决定。结合这 3 个 FSM，主 FSM、定时器和计数器，就决定了分解状态机的总体状态。三个子 FSM 中的每一个确定了三维状态空间沿一个轴的状态。

　　主 FSM 的双重分解的 FSM 的状态图如图 17-6b 所示。此 FSM 只包括三个状态，它从 OFF 状态开始。在 OFF 状态时，定时器和计数器都被加载。其中，定时器加载闪光周期的倒计时值。

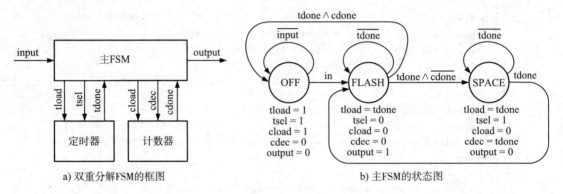

a) 双重分解FSM的框图　　　　　　　　　　b) 主FSM的状态图

图 17-6　对图 17-1 所示的闪光器进行双重分解的 FSM。当前闪光状态所处的位置由定时器确定。还需闪光的次数由计数器保存。最后，由主 FSM 确定闪光器是处在关闭、闪光，还是闪光之间

　　计数器加载的数值为所需的闪光个数减一（即当闪光 4 次时计数器加载的值为 3）。输入信号 in 变高，将触发 FSM 转移致 FLASH 态。在 FLASH 状态下，输出信号 out 为真，定时器倒计时，而计数器空闲。在 FLASH 状态的最后一个周期中，定时器变为零状态，信号 tdone 为真。

　　在此周期，定时器重新加载间隔态的倒计时值。如果 tdone 为真，且计数器未完成（cdone 为假），则 FSM 将从 FLASH 状态进入 SPACE 状态。否则，如果这是最后一次闪光（cdone 为真），状态机将返回到 OFF 状态。在间隔 SPACE 状态下，输出为假，定时器倒计时，计数器处于空闲状态。在 SPACE 态的最后一个周期，tdone 为真。这将使得计数器递减，剩余的闪光次数减少，定时器重新加载闪光周期的倒计数值。

　　图 17-6 所示的双重分解的闪光器的 VHDL 代码如图 17-7 所示，计数器设计实体的 VHDL 描述如图 17-8 所示。主 FSM 的输出再次对 record 类型的信号进行一对一的赋值。一个 if 语句通过检测信号 tdone 和 cdone，计算 FLASH 状态的次态。在一些状态下，状态信号 tdone 直接传递给控制信号 tload 和 cdec。计数器实体的设计与定时器的设计几乎相同，只是控制略微不同，因为计数器只有当 cdec 有效时才会递减，而定时器总是在递减。如果进行一些归一化，一个参数化设计的实体可以完成这两种功能。

　　双重分解的闪光器 FSM 仿真波形图如 17-9 所示。在此仿真中，计数器初始化为 3，以便主 FSM 产生四次闪光。三个状态变量的不同时间尺度在图中清晰可见。计数器（最底部的波形）的变化最慢，经由四次闪光序列从 3 倒数至 0。它在每次闪光间隔的最后一个周期减小。在每个时间点上，它表示当前闪光完成后还剩余的闪光次数。主 FSM 状态的移动变化为第二慢。在从 0（OFF）状态开始后，它将在 1（FLASH）状态和 2（SPACE）状态之间交替，直到四个闪光完成。最后，定时器状态的移动变化最快，在闪光期间从 5 倒数至 0，或者在间隔期间时从 3 倒数至 0。

```vhdl
library ieee;
use ieee.std_logic_1164.all;
use work.flash_declarations.all;
use work.ff.all;

entity Flash2 is
  port( clk, rst, input: in std_logic; -- in triggers start of flash sequence
        output: out std_logic ); -- out drives LED
end Flash2;

architecture impl of Flash2 is
  type fsm_output_t is record
    output, tload, tsel, cload, cdec : std_logic;
  end record;
  signal fsm_out : fsm_output_t;
  signal state, nxt, nxt1: std_logic_vector(XWIDTH-1 downto 0);
  signal tload, tsel, cload, cdec: std_logic;   -- timer and counter inputs
  signal tdone, cdone: std_logic;               -- timer and counter outputs
begin
  -- instantiate timer and counter
  TIMER: Timer1 port map(clk, rst, tload, tsel, tdone);
  COUNTER: Counter1 port map(clk, rst, cload, cdec, cdone);

  -- instantiate state register
  STATE_REG: vDFF generic map(XWIDTH) port map(clk, nxt, state) ;

  process(all) begin
    case state is
      when X_OFF =>   fsm_out <= ('0','1','1','1','0');
        if input then nxt1 <= X_FLASH;
        else nxt1 <= X_OFF; end if;
      when X_FLASH => fsm_out <= ('1',tdone,'0','0','0');
        if not tdone then nxt1 <= X_FLASH;
        elsif not cdone then nxt1 <= X_SPACE;
        else nxt1 <= X_OFF; end if;
      when X_SPACE => fsm_out <= ('0',tdone,'1','0',tdone);
        if not tdone then nxt1 <= X_SPACE;
        else nxt1 <= X_FLASH; end if;
      when others =>  fsm_out <= ('0',tdone,'1','0',tdone);
        if not tdone then nxt1 <= X_SPACE;
        else nxt1 <= X_FLASH; end if;
    end case;
  end process;

  nxt <= X_OFF when rst = '1' else nxt1;
end impl;
```

图 17-7　图 17-6 中主 FSM 中的 VHDL 描述

```vhdl
-- Counter1 - pulse counter
--   cload - loads counter with C_COUNT
--   cdec  - decrements counter by one if not already zero
```

图 17-8　图 17-6 中的计数器的 VHDL 语言描述

```
--   cdone - signals when count has reached zero
library ieee;
use ieee.std_logic_1164.all;
use ieee.std_logic_misc.all;
use ieee.std_logic_unsigned.all;
use work.flash_declarations.all;
use work.ff.all;

entity Counter1 is
  generic( n: integer := C_WIDTH );
  port( clk, rst, cload, cdec: in std_logic;
        cdone: buffer std_logic );
end Counter1;

architecture impl of Counter1 is
  signal count, next_count: std_logic_vector(n-1 downto 0);
begin
  -- state register
  STATE: vDFF generic map(n) port map(clk, next_count, count);

  -- signal done
  cdone <= not or_reduce(count);

  -- next count logic
  process(all) begin
    case? std_logic_vector'(rst & cload & cdec & cdone) is
      when "1---" => next_count <= (others => '0');
      when "01--" => next_count <= C_COUNT;
      when "0010" => next_count <= count - '1';
      when "00-1" => next_count <= count;
      when others => next_count <= count;
    end case?;
  end process;
end impl;
```

图 17-8 （续）

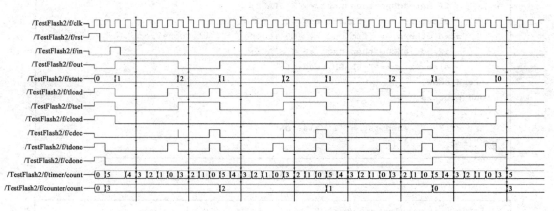

图 17-9　图 17-6 所示的双重分解的 FSM 的仿真波形示意图

17.2　交通信号灯控制器

作为 FSM 分解的第二个示例，考虑一个比 14.3 节介绍的交通信号灯控制器更精细的版本。这个 FSM 有两个输入信号，carew 和 carlt，分别表示汽车在东-西方向的路上(ew)等候，和汽车在左转车道(lt)上等候。FSM 有 9 个输出，分别驱动三种灯的三组模式，一组指示南-北方向的道路，一组指示东-西方向的道路，另一组指示左转车道(从南-北方向的道路上左转)。每一组都包括红灯、黄灯和绿灯。

一般情况下，南-北方向道路为绿灯。但是，当检测到东-西方向的路或者左转道有车时，绿灯将切换为红灯，将东-西方向或左转道切换为绿灯(左转道优先)。一旦东-西方向或左转道灯已经切换，它们就将保持在这种状态直到在该方向上不再能检测到车辆或者定时器超时为止。然后，南-北方向指示灯变回绿灯。

每次切换信号灯，主动方向的信号灯由绿灯变为黄灯，间隔一段时间后，再变为红灯。接着，再第二段间隔后，另一个方向的灯再被切换到绿灯。交通灯在已经维持三个绿灯时间间隔以后才允许变化。

根据这个规范，实现这个交通灯控制器的 FSM 被分解为五个组成部分，如图 17-10 所示。主 FSM 接收输入信号，并决定哪个方向应该是绿灯，发出指示信号 dir。定时器 1 确定什么时候使信号灯返回到南-北方向的状态。它还从组合器接收信号 ok，它指示上一次方向改变的序列已经完成，并且允许方向再次改变。

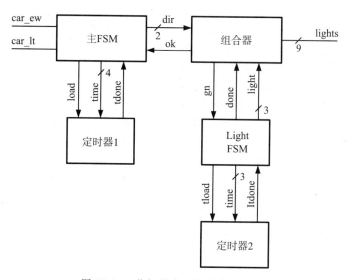

图 17-10　分解的交通灯控制器框图

组合器组件包括一个当前方向状态，并且将当前方向状态与信号灯 FSM 的信号 light 组合，以产生 9 个信号灯输出信号 lights。组合器还从主 FSM 接收方向信号 dir 的方向请求，并控制信号灯 FSM 响应这些请求。当有新的方向请求时，组合器置位信号 gn(将其设置为低)，使信号灯 FSM 将信号灯变为红灯。一旦信号灯为红灯，则将当前方向设置为与请求方向相同，并且将 gn 信号置位为高，并请求将信号灯按顺序变为绿灯。只有信号灯 FSM 的完成信号 done 被断言，表明序列已经完成，并且绿灯维持了所需时间以后，才断言表明允许改变方向的信号 ok。

这里的组件之间存在两种关系。主 FSM 和组合器组件组成一个流水线(pipeline)。请求控制流从左边传递到右边。一个请求是主 FSM 的输入信号，它由输入信号 car_ew 和 car_lt 转换而来。主 FSM 处理这个请求，并反过来向组合器发出针对信号 dir 的请求。组合器反过来处理这个请求，作为响应产生合适的信号 lights 的时序。第 23 章将更深入地讨论流水线。

信号 ok 是流-控制（flow-control）信号的一个示例。它为主 FSM 提供回压，以防止主 FSM 运行到组合器和信号灯 FSM 之前。主 FSM 发出请求后，只有当信号 ok 指示电路的其余部分已经完成并处理了此请求，才允许发出第二次请求。22.1.3 节将详细讨论流控制。

图 17-10 所示的另一种关系是主-从关系。主 FSM 作为定时器 1 的主机，发出命令，定时器 1 作为从机，接收命令并执行。相类似地，组合器是信号灯 FSM 的主机，而信号灯 FSM 又是定时器 2 的主机。

信号灯 FSM 控制交通信号灯变化的顺序：从绿灯变为红灯，然后再回到绿灯。它接收来自组合器的信号 gn 的请求，并用信号 done 来响应这些请求。它还产生 3 位的信号灯信号 light，指示当前方向上的哪个信号灯应该亮起。当 gn 信号被设置为高电平时，它要求信号灯 FSM 将信号灯 light 信号切换为绿灯。当此动作完成，并且信号灯保持为绿灯的时间已经超过最短时间间隔以后，信号灯 FSM 断言信号 done 作为响应。当信号 gn 被设置为低电平时，它要求信号灯 FSM 将信号 light 设为红灯——先经过黄灯并在一定时间后变为红灯。在这些都完成以后，设置信号 done 为低平电。信号灯 FSM 使用自己的定时器（定时器 2）计数信号灯序列所需的时间。

作为信号灯 FSM 和组合器之间的接口，完成信号 done 实现了流程控制。当 done 为低电平时，组合器才可以触发 gn 变为高电平，并且只有在 done 为高电平时才能触发 gn 变为低电平。在触发 gn 以后，必须等待 done 切换到与 gn 相同的状态才能再次切换 gn。

主 FSM 的状态图如图 17-11 所示。FSM 从 NS 状态开始。在这种状态下，定时器 1 被加载，因此它可以在 LT 和 EW 状态下进行递减计数，且此时所请求的方向为 NS。当信号 ok 有效指示可以请求新的方向，并且当其中一个信号 car 指示有汽车在另一个方向等待时，FSM 退出状态 NS。当 FSM 在 EW 和 LT 状态下，且有新方向的请求时，如果 ok 为真，并且该方向不再有汽车或由信号 tdone 显示的定时器已完成定时，FSM 则退出该状态。

信号灯 FSM 类似于 17.1 节的闪光器的信号灯序列产生器。它的状态图如图 17-12 所示。像闪光器一样，在每个状态的最后一个周期，定时器为次态加载一个定时。FSM 从 RED 状态开始，当定时器计时完成并且来自组合器的信号 gn 指示要求变换为绿灯时，它转换到 GREEN 状态。在 GREEN 状

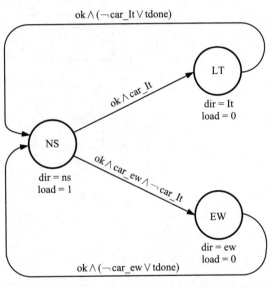

图 17-11　图 17-10 所示的主状态机的状态图

态的定时器完成倒计时后，断言信号 done。当定时器完成计时并且信号 gn 为低时[⊖]，触发状态机向 YELLOW 转换。从 YELLOW 到 RED 的转换只由定时器决定。信号 done 在 YELLOW 状态下都保持高电平，只有在定时器完成其 RED 状态的倒计时之后，它才可以变低，表明已经完成到 RED 态的转换。

图 17-13 给出了分解后的交通灯控制器的主 FSM 的 VHDL 描述。该设计实体实例化了一个定时器，然后使用一个 case 语句来实现图 17-11 所示状态图中的三个状态的 FSM。"if"语句用于描述下一状态逻辑。在状态 M_NS 中使用四个 **if-elsif-else** 语句链来检测信号 ok、car_lt 和 car_ew。

⊖　tdone 的检查是冗余的，因为信号 gn 直到 done 变为高后才会变低。

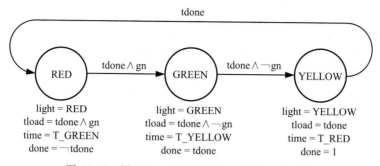

图 17-12　图 17-10 所示的信号灯 FSM 的状态图

```
-----------------------------------------------------------------
--Master FSM
--   car_ew - car waiting on east-west road
--   car_lt - car waiting in left-turn lane
--   ok     - signal that it is ok to request a new direction
--   dir    - output signaling new requested direction
-----------------------------------------------------------------
library ieee;
use ieee.std_logic_1164.all;
use work.ch17_tlc.all;
use work.ff.all;
use work.ch16.all;

entity TLC_Master is
  port( clk, rst, car_ew, car_lt, ok: in std_logic;
        dir: out std_logic_vector(1 downto 0) ); -- direction output
end TLC_Master;

architecture impl of TLC_Master is
  type fsmo_t is record dir: std_logic_vector(1 downto 0); tload: std_logic; end record;
  signal fsmout: fsmo_t;
  signal state, nxt: std_logic_vector(MWIDTH-1 downto 0); -- current and next state
  signal nxt1: std_logic_vector(MWIDTH-1 downto 0); -- next data without reset
  signal tdone: std_logic; -- timer completion
begin
  -- instantiate state register
  STATE_REG: vDFF generic map(MWIDTH) port map(clk, nxt, state);

  -- instantiate timer
  TIMERT: Timer generic map(TWIDTH) port map(clk, rst, fsmout.tload, T_EXP, tdone);

  process(all) begin
    case state is
      when M_NS => fsmout <= (M_NS,'1');
        if not ok then nxt1 <= M_NS;
        elsif car_lt then nxt1 <= M_LT;
        elsif car_ew then nxt1 <= M_EW;
        else nxt1 <= M_NS; end if;
      when M_EW => fsmout <= (M_EW,'0');
        if ok and (not car_ew or tdone) then nxt1 <= M_NS;
```

图 17-13　交通灯控制器主 FSM 的 VHDL 描述

```
      else nxt1 <= M_EW; end if;
    when M_LT => fsmout <= (M_LT,'0');
      if ok and (not car_ew or tdone) then nxt1 <= M_NS;
      else nxt1 <= M_LT; end if;
    when others => fsmout <= (M_NS,'0');
      nxt1 <= M_NS;
  end case;
end process;
nxt <= M_NS when rst = '1' else nxt1;
end impl;
```

图 17-13 （续）

主 FSM 并不实例化组合器，主 FSM 和组合器都在顶层被实例化为子组件。

组合器设计实体的 VHDL 描述如图 17-14 所示。该设计实体接收来自主 FSM 的方向信号 dir，返回响应主 FSM 的流控制信号 ok，并产生信号灯输出信号 lights。组合器设计实体中的关键状态是当前方向寄存器 cur_dir。它保持信号灯 FSM 当前序列所控制的方向的值。当信号 gn 和 done 都为低电平时，它被更新为请求的方向 dir。这种情况发生在当组合器请求将灯变为红灯(gn 为低电平)，并且信号灯 FSM 已完成此请求的操作(done 为低电平)时。

```
-----------------------------------------------------------------
-- Combiner -
--    dir - direction request from master FSM
--    ok  - acknowledge to master FSM
--    lights - 9-bits to control traffic lights {NS,EW,LT}
-----------------------------------------------------------------
library ieee;
use ieee.std_logic_1164.all;
use work.ch17_tlc.all;
use work.ff.all;

entity TLC_Combiner is
  port( clk, rst: in std_logic;
        ok: out std_logic;
        dir: in std_logic_vector( 1 downto 0 );
        lights: out std_logic_vector( 8 downto 0 ) );
end TLC_Combiner;

architecture impl of TLC_Combiner is
  signal done, gn: std_logic;
  signal light: std_logic_vector(2 downto 0);
  signal cur_dir, next_dir: std_logic_vector(1 downto 0);
begin
  -- current direction register
  DIR_REG: vDFF generic map(2) port map(clk, next_dir, cur_dir);

  -- light FSM
  LT: TLC_Light port map(clk, rst, gn, done, light);
```

图 17-14 交通灯控制器组合器的 VHDL 描述

```
    -- request green from light FSM until direction changes
    gn <= '1' when cur_dir = dir else '0';

    -- update direction when light FSM has made lights red
    next_dir <= "00" when rst else
                dir  when gn and done else
                cur_dir;

    -- ok to take another change when light FSM is done
    ok <= gn and done ;

    -- combine cur_dir and light to get lights
    process(all) begin
      case cur_dir is
        when M_NS => lights <= light & RED   & RED;
        when M_EW => lights <= RED   & light & RED;
        when M_LT => lights <= RED   & RED   & light;
        when others => lights <= RED & RED   & RED;
      end case;
    end process;
  end impl;
```

图 17-14 （续）

用于向信号灯 FSM 请求将信号灯变为绿灯的信号 gn 只要在当前方向和请求方向一致时都会被断言有效。而当主 FSM 请求一个新的方向时信号 gn 才变低，并请求信号灯 FSM 按序列要求变为红灯，为新的方向做准备。

当 gn 和 done 都为真时，信号 ok 作为主 FSM 的应答信号被断言有效。这种情况在信号灯 FSM 已经完成将被请求方向的信号灯变为绿灯的序列的时候会发生。

输出信号 lights 由 case 语句来计算，其中当前方向为 case 语句的变量。Case 语句将信号灯 FSM 的输出信号 light 插入与当前方向对应的位置，同时将其他位置设置为红灯。

信号灯 FSM 的 VHDL 描述如图 17-15 所示。该设计实体实例化了一个定时器，然后使用 case 语句来实现 FSM 的状态转换，如图 17-12 所示。VHDL 的选择语句用于实现次态逻辑。

```
--------------------------------------------------------------------
-- Light FSM
--------------------------------------------------------------------
library ieee;
use ieee.std_logic_1164.all;
use work.ch17_tlc.all;
use work.ff.all;
use work.ch16.all;

entity TLC_Light is
  port( clk, rst, gn: in std_logic;
        done: out std_logic;
```

图 17-15　交通灯控制器组合器的信号灯 FSM 的 VHDL 描述

```
          light: out std_logic_vector(2 downto 0) );
  end TLC_Light;

  architecture impl of TLC_Light is
    type fsm_output_type is record
      tload : std_logic;
      tin   : std_logic_vector(LTWIDTH-1 downto 0);
      light : std_logic_vector(2 downto 0);
      done  : std_logic;
    end record;
    signal fsmo: fsm_output_type;
    signal state, nxt: std_logic_vector(LWIDTH-1 downto 0); -- current state, next state
    signal nxt1: std_logic_vector(LWIDTH-1 downto 0); -- next state w/o reset
    signal tdone: std_logic;
  begin
    -- instantiate timer
    TIMERT: Timer port map(clk, rst, fsmo.tload, fsmo.tin, tdone);

    -- instantiate state register
    STATE_REG: vDFF generic map(LWIDTH) port map(clk, nxt, state);

    process(all) begin
      case state is
        when L_RED =>   fsmo <= ((tdone and gn), T_GREEN, RED, not tdone);
          if tdone and gn then nxt1 <= L_GREEN;
          else nxt1 <= L_RED; end if;
        when L_GREEN => fsmo <= ((tdone and not gn), T_YELLOW, GREEN, tdone);
          if tdone and not gn then nxt1 <= L_YELLOW;
          else nxt1 <= L_GREEN; end if;
        when L_YELLOW => fsmo <= (tdone, T_RED, YELLOW, '1');
          if tdone then nxt1 <= L_RED; else nxt1 <= L_YELLOW; end if;
        when others =>  fsmo <= (tdone, T_RED, YELLOW, '1');
          if tdone then nxt1 <= L_RED; else nxt1 <= L_YELLOW; end if;
      end case;
    end process;

    nxt <= L_RED when rst else nxt1;
    done <= fsmo.done; light <= fsmo.light;
  end impl;
```

图 17-15　（续）

分解后的交通信号灯控制器的仿真波形如图 17-16 所示。主 FSM 初始复位为状态 NS(00)，输出信号 dir 也是 NS(00)。信号 ok 初始化为低，因为信号灯 FSM 还没有完成在 NS 方向进行绿灯闪烁的序列。信号灯最初都为红灯（444），但在一个周期以后南北方向变成绿灯（144）。

信号灯 FSM 被初始化为 RED(00) 状态并且因为 gn 和 tdone 均被断言而进入 GREEN 状态。在 GREEN 状态下，它会启动一个定时器，并在向组合器发出信号 done 之前等待 tdone 再次被断言有效，并相应地使得组合器向主 FSM 发出信号 ok。

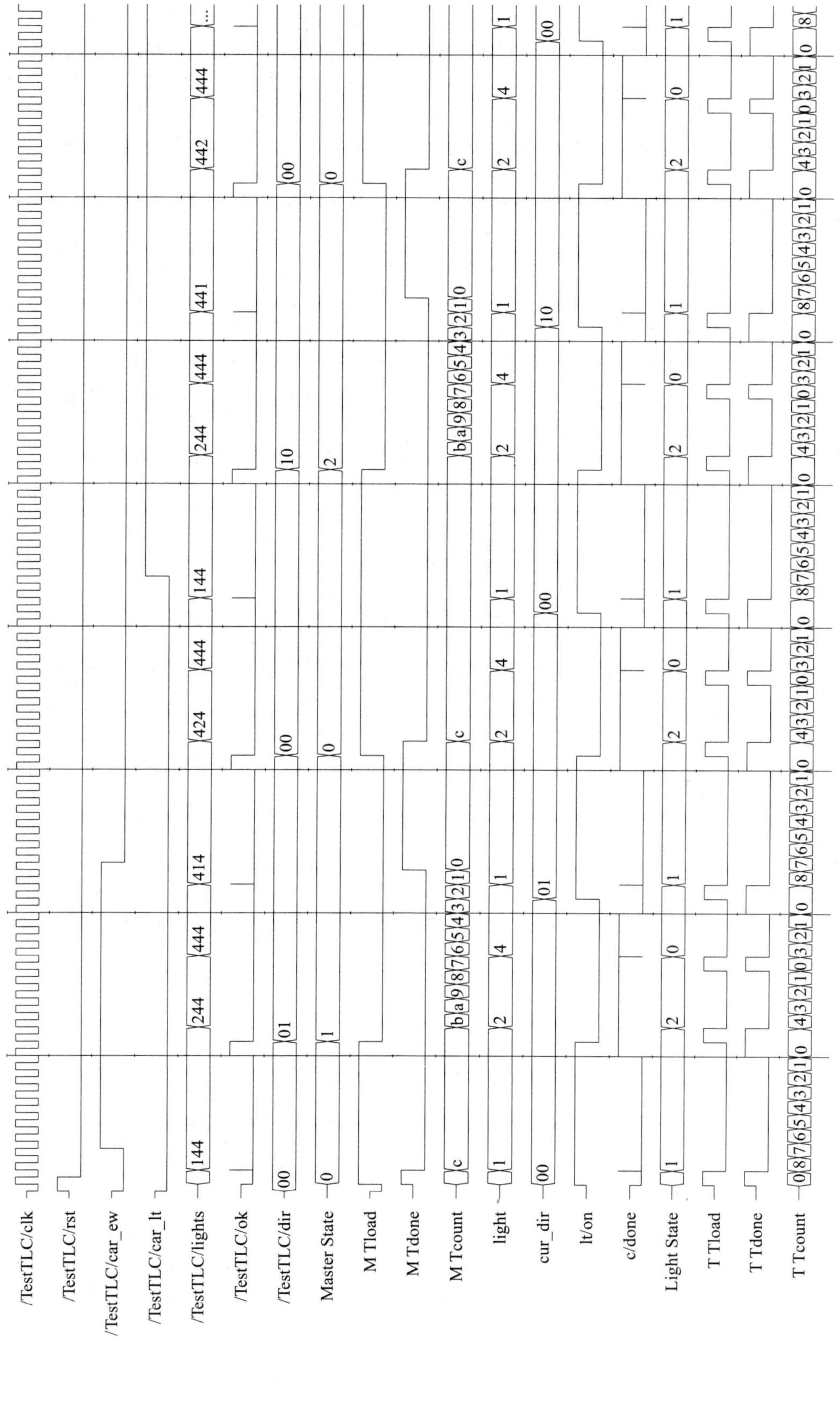

图17-16 分解的交通灯控制器的仿真波形

因为 car_ew 已经被断言，此时一旦信号 ok 变高，主 FSM 通过将 dir 置为 01 来发出将方向改为东‑西方向的请求。组合器作为响应，设置 gn 为低电平来要求信号灯 FSM 将当前方向的信号灯变为红灯。相应地，信号灯 FSM 做出响应，状态会转换到 YELLOW 态(10)，并使得 light 变为黄灯(2)，lights 变为 244——南‑北方向为黄灯。当信号灯计时器完成倒计时，信号灯 FSM 进入 RED 状态(00)，light 变为 44(RED)，lights 变为 444——所有方向都为红灯。一旦信号灯计时器已经在全为红灯的状态下完成了最短的倒计时以后，信号灯 FSM 就将信号 done 置低，表明它已经完成了信号灯状态的转换。

由于 gn 和 done 都为低电平，组合器将 cur_dir 更新为东‑西方向(01)，并将 gn 设置为高电平，以请求信号灯 FSM 将东‑西方向的信号灯转换为绿灯。当信号灯 FSM 完成此操作，同时完成了绿灯状态的计时时，它将设置信号 done 为真。这反过来使得组合器设置 ok 为真，表示主 FSM 已准备好接收新方向的请求。

当信号 ok 第二次被断言有效时，主 FSM 再次发出南‑北方向的请求(dir=00)。此请求决定由 car_ew 为低电平或主定时器完成计时来驱动。这个新方向使 gn 变为低电平，将灯按一定的顺序转换为到全为红灯的状态。然后，在 cur_dir 被更新之后，gn 被设置为高电平，将状态转换回到 GREEN 状态。当这一切都完成后，信号 ok 被再次断言有效。

在信号 ok 第三次被断言有效的情况下，信号 car_lt 为真，因此发出左转的请求(dir=10)，信号灯重新转换成红灯并最终回到绿灯。在信号序列完成以后，信号 ok 第四次被断言有效。这一次信号 car_lt 仍然被断言有效，但主计时器此时已经完成，所以继续发出南‑北方向请求。

总结

通过本章的两个例子，你已经学习了如何将复杂的 FSM 分解为多个更简单的 FSM。分解 FSM 需要将一维状态空间映射到多维状态空间，其中，每个 FSM 为一个维度。

组合通用状态序列是分解的一种方法。如果状态图多次包含相同(或几乎相同)的序列，则可以将该序列分解出来。一个 FSM 用来实现通用的序列，另一个 FSM 跟踪当前哪个实例正在执行重复序列——以此控制实现在序列结束时转移到其他适当的状态。本章中的闪光器 FSM 就是通过分解通用的序列来实现的。

分层是另一种分解方式，可以用来构建 FSM 的层次结构。顶层 FSM 进行顶层决策，例如，哪个方向应该是绿灯，并且控制顶层状态。顶层 FSM 调用一个或多个底层 FSM 来执行其指令，例如将指示灯从绿灯变为红灯，反之亦然。底层 FSM 可以调用它们自己的从 FSM——例如定时器。同时，可能适时的需要流控制来同步不同层次的 FSM 的操作。

练习

17.1　分解一个状态图。Ⅰ‑Ⅰ. 考虑如图 17-17 所示的状态图。

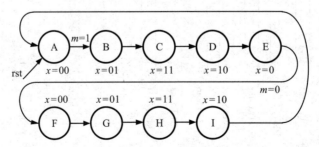

图 17-17　练习 17.1 中还并未被分解的状态图。它接收一个 1 位信号 m，输出一个 2 位信号
　　　　　x。图中没有标明输入值的转换为自动转换

(a)找出此 FSM 序列中相同或几乎相同的状态序列。

(b)用单独的 FSM 实现这些序列,绘制 FSM 的状态图——输入应该用于选择不同的序列。

(c)绘制一个顶层状态图,此顶层 FSM 调用(b)中的 FSM 来实现重复的序列.

17.2 分解一个状态图。Ⅰ-Ⅱ. 用 VHDL 实现练习 17.1 中的分解的 FSM。

17.3 分解一个状态图。Ⅱ-Ⅰ. 考虑如图 17-18 所示的状态图。

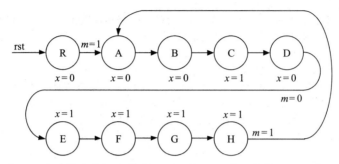

图 17-18 练习 17.3 中还并未分解的状态图。它接收一个 1 位信号 m,输出一个 2 位信号 x。图中没有标明输入值的转换为自动转换

(a)找出此 FSM 序列中相同或几乎相同的状态序列。

(b)用单独的 FSM 实现这些序列,绘制 FSM 的状态图——输入应该用于选择不同的序列。

(c)绘制一个顶层状态图,此顶层 FSM 调用(b)中的 FSM 来实现重复序列.

17.4 分解一个状态图。Ⅱ-Ⅱ. 用 VHDL 实现练习 17.3 中的分解的 FSM。

17.5 分解一个状态图。Ⅲ-Ⅰ. 考虑如图 17-19 所示的状态图。

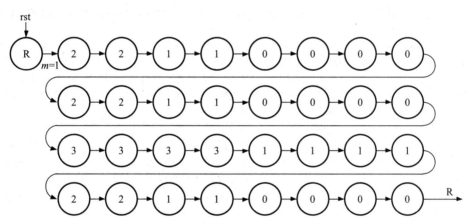

图 17-19 练习 17.5 中并未分解的状态图,它接收一个 1 位信号 m,输出一个 2 位信号 x。每一个状态都由它的输出值(0,1,2,3)而不是它的状态值标示

(a)找出此 FSM 中可以用定时器替换的相同或几乎相同的状态序列。

(b)绘制一个顶层状态图,此顶层 FSM 调用(a)中的定时器。

(c)在你新的 FSM 中识别相同或几乎相同的序列。

(d)画出为实现这些状态序列的单独 FSM 的状态图,并包括定时器。

(e)画出一个修订的顶层状态图,调用(e)中的子 FSM 来实现重复序列,此顶层 FSM 包括至少五个状态。

17.6 分解一个状态图。Ⅲ-Ⅱ. 用 VHDL 实现练习 17.5 中的被双重分解的 FSM。

17.7 分层 FSM。Ⅰ. 设计一个控制仓库自动叉车的 FSM。仓库的地板上每个过道的中央都有反光线,反光线在每个交叉路口分支。所有的交叉路口分支都是 90° 垂直的。FSM 的输入是 far_left、left、center、right 和 far_right。它们分别表示反光线可以到远处的左方,中心的左方,中心,中心的右方,或在远处的右方。它还有一个输入 meter,meter 为高一个周期,叉车就移动 1m。状态机的输出 go 使叉车前进,turn_right 和 turn_left 分别使叉车每次以 5° 的角度改变方向。在状态机的

每个时钟周期期间，叉车向前移动大约 1cm。传感器是间隔分布的，如果反光线靠近叉车的中心，三个传感器中的一个就会启动。偏离右边 5°的误差会使叉车用 100 个周期从左边的传感器关闭转到右边传感器打开。

叉车会通过一系列指令到达仓库中的某个特定位置。但指令只有三种：advance n 会使叉车延着当前的反光线向前移动 N 米；advance next 使叉车前进到下一个路口，turn<direction> 会使叉车在当前路口转向指定的方向（左或右）。

(a)请描述你设计的叉车控制 FSM 的层次。包括一共所分的层数以及每一层做什么。

(b)确定各层之间的接口并画图显示这些接口。

(c)画出每一层的 FSM。

17.8　分层状态机。Ⅱ. 用 VHDL 实现练习 17.7 中的仓库自动叉车控制器。

17.9　反相组合。Ⅰ. 图 17-2 所示的闪光器 FSM 有一个主 FSM 追踪现在处在哪一个闪光（或间隔）状态，用从定时器来计数闪光（或间隔）的周期。这里用另一种方式来分解状态机，使主状态机器计数每一个闪光的周期和从状态机跟踪现在处于哪一个闪光或间隔状态。

(a)画出反相设计的闪光器 FSM 的框图。

(b)画出主从 FSM 的状态图。

17.10　反相组合。Ⅱ. 用 VHDL 实现练习 17.9 中的新的闪光器 FSM。

17.11　SOS 闪光器。Ⅰ. 修改图 17-2 所示的闪光器 FSM 实现 SOS 的闪烁序列——首先为三个短的闪烁（每个一个时钟），其次是三个长的闪烁（每个四个时钟），再次是三个短的闪烁。每一个字符之间间隔一个时钟。SOS 中字母之间间隔三个时钟。一个 SOS 和下一个 SOS 之间需要间隔七个时钟。（提示：建立一个字母 FSM 和一个 SOS FSM）

17.12　SOS 闪光器。Ⅱ. 用 VHDL 实现练习 17.11 的 SOS 闪光器。并且编写测试激励并验证你的设计。

17.13　SOS 闪光器。Ⅲ. 修改练习 17.11 和练习 17.12 中的 SOS 闪光器，此时状态机实现闪烁 TOSS 的 Movse 电码而不是 SOS。（T 的代码是一个长的闪光）

17.14　修改闪光器。Ⅰ. 修改图 17-6 所示闪光器 FSM，使得当计数的周期是奇数时，闪光灯保持亮的时间为 5 个周期，偶数时，为 15 个周期。

17.15　修改闪光器。Ⅱ. 修改图 17-6 所示闪光器 FSM，使得当前闪光灯保持亮的时间等于当前计数器的值。用验证通过的 VHDL 代码实现此设计实体。

17.16　指示行走或停止的闪光器。用 VHDL 代码编写一个控制两种灯的 FSM：一个是行走，另一个为停止行走的信号灯。控制输出应该是一个 3 位独热码的信号 ctl。每一个 ctl 的值对应的闪光灯操作如下所示，$3'b001$：行走-关闭，停止-开启。$3'b010$-：行走-关闭，停止-闪烁（闪烁为关闭时 10 个周期，开启时 15 个周期）；$3'b100$：行走-开启，停止-关闭。

17.17　交通灯控制器。Ⅰ. 修改图 17-10 所示的交通灯控制器，使南-北方向和东-西方向具有相同的优先权。增加一个额外的输入 car_ns，表明在南-北方向有汽车等待。在 NS 或 EW 状态中，如果有一辆车在另一个方向等待且主定时器计数完成，就切换到另一个状态。

17.18　交通灯控制器。Ⅱ. 修改图 17-10 所示的交通灯控制器，使红灯到绿灯的切换前保持红灯和黄灯各三个时钟。

17.19　交通灯控制器。Ⅲ. 修改图 17-10 所示的交通灯控制器，使其包括南-北方向和东-西方向的行走信号（参见练习 17.16）。交通灯的顺序不再是绿灯、黄灯、红灯，而是绿灯-行走，绿灯-闪烁，黄灯和红灯。行走的信号灯只在绿灯-行走时亮起。停止行走的灯应该在绿灯-闪烁状态时闪烁，并在黄灯和红灯的状态时持续亮起。

第 18 章

微 代 码

使用一个存储阵列也可以灵活地实现一个 FSM 的次态和输出逻辑。改变 FSM 的功能可以通过改变存储的内容来实现。这种通过访问存储器阵列而获取到的内容称为微代码（microcode），由这种方式实现的 FSM 叫作微代码 FSM（microcoded FSM）。存储器阵列存储的每一个字，决定了 FSM 在一个特定的状态和输入组合下的行为，这些字称为微指令（microinstruction）。

增加内存的特殊逻辑来计算次态可以减少所需的微代码存储空间，有选择的更新变化频率低的输出也可以达到这个效果。另外，还可以通过增加指令定序器和分支微指令来控制流程，使得一个微指令不是只能被状态×输入的组合中的一个使用，而是可以被每一个状态使用。如果对控制、输出或其他功能定义不同的指令类型，那微指令的位也可以被不同的功能所共用。

18.1 简单的微代码状态机

图 18-1 所示的显示了一个简单的微代码 FSM 的框图。一个内存陈列存储次态和输出函数。阵列的每个字存储了由输入和当前状态的特定组合定义的次态和输出。阵列通过当前状态和输入的串联来寻址。一对寄存器保存当前状态和当前输出。

实际上，该存储器可以由一个允许用软件对微代码进行重复编程的 RAM 或 EEPROM 实现。另外，存储器也可以是一个 ROM，如果是一个 ROM，则需要一组新的掩膜来实现重新编程。然而，这仍然具有优点，因为改变 ROM 的编程不需要改变芯片的版图。一些 ROM 的设计允许程序仅改变一层金属掩膜——这样就降低了改版成本。一些设计采取混合的方法，把大部分的代码存到 ROM 中（降低成本）而在 RAM 中保存微代码的一小部分。这里提供一种方法将任意状态序列重新定向到 RAM 的微代码区域，这样就可以使用 RAM 来修补任一个状态。

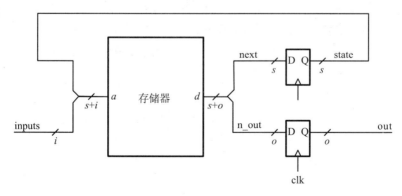

图 18-1　一个简单的微代码 FSM 框图

这个 FSM 的 VHDL 描述如图 18-2 所示。它与原理图基本相同，只是增加了一些在信号 rst 被断言有效时将状态复位的逻辑。ROM 组件是一个只读存储器，以"state&input"寻址，并返回一个微指令 uinst。微指令后续被分成次态和输出。图 18-1 和图 18-2 所示的 FSM 非常简单，因为它在 ROM 被编程之前没有任何功能。

```
library ieee;
use ieee.std_logic_1164.all;
use work.ff.all;

entity ucode1 is
  generic( i: integer := 1; -- input width
           o: integer := 6; -- output width
           s: integer := 3; -- bits of state
           p: string := "ucode1_1.asm" );
  port( clk,rst: in std_logic;
        input: in std_logic_vector(i-1 downto 0);
        output: out std_logic_vector(o-1 downto 0) ) ;
end ucode1;

architecture impl of ucode1 is
  signal nxt, state: std_logic_vector(s-1 downto 0);
  signal uinst : std_logic_vector(s+o-1 downto 0);
begin
  STATE_REG: vDFF generic map(s) port map(clk, nxt, state);  -- state register
  OUT_REG: vDFF generic map(o) port map(clk, uinst(o-1 downto 0), output);
          -- output register
  UC: ROM generic map(s+o,s+i,p) port map(state & input, uinst); -- microcode store
  nxt <= (others => '0') when rst else uinst(s+o-1 downto o); -- reset state
end impl;
```

图 18-2　一个简单的微代码 FSM 的 VHDL 描述

本节以 14.3 节简易交通灯控制器为例来了解如何对 ROM 进行编程来实现 FSM。该控制器的状态图如图 18-3 所示。为了填写微代码 ROM，首先列出次态和每个当前状态/输入组合的输出，如表 18-1 所示。考虑表格的第一行，地址 0000 对应状态 GNS(绿灯－北向－南向)和输入 car_ew＝0。这个状态下，输出为 100001(绿灯－北向－南向、红灯－东向－西向)和次态是 GNS(000)。因此，ROM 内地址为 0000 的内容是 000100001，是次态 000与输出的连接。表中的第二行，地址 0001 对应于 GNS 并且 car_ew＝1。它的输出与第一行相同，但次态是 YNS(001)，因此这个地址的 ROM 的内容是 001100001。表格中的其余行可以由类似的方式推出。ROM 本身加载的数据是"数据"列中的内容。

表 18-1　简易交通灯控制器的微代码状态表

地址	状态	car_ew	次态	输出	数据
0000	GNS(000)	0	GNS(000)	100001	000100001
0001	GNS(000)	1	YNS(001)	100001	001100001
0010	YNS(001)	0	GEW(010)	010001	010010001
0011	YNS(001)	1	GEW(010)	010001	010010001
0100	GEW(010)	0	YEW(011)	001100	011001100
0101	GEW(010)	1	YEW(011)	001100	011001100
0110	YEW(011)	0	GNS(000)	001100	000001100
0111	YEW(011)	1	GNS(000)	001010	000001100

仿真如图 18-2 所示的 FSM，且 ROM 的内容如表 18-1 所示的微代码 FSM 得到的波形图如图 18-4 所示。输出、状态、微代码 ROM 的地址和微代码 ROM 数据(微指令)(底部的四个信号)以八进制表示。系统初始化状态为 0(GNS)，输出为 41(绿灯(4)－南向－北向，

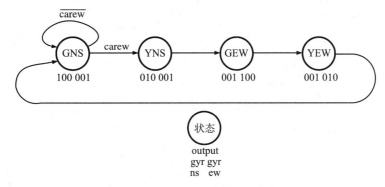

图 18-3 简易交通灯控制器的状态图

红灯(1)-东向-西向)。然后输入 car_ew 变为高电平，ROM 的地址从 00 切换到 01。这使微指令从 041 切换到 141，并在下一个时钟选择次态 1(YNS)。然后 FSM 转换到 2(GEW) 和 3(YEW)并返回状态 0。

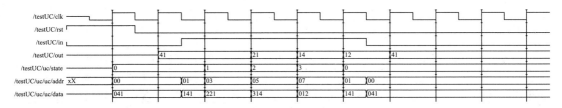

图 18-4 ROM 的内容如表 18-1 所示，微代码 FSM 如图 18-2 所示的模拟仿真波形

微代码的艺术在于只改变 ROM 的内容就可以改变状态的功能，例如，如果想对 FSM 做如下修改，使得

(1)只要 car_ew 为真，东-西方向就为绿灯。

(2)北-南方向的绿色信号灯持续至少 3 个周期(状态 GNS1、GNS2 和 GNS3)；

(3)在黄灯以后，两个方向都先变为红灯，并持续一个周期，再变为绿灯。

表 18-2 显示了修改后的状态表。状态 GNS 被分为 3 个状态，同时增加了两个新的状态(RNS 和 REW)。在这种情况下，GEW 状态检测 car_ew，并当它为真时停留在 GEW 状态。FSM 结构依然如图 18-2 所示，但采用新的微代码的仿真波形如图 18-5 所示。

表 18-2 简易交通灯控制器的微代码状态表

地址	状态	car_ew	次态	输出	数据
0000	GNS1(000)	0	GNS2(001)	100001	001100001
0001	GNS1(000)	1	GNS2(001)	100001	001100001
0010	GNS2(001)	0	GNS3(001)	100001	010100001
0011	GNS2(001)	1	GNS3(001)	100001	010100001
0100	GNS3(001)	0	GNS3(001)	100001	010100001
0101	GNS3(010)	1	YNS(010)	010001	011100001
0110	YNS(010)	0	RNS(011)	010001	100010001
0111	YNS(011)	1	RNS(011)	001001	100010001
1000	RNS(011)	1	GEW(101)	001001	101001001
1001	RNS(011)	0	GEW(101)	001001	101001001
1010	GEW(101)	1	YEW(110)	001100	110001100

（续）

地址	状态	car_ew	次态	输出	数据
1011	GEW(101)	1	GEW(101)	001100	10100110
1100	YEW(110)	0	REW(111)	001010	111001010
1101	YEW(110)	1	REW(111)	001010	111001010
1110	REW(111)	0	GNS(000)	001001	000001001
1111	REW(111)	1	GNS(000)	001001	000001001

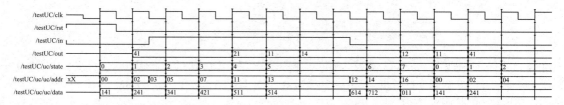

图 18-5　仿真如图 18-2 所示的 FSM 并使用如表 18-2 所示的微代码后得到的仿真波形

18.2　指令序列

使用定序器(sequenser)产生下一条指令的地址来实现微代码 FSM 往往更有效率。对指令进行排序有两个显著的优点。首先，对于只是简单地指示进行下一步指令的指令，这个指令的地址可以用计数器产生，这样就可以省去在微代码存储器中存储这些地址。其次，利用逻辑来选择或组合不同的输入，微代码存储器可以对每一种状态只存储一个微指令，而不是对可能的指令输入组合分别存储一个指令（几乎相同的指令）。

重新回顾表 18-2 所示微代码，可以看出，它存在冗余，而这些冗余可以被定序器消除。每个指令都包含一个显示次态的指令字段，并且所有指令的次态都是从自己本身或相邻的下一个指令中选择得到的。另外，随着输入的不同，所有指令都被重复了一遍，只有两个指令在次态字段中有些许差异。如果输入信号更多，这种重复也会更多。

在微代码 FSM 中添加一个定序器是把 FSM（次态由逻辑函数确定）扩展成一个存储程序的计算机的第一步，其中下一个指令是通过解读当前指令决定的。通过一个定序器，类似于一个存储程序的计算机，微代码 FSM 顺序执行微指令，直到有一个分支指令将执行定向到新的地址为止。

图 18-6 所示的显示了一个使用指令定序器的微代码 FSM，其中 FSM 寄存器由一个微程序计数器(μPC 或者 uPC)代替。在任何时候，该寄数器选择当前微指令来表示当前状态。通过这样的设计，微代码存储器指令的数量从 2^{s+i} 减少到 2^s，即每一个状态从 2^i 变为 1。但这种变化需要增加每一个微指令从 $s+o$ 位到 $s+o+b$ 位。每一个微指令由个三字段组成，如图 18-7 所示：一个 o 位字段指定的当前输出，一个 s 位字段指定分支地址（分支目标），b 位字段指定一个分支指令。

使用指令定序器，分支逻辑根据当前微指令的分支指令对输入进行检测。根据该检测的结果，定序器选择分支（选择分支目标字段作为下一个 uPC）或者不分支（选择 uPC+1 作为下一个 uPC）。

考虑一个使用 2 位输入字段的示例，可以定义一个 3 位分支指令 brinst，代码如下：

```
branch <= ((brinst(0) and input(0)) or (brinst(1) and input(1))) xor brinst(2);
```

分支指令的 0 位和 1 位选择是否测试输入 0 位或 1 位（或二者）。分支指令的 2 位控制测试的极性。如果 brinst[2] 为低，则在所选择位的值为高时才分支。否则，则在所选择位为低时分支。使用这样的分支指令编码可以列出如表 18-3 所示的分支。

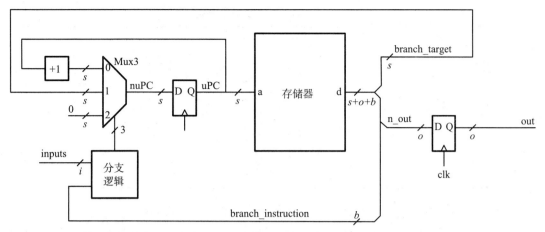

图 18-6 使用指令定序器的微代码 FSM。使用一个多路选择器和加法器根据分支指令和输入
的组合计算下一个微指令（次态）的地址

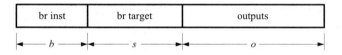

图 18-7 图 18-6 所示微代码 FSM 的微指令的格式

表 18-3 分支指令编码

编码	操作码	说 明
000	NOP	没有分支，下一指令地址始终为 uPC+1
001	B0	当输入 0 为真时分支；如果 in[0]有效，分支到 br_upc，否则继续 uPC+1
010	B1	输入 1 为真时分支
011	BA	任何输入都可以决定分支，如果有一个输入为真，就分支
100	BR	总是分支；不管输入是否为真，总是选择 br_upc 作为下一个 uPC
101	BN0	输入 0 无效时分支；如果 in[0]为假，分支，否则继续 uPC+1
110	BN1	输入 1 为假时分支
111	BNA	输入 0 和输入 1 都为假时才分支

其他的编码方式也可以用来编码分支指令。常见的 n 位编码使用 $n-1$ 位来从 2^{n-1} 个
输入中选择 1 位进行测试，剩余的 1 位用于选择在选定的输入为高还是低时分支。其中有
一个输入总是被设为高电平来允许创建 NOP 和 BR 指令，对于这种编码，分支信号如下：

```
branch = brinst(n-1) xor input( to_integer(unsigned( brinst(n-2 downto 0) )) ) ;
```

使用这种编码方式（对于 3 位 brinst）和三个输入创建的分支指令如表 18-4 所示。为了
提供 NOP 和 BR 指令，使用常数 1 作为第四个输入。这里每个分支指令只检测一个输入，
而在表 18-3 所示的编码中，指令会检测零个，一个，或两个输入。除了这两种以外，还
有许多其他可能的编码方式。

带有指令定序器的微代码 FSM 的 VHDL 描述如图 18-8 所示。VHDL 代码大部分遵
循图 18-6 所示的框图。一个并发信号赋值语句计算信号 branch，如果它为真，则定序
器在下一个周期分支。第二个基于分支 branch 和 rst 的并发信号赋值语句计算下一个
微程序计数器的值（nupc）。为了使代码更易读，使用 VHDL 的 record 类型来保存微指
令的三个字段。

表 18-4 另一种分支指令编码

编码	操作码	说明
000	NOP	输入 0 为真时分支
001	B0	输入 1 为真时分支
010	B1	输入 2 为真时分支
011	BA	总是分支(输入 3 是常量 1)
100	BR	第 0 个输入为假时分支
101	BN0	第 1 个输入为假时分支
110	BN1	第 2 个输入为假时分支
111	BNA	从不分支

考虑交通灯控制器的一个更复杂的版本，它包含了一个左转弯信号，以及南-北方向和东-西方向的信号。表 18-5 所示的显示了它的微代码。这里，输入 0 位为 car_lt，输入 1 位是 car_ew，所以重命名分支 BLT(在 car_lt 为真时分支)、BNEW(如果 car_ew 为假时分支)，其他也相似。

表 18-5 所示的微代码从状态 NS1 开始，其中南-北方向为绿灯。在这种状态下，左转传感器被 BLT 检查是否转至 LT1。如果 car_lt 为真，控制转移到 LT1。否则，uPC 将使 FSM 进入次态，NS2。在 NS2 中，如果 car_ew 为假，则微代码返回到 NS1(BNEW NS1)。否则，控制继续进入到 EW1——南-北方向变为黄灯。EW1 之后始终是 EW2，表示东-西方向为绿灯。只要 car_ew 为真，BEW EW2 将 uPC 保持在状态 EW2。当 car_ew 变为假时，uPC 进入状态 EW3，此时东-西方向为黄灯，并且 BR NS1 将控制状态转移回 NS1。左转序列(LT1、LT2、LT3)也以类似的方式进行。

表 18-5 如图 18-6 中所示的带有定序器的交通信号灯控制器的微代码

地址(address)	状态(state)	分支(Br inst)	目标(target)	次态灯的方向(NS LT EW)	数据(data)
0000	NS1	BLT(001)	LT1(0101)	100001001	0010101100001001
0001	NS2	BNEW(110)	NS1(0000)	100001001	1100000100001001
0010	EW1	NOP(000)		010001001	0000000010001001
0011	EW2	BEW(010)	EW2(0011)	001001100	0100011001001100
0100	EW3	BR(100)	NS1(0000)	001001010	1000000001001010
0101	LT1	NOP(000)		010001001	0000000010001001
0110	LT2	BLT(001)	LT2(011)	001100001	0010110001100001
0111	LT3	BR(100)	NS1(0000)	001010001	1000000001010001

图 18-8 所示的微代码定序器运行表 18-5 所示的微代码后的模拟仿真波形如图 18-9 所示。从上往下数的第五行显示了微程序计数器 uPC 的变化。机器首先复位为 upc = 0(NS1)，并在分支到 5(LT1)之前先前进到 1(NS2)并返回到 0(NS1)。它从 5(LT1)到 6(LT2)，并保持在 6，直到 car_lt 变为低电平。此时，它进入到 7(LT3)并返回到 0(NS1)。当 car_ew=1 时，后续的序列分别是 0，1，2，3(NS1、NS2、EW1、EW2)。FSM 停留在 3(EW2)，直到 car_ew 变为低电平为止，然后进入 4(EW3)并返回到 0(NS1)。机器在 NS1 和 NS2 之间循环，直到 car_ew 和 car_lt 同时变为高电平为止。由于在这种情况发生时机器在 NS1 中，因此首先检查 car_lt，然后 uPC 被定向至 LT1。

因为图 18-6 所示的微代码 FSM 的每个微指令只有一个分支，所以它需要两个状态 (NS1 和 NS2)在南-北方向变为东-西方向和向左转这三个分支之间进行转换。这就使得两个状态(NS1 和 NS2)在南-北方向时为绿灯，两个状态(EW1 和 LT1)在南-北方向时为黄灯。如果要真正解决这个问题，就需要支持多路分支(将在下面讨论)。然而，也可以通

```
library ieee;
use ieee.std_logic_1164.all;
use ieee.std_logic_unsigned.all;
use work.ff.all;

entity ucode2 is
  generic( n: integer := 2; -- input width
           m: integer := 9; -- output width
           k: integer := 4; -- bits of state
           j: integer := 3; -- bits of instruction
           p: string := "ucode2_1.asm" );
  port( clk, rst: in std_logic;
        input: in std_logic_vector(n-1 downto 0);
        output: out std_logic_vector(m-1 downto 0) );
end ucode2;

architecture impl of ucode2 is
  type inst_t is record
    brinst: std_logic_vector(j-1 downto 0);
    br_upc: std_logic_vector(k-1 downto 0);
    nout: std_logic_vector(m-1 downto 0);
  end record;
  signal nupc, upc: std_logic_vector(k-1 downto 0); -- microprogram counter
  signal ibits: std_logic_vector(j+k+m-1 downto 0); -- rom output
  signal uinst: inst_t; -- microinstruction word
  signal branch: std_logic;
begin
  -- split off fields of microinstruction
  uinst <= (ibits(j+m+k-1 downto m+k), ibits(m+k-1 downto m), ibits(m-1 downto 0));

  UPC_REG: vDFF generic map(k) port map(clk, nupc, upc);  -- microprogram counter
  OUT_REG: vDFF generic map(m) port map(clk, uinst.nout, output); -- output register
  UC: ROM generic map(m+k+j,k,p) port map(upc, ibits); -- microcode store

  -- branch instruction decode
  branch <= ((uinst.brinst(0) and input(0)) or (uinst.brinst(1) and input(1)))
            xor uinst.brinst(2);

  -- sequencer
  nupc <= (others => '0') when rst else
          uinst.br_upc when branch else
          upc + 1;
end impl;
```

图 18-8　带有指令定序器的微代码 FSM 的 VHDL 描述

过使用表 18-6 所示的另一种编码来部分解决这个问题。

在表 18-6 所示的另一种微代码中，只要 car_ew 和 car_lt 都为假，通过 BNA NS1（在输入都为假时分支到 NS1），uPC 将保持在状态 NS1；NS1 现在是南‐北方向为绿灯的唯一状态。如果有任何一个输入为真，则 uPC 就进入状态 NS2，该状态是南‐北方向为黄灯的唯一状态。状态 NS2 检测输入 car_lt，如果它为真，就分支到状态 LT1（BLT LT1）。如果 car_lt 为假，则 uPC 进入 EW1。FSM 的其余部分类似于表 18-5 所示，除了 EW 和 LT 状态被重新编号以外。

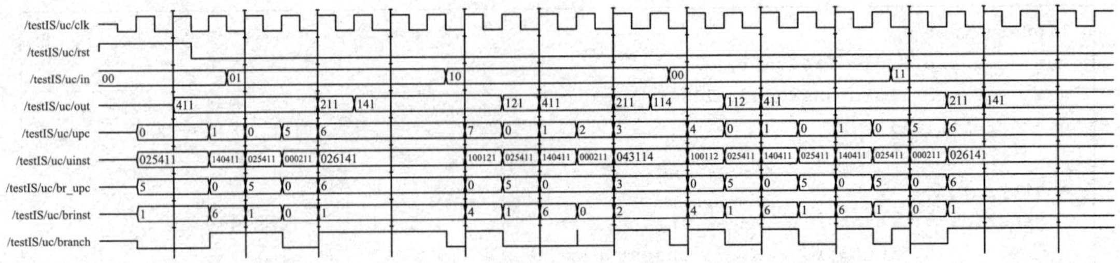

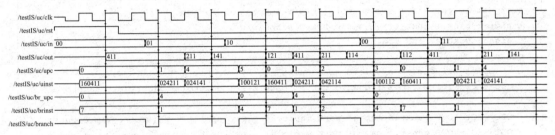

图 18-9 使用表 18-5 所示的微代码编码，仿真如图 18-8 所示的微代码 FSM 后得到的模拟仿真波形

表 18-6 如图 18-6 所示的带有定序器的交通信号灯控制器的另一种微代码

地址(address)	状态(state)	分支(Br inst)	目标(target)	下一状态灯的方向(NS LT EW)	数据(data)
0000	NS1	BNA(111)	NS1(0000)	100001001	1110000100001001
0001	NS2	BLT(001)	LT1(0100)	010001001	0010100010001001
0010	EW1	BEW(010)	EW1(0010)	001001100	0100010001001100
0011	EW2	BR(100)	NS1(0000)	001001010	1000000001001010
0100	LT1	BLT(101)	LT1(0100)	001100001	0010100001100001
0101	LT2	BR(100)	NS1(0000)	001010001	1000000010010001

使用此种微代码的仿真波形如图 18-10 所示。

图 18-10 使用表 18-6 所示的微代码且仿真如图 18-8 所示的微代码 FSM 的波形示意

18.3 多路分支

正如 18.2 节所看到的，使用指令定序器可大大缩减微代码存储器的容量，但是它以限制每个状态至多有两个次态(upc+1 和 br_upc)为代价。如果有一个具有大量退出特定状态的 FSM，这个限制可能是一个问题。例如，在微代码处理器中，根据当前指令的操作码(opcode)分支到数十到数百个次态非常普遍。另外在指令寻址模式(addressing mode)时也需要多路分支。使用 18.2 节介绍的定序器实现这种多路调度效率很低，因为需要 n 个周期才能测试 n 个不同的操作码。

可以通过使用支持多路分支的指令定序器来克服双向分支的这种限制，如图 18-11 所示。该定序器类似于图 18-6 所示的定序器，除了分支目标 br_upc 是从分支指令 brinst 和输入生成而不是直接从微指令产生。使用这种方法，每个状态下可以分支到最多 2^i 个状态(对应输入的组合)。

分支指令不仅可以对检测条件进行编码，还可以对如何确定分支目标进行编码。表 18-7 所示的显示了一种编码多路分支指令的方法。BRx 和 BRNx 指令是双向分支指令并与表 18-4 所示的指定的指令相同。BR4 指令是四路分支指令，根据输入，选择四个相邻状态中的一个(从 br_upc 到 br_upc+3)。

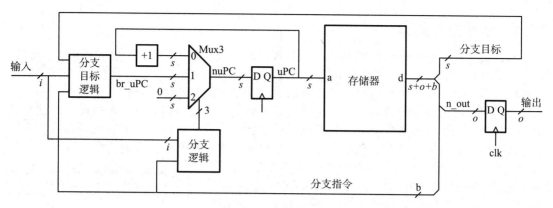

图 18-11　一个具有支持多路分支的指令定序器的微代码 FSM

表 18-7　支持多路分支的微代码 FSM 分支指令

编码	操作码	描　述
BRx	00xx	在条件 x 时分支(如表 18-4 所示，包括 BR)
BRNx	01xx	在条件 x 为假时分支(如表 18-4 所示，包括 NOP)
BR4	1000	四种分支；$nupc = br\_upc + in$

要使用 BR4 指令，需要注意将状态映射到微指令地址，并且可能需要复制某些状态。例如，考虑图 18-12 所示的状态图，采用四向分支指令的微代码 FSM 实现该状态图的微代码地址映射如表 18-8 所示，它需要添加输入到转移目标中。从 X 四路分支的目标地址为 000，因此必须分别在 000、001、010 和 011 位置设置分支目标 A1、B1、C1 和 X。类似的，状态 C1 的四路分支目标地址为 100，因此，必须分别将状态 C2、C3、X 和 C1 置于位置 100、101、110 和 111 处。为了能够工作，还需要两个 X 的副本，一个在地址 011 和一个

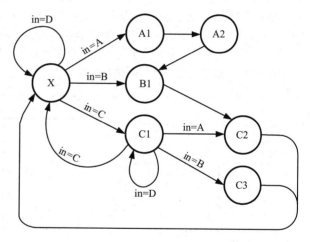

图 18-12　包含两个四路分支的状态图

在地址 110，和两个 C1 副本(在 010 和 111)。如果以这种方式复制状态，只需安排两个副本(例如，X 和 X')具有相同的行为。

表 18-8　将图 18-12 的状态映射到微代码地址上

状态 X 和 C1 是重复的，因为它们都存在于两个四路分支中

地址	状态	分支指令	分支目标
000	A1	BR	A2
001	B1	BR	C2
010	C1	BR4	C2
011	X	BR4	A1
100	C2	BR	X
101	C3	BR	X
110	X'	BR4	A1
111	$C1'$	BR4	C2

18.4 多种指令类型

到目前为止，所考虑到的微代码 FSM 都会更新每个微指令中的所有输出位。通常，大多数 FSM 只需要在给定状态下更新一部分输出。例如，交通灯控制器 FSM 在每个状态变化时最多只能改变一个交通灯。可以通过修改 FSM 在任何给定的状态下只更新一个输出寄存器来节省微指令的位数。在每个微指令中指定分支指令和分支目标也同样会浪费微指令的位数，因为许多微指令总是进行到下一个状态并且不会分支。所以还可以通过只在某些指令中包含分支，并在其他指令中更新输出来节省这些冗余分支的指令位数。

图 18-13 所示的显示了具有两种微指令类型的微代码 FSM 的指令格式：分支指令和存储（输出）指令。每个微指令都属于其中一种。由最左位中的 1 标识分支指令，并指定分支条件和分支目标。当 FSM 遇到分支微指令时，它会根据条件和目标指定分支（或不），且不更新输出。存储指令由最左位的 0 指示，它指定输出寄存器和值。当 FSM 遇到存储微指令时，它将该值存储到指定的输出寄存器中，然后依次进入下一个微指令，而不会分支。

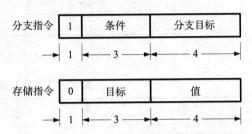

图 18-13 具有单独输出和分支指令的微代码状态机的指令格式

图 18-14 所示的显示了支持图 18-13 所示的两种指令类型的微代码 FSM 的框图。每个微指令分为 x 位指令字段和 s 位值字段。指令字段保存操作码位（最左位用于区分分支和存储）、条件（用于分支）或目标（用于存储）。值字段包含分支目标（用于分支）或输出值（用于存储）。

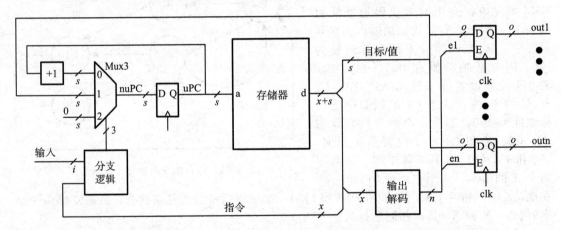

图 18-14 具有输出指令的微代码 FSM 框图。对于交通灯控制器，定时器用于替换最后一个输出寄存器，并将其完成信号 done 反馈给分支逻辑

图 18-14 所示的指令定序器与图 18-6 所示的相同，除了当前微指令是存储指令时[⊖]，分支逻辑总是选择下一个微指令 uPC＋1。二者主要区别在于输出逻辑。这里，解码器使得至多只有一个输出寄存器能够接收存储指令的值字段。

具有图 18-14 所示的两种指令类型的微代码引擎的 VHDL 描述如图 18-15 和图 18-16 所示。这里的微指令是一个包含操作码（0＝存储，1＝分支）、指令（存储目标，分支条件）和值的 VHDL record 类型。对于存储，目标被解码为一个独热码向量 e，它使得该值能够

⊖ 可以轻松地将多个指令类型和输出寄存器添加到支持多路分支的 FSM，如图 18-11 所示。

被存储在三个输出寄存器之一（NS＝0，EW＝1，LT＝2）或者被加载到定时器（目标＝3）。
使能信号还是组件 vDFFE 的使能输入信号，如图 18-17 所示。对于一个分支，inst(2)
确定分支的极性，而低 2 位，inst(1 到 0)，决定被检测的条件（LT＝0，EW＝1，
Lt|EW＝2，timer＝3）。

```vhdl
library ieee;
use ieee.std_logic_1164.all;
use ieee.std_logic_unsigned.all;
use work.ff.all;
use work.ch16.all;
use ieee.numeric_std.all;

entity ucodeMI is
  generic( n: integer := 2; -- input width
           m: integer := 9; -- output width
           o: integer := 3; -- output sub-width
           k: integer := 5; -- bits of state
           j: integer := 4; -- bits of instruction
           p: string := "ucode.asm" );
  port( clk, rst: in std_logic;
        input: in std_logic_vector(n-1 downto 0);
        output: out std_logic_vector(m-1 downto 0) );
end ucodeMI;

architecture impl of ucodeMI is
  type inst_t is record
    opcode: std_logic; -- opcode bit
    inst: std_logic_vector(j-2 downto 0); -- condition for branch, dest for store
    value : std_logic_vector(k-1 downto 0); -- target for branch, value for store
  end record;

  signal nupc, upc: std_logic_vector(k-1 downto 0); -- microprogram counter
  signal ibits: std_logic_vector(j+k-1 downto 0); -- microinstruction raw bits
  signal ui: inst_t; -- microinstruction
  signal done: std_logic; -- timer done signal
  signal branch: std_logic;
  signal e: std_logic_vector(3 downto 0); -- enable for output registers and timer
  signal a, blt, bew, ble, btd: std_logic;
begin
  -- split off fields of microinstruction
  ui <= (opcode => ibits(j+k-1),
         inst   => ibits(j+k-2 downto k),
         value  => ibits(k-1 downto 0));

  UPC_REG: vDFF generic map(k) port map(clk, nupc, upc) ;  -- microprogram counter
  UC: ROM generic map(k+j,k,p) port map(upc, ibits) ; -- microcode store

  -- output registers and timer
  NS: vDFFE generic map(o)
          port map(clk, e(0), ui.value(o-1 downto 0), output(o-1 downto 0));
  EW: vDFFE generic map(o)
          port map(clk, e(1), ui.value(o-1 downto 0), output(2*o-1 downto o));
```

图 18-15　具有两种指令类型的微代码 FSM 的 VHDL 描述

```
LT: vDFFE generic map(o)
       port map(clk, e(2), ui.value(o-1 downto 0), output(3*o-1 downto 2*o));
TIM: Timer generic map(k) port map(clk, rst, e(3), ui.value, done);

e <= "0000" when ui.opcode else
    std_logic_vector( to_unsigned(1,4) sll to_integer(unsigned(ui.inst)) );
```

图 18-15 （续）

```
-- branch instruction decode
blt <= '1' when ui.inst(1 downto 0) = "00" else '0'; -- left turn
bew <= '1' when ui.inst(1 downto 0) = "01" else '0'; -- east/west
ble <= '1' when ui.inst(1 downto 0) = "10" else '0'; -- left turn or east/west
btd <= '1' when ui.inst(1 downto 0) = "11" else '0'; -- timer done
branch <=  (ui.inst(2) xor ((blt and input(0)) or
                            (bew and input(1)) or
                            (ble and (input(0) or input(1))) or
                            (btd and done))) when ui.opcode
                    else '0'; -- for a store opcode


-- microprogram counter
nupc <=  (others => '0') when rst else
         ui.value when branch else
         upc + 1;
end impl;
```

图 18-16 具有两种指令类型的微代码 FSM 的 VHDL 描述

```
library ieee;
use ieee.std_logic_1164.all;

entity vDFFE is
  generic( n: integer := 1 ); -- width
  port( clk, en: in std_logic;
        D: in std_logic_vector( n-1 downto 0 );
        Q: buffer std_logic_vector( n-1 downto 0 ) );
end vDFFE;

architecture impl of vDFFE is
  signal Q_next: std_logic_vector(n-1 downto 0);
begin
  Q_next <= D when en else Q;

  process(clk) begin
    if rising_edge(clk) then
      Q <= Q_next;
    end if;
  end process;
end impl;
```

图 18-17 具有使能信号的触发器的 VHDL 描述

表 18-9 所示的显示了图 18-15 所示的微代码引擎上编程的更复杂的交通灯控制器的微代码。前三个状态加载三个输出寄存器：加载 RED 到东-西方向和左转寄存器，GREEN到南-北方向寄存器。接下来，NS1 和 NS2 通过加载定时器等待八个周期，并等待定时器断言信号 done。然后 NS4 状态等待是否有输入有效。南-北方向的灯在 NS5 中设置为YELLOW；NS6 和 NS7 设置定时器，并等待计时完成，然后进入到 NS8 状态，此时南-北方向的灯被设置为 RED。如果左转输入为真，则 NS9 分支到 LT1，以执行左转时的交通灯序列。否则，东-西方向的灯依照 EW1～EW9 状态进行变化。该微代码的仿真波形如图 18-18 所示。

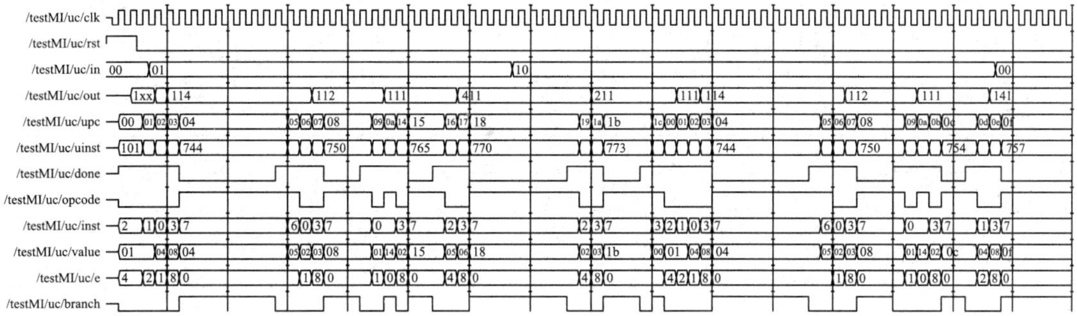

图 18-18　使用表 18-9 所示的微代码，仿真如图 18-15 和图 18-16 所示的微代码 FSM 后得到的仿真波形

18.5　微代码子程序

表 18-9 所示的状态序列有很多重复。其中 NS、EW 和 LT 序列在很大程度上执行了相同的动作，它们唯一的区别是写入的输出寄存器。与第 17 章通过分解 FSM 而共享相同的状态序列一样，也可以通过支持子程序（subroutines）来共享微代码 FSM 中的共同状态序列。子程序是可以从不同的节点被调用的指令序列，并且在退出之后，它将控件返回到被调用的节点。

表 18-9　使用两种指令类型实现微代码交通灯 FSM

地址	状态	指令	值	数据
00000	RST1	SLT(0010)	RED 001	001000001
00001	RST2	SEW(0001)	RED 001	000100001
00010	NS1	SNS(0000)	GREEN 100	000000100
00011	NS2	STIM(0011)	TGRN 01000	001101000
00100	NS3	STIM(0011)	TGRN 01000	001101000
00101	NS4	BNTD(1111)	NS3 00100	111100100
00110	NS5	BNLE(1110)	NS4 00101	111000101
00111	NS6	SNS (0000)	YELLOW 010	000000010
01000	NS7	STIM(0010)	TYEL 00011	001100011
01001	NS8	BNTD(1111)	NS7 01000	111101000
01010	NS9	SNS(0000)	RED 001	111101000
01011	EW1	STIM (0011)	TGRN 01000	001101000
01100	EW2	BNTD (1111)	EW2 01100	111101100
01101	EW3	SEW (0001)	GREEN 100	000100100
01110	EW4	STIM (0011)	TGRN 01000	001101000

（续）

地址	状态	指令	值	数据
01111	EW5	BNTD (1111)	EW5 01111	111101111
10000	EW6	BTD (1011)	RST2(0001)	101100001
10001	EW7	STIM(0011)	TRED 00010	001100010
10010	EW8	BNTD(1111)	LT2 10101	111110101
10011	EW9	SLT(0010)	GRENN 100	001000100
10100	LT1	STIM (0011)	TRED 00010	001100010
10101	LT2	BNTD (1111)	LT2 10101	111110101
10110	LT3	SLT(0010)	GREEN 100	001000100
10111	LT4	STIM (0011)	TGRN 01000	001101000
11000	LT5	BNTD (1111)	LT5 11000	111111000
11001	LT6	SLT (0010)	YELLOW 010	001000010
11010	LT7	STIM (0011)	TYEL 00011	001100011
11011	LT8	BNTD (1111)	LT8 10010	111111011
11100	LT9	BTD (1011)	RST1 00000	101100000

图 18-19 所示的显示了支持一级子程序的微代码 FSM 的框图。该 FSM 与图 18-14 所示的有两个不同之处：（a）一个返回 uPC 的寄存器，rupc，以及支持它被添加到定序器中的相关逻辑；（b）一个选择寄存器和支持它被添加到输出部分的相关的逻辑。

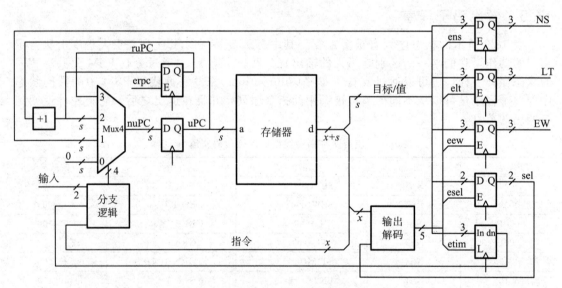

图 18-19　支持一级子程序微代码 FSM

该 rupc 寄存器用于保存子程序在完成时应该分支的 upc 地址。当一个子程序被调用时，分支目标就为下一个 upc，同时 upc+1，序列中的下一条指令的地址被保存在 rupc 寄存器中。一个特殊的分支指令 CALL 来使 rupc 寄存器的使能信号 erpc 被断言。当子程序完成时，使用另一个特殊的分支指令 RET 将控制返回到开始保存的位置，即选择 rupc 作为下一个 upc 的来源。

选择寄存器用于实现，当从不同的地方调用时，相同的状态序列可以写入不同的输出寄存器。两位寄存器标识符（NS=0，EW=1，LT=2）可以存储在选择寄存器中。然后可以使用特殊存储指令 SSEL 将其存储到由选择寄存器指定的寄存器（而不是指令的目标位)。因此，主程序可以将 0(NS)存储到选择寄存器中，然后调用子程序来打开和关闭南-北方向的交通灯。程序也可以将 1(EW)存储到选择的寄存器中，并调用相同的子程序来顺序开启和关闭东-西方向的交通灯。相同的子程序可以控制实现不同的交通灯序列，因为它使用 SSEL 指令执行其所有的输出。

18.6 简单的计算器

本章从一个简单的微代码 FSM 开始，逐步构建了一个具有分支指令和多个输出寄存器的系统。本节将通过实现一个简单的处理器继续深入了解微代码 FSM。这个设计旨在揭开处理器的神秘面纱——它们实际上很简单。这个设计并不是一个处理器的例子，它已经向着简单、效率和易于编程而不是高性能的方向进行了优化。

处理器支持三大类指令：分支，移动和运算。不管类型如何，指令都是固定的 1B 大小。高 4 位，i(7 到 4)指示指令的操作码，低 4 位的解释依赖于操作码。表 18-10 所示的对 16 个不同的指令做了说明。

表 18-10　处理器中使用的操作码列表

最高位为 1 的操作码将在 ALU 中计算。指令的低 4 位将 RS 编码到 ALU 和 LDA 指令。对于特定指令，它们可以表示分支的条件(BR. ACC)、立即分支(BR. IMI，LDA. I)或目的地(STA)

操作码 I(7 到 4 位)	指令	描　述
0000	BR	分支到存储在 BRD 的 PC
0001	BR. S	分支到存储在 BRD 的 PC，存储 PC+1 到 BRD
0010	BR. IM	基于当前存储在 IM 中的输入和分支指令进行分支；目标是 BRD
0011	BR. IMI	与 BRIM 相同，目标地址 PC+i(3 到 0)
0100	BR. ACC	如果 ACC 满足存储在位(4 到 3)的条件(00：等于 0，01：不等于 0；10：大于 0；11：小于 0)，则分支到 BR 寄存器中地址
0101	LDA	ACC=RS(i(3 到 0))
0110	LDA. I	ACC=i(3 到 0)
0111	STA	RD(i(3 到 0))=ACC
1000	ADD	ACC=ACC+RS(i(3 到 0))
1001	SUB	ACC=ACC−RS
1010	MUL	{ACC. H，ACC}=ACC * RS
1011	SH	{ACC. H，ACC} = {16'd0，ACC}<<RS
1100	XOR	ACC=ACC⊕RS
1101	AND	ACC=ACC∧RS
1110	OR	ACC=ACC∨RS
1111	NOT	ACC=$\overline{ACC}$

相比于将分支目标存储在指令 ROM 中，此次它们被存储在分支目标寄存器 BRD 中。BR 指令后的下一个 PC 值等于 BRD 的值。为了更有效地调用子程序，BR. S 指令将 PC+1 存储到 BRD 中。BR. IM 指令根据八个输入和定时器断言信号 done，使用存储在寄存器 IM 中的 10 位分支指令进行分支。分支指令的工作方式与表 18-3 所示的相同，只是输入信号为九个(八个输入和定时器)而不是两个。指令 BR. IMI 也使用 IM 寄存器，但目标地址是 PC+i(3 到 0)。最后，BR. ACC 指令根据累加器寄存器的结果(ACC)分支。指令的 3 位和 2 位表示分支的条件。

表 18-11 所示的列出了处理器的寄存器，其中许多寄存器具有独特的功能。系统的输出是四个 16 位寄存器：O0 到 O3。临时寄存器(T0～T2)用于存储中间值。PC 保存当前

程序计数值，并且对于所有非分支指令都为只读（用作 RS）。它还包括支持写入时加载的定时器。输入的 8 个寄存器为只读寄存器。累加器分为 16 位高位和低位寄存器。只有乘法和移位指令可以写入高位。

表 18-11 处理器存储的状态

不显示在指令 ROM（由 PC 访问）和数据 RAM 中。每当 MD 用作源或目标操作数时，数据 RAM 都会通过地址 MA 进行访问

ID	寄存器	长度（位）	描　　述
0000	ACC	16	所有算术运算的隐含目标地址
0001	ACC. H	16	运算的高 16 位
0010	O0	16	与输出相连的寄存器
0011	O1	16	与输出相连的寄存器
0100	O2	16	与输出相连的寄存器
0101	O3	16	与输出相连的寄存器
0110	BRD	16	分支目标寄存器
0111	MA	16	存储器地址
1000	MD	X	存储器来源地址
1001	IM	16	分支指令寄存器
1010	T0	16	暂存的中间寄存器
1011	T1	16	暂存的中间寄存器
1100	T2	16	暂存的中间寄存器
1101	IN	8	输入值，只读
1110	PC	16	程序当前指针值，只读
1111	timer	16	计时器，只可以写入。当被用做目标时，加载一个时间值

处理器包括运算逻辑单元（ALU）。给定一个操作码和两个输入，ALU 执行指定的操作并输出结果。在结构上，ALU 计算八个不同的操作，并使用八输入多路选择器来选择输出。它类似于没有内部状态的 16.2.3 节的通用移位器/计数器。ALU 的 VHDL 代码如图 18-20 所示。输出函数由 case 语句选择，这里仅实例化一个加法器/减法器。

```vhdl
library ieee;
use ieee.std_logic_1164.all;
use ieee.std_logic_unsigned.all;
use ieee.numeric_std.all;
use work.alu_ch18_6.all;

entity alu is
  port( opcode: in std_logic_vector(2 downto 0);
        s0, s1: in std_logic_vector(15 downto 0);
        o_high, o_low: out std_logic_vector(15 downto 0);
        write_high: out std_logic );
end alu;

architecture impl of alu is
  type out_t is record
    high, low: std_logic_vector(15 downto 0);
```

图 18-20 简单的 ALU 的 VHDL 描述。只有移位和乘法可以改写高位的累加器

```
      write_high: std_logic;
    end record;
  signal output: out_t;
  signal sub: std_logic;
  signal addsub_val, s1i: std_logic_vector(15 downto 0);
  signal product: std_logic_vector(31 downto 0);
  signal shft: std_logic_vector(31 downto 0);
  signal us0: unsigned(31 downto 0);
begin
  sub <= '1' when opcode = OP_SUB else '0';
  s1i <= (not s1) when sub = '1' else s1;
  addsub_val <= s0 + s1i + ((15 downto 1 => '0') & sub);
  product <= s0 * s1;

  us0 <= unsigned(std_logic_vector'(x"0000" & s0));
  shft <= std_logic_vector( us0 sll to_integer(unsigned(s1)) );


  process(all) begin
    case opcode is
      when OP_ADD => output <= (16x"0", addsub_val, '0');
      when OP_SUB => output <= (16x"0", addsub_val, '0');
      when OP_MUL => output <= (product(31 downto 16), product(15 downto 0), '1');
      when OP_SH =>  output <= (shft(31 downto 16), shft(15 downto 0), '1');
      when OP_XOR => output <= (16x"0", (s0 xor s1), '0');
      when OP_AND => output <= (16x"0", (s0 and s1), '0');
      when OP_OR =>  output <= (16x"0", (s0 or s1),  '0');
      when OP_NOT => output <= (16x"0", not s0, '0');
      when others => output <= (16x"0", 16x"0", '0');
    end case;
  end process;

  (o_high, o_low, write_high) <= output;
end impl; -- alu
```

图 18-20 （续）

通过 MD 寄存器和 MA 寄存器用于访问数据 RAM(见 8.9 节)。当 MD 寄存器是任何 LD 或 ALU 指令的源时，存储在地址 MA 指示的 RAM 的值被加载。当 MD 寄存器是 STA 指令的目标寄存器时，ACC 中的值被存储到地址为 MA 的存储单元。

处理器设计实体的 VHDL 描述如图 18-21 至图 18-23 所示。代码的第一部分(见图 18-21)加载并对指令 ROM 中的当前指令进行一些初始解析。在第二部分和第三部分(见图 18-22 和图 18-23)中，代码使用 case 语句从 16 个源寄存器选择正确的寄存器，并计算分支条件和下一个程序计数器的值。使能信号 en 用于写入正确寄存器。VHDL 代码包括了所有的状态寄存器，也包括定时器和 PC。

此简单处理器可以执行存储在 ROM 中的软程序。例如，计算斐波那契数列的程序如图 18-24 所示。执行该程序产生的波形如图 18-25 所示。该代码通过将几个常量加载到寄存器中来初始化状态，并且读取输入以确定要计算的数字的个数。从 PC=9 开始的循环计算下一个数并将其传输到 O0。循环索引 O1，会递减，如果索引不等于 0，就会分支到循环的开始以继续下一个循环。

```vhdl
library ieee;
use ieee.std_logic_1164.all;
use ieee.std_logic_unsigned.all;
use ieee.std_logic_misc.all;
use ieee.numeric_std.all;
use work.ff.all;
use work.processor_opcodes.all;
use work.alu_ch18_6.all;
use work.ch16.all;

entity processor is
  generic( programFile: string := "fib.asm" );
  port( o0, o1, o2, o3: buffer std_logic_vector(15 downto 0);
        input: in std_logic_vector(7 downto 0);
        rst, clk: in std_logic );
end processor;

architecture impl of processor is
  signal i: std_logic_vector(7 downto 0); -- the instruction
  signal pc: std_logic_vector(15 downto 0);
  signal op: std_logic_vector(3 downto 0); -- opcode
  signal alu_op: std_logic; -- alu operation?
  signal alu_opcode: std_logic_vector(2 downto 0);
  signal br_op: std_logic_vector(1 downto 0); -- branch opcode
  signal rs: std_logic_vector(3 downto 0); -- source register
  signal acc, acch, brd, ma, mout, t0, t1, t2: std_logic_vector(15 downto 0);

   --The register state
  signal tdone: std_logic;
  signal im: std_logic_vector(9 downto 0);
  signal s1: std_logic_vector(15 downto 0); -- source register
  signal imbranch, acc_eqz, accbranch, bran: std_logic;
  signal npc, npcr: std_logic_vector(15 downto 0);
  signal write_high: std_logic;
  signal o_high, o_low, acc_nxt, acch_nxt: std_logic_vector(15 downto 0);
  signal brdn, brdr, en_i, en, accr: std_logic_vector(15 downto 0);
  signal ld, lda, ldai, sta, brs, en_acc, en_acch, en_brd: std_logic;
begin
  --Instruction fetch and parse
  instStore: ROM generic map(8, 16, programFile) port map(pc, i);
  op <= i(7 downto 4);
  alu_op <= op(3);
  alu_opcode <= op(2 downto 0);
  br_op <= i(3 downto 2);
  rs <= i(3 downto 0); -- source register
```

图 18-21 处理器的 VHDL 描述，三部分中的第一部分。设计实体的这一部分通过地址 pc 读取 ROM 中的指令并解析指令 i

```
--Decode source register
process(all) begin
  case rs is
    when RACC => s1 <= acc;
    when RACCH => s1 <= acch;
    when RO0 => s1 <= o0;
    when RO1 => s1 <= o1;
    when RO2 => s1 <= o2;
    when RO3 => s1 <= o3;
    when RBRD => s1 <= brd;
    when RMA => s1 <= ma;
    when RMD => s1 <= mout;
    when RIM => s1 <= 6d"0" & im;
    when RT0 => s1 <= t0;
    when RT1 => s1 <= t1;
    when RT2 => s1 <= t2;
    when RIN => s1 <= 8d"0" & input;
    when RPC => s1 <= pc;
    when others => s1 <= 16d"0";
  end case;
end process;


--Compute the next PC
--im reg branch condition
imbranch <= im(9) xor or_reduce( (im(8) and tdone) & (im(7 downto 0) and input) );
--acc branch condition
acc_eqz <= '1' when acc = 16x"0" else '0';
accbranch <= '1' when (br_op = BR_EQ) and (acc_eqz = '1') else
             '1' when (br_op = BR_NEQ) and (acc_eqz = '0') else
             '1' when (br_op = BR_GZ) and (acc_eqz = '0') and (acc(15) = '0') else
             '1' when (br_op = BR_LZ) and (acc_eqz = '0') and (acc(15) = '0') else
             '0';
--Do we branch?
bran <=      '1' when (op = OP_BR) or (op = OP_BRS) or
                      (((op = OP_BRIM) or (op = OP_BRIMI)) and (imbranch = '1')) or
                      ((op = OP_BRACC) and (accbranch = '1'))
                  else '0';


--compute next PC
npc <= pc + i(3 downto 0) when bran = '1' and op = OP_BRIMI else
       brd when bran = '1' else
       pc + 1;
npcr <= 16x"0" when rst = '1' else npc;
```

图 18-22　处理器的 VHDL 描述，三部分中的第二部分。该代码的上部分使用 case 语句
　　　　找到正确的源寄存器，然后计算分支条件和目标

```
--The ALU, and next accumulator inputs
theALU: alu port map(alu_opcode, acc, s1, o_high, o_low, write_high);


lda <= '1' when op = OP_LDA else '0';
ldai <= '1' when op = OP_LDAI else '0';
acc_nxt <= (((acc_nxt'range => alu_op) and o_low) or
               ((acc_nxt'range => lda) and s1) or
               ((acc_nxt'range => ldai) and (12x"0" & rs))) and
            (acc_nxt'range => not rst);


sta <= '1' when op = OP_STA else '0';
acch_nxt <= (((acch_nxt'range => alu_op) and o_high) or
                ((acch_nxt'range => sta) and acc)) and
             (acch_nxt'range => not rst);


--The next brd register value
brdn <= pc + 1 when op = OP_BRS else acc;
brdr <= 16x"0" when rst = '1' else brdn;


--Compute the write signals for the registers
en_i <= std_logic_vector( shift_left( unsigned(std_logic_vector'(16x"1")),
                                    to_integer(unsigned(rs)) ) );
en <= (en_i and (en'range => sta)) or (en'range => rst);
ld <= lda or ldai; -- Load the acc?
en_acc <= alu_op or ld or en(to_integer(unsigned(RACC)));
en_acch <= (alu_op and write_high) or en(to_integer(unsigned(RACCH)));
brs <= '1' when op = OP_BRS else '0';
en_brd <= en(to_integer(unsigned(RBRD))) or brs;
accr <= 16x"0" when rst = '1' else acc;


ACC_REG: vDFFE generic map(16) port map(clk, en_acc, acc_nxt, acc);
ACCH_REG: vDFFE generic map(16) port map(clk, en_acch, acch_nxt, acch);
O0_REG: vDFFE generic map(16) port map(clk, en(to_integer(unsigned(RO0))), accr, o0);
O1_REG: vDFFE generic map(16) port map(clk, en(to_integer(unsigned(RO1))), accr, o1);
O2_REG: vDFFE generic map(16) port map(clk, en(to_integer(unsigned(RO2))), accr, o2);
O3_REG: vDFFE generic map(16) port map(clk, en(to_integer(unsigned(RO3))), accr, o3);
BRD_REG:vDFFE generic map(16) port map(clk, en_brd, brdr, brd);
MA_REG: vDFFE generic map(16) port map(clk, en(to_integer(unsigned(RMA))), accr, ma);
dataStore: RAM generic map(16, 16)
                port map(ma, ma, en(to_integer(unsigned(RMD))), accr, mout);
IM_REG: vDFFE generic map(10)
                port map(clk, en(to_integer(unsigned(RIM))), accr(9 downto 0), im);
TO_REG: vDFFE generic map(16) port map(clk, en(to_integer(unsigned(RT0))), accr, t0);
T1_REG: vDFFE generic map(16) port map(clk, en(to_integer(unsigned(RT1))), accr, t1);
T2_REG: vDFFE generic map(16) port map(clk, en(to_integer(unsigned(RT2))), accr, t2);
--IN, not included
PC_REG: vDFFE generic map(16) port map(clk, '1', npcr, pc);
TTIMER: Timer generic map(16)
                port map(clk, rst, en(to_integer(unsigned(RTIME))), acc, tdone);
end impl;
```

图 18-23　处理器的 VHDL 描述，三部分中的第三部分。此代码为累加器寄存器分配下一个值，为结构化状态赋值使能信号 en，并实例化寄存器

```
        LDAI 0111
        STA BRD #Load branch target (insn 7)
        LDA IN
        STA 01 #01=loop count, from input
        LDAI 0001
        STA T0 #Store 1 into T0  for dec loop count
        STA T1 #Store 1 into T1 as first num
        #begin loop
        LDA 00 #Acc = last fib
        ADD T1 #Add = 2nd to last fib
        STA T2 #T2 = last fib
        LDA 00
        STA T1 #T1 = 2nd to last fib
        LDA T2
        STA 00 #00 = T2 (last fib)
        LDA 01
        SUB T0
        STA 01 #01 = 01-1 (next loop iteration)
        BRACC 0100 #Branch if no more iterations
```

图 18-24   在此处理器上计算斐波那契数列的代码

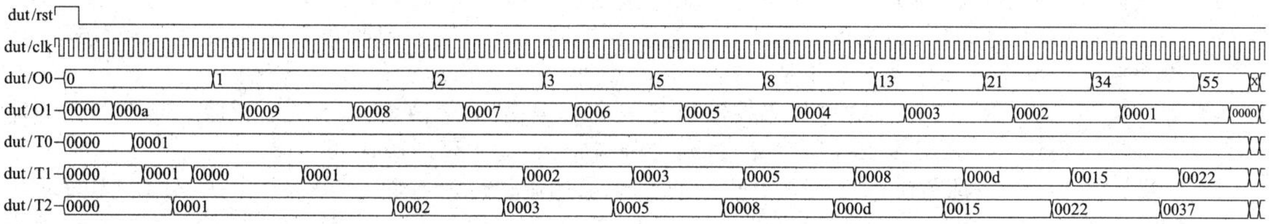

图 18-25   在处理器上运行如图 18-24 所示的斐波那契数列代码的结果。寄存器 O0 显示当前的斐波那契数，寄存器 O1 是程序中剩余的迭代次数。它还显示了存储在 T0，T1 和 T2 中的临时值

总结

本章了解了强大的存储程序控制技术以及如何使用微代码实现 FSM。

任何一个 FSM 都可以通过使用存储器（ROM 或 RAM）中的表来存储次态和输出而实现。可以将所有输入信号和当前状态位级联，作为存储器地址，而存储器的输出为次态和当前输出。这种技术虽然很通用，但需要具有 $S2^i$ 个字的存储器，其中，S 是状态数，i 是输入信号位的个数。

使用一个定序器来生成次态的存储器地址，可以将所需存储器的大小减小到 S 个字节。通过判断当前的微代码和输入的值，定序器从一系列分支指令中选择序列中的次态或分支目标。更进一步地，还可以通过判断输入条件而改变分支目标来实现多路分支。

如果在每个状态转换中只有一部分输出发生变化，那么可以通过定义存储指令进一步减少所需的内存。通过这种组织方式，微代码 FSM 的输出被保存在一组寄存器中。每个存储微指令更新一个输出寄存器，而其他寄存器保存其以前的状态。

如果微代码有重复的序列，那么可以通过扩展分支指令到包括子程序调用和返回指令来减小代码的数量。CALL 指令将调用后的指令地址保存在特殊的 rupc 寄存器中。在执行完共用的序列之后，RET 指令跳转到 rupc 所指的地址。

文献解读

微代码由马里斯·威尔克斯(Maurice Wilkes)于 1951 年在剑桥大学提出,用来实现 EDSAC 计算机的控制逻辑[113]。从那以后在许多不同类型的数字系统中它得到广泛的使用。在 20 世纪 70 年代末,微代码在实现具有双极型位片芯片组的处理器中非常流行[81]。今天我们依然广泛使用微代码来实现复杂的指令集,如 x86[44]。摩托罗拉 680000(最初的 Apple Macintosh 中使用的处理器)的微代码实现方法在参考文献[107]中有所描述。

在处理器设计方面最流行的两本书是 Patterson 和 Hennessy 介绍的文献[93]和更深层次的文献[48]文本。O'Brien 的"阿波罗指导计算机"[90]概述了登月的计算机,它也是另一个比较简单的处理器的例子。

练习

18.1 改进的交通灯控制器。Ⅰ. 修改表 18-1 所示的交通灯控制器的微代码,对于图 18-1 所示的控制器,增加一个额外的输入 car_ns。这种情况下任何方向的交通灯都首先保持为绿灯,直到指示相反方向有行驶的汽车的输入信号为高电平为止。不管在绿灯的方向是否有汽车,这种情况都会发生。同时确保在一个方向的绿灯向另一个方向过渡时,中间包括黄灯。

18.2 改进的交通灯控制器。Ⅱ. 使用图 18-2 所示的微代码 FSM,仿真练习 18.1 的微代码。确保实例化的 FSM 包括足够的输入、输出和状态位。

18.3 改进的交通灯控制器。Ⅲ. 如果要改变代码,使得只有在当前的方向没有汽车和在相反的方向有汽车时信号才改变方向,请算出需在练习 18.1 的代码上改变的位数。

18.4 微代码自动售货机。如果用 18.2 节的微代码指令定序器实现 16.3.1 节的自动售货机的控制器部分,请问控制器的输入和输出是什么?需要多少控制存储空间?同时请列出此实现的微代码。假设控制器的每个外部输入都会维持在高电平,直到 FSM 输出脉冲信号 nxt 为止。

18.5 微代码组合锁。用 16.2 节的微代码控制器和定序器实现 18.2 节的组合锁控制器。问控制器的输入和输出是什么?需要多少控制存储空间?同时请列出此实现的微代码。

18.6 SOS 闪光器。Ⅰ. 请写出练习 17.11 的 SOS 闪光器的微代码。当输入信号 flash 为高时,系统应该闪烁 SOS 序列——三个短的闪烁(每个一个时钟周期),然后是三个长的闪烁(每个四个时钟周期),最后是三个短的闪烁。每个字符之间间隔一个时钟周期,一个 SOS 中的字母之间间隔三个时钟周期,一个 SOS 和下一个的 SOS 之间间隔七个时钟周期。而当输入为低电平时,闪光器被重置返回到复位状态。此练习使用 18.1 节的 FSM,并且不需要做任何分解。

18.7 SOS 闪光器。Ⅱ. 修改 18.1 节的微代码 FSM 和练习 18.6 的微代码,使其作为接口,控制此设计的数据通路。请画出此数据通路的框图,二者之间的接口信号,并列出设计的微代码。

18.8 SOS 闪光器。Ⅲ. 写出练习 18.7 中 SOS 闪光器的 VHDL 代码,并进行验证(包括数据通路＋微代码 FSM)。

18.9 SOS 闪光器。Ⅳ. 编写练习 18.7SOS 闪光器的微代码,使用 18.12 节中的排序微代码 FSM 而不是 18.1 节中的 FSM。

18.10 SOS 闪光器。Ⅴ. 编写练习 18.7SOS 闪光器的微代码,使用 18.5 节的微代码 FSM 和子程序。系统中的每一个字母都是一个子程序。

18.11 字符串比较。Ⅰ. 这个练习和练习 18.12～练习 18.14 都是关于建立一个 ASCII 字符串比较器的微代码 FSM。初始框图如图 18-26(a)所示。时序如图 18-26(b)所示。字符串比较器在断言输入信号 start 后开始。在对整个字符串进行比较之后,如果找到匹配的字符串,则输出 match 被断言,直到下一个 start 脉冲到来。如果碰到字符串终止字符(end=1),则信号 fail 会被断言,直到比较器重新开始。微代码状态机会断言信号 c_nxt 来请求新的字符输入,ROM 会提供信号 s_c 到输入模块与现在的字母进行匹配。输入逻辑模块的输出有三个信号:start,end(c=8′b0)和 match(c=s_c)。
(a)如果匹配序列是"11ABC,",请画出状态图。
(b)请画出没有序列产生器的微代码表(见表 18-1)。为每个状态和输入组合,标明 n_m,n_F,s_c 和 c_nxt 的值。
(c)为这个 FSM 编写 VHDL 代码。

18.12 字符串比较。Ⅱ. 重复练习 18.11,字符串改为"FLIPFLOP"(考虑从第二个 L 开始的所有的转换)。

18.13 字符串比较。Ⅲ. 在练习 18.12 的字符串比较器中添加序列产生器。可以定义自己的分支指令。

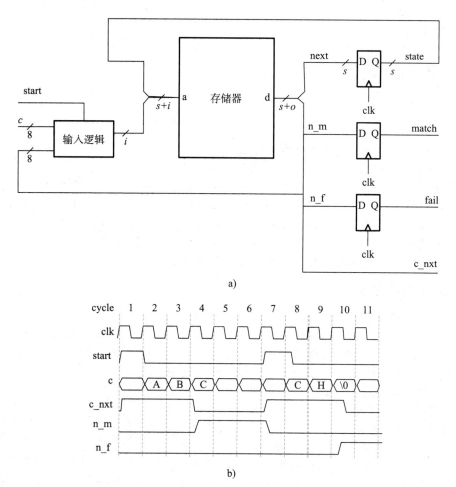

图 18-26 一个基本的字符串比较器的微代码模块 a)和波形 b)。输入字符 C 与字符串 "ABC"进行匹配,如果匹配,则匹配的输出将被断言。如果字符串以"/ 0"终止,则指示失败的输出被断言

(a)重新画 18.26a 所示的框图,以包括序列产生器。

(b)定义并列出将用于产生序列状态的分支指令。

(c)写出匹配"ABC"和"FLIPFLOP"的 ROM 表(见表 18-5)。

(d)更新 VHDL 代码以包括定序器。

18.14 字符串比较。Ⅳ. 修改定序器,使它包括一个计数器,表明当前匹配字符在字符串中的位置。同时更新方框图和 VHDL 代码来实现计数器。

18.15 微控制器的调用/返回。用 VHDL 编写并验证一个支持调用/返回指令的控制器。

18.16 多层次调用/返回。描述一个控制器,它的调用和返回深度为三级。它允许子程序调用子程序(调用子程序)。

18.17 编程。Ⅰ. 对于 18.6 节的简单处理器,请编写一个程序使得输出寄存器 O1⊖ 输出"Hello World" ASCII 字符。程序不需要考虑显示每个字符所需的时钟周期,只需要 O1 寄存器的输出序列是 "Hello World"。

18.18 编程。Ⅱ. 编译——转换成一系列二进制指令——你在练习 18.17 的代码。使用提供的 VHDL 处理器运行它。

18.19 编程。Ⅲ. 为 18.6 节的处理器编写一个程序,将存储在内存中的前 32 个(地址 0～31)值平均化,在 O1 寄存器上输出结果。

⊖ "HELLO"(包括末尾的空格)的 ASCII 码的十六进制值为 0x48、0x45、0x4C、0x4C、0x4F、0x20。

第 19 章
时 序 示 例

本章将给出一些额外的时序电路设计的示例。从一个将输入为 1 的个数除以 3 的简单 FSM 开始，来看如何从设计规范绘制状态图，以及用 VHDL 实现简单的 FSM。接着，通过实现一个 SOS 检测器来回顾 FSM 的分解。接下来重新回到 9.4 节的井字棋游戏，并构建一个数据通路时序电路，并使用以前开发的组合移动生成器来进行自身对抗的游戏。还会通过构建赫夫曼编码器和解码器的例子，来说明如何使用由表构建而来的时序电路和其他从时序构建块(如计数器和移位寄存器)组成的电路。编码器使用计数器和移位寄存器来对表进行查找，而解码器遍历存储在表中的树形数据结构。

19.1 3 分频计数器

这一节将设计一个 FSM，每当输入持续三个周期为高电平时，输出一个周期的高电平信号。更具体地，FSM 有一个单独的输入，称为 input，一个输出称为 output。当检测到 input 在第三个周期(以及第 6、第 9 个周期)为高时，output 就为高一个周期。此 FSM 将输入的脉冲数除以 3，但它不会将输入的二进制数除以 3。

FSM 的状态图如图 19-1 所示。起初可能认为只用三个状态就可实现此 FSM，但实际它需要四个。需要状态 A 到 D 来区分当输入持续为高 0、1、2 或 3 个周期。状态机重置时将回到 A 状态。它一直保持在这个状态，直到输入在时钟上升沿为高电平，并在此时转入状态 B。第二次检测时若依然为高，就转到 C 状态，在第三次时，转入 D 状态，同时输出被断言为高电平，直到这个周期结束为止。此时之所以不能简单地在第三次输入为高时就回到 A 状态，是因为需要区分输入没有一次为高[⊖]的状态和输入已经第三个周期为高的状态——在这种情况下，输出会为高电平。

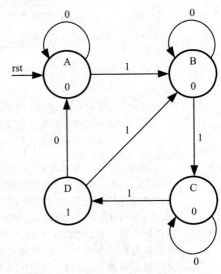

图 19-1 3 分频计数器 FSM 的状态图。四个状态表示到目前为止已分别检测到 0、1、2、3 个周期的输入为高

FSM 总是在一个周期后退出状态 D。而这个周期的输入决定次态。如果输入为低电平，FSM 就会跳转到状态 A，等待下一次输入连续 3 次为高。如果输入是高的，则已经是三个高输入中的一个，因此 FSM 会跳转到状态 B，并等待剩余的两次输入为高。

该分频器 FSM 的 VHDL 描述如图 19-2 所示。它用 case 语句实现次态函数，同时包括复位。单个并发信号赋值语句实现输出函数，并在状态 D 使输出为高。用于定义状态的常量声明及其宽度声明并没有在这段代码中。此 VHDL 的模拟仿真波形如图 19-3 所示。

⊖ 练习 19.3 中只需要三个状态。

```
--------------------------------------------------------------------
--Divide by 3 FSM
--  in - increments state when high
--  out - goes high one cycle for every three cycles in is high
--     it goes high for the first time on the cycle after the third cycle
--     in is high.
--------------------------------------------------------------------
library ieee;
use ieee.std_logic_1164.all;
use work.ff.all;

entity Div3FSM is
  port( clk, rst, input: in std_logic;
        output: out std_logic );
end Div3FSM;

architecture impl of Div3FSM is
  constant AWIDTH: integer := 2;
  constant A: std_logic_vector(AWIDTH-1 downto 0) := 2d"0";
  constant B: std_logic_vector(AWIDTH-1 downto 0) := 2d"1";
  constant C: std_logic_vector(AWIDTH-1 downto 0) := 2d"2";
  constant D: std_logic_vector(AWIDTH-1 downto 0) := 2d"3";

  signal state, n: std_logic_vector(AWIDTH-1 downto 0); -- current, next state
begin
  -- state register
  state_reg: vDFF generic map(AWIDTH) port map(clk, n, state);

  -- next state function
  process(all) begin
    case state is
      when A => if rst then n <= A; elsif input then n <= B; else n <= A; end if;
      when B => if rst then n <= A; elsif input then n <= C; else n <= B; end if;
      when C => if rst then n <= A; elsif input then n <= D; else n <= C; end if;
      when D => if rst then n <= A; elsif input then n <= B; else n <= A; end if;
      when others => n <= A;
    end case;
  end process;

  -- output function
  output <= '1' when state = D else '0';
end impl;
```

图 19-2 三分频计数器的 VHDL 描述

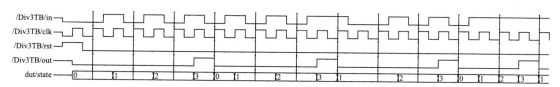

图 19-3 三分频计数器的模拟仿真波形

19.2　SOS 检测器

Morse 电码广泛用于电报和无线电通信中，它将字母、数字和部分标点符号都编码为开/关信号，类似于点和破折号的符号，而空格用于分隔这些字符。一个点（dot）表示一个短暂的关状态，一个破折号（dash）表示一个长时间的开状态。符号中的点和破折号中间为一个短时间的关状态，而空格表示长时间关闭。对于通用求救代码 SOS 如果采用 Morse 编码，其编码就为三个点（S），一个空格，三个破折号（O），一个空格和三个点（第二个 S）。

现在考虑设计一个 FSM，用于检测输入端是否接收到 SOS。假设输入为高一个周期表示一个点，破折号由输入为高三个周期表示，符号中的点和破折号中间由输入为低一个周期表示，而一个空格由三个或三个以上的输入为低表示。这里需要注意的是，输入为高或低两个周期是违反约定的。有了这套定义，一个合法的 SOS 字符串就是 1010100011101110111000010101000。

SOS 检测器可以构建为一个单个扁平化的 FSM，其状态图如图 19-4 所示。FSM 复位状态为 R，状态 S11 至 S18 检测第一个"S"和相关联的空格。状态 O1 到 O11 检测"O"，状态 O12 到 O14 检测"O"之后的空格。最后，S21 到 S28 检测到第二个"S"和随后的空格。状态 S28 输出"1"表示已经检测到 SOS。

为了清楚起见，图 19-4 所示的省略了许多状态转换。状态 R 到状态 S28 沿着水平路径的转换就是当检测到 SOS 时会发生的状态转换。如果沿着该路径的任何一点，当预期为 0 时检测到 1，则机器转换到状态 E1。类似地，如果在预期为 1 时检测到 0，则机器转换到状态 E2。第一行（通过框 E 和 E1）显示了这些转换，但为了简洁，之后的图中有所省略。状态 E1 到 E3 是处理错误的状态，它在错误条件之后会等待空格输入，然后重新开始检测。

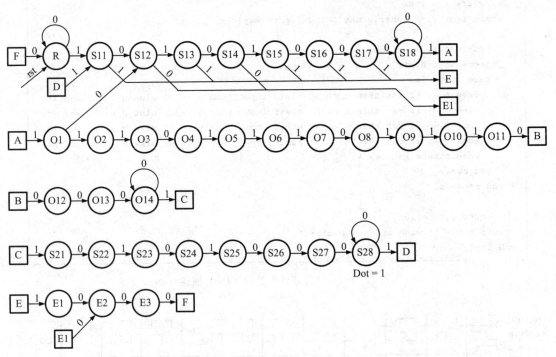

图 19-4　扁平化设计的 SOS 检测器 FSM 的状态图，其中方框表示连接

从 O1 到 S12 的转换处理输入包括字符串 SSOS 的情况。在检测到第一个 S 之后期望接收一个 O 而不是接收第二个 S。如果在 O1 中接收到 0 时转换到状态 E2，那么就将错过这个第二个 S，从而无法检测到 SOS。所以设计也必须识别点，并进入状态 S12。

从 S28 到 S11 的转换（通过标有 D 的框图）也是需要的，因为这样能够检测到具有最小间格的连续的 SOS。在检测到 SOS 和随后的空格之后，进入状态 S28，接下来的 1 可以是下一个 SOS 的第一个点，并且必须通过进入状态 S11 来识别。

虽然图 19-4 所示扁平化的 FSM 是有效的，但它并不是一个很好的解决方案。首先，它不是模块化的。如果要改变一个点的定义，使其为输入为高一个或两个周期，这个 FSM 需要在八个位置（每个点被识别的地方）进行改动。如果对破折号或空格的定义有所改变，也需要进行类似的改变。此外，如果检测到的序列与 SOS 不同，例如 ABC，FSM 需要完全重新设计。其次，这个 FSM 状态很多，一共有 34 个状态，如果需要更灵活的点和破折号的定义，则状态会变得更多。最后，FSM 在一些方面，比如从 O1 到 S12 的转换，是变化非常小的转换。

相应的，状态分解就非常适用 SOS 的 FSM 设计。我们可以构建 FSM 来检测点、破折号和空格，然后使用这些 FSM 的输出构建检测 S 和 O 的 FSM。最后，使用简单的顶层 FSM 检测 SOS。分解的 SOS 检测 FSM 的框图如图 19-5 所示。输入位流被输入到三个元素检测 FSM——点、破折号和空格。这些 FSM 中的每一个都有两个输出：一个指示元素何时被检测到，另一个指示当前输入是该元素的一部分。例如，当检测到点时，点 FSM 输出 isDot 有效，而当当前输入可能是一个点时 cbDot 为有效，但在做决定之前还需要额外的输入。

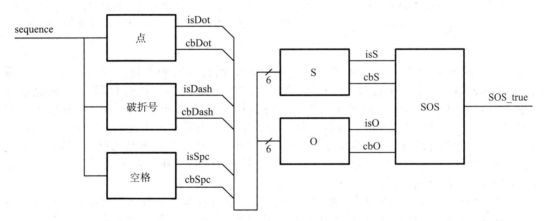

图 19-5　一个进行了状态分解的 SOS 检测器的框图。FSM 的第一级检测点、破折号和空格。第二级检测 Ss 和 Os。最终的 SOS FSM 检测序列 SOS。每一个子 FSM 具有两个输出：一个指示何时检测到期望的符号（例如 isS）。另一个指示当前序列可以是期望的符号的前缀（例如，cbS）

三个元素检测器中的六个输出信号与一对字符检测器相连，分别用于检测 S 和 O。和元素检测器类似，每个字符检测器也有一个 is 和 cb(could be)的输出。两个字符检测器的这四个输出信号又输入到指示何时检测到 SOS 的顶层 SOS FSM 中。

图 19-6 所示的显示了检测元素点、破折号和空格的三个 FSM。点 FSM 复位状态为 0。当检测到输入有一个 1 时，它表示当前输入可以是点的一部分，则输出 cb 被断言，并转换到状态 Dot。在状态 Dot 中，输入为一个 0 就表示检测到点，此时 is 被断言，并将 FSM 返回到状态 0。需要注意的是，当输出 is 被断言时，cb 输出也被断言。如果在状态 Dot 中检测到 1，机器将进入状态 1 并等待下一个 0 输入。破折号和空格 FSM 与此类似。

字符 S 的字符检测 FSM 如图 19-7 所示。FSM 重置为状态 OTH(其他 other)，它也是默认(def)转换的目标，它还覆盖了不合法的输入。在检测到空格时，机器进入状态 SPC。检测第一个点将 FSM 转换到状态 D1，随后的点使 FSM 转换到状态 D2 和 D3。在状态 D3 中检测到空格时将 FSM 返回到状态 SPC，并且断言 is 表示已经检测到 S。

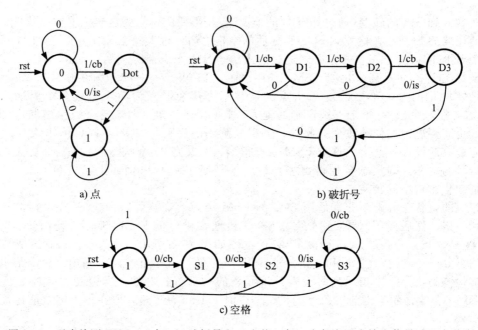

图 19-6　元素检测 FSM。a)点、b)破折号和 c)空格。每一个都有两个输出信号，一个是当前输入可能是(could be——cb)相应的元素时有效，一个是元件被检测到(is)时有效

　　如果在从 SPC 到 D1、D2 和 D3，再返回到 SPC 的任何时间点处，输入都不是我们等待的元素(例如，如果在状态 D1 中 cbDot 为假)，则 FSM 返回到状态 OTH。这就是设计元素检测器有 cb(could- be)输出的原因，它可以检测出非法元素。例如，考虑输入序列00010110101000。机器检测到空格 000 和第一个点 10，但是在非法元素 110 时返回到状态OTH，因为当检测到第二个 1 时，cbDot 变为低电平。如果只是等待 isDot，那么此时就会错误地认为这个是 S，因为它有三个点。如果没有 cbDot，我们就不会看到这三个点是不连续的，也就意味着它并不是 S。

　　顶层 SOS 字符串检测的 FSM 如图 19-8 所示，它只包含三个状态。首先在状态 ST(启动)中等待，直到检测到 S 后转换到状态 S1。在状态 S1 时，如果检测到 O，则转换到状态O。如果在 S1 状态下，输入 cb0 在任何一点变为假，则表示 S 与 O 之间的是非法序列，FSM 返回到 ST 状态。如果 FSM 在状态 O 下检测到第二个 S，则断言输出 is，表示检测到 SOS，并返回到状态 ST。如果在 O 中输入 cbS 变为假，则表示检测到的 O 和 S 之间是非法序列，FSM 返回到 ST 而不是检测到 SOS。

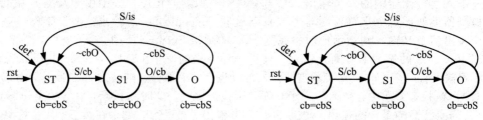

图 19-7　S 检测 FSM 状态图　　　　　图 19-8　顶层检测 FSM 的状态图

　　分解的 SOS 检测器操作的波形如图 19-9 所示。这些波形显示了两个正确的 SOS 检测，其中还有一个 SOT 的错误输入序列(T 是单个破折号)。注意每个元素的 cb 和 is 的波形，和对于字符 S 和 O 和 SOS 本身的这几个波形。在 T 的破折号的第二个 1 时，cbDot下降，导致 cbS 和 cbSOS 依次下降(组合式的)。

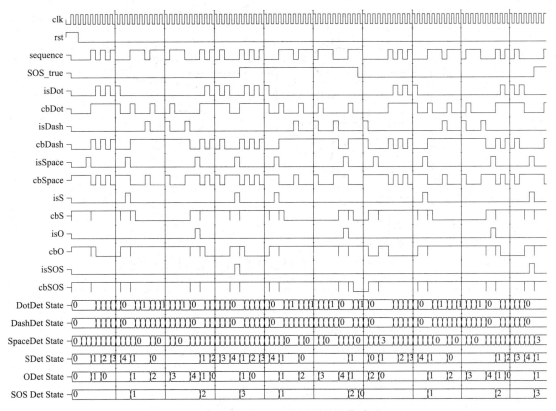

图 19-9　分解的 SOS 检测器的操作波形

　　分解的 SOS 检测器是一个更简单、更容易修改和维护的系统。相比于一个包含 34 个状态的脆弱的整体 FSM，20 个状态被分为 6 个小而简单的 FSM。分解的 FSM 中最大的单个 FSM 也只有五个状态。如果修改规范，将点的定义更改为一个或两个 1，那么只需要简单的修改点 FSM[⊖]。

19.3　井字棋游戏

　　9.4 节我们设计了一个组合模块并用其生成井字棋游戏的动作。而在本节，它将作为一个时序系统的组件，配合系统在井字棋游戏中完成与自身对弈。

　　该系统的框图如图 19-10 所示。图左侧的三个寄存器为系统的状态寄存器。9 位 Xreg 和 Oreg 的值分别反映了 Xs 和 Os 的当前位置。如果轮到 X 下棋，1 位寄存器 xplays 为真，如果是 O，则 xplays 为假。复位并没有在图中标出，但在复位时，Xreg 和 Oreg 复位为全零，xplays 复位为 1。

　　当轮到 X 下棋时（xplays=1），多路选择器连接 Xreg 到移动产生器（MoveGen）的输入 xin，Oreg 到输入 oin。移动产生器产生下一步的动作在信号 xout 上，它与当前 X 位置进行或逻辑，生成新的 X 位置并在该周期结束时存回 Xreg。其中信号 xplays 还是控制对 Xreg 进行写入的使能信号。当 xplays 是假时，多路选择器切换移动发生器的输入以产生用于 O 的移动，该移动也会在周期结束时被写回到 Oreg。

　　此井字棋系统的 VHDL 描述如图 19-11 所示。在这三个状态寄存器的声明之后，赋值语句每个周期触发 xPlays，并用条件赋值语句生成输入的多路选择器。两个条件信号赋值语句计算 Xreg 和 Oreg 的下一个状态。与以前的状态"或"逻辑也包含在这些语句中。

　　⊖　对分解的 SOS 检测 FSM 进行修改的练习请参考练习 19.4 和 19.5。

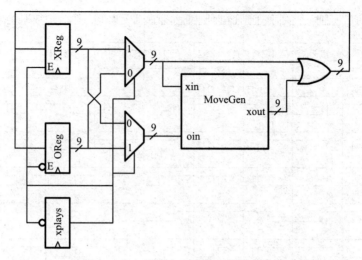

图 19-10　使用 9.4 节中移动生成模块的井字棋游戏系统的框图

```
-------------------------------------------------------------------------
-- Sequential Tic-Tac-Toe game
--    Plays a game against itself
-------------------------------------------------------------------------
library ieee;
use ieee.std_logic_1164.all;
use work.ff.all;
use work.ch9.all;

entity SeqTic is
  port( clk, rst: in std_logic;
        xreg, oreg: buffer std_logic_vector(8 downto 0);
        xplays: buffer std_logic );
end SeqTic;

architecture impl of SeqTic is
  signal nxreg, noreg, move, areg, breg: std_logic_vector(8 downto 0);
  signal nxplays: std_logic;
begin

  -- state
  X:  vDFF generic map(9) port map(clk, nxreg, xreg);
  O:  vDFF generic map(9) port map(clk, noreg, oreg);
  XP: sDFF port map(clk, nxplays, xplays);

  -- x plays first, then alternate
  nxplays <= '1' when rst else not xplays;

  -- move generator - mux inputs so current player is x
  areg <= xreg when xplays else oreg;
  breg <= oreg when xplays else xreg;
  moveGen: TicTacToe port map(areg, breg, move);

  -- update current player
```

图 19-11　井字棋游戏系统的 VHDL 描述

```
    nxreg <= 9d"0" when rst else
            xreg or move when xplays else
            xreg;
    noreg <= 9d"0" when rst else
            oreg or move when not xplays else
            oreg;
end impl;
```

图 19-11 （续）

19.4 赫夫曼编码器/解码器

赫夫曼码是一种熵代码，它将字母中的每个符号编码为一个位串。常用符号用短位串进行编码，而很少使用的符号用较长的位串进行编码。为了能够从一个长的位串中区分出其第一部分是否是一个短的位串，就要求每个短位串不能是任何一个长的位串的前缀。这样做的最终结果是实现了数据压缩。相比于所有符号使用相同数目的位进行编码，使用赫夫曼编码，一个一般的符号序列的编码位数将更少。

19.4.1 赫夫曼编码器

此示例将为字母表中 A~Z 的字母构建一个赫夫曼编码器和解码器。编码器的输入是一个 5 位代码，其中，A＝1 和 Z＝26[⊖]。为了防止输入字符到达编码器的速度快于可以处理的速度，编码器生成一个输入就绪信号（irdy），指示编码器是否准备好接收下一个输入字符。

编码器的输出是编码字符的串行位流。为了便于解码器找到位流的开始，编码器还生成一个输出有效信号 oval，当输出流中的位有效时，该信号有效。编码器包括输入和输出的方框图标符如图 19-12 所示。

图 19-13 所示的以树的形式显示了示例的编码。从树的根到一个字符的路径给出了该字符的编码。例如，字母 E 通过向右、左、左到达，因此由 3 位字符串 100 表示。字母 J 通过左分支七次然后右分支两次到达，因此它由 9 位字符串 000000011 表示。很常用的字符，如 T 和 E 只用 3 位表示，而出现频率非常少的字符，如 Z、Q、X 和 J，用 9 位表示。将代码表示为树可以清楚地看出，用于表示一个符号的短字符串

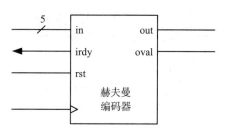

图 19-12 此赫夫曼编码器的方框图标符。编码器在每次 irdy 为高时接收一个 5 位字符 in，当 oval 为高时，它的输出 out 产生一个串行输出流

不会成为另一个符号的较长字符串的前缀，因为树的每个叶节点终止了到达该叶的路径。

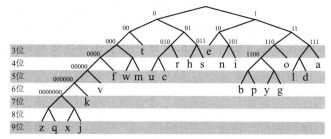

图 19-13 字母赫夫曼编码的二叉树表示。从根开始，左侧的每个分支表示一个 0，右侧的每个分支表示一个 1。因此字母 W，由左、左、左、右、左的序列编码为 00010

⊖ 这对应于大写字母和小写字母的 ASCII 码的低 5 位。

赫夫曼编码器的框图如图 19-14 所示。5 位输入寄存器保存当前符号，并在每次信号 irdy 被断言时加载一个新符号。该符号用于寻址存储每个符号相关联的字符串和字符串长度的 ROM。例如，符号 T 的 ROM 存储字符串为 0011 001000000。这表示 T 字母字符串长度为 3 位，并且这 3 位是 001。由于最大长度字符串为 9 位，因此使用 4 位来表示长度和 9 位来表示字符串。短于 9 位的字符串在 9 位代码段中向左对齐，因此它们可以向左移出。

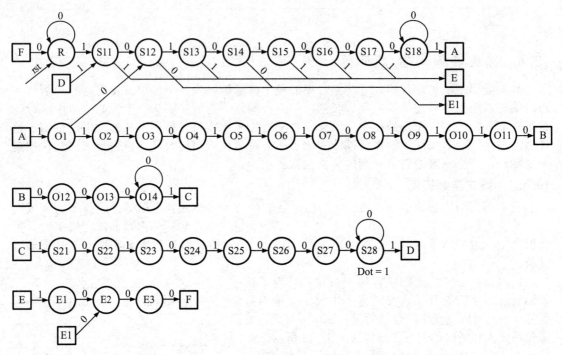

图 19-14　赫夫曼编码器的框图。ROM 存储每个字符的长度及其对应的字符串。一个计数器
　　　　　对长度做倒数，而一个移位寄存器移出字符串

　　在新的符号已经被 irdy 加载到输入寄存器之后的一个周期中，信号 load 被断言用于将与该符号相关联的长度和字符串加载到计数器和移位寄存器中。然后计数器开始倒计时，而移位寄存器将数据位移到输出端。当计数器达到 2（倒数第 2 位）的计数值时，irdy 被断言并允许将下一个符号加载到输入寄存器中，当计数器倒数到 1（该符号的最后 1 位）时，信号 load 被断言，并将下一个符号的长度和字符串加载到计数器和移位寄存器。

　　赫夫曼编码器的 VHDL 实现如图 19-15 所示。它使用 16.1.2 节的递增/递减/加载计数器来实现计数器，并用 16.2.2 节中的左/右/加载移位寄存器实现移位器。需要注意的是，尽管这里不使用计数器的递增功能或移位寄存器的右移功能，但这种实现方式依然效率很高，因为综合工具会优化未使用的逻辑。对应的选择表将在模块 HuffmanEncTable（未显示）中用 case 语句实现。

```
------------------------------------------------------------------------
-- Encoder
--   in - character 'a' to 'z' - must be ready
--   irdy - when high accepts the current input character
--   out - bit serial Huffman output
--   oval - true when output holds valid bits
```

图 19-15　赫夫曼编码器的 VHDL 描述

```
--
--    input character accesses a table RAM with each entry having
--    length[4], bits[9]
-------------------------------------------------------------------

library ieee;
use ieee.std_logic_1164.all;
use work.ch16.all;
use work.ff.all;

entity HuffmanEncoder is
  port( clk, rst: in std_logic;
         input: in std_logic_vector(4 downto 0);
         irdy, output, oval: buffer std_logic );
end HuffmanEncoder;

architecture impl of HuffmanEncoder is
  component HuffmanEncTable is
    port( input: in std_logic_vector(4 downto 0);
          length: out std_logic_vector(3 downto 0);
          bits: out std_logic_vector(8 downto 0) );
  end component;

  signal length, count: std_logic_vector(3 downto 0);
  signal bits, obits: std_logic_vector(8 downto 0);
  signal char, nchar: std_logic_vector(4 downto 0);
  signal dirdy: std_logic; -- irdy delayed by one cycle - loads count and sr
  signal noval: std_logic;
begin
  -- control
  output  <= obits(8); -- MSB is output
  irdy <= '0' when rst else -- 0 count for reset
          '1' when count = 4d"2" or count = 4d"0" else
          '0';
  noval <= '0' when rst else
           dirdy or oval; -- output valid cycle after load

  -- instantiate blocks
  CNTR: UDL_Count2 generic map(4) port map(clk=>clk, rst =>rst, up => '0', down => not
          dirdy, load => dirdy, input => length, output => count);
  SHIFT: LRL_Shift_Register generic map(9) port map(clk =>clk, rst => rst, left => not
          dirdy, right => '0', load => dirdy, sin => '0', input => bits, output => obits);
  nchar <= input when irdy else char;
  IN_REG: vDFF generic map(5) port map(clk, nchar, char);
  IRDY_REG: sDFF port map(clk, irdy, dirdy);
  OV_REG: sDFF port map(clk, noval, oval);
  TAB: HuffmanEncTable port map(char, length, bits);
end impl;
```

图 19-15 （续）

赫夫曼编码器的控制逻辑很简单。一行代码在计数为 2 或 0 时断言 irdy——需要在 0 时断言是因为需要在复位后加载第一个符号。一个 DFF 将 irdy 延迟一个周期以产生用于加载计数器和移位器的信号 dirdy。一行代码和一个 DFF 用于在复位后使 oval 为低，直到第一次 dirdy 被断言。

图 19-16 所示的显示了输入字符串"THE"的赫夫曼编码器的仿真结果，十六进制中的三个符号 14（T）、08（H）和 05（E）都显示在输入 in，结果 001（T）、0110（H）和 100（E）从 oval 被断言的第一个周期开始从输出端口 out 逐位向外移出。图中显示计数器中的值从每个符号的字符串长度（3 或 4）递减到 1，而移位寄存器 obits 中的值正好与每个符号对应的字符串移位后的结果一致。

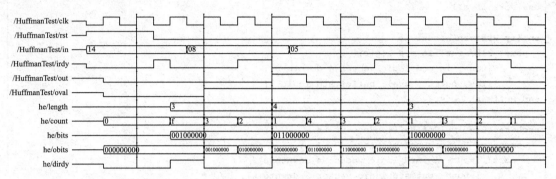

图 19-16　输入字符串为"THE"的赫夫曼编码器的模拟仿真波形

19.4.2　赫夫曼解码器

上节已经使用赫夫曼编码器编码了一个字符串，现在我们将构建相应的解码器。为了解码赫夫曼编码的位串，首先简单地遍历图 19-13 所示的编码树，遍历输入流的每个位的边——每个 0 的左侧分支和每个 1 的右侧分支。当在遍历过程中遇到一个终端节点时，输出将生成相应的符号，并重新从树的根开始遍历。

为了将解码树存储在表中，重新标记树的节点，如图 19-17 所示。每个节点都被分配一个整数，作为表中的地址。需要注意的是，根节点不需要存储在表中，因此从根的左侧子节点 0 处开始标记。表中的每个条目存储一个类型和一个值。该类型表示该节点是内部节点（类型＝0）还是终端节点（类型＝1）。对于终端节点，该值保存要生成的符号。对于内部节点，该值保存该节点的左侧子节点的地址（它始终为偶数）。对于右侧子节点地址，可以是左侧节点的地址加 1。

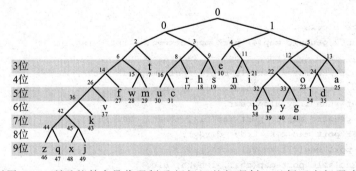

图 19-17　对图 19-13 所示的赫夫曼代码树重新标记的解码树，以便于在解码表中的存储。树中的每个节点都被分配一个唯一的整数，作为表中的地址

现在以对位串 001 进行解码为例来看如何遍历解码树的表以解码位串。从地址为 0 的左侧子节点的树的根处开始，字符串的第 1 个 0 将指示我们到这个子节点。读取地址 0 的条目，发现此时它是一个值为 2 的内部节点。字符串的第 2 位是 0，继续寻址 2（如果这个位是 1，将寻址地址 3）。读取地址 2 的条目，并发现它是一个值为 6 的内部节点。字符串

的第 3 位是 1，所以继续到加 1 的地址 7。读取地址 7 的条目，发现它是一个值为"T"（十六进制 14）的终端节点。输出这个值，并重新设置 FSM，从根节点再次开始。

　　赫夫曼解码器的框图如图 19-18 所示，解码器的 VHDL 代码如图 19-19 所示。当前表节点的地址保存在节点（node）寄存器中。当类型信号 type 被断言时——指示终端节点 node 被设置为下一个输入位的值（选择根的两个子项中的一个重新开始搜索），表中的值字段被输出到输出寄存器，并且 oval 在下一个周期被断言。输出当前符号，并根据下一个符号的第 1 位在根的两个子项之间进行选择重新启动 FSM。如果 type 未被断言——指示内部节点——输入值与表中的值字段组合，则以选择当前节点的左侧或右侧子节点——遍历树。输入值提供节点地址的 LSB，其余位来自表的值字段。这种简单的连接是可行的，因为表中的所有剩下的左侧子节点都是奇数地址。如果 ival 变为低电平，FSM 停止，保持其当前状态，直到输入有效为止。VHDL 代码中的信号 ftype 将强制 FSM 在复位后从第一个有效输入的根开始。

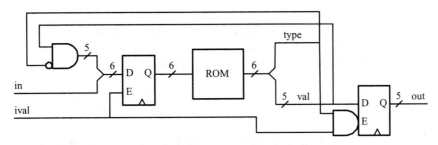

图 19-18　赫夫曼解码器的框图。节点（node）寄存器保存当前树节点的地址。树本身存储在 ROM 中

```
------------------------------------------------------------------
-- Huffman Decoder - decodes bit-stream generated by encoder
-- Figure 19.19
--   in - bit stream
--   ival - true when new valid bit present
--   out - output character
--   oval - true when new valid output present
------------------------------------------------------------------
library ieee;
use ieee.std_logic_1164.all;
use work.ff.all;

entity HuffmanDecoder is
  port( clk, rst, input, ival: in std_logic;
        output: buffer std_logic_vector(4 downto 0);
        oval: out std_logic );
end HuffmanDecoder;

architecture impl of HuffmanDecoder is
  component HuffmanDecTable is
    port( input: in std_logic_vector(5 downto 0);
          output: out std_logic_vector(5 downto 0) );
  end component;
  signal node, nnode, hdeco: std_logic_vector(5 downto 0);
  signal value, tmp, nout: std_logic_vector(4 downto 0);
```

图 19-19　赫夫曼解码器的 VHDL 描述

```
    signal typ: std_logic;  -- type from table
    signal ftyp: std_logic; -- fake a type on first ival cycle to prime pump
begin
    tmp <= 5d"0" when typ or ftyp else value;
    nnode <= 6d"0" when rst else
            (tmp & input) when ival else
            node;

    nout <= 5d"0" when rst else
            value when ival and typ else
            output;


    NODE_REG: vDFF generic map(6) port map(clk, nnode, node);
    TAB: HuffmanDecTable port map(node,hdeco);
    typ <= hdeco(5);
    value <= hdeco(4 downto 0);
    OUT_REG: vDFF generic map(5) port map(clk, nout , output);
    OVAL_REG: sDFF port map(clk, not rst and typ and ival, oval);
    FT_REG: sDFF port map(clk, rst or (ftyp and not ival), ftyp);
end impl;
```

图 19-19　（续）

　　赫夫曼解码器连接赫夫曼编码器的组合操作波形如图 19-20 所示。前 11 行与图 19-16 所示的相同，表示将字符"THE"编码为位串 0010110100。信号 mid 和 mval 是编码器输出（与 is 和 ival 相同）并再输入到解码器。

　　解码器的状态显示在变量 node 中，变量 type 和 value 将显示在每个节点地址从表中读取的内容。每次 type 被断言时——指示叶节点——搜索在下一个周期会根据 node 为 0 或 1（取决于信号 mid）重新启动。此外，在 type 被断言后的下一个周期，解码的符号也将输出到 out 上（值显示为十六进制），oval 被断言以指示这是一个有效的输出。

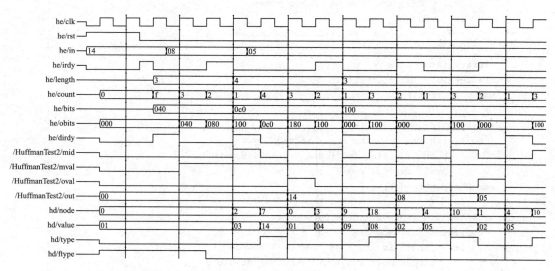

图 19-20　赫夫曼编码器和解码器的波形，将字符串"THE"编码到 0010110100，然后将该位字符串解码回"THE"

总结

本章展示了四个扩展的例子，涉及第 14 章～第 18 章学到的大部分内容。3 分频器的例子旨在加强我们绘制状态图并用 VHDL 实现简单的 FSM 的基本技能。SOS 检测器是组合常用序列并对 FSM 进行分解的例子。井字棋游戏使用了 9.4 节的组合电路，并将其变成一个与自己对弈的 FSM。最后，赫夫曼编码器和解码器给出了数据通路 FSM 的示例，其中它的控制信号完全是从数据状态导出的。

文献解读

赫夫曼在其文献中描述了他的编码方案[51]。

练习

19.1 4 分频计数器。修改 19.1 节分频器为 4 分频计数器。

19.2 9 分频计数器。说明如何使用两个 3 分频计数器实现一个 9 分频计数器。当组合两个计数器时，输出脉冲的时间会发生什么变化？

19.3 3 分频 Mealy 型状态机。如果输出可以是当前状态和输入的组合，如何只用 3 个状态实现 19.1 节的 3 分频计数器。FSM 的输出有从输入而来的组合路径时，这样的状态机就叫作 Mealy 状态机，而如果一个 FSM 的输出只是当前状态的函数，就称为 Moore 状态机。

19.4 修改 SOS 状态机。修改 19.2 节的分解的 SOS 检测器，使一个点定义为一个或两个连续的 1，破折号定义为三或四个连续的 1。

19.5 进一步修改 SOS 状态机。对练习 19.4 进行进一步修改，使一个字符间点与破折号之间间隔为一个或两个连续的 0，字符之间的空格为三到四个连续的 0，而连续的五个或六个 0 表示词与词之间的间隔。其中 SOS 应该被识别为一个词。

19.6 完成井字棋游戏。修改 19.3 节的井字棋游戏，包括三个新的输出信号：gover(游戏结束)，xwin (x 赢得了游戏)，owin(o 赢得了游戏)。当有一个玩家赢得了游戏或不存在其他空格时，置位 gover，停止游戏，直到被复位。如果 X(O)是赢家，则置位 Xwin(owin)。

19.7 完成井字棋游戏。进一步修改练习 19.6 的井字棋游戏，相比于共享一个移动生成器，现在使用两个不同的移动生成器，以此实现游戏对抗。要求改进移动生成器，如果它在图 9.12 所示的基线上就声明它获胜。

19.8 井字棋锦标赛。建立一个模块实例化八个不同的井字棋游戏模块，并实现让他们在一个淘汰赛中对抗。每场比赛最好是两次，交替进行第一次比赛。如果模块在比赛结束时为平局，你的控制器可以选择任意一个赢家。系统的输出应该是一个 3 位的信号 champion，指示锦标赛的冠军，一个有效的信号 cvalid 指示比赛已经完成。

19.9 赫夫曼编码器与流控制。修改 19.4.1 节的赫夫曼编码器，接收输入有效信号 ival，当一个有效的符号可以输入时，它为真。当且只当 ival 和 irdy 都被断言有时一个新的符号才会被接收。需要注意的是，当字符串被移出以后，如果需要等待下一个输入信号，则输出有效信号 oval 可能在等待时需要变低。

19.10 更多的流控制。对练习 19.9 的赫夫曼编码器进一步扩展，使它接收输出准备信号 ordy，当连接到输出的模块准备接收下一个位时，它为真。

19.11 1 位字符串。修改 19.4.1 节的赫夫曼编码器，使它可以在字符串长度为 1 时工作，即符号的编码可以由 1 位字符表示。

19.12 模式计数器。Ⅰ. 设计一个时序逻辑电路，它有 1 位输入 input、输出 output 和计数 count(3 到 0)。你的状态机在输入 input＝0101 时应该产生 output＝1，否则为 0。重叠的模式也需要被识别，0101 这种模式的数量必须由输出计数 count 显示。一个正确的例子如下：

```
in:      0010101011011101010
out:     0000010101000000001
count:   0000011223000000001
```

画出你所设计的有限状态机的控制和数据通路的框图。

19.13 模式计数器。Ⅱ. 写出并验证实现练习 19.12 中的模式计数器的 VHDL 代码。

## 第五部分

实 践 设 计

第 20 章
验证和测试

验证和测试是设计的补充工程流程。验证的任务是确保设计符合规范，在典型的数字系统项目中，在验证上的花费甚至还要多于设计本身。这主要是因为芯片制造的成本高昂并且时间周期长，所以通过验证确保芯片第一次流片就可以工作就变得非常必要。而那些在验证过程中没有捕获的设计错误很可能导致昂贵的时间延迟和重新加工。

测试的任务是确保设计的特定实例能够正常工作。当芯片制造完成以后，某些晶体管、导线或通孔可能出现故障。通过执行制造测试可以检测这些故障，从而选择进行修复或者选择舍弃。

20.1　设计验证

仿真是验证一个设计是否符合其规范的主要工具。用许多测试（tests）对设计进行仿真，这些测试为被测单元提供激励，并检查设计是否产生正确的输出。本书中看到的 VHDL 测试激励（testbenches）就是测试的例子。

20.1.1　验证覆盖

验证的挑战在于需要确保为验证设计编写的一组测试集（test suits）是完备的。而验证对规范和实现的覆盖就被用来衡量测试集的完成度。通常在设计规范和实现（包括边沿情况）上，100％的覆盖才表明设计验证通过。

一组测试的规范覆盖（specification coverage）通过计算在测试中执行和检查的规范特征（features）占总规范的比例来确定。例如，假设已经开发了一个包含日期/星期和闹钟功能的数字时钟芯片，表 20-1 所示的给出了部分要测试的功能列表。即使是像数字时钟这样简单的设计，特征列表也多达上百条。对于复杂的芯片，具有 10^5 个以上的特征也非常常见。每个测试验证一个或多个功能。在写测试的过程中，每个测试所涉及的功能特征都会被检查。

表 20-1　一个假设的数字时钟芯片需要测试的功能特征的部分列表

指示	名　　称	描　　述
I	增加	时间正确的递增
I. s	秒数的增加	秒寄存器每秒增加一次
I. sw	秒绕回	秒寄存器从 59 变为 0
I. m	分数的增加	秒数从 59s 翻转到 0s 时，分数会增加
…	…	（类似的定义适用于 I. mw，I. h，I. hw，I. days，I. daysw，I. months，I. monthsw，I. years）
I. leap	闰年	闰年，二月是从二十九日变为 0
A	闹钟	闹钟功能
A. set	闹钟设置	闹钟可以被设置
A. set. s	闹钟的秒数设置	闹钟秒数可以被设置
…	…	（类似的功能用于设置分钟和小时）
A. act	闹钟激活	到特定时间后闹钟响起
A. quiet	停止闹钟	闹钟可以补关闭
A. snooze	闹钟休眠等待	闹钟可以延迟指定的时间间隔

（续）

指示	名　称	描　述
D	显示特征	正确显示时钟当前模式的状态
D. time	时间显示	LCD 显示屏可以正常显示小时、分钟和秒钟
…	…	（其他用于日期、星期和闹钟的显示功能）

对特征集划分层次结构会使得测试的管理和开发变得更容易。例如，闹钟功能测试的开发很大程度可以独立于时间测试和显示测试。这使得不同的组可以同时开发验证测试程序。

除了检查规范覆盖外，还要检查测试集的实现覆盖。测试集应该执行 VHDL 的每一行代码。例如，case 语句的每一个条件都应该被激活。设计中的每个 FSM，FSM 之间的每一个转换都应该被遍历。

如果已经达到 100% 的规范覆盖，但是还有一些 VHDL 代码行没有被测试集激活，就需要仔细检查这些行并确定(a)它们是否描述了最初就不在特征列表中的特征；(b)它们并不是必需的，或者(c)它们是在测试情况下不会发生的错误的条件的声明。

20.1.2　验证测试类型

理想情况下，我们想使用穷举测试来验证一个特征，一个可以产生所有可能的输入激励并检测出正确的结果。但是除了简单的模块之外，通常不可能尝试所有可能的输入组合和所有可能的状态组合。比如一个 64 位二进制加法器，它有 $2^{128} = 3.4 \times 10^{38}$ 种可能的输入模式。即使可以每秒钟测试百万种模式，它仍然需要大于 10^{25} 年的时间来测试所有可能的组合。

因此相比于穷举测试，通常会组合执行定向测试(directed tests)和随机测试(random tests)。定向测试用于覆盖一些有趣的测试条件，例如边沿条件或者极值。以时钟芯片为例，需要确保测试时钟从 23:59:59 到 00:00:00 可以正确变化。而对于加法器，将检查一个产生最大正(和负)数的加法，并加一个更大的值来检测它是否有溢出。

随机测试是定向测试的补充。顾名思义，这些测试是随机生成的。对于加法器，这种测试产生两个随机输入操作数，并检查加法器是否产生正确的结果。对于时钟的例子，测试产生随机的时间和闹钟设置，并验证操作是否正确。对于处理器，随机测试产生随机的指令序列以及中断、故障和其他条件等，并验证寄存器是否处于适当的状态。

对所有输入的空间进行均匀采样的随机测试，会发现以同样频率发生的错误——例如，10^8 种模式中的 1 种。然而，它不太可能发现在 10^{38} 种可能的测试模式中只发生一次的错误。为了更有利于测试，随机测试经常对感兴趣的输入空间不进行均匀采样。例如，对于时钟，可能会在当前时间的几秒内设置多次闹钟——因为这些模式在测试期间更可能会产生有趣的闹钟行为。对于处理器，可能会创建许多包括异常和错误预测分支组合的测试，因为这样的测试条件会测试到大量的处理器逻辑。

典型的测试集可能包括 10^9 个或更多的测试模式，显然我们不可能在每次运行测试时手动查看所有的结果，因此测试需要能够自我检查。一个常见的方法是，将设计与一个功能相同但更高级的模型进行比较。这些高级模型经常用更高级的编程语言编写，例如“C 语言”，并且它们的周期时序可能与设计本身确切的时序并不相同。当然，高级模型也可能会有错误，但是，它们不太可能与 VHDL 设计出现相同的错误。

20.1.3　静态时序分析

除了验证设计功能外，我们还必须验证它们是否满足建立和保持时间的裕度(第 15 章)。如 15.6 节所述，这个验证由静态时序分析工具执行——静态时序分析器可以内置在综合工具中，可以是一个单独程序，也可以二者都包括。

虽然理论上可以通过仿真来执行时序验证，但实际上很难构建一组可以测试最坏时序路径的测试。静态时序分析不需要生成测试向量就可以检查所有路径，它的缺点是，它经常会报告不会被使用的路径上的问题。

20.1.4　形式验证

对于一些模块，可以使用证明技术来验证（证明）功能正确而不需要模拟仿真。例如，工具 Formality 使用等价检查技术来证明设计的两个版本是等价的。证明技术也经常用于验证协议，如微处理器中的缓存一致性协议。它们能够验证所有状态转换保留特定属性，而不需要编写覆盖所有转换的测试。

20.1.5　错误跟踪

在设计验证的过程中，通常使用错误跟踪系统来跟踪通过测试识别的所有差异（错误）。Bugzilla 就是一个开源的错误跟踪系统。

当测试发现错误时，会生成一个错误报告。如果设计人员更正了错误并验证了解决方案，或者如果该测试的错误可以被忽略，该错误就会被结束。在给定时间点，通过跟踪仍未解决的错误的数量，就可以很好地了解项目的状态。起初并没有错误，随着测试的编写，错误的数量会增加，当达到全面的测试覆盖率时错误数也达到最大。接着错误的数量会随着错误被修正而持续减少，当然希望修改不会引入更多新的错误。最终，错误的数量达到零，设计可以最终发布并流片。

如果以时间的函数来推算错误的数量，就可以估计还未解决的错误数量何时达到零。同时错误解决的时间分布也为调试过程提供了预测的依据。大多数错误在一天之内都能被快速解决。然而，一小部分较难的错误可能会维持一周或者更长的时间。

20.2　测试

测试是一个验证设计的特定实例在实际上能够实现设计的过程。与验证一样，希望通过一系列测试来实现 100% 的覆盖。然而，制造测试不是为了覆盖特征，而是要覆盖设计中的潜在故障。任何制造中可能发生的错误都必须检查。这里使用故障模型（fault model）来解释潜在的一系列故障。

因为测试要耗费很多时间，而且每个制造的芯片都必须进行测试，所以越快完成测试越好。因此希望找到最短的测试时间同时达到 100% 的覆盖。这恰与验证相反，在一级近似上验证的时间并不重要。

20.2.1　故障模型

故障模型是可能导致芯片不能正常工作的物理故障的抽象模型。在现代集成电路中，连接（连线和通孔）可能会出现开路或短路。类似地，晶体管也可能发生故障导致其始终处于打开或关闭的状态。

所有这些潜在故障模式的抽象模型基本上都可以用固定故障模型（stuck-at fault model）来描述。该模型将所有潜在故障结果抽象为电路的逻辑节点被固定卡在逻辑"0"或逻辑"1"。

例如图 20-1 所示的双输入"与非"门。芯片中该门的实际故障可能导致四个晶体管 M1～M4 中的一个或多个被短路或断开。所有这些潜在的故障被模拟为门的输出锁在 0 或者 1。该模型并不完全准确。例如，如果 pFET M1 断开，则门不能正常工作，但输出不会固定在一个状态。当 $b=0$ 时，输出仍然会变高，当 $a=b=1$ 时，输出将变为低。因此，检测输出端口处于 0 故障状态的测试可能无法检测 M1 的开路故障。尽管存在这个缺点，但是固定故障模型的良好覆盖仍然可以覆盖很多实际的制造故障。

20.2.2　组合测试

如果要测试组合逻辑块，我们需要一组测试模式（test pattern），有时也称为测试向量（test vector）⊖，它检测逻辑块中是否有任何节点固定为 0 或 1。考虑图 20-2 所示的全加器

⊖　这样称呼是因为它们是用于测试的位向量。

（由图 10.5 复制而来），根据故障模型它有十个可能的故障。每个节点，即 g'、p'、s、cout 和 Q3 的输出，都可能会卡在 0 或者 1。为了检测到特定的故障，如果输出对存在疑虑的节点敏感，就需要将此节点驱动到相反的状态。如表 20-2 所示，两个测试向量（全部为 1 和全部为 0）足以覆盖该电路中所有的十个故障（标记卡在 0(1) 的故障为 signal-0(−1)）。

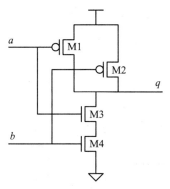

图 20-1 双输入"与非"门。通过固定故障模型，该门中的所有可能的物理故障都可以被模拟为输出 q 固定在 0 或 1

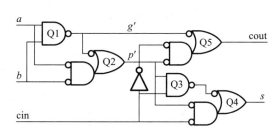

图 20-2 门级实现的 CMOS 全加器

表 20-2 对于图 20-2 所示的全加器，可以实现 100% 故障覆盖率的两个测试向量

a	b	cin	g'	p'	Q3	cout	s	覆盖的错误
0	0	0	1	1	1	0	0	g'-0, p'-0, cout-1, sout-1, Q3-0
1	1	1	0	1	0	1	1	g'-1, p'-1, cout-0, sout-0, Q3-1

自动测试模式生成（ATPG）工具可以自动生成组合逻辑测试向量。对给定的一个网表，ATPG 工具将生成一组最小的测试向量，覆盖 100% 的故障——如果这样的覆盖是可能的话。

20.2.3 测试冗余逻辑

逻辑电路中经常会存在冗余的门。例如异步逻辑和其他一些必须考虑信号冒险的情况。如果不添加额外的信号来禁止使用冗余逻辑，则不可能在这种逻辑上实现 100% 的故障覆盖率。

例如，考虑图 20-3 所示没有冒险的双输入多路复用器（图 6-19b 的复制）。我们不能在门 Q3 的输出端测试固定为 0 的故障，因为任何时候当 $a=b=1$ 时，Q2 或 Q4 的输出都将为高电平，并导致输出 f 为高电平且与 Q3 的状态无关。

为了测试这个电路，必须向其他两个门之一引入辅助输入。如增加输入 test 在图 20-4 所示上方的"与"门上，在正常操作期间，test=1，并且多路选择器如前所述进行操作。test 在测试期间可以处于任一状态。使用该输入，向量 $a=1$，$b=1$，$c=1$，test=0 可以检测 Q3 卡在 0 的故障。

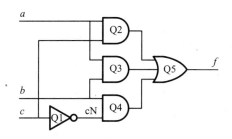

图 20-3 无冒险的双输入多路选择器电路（从图 6.19(b) 复制），包含无法测试的冗余门 Q3

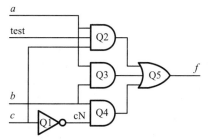

图 20-4 向门 Q2 添加测试输入使得图 20-3 所示的电路可以测试

20.2.4　扫描

时序逻辑测试的问题可以简化为使用扫描链（scan chain）测试组合逻辑。在使用扫描的设计中，每个触发器的输入都包含多路选择器，如图 20-5 所示。当多路选择器的选择输入处于扫描状态时，触发器被连接在一起构成移位寄存器。

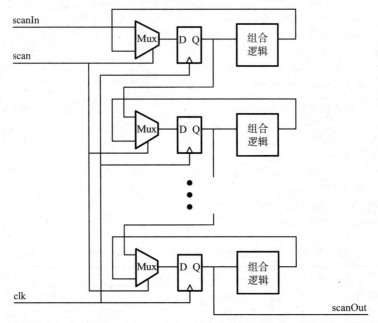

图 20-5　在每个触发器上添加一个多路选择器，当信号 scan 被断言时，芯片上的所有触发器都可以连接到扫描链的移位寄存器中。通过扫描链，测试向量可以移入，测试结果也可以移出

为了将一个测试向量应用于芯片上的每个组合块，芯片将被设置为扫描模式，测试模式被输入到所得到的移位寄存器中。同时输入信号 scan 会为低电平一个周期，并将所有逻辑块的输出采样到触发器。最后，scan 再次被断言有效，然后将测试结果移出以进行检查。在结果被移出后一个新的向量就可以被移入。

如果要求时序逻辑的扫描测试完备，组合块的所有输入和输出都必须通过扫描链访问。这意味着像 I/O 和 SRAM 这样的宏单元必须在其输入和输出上包含可扫描的寄存器。

扫描技术也可用于测试芯片组装的印制电路板。将芯片的输入和输出连接在扫描链中，就可以通过输入测试模式来测试板上芯片之间的连接。这种技术通常称为边界扫描（boundary scan），因为输入和输出是芯片的边界。

许多集成电路在扫描测试中使用的通用接口是 IEEE 的 JTAG 接口[57]。

20.2.5　内建自测试(BIST)

片上存储器，RAM 和 ROM（8.8 节和 8.9 节）需要许多测试模式才能进行彻底的测试。对于一个 RAM，每位必须用"1"和"0"写入，然后再读回。如果要检查寻址故障，位置必须以可对比的方式写入，这样从位置 a 读取数据才能不被误认为是从位置 b 读取。虽然这样的测试可以通过扫描链来完成，但是它会花费大量的时间，并提高测试成本。

为了缩短片上存储器的测试时间，大多数现代芯片采用内建自测试（BIST）电路。BIST 电路是一个与存储器或存储器组测试相关联的 FSM，它生成测试模式并且进行结果检查。扫描链需要数千到数百万个周期来实现单个测试模式，但是 BIST 电路可以在每个时钟周期进行一个测试模式——以与扫描链的长度相同的因子加速 RAM 的测试速度。

典型的 BIST 电路是一个简单的数据通路 FSM, 如图 20-6 所示。在正常操作期间, 多路选择器选择图中位于上部的输入并且与 RAM 的操作相同。当 BIST 控制器的开始信号 start 被断言有效时, BIST 控制器命令多路选择器选择位于下部的输入并开始应用测试模式。地址发生器 (address generator) 通过存储器地址进行排序。模式发生器 (Pattern generator) 从多个预定义模式中选择例如 01010101 和 10101010 来写入存储器, 并且由比较器检查从存储器读取的数据。当测试完成时, 信号 done 被断言有效, 芯片是否测试通过由信号 pass 显示, 多路选择器再切换回其上部的输入。本章的练习 20.13 将对 FSM 的操作细节进行研究。

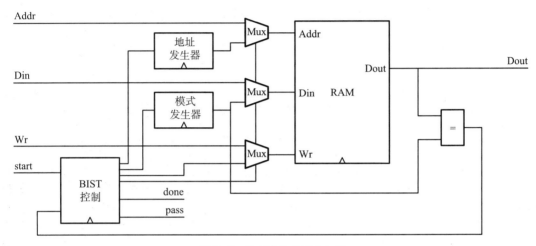

图 20-6　RAM 的 BIST 电路

一些 BIST 电路还有更进一步的功能, 它们可以修复测试过程中发现的错误, 通过提供备用的行/列来替换 RAM。BIST 电路将需要用备用的行或列替换的地址写入一个寄存器。练习 20.14 将讨论更多内存修复的细节。

另一类 BIST 电路用于进行逻辑的伪随机测试。片上 LBIST 的 FSM 产生一系列模式, 它们通过时钟输入到寄存器, 然后输出到位于片上的多输入特征寄存器 (MISR) 中。该 MISR 通过一系列移位和 "异或" 运算将芯片上的所有状态都减少为可以处理的 64 位字节。该过程被重复多次, 最后将 MISR 扫描到片外并与预期值进行比较。由于 FSM 完全位于片上, 所以 LBIST 的 FSM 可以运行比传统扫描更多的测试用例。

20.2.6　表征测试

对设计样品进行表征测试 (characterization test) 是为了确定设计的典型和极限参数, 确定设计的工作范围 (operating envelope), 并测量器件的老化特性。与在每个生产的芯片上进行的制造测试不同, 表征测试仅对一小批芯片进行。

表征测试测量的参数包括芯片的输入和输出的电气参数以及芯片在不同操作模式下的功耗参数。输入和输出电路的特征可以在特定负载下通过测量几个工作点, 例如 V_{OH} 和 V_{OL} 来表征, 或者也可以测量完整的 V-I 曲线。

芯片的工作范围是指芯片正常工作时电源电压 V_{DD} 和时钟频率 f_{clk} 的范围。在 V_{DD} 和 f_{clk} 的所有组合下进行芯片的功能测试, 并绘制出测试通过的组合就得到了工作范围。这样的图例, 如图 20-7 所示, 通常称为 Shmoo 图。因为在某种程度上, 这样的图与卡通人物 Shmoo 很相似。

示例中 Shmoo 图显示了所测试的部分不能在小于 $V_{min}=0.6V$ 的电压下运行。在 V_{min} 时, 它运行的最高频率为 800MHz。增加电源电压芯片的工作频率也可以更高, 如在 1.2V 时频率可达到最大 1.6GHz。

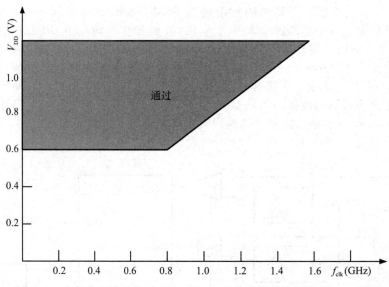

图 20-7 在部分电路工作时，V_{DD} 在 f_{clk} 变化下的工作范围 Shmoo 示例

表征测试可能还包括加速寿命测试（accelerated-life test），有时也称为老化测试（burn-in test），以测量器件的故障率。这种测试通常会根据 Arrhenius 方程在与进行加速器件老化对等的高温（100℃或更高）下进行。足够多的器件样品在足够高的温度下运行足够长的时间，以测出器件在统计上显著的故障率，或者至少在指定的置信度下保证故障率低于所要求的水平。

总结

本章我们已经了解了验证和测试的基础知识。其中设计验证是验证设计符合规范的过程。通过编写验证测试实现完备的设计规范覆盖——以确保设计的所有功能都是正确的，以及实现覆盖（implementation coverage）——以确保每一行 VHDL 代码都被执行。为了管理验证过程，可以跟踪还没有解决的错误的数量。对数量的解释同时可以很好地估计验证过程完成的时间。

测试是验证特定的器件是否制造正确的过程。而故障模型——通常是固定故障模型——被用来测量制造测试的覆盖范围。为了可靠地检测故障芯片，测试应该有 100% 的固定故障覆盖。这种情况下可能需要向冗余逻辑添加信号来实现这一覆盖。

同步数字系统测试的开发过程现在已经高度自动化。自动测试模式生成（ATPG）工具会自动的生成组合逻辑的测试模式（向量）。另外如果将触发器连接为扫描链（scan chain）也可以将所有逻辑作为组合逻辑进行测试。

表征测试包括测试部分样本以确定器件的工作范围、关键参数和器件的故障率等。V_{DD}、f_{clk} 的工作范围可以用 Shmoo 图显示。另外，高温下的老化测试可以用于估算失效率。

文献解读

有关验证真实处理器的更多信息，比如英特尔的奔腾 4[®]，可参考文献 [10]。它提供了项目中有趣的错误源故障的细节，其中排在前位的是"混淆（goofs）"和"错误传达（miscommincation）"。

有关测试模式生成的更多信息，请参考文献 [61] 和 [115]，许多生成算法是基于故障等价的思想[73]。

IBM 的 LSSD 锁存器[40]应用了第一个扫描锁存器，参考文献[9]概述了如何在系统中使用它。

概述 BIST 电路和修复的两篇文章可参考文献 [12]和[65]。BIST 电路也可用于测试逻辑，如 McCluskey[72] 和 Riley 等人所述。文献[96]详细介绍了 IBM 的处理器 Cell® 中使用的测试策略。

Shmoo 图在 20 世纪 70 年代由 Huston 发明，在现代发展中对 Shmoo 图的进一步阅读可以在参考文献[7]中找到。如果读者喜欢漫画书多于学术论文，可以参考文献[24]。

关于更多加速老化测试的数学基础信息可以在文献[87]中找到。

练习

20.1 特征列表。Ⅰ. 为一个简单的具有四个功能的计算器芯片编写一个特征表。该芯片连接至键盘，并驱动一个 4 位七段显示器的各个部分。

20.2 特征列表。Ⅱ. 写出一个数字表芯片的特征列表。

20.3 特征列表。Ⅲ. 写出图 17-10 所示的交通灯控制器的特征列表。

20.4 特征列表。Ⅳ. 写出图 16-21 所示的自动售货机的特征列表。

20.5 定向测试。为一个 32 位的二进制补码加法器编写一个 VHDL 测试激励，包括六种定向测试模式，并说明每个模式检查的内容。

20.6 随机测试。为一个 32 位的加法器编写一个可以提供 100 个随机模式输入的 VHDL 测试激励。

20.7 实现覆盖。为图 17-11 所示的交通灯控制器编写一个测试激励，测试状态框图的每一个分支。

20.8 组合测试。Ⅰ. 为图 8.3 所示的解码器编写一组最小的测试向量集，并实现 100% 的覆盖。

20.9 组合测试。Ⅱ. 为图 8.10(a) 所示的多路选择器编写一组最小的测试向量集，并实现 100% 的覆盖。

20.10 故障模型。Ⅰ. 考虑栅极输入的固定故障模型，例如，图 10.5 所示的全加器的底部 Q5 的输入可能卡在 1，而它与由 p' 驱动的其他两个输入信号无关。图中有 13 个门输入的全加器，会有 26 种可能的故障。请编写一组测试向量集，可以覆盖 Q5 的六个故障。

20.11 故障模型。Ⅱ. 重复练习 20.10，但要求覆盖与 Q3 相关的四个故障。

20.12 故障模型。Ⅲ. 重复练习 20.10，但要求覆盖与 Q4 相关的六个故障。

20.13 内建自测试。为图 20-6 所示的用于测试一个 8 KB 内存的 BIST 电路单元编写 VHDL 模型。其中 BIST 电路单元要求能够执行以下测试过程。

(a) 在 RAM 中的每个位置写入二进制数 01010101。

(b) 对于每个位置 i，写入 $M[i]=10101010$。验证 $M[i]=10101010$ 和 $M[j]=01010101$，$\forall\, i \neq j$。

(c) 写入 $M[i]=10101010$。

(d) 用互补的数据值重复 (a)～(c) 的步骤。

(e) 结束后置位信号 done，如果测试成功，同时断言信号 pass。

20.14 内存修复。为一个内存编写 VHDL 模型，该内存用一个 8 位寄存器作为一个 8KB RAM 阵列的备用字节。用 13 位寄存器保存被替换的字节的地址，额外 1 位指示现在是否有替换发生。当额外的替换位被设置时，如果读和写的地址与替换地址寄存器中的值相同，就不会读/写 RAM 阵列而是跳转到 8 位数据寄存器中。

## 第六部分

系统级设计

第 21 章

系统级设计

阅读到本书的此章节，你已经具备了设计复杂的组合和时序逻辑模块的能力。但是，如果现在要设计一台 DVD 播放机、一台计算机系统或者一台网络路由器，就会发现这些设计都不是一个可以由单一的 FSM（或者一个具有状态控制器的数据通路）就能实现的。一个典型的系统实际上是各种模块的集合，每个模块可能包括多条数据通路和多个有限状态控制器。首先必须将这些系统分解为简单的模块，然后才能使用前几章学到的设计和分析技术。所以，现在的问题就变为如何将系统划分到可设计的级别，而这种系统级设计也是数字系统中最有趣和最有挑战的部分之一。

21.1 系统设计过程

一个系统的设计包括以下几个步骤。

设计规范 设计任何一个系统最重要的一步是决定——并以书面形式明确指出——将要设计什么。21.2 节将更详细地讨论设计规范。

划分 一旦确定了系统的设计规范，系统设计的主要任务就变为将系统划分为更易实现的子系统或模块。这是一个分而治之的过程。整个系统被分为若干可以分别设计（攻克）的子系统。在每个阶段，子系统的设计规范应该与整个系统在第一步中的规定相同。如 21.3 节中按状态、任务或接口对系统进行划分。

接口规范 详细描述子系统之间的接口在设计中非常重要。如果有良好的接口规范，那各个模块就可以独立地开发和验证。接口还应尽可能地与模块内部无关，这样模块内部的更改就不会影响接口，相应地也就不会影响相邻模块的设计。

时序设计 在系统设计的早期，描述操作的时序和顺序也很重要。特别当是在模块之间交互时，必须制定相关模块在特定周期执行特定任务的顺序，使我们可以在正确的时间和位置汇总得到正确的数据。该时序设计还直接决定之后描述的性能调整步骤。

模块设计 一旦对系统进行了划分，并且确定了模块和接口的设计规范，同时确定了系统时序，各个模块就可以独立的进行设计和验证。通常，在模块设计完成之后，才能知道模块的精确性能和时序（例如，吞吐量、延时或流水线深度）。随着这些性能参数的最终确定，系统的时序可能会受到影响，因此需要对性能进行调整以满足系统的性能规范。一个系统设计的好坏，就在于检验这种独立设计的模块是否可以在不需要重新加工的情况下组装成可工作的系统。

性能调整 一旦每个模块的性能参数被确定（或至少已经被估计），就可以分析整个系统是否符合其性能规范。如果系统与性能目标还有细微差距，或者如果设计的目标是在一定的成本下实现最高的性能，那就可以通过添加并行性来调整性能。第 23 章将对此进行更详细的分析。

21.2 设计规范

一个系统在开始设计时通常并没有明确的规范，可能到中途时才会发现系统被错误地构建，而重新设计的过程会浪费大量之前的工作。这种模糊规范可能引起的另一个问题是两位设计师可能因为对规范的理解不同，而设计出不兼容的系统模块。

系统设计很可能是从对需求的口头讨论开始的。然而，将规范写下来是确保大家对正在设计的内容没有误解的关键步骤。书面的规范还可以被系统的潜在客户和用户审阅，以验证系统设计的正确性。

一个好的设计规范必须描述以下内容。

(1)针对整个系统。系统是什么，它在做什么，以及怎样使用。

(2)所有输入和输出。它们的格式、值的范围、时序和协议。

(3)所有用户可见的状态。这包括配置寄存器、模式位和内部存储器。

(4)所有操作模式。

(5)系统所有显著的特征。

(6)所有的边界情况。比如系统如何处理边界情况。

本节的其余部分给出了三个系统规范的示例："Pong"游戏，DES 破解器和音乐播放器。

21.2.1 Pong 游戏

总体概述　Pong 是 Atari 在 20 世纪 70 年代初设计的一款视频游戏。它在 VGA 屏幕上显示了一个类似乒乓球的游戏。用户使用按钮移动档板和进行发球，以此来控制游戏。游戏可以玩到 11 分，其中赢得前一分的球员发球。屏幕可以被认为是代表球目的地的 64×64 网格——点(0，0)标记左上角。其中一个屏幕的截图示例如图 21-1 所示。

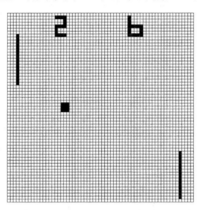

图 21-1　Pong 游戏在 64×64 格点上的显示由两个挡板、一个球和一组得分组成

输入和输出　Pong 系统的输入和输出如表 21-1 所示。请注意，数字模块生成显示所需的红、绿、蓝和同步信号数字输出。并用一个单独的模拟模块组合这些信号以产生驱动显示器的模拟信号。

表 21-1　Pong 游戏系统的输入和输出

名　称	用法说明	位宽(位)	描　　述
leftUp	输入	1	如果为真，将左档板上移
leftDown	输入	1	如果为真，将左档板下移
leftStart	输入	1	如果为真，游戏开始并由左向右发球
rightUp	输入	1	如果为真，将右档板上移
rightDown	输入	1	如果为真，将右档板下移
rightStart	输入	1	如果为真，游戏开始并由右向左发球
red	输出	8	屏幕上当前像素点红色的强度
green	输出	8	屏幕上当前像素点绿色的强度
blue	输出	8	屏幕上当前像素点蓝色的强度
hsync	输出	1	行同步——当被置位时，将重新开始屏幕的行跟踪扫描
vsync	输出	1	场同步——当被置位时，将重新开始屏幕的列跟踪扫描

状态 Pong 系统的用户可见状态如表 21-2 所示。大多数状态表示球在屏幕上的位置。这种状态被认为可见是因为我们可以在显示屏上看到。但用户无法直接读取或写入此状态。

表 21-2 Pong 系统中用户可见的状态

名　称	位宽（位）	描　述
rightPadY	6	右侧档板顶部的 y 坐标
leftPadY	6	左侧档板顶部的 y 坐标
ballPosX	6	球的 x 坐标
ballPosY	6	球的 y 坐标
ballVelX	1	球的 x 方向的速度（0＝左，1＝右）
ballVelY	2	球的 y 方向的速度（00＝没有速度，01＝向上，10＝向下）
rightScore	4	右侧玩家的得分
leftScore	4	左侧玩家的得分
mode	2	当前状态—idle，rserve，lserve，play

模式 Pong 系统的模式如表 21-3 所示。

表 21-3 Pong 系统的模式

名　称	描　述
idle	分数为零，并等待首次开球：第一次按下开始按钮，分数为零，并从该方向开始发球（例如，lstart 从左向右发球）
play	球在游戏中：球按照一定的速度前进，当击中场地的顶部或底部时，y 方向速度反向；击中档板时 x 的速度反向；如果没有碰到左或右档板，则分别进入 rserve 或 lserve 模式，并相应增加分数
lserve	等待左边玩家发球：当 lstart 被按下时，从左到右发球
rserve	等待右边的玩家发球：当 rstart 被按下时，从右到左发球

虽然规范已经列出了 Pong 视频游戏的许多细节，但是这个规范仍然并不完整。其中未指定的事项包括球的位置和发球的速度，还包括球碰到档板时速度如何变化，以及档板的高度。一个完整的设计规范应该没有任何事项需要再猜测。练习 21.1 的任务就是完成 Pong 游戏的设计规范。在实践中，规范通常以迭代的方式完成，并在每次迭代中规定补充的细节。规范还需要经常进行回顾和复查，比如由一个小组严格地审查并识别出缺失或不正确的项目。

21.2.2 DES 破解器

总体概述 DES 破解器系统接收根据数据加密标准加密的一组加密文本，并搜索可能的密钥空间来寻找加密文本的密钥。因为 DES 采用对称密钥算法，即使用相同的密钥对数据进行编码和解码，所以找到这个密钥，用户就能够阅读和发送编码的文本。要检查破解器是否找到正确的密钥，系统会检查输出是否为明文。这里假设原始的明文是 ASCII 文本，并且只使用大写字母和数字。

DES 标准每次加密 8B 的代码，而不是整个的加密信息。因此，破解器会用一个密钥对每 8B 进行迭代，并检查每个文本的明文。如果一个密钥可以将所有的部分都解码成明文，那么就声明破解成功。

输入和输出 DES 破解器的输入和输出如表 21-4 所示。用户一次性输入一段密文 cipherText，并断言信号 cipherTextValid 有效。一旦所有文本都被加载，则信号 start 被断言有效，系统开始解密。本节的剩余部分都假设所有的数据已经被加载到存储器 RAM 中。练习 21.2 将要求读者规定输入协议。

在密文输入后，用户启动 start 脉冲，接着破解器开始运行直到破解完成。当一个密钥成功将密文解密为明文时，断言信号 found，密钥通过信号 key 输出。

表 21-4　DES 破解器系统的输入和输出

名　称	类　型	位宽（位）	描　　述
cipherText	输入	8	要破解的密文：文本一次输入 1B；1B 在每个 cipher-Textvalid 和 cipherTextReady 被断言有效的时钟周期被接收
cipherTextValid	输入	1	当 cipherText 有下一个有效字节的密文需要加载时被断言有效
cipherTextReady	输入	1	当系统能够接收的 1B 的密文时被断言有效
start	输入	1	开始搜寻密钥：当密文全部加载完成后使系统开始搜索密钥空间
found	输出	1	当密钥被找到时被断言有效
key	输出	56	当 found 被断言有效后，密钥由此输出

状态　DES 破解器中可见的不同状态如表 21-5 所示。密钥在每次解密迭代中被设置，并且一直保持到解密成功。其中，状态文本段编号（blockNumber）选择一段密文（cipherTextBlock）进行解密，模式信号 mode 指示系统当前是正在读取新数据、进行解密还是处于空闲状态。

表 21-5　DES 破解系统可见的状态

名　称	位　宽	描　　述
key	56	目前正在解密的 DES 密钥
cipherTextBlock	64	被解密的一段密文
blockNumber	16	目前在解密的文本段编号
mode	2	当前模式——空闲、读取、破解
cipherTestStore	512	密文存储

模式 DES 破解器的不同操作模式如表 21-6 所示。这里使用空闲（idle）、读取（dataIn）和破解（cracking）三种模式。

表 21-6　DES 破解系统的模式

名　称	描　　述
idle	在复位或者破解一段密文成功以后，保持在空闲状态直到 cipherTextValid 被断言有效，而开始读入新的密文
dataln	读入密文存储的数据，每次一个字节
cracking	破解系统不断遍历可能的密钥直到找到一个匹配的密钥

该规范针对的是具有有限灵活性的 DES 破解器。练习题将要求扩展此规范，使破解器具有可以中断破解过程、输入新的数据和输出明文块的能力。

21.2.3　音乐播放器

总体概述　该音乐播放器用于从 RAM 模块中读取歌曲并合成为可听的波形。歌曲以一系列音符值的格式存储，每个音符值的固定持续时间为 100ms。合成器的输出用作音频编解码器的输入。编解码器需要一个新的输入，以 s0.15 为格式，每个周期 $20.8\mu s$（48kHz）。初始设计只允许一次播放一个音符，但是允许同时播放该音符的多个谐波。

输入和输出　表 21-7 所示的列出了音乐播放器的输入和输出。假定音乐播放器中的 RAM 预先加载了的歌曲。用户只控制开始播放。经过几个周期后，系统的输出端就会出现下一个时间段的值，信号 valueValid 也变为高电平。该值一直保持为高，直到编解码器的信号 next 被断言有效，并触发计算下一个输出值为止。

状态　音乐播放器的状态如表 21-8 所示。状态 noteNumber 表示正在播放的当前音符。该音符从歌曲 RAM 中读取并被转换成频率。该频率值为 0.16 的数字，表示两个 48kHz 采样之间的弧度间隔。值 1 表示采样之间的 π 弧度，或者 24kHz 音符（我们并听不到）。使用该频率和时间值，合成器计算谐波并输出波形值。

表 21-7 音乐播放器系统的输入和输出

名 称	类 型	位宽（位）	描 述
start	输入	1	开始播放选定的歌曲
value	输出	$s0.15$	合成波形中的当前值，这个信号必须每 $20.8\mu s$ 有效一次
valueValid	输出	1	指示输出有效
next	输入	1	编解码器可以接收下一个值

表 21-8 音乐播放器系统可见的状态

名 称	位宽（位）	描 述
noteNumber	16	要合成的音符
noteFrequency	0.16	当前音符的频率
time	12	输出的当前时间步长，以 $20.83\mu s$ 为单位；每个音符有 4800 个时间步长
mode	1	空闲或者播放

模式 音乐播放器只有两种模式——播放（playback）和空闲（idle），如表 21-9 所示。用户只能从空闲状态开始播放歌曲，直到结束为止。

表 21-9 音乐播放器系统的模式

名 称	描 述
idle	没有音乐播放
playback	产生可听的输出

21.3 划分

许多系统设计涉及将系统划分为多个模块。虽然许多人认为这是一门艺术，但大多数系统都是根据状态、任务或接口进行划分的，而且大多数系统会组合这三种划分技术。划分可以层次化进行，而在每个层次采用不同类型的划分。例如，系统可以在一个层次采用任务划分，然后对一个任务按照状态划分，而另一个任务按照接口划分。在状态划分中，系统将被划分为与不同状态（用户可见或者完全是内部的）相关联的模块。每个模块（例如 VHDL 设计实体）负责维护它的系统状态，并以该状态的适当视图（view）与系统中的其他模块交互。

在任务划分中，系统执行的功能将按照任务进行划分，不同的模块与每个任务相关联。系统还包括许多子类别的任务划分：流水线（pipelineing）（第 23 章）将一个大任务划分成一系列子任务模块，每个子任务将其输出传递给序列中的下一个子任务；主从（master-slave）划分为一个主模块监督从模块的操作，将工作分配给从模块并处理它们的响应。资源划分（resource partitioning），划分的模块与共享资源相关联，而模块对资源的访问需要仲裁。例如，内存模块可以被复杂系统中的许多客户端共享。又比如，路由器中的路由计算模块被路由器中的许多输入端口共享。使用模型-视图-控制（model-view-controller）划分，系统被分为模型模块（其中包含系统大部分功能）、视图模块（负责所有输出（模型的视图））和控制器模块（负责所有输入（控制模型））。

将模块与输入和输出相关联（与模型-视图-控制器划分的视图和控制器部分一样）实际上是一种接口划分方法。接口划分中系统的每个接口（或相关接口集）与不同的模块相关联。例如，具有 DDR3 DRAM 接口的系统通常具有单独控制此接口的模块，在共享接口的客户端之间进行仲裁，并为系统的其余部分提供更简单、更高层次的接口。

21.3.1 Pong

图 21-2 所示的显示了沿着两个轴进行划分的 Pong 视频游戏系统。水平方向上，系统按照任务划分为模型、视图、控制器。模型部分又在纵向上进一步按照球状态、档板状

态、得分状态和不同模块的模式进行划分。图中还显示了模块之间的接口。在大多数情况下，模块简单地输出其全部或部分状态(例如，score，ballPos)。

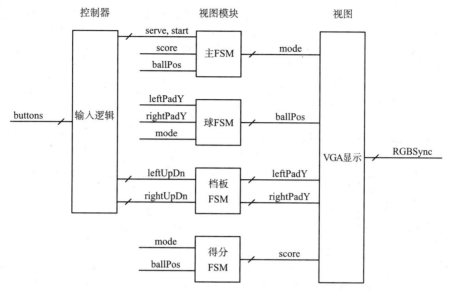

图 21-2 使用模型-视图-控制器方法对 Pong 游戏系统进行划分。其中得分、球和档板的位置构成了模型。该模型由 VGA 显示模块查看。控制器模块对输入按钮进行响应并影响该模型。而模型又按照状态进一步划分为球、档板和得分模块

21.3.2 DES 破解器

DES 破解器被划分为几个独立的模块，如图 21-3 所示。主 FSM 充当系统控制器。密文存储模块读取并存储密文。当主 FSM 发出信号 firstBlock(一个周期)的脉冲时，存储器将第一个文本块送到总线 cipherTextBlock 上(并保持)。当主 FSM 发出信号 nextBlock 的脉冲时，存储 FSM 输出存储器中的下一个文本块。密钥生成器遍历一系列 DES 密钥来找到匹配项。其中信号 firstKey 和 nextKey 的工作方式分别与信号 firstBlock 和 nextBlock 相同。DES 解密块需要多个周期进行解密，并在完成迭代时断言信号 DESdone。最后，当译出的明文确实是真的明文时，文本检查器断言信号 isPlainText。

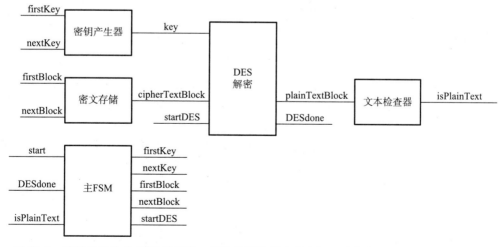

图 21-3 按任务划分的 DES 破解器。模块分别执行生成密钥、对密文进行排序、将密文解密为明文、检查解密输出是否为明文的任务。其中一个主 FSM 模块控制总体的时序和顺序

21.3.3 音乐合成器

音乐播放器被划分成一系列类似流水线的任务, 如图 21-4 所示。音符(note)FSM 将循环遍历歌曲, 从内存中读取每个音符。读取的音符会被下一个模块转换为频率, 并存储到合成器中。合成器(synthesizer)FSM 将从时间步长 0 开始, 并在音符持续时间内计算每个时间步长的输出波形。这个计算本身需要使用正弦值, 所以我们使用一个 RAM 来查找这些正弦值。

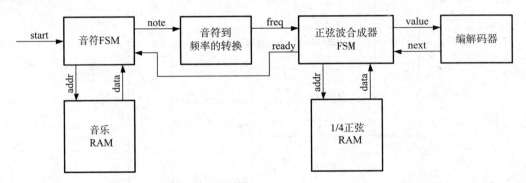

图 21-4 按照任务划分的一个简单的音乐合成器。音符 FSM(note FSM)确定要播放的下一个音符。音符到频率转换(note to frequency)模块将音符转换为频率。正弦波合成器 FSM 合成指定频率的正弦波

更复杂的合成器如图 21-5 所示, 它包括两个新的 FSM 用于计算谐波和衰减包络。谐波(harmonic)FSM 与合成器 FSM 进行通信, 它接收一系列 s0.15 波形值。谐波 FSM 组合这些波输入至包络(envelope)FSM。最后的 FSM 使用当前时间步长以冲击-衰减(attack-decay)的方式调制包络。音符 FSM 的信号 nextNote 将指示何时重置时间计数器。

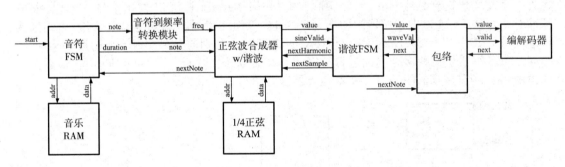

图 21-5 扩展的音乐合成器版本, 使用正弦波合成器模块生成每个音符的多个谐波值, 通过谐波 FSM 组合这些谐波, 包络 FSM 通过冲击-衰减包络调制波形

音乐播放系统通过使用准备就绪信号实现流控制。输出的编解码器(codec)在准备好接收下一个波形值时就会通知合成器 FSM。当一个音符完成播放, 正弦波合成器(sinewave synthesizer)将会断言准备就绪信号并通知音符 FSM。

总结

本章已经开始研究系统设计的过程, 即如何设计复杂系统的规范并将其分解为简单的可直接设计的模块。我们将系统设计总结为以下六步:

(1)设计规范；

(2)划分；

(3)接口规范；

(4)时序设计；

(5)模块设计；

(6)性能优化。

然后通过三个扩展的实例探讨了前两个步骤。在开始设计过程之前，必须完全规范一个系统——以避免出现重复的回溯、混淆和不一致的情况。该规范应包括足够多的细节以使得设计人员在设计过程中没有外部可见的特征需要凭自己的想象去设计。

设计划分的过程是系统设计的核心。设计通常按照系统状态、任务或接口进行模块划分。系统的划分往往是递归的。Pong 示例首先按照任务使用模型-视图-控制器的方法进行划分，然后再按照状态对模型进行分区。

第 22 章~第 25 章会更详细地描述设计过程的其余步骤。

文献解读

DES 标准[35]详细地描述了 DES 加密器和解密器的实现过程。Olson 和 Belar 在参考文献[91]中描述了 RCA 的第一个音乐合成器之一。该文章写于 1955 年，该机器的图纸可以铺满整个办公室的墙壁。

Pong 视频游戏系统的实际框图如参考文献[17]。本文由 Atari 的"工程副总裁"于 1977 年撰写，它为声音发生器和分数追踪器等模块提供了原理图。对于包括视频游戏在内的许多早期消费电子产品的描述，请参考文献[98]。

练习

21.1 Pong 游戏系统的设计规范。21.2.1 节中的 Pong 视频游戏系统的设计规范并不完整。其中一些没有列出的设计规范在文本中有列出。请确定其他还没有被规范的问题，并给出它们的设计规范。

21.2 DES——数据写入。DES 的模块包括将数据写入密码块存储的控制输入信号，但并没有在划分图中包含该逻辑(见图 21-3)。请更新此方框图，使其具有读入数据的能力，并指出它是如何工作的。

21.3 DES——中断。在 DES 的规范和框图中，添加一个停止 DES 计算的输入 interrupt。请确定在中断时输出的值、系统进入的状态，以及中断数据输入时发生的情况，以及如何恢复。

21.4 DES——明文输出。当 DES 破解结束时，希望设计也输出明文数据。请制定此功能的规范并将其包含在划分方框图中。

21.5 音乐播放器——输入音乐。在音乐播放器规范和简单的方框图中，添加将歌曲文件输入 RAM 的功能。

21.6 音乐播放器——暂停、停止按钮。添加停止和暂停歌曲播放的功能。并讨论当用户再次断言 start 信号有效时播放应该从何处开始。

21.7 字符串搜索。给出字符串搜索器的设计规范并进行划分。给定三个不同的要查找出的序列和一个单独的用于搜索的长字符串，模块应该输出每个查找串出现的次数。

21.8 电梯控制器。制定电梯控制器的设计规范，并对系统进行划分。你应该接收目标楼层作为输入和输出电梯门的状态(打开或关闭)、目标楼层，以及启动电梯运行的信号。

第 22 章

接口和系统级时序

系统级时序通常由流经系统的信息决定。由于这些信息流经模块之间的接口，所以系统时序与接口规范紧密联系在一起。时序取决于模块怎样在接口之间进行序列通信。本章，我们将讨论接口的时序，并通过第 21 章介绍的示例说明系统的操作顺序是如何通过这些接口进行的。

22.1 接口时序

接口时序是对数据传输进行排序的约定。如果要从数据源模块 S 到目标模块 D 进行数据传输，我们需要知道数据从什么时间有效（即数据源模块 S 产生数据并将它输出到接口引脚的时间），以及模块 D 准备好接收数据的时间（即模块 D 从接口引脚采样的时间）。第 17 章的分解的 FSM 模块之间已经显示了接口时序的例子。本节的其余部分将更深入地探讨接口时序。

22.1.1 始终有效的时间

顾名思义，一个始终有效（always valid）的信号（见图 22-1）总是有效。一个只包含始终有效信号的接口不需要任何排序信号。

图 22-1　始终有效的接口不需要排序信号或流控制。数据在每一个周期都有效，接收器可以随时进行采样

区分一个始终有效信号和一个周期有效（periodically valid）信号（见 22.1.2 节）——几个时钟周期有效的信号非常重要。始终有效的信号表示的值可以被舍弃或复制。例如，温度传感器不断输出的表示当前温度的 8 位数字值的就是这种信号。这个信号可以被传递给一个以 2 倍时钟频率工作的模块（复制温度信号）或一个以一半的时钟频率工作的模块（舍弃部分温度值），而模块的输出仍然表示当前的温度（也许稍有滞后）。

图 21-2 所示的 Pong 游戏中的状态接口是始终有效接口的另一个例子。其中信号 mode、ballpos、leftpady、rightpady 和 score 都是始终有效信号的例子。这些信号总是表示状态变量的当前值。

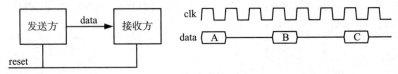

图 22-2　一个周期有效的接口每隔 N 个周期传输一次数据。这里没有流控制，数据不能被丢弃或重复。该图显示了周期 N＝3 的周期信号

一个静态（static）或常量（constant）信号是始终有效信号的一种特殊情况，在这种情况下，信号的值被保证在指定事件之间不会被改变（例如，系统复位）。静态信号在跨越时钟域的系统中更容易被处理，因为它在周期变化中没有变化，所以也完全不需要同步。

22.1.2　周期有效的信号

一个周期有效或周期定时（periodic timing）的信号（见图 22-2）每 N 个周期有效一次，间隔 N 就是信号的周期。与始终有效的信号不同，周期有效的信号每个值都表示一个特定事件、任务或令牌，不能舍弃或重复。在 DES 破解器（见 21.3.2 小节）的密钥生成模块中的输出 key 就是一个周期有效的接口示例（假设信号 nextkey 是一个周期信号）。接口上每 N 个周期就出现一个新的密钥。每一个密钥代表一个特定的任务（用这个密钥解密密文），密钥不能被丢弃或重复[⊖]。

周期有效的信号中周期为 1 的信号在每一个周期都有效，但它与一个始终有效的信号不一样，因为它的值不能被丢弃或重复。例如，假设设计如图 21-3 所示的 DES 破解器，以便密钥生成器每个周期生成一个新密钥。这是一个周期有效的信号，周期为 1，但是它不能被舍弃或复制，每一个密钥都必须被精确地考虑一次。

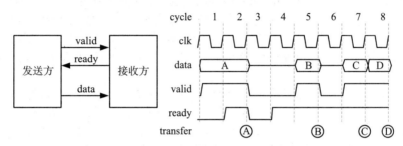

图 22-3　在准备就绪–有效的流控制中，只有当发送方表明数据是有效的并且接收方指示它准备好接收数据时，数据或令牌才会在两个模块之间传递。如果 ready 或 valid 没有被断言，就没有数据传输发生

当跨时钟域传输信号时，始终有效的信号和周期有效的信号之间的区别会变得更加明显（见第 29 章）。只要避免同步失败，就很容易在时钟域之间传输始终有效的信号，因为可以复制或舍弃值。另一方面，为了使周期有效的信号在时钟域中以一定的周期传输，就需要流控制。

对于周期性信号，发送和接收模块必须在某个时刻同步——这样它们就可以在同一个周期上开始对 N 计数。这通常是在重置时初始化每个模块中的计数器来完成的。

周期有效的接口往往都比较脆弱，在大多数情况下应该避免使用流控制的接口（见 22.1.3 节）。周期性信号的产生违反模块化。如果需要重新设计一个模块改变 N 的值，那么连接到这个模块的所有模块都需要改变，新的模块也有可能难以适应新的值。使用流控制产生信号可以将时间的改变隔离在一个模块内。

22.1.3　流控制

具有流控制的接口使用显式的排序信号（通常命名为信号 valid 和 ready）来对接口上的数据传输进行排序。图 22-3 所示的显示了一个使用就绪–有效（ready-valid）的流控制的接口。发送模块在接口上存在有效的数据信号时，会通过断言信号 valid 发出指示。接收模块通过断言信号 ready 表示它准备好接收新的数据。只有当信号 valid 和 ready 都有效时数据才会被传递。

在流控制的接口下，准备进行数据传输的模块（发送器或接收器）必须在数据传输之前等待另一个模块就绪。如图 22-3 所示的第一次传输，发送器等待接收器。发送器将 A 发送至总线 data 上，并在周期 1 中断言信号 valid，但是它必须等待接收器在周期 2 中的信号 ready 有效才能开始传输。在第二次传输中，接收器需要等待发送器。接收器在周期 4 中断

⊖　严格地说，可以复制密钥，但这将导致额外的工作，因为这试图用同一密钥多次解密密文块。

言信号 ready，但必须等待发送器将 B 置于总线 data 上，并在周期 5 中断言信号 valid。

就绪-有效接口传输之间并不需要信号 ready 或 valid 在传输过程中变为低电平。图中第三次传输的 ready 信号在周期 6 中保持为高，但是接收器必须等待发送器提供数据并在周期 7 中断言 valid。当 ready 和 valid 信号都为高电平时，每一个周期将传输一个新的数据——如周期 8 中的数据 D。

如果两个模块之一总是已经准备好进行数据传输，那么就绪-有效接口的一侧信号就可以省略。例如，图 21-4 所示的音乐播放器中就省略了流控制的有效一侧，而仅提供流控制信令的就绪一侧。发送模块被认为在信号 ready（或者编解码器的信号 next）被断言之前就已经提供了有效数据。由接收器控制的单向流传输，有时被称为拉取时序（pulling time），因为接收器通过断言信号 ready 来提取新的值。

类似地，仅提供信号 valid，同时接收器被认为在下一个数据之前就准备就绪的单向接口时序，称为推送时序（pushing time），因为发送器在系统中使用信号 valid 推送数据。

在某些情况下，可以使用未使用或无效的数据代码来表示数据无效而将信号 valid 编码在信号 data 中。当使用此约定时序时，信号 data 上存在有效的数据代码意味着数据有效。但接收器总是需要一个单独的信号 ready，因为没有其他方式来发出信号表示是否能够接收数据。

在某些情况下，允许发送模块在接收模块之前获取几个数据是有益的。这可以通过在发送器和接收器之间插入 FIFO 缓冲器来实现。FIFO 在其输入端和输出端上都会提供使用就绪-有效接口的几个字的存储空间。FIFO 的输出总是有效，除非它是空的，它的输入也总是就绪的，除非 FIFO 已经装满。第 23 章将详细描述 FIFO 的细节。

例 22.1　流控制的寄存器

设计一个寄存器，其中输入和输出数据使用流控制信令。这样的寄存器可以用来分割设计中长且延时高的关键路径。

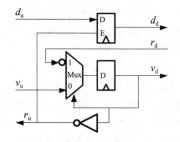

图 22-4 所示的显示了此模块的设计。与上游模块通信的信号是 d_u（数据输入）、r_u（准备就绪的输出）和 v_u（有效的输入），传输数据到下游的信号为 d_d（输出）、r_d（输入）和 v_d（输出）。在设计这个模块时它将作为一个点，且不包括通过寄存器传递的任何组合路径。这样做违背了模块本来的目的：消除长时间的延时路径。

每一个周期，如果没有有效的数据被存储（$v_d = 0$），有效的寄存器和数据都会被上游数

图 22-4　例 22.1 中流控制寄存器的原理图

据值更新。缓冲区还会向上游发出信号，表示它已经准备好接收新的数据（$r_u = 1$）。当寄存器存储了有效的数据（$v_d = 1$）时，数据寄存器将被禁用，以保存存储的值。如果下游单元还没有准备好，那么 v_d 就会保持为高电平，r_u 保持低水平。当准备就绪时，下游单元将断言 r_d 有效，从而使得在下一个周期时 v_d 被置为无效。因为这个模块寄存器只有一个，并且两个阶段之间没有组合路径，所以只能每隔一个周期接收一个新数据。练习 22.6 将要求读者设计一个使数据传输速率加倍的版本。

这个寄存器的始终有效和周期性有效的版本将包含一个 D 触发器，它在每一个时钟边沿都将更新为当前值。设计人员必须意识到使用寄存器后，周期性的输出将在一个循环之后才有效。这可能需要同时改变下游模块。

22.2　接口划分和选择

接口的数据部分常常被划分为多个字段。例如，在图 21-2 所示的 Pong 游戏中，模型

子系统的一个输出包含五个表示不同状态变量的字段。在下一级中，档板 FSM 具有一个包含两个数据字段的始终有效的接口，为 leftPadY 和 rightPadY。球 FSM 输出一个单一的信号 ballPos。然而，这个信号在逻辑上被划分为 X 和 Y 分量，ballPos.X 和 ballPos.Y。

在具有多个数据字段的接口中，通常有一个字段决定如何解释接口的其余部分。例如，图 18-13 所示微代码指令的第一部分就决定了如何解释指令的其余部分。

通用的接口技术会为控制、地址和数据提供单独的字段。接口的控制和地址字段是选择字段。控制字段选择要执行的操作，而地址字段选择操作执行的位置。例如，在一个内存系统中，控制字段可以指读取、写入、或刷新，或设置参数和其他操作。地址字段选择要读取、写入、或刷新的位置或参数。数据字段提供(或接收)与操作相关联的数据。数据字段和选择字段都使用 22.1 节描述的时间约定，按序进行。

22.3 串行和打包接口

当接口必须以低占空比因数传输大量数据时，串行化传输数据可能更有利，在较窄的接口上通过多个周期传送数据，每个周期传输一部分。例如，假设一个接口每四个周期传输一个 64 位的数据块，这个数据块也可以通过一个 16 位接口传输，而每个周期发送四分之一的部分，如图 22-5 所示。在第一个周期，a_3(a(63 到 48))被传输，在第二个周期，a_2 被传输，以此类推。

对于串行信号，发送和接收模块必须有约定来确定传输开始的周期。这可以通过流控制或周期性有效的时序来完成。图 22-5 所示的显示了单向流控制的接口，它使用显式的帧信号 frame 来表示每次传输的第一个周期。它也是推送时序的一个例子。帧信号 frame 是一个有效信号，并且接收器总是被假定为始终就绪。如果需要双向流控制，则可以在接口处添加显示的就绪信号 ready。

通过流控制，数据传输并不需要每四个周期启动，也不需要在四个周期的倍数内启动。在图 22-5 所示的例子中，链路在周期 9 中变为空闲，因为发送器没有要发送的数据。数据 c 的传输在周期 10 开始。通过显式的帧信号，发送器并不需要如周期性有效时序所要求的那样等到周期 12。

图 22-5 所示的接口是一个嵌套时序的示例，它在帧级使用推送时序，在循环级使用周期性时序。帧级时序由使用信号 frame 的单向流控制确定。然而，一旦帧启动，剩余的传输会在每个周期发生($N=1$ 的周期性定时)进行而不需要流控制。这里也可以使用信号 valid，在两个时序级别都使用流控制对传送的后续字进行排序。只要帧具有固定的长度，就可以在帧级(对于传送的第一个字)和循环级(对于后续字)都使用单个信号 valid。如果需要双向流控制，单个 ready 信号也可以在两个级别使用。

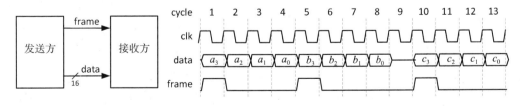

图 22-5 串行接口通过多个周期传递数据。在这种情况下，帧信号 frame 指示每个传输的第一周期，即一种推送信号的形式

存储器和 I/O 接口通常将命令、地址和数据字段串行化，并用窄位宽且共享的总线进行传输，如图 22-6 所示。在图 22-6 中，存储器通过 1B 宽的接口串行传输七个周期完成传输。第一个周期发送控制，随后发送两个周期地址，接着发送四个周期数据。该示例使

用循环–有效/帧–就绪的流控制，其中帧信号 frame 指示整个数据帧准备就绪，而就绪信号 ready 指示接收器准备好按周期逐个接收数据。接收器在周期 6 断言信号 ready 无效，导致数据 data7 在周期 7 中被重新传输。

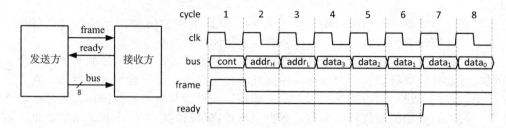

图 22-6 内存或 I/O 接口可以串行化地通过共享总线发送控制、地址和数据。在这个例子中，使用两种流控制，帧信号 frame 指示一个有效的帧，就绪信号 ready 指示接收器准备接收周期性的数据

串行化接口可以认为是打包(packetized)的接口。发送的每个项目都是包含许多字段并且可能具有可变长度的数据包。数据包在给定宽度的接口上被串行化传输，并在远端进行反串行化，数据包字段的宽度与接口的宽度无关。在给定周期中发送的信息可以包括几个字段的部分或者全部，而一个字段也可以跨越多个周期。

选择接口是串行化还是并行化取决于对成本和性能的考虑。串行接口的优点是减少了接口所需的引脚数量或引线数量。缺点是延时的增加和设计在串行化、反串行化和桢结构化中变得复杂。在片上附加连线的成本很小，除了传输的信号本身是由串行化开始的之外，宽位数的接口总是更好。但片外芯片引脚和系统级信号非常昂贵，接口通常采用串行化，以保持每个引脚的占空比接近于一致。

例 22.2 解串器

设计一个将 1 位位宽数据输入转换为 8 位位宽数据输出的模块。输入和输出都使用推送流控制。输出直到 8 个有效的输入被接收(位 0, 1, …, 7)时才有效。

图 22-7 和图 22-8 所示的分别显示了此模块的 VHDL 实现和测试输出。一般的是将每个输入位写入八个 D 触发器(从 LSB 开始)，保留一个(独热编码的)计数器，跟踪哪 1 位即将被写入，并且在每一个周期输入有效时进行移位。VHDL 代码的寄存器中存储了如下三种状态。

(1)en_out：一个 n 位的独热码，对下一位应该写入解串器的位置进行编码。

(2)dout：数据本身，并直接反馈到输出(每个单独的触发器由上面的 en_out 信号使能)。

(3)vout：指示当前周期的输出是否有效(在获得第 8 位之后的周期设置此信号)。

解串器的输出如图 22-8 所示，输入分别为全 1、全 0 和全 1。可以通过将其与例 22.3 指定的时序表进行比较来验证该模块的时序。

22.4 同步时序

有一些接口，例如 LCD 显示器或音频编解码器需要同步时序。这些设备为了避免丢失样本，对时序具有严格的实时限制，它要求每个数据元素在有限的时间窗口内传输。时间约束可以认为是有裕度的周期性定时——比如 FIFO。样本数据 i 必须在周期 $N(i-B)$ 和周期 Ni 之间传输，其中，N 为周期，B 是 FIFO 缓冲器的大小。接口本身为了允许时序有部分变化而采用流控制，但它们要求流控制信号在所要求的时间间隔内进行响应。

图 21-4 所示的音乐播放器中的音频编解码器就需要同步时序。它通过使用拉取时序确保了系统的其余部分响应比所需的更快。

```
library ieee;
use ieee.std_logic_1164.all;
use ieee.numeric_std.all;
use work.ff.all;

entity deserializer is
  generic( width_in: integer := 1;
           n: integer := 8 );
  port( clk, rst, vin: in std_logic;
        din: in std_logic_vector(width_in-1 downto 0);
        dout: out std_logic_vector(width_in*n-1 downto 0);
        vout: out std_logic );
end deserializer;

architecture impl of deserializer is
  signal en_nxt, en_nxt_rst, en_out, en_out_rst: std_logic_vector(n-1 downto 0);
  signal din_rst: std_logic_vector(width_in-1 downto 0);
  signal vout_nxt: std_logic;
begin
  en_nxt <= std_logic_vector(unsigned(en_out) rol 1) when vin else en_out;
  en_nxt_rst <= (n-1 downto 1 => '0') & '1' when rst else en_nxt;
  en_out_rst <= (others => '1') when rst else en_out;
  din_rst    <= (others => '0') when rst else din;

  cnts: vDFF generic map(n) port map(clk,en_nxt_rst,en_out);

  DATA: for i in n downto 1 generate
    reg: vDFFE generic map(width_in) port map(clk, en_out_rst(i-1),
              din_rst, dout(width_in*i-1 downto width_in*(i-1)));
  end generate;

  vout_nxt <= en_out(n-1) when not rst else vin;
  vout_r: sDFF port map(clk, vout_nxt, vout);
end impl; -- deserializer
```

图 22-7　例 22.2 中使用推送流控制的解串器的 VHDL 设计实现

在需要资源仲裁的系统中，特别是，需要对许多同步流之间进行仲裁时，同步定时的实现具有一定的挑战性。为了防止最坏的延时超出时间的约束，等待仲裁的时间必须被限制。

22.5　时序表

从第 14 章开始，一直在使用如图 22-6 所示的时序图来说明时序关系。在这些图表中，时间从左到右进行，垂直轴上显示了每个信号随时间变化的变化，不管是用波形显示二进制信号还是用一组数值显示。时序图可以用来显示几个周期的二进制信号，但当需要观察多位的信号时，波形的显示就很有限，但往往我们经常需要观察更多的周期。

如果现在需要可视化多个周期，又或者大多数信号不是二进制的，使用时序表（timing table）就比时序图更加方便。表 22-1 所示的显示了在相同的输入激励数据下，由图 19-16 所示的 19.4.1 节的赫夫曼编码器的时序表。

```
# vin: 1 din: 1 vout: 0 dout: 00000000 en: 00000001
# vin: 1 din: 1 vout: 0 dout: 00000001 en: 00000010
# vin: 1 din: 1 vout: 0 dout: 00000011 en: 00000100
# vin: 1 din: 1 vout: 0 dout: 00000111 en: 00001000
# vin: 1 din: 1 vout: 0 dout: 00001111 en: 00010000
# vin: 1 din: 1 vout: 0 dout: 00011111 en: 00100000
# vin: 1 din: 1 vout: 0 dout: 00111111 en: 01000000
# vin: 1 din: 1 vout: 0 dout: 01111111 en: 10000000
# vin: 1 din: 0 vout: 1 dout: 11111111 en: 00000001
# vin: 1 din: 1 vout: 0 dout: 11111110 en: 00000010
# vin: 1 din: 1 vout: 0 dout: 11111100 en: 00000100
# vin: 1 din: 1 vout: 0 dout: 11111000 en: 00001000
# vin: 1 din: 1 vout: 0 dout: 11110000 en: 00010000
# vin: 1 din: 1 vout: 0 dout: 11100000 en: 00100000
# vin: 1 din: 0 vout: 0 dout: 11000000 en: 01000000
# vin: 1 din: 0 vout: 0 dout: 10000000 en: 10000000
# vin: 1 din: 1 vout: 1 dout: 00000000 en: 00000001
# vin: 1 din: 1 vout: 0 dout: 00000001 en: 00000010
# vin: 1 din: 1 vout: 0 dout: 00000011 en: 00000100
# vin: 1 din: 1 vout: 0 dout: 00000111 en: 00001000
# vin: 0 din: 1 vout: 0 dout: 00001111 en: 00010000
# vin: 1 din: 1 vout: 0 dout: 00011111 en: 00010000
# vin: 0 din: 1 vout: 0 dout: 00011111 en: 00100000
# vin: 1 din: 1 vout: 0 dout: 00111111 en: 00100000
# vin: 1 din: 1 vout: 0 dout: 00111111 en: 01000000
# vin: 1 din: 1 vout: 0 dout: 01111111 en: 10000000
# vin: 1 din: 1 vout: 1 dout: 11111111 en: 00000001
```

图 22-8　例 22.2 和图 22-7 所示的 VHDL 的验证的输出结果

表 22-1　19.4.1 节中字母串"THE"的赫夫曼编码的时序表

周期	rst	irdy	in	char	load	count	value	oval	out
0	1			×		×	×		
1		1	14	×		×	×		
2				14	1	×	×	1	
3				14		3	001000000	1	0
4		1	08	14		2	01000000	1	0
5				08	1	1	1000000	1	1
6				08		4	011000000	1	0
7				08		3	11000000	1	1
8		1	05	08		2	1000000	1	1
9				05	1	1	000000	1	0
10				05		3	100000000	1	1

　　由于数据无论是水平还是垂直都相同，所以将它们解释为表格更方便。一个数据的值显示在另一个数据的值上方，也使得移位操作更加清晰。另外，以一行到另一行的方式更新状态也更容易遵循。在信号 irdy 被断言的周期中，信号 char 在下一行中具有 in 的值。类似地，在信号 load 被断言有效的周期中，信号 count 和信号 value 在下一行被更新。

例 22.3 解串器的时序表

示例 22.2 解串器的时序表。

表 22-2 所示的显示了在两次迭代中(数据 A 和 B)解串器的操作。每个周期当输入有效(ival)时,计数器(以二进制加权格式)就会递增,数据被存储到适当的位置。在计数器达到 7,并且在输入数据也有效的周期里,输出有效信号(oval)被断言。

表 22-2 例 22.2 的解串器示例执行的时序表

周期	rst	ival	in	count	out	oval
0	1	$\times$	$\times$	$\times$	$\times$	$\times$
1	0	1	A_0	0	00000000	0
2	0	1	A_1	1	$0000000A_0$	0
3	0	1	A_2	2	$000000A_1A_0$	0
...	0	1	A			0
8	0	1	A_7	7	$0A_6A_5A_4A_3A_2A_1A_0$	0
9	0	1	B_0	0	$A_7A_5A_4A_3A_2A_1A_0$	1
10	0	0	X	1	$A_7A_5A_4A_3A_2A_1B_0$	0
11	0	1	B_1	1	$A_7A_5A_4A_3A_2A_1B_0$	0
12	0	1	B_2	2	$A_7A_5A_4A_3A_2A_1B_0$	0
...	0	1	B			0
18	0	0	X	0	$B_7B_6B_5B_4B_3B_2B_1B_0$	1

22.5.1 事件流

时序表的显示方式使数字系统的事件流(event flow)显示得更加清晰。事件流是通过因果关系驱动系统前进的事件序列。对于赫夫曼的编码器,事件流完全由计数器驱动。当计数器计数到 2 时,编码器断言就绪信号 irdy 有效并将另一个输入字符加载到字母寄存器 char 中。当计数器计数达到 1 时,加载信号 load 被断言,计数器和移位寄存器会在下一个周期加载对字符进行编码的位串。

对于大多数非平凡的数字系统,事件流由一个关键的接口驱动,并且通过就绪-有效接口同步不同模块之间的事件。

22.5.2 流水线和预期时序

赫夫曼编码器是一个使用预期时序的流水线(见第 23 章)示例。编码器的每个输入通过两级流水线。如果一个字符到达输入,信号 irdy 在周期 i 中被断言,那么字符将在周期 $i+1$ 时出现在输入寄存器的输出端,并且在周期 $i+2$ 的起始点,计数器和移位寄存器加载该字符的长度和位串。

从输入到输出因为有两个周期的延时,所以控制逻辑必须能够预期当前字符位串的结尾,并提前两个周期(当计数器的值为 2 时)断言信号 irdy,将下一个字符加载到输入寄存器。提前一个周期(当计数为 1 时)断言信号 load 将 ROM 的输出加载到计数器和移位寄存器中。

当流水线更长并且输出字符串的最小长度为 1 时,这种预期时序的行为会更有趣。

22.6 接口和时序示例

现在回顾第 21 章的示例,并检查其系统时序和接口时序。

22.6.1 Pong

Pong 系统的大多数信号使用始终有效时序。图 21-2 所示的中心列中的每个模块都会产生其全局的状态。例如,球 FSM 生成当前时间的 X 和 Y 坐标。这些信号始终有效,并且可以在任何时间点对其进行采样。每个 FSM 采样其他 FSM 生成的状态,并执行其功能。例如，球 FSM 使用档板 FSM 的档板位置来检查球是否击中档板。这里需要注意的是，时钟必须足够快（相对于球的速度），以使得球在每个时钟周期不会在 X 或 Y 方向移动超过一个像素，这样如球击中顶部屏幕或击中档板的关键事件就不会在一个时间步长之间被错过。VGA 显示模块会根据需要对四个 FSM 的始终有效状态进行采样。

输入逻辑信号使用单端流控制（推送时序）。与表示连续状态的始终有效的信号相反，这些信号表示事件。当一个按钮按下时，表示一个输入事件输入的信号 serve、start、leftUp、leftDn、rightUp 或 rightDn 中的一个被断言恰好一个周期。这些信号中的每一个都可以认为是具有隐含数据的有效信号。也就是说，这些信号将事件和数据的流控制（例如事件是左侧档板向上还是左侧档板向下）组合到单个信号。主 FSM 和档板 FSM 通过更新其状态来响应这些事件。

22.6.2 DES 破解器

DES 破解器使用确定的时序表，如表 22-3 所示。该破解器有 8 个密码存储块，16 个周期的 DES 描述符，一个周期的密钥生成器和一个组合的明文检查器。每 16 个周期，解密一个新的密文块。在第 128 个周期，产生一个新的密钥，密码块 0 将再次被解密。

该版本的 DES 破解器中的事件流完全由主 FSM 中的一系列计数器驱动。这些计数器产生周围模块的时序，并与 DES 解密块的 16 个周期进行同步。单个模块（密钥生成器、密码文本存储器和明文检查器）以单向流控制（拉取时序）（见 22.1.3 节）操作。信号 first_key、next_key、first_block 等是准备就绪信号，指示 DES 破解器什么时候接收了模块产生的最后一个输入，以及模块什么时候应该前进到下一个值。这些第一/下一个信号是组合数据信号与流控制信号的示例。它们即指示主 FSM 是否准备好接收下一个值，也指示下一个值是否应该重新被设置为序列的开头，或者前进到序列的下一个部分。

表 22-3 在 DES 的周期时序中，解密所有 8 个密文块后再转到下一个密钥

列标记 FK、NK、FB 和 NB 分别为信号 first_key、next_key、first_block 和 next_block。

周期	FK	NK	KEY	FB	NB	CT 块	DES	Check
−1	1			1				
0			密钥 0			块 0		
1							轮 1	
2							轮 2	
...							...	
15				1			...	
16						块 1	轮 16	
17							轮 1	PT 块 0
18							轮 2	
...							...	
31				1			...	
32						块 2	轮 16	
33							轮 1	PT 块 1
...							...	
111				1			...	
112						块 7	轮 16	
113							轮 1	
...							...	
127		1		1			...	
128			密钥 1			块 0	轮 16	
129							轮 1	PT 块 7

　　该系统是采用预期时序流水线的另一个例子。如果要在周期 129 中用新的密钥开始第 1 轮解密，就需要在周期 127 中断言信号 next_key，所以密钥将在周期 128 时出现在 DES 单元的输入端。信号 first_block 和 next_block 也需要类似的时序。

　　使用一个不太严格的时序可以大大加快 DEC 破解器的速度，比如一旦检测到明文文本块失败就进入下一个密钥。表 22-4 所示的显示了这样一个破解器的时序。这里，DES 单元在周期 16 中完成解密密文块 0，而明文块在周期 17 中出现在其输出上。明文检查器组合检查该明文块，并且在周期 17 期间发出指示表明它不是明文。在周期 17⊖ 结束之前该指示被用来断言信号 next_key 和 first_block。新密钥和密文块 0 在周期 18 出现在 DES 单元的输入上。在该周期期间，信号 start_DES(表中的 SD)被断言，并中断 DES 单元对块 1 第 2 轮的解密。如果大多数不正确的密钥在第一个密文块上给出的明文就不正确，那么这个优化就加速了破解器 7.1× 倍。它将密钥之间的时间从 128 个周期缩短到 18 个周期。

表 22-4　改进 DES 破解器，一旦明文检测失败就跳到下一个块

周期	FK	NK	KGen	FB	NB	CT	SD	DES	Check
−1	1			1					
0			密钥 0			块 0	1		
1								轮 1	
2								轮 2	
...								...	
15				1				轮 15	
16						块 1	1	轮 16	
17	1			1				轮 1	notPT
18			密钥 1			块 0	1	轮 2	
19								轮 1	
20								轮 2	
...								...	
33				1				轮 15	
34						块 1	1	轮 16	
35								轮 1	OK

　　周期 17 和周期 18 中 DES 单元的操作是预测(speculation)的示例。在周期 15 时我们并不知道最后一个块是否会通过明文检查。然而，相比于等到周期 17 得到答案，可以直接在周期 15 中断言信号 next_block 有效，在周期 16 中断言信号 start_DES，并开始以预测的方式解密下一个密文块。这里预测，或者说是猜测，明文检查会通过，然后继续按假设进行。如果假设不正确，如在周期 17 中发现的那样，可以通过在周期 18 中重新断言 start_DES 来取消这种预测，与非预测式的等待操作相比，这样做的结果没有变得更糟糕(时间上⊖)。如果预测是正确的，如第 35 周期，那么它比非预测地等待操作将提前两个周期。

22.6.3　音乐播放器

　　图 21-5 所示的同步音乐播放器可以得出以下结论，音乐播放器的事件流由同步编解码器驱动，该编解码器通过周期为 $20.83\mu s$(48kHz)的信号 next 来请求新的样本。这是拉取时序的一个例子。系统的其余部分具有 2083 10 ns(100 MHz)的时钟，以便在下次请求之前提供此样本。在编解码器之前并没有 FIFO 对样本进行缓冲，因此系统必须实时计算每个样本。

⊖　设计者需要检查使用这种状态信号在同一周期内产生控制信号是否会延长关键路径。如果是会影响，这些信号应该被推迟到第 18 个周期。

⊖　预测通常都需要付出一定的功耗作为代价，因为预测的实现有功耗。

音乐播放器的时序如表 22-5 所示。任务链中的每个块通过准备就绪 - 有效的流控制从之前的块中提取信号。在周期 0 中，来自编解码器的信号 next 通过包络模块，并触发谐波 FSM 中表示下一个样本的信号 nextSample。该信号使正弦波合成器前进一个时间步长（$20.83\mu s$），并在周期 2 中输出基频值。谐波单元通过在周期 3 中断言信号 nextHarmonic 来请求二次谐波。合成器在周期 5 中用信号 valid 进行回复，同时用类似的时序在周期 8 中返回三次谐波。硬件之后保持空闲状态，直到编解码器在周期 2084 中请求下一个样本为止。

从 2084 到 2091 的九个周期中系统重复请求下一个样本的序列和两个附加的谐波。该九个周期，序列每过 2084 个周期就重复一次，直到合成器确定已经提供了当前音符的所有样本。在提供了当前音符的最后一个样本的三次谐波之后，合成器请求音符 FSM 在周期 $X+9$ 中提供下一个音符。音符 FSM 直到周期 $X+2084$ 才会提供音符。

表 22-5　音乐播放器时序表

周期	下一个样本	下一个谐波	正弦有效	下一个节点	点评
0	1			1	由编解码器请求的下一个样本
1	1				
2	1		1		基波的值
3		1			读二次谐波
4		1			
5		1			二次谐波值
6		1			读三次谐波
7		1			
8		1			三次谐波值
...					保持空闲直到下一个 48kHz 样本
2084	1				阅读下一个样本的基波
2085	1				
2086	1		1		基波的值
2087		1			读二次谐波
2088		1			
2089		1	1		二次谐波值
2090		1			读三次谐波
2091		1	1		
2092	1			1	三次谐波值
...					每个音符重复 4800 次
$X+6$		1			读最后一个音符的三次谐波
$X+7$		1			
$X+8$		1	1		三次谐波值
$X+9$				1	请求下一个音符

总结

本章学习了如何理解模块之间的信号时序，以及如何使用时序表来分析系统时序。

最简单的接口，如 Pong 游戏的例子，使用始终有效的时序，其中信号可以在任何时间点被采样。模块每 N 个周期产生一个有效的结果，使用周期性定时。这种时序往往比较脆弱——如果系统的任何部分发生变化，或者发生需要重新启动模块的事件时，它就会被破坏。

使用流控制可以实现鲁棒性更强的时序，其中接收器可以在接收数值时使信号 ready 有效，而信号 valid 指示发送器何时需要发送数据。而当信号 ready＝valid＝1 时数据被传递。流控制可以由单向或双向实现。具有信号 ready 但没有信号 valid 的单向接口时序称为拉取时序。只有一个信号 valid 的接口时序为推送时序。

时序表是一种设计可视化系统时序的工具。这些表在垂直轴上显示时间，其中每个周期为一行，列为关键信号。

在请求和响应之间有延时的系统，可以使用预期时序——在需要响应之前的几个周期就发出请求——用来补偿延时。

跟随事件流还可以对系统时序有更深入的了解。事件流反映了关键时序信号之间的因果关系。事件链通常由到达接口的外部事件或完成了的瓶颈模块触发。

练习

22.1　始终有效时序。除了传感器和游戏以外，请举出三个其他使用始终有效时序的例子。

22.2　周期有效时序。除了文中提到的以外，请举出三个其他使用周期有效时序的例子。

22.3　流控制时序。除了文中提到的以外，给出三个使用流控制时序的例子。

22.4　到周期有效时序的转换。设计一个 VHDL 设计实体，它首先可以作为一个接口的接收器，该接口具有 8 位位宽，并且采用准备就绪-有效的流控制。该设计实体同时还是具有周期有效时序接口的发送器，其中周期 $N=5$。请解释模块怎么处理在下一个周期出现为空的情况。

22.5　从周期有效时序开始转换。设计一个用于接收周期性（$N=10$）8 位信号的 VHDL 设计实体，并将其输出到一个准备就绪-有效接口。在输出还没有准备好时，模块应该具有保存两个周期有效信号的能力。设计允许丢掉第三个数据。

22.6　充分利用的流控制。例 22.1 中设计的模块，可对使用准备就绪 - 有效流控制的通信信道进行缓冲。但是这样做每次只有隔一个周期才能接收到新的数据。请设计一个模块，要求每个周期都可以接收一个新数据，从而实现完全的吞吐量。但是不允许有从下游接口到上游接口的组合路径（反之亦然）。可能需要两个寄存器来存储传入的数据。

22.7　基于信用的流控制。基于信用的流控制是除了准备就绪-有效信令以外的另一种流控制方式。发送模块以 n 个信用点计数开始。在每一个周期中，模块仍然至少有一个剩余的信用点，它可以发出 8 位数据信号和有效信号。接收器保证会接收到此值。发送有效数据将从剩余信用点中减去一个信用。从接收器到发送器维持周期有效（周期为 1）的信号 creditRtn，用来"返回"信用值到发送器。每一个周期中，当信号 creditRtn 被断言，发送器的信用值增加。请设计此基于信用的发送模块并用 VHDL 实现。输入为一个始终有效的 8 位数据信号、复位信号和信号 creditRtn。输出是有效信号 valid 和数据 data。

22.8　串行化。Ⅰ. 设计一个 VHDL 实体，将周期有效的（8 个时钟的周期）的 64 位数据信号转换成周期有效（一个时钟周期）的一系列 8 位信号。过程中必须存储输入数据，因为当它被认为是无效时，它的值可能会改变。

22.9　串行化。Ⅱ. 重复练习 22.8，但是假设 64 位输入使用准备就绪-有效的流控制。输出接口也使用一个在帧级的就绪-有效协议。当输出信号就绪且输入有效时，就输入连续八个 8 位数据。同样不允许有从上游接口到下游接口（或者从下游到上游）的组合路径。同时请算出现在输出的最大利用率。

22.10　帧和循环级流控制。设计一个 VHDL 设计实体，它使用帧级流控制接收超过 8 个周期的串行信号，并作为发送器使用循环级流控制发送超过 8 个周期的串行信号。

22.11　同步和可预测性。描述三种不同的情况，它们可以在同步定时输出中插入不可预测性。对于每一种原因，请解释如何产生最坏的错误。

22.12　时序表。Ⅰ. 分别列出练习 22.8 和练习 22.9 中描述的串行化接口的时序表。

22.13　时序表。Ⅱ. 将图 17.5 所示的波形转换成时序表，并包括所有相关信号。

22.14　时序表。Ⅲ. 列出 22.6.1 节中的 Pong 游戏的时序表。可以从第 i 个周期开始，此时球在屏幕中间，以每 20 个周期一个像素的速度向左移动。当球到达网格的末端时，它应该得分（假设左档板没有击中）。最后，时序表应该包括发球和开始的运动方向向右的情况，还包括所有相关状态和控制信号。

22.15　DES，更快的预测。一名学生指出，如果提供一个寄存器来保存旧的密钥，则可以在表 22-4 的第 1 个周期中生成新的密钥。任何后续的 DES 解密在开始时（由断言信号 start_des 表示）可以在两个密钥中使用多路复用器进行选择。如果该设计是可用的，重新列出表 22-4 所示的时序表。并确定如果第一个明文块在此更改下的明文检查失败，密钥之间的间隔是多少。

22.16 DES，对失败的预测。表 22-4 所示的预测可以预测成功。也就是说，它假定当前块的明文检查将成功，从而利用预期的时序，用相同的密钥解密下一个块。我们也可以向另一个方向预测，猜测当前块的明文检查将失败，在表 22-4 所示的周期 15 并断言信号 new_key 和 first_block。如果猜测是正确的，就可以没有延时地立即使用新钥匙。如果猜测是不正确的，就需要恢复到适当的状态。

(a)如果要从这种错误预测的情况中恢复，需要保存什么状态？

(b)在表 22-4 中添加 RS(恢复状态(restore state))，重绘这张表以实现预测失败。包括两种相同的情况，密钥 0 /块 0 失败，然后密钥 1 /块 0 通过。

(c)假设第一个明文块在明文检查中失败的概率为 95％。请分析预测失败或预测成功哪种速度更快。

22.17 双向流控制的 DES。假设设计了一种改进的明文检查器，它对解密的块进行两步检查，以判断其是否为有效的明文。第一步需要一个周期，并会有 95％ 的概率拒绝该明文块。然后，如果一个块通过第一步，第二步则需要另外六个周期，它以 90％ 的概率拒绝剩余的块。请解释如何将这个改进的模块接入到图 21-3 所示的 DES 系统中，以及它如何影响系统时序，并画出时序表，显示改进后的系统时序，并在表中列出包括新模块快速拒绝和慢速拒绝的两种示例。

22.18 DES，闲置资源。表 22-3 中的密钥生成器在 128 个周期中有 127 个周期处于空闲状态。为了充分利用此资源，请说明如何实例化多个 DES 破解器来并行运行。

(a)为 128 个不同的 DES 破解器绘制新的时序表。

(b)在表 22-4 所示的应用情况下重复这一练习。系统需要多少个并行 DES 解码器？

第 23 章
流 水 线

流水线由一系列模块组成，这些模块称为流水线级。每一级执行整体任务的一部分，就像一条装配线上的一个工位，执行整体装配工作的一部分，并将这个部分完成的工作传递到下一级。沿着流水线将部分完成的任务传递下去，每级都能够在整体任务完全完成之前开始一项新任务。因此，与一个从头到尾用单个模块完成一个整体任务相比，流水线可以在单位时间内完成更多的任务(即它具有更高的吞吐量)。

流水线的吞吐量(即单位时间内完成的工作量)取决于耗时最长的流水线级。设计人员要均衡地设计流水线，以避免流水线级空闲和资源浪费。具有可变延时的流水线级可能会使所有上级停止工作，从而导致数据无法沿着流水线传播。与使用全局信号相比，队列可以让流水线更富于弹性，并且能提高流水线对延时变动的容忍性。

23.1 普通流水线

工厂组装一个玩具车需要四个步骤。第一步，将木头做成车身；第二步，将车身上色；第三步，安装轮子；第四步，将安装好的车子放在盒子里。假定每个步骤都需要花费5min。一个工人每20min才能组装好一个玩具车。四个工人，有两种方法，可以平均每5min组装好一个玩具车。方法一，每个工人都从头到尾地执行这四个步骤，花费20min组装一个玩具车。方法二，安排这四个人在装配线上，每个工人只执行其中的一个步骤，然后将自己执行后的成果传递给下一个人。

在一个数字系统中，流水线就像装配线一样。我们将一个完整的任务(组装一个玩具车)划分成好几个子任务(四个步骤)。每个流水线级(装配线上的工人)完成一个子任务。这些级通过线性的方式紧紧地连接在一起，所以每级的输出就可以成为下一级的输入，就像装配线上的工人将他们的成果(玩具车半成品)传递给装配线上的下一个工人。

一个模块的吞吐量 Θ 就是该模块每单位时间内可以解决的问题数量(可以执行的任务数量)。例如，一个加法器每 10ns 可以执行完一个加操作，那么它的吞吐量就是 100 Mo/s(每秒执行完一百万个加操作)。一个模块的延时 T 就是该模块完成一个任务所消耗的时间。例如，加法器执行一次加操作，从给定输入到得到稳定的输出，一共消耗 10ns，那么它的延时就是 10ns。

对于一个简单的模块，吞吐量和延时互为倒数 $\Theta = \dfrac{1}{T}$。然而，当我们通过插入流水线或并行使用模块来加快运行速度时，吞吐量和延时之间的关系会变得更加复杂。

现有一个吞吐量 $\Theta = 100\text{Mo/s}$，延时 $T = 10\text{ns}$ 的模块，要将其吞吐量增加到 4 倍。假定这个模块的结构已经达到最优，所以不可以通过重新设计模块结构来增加吞吐量。就像上文提到过的玩具汽车工厂，有两种选择。其一，如图 23-1a 所示，模块 A-D 都是原始模块的副本并且相互独立，四个模块并行地执行任务，每个模块完整地执行一个任务只需要10ns，所以整个结构的延时依旧是 10ns。然而，因为这个结构同时执行了四个任务，所以吞吐量已经增加到了 400Mo/s。

其二，如图 23-1b 所示，我们可以在单个的完整模块中插入流水线。这样，我们将模块 A 划分为四个子模块 A1，…，A4。假定，能够做到平均划分，使每个子模块 A_i 的延时 T_{A_i} 相等，$T_{A_i} = 2.5\text{ns}$(如 23.6 节所讨论的，对一个模块的平均划分不是总能实现)。

流水线级之间的寄存器会保存上一个子模块执行任务后得到的结果，从而使下一个子模块能够继续处理该任务。因此，如图 23-2b 所示，该流水线可以以交错的形式同时处理四个任务。子模块 A_1 一旦完成 P_1 上需要完成的部分工作，就会开始 P_2 上的部分工作，与此同时，A_2 继续执行从 A_1 传下来的 P_1 上的工作。每个任务沿着流水线向下传递，每个周期前进一级，直到该任务被子模块 A_4 完全完成。如果暂时忽略寄存器的延时，这个系统的延时 T 仍然是 10 ns(2.5 ns×4 级)，吞吐量已经增加到 400 Mo/s，也就是每 2.5 ns 完成一个任务。

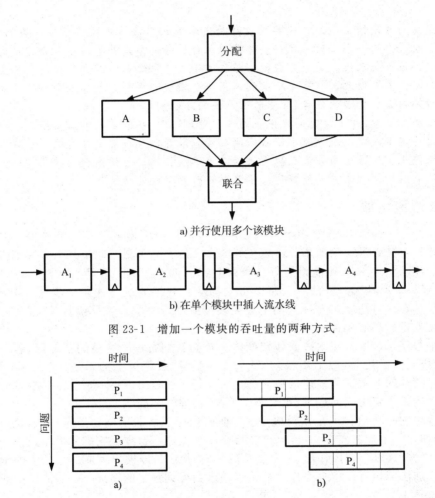

a) 并行使用多个该模块

b) 在单个模块中插入流水线

图 23-1　增加一个模块的吞吐量的两种方式

图 23-2　通过如图 23-1 所示的并行结构和流水线结构执行四个任务 P_1，…，P_4 的时序图

与使用并行模块相比，使用流水线结构的优点在于，不重复使用多个模块就可以增加吞吐量。然而，流水线结构也有不足之处。首先，流水线结构需要在相邻流水线级之间插入寄存器。有些情况下，流水线寄存器是非常昂贵的。其次，与一个相对应的并行结构相比，流水线结构会有更多的寄存器延时。

例如，假定每个寄存器的延时 $t_{reg} = t_s + t_{dCQ} + t_k = 200ps$。对于单一的模块或者一个并行结构(见图 23-1a)，我们只需要承担一次间接延时，延时 T 增加到 10.2ns，将四个并行模块的吞吐量减少到 $\Theta = \dfrac{4}{10.2} = 392Mo/s$。对这个模块插入流水线，每一级流水线都要承担一次寄存器延时，所以整个系统的延时 T 增加到了 10.8ns，吞吐量减少到了 $\Theta = \dfrac{1}{2.7} = 370Mo/s$。

实际情况中，很多系统都使用并行的流水线结构。设计者经常对模块插入流水线，直到寄存器的间接花费变得昂贵，再通过使用多个并行工作的流水线结构来进一步获得更大的吞吐量。通常来讲，如果将一个延时为 T_m，吞吐量为 Θ_m，面积为 a_m 的模块并行使用 p 次，则有：

$$T = T_m + t_{reg} \tag{23-1}$$

$$\Theta = \frac{P}{T} \tag{23-2}$$

$$a = p(a_m + a_{reg}) \tag{23-3}$$

如果将该模块划分成 n 级流水线，则有：

$$T = T_m + nt_{reg} \tag{23-4}$$

$$\Theta = \frac{1}{\dfrac{T_m}{n} + t_{reg}} \tag{23-5}$$

$$a = p(a_m + na_{reg}) \tag{23-6}$$

例 23.1 简单流水线

现有一模块，每完成一个任务耗时 10ns，计算其吞吐量，延时和时钟周期。假定寄存器输入到输出的延时 $t_{reg} = 100ps$。并行使用该模块 10 次，或者对该模块插入十级流水线。

对于单个模块，有：

$$T = T_m + t_{reg} = 10.1ns$$

$$\Theta = \frac{1}{T} = 99Mo/s$$

$$T_{clk} = 10.1ns$$

并行使用该模块 10 次，有：

$$T = T_m + t_{reg} = 10.1ns$$

$$\Theta = \frac{P}{T} = 990Mo/s$$

$$T_{clk} = 10.1ns$$

在该模块中插入十级流水线，有：

$$T = T_m + nt_{reg} = 11ns$$

$$\Theta = \frac{1}{\dfrac{T_m}{n} + t_{reg}} = 909Mo/s$$

$$T_{clk} = \frac{T_m}{n} + t_{reg} = 1.1ns$$

23.2 流水线示例

图 23-3 所示的三个例子，展示了如何将流水线运用到数字系统中。

图形处理流水线(见图 23-3a)渲染来自某个场景的一系列三角形，合并渲染过的片段并存到一个帧缓冲区中，完成图片显示。三角形经过一系列变换，丢弃掉不可见的对象并保留其他对象。然后根据深度和透明度将三角形分解成片段，对片段进行着色，合并后存到帧缓冲区中。当渲染复杂场景时，图形流水线必须具有高吞吐量，着色器要以每秒 60 帧(每帧 16ms)或更快的速度进行着色。

图形流水线的着色阶段通过并行的方式来隐藏访问纹理所需的延时。对于每个片段，要对纹理高速缓存区进行一次或多次访问。通常，这种访问是一击即中的，并快速完成。然而，一旦未命中，需要耗费很长时间才能从缓存中找回来。为了避免每个片段付出这种代价，GPU 同时启动多个请求。多个请求通过在等待期间提供其他有用的工作来隐藏访问纹理所需的延时。当重新从内存子系统中得到与其请求片段相匹配的纹理后,流水线继续向下运行。必须以片段的原始顺序进行匹配,从而通过合成获得最终的正确图像。通过并行化纹理检索,GPU 的总体吞吐量增加。

流水线技术也用于增加现代处理器的吞吐量。如图 23-3b 所示的一个简单的五级流水线,在第一级流水线阶段,从指令存储器中提取一条指令。

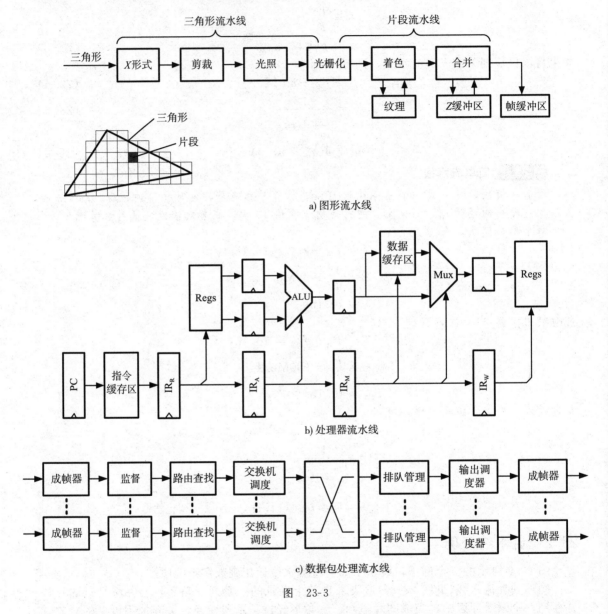

a) 图形流水线

b) 处理器流水线

c) 数据包处理流水线

图　23-3

在第二级流水线阶段,从指定的寄存器中读取数据并将操作数传递给第三级流水线阶段,并在第三阶段进行算术操作。如果有需要,可以在第四阶段访问存储器。最后,执行该指令得到的最终结果被写回到寄存器堆中。

在一个 CPU 流水线中,指令提取阶段和存储阶段都要访问共享二级缓存(见 25.4 节)。如果发生了两阶段同时访问的冲突,存储阶段通常会赢得仲裁⊖。优先考虑下游流

⊖　指令提取阶段需要等待存储阶段完成才能继续。

水线级可以避免潜在的死锁状况。一个 CPU 流水线中的寄存器堆(register file)会在寄存器读取阶段和写回阶段之间共享。但是,每个阶段会额外访问一个或多个寄存器端口。寄存器的读取阶段会访问寄存器堆中的两个读端口,而在写回阶段,会额外地访问一个写端口。

必须注意,要避免在数据写入寄存器堆之前就从中读取数据,因为只有当有较早的指令到达了写回阶段访问寄存器堆之后,指令才能在读取阶段访问寄存器堆。

图 23-3c 所示的网络路由器,对由中央交换机连接的所有输入和输出端口,采用并行流水线结构。来自串行通信通道的比特流被成帧器(framer)校准形成字,并划分成数据包。下一阶段会监督数据包,以确保它们符合使用协议。此阶段可能会丢掉行为不当的数据包,并根据数据包被分配的服务质量为其分配优先级。接下来的阶段,会执行路由计算,以确定每个数据包的输出端口。该计算通常涉及特里(tire)数据结构中的前缀搜索,并且需要的时间是可变化的。一旦选择了输出端口,为了实现交换机到所选输出端口的遍历,交换机调度器会给数据包的每个字分配一个时隙。输出流水线根据数据包的优先级对数据包进行调度,以便在输出通道上进行传输。

因为这些流水线阶段中的某些阶段需要的时间是可变的,所以它们通过 FIFO 缓冲器进行连接,以平衡负载,使上游阶段在等待下游阶段执行任务期间能够继续接收数据包。我们将在 23.7 节更详细地研究这些缓冲器。

每条流水线都是经过精心设计的,以满足延时,吞吐量和成本目标。划分流水线要平衡流水线级之间的负载,并最大限度地减少流水线寄存器的宽度。图形流水线在图形处理单元(GPU)上多次复以实现我们所期望的吞吐量。CPU 具有较长的流水线(大约 20 个阶段),以实现高性能。

23.3　逐位进位加法器流水线结构设计示例

这是一个更加具体的有关流水线的例子,如图 23-4 所示的是一个 32 位的逐位进位加法器,10.2 节详细描述过。如果每个全加器从进位输入到进位输出的延时 $t_{dcc} = 100ps$,那么在最坏的情况下(进位必须要从 LSB 传播到 MSB),整个逐位进位加法器的延时是 $t_{dadd} = 32t_{dcc} = 3.2ns$。

这个加法器能够每 3.2ns 执行一次加法,也就是每秒能执行 31 250 百万个加法。假设目标是得到一个吞吐量是每秒执行 1 亿个加法的加法器,即每 1ns 执行一个加法,则可以通过插入流水线来实现这个目标。

在逐位进位加法器执行加法时,任何时间点只有 1 位处于忙碌状态。例如,在提供输入之后的 1 ns,只有第 10 位处于忙碌状态。第 0 ~9 位已经完成操作,第 11~31 位正在等待其进位输入(已经计算出 p 和 g,但是不能计算 s,直到得到进位输入为止)。通过插入 n 级流水线,32 位中有 n 位同时工作。

对一个单元采用流水线技术的第一步是将其划分为子模块。如图 23-5 所示,32 位加法器模块被划分为四个子模块,每个子模块执行 8 位加法。每个 8 位加法器接收输入的 8 位,即 $a_{i+7:i}$ 和 $b_{i+7:i}$,以及一个进位输入 c_i 并产生和 $s_{i+7:i}$ 和一个进位输出 c_{i+8}。这些 8 位加法器的延

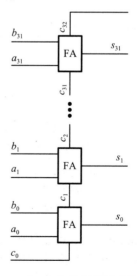

图 23-4　一个 32 位的逐位进位加法器,执行一次加法,每一级需要 100ps,整个加法器需要 3.2ns

时(从进位输入到进位输出)都是 $t_{d8}=8t_{dcc}=800$ps，所以，对于周期是 1ns 的时钟，这些 8 位加法器还能为寄存器留出 200ps 的延时。

为了让这些划分后得到的加法器能够同时解决多个问题，我们需要在子模块之间插入寄存器。图 23-6 所示的粗线框展示了寄存器的插入位置。图 23-7 展示了插入寄存器之后的电路。一个子模块和一个与它相连的寄存器就组成了流水线的一个阶段。流水线寄存器 R1 被插在了第一个 8 位加法器之后。这个寄存器捕获了这个 32 位加法器 800ps 后的部分结果，一共有 57 位，其中包括：和的低 7 位 $sR0_{7,0}$，进位的第 8 位 $c8R0$，输入向量的高 24 位 $aR0_{31,8}$ 和 $bR0_{31,8}$。

我们把 R1 之前的信号都标记一个 R0 的下标来表明它们都处于第 0 级流水线阶段，将这些信号与后面其他流水线阶段的信号区分开。以同样的方式，R1 的输出和其他所有第一级流水线阶段的信号都标记一个 R1 的下标。注意，$sR1_{7,0}$ 和 $sR2_{7,0}$ 是不同的信号。虽然它们都表示一个和的低 8 位，但是任何时间点，都是不同和的低 8 位。

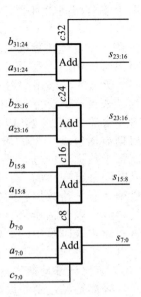

图 23-5　将这个 32 位的逐位进位加法器划分成四个 8 位的加法器

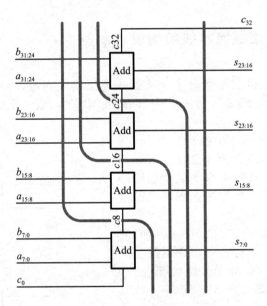

图 23-6　对一个 32 位逐位进位加法器插入流水线，将流水线寄存器插在如图粗的灰色线的地方，将其分成了 4 个流水线阶段。从输入到输出的所有路径都必须通过每个流水线寄存器

通过给信号标记上它们所在的流水线阶段，就能很容易地发现来自不同阶段的信号组合在一起的这种常见错误。比如，$fooR1 \& barR2$ 这种表达式就是错的，因为来自不同流水线阶段的信号不应该组合在一起⊖。

⊖　与所有规则一样，此规则也有例外，比如停滞信号（见 23.4 节）和结果转发（见练习 23.10）。

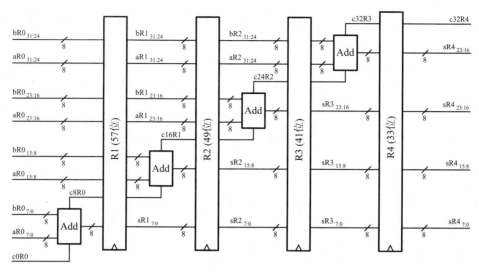

图 23-7　已经插入流水线的 32 位逐位进位加法器。寄存器已经被插放好，重画原理图使每
一个流水线阶段处于同一个垂直区域。信号的名字根据产生它们的寄存器扩展

流水线的第二个阶段将输入向量的第二个字节相加，也就是把 $aR1_{15:8}$ 和 $bR1_{15:8}$ 相加，$c8R1$ 作为进位输入，得到输出和 $sR1_{15:8}$ 和进位输出 $c16R1$。这个第二个字节的加法器的输出结果被寄存器 R2 捕获，同时被捕获的还有 $sR1_{7:0}$、$aR1_{31:16}$ 和 $bR1_{31:16}$，一共有 49 位。以同样的方式，第三级和第四级流水线阶段分别把第三个字节和第四个字节的数据相加。在第四阶段的输出，寄存器 R4 捕获了和的所有 32 位和进位输出 $c32R3$。

图 23-8 展示了这个流水线的时序。从这个图可得，五个任务 $P_0, \cdots, P_4$ 沿着流水线向下执行。任务 P_i 在周期 i 进入流水线。P_i 的和字节 j（第 $8j$ 个到第 $8j+7$ 个位）在周期 $i+j$ 被计算出。P_i 的完整加法结果出现在四个周期后，也就是周期 $i+4$。P_0 的完整加法结果出现在四个周期后，也就是周期 4，与此同时，随后的其他任务在不同的流水线阶段进行着。

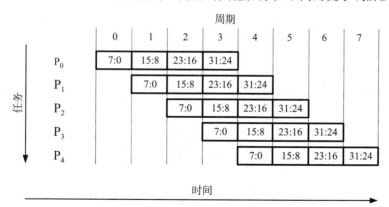

图 23-8　该表格显示了插入流水线的 32 位逐位进位加法器的时序，展示了 $P_0, \cdots, P_4$ 的每个
和字节被计算出的周期

R4 的输出就是最终的结果 $s_{31:0}$ 和 $c32$.

对这个逐位进位加法器流水线化提高了它的吞吐量，减小了它的延时。如果每个寄存器的延时是 $t_{reg} = t_s + t_{dCQ} + t_k = 200ps$，那么每个流水线阶段的延时就是 1ns（包括 8 位加法器的延时 800ps 和一个寄存器的延时 200ps）。所以该流水线可以在 1GHz 的频率上工作，得到目标吞吐量 1Go/s。流水线的整体延时是 $T = 4ns$，而原始的未被流水线化的加法器的延时是 3.2ns。造成延时不同的原因就在于增加了这四个流水线寄存器的延时。

通常来说，如果最长流水线阶段中组合逻辑的延时是 $t_{\max}$，那么这个流水线阶段的整体延时就是：

$$t_{\text{pipe}} = t_{\max} + t_{\text{reg}} = t_{\max} + t_s + t_{dCQ} + t_k$$

N 级流水线阶段的延时为：

$$T = n(t_{\max} + t_{\text{reg}}) = n(t_{\max} + t_s + t_{dCQ} + t_k)$$

吞吐量为：

$$\Theta = \frac{1}{t_{\max} + t_{\text{reg}}} = \frac{1}{t_{\max} + t_s + t_{dCQ} + t_k}$$

23.4 流水线停滞

在某些情况下，某个流水线阶段可能在其被分配的时间内完成不了它所负责的工作。例如，在玩具厂，车轮组装商可能会少组装一个轮子。在处理器流水线中，一个计算的某些输入可能未准备就绪。在以上的两种情况下，违规的流水线阶段必须通知其所有上游阶段，它未能完成工作。工厂中的大红色按钮和数字系统中的停滞信号可以完成此通知。声明这样一个停滞信号有效可以使上游的流水线阶段停止工作，直到该信号声明无效。我们也可以用准备就绪信号来替代停滞信号，当处于停滞状况时，使准备就绪信号置为 0（没有准备好）。这个就与 22.1.3 节准备就绪有效流量控制机制相似。

在没有停滞信号的数字系统中，给停滞的流水线阶段提供输入的寄存器仍然会在时钟到来时提供新的输入。新输入的数据将覆盖以前的输入，被停滞的任务将因此丢失。每个寄存器都包含特殊的逻辑，使得当准备就绪信号（ready）无效时，时钟到来也不会提供新的输入数据。在停滞的流水线阶段的下游，时钟到来，寄存器仍然会接收上一阶段的结果，但是控制信号（valid）声明无效，这表示上一阶段的结果是无效的。

如图 23-9a 所示，这些停滞信号往往处于关键路径上。通常情况下，停滞信号的声明在流水线阶段的后期才会发生。一旦开始计算，这些信号必须向上传播，传播距离为流水线长度（导线延时），并与其他停滞信号相结合（逻辑延时）。控制信号（valid）不在关键路径上，因为它们仅在流水线阶段结束时被馈送到寄存器中。

对于每个流水线寄存器，如图 23-9b 所示的处理停滞的逻辑比较简单。如果准备就绪信号 ready 被置为 0，寄存器将在时钟到来时依旧保持其旧值。如果下游阶段都准备就绪，则下一个任务将被输入到该寄存器。

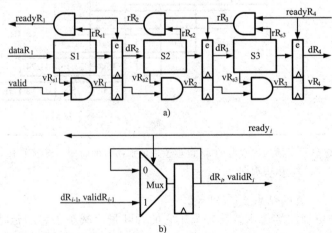

图 23-9 a)有停滞信号的三级流水线结构，b)停滞逻辑，c)处理停滞的示例。如果一个流水线阶段 Si 出现停滞，它会声明其准备就绪信号（rRi）无效。与上游的所有其他准备就绪信号相结合，以防止时钟到来时流水线寄存器接收新的数据。当在周期 2，阶段 3 未准备好时，所有上游流水线阶段立即停止工作，直到阶段 3 准备就绪为止

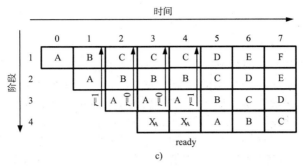

图 23-9 （续）

图 23-9c 所示的给出了一个例子：一个有四级的流水线在周期 2，阶段 3 出现停滞。准备就绪信号要被置为 0，上游阶段 B 和 C 计算得到的值不会向下传播。

阶段 3 的输出 X_A 将进入到下一流水线阶段，但是 valid 会被置为 0，表示该输出无效

一个停滞流水线缓冲区的 VHDL 代码如图 23-10 所示。其输入是 upstream_data，upstream_valid 和 downstream_ready 信号。准备就绪信号 ready 在时钟到来时立即向上游传播，而另外两个输入（data 和 valid 信号）在没有停滞条件时才会被记录在寄存器中。如果流水线确实需要停滞，则寄存器将保持其输出。

```vhdl
library ieee;
use ieee.std_logic_1164.all;
use work.ff.all;

entity single_buffer is
  generic( bits: integer := 32 );
  port( rst, clk: in std_logic;
        upstream_data: in std_logic_vector(bits-1 downto 0);
        downstream_ready, upstream_valid: in std_logic;
        downstream_data: buffer std_logic_vector(bits-1 downto 0);
        upstream_ready, downstream_valid: buffer std_logic );
end single_buffer;

architecture impl of single_buffer is
  signal stall, valid_nxt: std_logic;
  signal data_nxt: std_logic_vector(bits-1 downto 0);
begin
  upstream_ready <= downstream_ready;
  stall <= not upstream_ready;

  data_nxt <= (others => '0') when rst else
              downstream_data when stall else
              upstream_data;

  valid_nxt <= '0' when rst else
               downstream_valid when stall else
               upstream_valid;

  dataR: vDFF generic map(bits) port map(clk, data_nxt, downstream_data);
  validR: sDFF port map(clk, valid_nxt, downstream_valid);
end impl; -- single_buffer
```

图 23-10   实现单个缓冲器的 VHDL 代码。下游准备就绪信号通过组合逻辑在上游传播。如果下游阶段尚未准备就绪，则寄存器不会接收新的值

23.5   双重缓冲

全局停滞信号的延时也是一个问题。在许多系统中,在一个时钟周期内广播停滞状况是不可行的。在每个阶段,时钟到来时,都必须使准备就绪信号进入触发器并向上传播一个周期。为了做到这一点,并且保证数据不丢失,我们必须采用双重缓冲措施,将旧的数据和新到达的数据都保持在寄存器中,直到上游阶段停止工作为止。

图 23-11a 所示的展示了一个有双重缓冲流水线的例子。如图 23-11b 所示,在每一级流水线阶段之间有两个寄存器。当流水线阶段 i 未准备好时,它的内部准备就绪信号 int_readyRi 被置为 0。在这之后的第一个周期,来自阶段 $i-1$ 的值被缓冲到第二个寄存器中(阶段 $i-1$ 还未接收到流水线阶段 i 未准备好的信号)。在下一个周期,阶段 $i-1$ 输入 Rrev_readyR$_i$ 被设置为 0,使得 ready R$_{i-1}$ 设置为 0。

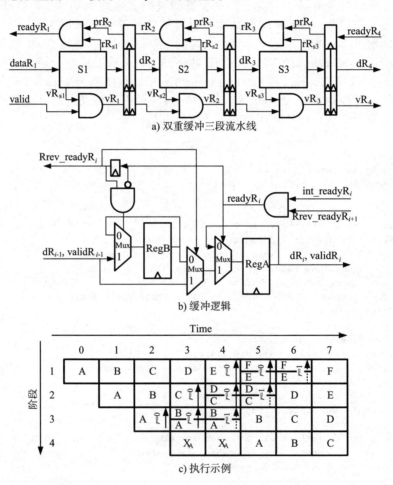

a) 双重缓冲三段流水线

b) 缓冲逻辑

c) 执行示例

图 23-11   在双重缓冲流水线中,每个停滞信号仅传播到该停滞阶段的开头。通过从关键路径
中移除停滞信号来减少系统的延时。停滞导致第二个寄存器被写入数据,每次将准
备就绪状态(r)的变化向上传播一个流水线阶段

图 23-11 所示的展示了控制这两个缓冲区的逻辑。当阶段 i 已经准备好了两个以上的周期时,readyR$_i$ 和 prev_readyR$_i$ 都为高电平"1",每个时钟周期都会将 dR$_{i-1}$ 写入 RegA。在 int_readyR$_i$ 或 prev_readyR$_{i+1}$ 被声明无效的第一个周期中,RegA 不会记录新数据,RegB 缓冲来自上游的数据。在随后的周期中,直到阶段 i 准备好,RegA 和 RegB 均保持

原本的值。在 readyR$_i$ 和 Rrev_readyR$_i$ 再次被声明有效（置为"1"）之后的第一个周期，寄存器 B 中的内容将被提升到寄存器 A 中。

在图 23-11c 所示的执行示例中，阶段 3 在周期 2 出现停滞。阶段 0-1 和阶段 1-2 之间的寄存器没有接收到准备就绪信号无效（$r=0$）的信息，依旧正常的接收数据 D 和 C。为了避免丢失 B，在周期 3，B 被缓冲到阶段 2-3 之间的额外寄存器中。在下一个周期，阶段 2 接收到了准备就绪信号无效（$r=0$）的信息，双缓冲 D（E 在阶段 1 结束时被写入到寄存器）。当准备就绪信号被重新声明有效（$r=1$）时，该准备就绪信号 r 将向上游传播。

在 C 进入主寄存器之前，阶段 3 将处理 A 和 B。这种类型的缓冲也称为滑动缓冲，因为数据从停滞处滑动到对应的双重缓冲区。

双缓冲可以减小延时并增加系统的吞吐量。从关键路径移除停滞信号加快了模块运行的速度。与使用一个全局停滞信号相比，由于附加了寄存器，增大了面积开销。

图 23-12 所示的提供了实现同步双缓冲区的 VHDL 代码。当准备就绪信号保持高电平时，第一个寄存器 data_a 记录输入的数据值。与单缓冲不同，双缓冲通过触发器传播准备就绪信号。当系统未准备就绪时，上游数据存储在第二个寄存器 data_b 中。

```vhdl
library ieee;
use ieee.std_logic_1164.all;
use work.ff.all;

entity double_buffer is
  generic( bits: integer := 32 );
  port( rst, clk: in std_logic;
        upstream_data: in std_logic_vector(bits-1 downto 0);
        downstream_ready, upstream_valid: in std_logic;
        downstream_data: buffer std_logic_vector(bits-1 downto 0);
        upstream_ready, downstream_valid: buffer std_logic );
end double_buffer;

architecture impl of double_buffer is
   signal data_a: std_logic_vector(bits-1 downto 0);
   signal data_b: std_logic_vector(bits-1 downto 0);
   signal valid_a, valid_b: std_logic;
   signal data_a_nxt, data_b_nxt: std_logic_vector(bits-1 downto 0);
   signal valid_a_nxt, valid_b_nxt, upstream_ready_nxt: std_logic;
begin
   downstream_data <= data_a;
   downstream_valid <= valid_a;

   data_b_nxt <= (others => '0') when rst else
                 upstream_data when upstream_ready and downstream_ready else
                 data_b;

   data_a_nxt <= (others => '0') when rst else
                 data_a when downstream_ready else
                 upstream_data when upstream_ready else
                 data_b;
```

图 23-12 实现一个双缓冲的 VHDL 代码。一个周期之后，downstream_ready 信号向上传播。如果这个下游阶段没有准备就绪，第二个缓冲（data_b）会记录上游的值。一旦这个阶段再次变成准备就绪的状态，data_b 中的数据会被转移到 data_a 中

```
    valid_b_nxt <= '0' when rst else
                   upstream_valid when upstream_ready and downstream_ready else
                   valid_b;

    valid_a_nxt <= '0' when rst else
                   valid_a when downstream_ready else
                   upstream_valid when upstream_ready else
                   valid_b;

    upstream_ready_nxt <= '1' when rst else downstream_ready;

    dataRa: vDFF generic map(bits) port map(clk, data_a_nxt, data_a);
    dataRb: vDFF generic map(bits) port map(clk, data_b_nxt, data_b);
    validRa: sDFF port map(clk, valid_a_nxt, valid_a);
    validRb: sDFF port map(clk, valid_b_nxt, valid_b);
    readyR:  sDFF port map(clk, upstream_ready_nxt, upstream_ready);
end impl; -- double_buffer
```

图 23-12 （续）

图 23-13 并列的显示了两种缓冲类型的波形。data0-data4 表示流水线各级的输入。过了一段时间后，我们迫使阶段 3 的准备就绪信号处于低电平。在单缓冲（上面）中，这是一个全局可见的事件。所有阶段都停止对新数据的记录。在双重缓冲中，我们看到准备就绪信号的变化每次向上游传播一个时钟周期。在每个流水线阶段，第二个缓冲区（data_ib）记录上游的数据。当停滞阶段已经再次准备好之后，第二个缓冲区缓冲的数据被转移到第一个缓冲区中。

例 23.2 采用双缓冲技术减小延时

分别计算具有单缓冲区和双缓冲区的十级流水线的时钟周期。假设每个阶段都有 10 ns 的延时（包括 t_{reg}），并且停滞导致了 8ns 的延时（t_{rdy}）。将准备就绪信号从流水线阶段的一端传播到另一端需要 $1ns(t_{sd})$。即使在产生停滞状态的阶段，也必须产生 t_{sd} 延时。

对于单缓冲，可得时钟周期为：
$$t_{clk} = \max(t_{stage}, t_{rdy} + nt_{sd}) = \max(10, 8 + 10 \times 1) = 18ns$$
对于双缓冲，可得时钟周期为：
$$t_{clk} = \max(t_{stage}, t_{rdy} + t_{sd}) = \max(10, 8 + 1) = 1ns$$

23.6 负载平衡

在设计流水线时，确保每个流水线阶段具有相同的吞吐量很重要，因为系统的总体吞吐量是由最慢的流水线阶段确定的。吞吐量最小的流水线阶段通常称为瓶颈阶段，因为像瓶子狭窄的颈部一样，它限制了流量。瓶颈上游的更快阶段必须空闲以防止溢出缓冲区。瓶颈下游的更快阶段必须空闲，因为它们大部分时间都没有数据输入。

图 23-14a 所示的给出了一个不平衡的流水线。除了第 3 阶段以外，每个阶段都有 $\Theta = 1Go/s$ 的吞吐量。然而，第 3 阶段只有 $\Theta_3 = 250Mo/s$ 的吞吐量。因此，整个系统的吞吐量被限制在 250 Mo/s。时钟周期设置为 4 ns，而整个模块的延时为 16 ns。

为了增加第 3 阶段的吞吐量以匹配其余的流水线阶段（1Go/s），可以制作四个第 3 阶段的副本（见图 23-14c），或者把阶段 3 深度流水线化成四个阶段（见图 23-14b），或者把前面二者结合起来。流水线化阶段 3 使每个新的流水线阶段每 1 ns 产生一个新的输出。第 3 阶段的整体延时保持在 4 ns（加上寄存器延时），但吞吐量增加了 4 倍。如果第 3 阶段无法有效地插入流水线，我们可以复制它。这样做需要将系统时钟设置为 4 ns，即阶段 3 的延时。为了实现整个系统 1Go/s 的吞吐量，其他每个阶段必须能够在一个 4 ns 周期内产生 4 个结果。练习 23.17 要求你设计一个流水线，在这个流水线中，阶段 3 被复制，并且时钟周期为 1 ns。

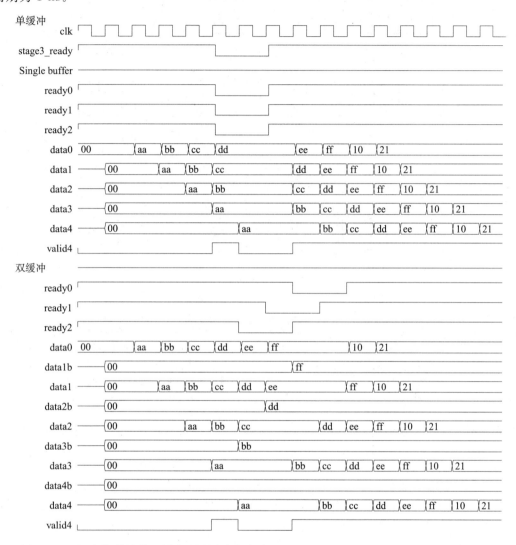

图 23-13　具有停滞的单一缓冲和双缓冲流水线的波形。我们将 stage3_ready 信号置为 0 并保持两个周期。单个缓冲流水线会声明一个全局停滞信号（$ready_i$）无效，并且没有数据被记录到缓冲区。双缓冲流水线，准备就绪信号每次向上游传播一个周期。信号 $data_ib$ 表示准备存储在第二个缓冲区中的值。

23.7　可变负载

一个流水线阶段的延时不一定总是恒定的。例如，解码电影画面的时间取决于当前画面和前一画面之间的差异。如果使用硬性的流水线，每次下游阶段花费大量时间来处理一个问题实例时，上游阶段将处于停滞状态。然而，通过在流水线阶段之间插入先进先出（FIFO，见 29.4 节）缓冲器，吞吐量的变化可以被平均化——使整体吞吐量仅取决于每个阶段的平均吞吐量。

当 FIFO 未满时，上游流水线阶段会将结果插入到 FIFO 中。当 FIFO 未空时，下游阶段会从队列的头部接收问题实例。如果 FIFO 是满的，则上游阶段停滞。如果 FIFO 是空的，则下游阶段空闲。

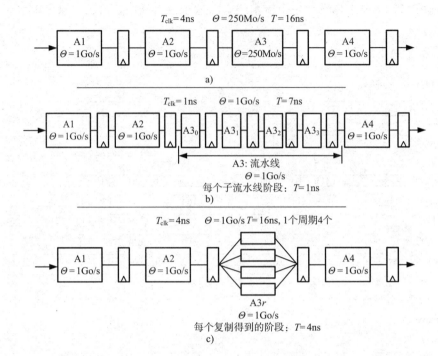

图 23-14 同一个流水线的三种实现方法的总吞吐量、延时和时钟周期。在 a) 中，阶段 3 限制了总体吞吐量。在 b) 中，我们在第 3 阶段中插入流水线，将其划分为四个 1 ns 的阶段，实现高吞吐量和低延时。在 c) 中，通过复制阶段 3，获得 1Go/s 吞吐量，但没有得到低延时。在 c) 中，所有其他阶段必须在每个 4 ns 的时钟周期内产生 4 个输出

在这种解耦系统中，不需要全局时钟。流水线的每个阶段执行计算，直到上游 FIFO 为空或下游 FIFO 为满为止。在稳态条件下，这二者都不应发生。为了提供完整的吞吐量，FIFO 必须足够深，以适应阶段之间的所有不确定性。影响 FIFO 大小的因素包括延时分布和突发性。

图 23-15 显示了对于具有可变延时的流水线，FIFO 的必要性。流水线阶段 A 具有 10 个周期的延时，而阶段 B 具有 5 或 15 个周期的延时。在两个阶段之间只有一个流水线寄存器，如图 23-15b 所示，只要 B 在前一次迭代中没有完成工作 (条件 F)，则 A 必须停止。

当单个缓冲区尚未被 A 写入 (条件 E) 时，B 必须空闲。对于具有多个时隙的缓冲区，如图 23-15c 所示，阶段 A 连续执行而不会停顿——如果 B 仍处于忙时，它将简单地对问题实例进行排队。只要 FIFO 不变空，B 就不会空闲。B 将空闲的唯一情况是，它有多个 5 周期执行的突发，并完全排出 FIFO。

图 23-16 所示的是解耦可变流水线级的一个详细示例。一个 3 输入的 FIFO 将固定延时阶段 A 与可变延时阶段 B 分开。这两个阶段与 FIFO 的接口都使用了准备就绪有效流控制 (见 22.1.3 节)。在 FIFO 中，信号 A_ready=1 表示 FIFO 没满，B_valid=1 表示 FIFO 没空。当 A 阶段声明其就绪信号有效 A_ready=1 并且 FIFO 准备就绪时，来自 A 的数据在时钟上升沿被写入 FIFO。数据被写入第一个可用的寄存器，称为尾部。当在周期 11、12 和 13，FIFO 处于满的状态时，A 阶段必须停滞。当 B 阶段声明其就绪信号有效 B_valid=1 并且 FIFO 有效时，FIFO 将数据从队列中弹出并移动其余的数据。FIFO 连续输出第一个有效数据的位置，称为头部。当在周期 1、2 和 4，FIFO 为空时，B 阶段空闲。FIFO 的深度会限制 A 阶段停滞周期数和 B 阶段空闲周期数。

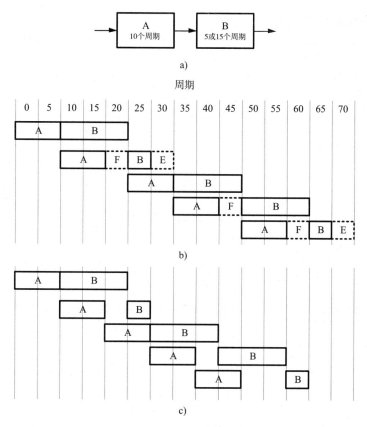

图 23-15 具有可变负载的流水线。流水线阶段 B 可以花费 5 个或 15 个周期。在 b)中，A
和 B 之间只有一个寄存器。这导致，当 A 完成但 B 没有完成（F）时，A 会停滞；
当 B 完成但 A 没有完成（E）时，B 会空闲。如 c)所示，用 FIFO 替换寄存器，消
除了停滞

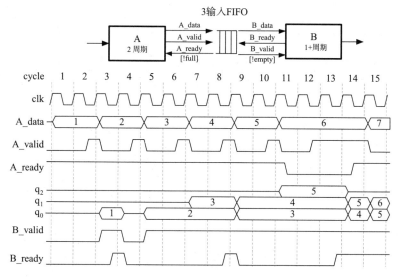

图 23-16 当 FIFO 队列用作可变长度流水线阶段之间的缓冲区时的波形。当队列为空（B_
valid ＝ 0）时，B 空闲。当队列为满时，A 阶段停滞（A_ready ＝ 0）

例 23.3 可变负载的时序

计算四级流水线完成表 23-1 所示的五项任务 P1，P2，…，P5 所需的时间。表中显示的是每个阶段完成给定任务所需的时间（以周期为单位）。例如，阶段 3 需要 10 个周期来完成 P1，1 个周期来完成 P2。首先假设有一个全局停滞信号，再假设每个阶段之间有 FIFO。

表 23-1　实例 23.3 中描述的问题的时序：每行代表一个任务，单元格是每个任务在给定流水线阶段中必须花费的周期数

	S1	S2	S3	S4
P1	1	1	10	1
P2	1	1	1	1
P3	1	1	1	10
P4	1	10	1	1
P5	10	1	1	1

绘制解决任务的时间表。请注意，在这些表中，时间标记为垂直标记，而不是水平标记。每个条目是当前每个阶段正在计算的任务。对于有全局停滞信号的流水线，有如表 23-2 所示的时序图。对于有 FIFO 的流水线，有如表 23-3 所示的时序图。

表 23-2　执行例 23.3 中的一系列任务的时序：具有全局停滞信号，一共需要 35 个周期

周期	S1	S2	S3	S4
0	P1			
1	P2	P1		
2	P3	P2	P1	
…	P3	P2	P1	
11	P3	P2	P1	
12	P4	P3	P2	P1
13	P5	P4	P3	P2
…	P5	P4	P3	P2
22	P5	P4	P3	P2
23		P5	P4	P3
…		P5	P4	P3
32		P5	P4	P3
33			P5	P4
34				P5

表 23-3　执行例 23.3 中的一系列任务的时序：具有 FIFO 来兼容可变负载，一共需要 26 个周期

周期	S1	S2	S3	S4
0	P1			
1	P2	P1		
2	P3	P2	P1	
3	P4	P3	P1	
4	P5	P4	P1	
…	P5	P4	P1	
11	P5	P4	P1	
12	P5	P4	P2	P1
13	P5	P4	P3	P2
14	P5	P4	P3	
15	P5	P3		
16				P3
…				P3
23				P3
24				P4
25				P5

基于 FIFO 的实现能够更好地处理可变延时，比起基于全局停滞信号的实现需要 35 个周期完成任务，它只需要 26 个周期。

23.8 资源共享

在流水线阶段之间可以共享昂贵但是很少使用的资源。例如，图 23-17a 所示的流水线阶段 A 和 D 访问的存储器。该存储器是昂贵的，但每个阶段的使用时间不到 50%，这使共享更有吸引力。图 23-17b 所示的显示了共享一个模块来计算余弦值的两条流水线，该计算是非常不频繁的操作。

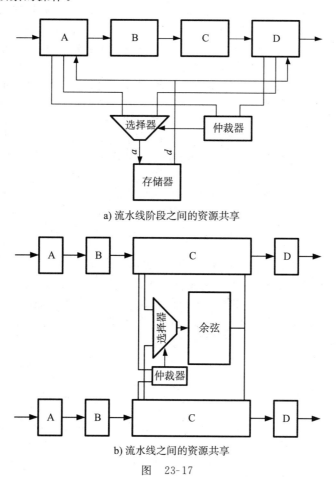

a) 流水线阶段之间的资源共享

b) 流水线之间的资源共享

图　23-17

仲裁器（见 8.5 节）用于防止在任何给定时间多个共享者同时访问资源。对于每个资源访问周期，资源的共享者需要声明一个请求。仲裁器将资源至多授予一个请求者。失去仲裁的共享者必须停止使用资源，直到被再次授予资源为止。为了防止一个请求者被饿死（即反复请求失败），应该使用一个公平的仲裁器，如循环仲裁器（见练习 8.13）。当一个阶段或一个流水线比另一个阶段或流水线更重要时，应该使用优先级仲裁器。例如，相比授予上游阶段资源，授予下游阶段会使更少的阶段停滞，并且可以避免潜在的死锁问题。对资源共享进行仲裁会花费可变的时钟周期——有时需要在共享资源的阶段之前放置 FIFO。

在资源很少被使用或复制成本高的情况下，资源共享最为有利。例如，路由器中的路由逻辑，该逻辑计算数据包必须被发送到的位置。对于每个数据包，该路由逻辑仅在路由头使用一次，但数据包可能需要数十个周期来遍历路由器。因为路由逻辑的利用率低，所以该路由逻辑可以在路由器的多个或甚至所有输入端口上共享。

总结

在本章，您已经学习了如何使用流水线和并行来提高系统模块的性能。用延时和吞吐量来衡量模块的性能。流水线将模块分成多个阶段，以便信息沿着一个方向从一个阶段向下一个阶段传播。寄存器插入在各个阶段之间，以便每个阶段可以同时执行一个任务的一个独立子任务。

可以使用并行或流水线技术来提高吞吐量，同时保持延时大致恒定。对一个模块插入流水线，将其划分成 n 个阶段，会将其吞吐量提高 n 倍，然而只是稍微增加了延时（增加了 nt_{reg}），增加的面积（成本）也只是插入的寄存器的面积（成本）。相比之下，应用 n 个并行单元也将其吞吐量提高了 n 倍，但是面积也增加了 n 倍。在分配时间内无法完成任务的流水线阶段可能会拖延流水线，使所有上游阶段停滞，直到该流水线阶段完成工作为止。为避免整个流水线被停滞的时序难题，可以采用双缓冲技术，也就是使用能够保存两个（或更多）条目的缓冲器替换阶段之间的寄存器。

一个高效的流水线必须是平衡的，每个阶段的吞吐量相等，因为整个流水线的吞吐量将由最慢的流水线阶段来决定，也就是瓶颈阶段。为了平衡流水线，可以对该瓶颈阶段采用流水线技术或并行使用多个该瓶颈阶段，以提高其吞吐量。

当流水线阶段具有可变吞吐量时，FIFO 缓冲器可以插入到阶段之间以平均变化。如果缓冲器足够深，则给出的吞吐量等于最慢阶段的平均吞吐量。

很少使用的资源可以在一个流水线的阶段之间或在流水线之间共享。当多个共享者同时请求资源时，仲裁器会解决冲突。可变吞吐量可能由共享资源的阶段失去仲裁引起，并且可以通过在阶段之间使用 FIFO 缓冲来缓解。

文献解读

IBM 的 7030(Stretch)计算机是第一个流水线计算机[23]。计算机建于 20 世纪 60 年代初，拥有 128KB 的内存模块，价格高达数百万美元。在 20 世纪 80 年代初，规范的五级流水线被用于 MIPS 处理器[47]。有关 CPU 流水线的更多详细信息，见参考文献[48]和[93]。网络流水线在参考文献[34]中详细描述。有关第一条流水线的更多细节——亨利.福特的装配线和制造过程——可参考文献[2]。

练习

23.1 延时和吞吐量。Ⅰ. 假设一个模块有 20ns 的延时并且 $t_{reg} = 500ps$。求这个模块的延时和吞吐量，包括输出寄存器。

23.2 延时和吞吐量。Ⅱ. 假设一个模块有 20ns 的延时并且 $t_{reg} = 500ps$。当这个模块被复制五次时，求延时和吞吐量。包括输出寄存器。

23.3 延时和吞吐量。Ⅲ. 假设一个模块有 20ns 的延时并且 $t_{reg} = 500ps$。当这个模块被流水线化，分成五个均衡的阶段，求延时和吞吐量，包括输出寄存器。

23.4 延时和吞吐量。Ⅳ. 假设一个模块有 20ns 的延时并且 $t_{reg} = 500ps$。当这个模块先被流水线化，分成五个均衡的阶段，然后将这个流水线复制 5 次，求延时和吞吐量，包括输出寄存器。

23.5 延时、吞吐量和面积。Ⅰ. 假设一个模块有 100 个单位的面积，有 10ns 的延时。流水线寄存器有 2 个单位的面积，$t_{reg} = 500ps$。通过改变流水线阶段的数量，画图，y 轴代表吞吐量，x 轴代表面积。对于非常深的流水线的成本（面积）与效益（吞吐量）有什么关系？

23.6 延时、吞吐量和面积。Ⅱ. 重复练习 23.5，但是每个流水线寄存器的面积是 20 个单位（其他所有的参量保持不变）。比较两图，分别指出你认为最好的流水线深度。

23.7 批处理延时。已经表明，流水线导致 nt_{reg} 的延时损失。从处理一批作业的延时来考虑这个问题。给定一个延时为 20 ns，$t_{reg} = 500ps$ 的模块，在以下 4 种情况下，从开始到结束需要多长时间才能执行 10 个完整工作：

(a) 只有一个没有流水线化的该模块；

(b) 这个模块被复制了五次；

(c) 这个模块被流水线化，划分成了 5 个流水线阶段；

(d)执行 100 个完整的工作，重复(a)、(b)、(c)向。

23.8 延时和吞吐量的设计。给定一个为高清应用设计新媒体芯片的任务。规格要求以 60 Hz 的速度渲染 1920×1080 像素图像。使用单个模块，处理一个像素需要 $10\mu s$，$t_{reg} = 500ps$。

(a)处理器的吞吐量是每秒多少个像素。

(b)你的同事建议做一个长的流水线。在满足吞吐量目标的同时，能做到吗？如果可以，需要多少个阶段？如果不可以，为什么？

(c)为什么采用一条流水线不是一个好主意？

(d)另一位同事建议只复制处理模块；需要复制多少次？

(e)为什么(d)是一个坏主意？

(f)在与逻辑设计师交谈之后，决定复制十级流水线，需要复制多少次？

23.9 流水线化的加法器。对于23.3节的32位加法器，以下每种实现方式的延时，吞吐量，时钟周期，使用的触发器数量是多少？$t_{dcc} = 100ps$(一位加法的延时)，$t_{reg} = 200ps$。

(a)一共 4 个流水线阶段，每个阶段是一个 8 位加法器。

(b)一共 2 个流水线阶段，每个阶段是一个 16 位加法器。

(d)一共 32 个流水线阶段，每个阶段是一个 1 位加法器。

23.10 数据转发。图 23-7 所示的加法器流水线直到整个加法完成(四个周期)才使用 $a+b$。修改这个加法器，使其可以在 $a_0 + b_0$ 开始后的周期开始执行 $a_1 + (a_0 + b_0)$。您将需要包含一个 $dataFwd$ 信号来指示转发条件。加法器的吞吐量和延时应保持不变。

23.11 预测、单缓冲。在 22.6.2 节中，我们简要讨论了预测，下游流水线阶段可以触发所有上游阶段抛弃其当前的问题。将失败信号添加到图 23-9 所示的框图和图 23-10 所示的 VHDL 代码中。当失败信号声明有效时，所有上游数据都应该无效。

23.12 预测、双缓冲。对于图 23-11 所示的双缓冲区和图 23-12 所示的 VHDL 代码，重复练习 23.11。失败信号每个周期只能传播一个阶段(如准备就绪信号)。

23.13 关键路径停滞。在八级流水线中，假设每个逻辑块的延时为 5 ns，$t_{reg} = 0$。每个逻辑块的停滞信号在 4 ns 后变得稳定。从阶段开始到结束的线延时是 500 ps。

(a)没有双缓冲，最高时钟频率是多少？

(b)有双缓冲，最高时钟频率是多少？

23.14 负载均衡、瓶颈检测。假设有一个系统，每个问题必须经过四个流水线阶段，延时为 30 ns、60 ns、15 ns 和 20 ns。哪个阶段是瓶颈？每个阶段的利用率(用于有效工作的时间除以总时间)是多少？

23.15 负载平衡、复制。假设有一个系统，每个问题必须经过四个流水线阶段，延时为 30 ns、60 ns、15 ns 和 20 ns。每个阶段都不能进一步划分流水线，但可以复制。您需要多少个模块才能充分利用系统？(也就是说，任何模块一旦开始工作后，都不应该闲置)

23.16 负载平衡、流水线。假设有一个系统，每个问题必须经过四个流水线阶段，延时为 30 ns、60 ns、15 ns 和 20 ns。每个阶段都不能被复制，但是可以流水线化。该流水线没有负载不平衡，从流水线的开始到结束，阶段数量最少是多少？

23.17 瓶颈复制、控制。在图 23-14 所示流水线中，将瓶颈阶段复制了四次，并将时钟速率保持在 4 ns。这需要阶段具有 1 ns 延时，每个周期产生四个结果。对于本练习，使用 1 ns 时钟，设计瓶颈阶段的输入和输出的控制逻辑。该控制逻辑应该每 4ns 以交错的方式把新工作给延时为 4ns 的流水线阶段(周期 1 给模块 1，周期 2 给模块 2 等)。在这些复制模块的输出端，完成工作的模块将数据存入最后一个阶段之前的寄存器中。

23.18 资源共享。一系统中有四个复制的流水线。这些流水线中的某个阶段在 50% 的时间(随机)里访问一个共享资源。n 是共享资源的数量，对于以下每个 n 的值，计算共享资源的利用率和在一个周期内完成的请求多于 n 的概率：

(a)$n = 2$；

(b)$n = 3$；

(c)$n = 4$。

23.19 可变负载。使用图 23-15a 所示的简单流水线和有三个缓冲区的队列，如果阶段 B 具有以下延时模式，则需要多长时间才能完成计算。假设所有三个缓冲区最初都是空的。画出表示停滞条件(如果有的话)的表格，如图 23-15b 所示。

(a)15，5，15，5，15，5，15，5，15，5；

(b)15，15，15，15，15，5，5，5，5，5；

(c)15，15，5，5，5，5，5，15，15，15。

第 24 章

互　连

模块之间的互连与被连接的模块一样，都是大多数系统的重要组成部分。如前面第 5 章、第 6 章所描述的，在一个典型系统中，连线会导致大部分的延时和功耗。$3\mu m$ 长的连线与一个最小尺寸的反相器有着相同的电容（因此有着相同的功耗）。$100\mu m$ 左右的连线和 1 位的快速加法器有着相同的功耗。

然而，简单系统的模块之间采用点对点的连接方式，更大的复杂系统采用总线和网络的连接方式。为方便理解，可以与电话及其内部通信系统类比。如果只需要和两三个人通话，你可以通过直接线路联系需要通话的人；但如果你需要和成百上千的人通话，就要用到交换系统，这个系统能让你通过一个共享的内部互连与任意一个人通话。

24.1　抽象互连

图 24-1 显示了使用通用互连（例如总线或网络）的系统的高级视图。许多客户端通过互连中的一对链路（进与出）连接到网络。链路可以被序列化（见 22.3 节），并且至少在进入互连的链路中时需要流量控制，以在争用的情况下对客户端进行回压。

为了实现通信，客户端 S（源客户端）通过链路 i_S 将数据包传输到互连系统中。该数据包至少包括目的地地址 D 和可变长度的有效载荷 P。互连系统可能由于争用而有一些延时，通过链路 O_D 将 P 从互连系统传输给客户端 D。有效载荷 P 可能包含请求类型（例如，读取或写入）、客户端 D 内的本地地址、远程操作的数据或其他参数。因为互连是寻址的，任何客户端 A 都可以与任何客户端 B 进行通信，而每个客户端模块上只需要一对单向链路。

一个从 S 发向 D 的数据包（D，P）可能会使客户端 D 将带有有效载荷 Q 的一个应答数据包（S，Q）发送回 S。然而，这不是必需的，通信可能是单向的。

互连可能允许，也可能不允许多个并发操作。对于大的通信数据吞吐量，希望互连允许多个独立客户端对同时通信。此外，如果要返回应答数据包，希望 S 能够在等待回复的同时，将多个数据包发送到相同或不同的目的地。然而，低成本互连（如 24.2 节中的总线）不支持这种并发度。

24.2　总线

广播总线是最简单的通用互连之一，并且广泛应用于具有适度性能要求的应用中。总线具有简单、广播设施和所有事务串行化（排序）的优点。总线的主要缺点在于性能，一次只允许发送一个数据包。

图 24-2 显示了一个典型的总线互连。每个模块通过总线接口连接总线，该总线接口将模块的就绪有效流量控制转换为总线仲裁。除了就绪和有效信号之外，每个模块与接口的连接还包括地址和数据字段。

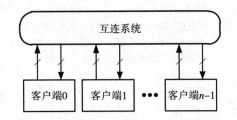

图 24-1　一个抽象互连，使多个客户端之间任意连接。每个进入互连系统的链路都受到流量控制，并且向互连系统传送包含目的地地址的数据包

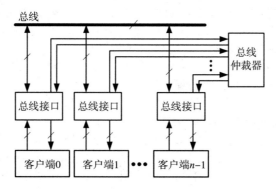

图 24-2　总线互连。模块通过总线接口连接到总线。源模块仲裁访问总线，然后将其数据包
　　　　驱动到总线上。所有目标接口监视总线的地址字段，并将数据包传输给具有匹配地
　　　　址的客户端

纯组合总线接口的 VHDL 代码如图 24-3 所示。该图使用如下的信号命名规则。名称
的第一个字母表示接口的一侧：b 代表总线，c 代表客户端。第二个字母表示方向：r 用
于闭门思出栈（总线接收），t 用于入出栈（总线发送）。

```vhdl
-- Combinational Bus Interface
-- t (transmit) and r (receive) in signal names are from the
-- perspective of the bus
library ieee;
use ieee.std_logic_1164.all;

entity BusInt is
  generic( aw: integer := 2;   -- address width
           dw: integer := 4 ); -- data width
  port( cr_valid, arb_grant, bt_valid: in std_logic;
        cr_ready, ct_valid, arb_req, br_valid: out std_logic;
        cr_addr, bt_addr, my_addr: in std_logic_vector(aw-1 downto 0);
        br_addr: out std_logic_vector(aw-1 downto 0);
        cr_data, bt_data: in std_logic_vector(dw-1 downto 0);
        br_data, ct_data: out std_logic_vector(dw-1 downto 0) );
end BusInt;

architecture impl of BusInt is
begin
  -- arbitration
  arb_req <= cr_valid;
  cr_ready <= arb_grant;

  -- bus drive
  br_valid <= arb_grant;
  br_addr <= cr_addr when arb_grant else (others => '0');
  br_data <= cr_data when arb_grant else (others => '0');

  -- bus receive
  ct_valid <= '1' when (bt_valid = '1') and (bt_addr = my_addr) else '0';
  ct_data <= bt_data ;
end impl;
```

图 24-3　一个组合总线接口的 VHDL 代码

当客户端希望与总线上的另一个模块进行通信时，目标模块的地址将放在其地址字段 cr_addr 上，而要传送的数据放在其数据字段 cr_data 上，并声明 cr_valid 有效。总线接口将这个有效信号 cr_valid 从模块发送到中央总线仲裁器（arb_req = cr_valid），仲裁器执行仲裁，并将一个授权信号发送回发出请求的接口（见 8.5 节）。总线接口将授权信号作为就绪信号（cr_ready = arb_grant）发送回发出请求的模块，并且还使用该信号将该模块的数据和地址置于总线上。

如果一个请求客户端失去了仲裁，保持 cr_valid 信号有效，只需要等待，直到 cr_ready 信号有效，该请求客户端就能重新获得仲裁。

总线驱动逻辑假定总线执行的是每个总线接口驱动的信号的"或"操作，每个接口在未被选择时驱动零。在片外，有时使用三态门驱动。然而，出于多种原因，片上三态总线是有问题的（见 4.3.4 节）。因此，片上总线通常通过将来自所有总线接口的信号进行"或"运算，然后将结果分配回所有总线接口来实现。

在入栈端，每个总线接口监视总线地址字段。当检测到匹配地址，并且总线有效信号声明有效时，总线数据连同有效指示一起被路由到目标模块。在总线的接收侧通常使用推流控制（即模块必须立即接收寻址到的数据）。在练习 24.1 中，我们探讨向总线接收器添加全双工流量控制的情况。

总线可以适用于多播或广播通信。为了详细说明多播，地址信号由"输出-选择"位向量代替，其中每位对应于一个客户端。要将数据包发送到单个客户端，只需设置位向量中的一位。为了将数据包传送到多个客户端，位向量中多个位要被设置，每一位对应 1 个目的地。当位向量的所有位都被设置时，该数据包被发送给所有的客户端。对于推流量控制，实现多播的 VHDL 代码的变化是很直接的，在输出端需要处理就绪信号以进行全双工双向流量控制。这在练习 24.4 中进行探讨。

图 24-3 所示的逻辑是严格的组合逻辑。假定所有客户端共享一个公共的时钟。在每个时钟周期结束时，cr_valid = cr_ready = 1 的客户端完成一个传出事务，并且可以移动到下一个事务或者声明 cr_valid 无效。类似地，在时钟周期结束时，ct_valid 有效的客户端必须接受传入事务。时钟周期必须足够长，以允许总线仲裁和信号通过总线传播可以在单个时钟周期内进行。在练习 24.2 中，我们将探讨如何在这两个功能中利用流水线技术来提高总线速度。

图 24-3 所示的逻辑也是完全并行的，在一个周期内传输地址和所有数据。对于一个连线丰富的芯片，一个完全并行的总线通常是正确的解决方案。但是，在数据已经串行化的情况下，对于在芯片外或芯片上，均可优先选择如图 22-6 所示的在若干周期执行若干事务的串行总线，以便减少引脚用量或避免反串行化。我们在练习 24.3 中探讨这种方法。

上文已经讨论了通过抽象互连（见 24.1 节）和总线实现单向通信——将数据包从发送方传递到接收方。如果需要回复，例如当读取一个位于接收器中的存储器时，一个单独的数据包将沿互连方向反向发送。执行两个单独的通信，一个用于请求，一个用于回复，有时被称为拆分事务。与之前的总线进行对比，之前的总线用一个就绪信号来完成请求的答复——不需要单独的回复通信。

一般来说，为了得到更快的速度和更好的通用性，我们会优先选择单独的通信来发送回复。首先，完成组合事务（请求-回复）非常慢，并且在接收机正在执行形成答复所需的行为时，总线得保持空闲。例如，在读取存储器时，实际上可能需要 100ns（100×1GHz 的时钟周期）。在这些周期内闲置总线浪费了宝贵的通信资源。其次，通过诸如网络这样的多级互连执行组合事物是困难的（见 24.4 节）。因此，与这种类型的互连网络连接的客户端可以连接的东西是受到限制的。

24.3　交叉开关

当需要具有比总线更高性能的互连，并且客户端数量很少（通常少于 16 个）时，交叉开关(有时称为交叉点)通常是一个很好的解决方案。图 24-4 显示了将 m 个发送客户端连接到 n 个接收客户端的交叉开关。在最常见的情况下，$m = n$，并且每个客户端既是发送者也是接收者。图中的每一条线都涉及正向传播的数据和有效信号，以及反向传播的就绪信号。发送客户端还提供一个地址来决定它们的数据应该被传送到的接收客户端。

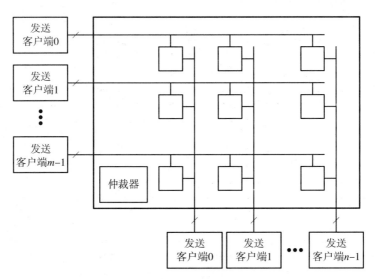

图 24-4 能将任意处于空闲状态的输入和输出连接起来，并且支持很多并行连接的交叉开关

当发送客户端 i 想要与接收客户端 j 进行通信时，i 将 j 置于其地址信号(address signal)上，将通信的数据置于数据信号(data signal)上，并声明 valid 信号有效。仲裁器考虑所有连接请求并生成一组非冲突授权($m \times n$ 的二进制矩阵，开启交叉点)。如果客户端 i 将数据包发送给 j 的请求被授权，则分配器会声明 g_{ij} 有效，从而开启处于第 i 行、第 j 列的交叉点。这把来自第 i 行的数据和有效信号连接到第 j 列，并把来自第 j 列的就绪信号连接到第 i 行。

分配器考虑一个 $m \times n$ 的连接请求矩阵，并生成一个 $m \times n$ 的非冲突授权矩阵。为了不发生冲突，授权矩阵中的每行和每列最多有一个 1。在每个输入仅指定单个输出(在其地址信号上)的情况下，请求矩阵的每行最多有一个 1，仲裁器的任务减少到 n 个仲裁，对每一列进行仲裁。

在更一般的情况下，每个发送客户端可以缓存多个数据包并请求多个目的地(每个数据包对应一个目的地)。在这种情况下，请求矩阵的每行可能有多个 1，仲裁器必须解决二分配匹配问题。这样的仲裁器在参考文献[34]中有详细描述。

图 24-5 给出了在输入和输出端都具有全双工"就绪-有效"流量控制的 2×2 交叉开关的 VHDL 代码。该示例中的仲裁总是赋予客户端 0 优先权。如果需要，从请求矩阵生成授权矩阵的代码可以用更公平的仲裁器替换。授权矩阵一旦生成，就用于启用正向连接(有效信号 valid 和数据 data)和反向连接(准备就绪信号 ready)。一旦执行了寻址和仲裁，交叉开关就连接源客户端和目标客户端之间的流控制接口的 ready、valid 和 data 线。

像总线一样，交叉开关在数据通信之前，有一个周期用于执行仲裁，可以对其进行流水线设计。如果需要，开关通信的横向部分可以与仲裁并行进行，每个交叉点都有流水线寄存器。然后在接下来的一个周期完成通信的纵向部分。这种结构会在练习 24.10 中讨论。

也像总线一样，交叉开关可以执行多播、处理串行接口。在练习 24.8 和 24.9 中会探讨这些变形。

可以在交叉节点处为整个数据包提供缓冲来增加交叉开关的吞吐量。这将输入和输出调度分离。输入可以在其所在行中的不同交叉点堆叠目的地不同的多个数据包。然后，这些数据包与其所在列中的其他数据包被仲裁以访问输出。

```
-- 2 x 2 Crossbar switch - full flow control
library ieee;
use ieee.std_logic_1164.all;

entity Xbar22 is
  generic( dw: integer := 4 ); -- data width
  port( c0r_valid, c0t_ready, c1r_valid, c1t_ready: in std_logic;
        -- r-v handshakes
        c0r_ready, c0t_valid, c1r_ready, c1t_valid: out std_logic;
        c0r_addr, c1r_addr: in std_logic; -- address
        c0r_data, c1r_data: in std_logic_vector(dw-1 downto 0); -- data
        c0t_data, c1t_data: out std_logic_vector(dw-1 downto 0) );
end Xbar22;

architecture impl of Xbar22 is
  signal req00, req01, req10, req11: std_logic;
  signal grant00, grant01, grant10, grant11: std_logic;
begin
  -- request matrix
  req00 <= '1' when not c0r_addr and c0r_valid else '0';
  req01 <= '1' when     c0r_addr and c0r_valid else '0';
  req10 <= '1' when not c1r_addr and c1r_valid else '0';
  req11 <= '1' when     c1r_addr and c1r_valid else '0';

  -- arbitration 0 wins
  grant00 <= req00;
  grant01 <= req01;
  grant10 <= req10 and not req00 ;
  grant11 <= req11 and not req01 ;

  -- connections
  c0t_valid <= (grant00 and c0r_valid) or (grant10 and c1r_valid);
  c0t_data <=  (c0r_data and (dw-1 downto 0 => grant00))  or
               (c1r_data and (dw-1 downto 0 => grant10));
  c1t_valid <= (grant01 and c0r_valid) or (grant11 and c1r_valid);
  c1t_data <=  (c0r_data and (dw-1 downto 0 => grant01)) or
               (c1r_data and (dw-1 downto 0 => grant11));

  -- ready
  c0r_ready <= (grant00 and c0t_ready) or (grant01 and c1t_ready);
  c1r_ready <= (grant10 and c0t_ready) or (grant11 and c1t_ready);
end impl;
```

图 24-5　一个具有全双工流控制的 2×2 交叉开关的 VHDL 代码

24.4　互连网络

当需要连接超过 16 个客户端时，通常需要一个互连网络，以提供模块之间的通信。互连网络由一组路由器组成，这些路由器通过信道连接。其三大要素是互连拓扑、路由算法和流控制方式。

互连网络的拓扑指定一组路由器、通道及其连接关系。例如，图 24-6 显示了使用 3×3 二维网格拓扑连接 18 个客户端的互连网络，每个路由器连接两个客户端。该网络有 9 个路由器，每个路由器最多有 6 个双向端口，以及 12 个双向通道。每个路由器以 3×3 网格连接到相邻路由器。

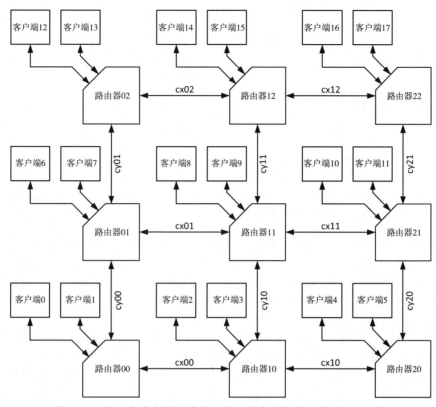

图 24-6 通过由路由器连接的网络通道来连接客户端的互连网络

路由算法指定网络中从源客户端到目标客户端的路径。图 24-6 所示网络的路由算法可以是维序路由，其中数据包首先在 x 维路由到目的地的列，然后在 y 维路由到目的地的行，最后到达目标客户端端口。

例如，考虑从客户端 0 到客户端 11 的路由。客户端 0 将数据包（在 24.1 节中介绍的相同接口上）注入到路由器 00 中，并且数据包首先在 x 维路由到路由器 20。这发生在 x 通道 cx00 和 cx10 以及插入式路由器 10 上。接下来，数据包通过 y 通道 cy20 路由到路由器 21。最后，将数据包传送到路由器 21 上的客户端 11。

互连网络流量控制与接口流量控制相反，它处理的是数据包穿过网络的资源分配。典型互连网络中的资源是通道和缓冲区。每个资源在一段时间内分配给一个特定的数据包，之后可以将其分配给不同的数据包。

作为流量控制的一个示例，图 24-7 显示了当数据包通过维序路由从客户端 0 传送到客户端 11 时资源的分配情况。时间为横轴，资源为纵轴。在没有竞争的情况下，数据包每个时钟周期前进一步。它在周期 0 中遍历客户端 0 的输出端口，在周期 1 中通过路由器 00 的内部，在周期 2 中通过通道 cx00e（通道 cx00 的东边一半）。在路由器 10 中，cx10e 不是立即可用的，并且数据包在此时要缓冲两个额外的周期。在路由器 20 处遇到类似的一个周期延迟。最后，在周期 11 中，数据包被传送到客户端 11。

这里的流量控制协议分配路由器中的缓冲区、通道上的带宽。网络中缓冲区使资源分配的时间分离。通过缓冲，在周期 2 中到达 cx00e 的路由器 10 的数据包可以在周期 6 中离开 cx10e，因为它在周期 4 和 5 期间保持在缓冲区中。没有缓冲区，这个数据包将在周期 4 离开或被丢弃。

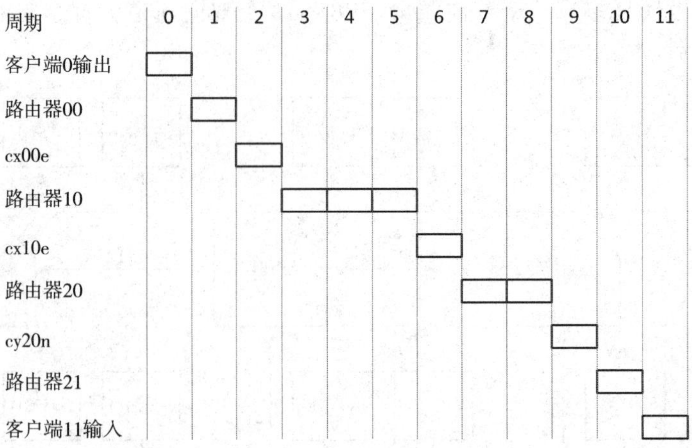

图 24-7　数据包从客户端 0 到客户端 11 的时间–空间图。数据包在路由器 10 被阻塞两个
周期，在路由器 20 处被阻塞一个周期

互连网络中的拓扑、路由和流量控制的关系可以与高速公路上的行驶进行类比。拓扑是路线图，通道是路段，路由器是交叉路口。路由算法是如何选择路线，即根据目前的位置和目的地，可以选择一条经过路段和交叉路口的路径，以达到目的地。流量控制由分配给你的下一段道路上的交通信号灯控制。通往交叉路口的道路作为缓冲区，可以暂时停放车辆，直到交通信号灯分配给你下一个通道。

到目前为止，都假设整个数据包在一个时钟周期内并行传送。与讨论过的其他互连一样，互连网络可以串行化，数据包通过较窄的接口时在几个周期内完成传输。使用串行网络，流控制可以是整个数据包级别（在这种情况下，路由必须具有足够大的缓冲区来保存整个数据包），或者完整的流控数字级别，亦或者是 flit（通常是在一个时钟周期内传送的信息量）级别。数据包级别的流量控制类似于图 22-6 所示的帧级流控制，而 flit 级流控制类似于正常的就绪有效接口。

互连网络的全面处理超出了本书的讨论范围。如果互连网络设计不当，将受到路由或更高级协议交互的死锁。消除死锁（更多的是隔离流量）的一种比较常见的方法是用使网络中的单个物理信道看起来是多个虚拟通道的方式分配缓冲区。这些概念和许多其他相关主题在参考文献[34]中有详细的讨论。

总结

模块之间的互连是大多数数字系统中的关键组成部分。当连接多个模块时，诸如总线或网络之类的交换式互连在通信模块之间可以提供专用的点对点链路，所以它们是优先被选择的。像电话交换机一样，交换式互连让每个客户端模块能够只使用一对链路（进出网络两个方向），与任何其他模块通信。

总线是交换互连最简单的实现方式。在总线系统中，客户端被仲裁，访问单个共享通信信道。获得仲裁的客户端将其数据以及目标地址驱动到信道上。接收模块一旦识别地址，就从总线读取数据。总线具有简单、顺序通信和广播设施的优点。但是，它们的性能有限，因为一次只能有一个客户端传输。

当总线提供的性能不能满足要求时，交叉开关可用于连接少数客户端。只要避免冲突，交叉开关允许同时执行多个通信动作。

为了连接更大数量的客户端，通常使用互连网络。一个互连网络由多个路由器组成，这些路由器由信道连接。路由器和信道的连接称为网络拓扑。路由算法用于选择一个经过路由器和信道的路径，将数据包从源转发到目的地。可使用流控制方法来分配此路径上的资源。

文献解读

有关互连网络的更多信息，请参阅由 Dally 所写的参考资料[32]和[34]。参考文献[66]提供了最近商业处理器 IBM Cell 的总线概况。

练习

24.1 具有流量控制的总线接收器。如图 24-3 所示的简单组合逻辑总线在输出侧（信号 cr_xxx）提供了全双工的就绪有效流量控制，但仅在输入侧（信号 ct_xxx）有单向推流控制。修改此接口，以便在输入端提供全双工的就绪有效流量控制。（提示：这将需要在接口的客户端添加信号 ct_ready，并在总线端添加信号 bt_ready 和 br_ready。）

24.2 拥有流水线的总线仲裁。通过在总线传输前一个周期流水线化仲裁操作可以使图 24-3 的简单组合总线工作更快。绘制一个框图，并编写（并测试）以这种方式流水线化仲裁操作的总线接口的 VHDL 代码。接口信号应与图 24-3 相同。此外，你的模块应该能够从单个总线接口执行背靠背事务。（提示：执行背靠背传输时，模块必须在接受下一个事务进行仲裁的同时内部缓冲一个事务（地址和数据）。）

24.3 串行总线。修改图 24-3 所示的总线接口实现图 22-6 所示的串行传输。假设这个总线本身拥有一个 4 位宽的用于携带地址和数据的路径，且地址是 4 位宽，数据是 20 位宽（4 位控制位，16 位负载数据）。先发送地址。假设源端是帧级别且有双向的流控制，目的地是单向推流控制。

24.4 具有全双工流量控制的多播总线。修改图 24-3 的 VHDL 代码，使其可以在接收器上处理具有全双工流量控制的多播（如在练习 24.1 中）。假设 cr_addr 被替换为 cr_vector，一个可以指定多个目标客户端的位向量。（提示：直到所有选定的输出声明 ct_ready 有效，bt_valid 才能被声明有效。）

24.5 菊花链总线仲裁。设计（写代码）控制器和仲裁器，用于组合式菊花链式总线。菊花链式总线没有集中仲裁器，而是每个控制器做出本地请求/授权决定。如果控制器 0 有请求，它将始终接收授权，并将数据放在总线上。只有控制器 0 没有发出请求，控制器 1 才允许自己访问总线，等等。只有所有 $N-1$ 个下游控制器没有请求，控制器 N 才能得到总线。

24.6 分布式总线仲裁。编写一个控制器代码，实现分布式总线仲裁。在每轮仲裁（多个时钟周期）中，每个具有请求的控制器将其优先级放在总线上，使所有信号进行"或"运算。在第一轮，如果总线优先级的 MSB 大于给定控制器的 MSB，则该控制器不再参与。然后使用 MSB-1 位和所有剩余的请求者比较。在仲裁结束时，只有一个控制器保留并成为总线主控。

24.7 4×4 交叉开关。编写 VHDL 代码以实现具有全双工流量控制的 4×4 交叉开关。使用与图 24-5 中相同的输入和输出信号，但多使用两个控制器。

24.8 多播交叉开关。设计一个支持多播消息的 4×4 交叉开关。每个输入可以请求一个或多个输出，但是仲裁必须全部完成或全部不完成。也就是说，输入被授权发送到所有输出，或者根本不发送。

24.9 串行交叉开关。修改图 24-5 中的 2×2 交叉开关，以允许 20 比特有效载荷的串行传输。交叉线应该只有 4 比特宽，并且只在开始对每个数据包进行一次仲裁和流量控制。

24.10 缓冲交叉节点。设计一个具有 n^2 个缓冲交叉节点的交叉开关。在每个周期中，每个输入将写入缓冲区，该缓冲区将该输入连接到所需的输出（如果缓冲区未满）。然后，输出通道在发出请求的输入交叉节点之间进行仲裁，弹出其中一个并输出数据。

24.11 VHDL 实现一个简单的路由器。为一个简单的用于网格网络的路由器编写 VHDL 代码，比如图 24-6 所示的路由器。你的路由器应该有单一的客户端端口，在客户端端口的两个方向和信道端口的 4 个方向上都要有就绪有效流控制。路由器的 5 个输入中的每一个应提供双重缓冲（23.5 节），以便如果下一个通道不能立即可用，则不需要前一个路由器的组合路径就可缓冲数据包。假设整个路由被编码在数据包的地址字段中，每 3 比特指定一个的端口。每个路由器应使用最重要的 3 比特，然后将地址字段向左移动 3 比特，将下一个路由器的路由信息置于该位置。

第 25 章

存 储 系 统

存储器在数字系统中广泛应用于许多不同的目的。在处理器中，SDDR DRAM 芯片用于主存储器，SRAM 阵列用于实现高速缓存（Cache）、后备缓冲器、分支预测表和其他内部存储。在网络路由器（图 23-3b)）中，存储器用于缓冲数据包和路由表，以便保存流数据、收集统计信息等。在手机的片上系统中，存储器用于缓冲视频和音频流。

存储器有三个关键参数：容量、延迟和吞吐量。容量是存储器可以存储的数据总量，延迟是存储器访问数据所花费的时间，吞吐量是存储器在固定时间内可以完成的访问次数。

系统中的存储器，例如路由器中的数据包缓冲器，通常由多个存储基元（又称存储元件、存储元）组成：片上 SRAM 阵列或片外 DRAM 芯片 ⊖。实现存储器所需的存储基元数量由其容量和吞吐量决定。如果一个存储基元不足以满足存储容量，则必须使用多个存储基元，并且一次只有一个存储基元被访问。类似地，如果一个存储基元没有足够的带宽来提供所需的吞吐量，则必须并行使用多个相同的存储基元或并行插入多个存储基元。

25.1 存储基元

数字系统中绝大多数存储器是由片上 SRAM 阵列和外部 SDDR DRAM 芯片这两个基本的存储基元实现的 ⊜。我们将把这些存储基元视为黑匣子，来讨论它们的属性以及如何与它们建立连接。查看黑匣子里的内容并研究它们的实现方法超出了本书的范围。

25.1.1 SRAM 阵列

片上 SRAM 阵列可用于构建小型、快速、专用存储器，集成在生成需要存储的数据和访问已存储的数据的逻辑电路附近。尽管在一个芯片上可实现的 SRAM 的总容量（约 400 Mb)比单个 4 Gb DRAM 芯片小，但是这些 SRAM 阵列可以在单个时钟周期内访问，而访问一个 DRAM 需要 25 个或更多的周期。通过并行使用多个 SRAM 阵列，可以实现非常高的聚合存储带宽。

例如，考虑一个具有 1024 个 1K × 64 SRAM（一共 64Mb）的芯片，工作频率为 1 GHz。它的总聚合带宽为 8 TB/s。相比之下，一个典型的 DRAM 芯片的带宽为 1GB/s 或更小。SRAM 的片上位置与访问它的逻辑电路相邻也是 SRAM 一个的关键优势。如果 SRAM 在芯片另一侧，则需要 20 个周期才能访问到，或者更糟的是在另一个芯片上，那么单周期访问的优点就没有了。

如第 8 和 9 章所描述的，SRAM 的输入有地址、数据和写信号，并产生数据输出。SRAM 可以有任何数量的端口 P，但绝大多数 SRAM 是单端口的（因为成本按 P^2 增加）。具有一个读取端口和一个写入端口的双端口 SRAM 是很常见的。具有两个以上端口的 SRAM 成本高昂，很罕见。

大多数 SRAM 是同步的，在一个时钟控制下工作，如图 25-1 所示。每个端口在一个周期内可以执行一个读取或一个写入（但不是两个）操作。地址和写入数据必须在时钟的上升沿来临之前的 t_s 内建立起来，并在时钟上升沿来临之后的 t_h 内保持稳定。数据读取在

⊖ SRAM 是静态随机存取存储器的缩写；DRAM 是动态随机存取存储器的缩写。

⊜ 不考虑用于持久存储的非易失性存储器，如闪存和磁盘。

时钟上升沿来临之后有一个传播延迟(t_{dad})。时钟周期必须足够大，以便使写入操作、内部预充电和其他内部操作能够执行完。如图中所示的周期 3，对于大多数 SRAM，在一个周期内读取和写入相同的地址会导致读取的数据不确定。

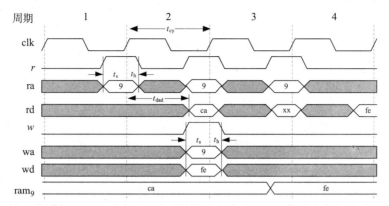

图 25-1 双端口的同步 SRAM 时序图。在时钟沿处，读取（写入）信号为高电平时，读取地址 ra 中的数据（向地址 wa 中写入数据）。读写信号、地址和数据受建立时间和保持时间限制。在一次读取中，时钟沿和数据输出之间的时间间隔是 t_{dad}

与图 8-46 中的 ROM 一样，SRAM 由存储单元阵列、行译码器和列译码器组成，每个字线和每个位线的交叉处都有一个存储单元。电气约束对基本阵列的最大尺寸有所限制，行和列的数目都不能超过 256(64 Kb 或 8 KB)。因为复用器的存在，单个最大尺寸的 256×256 SRAM 阵列可以实现 64K(64×1024)×1 位的 RAM、256×256 位的 RAM[⊖]，还可以实现介于这两种极端 RAM 之间的许多尺寸的 RAM，比如 2K × 32 位。单个 SRAM 阵列(包括行/列译码器)通常在一个时钟周期内工作。

如果需要容量大于 8KB 或宽度大于 256 位的 RAM，那么必须采用位片(bit-slicing)或者堆列(banking)的方式来组合多个 RAM 阵列(25.2 节)。

25.1.2 DRAM 芯片

DRAM 采用的是快速[⊜]片外存储技术，它的每比特成本最低。当代 DRAM 芯片具有高达 4Gb 的存储容量，明显大于用 SRAM 单元实现的单个芯片的容量。然而，这种大容量会导致高延迟。片上 SRAM 阵列可能只具有 400ps 的延迟，而现代 SDDR3 存储器芯片只有 20ns 的延迟。

动态存储本身并不比静态存储慢。然而，导致商用 DRAM 芯片比片上 SRAM 阵列慢得多的原因有三点：首先，因为 DRAM 芯片是一个与其他结构分离的部分，所以延迟的很大一部分耗费在芯片接口上。其次，因为该器件具有大存储容量，所以需要相当长的时间来遍历片上总线以访问芯片内的某个特定的子阵列。最后，因为它们是具有高通信延迟系统的一部分，DRAM 芯片中的子阵列没有针对速度进行优化。

虽然有一些情况使用单个 DRAM 芯片，但是模块中更常用的是由多个 DRAM 芯片以位片(bit-sliced)方式构建的存储器(25.2 节)。可以交织多个模块(25.3 节)以提供有更高带宽的存储器。例如，高性能 CPU 的存储器。本节的剩余部分专注于单个 DRAM 芯片。

读取(或写入)DRAM 模块需要三个步骤：行激活、列访问和预充电，如图 25-2 和图 25-3 所示。DRAM 模块的接口由地址、数据和控制总线组成。由于 DRAM 引脚有限，所以地址和数据总线均被串行化。地址分为堆(bank)、行(row)和列(column)位字段。要从

⊖ 一些 RAM 有最小列复用器(2 位或者 4 位)的要求，这就使得由单个阵列实现的 RAM 最大位宽为 64 或 128 比特。

⊜ 这里，"快速"表示能够在 100ns 以内进行随机读取或写入访问。闪存和磁盘存储器的成本比较低，但是在许多应用中太慢，不能作为主存储器。

DRAM 中读取特定地址，第一步是根据存储器地址的堆(上)和行(中)位字段来激活特定存储堆的某一行。如图 25-3a 所示，行激活操作将读取被选择的存储堆的一行，将读取的数据放入该存储堆的灵敏放大器中。读取数据的过程会破坏已经存储的数据，因此在行激活结束时，存储器将处于未知状态，如图 25-3b 所示。在发出列地址和命令之前，控制器必须等待一个固定的延迟 t_{RCD}[⊖]，使行激活完成。在此延迟期间，可以对其他存储堆进行操作。

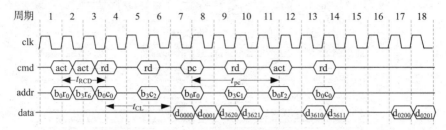

图 25-2　DRAM 芯片的时序。在第 2 个时钟周期，发出激活 bank0 和 row0 的命令。在第 3
　　　　个时钟周期，发出第二个激活命令，激活的 bank3 和 row6。经历 t_{RCD} 的延迟之后，
　　　　在第 4 个时钟周期，发出读取 bank0，激活 row0 和 col0 的命令。在 t_{CL} 之后，在第
　　　　7 个时钟周期，数据开始输出。如果要对同一存储堆(bank)中的另一行进行访问，
　　　　则需要进行预充电(如第 8 个时钟周期)。在第 10 个时钟周期，如果要访问同一行
　　　　中的另一个列，则不需要预充电

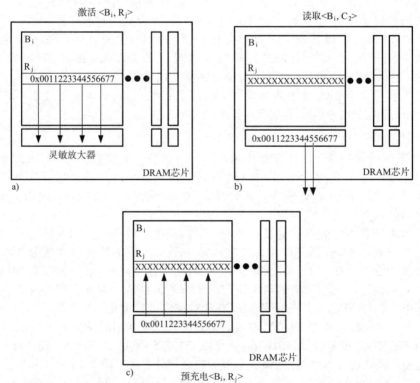

图 25-3　读取 DRAM 存储堆的步骤。a)首先激活特定行，读取数据，放入灵敏放大器中，
　　　　该行为会破坏已存储的数据。b)接下来，读取和写入已激活行的特定列。c)最后，
　　　　预充电命令将该行写回到存储阵列中。可以对同一行中的不同列进行多次读取，
　　　　而不需要预充电/激活序列。此外，多个存储堆的行可以同时激活。在此延迟期
　　　　间，可以对其他存储堆进行操作

⊖　在异步 DRAM 的时代，RCD 代表 RAS 到 CAS 的延迟，现在将其视为列到行的延迟。

行激活完成后，将发出读(或写)命令以及存储堆地址和列地址。在 t_{CL}(CAS 延迟或列延迟)之后，数据的第一个子字出现在数据引脚上。之后的每个周期都会有一个新的子字出现，直到读取完成为止[一]。可以在已激活行上执行多个读取和写入操作，而不需要再次激活。

在一行完成所有读写操作之后，执行预充电操作以将灵敏放大器中的数据写回到存储器阵列中(见图 25-3c)。从预充电命令发出(图 25-2 中的周期 8)起，控制器必须等待 t_{pc} 使预充电操作完成，然后才能对同一个存储堆中的另一行进行激活。在此延迟期间可以访问其他存储堆。

与 SRAM 不同，在 DRAM 中处理两个连续请求之间的延迟与地址无关。访问一个已经激活的行只需要 t_{CL}，而访问已经预充电的存储堆中的新的一行需要 $t_{RCD} + t_{CL}$，访问在激活之前需要对所属存储堆预充电的行需要 $t_{RCD} + t_{CL} + t_{pc}$。已经优化的控制器考虑多个请求，并在切换行之前将所有请求按顺序发出，以处理已激活行的所有请求[97]。

每次存储器访问返回的数据量称为存储原子。理想情况下，每个请求返回的存储原子的每一比特都是需要的。可以配置 SRAM 阵列，使其刚好拥有所需大小的存储原子，但是 DRAM 通常具有最小的存储原子尺寸，其长度通常是多倍字长。如果最小存储原子大于所需要的尺寸，则会浪费能量和带宽。

DRAM 界面是标准化的，以方便来自许多不同类型系统中的供应商的 DRAM 进行互操作。JEDEC 标准机构为给定类型的 DRAM(例如 DDR3 或 GDDR5)设置标准，多个供应商都在构建符合标准的元件。这些标准包括引脚的定义、信令方法和命令。

在标准中，DRAM 性能由每个操作的时钟速率和延迟确定。例如，SDDR3 DRAM 部件的时序性能由 f_{clk}、t_{CL}、t_{RCD}、t_{RP} 和 t_{RAS}(激活和预充电命令之间的最小时间间隔)确定。DDR3-1600 8-8-8-24 具有 800 MHz I/O 时钟[二]，除了 t_{RAS}(24 个周期)之外的所有功能都只需要 8 个时钟周期。例如，从已激活的行读取一列数据需要 8 个 1.25ns 的周期，即 10ns。

25.2　位片和堆存储器

当需要一个容量比单个元件(SRAM 或 DRAM)更大的存储器时，可以采用位片或堆的方式组合多个基元。通过位片，我们将依据存储子系统的位宽来划分多个元件。通过堆，我们将依据存储子系统的地址空间来划分多个元件。也可以将这两种方式组合起来，同时依据存储子系统的位宽和地址空间来划分元件。

例如，假设需要构建一个 16K×64 的 1 Mb(128 KB)SRAM 阵列。图 25-4 显示了利用 16 个 64 Kb 存储阵列来实现这种存储器的两种方法：位片(见图 25-4a)和堆(见图 25-4b)。通过位片，地址并行地分配给 16 个 16K×4 阵列，每个阵列提供 4 位输出。通过堆，解码地址的高 4 位选择 16 个 1K×64 阵列中的一个，地址的低 10 位广播到所有存储堆，被选择的存储堆输出低位地址所对应的数据。

两种配置具有相同的容量(1Mb)和带宽(每个周期 8B)。此外，实际上，位片或堆的存储器都将以二维 4×4 阵列来布局存储器单元。

在位片存储器中，完成一个操作必须访问所有存储器阵列，因为每个存储器阵列都提供了结果的一部分。然而，在堆存储器中，完成一个操作只需要访问一个存储堆。所选择的存储堆被激活时，则其他存储堆可以保持空闲状态，与访问位片存储器相比，堆存储器更节省能量。

㊀　在双倍速率(DDR)存储器中，每半个时钟周期传输一个字的数据，即一个时钟周期内进行两次读/写操作。

㊁　对于双倍速率(DDR)存储器，以两倍的时钟速率(即 1600MHz)传输数据，因此 800MHz 部分的数据指定给 DDR3-1600。

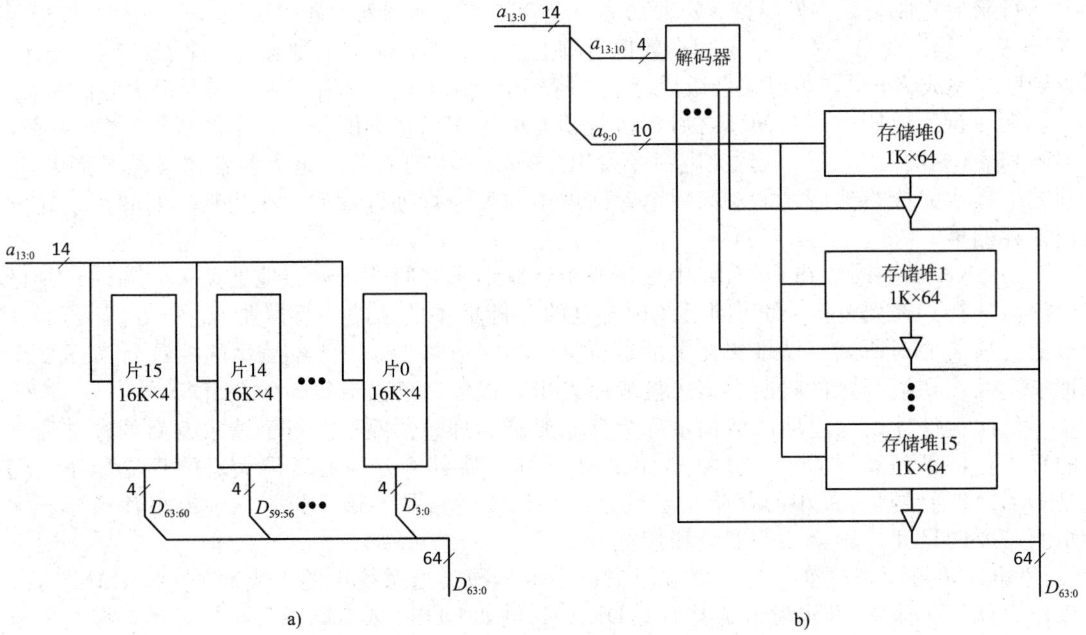

图 25-4　两种为了提高存储容量的多基元结构。a）位片同时从每个存储单元中读取数据，
然后将所有数据组合起来成为输出。b）堆从被地址的高位所选择的一个单元中读
取整个输出数据。采用堆，其他未被选择的单元可以处于未激活状态，以节约能量

　　结合位片和堆两种方式，可以提供如图 25-5 所示的存储结构。16 个存储单元都是
4K×16 阵列，每行需要四个阵列来读取（或写入）全部的 64 位数据。需要四行，作为存储
堆寻址，以达到 1Mb 的存储容量。每个读或写请求激活一行中的四个存储单元。其他 12
个单元处于空闲状态。

　　虽然这里显示的配置是使用高地址位选择堆存储结构中的存储堆，但这不是必需的。可以
使用任何一组地址位来选择存储堆，这组地址甚至不需要是连续的。大多数堆存储器系统使用
高位地址。

25.3　交叉存储器

　　允许多个请求同时访问多个存储堆可以增加存储带宽。同时访问这一操作需要用一个
交叉开关实施仲裁（见 24.3 节），替换掉图 25-4 和图 25-5 所示的全局地址分配。图 25-6
显示了这个配置。多个存储单元根据其存储器地址对每个存储堆进行仲裁。这样可以在每
单个周期满足多个请求。当然，这些存储堆可以进一步位片和再分割。

　　存储系统的潜在带宽现在已经从每个周期一个字增加到每个周期 $\min(M, N)$ 个字，其
中 M 是请求者的数量，N 是交叉存储堆的数量。然而，这种峰值聚合带宽并不总能实现。
如果两个请求需要访问同一个存储堆，则会发生冲突，并且有一个请求会被推迟。如果在给
定周期内对存储堆的部分地址空间没有请求，则一个或多个存储堆可能会空闲。当存储堆的
数量是 2 的幂时，存储堆选择由地址位的子集执行。地址的中间位通常用于此目的，如表
25-1 所示。地址的低 b 位用于选择一个存储堆里每个存储块（block）对应的一个字节数据。
地址接下来的 $n=\log_2(N)$ 位用于选择存储堆。剩余的位用于选择存储堆内的存储块。这
种寻址将连续的地址映射到不同的存储堆，当请求密集时，减少了存储堆之间的冲突⊖。

　　⊖　正如 25.4 节中讨论的，这是空间局部性的表现。

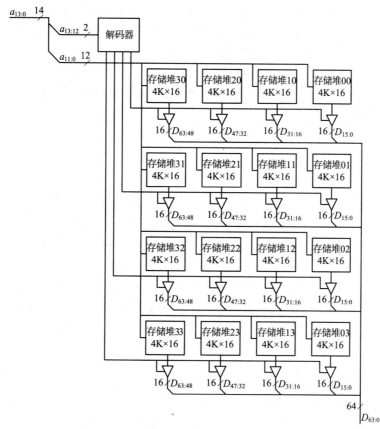

图 25-5 将存储堆平铺到位片阵列中。读取(写入)给定存储堆中的所有阵列以满足单个请求。系统一次只能执行一个请求

表 25-1 交叉存储器中的地址的位域

名　字	位	描　述
字节	$b-1:0$	每个存储块有 $B=2^b$ 字节大小
存储堆	$n+b-1:b$	有 $N=2^n$ 存储堆
存储块	$a+n+b-1:n+b$	每个存储堆中有 $A=2^a$ 存储块

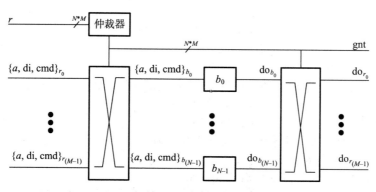

图 25-6 交叉存储器，对 M 个请求者选择 N 个存储器做出仲裁。请求矩阵 r 被传递给仲裁器，然后通过交叉开关授权请求者访问存储堆

利用交叉存储器，每个请求可由特定的存储堆来满足。如表 25-2 所示，如果仲裁器

只能访问每个请求队列的头部，那么由于线头阻塞，存储系统可能利用不足。即使请求访问的存储堆处于空闲状态，这些请求也会被阻塞在其各自队列中的其他请求之后。如表25-3 所示，允许切换仲裁器考虑队列中的所有请求，无序地处理请求，这提高了存储器的利用率。在该示例中，实现了充分利用。

表 25-2 由于线头阻塞，存储系统不具备完整的吞吐量；可以被授权的请求因为要等待超订阅资源被卡住了

时间	Q0	Q1	Q2	Q3	G0	G1	G2	G3
1	0, 1, 2, 3	0, 1, 2, 3	0, 1, 2, 3	0, 1, 2, 3	Q0	—	—	—
2	1, 2, 3	0, 1, 2, 3	0, 1, 2, 3	0, 1, 2, 3	Q1	Q0	—	—
3	2, 3	1, 2, 3	0, 1, 2, 3	0, 1, 2, 3	Q2	Q1	Q0	—
4	3	2, 3	1, 2, 3	0, 1, 2, 3	Q3	Q2	Q1	Q0
5	—	3	2, 3	1, 2, 3	—	Q3	Q2	Q1
6	—	—	32, 3	—	—	—	Q3	Q2
7	—	—	—	3	—	—	—	Q3

表 25-3 当仲裁器可以看到队列头部以外的请求时，存储系统没有线头阻塞，它获得了完全吞吐量

时间	Q0	Q1	Q2	Q3	G0	G1	G2	G3
1	0, 1, 2, 3	0, 1, 2, 3	0, 1, 2, 3	0, 1, 2, 3	Q0	Q1	Q2	Q3
2	1, 2, 3	0, 2, 3	0, 1, 3	0, 1, 2	Q3	Q0	Q1	Q2
3	2, 3	0, 3	0, 1	1, 2	Q2	Q3	Q0	Q1
4	3	0	1	2	Q1	Q2	Q3	Q0

即使有一个可以避免线头阻塞的仲裁器，存储器利用率也受到存储堆的负载平衡的限制。为了最大限度地提高存储吞吐量，请求必须均匀分布在各个存储堆中。地址的中间位通常比高位分布更均匀，所以使用地址的中间位来选择存储堆。然而，也存在错误情况，访问步长较大时，地址中间位不改变。

如果一个存储器由一个 B 字节大小的块和 N 个不同的存储堆交叉形成，两个存储地址 a_0 和 a_1 若存在如下关系：

$$\Delta a = (a_0 - a_1), \mod(NB) = 0$$

那么 a_0 和 a_1 会访问同一个存储堆。

例如，考虑一个 256×256 的双精度浮点型（8 个字节）的数组。如果沿数组的一列向下，$\Delta a = 2048$。对于任意一个 NB 是 2 的幂次并且小于 4096 的交叉存储系统，将访问同一个存储堆。

避免这些存储堆冲突的最简单的方法是填充数组布局，以给出与存储堆数量相对大小的行。例如，如果要存储一个 256×256 阵列，就好像它是一个 257×256 阵列，那么 Δa 为 2056 时，访问将被均匀地分布在各个存储堆中。

硬件解决方案使用大量存储堆，可以避免存储堆冲突。然而，这种解决方案是昂贵的，并且当步长 Δa 是存储堆数量的倍数时仍然会存在冲突。因此会优先选择填充数组的软件解决方案或更一般的避免不利步长的方案。

在实际存储系统中，并非所有请求都具有相同的优先级。例如，数据加载请求的优先级可能高于数据存储。在这些情况下，可以让不同优先级的请求在不同的缓冲区中排队。这样，较高优先级的请求可以绕过较低优先级的请求。这种方案也存在问题，在存在持续的高优先级请求的情况下，低优先级请求会得不到资源访问权限，从而得不到应答。可以依据等待时长来增加优先级或为每个数据级分配静态资源来保证性能。例如，在向高优先级请求提供 4 次授权后，优先级较低的请求必须赢得一次仲裁。

当对 DRAM 进行仲裁时，由于访问 DRAM 的时间与地址有关，并且控制器必须决定何时打开新行，上述问题变得更加明显。现代存储控制器必须要在吞吐量的最大化和所有请求被提供服务的质量最低化之间做出平衡。

25.4 高速缓存

在实现存储系统时，需要在容量与速度之间做出权衡。访问一个可以提供千兆字节存储空间的 DRAM 需要花费 100 个周期。访问小的 SRAM 阵列可能只需一个周期，但是其容量被限制在 16～64KB。

将这些存储元件组合到存储层次结构中，可以使容量和速度这两个方面都达到最佳。小型、快速的阵列存储少量经常访问的数据，而较大的缓慢的存储器存储其他所有内容。如果设计者或程序员知道哪个数据属于哪个类别，则可以使用明确的层次管理结构，如图 25-7a 所示。地址空间的子集被分配给每个元件。一个请求由三个阵列之一来处理，阵列的选择取决于地址。

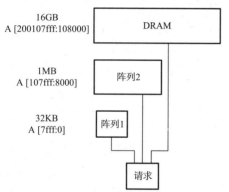
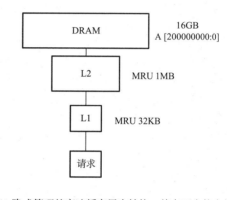

a) 显式管理的层次结构，每个地址映射到特定的存储器

b) 隐式管理的高速缓存层次结构，其中两个较小的存储器保存大多数最近使用的（MRU）字节

图 25-7 由容量和延迟递增的存储器组成的存储层次

然而，当具体数据模式未知时，情况是不同的。给图形卡上色的游戏需要访问许多纹理[⊖]，但是在一个给定的场景中只会出现一小部分的纹理。所需的纹理不是提前知道的，但是一旦某个纹理被使用了，那么它可能就会在下一个像素、对象或帧中再次被使用。例如，如果玩家正处于一片阳光明媚的草地中，那么只有草地纹理需要经常被访问。砂、砖、雪和月亮纹理可以存储在 DRAM 中，这不会导致性能降低。

这就是时间局部性原则——如果一个信息项正在被访问，那么在近期它很可能还会被再次访问。在不再需要草纹理之前，草纹理会被许多附近的像素、多个对象和几个连续的帧使用。当沙纹理加载后，也会被反复使用。

访问模式还表现出空间局部性：在最近的将来会用到的信息很可能与现在正在使用的信息在空间地址上是邻近的。如果我们引用一个像素的草纹理，则很可能会引用相邻的像素。练习 25.6 会探索使用行大小来利用空间局部性。

可以利用时间局部性，将最近被引用的数据保存在称为高速缓存的小型快速存储器中。对于存储在高速缓存中的每个数据元素，还存储一个标签，其中包括数据元素的地址以及一些状态信息。在读操作期间，每个高速缓存会被依次检查是否具有包含所请求数据

⊖ 在屏幕显示的物体上画的图像。

地址的标签，以查看它是否具有所请求数据的副本。如果 L1 高速缓存具有包含所请求数据地址（高速缓存器命中）的标签，则它以最小的延迟提供与此标签相关联的数据。如果 L1 高速缓存没有与所请求数据地址相匹配的标签（高速缓存未命中），继续搜索 L2 高速缓存。如果所有高速缓存中都没有该数据元素，则由后端 DRAM 提供该数据元素。在数据元素从缓存未命中返回之后，该数据元素及其地址一起存储到 L1 高速缓存中，因为它现在成为最近访问的数据元素。当新数据被存储到高速缓存中，一些较旧的（最近很少访问的）数据可能需要被移出以腾出空间。

对于典型的访问模式，将最近访问的数据保存在高速缓存中会有非常高的命中率。具有 32 KB 的 L1 高速缓存的典型微处理器在普遍的基准测试中具有 98％的 L1 命中率。这种高命中率意味着处理器几乎总是（98％的时间）在享受 DRAM 的大容量的同时享受小 L1 存储器的低延迟和高带宽。具有良好局部性的缓存层次结构为操作提供了大而快的内存。

高速缓存由保存地址的标签存储器和保存与每个标签相关联的数据行[⊖]（多个相邻字）的数据存储器组成。在完全关联的高速缓存中，内容寻址存储器（CAM）用于保存标签，如图 25-8 所示。CAM 的输入是要访问的地址，输出是指示匹配位置的独热信号。匹配信号的独热阵列使相应的数据行发送到数据存储器的输出端。如果在标签 CAM 中没有找到匹配的地址，则未命中，并将请求传播到存储层次结构的下一级。这种完全关联的结构虽然简单，但仅用于非常小的高速缓存（少于 64 个条目），因为 CAM 阵列很大而且慢。

表 25-4 显示了对完全关联高速缓存的一系列访问。如果未命中，当值返回时，所请求的数据被存储到高速缓存中。如果高速缓存已满，则必须从高速缓存中移出一行。选择被移出的行的方法很多，其中之一就是移出最近最少被访问的行。

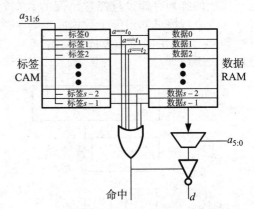

图 25-8　一个完全关联的高速缓存包括一个存储标签的 CAM 和一个存储数据的 RAM。读取访问时，输入的高地址位与标签 CAM 中的有效地址位进行对比。如果访问命中，那么与该地址关联的行变成高电平，使数据 RAM 中相应的数据发送到输出端。低地址位选择高速缓存行中被请求的字数据

表 25-4　有四个缓存条目的全关联高速缓存。这个表显示了在请求期间，每个高速缓存组里所存储的标签内容以及该请求的命中情况

请求	标签地址	H/M	S0	S1	S2	S3
1	$3ff_{16}$	M	-	-	-	-
2	400_{16}	M	$3ff_{16}$	-	-	-
3	404_{16}	M	$3ff_{16}$	400_{16}	-	-
4	400_{16}	H	$3ff_{16}$	400_{16}	404_{16}	-
5	300_{16}	M	$3ff_{16}$	400_{16}	404_{16}	-
6	200_{16}	M	$3ff_{16}$	400_{16}	404_{16}	300_{16}
7	300_{16}	H	200_{16}	400_{16}	404_{16}	300_{16}

可以使用直接映射高速缓存来实现因太大而不能使用 CAM 阵列构建的高速缓存。如图 25-9所示，标签存储在传统的 RAM（而不是 CAM）中。使用存储器地址的中间位来访

⊖　高速缓存行是与一个缓存标签相关联的数据块，有时被称为高速缓存块。

问标签和数据数组。读取标签数组后，请求地址的高位与标签进行比较。如果地址的高位与标签匹配(命中)，则从数据 RAM 读取数据并输出。

表 25-5 显示了一个简单的四条目高速缓存中的访问模式和标签状态示例。由于每个地址直接映射到单个位置，所以在高速缓存已满之前可能会发生移出。如果第二个地址需要相同的位置，则第一个地址即使最近经常被使用也会被移除。练习 25.7 要求你探索组合关联的高速缓存，其中每行可以在任何 w 位置。

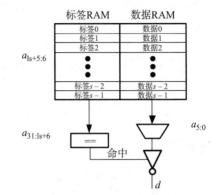

与高速缓存中的每个标签相关联的数据量(即 cache line，高速缓存行)通常大于单个字节长度，以高速缓存行为单位执行高速缓存和存储器层次结构的上层之间的数据传输。大多数高速缓存的行大小在 32~128B 之间。行尺寸的选择需要在利用空间局部性和避免不需要的数据传输之间做折中。这个权衡在练习 25.6 中进行了探讨。

内存访问通常包含更多的信息，而不仅仅是地址、操作和数据。元数据，例如数据目的地，一旦 L1 高速缓存未命中，则上层不需要该元数据，并且将被本地存储在未命中状态保持寄存器(MSHR)中。每个高速缓存未命中在被发送到更高层次结构之前，都会被分配到一个 MSHR 中。如果 MSHR 没有可用的，则排队。当未命中返回时，将检索 MSHR 数据，并对条目取消分配。

图 25-9 直接关联的高速缓存将标签存储在 RAM 阵列中。最低地址位用于选择高速缓存行中的输出字。中间地址位用于读取标签和数据阵列。将高地址位与标签阵列的输出进行比较。如果高地址位与读取的标签匹配，则缓存命中，并从数据阵列中读取数据并输出

表 25-5 有 4 个高速缓存组的高速缓存，对 bit[7:6] 寻址。这个表显示了在请求期间，每个高速缓存组里所存储的标签内容以及该请求的命中情况

请 求	地 址	高速缓存组	H/M	S0	S1	S2	S3
1	$3ff8_{16}$	3	M	–	–	–	–
2	4000_{16}	0	M	–	–	–	$3f_{16}$
3	4080_{16}	2	M	40_{16}	–	–	$4f_{16}$
4	4010_{16}	0	H	40_{16}	–	40_{16}	$4f_{16}$
5	4000_{16}	0	H	40_{16}	–	40_{16}	$4f_{16}$
6	3000_{16}	0	M	40_{16}	–	40_{16}	$4f_{16}$
7	4000_{16}	0	M	30_{16}	–	40_{16}	$4f_{16}$
8	3000_{16}	0	M	40_{16}	–	40_{16}	$4f_{16}$

高速缓存写入会像高速缓存读取一样未命中。一旦写入未命中，可以写入到高速缓存附近或为其分配一行并写入高速缓存。如果一行被分配，则该行的其余部分必须从内存中得到，因为该写入仅提供一个字节。未命中的写操作不需要这个额外的数据，就可以被认为是完整的。为了避免不必要的等待，可以将写入存储在写入缓冲器中，直到获取缓存行的其余部分。所有负载都必须查询写入缓冲器以读取最近的数据。

在多处理器系统中，每个处理器(CPU)通常都有自己的 L1 高速缓存。对于正确的操作，必须对每个特定地址进行读取时能看到任何处理器对该地址的最新写入。如果多个 CPU 读取一个特定的地址，那么它们都会在其私有的高速缓存中复制一个副本。在写入时，某行的所有未完成版本必须是无效的或更新以保持系统一致，使得只有最近写入的数据被随后的读操作读取。

总结

存储器是大多数数字系统的关键部分。存储器子系统的特征在于其容量、延迟和带宽，并且由一个或多个存储器基元组成，如 SDDR DRAM 芯片或 SRAM 阵列。

为了构建容量比单个基元大的存储器子系统，可以通过位片、堆或两者结合来组合多个基元。如果需要带宽比单个基元高的的子系统，则可以通过复制或交叉来实现。在交叉存储中，多个输入端口经由开关连接到多组存储器。如果同时考虑来自每个端口的多个请求，则可以采用更高效的调度，以避免队头阻塞。

高速缓存通过使用小的快速存储器来容纳最近访问的数据。当与大型缓慢的后备存储器结合使用时，高速缓存使整个子系统对于大多数引用（即缓存命中）而言是一个庞大的、快速的内存。

文献解读

存储器阵列电路的设计可以在参考文献[26]、[49]和[112]中找到。

关于存储系统整体的进一步阅读资料可以在 Jacob[60] 等中找到。关于存储交叉和调度的更多信息可以在 Rau 的经典文章[95]和 Bailey 针对块连接的研究[6]中找到。Burroughs 科学处理器[69]是使用素数交叉的计算机。参考文献[97]详细介绍了内存访问调度。

缓存对 CPU 性能的影响在参考文献[48]中有详细解释，一致性在参考文献[101]和[30]中有详细说明。

练习

25.1 存储器寻址。对于以下所有存储器，说明需要多少位地址以满足容量，还要说明哪些位用于字节选择、存储堆选择和字选择。假设是字节寻址，并且存储堆选择位是在字节选择位之后的。

(a)具有 2000 个 32 位字的数组。

(b)8 个位片阵列，每个阵列具有 1000 个 16 位字。

(c)16 个堆阵列，每个阵列都有 512 个 128 位字。

(d)8 个存储堆阵列，每个存储堆包含 16 个位片阵列，每个位片阵列包含 1000 个 64 位字。

25.2 SRAM 的 VHDL 编码。使用图 8-54 所示的 RAM 基元，编写 VHDL 来实现以下内容：

(a)8 个位片阵列组成的存储器，每个阵列具有 1024 个 16 位字。

(b)16 个堆阵列组成的存储器，每个堆阵列具有 512 个 128 位字。只需要激活所需的堆阵列。

25.3 DRAM 时序。I. 假设一个 DRAM 有 5-5-5-12 时序。地址是 8 位，高 4 位是行选择，低 4 位是列选择。对于地址流 01，02，03，10，20，a3，b3，04，b1，b2，回答(a)和(b)：

(a)总延时是多少？（必须以预充电的所有行行为开始和结束。）

(b)如果可以随意重新排列请求，那么新的延时是什么？

25.4 DRAM 时序。II. 将一个具有 800 MHz I/O 时钟和 8-8-8 时序的 DRAM 与具有 1GHzI/O 时钟和 12-8-8 时序的 DRAM 进行比较（在该练习中，忽略 t_{RAS}）。以下访问模式哪个更快？

(a)一系列完全随机的地址，它们始终为不同的行。

(b)99% 的时间都是指向开放行的一系列地址。

为了获得相同的性能，有多少百分比的访问地址需要指向开放行？

25.5 交叉访问。使用行索引 r 和列索引 c 访问矩阵。如果矩阵以行格式存储，则基址的地址偏移量为 rn_c+c，其中 n_c 为列数。列主偏移 $r+n_r c$。使用交叉存储器，你想为以下 C 代码设置哪种布局（假设可以并行完成访问）：

```
for(int i=0; i<nr; i++){
    for(int j = 0; j<nc; j++){
        sum += m[i][j]; //i is row idx, j is col idx
```

25.6 空间位置和行大小。考虑深度为 1 个字、行大小为 4 字节的高速缓存。使用特定的工作负载，如果将地址 a 中的一个字数据作为参考，那么在地址 $a+4$，$a+8$，$\cdots$，$a+28$ 中的字数据被访问到

的概率为 $P=0.95$。也就是说，如果参考了该字数据 20 次，其中有 19 次有参考，接下来的 7 个字数据只有 1 次不会参考。当将深度增加到 2 个字、4 个字和 8 个字时，这个缓存在这个工作负载上的命中率会怎样？对这些行尺寸的内存带宽需求会发生什么变化？

25.7 关联设置。缓存不仅只需要完全关联或直接映射。设计师可以建立 w 向关联。每个地址都可以驻留在 w 个位置中的任何一个。设计和绘制 4 向关联缓存的框图。每个地址都是 32 位，索引每个字节。缓存行是 64 字节，共有 1024 个集合(每个集合有四种方式)。你只能使用 SRAM 阵列，并且必须在一个(潜在的长时间)周期内执行访问。确保给出所有阵列大小，并说明哪些地址位用于对阵列进行索引，哪些位存储为标记。

25.8 最差的访问模式。使用最小数量的地址，描述一个在以下所有高速缓存中从未命中的访问模式：
(a)具有 n 个不同集合的直接映射缓存；
(b)具有 n 个条目的完全关联缓存；
(c)w 向集合关联缓存。

25.9 球和箱。假设每个请求请求 n 个块的概率相等。平均请求数($E(r)$)必须满足以下等式，确保每个块至少被请求一次：

$$E(r) = n \sum_{i=1}^{n} \frac{1}{i}$$

(a)该期望是关于 n 的函数，绘制此函数图像。
(b)由于设计限制，你只能构建一个 16 输入仲裁器。可以充分利用的平均存储堆数量是多少？你的答案不一定是 2 的指数。
(c)给定一个 256 个输入的仲裁器，平均需要多少个存储堆才能够获得完全吞吐量？

25.10 公平仲裁。为处理 4 个高优先级请求和 4 个低优先级请求以及输出 8 位授权信号的仲裁器编写 VHDL 代码。
(a)编写低优先级请求不会执行的基准模块。
(b)编写一个模块，在授权高优先级请求的 4 个周期之后，将授权一个低优先级的请求。假设对于同等优先级的请求采用静态关联方案。
(c)修改上述模块，实现一个打破等级关系的循环方式。也就是说，输入 0 具有最高优先权，直到输入 0 被授权，输入 1 具有最高优先级，以此类推。

## 第七部分

异 步 逻 辑

第 26 章

异步时序电路

异步时序电路没有统一的时钟。与之前已经研究过的同步时序电路相同的是，它们都是通过将当前状态反馈到组合逻辑来得到下一状态。与同步时序电路不同的是，异步时序电路的状态变量可能在任何时间点发生变化。这种异步状态更新（从下一状态到当前状态）使设计过程复杂化。瞬间的毛刺就可能导致不正确的最终状态，这大大增加了得到下一状态的函数的难度。对于有些编码方式，在状态转换时，多个状态变量发生变化，此时，就要关注状态变量之间的竞争。

在本章中，将介绍异步时序电路的基本原理。首先介绍如何通过绘制流表来分析具有反馈的组合逻辑。流表显示了哪些状态是稳定的，哪些状态是瞬态的，哪些状态是振荡的。然后介绍如何从最开始画的流表以某个规则综合异步时序电路并且将流表化简，转换成逻辑方程。我们知道状态赋值对于异步时序状态机来说是非常关键的，因为它决定了是否会产生潜在的竞争。我们介绍了如何通过引入瞬态来消除竞争。

在本章之后，第 27 章将以锁存器和触发器为异步电路的例子，继续讨论异步电路。

26.1　流表分析

14.1 节介绍过，当反馈路径放置在组合逻辑周围时就形成异步时序电路，如图 26-1a 所示。为了分析这些电路，我们打断反馈路径，如图 26-1b 所示，并将下一状态变量的方程写成当前状态变量和输入的函数。这样就可以通过研究当前状态变量的变化（多位以任意顺序改变）了解电路的动态。

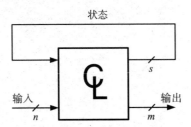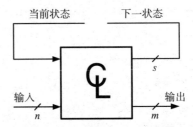

a) 一个带有状态信息的反馈路径加在组合　　　b) 为了分析异步时序电路，打断反馈路径，
　 逻辑上，形成一个时序电路　　　　　　　　　考虑下一状态与当前状态的依赖关系

图 26-1　异步时序电路

这可能看起来与 14.2 节中的同步时序电路一样。在这两种情况下，都是基于当前状态和输入计算下一状态。不同之处在于如何用下一状态更新当前状态。由于没有时钟触发的状态寄存器，异步时序电路的状态可以随时（异步地）改变。当状态变量多个位同时改变时，可能导致竞争。这些位可以以不同的速率改变，从而导致不同的结束状态。此外，同步电路最终将达到稳定状态，直到下一个时钟周期到达，下一状态和输出才会改变。然而，异步电路可能永远达不到稳定状态。在输入不发生变化的情况下，它可能无限期地振荡下去。

前面已经介绍过以这种方式来分析异步时序电路的例子，即 14.1 节中的 RS 触发器。在这一节会出现更多的例子，介绍如何利用流表来分析和综合异步时序电路。

考虑图 26-2a 所示的电路。图中的每个与门都做了标记，该标记代表能让该与门输出

为高电平的输入 ab 的状态。例如，最上面的与门被标记了 00，代表当 a 和 b 都为低电平时，该与门输出为高电平。为了分析这个电路，打断反馈回路，如图 26-2b 所示。此时，就可以写出下一状态关于输入 a、b 和当前状态的函数。如图 26-2c 中的流表所示，以表的形式描述了该函数。

输入和当前状态组成了 8 个组合，图 26-2c 显示了每个组合的下一状态。输入状态以格雷编码的顺序水平显示。当前状态垂直显示。如果下一状态与当前状态相同，则该状态是稳定的，因为用下一个状态更新当前状态并不会发生任何改变。如果下一个状态与当前状态不同，则该状态是瞬态的，因为一旦当前状态用下一个状态更新，电路就会发生改变。

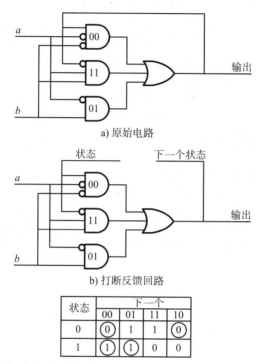

a) 原始电路

b) 打断反馈回路

状态	下一个			
	00	01	11	10
0	⓪	1	1	⓪
1	①	①	0	0

c) 显示下一状态函数的流表。流表中用圆圈框出来的状态是稳定状态

图 26-2　一个异步时序电路的例子

例如，假设电路的输入为 $ab=00$，当前状态为 0，下一个状态也是 0，所以这是一个稳定状态，如表顶行最左侧位置被圈起来的 0 所示。如果状态输入 b 变为高电平，使输入变为 $ab=01$，则在表中向右移动一个方格。在这种情况下，标记为 01 的与门使能，下一状态为 1。这是一个不稳定状态或瞬态，因为当前状态和下一个状态不同。经过一段时间（为了传播变化），当前状态将变为 1，移动到表的最下面一行。此时，已经达到了稳定的状态，因为当前状态和下一状态都是 1。

如果一个瞬态的下一状态没有稳定状态，则会有振荡。例如，如图 26-2 所示的电路，当输入 $ab=11$ 时，则下一状态总是当前状态的补码。在该输入状态下，电路不会稳定，而是在 0 和 1 状态之间无限期地振荡。这不是我们想要的。异步电路中的振荡几乎总是错误的。

那么图 26-2 的电路是怎么工作的？它是一个具有振荡特性的 RS 触发器。输入 a 是复位输入。当 a 为高电平而 b 为低电平时，状态被置为 0；当 a 被拉到低电平时，状态保持为 0。类似地，b 是置位输入。当 a 为低电平而 b 为高电平时，状态被置为 1；当 b 被拉低时，状态保持为 1。该触发器与图 14-2 之间的唯一区别是添加了标记为 11 的中间的与门。当两个输入都为高电平时，该门将导致图 26-2 中的电路振荡，而图 14-2 中的电路复位。

如果门 11 和输入到门 00 的 b 被去除，则电路变得与图 14-2 相同。

为了简化异步时序电路的分析，一般认为电路工作的环境遵循基本模式的限制条件：

基本模式限制：每次只有一位输入能发生改变，并且当另一位输入要发生改变时，电路必须先达到稳定状态。

在基本模式下工作的电路每次只需要考虑一个输入位的变化。不允许多个输入位同时改变。触发器的建立和保持时间限制是基本模式限制的示例。触发器的时钟和数据输入不允许同时更改。在时钟上升沿到达之前数据必须达到稳定状态（即建立时间）。类似地，在时钟上升沿到达之后，数据需要稳定保持一段时间（即保持时间）。第 27 章会更详细地介绍实现触发器的异步电路设计中建立和保持时间的关系。

在看流表时，如图 26-2 所示，在基本模式下运行意味着我们仅需要考虑相邻的方格代表的输入变化（从最左侧到最右边），不用担心输入从 11（振荡）跳变到 00（保持）会发生什么。

因为在基本模式下，这是不可能发生的。由于一次只能有一个输入位发生变化，所以在进入输入为 00 的状态之前必须首先到达输入为 10（复位）或 01（置位）的状态。

在某些现实情况下，将输入限制在基本模式下运行是不可能的，需要考虑多个输入位发生变化的情况。这超出了本书的范围，感兴趣的读者可参考本章末尾列出的一些文献。

26.2 流表综合：触发电路

我们已经了解了如何使用流表来分析异步电路的行为。也就是说，给出一个原理图，我们可以绘制一个流表，并了解电路的功能。在本节中，我们将从另一个方向来使用流表，并将了解如何根据电路设计要求创建流表，然后利用该流表来得到满足该设计要求的电路原理图。

一个触发电路的要求如图 26-3 所示。该触发电路具有单个输入和两个输出 a 和 b[⊖]。每当输入为低电平时，两个输出都为低电平。输入第一次变高时，输出 a 变高。在输入 in 第二次变高时，输出 b 变高。在输入 in 第三次变高时，a 再次升高。该电路在 a 和 b 之间交替地产生脉冲。

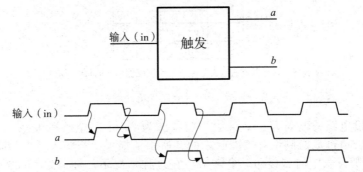

图 26-3 一个触发电路，依据其输入的上升沿，两个输出 a 和 b 交替产生脉冲

综合触发电路的第一步是写出它的流表。可以直接从图 26-3 所示的波形得到流表。输入的每次变化都会使电路进入一个新的状态，将波形划分成所有可能的状态，如图 26-4 所示。从状态 A 开始。当输入 in 上升时，我们到达状态 B，输出 a 是高电平。当 in 再次下降时，进入状态 C。即使 C 与 A 具有相同的输出，但是它们是不同的状态，因为输入的变化将导致不同的输出。in 的第二个上升沿的到来使我们到达状态 D，输出 b 是高电平。当 in 第二次下降时，我们回到状态 A。这种状态与状态 A 相同，因为在所有可能的输入下，该电路的行为与状态 A 是一样的。

一旦有了该触发电路的流表，下一步是为每个状态赋予一个二进制代码。该状态赋值

⊖ 实际上，额外的输入 rst 也是要有的，以初始化电路状态。

比同步机的状态赋值更重要。如果两个状态 X 和 Y 有多个状态位不同，则从 X 到 Y 的转换需要先到达一个瞬态，该瞬态与状态 Y 只有一个状态位不同。

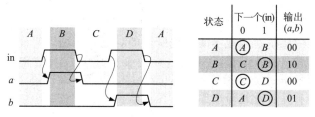

状态	下一个(in)		输出 (a,b)
	0	1	
A	Ⓐ	B	00
B	C	Ⓑ	10
C	Ⓒ	D	00
D	A	Ⓓ	01

图 26-4　为每次输入转换创建一个新的状态，直到电路回到某一相同的状态，从而从电路要求中得到流表

在某些情况下，两个状态位之间可能产生竞争。在 26.3 节会更详细地讨论竞争。现在，选择一种状态赋值方式（如图 26-5a 所示），每次状态转换只会改变一个状态位。

有了状态赋值之后，实现触发电路的逻辑就是综合组合逻辑的一个简单实例。在图 26-5b 中，将流表重新画成卡诺图，它显示了下一状态的函数，即每个正方形显示了在相应输入下的当前状态的下一状态的名称（A 到 D）（带有标记 s_0 的竖线表示其对应行中的方格的当前状态变量中的 s_0 为 1，其他行的 s_0 为 0，带有标记 s_1 的竖线表示其对应行中方格的当前状态变量中的 s_1 为 1，其他行的 s_1 为 0，带有标记 in 的横线代表其对应列中方格的输入 in 为 1，则另一列的输入 in 为 0）。箭头显示在电路运行期间遵循的状态转换的路径。了解这条路径对于避免竞争和冒险很重要。将这个表示状态转换的卡诺图看作轨迹图，因为它显示了状态的转换轨迹。

用二进制代码 $s_1 s_0$ 代替下一状态名称，重新绘制卡诺图，如图 26-5c 所示，将卡诺图分离成两个状态位 s_1、s_0 的卡诺图，如图 26-5d 和 e 所示。从这两个卡诺图可以得到如下等式：

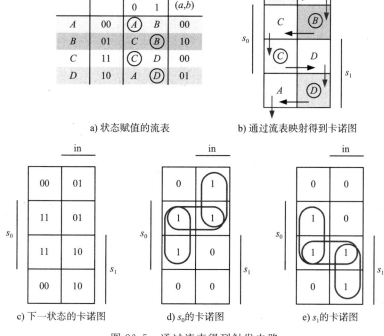

状态	编码	下一个(in)		输出 (a,b)
		0	1	
A	00	Ⓐ	B	00
B	01	C	Ⓑ	10
C	11	Ⓒ	D	00
D	10	A	Ⓓ	01

a) 状态赋值的流表　　　　　b) 通过流表映射得到卡诺图

c) 下一状态的卡诺图　　　d) s_0 的卡诺图　　　e) s_1 的卡诺图

图 26-5　通过流表得到触发电路

$$s_0 = (\overline{s_1} \wedge in) \vee (s_0 \wedge \overline{in}) \vee (s_0 \wedge \overline{s_1}) \tag{26-1}$$

$$s_1 = (s_1 \wedge in) \vee (s_0 \wedge \overline{in}) \vee (s_0 \wedge s_1) \tag{26-2}$$

每个表达式的最后一项是必要的,可以避免可能会出现的冒险。异步电路中通过输入/状态空间的路径必须不存在冒险。由于当前状态被不断反馈,状态转换期间的毛刺会导致电路切换到不同的状态,因此不能实现所需的功能。例如,假设将式(26.2)中的 $s_0 \wedge \overline{s_1}$ 项去掉,在状态 B 输入 in 处于低电平时,s_0 可能会在 s_1 变高之前暂时降低。那么这两个方程都是错的,而且 s_1 永远不会变高,电路会进入状态 A 而不是状态 C。

要完成综合,还有一步就是写出输出方程。输出 a 在状态 01 为真,输出 b 在状态 10 为真。因此,可得公式:

$$a = \overline{s_1} \wedge s_0 \tag{26-3}$$

$$b = s_1 \wedge \overline{s_0} \tag{26-4}$$

例 26.1 三分频电路

设计一个具有输入 a 和输出 q 的异步时序电路,输入 a 每变化三次,输出 q 变化一次。

图 26-6 中的波形显示了该电路是如何工作的。每个状态的名称已经在图中标记出来了。通过波形绘制流表是很简单的(参见图 26-7)。流表的第二列显示了状态赋值 qrs。选择输出 q 为一个状态变量,并添加两个附加变量 r 和 s 来区分六个状态。如此选择赋值,使得相邻状态转变只有一个状态变量发生变化,以避免竞争。

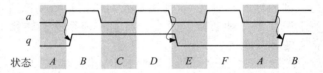

图 26-6 该波形显示了例 26.1 中设计的三分频异步电路的工作原理

状态	编码	下一个(a)		q
		0	1	
A	000	Ⓐ	B	0
B	100	C	Ⓑ	1
C	101	Ⓒ	D	1
D	111	E	Ⓓ	1
E	011	Ⓔ	F	0
F	010	A	Ⓕ	0

图 26-7 该流表显示了例 26.1 的三分频异步电路的状态转换

使用此状态赋值方式,将每个状态变量写到轨迹图和卡诺图中,如图 26-8 所示。从卡诺图中,我们找到质蕴涵项,并写出每个状态变量的逻辑方程。要覆盖轨迹图上的所有转换,以避免冒险。

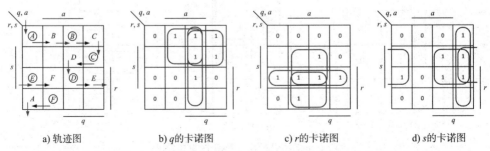

a) 轨迹图　　　b) q 的卡诺图　　　c) r 的卡诺图　　　d) s 的卡诺图

图 26-8 a 为轨迹图,b~d 为例 26.1 中的三分频电路的每个状态变量所对应的卡诺图

有趣的是，三个状态变量中的每一位都由单个多数门实现，方程式如下：

$$q = (q \wedge \overline{r}) \vee (q \wedge a) \vee (a \wedge \overline{r})$$
$$r = (r \wedge s) \vee (r \wedge a) \vee (s \wedge a)$$
$$s = (s \wedge q) \vee (s \wedge \overline{a}) \vee (q \wedge \overline{a})$$

图 26-9 向我们展示了实现如上三个等式的 VHDL 代码。其中加了一个复位信号 rst 来初始化状态变量。

```
library ieee;
use ieee.std_logic_1164.all;

entity Div3 is
  port( rst, a: in std_logic;
        q: out std_logic );
end Div3;

architecture impl of Div3 is
  signal r, s: std_logic;
begin
  q <= not rst and ((not r and q) or (not r and a) or (q and a));
  r <= not rst and ((s and a) or ( s and r) or (a and r));
  s <= not rst and ((s and not a) or (s and q) or (q and not a));
end impl; -- Div3
```

图 26-9 实现例 26.1 中的三分频电路的 VHDL 代码

对这个 VHDL 模型进行仿真，可以得到如图 26-10 所示的波形。除了状态变量 q 是三分频波形，状态变量 r 和 s 也是提前半个周期相移的三分频波形。这使电路成为一个三相发生器。

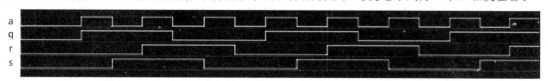

图 26-10 例 26.1 中的三分频电路的 VHDL 代码的仿真波形

26.3 竞争和状态赋值

为了解决多个状态变量同时发生变化的问题，如图 26-11a 所示，用另一种方式来实现图 26-3 中的触发电路的状态赋值。可以观察到两个输出 a 和 b 也可以作为状态变量，再添加一个附加的状态变量 c 来区分状态 A 和 C，图 26-11a 给出了状态编码[⊖]。

采用这种状态赋值方式，从状态 $A(cab=000)$ 转换到状态 $B(110)$ 时，c 和 a 都会发生改变。如果有如下逻辑，输入 in 在状态 A 变成高电平会使 c 和 a 都变成高电平。a 和 c 改变的顺序是任意的，即可能是 a 先改变，也有可能是 c 先改变，或者也有可能是它们同时改变。如果它们同时改变，则直接从状态 A 转换到状态 B，没有中间过程。如果 a 先改变，状态 A 先转换到状态 010，它是没有被赋值的，如果状态 010 中的逻辑执行正确的操作，则再转换到状态 110。如果 c 先改变，状态机将进入状态 $C(100)$，那么输入高电平将会导致最终状态为状态 D。显然，我们不能让 c 先改变。这种多个状态变量可以同时改变的情况称为竞争。状态变量正在竞争，看哪一个可以先改变。当竞争的结果会影响最终状态时，则称它是一个关键竞争。

⊖ 注意编码的顺序是 c、a、b。

状态	编码 (c,a,b)	下一个(in) 0	1	输出 (a,b)
A	000	Ⓐ	B	00
B	110	C	Ⓑ	10
C	100	Ⓒ	D	00
D	001	A	Ⓓ	01

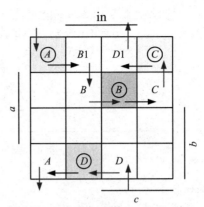

a) 修改后的状态赋值流表   b) 轨迹图，引进了两个瞬态B1＝010和D1＝101

图 26-11   触发电路的另一种状态赋值方式，使用这种赋值方式，单次的状态转换会使多个状态变量发生改变

如果允许 a 和 c 同时改变，为了避免关键竞争，我们指定下一状态的函数，使在状态 A 中只有 a 能改变。这将使我们进入一个瞬态 $B1＝010$。当达到状态 $B1$ 时，下一状态逻辑允许 c 改变。

在图 26-11b 所示的轨迹图中，显示了引入的瞬态。当在状态 A 且输入变为高电平时，下一状态函数指定下一状态是 $B1$ 而不是 B。这样，只能向图 26-11b 中显示的箭头方向转换到一个单一的瞬态 $B1$，与此对应的就是状态变量 a 变成高电平。为了避免从状态 A 转换到瞬态 $D1$，在状态 A 时，c 不允许改变。一旦达到瞬态 $B1$，下一状态函数使下一状态变为 B，也就是在 $B1$ 状态时，c 发生变化，从而转换到稳定状态 B。

从状态 C 100 转换到状态 D 001，也需要引入瞬态。变量 c 和 b 在这个转换中都要发生改变。变量 c 首先变化会产生不受控制的竞争，状态可能结束在状态 B 110，这是不正确的。为了避免这个竞争，输入 in 在状态 C 变成高电平时，只有状态变量 b 能发生变化。这使状态机进入一个瞬态 $D1(101)$。一旦处于 $D1$ 状态，c 允许下降，这使状态机进入状态 $D(001)$。

图 26-12 显示了修正的触发电路的实现过程。图 26-12a 显示了下一状态函数的卡诺图。卡诺图的每个方格显示了当前状态和输入下的下一状态的编码。注意，如果一个状态的下一状态等于当前状态，那么它是稳定的。瞬态 $B1$（在 010——沿对角线的第二个方格）不稳定，因为它的下一个状态是 110。

从下一状态卡诺图，可以得到单个状态变量的卡诺图。图 26-12b~d 分别是各变量 a、b 和 c 的卡诺图。请注意，未经过状态轨迹（图 26-12a 中的空白正方形）的状态不需要考虑。这些状态将永远不会达到，因此不需要考虑它们的下一状态。

从这些卡诺图，可以写出状态变量的表达式：

$$a = (in \wedge \bar{b} \wedge \bar{c}) \vee (in \wedge a) \tag{26-5}$$
$$b = (in \wedge \bar{a} \wedge c) \vee (in \wedge b) \tag{26-6}$$
$$c = a \vee (\bar{b} \wedge c) \tag{26-7}$$

注意，我们不需要独立的输出变量的表达式，因为 a 和 b 既是状态变量又是输出变量。

例 26.2   使用独热编码的触发电路

设计一个对状态使用独热编码的触发电路。描述你将如何解决任何潜在的竞争问题。

输出 a 和 b 分别是状态 B 和 D 的独热变量，添加两个新的状态变量 r 和 s，分别表示状态 A 和 C。因此，将状态编码为 $bsar$，我们的状态赋值为 $A＝0001$，$B＝0010$，$C＝0100$，$D＝1000$。每次的状态转换需要两个状态变量发生变化，这就导致了 4 个潜在的竞争。

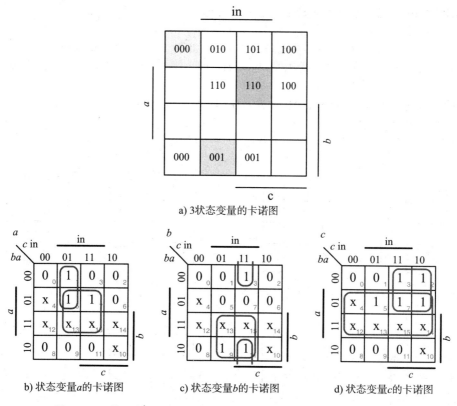

a) 3状态变量的卡诺图

b) 状态变量a的卡诺图　　　c) 状态变量b的卡诺图　　　d) 状态变量c的卡诺图

图 26-12　使用如图 26-11a 所示的状态赋值方法的触发电路的实现

如图 26-13 所示是独热编码的触发电路的 5 变量转换图。当在状态 $A = 0001$，in 变成高电平时，状态机达到瞬态 $B1 = 0011$，然后切换到状态 $B = 0010$。流表里的总状态（输入＋状态）是 $\{\overline{\text{in}}, A\}(00001)$，$\{\text{in}, A\}(10001)$，$\{\text{in}, B1\}(10011)$，$\{\text{in}, B\}(10001)$。请注意，可以允许竞争，先达到瞬态 $B1(0011)$ 或 $B2(0000)$ 再进行转换，但这不是我们想要的。在练习 $26.12 \sim 26.15$ 中将重新讨论这一问题。

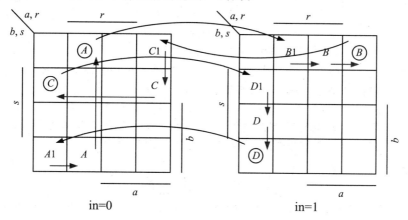

图 26-13　例 26.2 中独热编码的触发电路的 5 变量状态转换图

当在状态 B，in 变为低电平时，首先转换到状态 $C1 = 0110$，然后转换到状态 $C = 0100$。请注意，可以选择允许竞争，先达到暂态 $C1(0011)$ 或 $C2(0000)$ 再进行转换，但是我们不想要。$C2 = 0000$ 与 $B2 = 0000$ 并不冲突，因为 $C2$ 是 in 处于低电平时的过渡状态，而 B2 是 in 为高电平时的过渡状态。换句话说，C2 的总状态（输入和状态）是 00000，而 B2 的总状态是 10000。

同样，从 C 到 D 的转换需要先到状态 D1＝1100 进行过渡。只有选择不允许 B 进行竞争，才可以允许先达到暂态 D1 或 B2，因为 B2 可以转换到 D 或 B，但不能既可以到 D 又可以到 B。

最后，强制地将状态 A1＝1001 作为从 D 到 A 的过渡状态。只有不允许 C 进行竞争时，才可以允许 A1 或 C2 进行竞争。

4 个状态变量的卡诺图如图 26-14 所示。

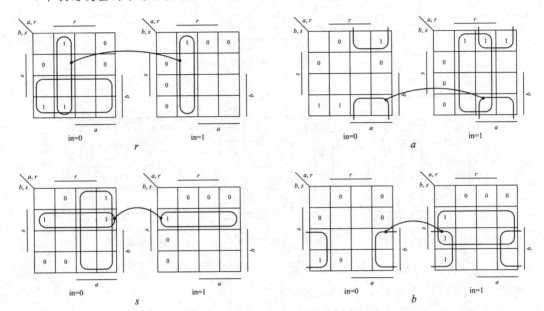

图 26-14　例 26.2 中的 4 状态变量的卡诺图，可以通过该卡诺图得到对应状态变量的逻辑等式

从以上 4 状态变量的卡诺图中，可以得到如下 4 个逻辑等式：

$$r = (b \wedge \overline{in}) \vee (r \wedge \overline{a})$$
$$a = (r \wedge in) \vee (a \wedge \overline{s})$$
$$s = (a \wedge \overline{in}) \vee (s \wedge \overline{b})$$
$$b = (s \wedge in) \vee (b \wedge \overline{r})$$

这些逻辑等式有着令人愉悦的对称性。每个独热状态变量都可以用 RS 触发器实现。每个等式的第一项是置位项，当前一个状态变量被置为 1 并且输入处于合适状态时，状态变量被置为 1。每个等式的第二项是复位项，当下一个状态变量被置为 1 时，状态变量被置为 0。

一般的独热异步时序电路可以以类似的方式实现。对于每个状态变量 x，写出一个置位方程 S，该方程中包含所有能转换到状态 X 的转换；复位方程 R 包含所有该状态之后的状态。x 的等式可以写成：

$$x = S \vee (x \wedge \overline{\sum R})$$

也就是，所有可以转换到 X 的状态对应着状态 x 的置位项，所有紧跟在 x 之后的状态对应着状态 x 的复位项。这些规则只适用于异步时序状态机，最小的时钟周期最少包含三个状态。

总结

在本章中，我们学习了如何分析和设计异步时序电路——具有状态反馈的逻辑电路（反馈不被时钟触发的存储元件中断）。异步电路中的每个状态变量可以在任何时间以任何顺序改变，这会导致变量之间的竞争。必须确保电路对于所有可能的竞争结果都能正常工作。

流表用于设计和分析异步时序电路。流表只是一个状态表，列出了下一状态（反馈回路断开）。下一状态是当前状态和输入的函数。如果下一状态和当前状态相同，那么该状态是稳定的，用圆圈标记出来。

每次最多只有一个输入发生变化的电路服从基本模式限制。一个输入位改变之后，在电路达到稳定状态之前，输入不允许再次改变。该假设将流表中的水平转换限制为涉及单个输入的水平转换，从而简化了分析。

异步时序电路的综合类似于同步电路，不过综合异步时序电路需要注意状态赋值以避免竞争。首先将要求翻译成流表。接下来，找到一个状态赋值方式，要避免多个状态位同时改变。这可能需要引入新的瞬态。最后，生成下一状态函数的逻辑。重要的是，流表中存在的轨迹是没有冒险的。

当需要设计一个异步电路时，利用流表来进行分析和综合是非常重要的技能。没有这种技能的工程师只能试图以特别的方式设计一个类似触发模块的电路，例如由时钟两个上升沿触发的触发器和锁存器随机组合在一起，结果经常是令人失望的，甚至是灾难性的。通过了解流表和竞争，可以构建可靠的且高效的异步时序电路。

文献解读

许多早期的计算机设计是完全异步的，如 ORDVAC[78] 和 ILLIAC II[16]。然而，随着时间的推移，同步时序设计的简单性这一优势凸显出来。几乎所有的现代数字系统大部分都是同步的，对一些特殊情况使用异步时序。Ivan Sutherland 的图灵奖讲座[103]提供了一个关于异步逻辑的有趣视角。异步设计研究在继续进行着，并每年在 IEEE International Symposium on Asynchronous Circuits and Systems 上都有报告。与本章相关的文献包括[68]、[86]和[108]。

练习

26.1 电路分析。写出图 26-15 中的电路原理图的流表，并解释这一电路的功能。

26.2 综合。相位比较器有两个具有相同频率的输入信号，并将其转换成电压，表示两输入信号的相位差的大小程度。探讨设计的数字部分。为一个具有两个输入 a 和 b 以及两个输出 A 和 B 的基本相位比较器写出流表。初始状态为 $A=B=0$。在 a 的上升沿，输出应从 $(AB)00$ 转换到 10 或从 01 转换到 00，而且这些状态都应稳定。在 b 的上升沿，输出应从 10 转换到 00 或从 00 转换到 01。从流表综合出门级电路。设计的模拟部分将 A 或 B 的处于高电平的时间量转化为电压幅度。

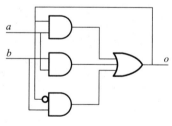

图 26-15 练习 26.1 的电路图

26.3 触发电路的综合。综合一个触发电路，该触发电路的状态赋值如图 26-11a 所示，不同的是，状态 B 被编码为 $cab=010$。

26.4 边沿触发。26.2 节中的触发电路是脉冲触发——一个电路，其输入上的交替脉冲使两个输出交替出现脉冲。对于此练习，设计一个边沿触发——一个电路，其输入端的边沿会导致两个输出之间交替出现边沿。该电路的波形如图 26-16 所示。

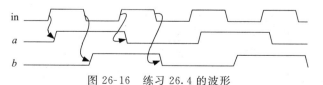

图 26-16 练习 26.4 的波形

26.5 三路触发。设计一个类似于 26.2 节中的触发电路，不同的是，该电路有三个输出交替出现脉冲。

26.6 三路边沿触发。修改练习 26.4 中的边沿触发电路,使其有三个输出交替出现边沿。

26.7 三分频电路。重现例 26.1 中的三分频电路。用如下的状态赋值方式:$A=000$,$B=100$,$C=110$,$D=111$,$E=011$,$F=001$.

26.8 五分频电路。设计一个五分频异步时序电路,如例 26.1 中的三分频电路,不同的是,输入每改变五次才会有一次输出的变化。

26.9 3.5 分频电路。设计一个电路,有两个输入 i 和 q(50% 的占空比,90° 的相位差),有一个输出 x、i 和 q 一共改变三次,x 改变一次。波形如图 26-17 所示。

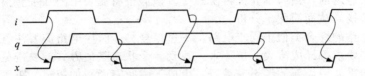

图 26-17 练习 26.9 的波形

26.10 状态缩减。为触发电路写一个流表,但是这次为 in 的前 8 个转换的每一次转换创建一个新的状态。然后确定哪些状态是等效的,以便将流表减少到四态表。

26.11 竞争。设计一个电路,当输入 c 为高时,使用标准的二进制符号(和包装)从 0 到 4 进行计数。如果 c 为低电平,则电路将简单地保持其状态。第一次实现中,忽略所有竞争。第二次实现中,列举所有可能的竞争和潜在的不正确的状态序列。

26.12 独热编码触发电路。Ⅰ. 写出例 26.2 中的独热编码的触发电路的逻辑等式,允许从 A 转换到 B 的竞争。

26.13 独热编码触发电路。Ⅱ. 写出例 26.2 中的独热编码的触发电路的逻辑等式,允许从 B 转换到 C 的竞争。

26.14 独热编码触发电路。Ⅲ. 写出例 26.2 中的独热编码的触发电路的逻辑等式,允许从 A 转换到 B 的竞争和从 B 转换到 C 的竞争。

26.15 独热编码触发电路。Ⅳ. 例 26.2 中的独热编码的触发电路是否同时允许从 A 转换到 B 的竞争和从 C 转换到 D 的竞争?如果可以,写出电路的逻辑等式;如果不可以,解释原因。

第 27 章
触 发 器

在现代数字系统中，触发器是最重要的电路之一。如我们在前面的章节所学到的，触发器是所有同步时序逻辑的核心。由触发器构建的寄存器能保持有限状态机的所有状态（包括控制和数据状态）。虽然触发器在逻辑设计中起了核心作用，但是在一个典型的数字系统中，触发器的面积、功耗和延时占了一大部分。

到目前为止，我们只是将触发器视为黑匣子⊖。在本章中，我们会研究触发器内部是怎样的，会了解典型 D 触发器的逻辑设计，以及如何得到这个设计的时序特性(第 15 章介绍的)。

首先直接非正式地设计触发器。从扩展锁存器开始。一个锁存器的实现直接来自于它的功能。从实现中，我们可以得到锁存器的建立、保持和延迟时间。然后，我们将学习如何通过在主从设备中组合两个锁存器来构建触发器，并且可以从其实现中得到触发器的时序特性。

在这种非正式的设计之后，使用流表来综合锁存器和触发器。这既有助于增强这些储存元件的性能，也为利用流表综合电路提供了一个很好的例子。在这个推导过程中引入了状态等价的概念。

27.1 锁存器内部结构

锁存器的电路逻辑符号如图 27-1a 所示，图 27-1b 所示波形描述了其功能和时序特性。锁存器有两个输入，数据 d 和使能信号 g，一个输出 q。当使能输入为高电平时，输出与输入一样。当使能输入为低电平时，输出保持其当前状态。

如图 27-1b 所示，像触发器一样，锁存器也具有建立时间 t_s 和保持时间 t_h。建立时间 t_s 是在使能信号下降沿到达之前，输入数据必须保持稳定不变的时间，保持时间 t_h 是在使能信号下降沿到达之后，输入数据必须保持稳定不变的时间，以使输入值被正确存储起来。锁存器的延迟有两个，从使能上升沿到输出改变的延迟 t_{dGQ}，从输入改变到输出改变的延迟 t_{dDQ}。在使能上升沿到达之前，输入必须至少已经保持稳定 t_{s1}，$t_{s1} = t_{dDQ} - t_{dGQ}$。这些延迟可以从锁存器的逻辑设计中得出，并且锁存器运行期间需要满足基本模式限制(26.1 节)。

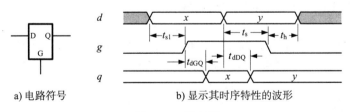

a) 电路符号　　　　　　b) 显示其时序特性的波形

图 27-1　锁存器

从锁存器的功能描述，可以得到它的逻辑等式：

$$q = (g \wedge d) \vee (\overline{g} \wedge q) \tag{27-1}$$

也就是，当 g 为真时，$q = d$，当 g 为假时，q 保持状态不变($q = q$)。但并不是所有时候都如此。从图 27-2 的卡诺图可以看到，当 d 和 q 为高电平，且 g 改变时，会出现冒险。为

⊖ 黑匣子是一个我们了解其外部功能但不知道内部是如何实现的系统，就好像系统在不透明(黑色)盒子中，以至于看不到它的工作原理。

了避免这一冒险，必须为等式增加一个蕴含项，如下所示：

$$q = (g \wedge d) \vee (\overline{g} \wedge q) \vee (d \wedge q) \tag{27-2}$$

从式(27.2)可以画出锁存器的门级电路图，如图 27-3a 所示。这种方式实现的锁存器被叫作 Earle 锁存器(Earle 提出的)。用 CMOS 工艺，可以只用反相器来实现 Earle 锁存器，如图 27-3b 所示。

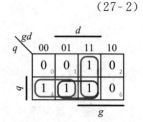

图 27-2　锁存器的卡诺图

从图 27-3 的电路图，可以得到锁存器的时序特性。假定，图中 Ui 的延时是 t_i，可以根据 5.4 节描述的那样计算这些逻辑门的延时，并且对于不同状态或者不同信号变化(上升沿、下降沿)，延时都会有所不同。首先来看建立时间 t_s。为了满足基本模式的限制，在改变了输入 d 之后，电路必须在输入 g 下降之前达到一个稳定的状态。为了使电路能达到一个稳定的状态，d 的改变(上升或下降)必须按照 U4、U5 和 U3 的顺序传播，状态变量 q 和门 U3 的输出必须在 g 下降之前达到稳定。

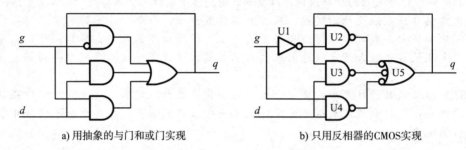

a) 用抽象的与门和或门实现　　　　　　　　　b) 只用反相器的CMOS实现

图 27-3　Earle 锁存器的门级电路

因此建立时间为

$$t_s = t_4 + t_5 + t_3 \tag{27-3}$$

从该建立时间的计算可以看出异步时序电路分析的一些细微之处。有人认为由于 d 直接连接到 U3，从 d 到 U3 的输出路径就直接是 d 到 U3。然而，当 d 是低电平时，情况并非如此。当 d 为低电平且电路处于稳定状态时，则 q 为低电平。因此，当 d 上升时，U3 不会被打开，因为 U3 的另一个输入 q 是低电平。在 U3 被打开之前，d 上升的这一变化必须通过 U4 和 U5 传播，使 q 升高。因此，一定稳定的路径是从 U4 到 U5 再到 U3。

再来考虑保持时间。在 g 下降之后，电路必须在 d 再次改变之前再次进入稳定状态。特别地，如果 d 为高电平，则 g 的变化必须通过 U1 和 U2 传播，以便在 d 降低之前，使 U2 和 U5 的环路成为通路。因此，保持时间为

$$t_h = t_1 + t_2 \tag{27-4}$$

每次传播延迟只是从输入 g 或 d 到输出 q 的延迟。对于 t_{dDQ}，该路径包括门 U3、U4 和 U5，对于 t_{dGQ}，路径包括 U4 和 U5(这里只考虑 g 上升的情况)，所以有

$$t_{dDQ} = \max(t_3, t_4) + t_5 \tag{27-5}$$

$$t_{dGQ} = t_4 + t_5 \tag{27-6}$$

锁存器的另一种门的实现方式如图 27-4 所示。这里通过将门控电路附加到 RS 触发器(14.1 节)来构造锁存器。RS 触发器由与非门 U4 和 U5 构成。当 U4 的输入 $\overline{s}$ 为低电平时，触发器被置位($q=1$)。当 U5 的输入 $\overline{r}$ 为低电平时，触发器复位($q=0$)。

由 U1、U2 和 U3 形成的门控电路在 $g=1$ 和 $d=1$ 时将触发器置位，在 $g=1$ 和 $d=0$ 时，将触发器复位。因此，当 g 为高电平时，输出 q 与输入 d 保持一致。当 g 为低电平时，触发器既不置位也不复位，保持其当前状态。

虽然图 27-4 所示的锁存器与图 27-3 所示的 Earle 锁存器具有相同的逻辑行为，但它们的时序特性差别很大。将这些时序特性的推导留给练习 27.1～27.4。

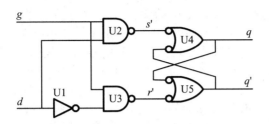

图 27-4 由 RS 触发器构造的锁存器

27.2 触发器的内部结构

一个边沿触发的 D 触发器，其输出在时钟上升沿之后立即改变。除了上升沿之前和之后的一个很短时间内，输出端对输入端的数据都不敏感，保持其当前状态。它的电路逻辑符号和时序特性如图 27-5（与图 15.5 一样）所示。在 14.2 节，了解到如何在同步时序电路中将 D 触发器用作状态寄存器。在第 15 章，了解了 D 触发器具体的时序特性。在这一节，会介绍 D 触发器的逻辑设计，以及如何通过逻辑设计得到其时序特性。

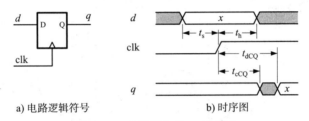

a) 电路逻辑符号　　　　　　　b) 时序图

图 27-5 边沿触发的 D 触发器

具有反向使能的锁存器可以看作实现了触发器的一半功能。当此使能信号上升时，对其输入进行采样，并且在使能信号为高电平时保持输出稳定。当此使能信号为低电平时，其输出跟随其输入变化。我们可以再使用一个锁存器，将其与第一个锁存器串联来纠正此行为。该锁存器具有正向使能，在使能信号为低电平时，输出不会随输入变化。

如图 27-6a 所示，两个具有互补使能的锁存器串联起来实现了 D 触发器。图 27-6b 给出了触发器工作的波形。第一个锁存器被称为主机，在时钟上升沿对输入进行采样，并把采样值赋给中间信号 m。在波形图中，在时钟上升沿，b 值被采样，时钟为高电平时 m 保持 b 值不变。然而，当时钟为低电平时，信号 m 跟随输入 d 变化。第二个锁存器，被称为从机（因为跟随主机），当时钟为高电平时，输出 q 随中间信号 m 变化。在时钟下降沿对 m 值（由主机保持稳定）进行采样，并把采样值赋给 q，当时钟为低电平时，q 保持其值不变。这两个锁存器共同作用的最终结果和 D 触发器一样。它在时钟的上升沿采样数据，并保持稳定，直到下一个上升沿到达。当时钟为高电平时，主机保持该值，而从机是跟随状态；时钟为低电平，从机保持该值，而主机是跟随状态。

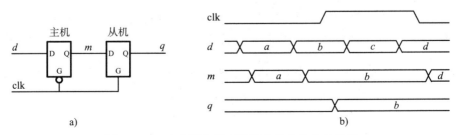

图 27-6 一个由两个锁存器构造的主从 D 触发器

为了使主从触发器正确工作，主机的输出在从机时钟下降之后的 t_h 时间内要保持稳定。这就是从机必须满足的保持时间的限制。如果主机的输出在时钟下降沿到来之后很快地发生了改变，在从机达到保持状态之前，中间信号 m 的新值（波形图中的 d）会很快地赋给输出 q。实际上，基本不会有这样的问题，除非在主机和从机之间有大量的时钟偏移（15.4 节）。

从图 27-6a 给出的电路逻辑符号和锁存器的时序特性，可以得到该触发器的时序特性。该触发器的建立时间和保持时间就只是主机的建立时间和保持时间。该触发器是一个进行采样的设备。该触发器的 t_{dCQ} 延时是从机的 t_{dGQ} 延时$^\ominus$。t_{dGQ} 是时钟上升沿到输出 q 发生改变的时间。

图 27-7 给出的图 27-6 中 D 触发器的门级电路图能更具体地说明 D 触发器的时序参数。用一个反相器 U1 来产生 $\overline{clk}$。主机和从机受两个极性相反的时钟信号控制。

在图 27-7 所示的触发器中，建立时间 t_s 是当时钟处于低电平时，d 发生变化之后，电路达到稳定状态所需要的时间。

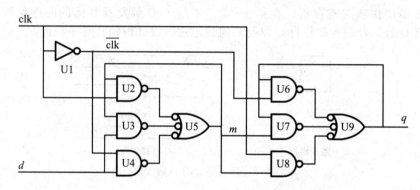

图 27-7 一个主从 D 触发器的门级电路图

严格来讲，这里的路径应该是 U4 到 U5 到 U3 或 U7（当 q 为高电平）。然而，我们并不关心 U7 的输出是否达到了稳定，因为时钟上升沿到来，会使 U8 打开。所以，忽略 U7，关注终点是 U3 的输出路径，有：

$$t_s = t_4 + t_5 + t_3 = t_{sm} \qquad (27\text{-}7)$$

其中，t_{sm} 是主机的建立时间。

这个触发器的保持时间是电路的主机部分在时钟上升沿到达之后达到稳定所需要的时间。也就是门 U1 和 U2 的最大延时。如果在 U1，$\overline{clk}$ 变为低电平之前使数据 d 发生变化，m 可能会受到影响；只有当 U2 的输出达到稳定，数据 d 才能发生变化，否则会失去存储在从机中的数据。因此

$$t_h = \max(t_1, t_2) \qquad (27\text{-}8)$$

与式（27.4）相比，不需要把 t_1 和 t_2 相加，因为，主锁存器是低电平使能的，U1 不在从 clk 到 U2 输出的路径上。

对于保持时间的计算，只需要考虑主锁存器能否达到稳定状态。当时钟上升时，从锁存器达到稳定会需要更久的时间。然而，只要主锁存器达到稳定，我们就能可靠地捕获数据。

最后，t_{dCQ} 是从时钟上升沿到触发器输出的延迟。路径是从 U8 到 U9，有

$$t_{dCQ} = t_8 + t_9 = t_{dGQs} \qquad (27\text{-}9)$$

其中，t_{dGQs} 是从锁存器的 t_{dCQ}。

$\ominus$　假设建立时间足够大，使信号 m 在时钟上升之前的 t_{s1} 时间内是稳定的。不是这种情况的例子见练习 27.11。

图 27-8 给出了一个主从 D 触发器的另一种门级电路图。这个电路使用了图 27-4 给出的以 RS 触发器为基础构造的锁存器。该触发器的 t_s、t_h 和 t_{dCQ} 的推导留给练习 27.5～27.7。

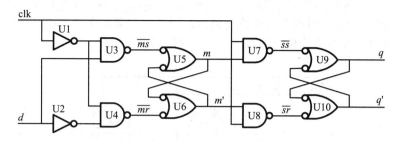

图 27-8　主从 D 触发器的另一种门级电路图

27.3　CMOS 锁存器和触发器

图 27-3 和图 27-4 所示的锁存电路都使用了静态 CMOS 门。CMOS 技术也允许我们使用传输门和三态反相器来构建锁存器，如图 27-9 所示。为了得到更小更快的锁存器，大多数 CMOS 锁存器都使用这种传输门。

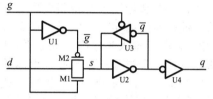

图 27-9　使用传输门和三态反相器的 CMOS 锁存器电路

当使能 g 为高电平（$\bar{g}$ 为低电平）时，由 NFET M1 和 PFET M2 形成的传输门导通，使输入端 d 的值传到存储节点 s。如果 $d=1$，PFET M2 将 1 从 d 传递到 s；如果 $d=0$，NFET M1 将 0 从 d 传递到 s。输出 q 的值跟随由反相器 U2 和 U4 缓冲的存储节点 s。因此，当 g 为高电平时，输出 q 的值跟随输入 d。

当使能 g 为低电平时，由 M1 和 M2 形成的传输门不导通，将存储节点 s 和输入节点 d 隔离开来。此时，输入被采样到存储节点上。同时，三态反相器 U3 导通，使由两个反相器形成的从 s 到 s 的存储环路导通。该反馈环路巩固了 s 上存储的值，使其无限期地保留下去。三态反相器等效于尾接一个传输门的反相器。

可以用计算门级锁存器的建立、保持和延迟时间的方式，计算 CMOS 锁存器的建立、保持和延迟时间。当 g 为高电平时，输入变化，则在 g 下降之前，该变化对存储环路的影响必须结束。输入变化必须通过传输门和反相器 U2 传播。不需要等待 U4 驱动输出 q，因为它不影响存储环路。

因此，建立时间有

$$t_s = t_g + t_2 \tag{27-10}$$

其中，t_g 是传输门的延迟。

当 g 为低电平时，需要在传输门完全关闭之前，使输入 d 的值保持稳定，所以保持时间就只是反相器 U1 的延迟：

$$t_h = t_1 \tag{27-11}$$

不需要等待反馈门 U3 导通。因为 U3 的输出 s 已经处于正确的状态，而且节点 s 能够在 U3 导通之前保持其值稳定不变。

延迟时间是通过追踪从输入到输出的路径来计算的：

$$t_{dGQ} = t_1 + t_g + t_2 + t_4 \tag{27-12}$$

$$t_{dDQ} = t_g + t_2 + t_4 \tag{27-13}$$

如图 27-10 所示，CMOS 触发器可以由两个 CMOS 锁存器构成。NFET M1、PFET M2、反相器 U2 和三态反相器 U3 形成了主锁存器，当使能 g 为低电平时，将输入 d 连接

到存储节点 m，当使能 g 为高电平时，保持 m 的值稳定不变。NFET M3、PFET M4、反相器 U4 和三态反相器 U5 形成了从锁存器，当使能 g 为高电平时，将主锁存器状态 $\overline{m}$ 连接到存储节点 $\overline{s}$。一个额外的反相器 U6 产生输出 q。输出 q 与 U4 的输出 s 在逻辑上是相同的。然而，以这种方式隔离存储环路与输出，对于触发器的同步特性至关重要（如第 29 章所述）。将这个触发器的分析作为练习 27.8～27.10。

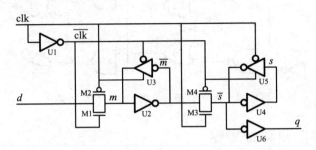

图 27-10　由两个 CMOS 锁存器构成的 CMOS 触发器的电路

27.4　锁存器的流表

锁存器和触发器本身就是异步时序电路，并且可以利用第 26 章介绍的流表来综合。给定锁存器的描述，可以写出一个流表，如图 27-11 所示。为了枚举所有的状态，我们从状态 A（所有输入和输出为低电平）开始，从这种状态开始切换每个输入。然后，从每个新状态重复这个过程，直到所有可能的状态都被列举出来。

在状态 A，g 变为高电平，达到状态 B；d 变为高电平，达到状态 F。这就是图 27-11b 中流表的第一行。在状态 B，d 变为低电平，返回到状态 A；d 和 q 同时变为高电平，达到状态 C。

这就是流表的第二行。继续用这种方式，一行一行地补充流表，直到所有的状态都被列举出来。最终的流表如图 27-11b 所示。

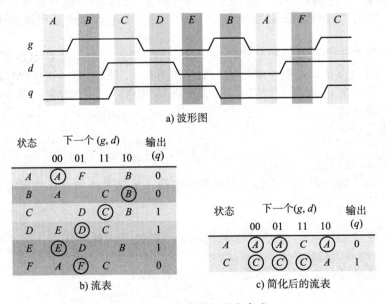

图 27-11　锁存器的流表合成

在构建此流表时，为每个输入组合创建一个新的状态。一共有 6 个状态——$A～F$，它将需要 3 个状态变量来表示。然而，其中有些状态是等价的，可以合并。如果电路处于某两个状态时，输入和输出无法区分，则这两个状态是等价的。

我们递归地定义等价。如果两个状态对于所有输入组合具有相同的输出，则这两个状态为 0 等价。这里，状态 A、B 和 F 是 0 等价的，状态 C、D 和 E 一样是 0 等价的。如果两个状态对于所有输入组合具有相同的输出，并且它们的每个输入组合的下一个状态是 k -1 等价，则这两个状态是 k 等价的。A、B 和 F 的下一个状态不仅仅是等价的，还是一样的，所以 A、B 和 F 是 1 等价的。C、D 和 E 也是 1 等价。

实际上，可以先找到 0 等价的状态集合（例如 $\{A, B, F\}$ 和 $\{C, D, E\}$），然后再找到 1 等价的状态集合等，直到等价状态集合不变，此时就找出了所有的等价状态集合。也就是说，当找到一组既是 k 等价也是 $k+1$ 等价的状态时，也就完成了等价状态集合的寻找。

在这种情况下，状态 A、B 和 F 是等价的，C、D 和 E 是等价的。只用两个状态 A 和 C（每个等价类一个）重写流表，可以得到简化后的流表，如图 27-11c 所示。

如果将输出作为状态变量，将状态 A 赋值为 0，状态 C 的赋值为 1，则可以将图 27-11c 的简化流表重写为图 27-12a 所示的卡诺图。卡诺图上显示了三个蕴含项。虽然可以只需要两个蕴含项（$qgd=\text{X}11 \lor 10\text{X}$）来实现逻辑功能，但需要第三个蕴含项 1X1 来避免冒险（参见 6.10 节）。如果使能输入 g 下降为低电平（从 $qgd=111$ 到 101），输出会立即下降，则最终状态可能为 001，锁存器会丢失存储的 1。添加的蕴含项（1X1）避免了此冒险。图 27-12b 给出了锁存器的电路原理图。

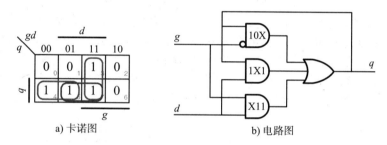

a) 卡诺图　　　　　　　　　　b) 电路图

图 27-12　锁存器的逻辑设计

27.5　D 触发器的流表综合

图 27-13 显示了 D 触发器的流表的推导。首先得到一个波形，该波形包含流表中显示的所有 8 个状态。与锁存器一样，通过在每个状态下切换每个输入（clk 和 d）来构建流表。为每个输入组合创建一个新的状态，除非它明显等价于已有的状态。得到的流表有 8 个状态，如图 27-13b 所示。

下一步是找到等价状态。首先观察到 0 等价集是 $\{A, B, C, D\}$ 和 $\{E, F, G, H\}$。对于 1 等价，我们观察到处于 D 状态时，输入为 11 的下一个状态与 0 等价集 $\{A, B, C, D\}$ 内其他元素不同。类似地，处于 H 状态时，输入为 10 的下一个状态与 0 等价集 $\{E, F, G, H\}$ 内其他元素不同。因此，1 等价集合为 $\{A, B, C\}$，$\{D\}$，$\{E, F, G\}$，和 $\{H\}$。

图 27-13c 给出了只有 4 种状态的简化后的流表。输出 q 将是状态变量之一。还需要第二个状态变量，如表格的"代码"列所示。输出 q 是两位状态编码的最高位，新添加的状态变量是最低位。

图 27-14 显示了如何将图 27-13c 的流表简化为逻辑设计。首先将流表重新绘制为具有状态符号的卡诺图，如图 27-14a 所示。变量 q 是输出，变量 x 是新添加的状态变量。下一步是使用状态编码 qx 替换状态符号，如图 27-14b 所示。接下来分别画出两个状态变量的卡诺图，q 在左边，x 在右边，如图 27-14c 所示。

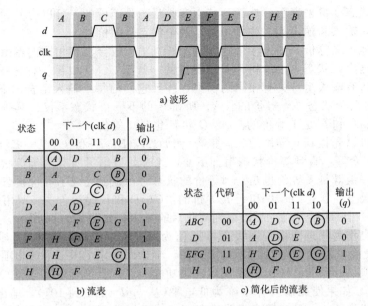

a) 波形

状态	下一个(clk d)				输出
	00	01	11	10	(q)
A	Ⓐ	D		B	0
B	A		C	Ⓑ	0
C		D	Ⓒ	B	0
D	A	Ⓓ	E		0
E		F	Ⓔ	G	1
F	H	Ⓕ	E		1
G	H		E	Ⓖ	1
H	Ⓗ	F		B	1

b) 流表

状态	代码	下一个(clk d)				输出
		00	01	11	10	(q)
ABC	00	Ⓐ	D	Ⓒ	Ⓑ	0
D	01	A	Ⓓ	E		0
EFG	11	H	Ⓕ	Ⓔ	Ⓖ	1
H	10	Ⓗ	F		B	1

c) 简化后的流表

图 27-13　边沿触发的 D 触发器的流表综合

两个下一状态变量函数都可以用两个蕴含项表示。与锁存器一样，我们必须添加第三个蕴含项以避免冒险。对于变量 q，蕴含项有 $qxcd = $X11X、1X0X，并且为了消除冒险，添加蕴含项 11XX。对于 x，蕴含项有 $qxcd = $X11X，XX01 和为了消除冒险添加的蕴含项 X1X1。写出这些蕴含项所代表的逻辑符号电路，如图 27-14d 所示。已经使用图 27-7 的 Earle 锁存器合成了主从 D 触发器。可以注意到主锁存器的顶部与门和从锁存器的底部与门具有相同的输入，并且可以由一个共享的与门代替。

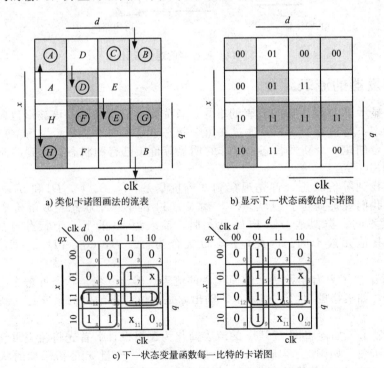

a) 类似卡诺图画法的流表

b) 显示下一状态函数的卡诺图

c) 下一状态变量函数每一比特的卡诺图

图 27-14　从图 27-13c 中的流表得到 D 触发器的逻辑设计

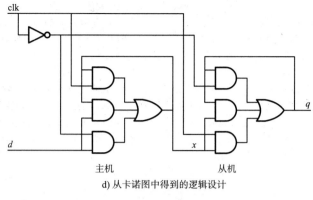

d) 从卡诺图中得到的逻辑设计

图 27-14 （续）

总结

在本章中，了解了触发器的内部结构，更好地了解了其行为和时序限制。首先了解了锁存电路，即 Earle 锁存器，并且利用该电路，得出了锁存器的建立、保持和延迟时间。

用两个锁存器构建主从触发器。时钟低电平使能的主锁存器在时钟为低电平时跟随输入变化，并在时钟上升沿对输入进行采样。时钟高电平使能的从锁存器在时钟为低电平时保持输出稳定。分析这个电路，得出了该主从触发器的建立、保持和延迟时间。

在 CMOS 逻辑中，锁存器和触发器通常使用传输门来实现。然而，它们的行为和分析方法与 Earle 锁存器相同。

最后，对锁存器和触发器进行流表分析。这是一个很好的流表分析的例子，让我们对触发器的行为有了更多的了解。

文献解读

在 20 世纪 60 年代中期，IBM 开发了 Earle 锁存器。它于 1965 年推出[38]，并于 1967 年授予专利[39]。有关触发器的更全面的调查，请参阅文献[112，28，67]。

练习

27.1　锁存器的时序特性。I. 计算图 27-4 中的锁存器的建立时间 t_s。假设门 Ui 的延迟是 t_i。

27.2　锁存器的时序特性。II. 计算图 27-4 中的锁存器的保持时间 t_h。假设门 Ui 的延迟是 t_i。

27.3　锁存器的时序特性。III. 计算图 27-4 中的锁存器的延迟 t_{dDQ}。假设门 Ui 的延迟是 t_i。

27.4　锁存器的时序特性。IV. 计算图 27-4 中的锁存器的延迟 t_{dGQ}。假设门 Ui 的延迟是 t_i。

27.5　触发器的时序特性。I. 计算图 27-8 中的 D 触发器的建立时间 t_s。假设门 Ui 的延迟是 t_i。

27.6　触发器的时序特性。II. 计算图 27-8 中的 D 触发器的保持时间 t_h。假设门 Ui 的延迟是 t_i。

27.7　触发器的时序特性。III. 计算图 27-8 中的 D 触发器的延迟 t_{dCQ}。假设门 Ui 的延迟是 t_i。

27.8　CMOS 触发器的时序特性。I. 计算图 27-10 中的 D 触发器的建立时间 t_s。假设门 Ui 的延迟是 t_i，每个传输门的延迟是 t_g。

27.9　CMOS 触发器的时序特性。II. 计算图 27-10 中的 D 触发器的保持时间 t_h。假设门 Ui 的延迟是 t_i，每个传输门的延迟是 t_g。

27.10　CMOS 触发器的时序特性。III. 计算图 27-10 中的 D 触发器的延迟 t_{dCQ}。假设门 Ui 的延迟是 t_i，每个传输门的延迟是 t_g。

27.11　触发器的污染延时。I. 考虑通过在主从锁存器之间放置延迟为 t_d 的延迟线构成的触发器。当触发器输入 d 正好在时钟上升沿 t_s 之前改变时，延迟线输入端的信号 m 正好在时钟边沿处变为有效，并且延迟线输出端也就是从锁存器的输入端信号 m_1 在时钟的上升沿 t_d 之后变为有效。修改后的触发器的污染延迟 t_{cCQ} 和传播延迟 t_{dCQ} 是多少？

27.12 触发器的污染延时。II. 练习 27.11 中的触发器的 t_d 最大值是多少？

27.13 脉冲型锁存器构建的触发器。I. 图 27-15 给出了另一种 D 触发器的设计。这个触发器由单个由脉冲发生器门控的锁存器构成。当 clk 上升时，$\bar{g}$ 上产生一个窄的脉冲，对输入 d 进行采样。锁存器会保持该采样值稳定不变，直到下一个时钟沿到达。回答如下与图 27-15c 中的电路有关的问题。假设门 Ui 的延迟是 t_i。

(a) 在保证该电路能正确工作的情况下，由 U2 产生的脉冲的最小宽度是多少？

(b) 在保证该电路能正确工作的情况下，由 U2 产生的脉冲的最大宽度是多少？

27.14 脉冲型锁存器构建的触发器。II. 假设 U2 产生的脉冲的宽度是 27.13a) 中的宽度，计算该触发器的建立时间 t_s、保持时间 t_h 和延迟 t_{dCQ}，将这些值与上文中的主从触发器的时序参数进行比较。特别地，比较两种触发器的 $t_s + t_{dCQ}$。

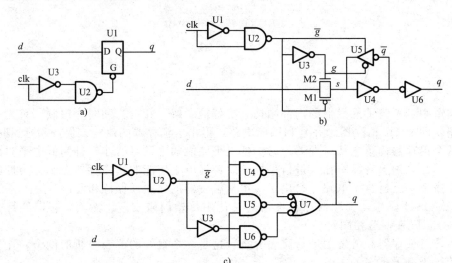

图 27-15 由脉冲型锁存器构建的 D 触发器：a) 使用锁存器逻辑符号的电路图；b) 使用 CMOS 锁存器的内部结构电路图；c) 使用 Earle 锁存器的内部结构电路图。当 clk 上升时，与非门 U2 在 $\bar{g}$ 上产生一个窄的低通脉冲，使得锁存器能够对 d 进行采样

27.15 脉冲型锁存器构建的 CMOS 触发器。I. 对于图 27-15b 中的触发器，重复练习 27.13。

27.16 脉冲型锁存器构建的 CMOS 触发器。II. 对于图 27-15b 中的触发器，重复练习 27.14。

27.17 7474 触发器。I. 图 27-16 给出了另一种类型的 D 触发器的原理图：7474。像其他 D 触发器一样，它具有时钟 (c) 和数据 (d) 输入。电路本身可以分成 RS 锁存器 (最右边的两个与非门) 和四态异步电路 (最左边的四个与非门)。绘制这个四态异步电路的流表，圈出稳定状态。说明这个电路如何工作，包括状态转换，且输出只能在上升时钟沿变化。

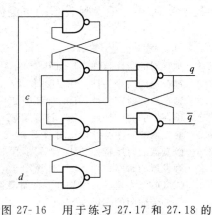

27.18 7474 触发器。II. 图 27-16 中的 D 触发器的建立时间、保持时间是多少？假设每个与非门的延迟是常量 t。

图 27-16 用于练习 27.17 和 27.18 的 7474 触发器的设计。它由一个四态异步电路组成，将反相输入反馈给 RS 锁存器

27.19 组合逻辑和存储。这个练习探讨有两个输入 (a 和 b) 且能存储两个输入与运算之后的结果的锁存器。

(a) 使用图 27-3 中的 Earle 锁存器。在输入 d 之前放置一个两输入的与门，计算该系统的时序参数。假设每个门 Ui 的延时是 t_i。

(b) 修改 Earle 锁存器，给门 U3 和 U4 都加上一个输入，使这个与门处于反馈环路上。关于 g 的新的时序参数是多少？

(c) 对于 (a) 中的系统，与 a 有关的保持时间和建立时间是多少？

第 28 章

亚稳态和同步故障

当违反触发器的建立时间和保持时间约束条件时会发生什么？直到现在，我们只讨论了满足这些约束条件下触发器的正常行为。在本章中，我们将研究电路违反这些约束时发生的异常行为。违反建立时间和保持时间可能导致触发器进入亚稳态，其中状态变量既不是 1 也不是 0。在触发器进入稳定状态(0 或 1)之前，其处于亚稳态的时间是不确定的。这种同步故障可能会使数字系统出现很严重问题。

触发器就跟人一样。如果你善待它们，它们的行为会很好；如果你虐待它们，它们的行为会很差。对于触发器，你可以通过遵守它们的建立时间和保持时间约束来善待它们。只要它们被善待了，触发器就会正确运行，永远不会漏掉 1 比特信息。但是，如果你违反建立时间和保持时间来虐待触发器，则触发器可能会因为错误运行而无限期地处于亚稳态。本章讨论一个好的触发器运行错误时会发生什么。

28.1 同步故障

当违反 D 触发器的建立时间或保持时间约束时，触发器的内部状态可能会置于非法状态。也就是说，触发器的内部节点电压可能既不是 0 也不是 1。如果触发器的输出在该状态下被采样，则结果是不确定的并且很可能会导致歧义。一些门可能会将触发器输出看作 0，一些门可能将其看作 1，还有其他门可能会传播该不确定状态。

来做一个 D 触发器的实验。初始状态时，d 和 clk 都为低电平。在实验中，让 clk 和 d 都上升。如果信号 d 比 clk 先 t_s 时间上升，则在实验结束时输出 q 将为 1。如果信号 clk 比 d 先 t_h 时间上升，则在实验结束时输出 q 将为 0。然后，我们扫描 d 相对于 clk 上升的上升时间，扫描范围是从 clk 上升之前 t_s 扫描到在 clk 上升之后 t_h。在此扫描期间，输出 q 从 1 变为 0。

为了了解在该违反时序约束的期间更改输入会发生什么，来研究一下图 28-1a 给出的 CMOS 型 D 触发器的主锁存器。假设电源电压为 1V，逻辑 1 为 1V，逻辑 0 为 0V。图 28-1b 给出了触发器的初始状态电压关于数据转换时间的函数图像(时钟上升后的瞬间，反相器上的电压 $\Delta V = V_1 - V_2$)。如果 d 至少比 clk 先 t_s 上升，则标记为 V_1 的节点可以完全充电到 1V，并且在时钟下降之前，标记为 V_2 的节点可以完全放电到 0V。因此，状态电压 $\Delta V = V_1 - V_2 = 1V$。随着 d 上升时间的改变，状态电压降低，如图 28-1b 所示。

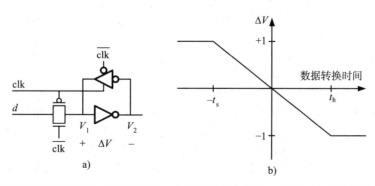

图 28-1　触发器的主锁存器的非正常运行。a)锁存器的电路图。b)状态电压关于数据转换时间的函数图像。数据转换时间从 clk 上升之前 t_s 扫描到在 clk 上升之后 t_h，触发器的状态电压，也就是反相器上的电压 $\Delta V = V_1 - V_2$ 从 +1 变为 −1

起初，V_1 仍然可以完全充满电，但 V_2 没有足够时间完全放电。随着 d 的上升时间往后推移，V_1 没有足够的时间充满电。最后，当 d 比 clk 晚 t_h 上升，V_1 根本没有时间充电，V_2 根本没有时间放电，$V_1=0$，$V_2=1$，所以 $\Delta V = -1$。

当数据转换时间的扫描范围是从 $-t_s$ 到 t_h 时，初始状态电压 ΔV 是关于数据转换时间的连续函数。它可能不是图中所示的一个精确的线性函数，但它是连续的，并且在这个扫描范围内的某个时刻它会过零点。在整个扫描期间，触发器的初始状态电压不是 $+1$ 或 -1，因此其输出不是完全恢复的数字信号，并且可能被后续阶段的逻辑误判⊖。

28.2   亚稳态

关于同步故障的好消息是，触发器的大多数非法状态会在违反时序限制后立即衰减到合法的 0 或 1 状态。然而，很不幸的是，电路可能会处于非法的亚稳态，在衰减到合法状态之前，这种亚稳态持续的时间是不确定的。

时钟上升后，图 28-1a 中的锁存器变为再生反馈回路（见图 28-2a）。锁存器的输入传输门关闭，反馈三态反相器使能，使得电路与两个背对背反相器电路等效。

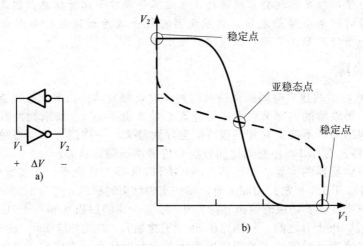

图 28-2   a)由两个背对背的反相器构成的时钟上升沿触发的触发器的输入锁存器。b)背对
背反相器的直流传输特性。实线表示 $V_2 = f(V_1)$，虚线表示 $V_1 = f(V_2)$。系统具
有两个稳定点和一个亚稳态点

这些背对背反相器的直流传输曲线如图 28-2b 所示。该图给出了前向反相器 V2 的传递曲线（$V_2 = f(V_1)$）以及反馈反相器 V1 的传递曲线（$V_1 = f(V_2)$，虚线）。在图中，两条曲线有三个交叉点。在没有扰动的情况下，这些点是稳定的，电压 V_1 和 V_2 不会发生变化。由于 $V_1 = f(V_2) = f(f(V_1))$，电路位于这三个点中的哪一个是不确定。

当电路处于这三个稳定点以外的任何一点，电路会快速收敛到该点外部的两个稳定点之一。例如，假设 V_2 略低于中心点，如图 28-3 所示。这将驱动 V_1 到通过该点的水平线与虚线的交点处。这又反过来将 V_2 驱动到通过焦点的垂线与实线的交点处，如此往复。电路快速收敛到 $V_1 = 1$，$V_2 = 0$。

利用直流传输曲线的这种迭代是一个简化的过程，但它得到了主要的交点。当电路处于三个稳定点中的任何一个，该电路都是稳定的。然而，当电路处于曲线两端的稳定点中的任何一个时，如果受到微小的干扰，电路最后会回到端稳定点。当电路处于曲线中间的稳定点时，如果受到微小干扰，电路会迅速收敛到较近的端稳定点。像曲线中间的稳定状

态一样，一个小的干扰会导致系统离开原本状态的状态被称为亚稳态。

有许多亚稳态的物理实例。在弯曲的山丘顶部放置一个小球，如图 28-4 所示。这个球处于稳定状态。也就是说，如果小球处于山丘的正中心，当没有外力施加到小球上，使其向左或向右时，小球将保持在这个状态。然而，如果我们向左边或右边稍微推动一下小球(一个干扰)，它将离开这个状态，并且最后稳定在山底的两个稳定状态之一。在山底的两个状态时，受到小的干扰，小球将返回到原本状态。

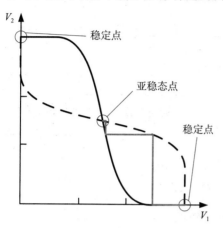

图 28-3 通过反复运用两个反相器的 DC 传输曲线可以近似得到反相器电路的动态特性，如图中灰色线所示

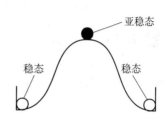

图 28-4 山顶上的球处于亚稳态，没有任何力量将球向左或向右推，小球静止。然而，向左或向右轻微的扰动将导致球离开这个亚稳态，并落在山底的左边或右边的稳态

山丘上的小球与触发器完全相似。触发器的亚稳态(图 28-2 的中心点)与处于山顶上的球完全相同。只需要微小的推动(或者不以中心为起始状态)，电路就会下滑到两个稳定状态之一。

事实上，背对背反相器电路的动态变化由以下微分方程决定：

$$\frac{\mathrm{d}\Delta V}{\mathrm{d}t} = \frac{\Delta V}{\tau_s} \qquad (28\text{-}1)$$

其中，τ_s 是背对背反相器的时间常数。简单来说，触发器状态 ΔV 的变化率与其幅度成正比。状态离 0 越远，变化越快，直到受到电源的限制。

该微分方程的解由此给出：

$$\Delta V(t) = \Delta V(0)\exp\left(\frac{t}{\tau_s}\right) \qquad (28\text{-}2)$$

图 28-5 给出了初始值 $\Delta V(0)$ 有不同的值时 $\Delta V(t)$ 的曲线。背对背反相器是指数型增长的，每 τ_s 时间，ΔV 的幅度增加 e 倍。因此，当电路的初始值 $\Delta V(0) = e^{-1}$，电路到达状态 $\Delta V(t) = 1$ 需要 τ_s 时间。同样，当电路的初始值 $\Delta V(0) = e^{-2}$，电路到达状态 $\Delta V(t) = 1$ 需要 $2\tau_s$ 时间，以此类推。归纳可得，电路到达状态 $\Delta V = +1$ 或 -1，需要的时间 t_s 有

$$t_s = -\tau_s \log(\Delta V(0)) \qquad (28\text{-}3)$$

例 28.1 收敛时间

当 $\Delta V(0) = 0.25$ 时，电路到达状态 $\Delta V(t) = 1$ 需要多长时间？通过式(28.3)，可以得到：

$$t_s = -\tau_s \log(0.25) = 1.4\tau_s$$

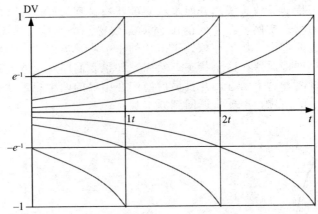

图 28-5　对于不同的 $\Delta V(0)$ 的 $\Delta V(t)$ 的曲线。每过 1 个时间常数，ΔV 的幅度增加 e 倍

例 28.2 **最小的初始电压**

当收敛时间要小于 $10\tau_s$ 时，$\Delta V(0)$ 的最小值是多少？

为了解决这个问题，通过式(28.3)，可以反解出 $\Delta V(0)$：

$$|\Delta V(0)| < \Delta V(t)\exp\left(\frac{t_s}{-\tau_s}\right)$$

$$|\Delta V(0)| < \exp(-10)$$

$$|\Delta V(0)| < 45\mu V$$

28.3　进入并且留在非法状态的可能性

如果用如图 28-6 中的时钟采样一个异步信号（能在任何时候发生改变），触发器进入亚稳态的可能性是多大？假定时钟周期是 t_{cy}，触发器的建立时间为 t_s，保持时间为 t_h。异步信号的每个转换发生在周期内任何时刻的可能性都是相等的。因此，有：

$$P_E = \frac{t_s + t_h}{t_{cy}} = f_{cy}(t_s + t_h) \tag{28-4}$$

这是异步信号的转换会违反触发器的建立和保持时间的概率，这会导致触发器进入一个非法状态。

如果异步信号的转换频率为 f_a，则违反触发器建立和保持时间出现错误的概率为

$$f_E = f_a P_E = f_a f_{cy}(t_s + t_h) \tag{28-5}$$

例如，如果一个触发器的 $t_s = t_h = 100\text{ps}$，而且时钟周期 $t_{cy} = 2\text{ns}$，那么错误的概率为

$$P_E = \frac{t_s + t_h}{t_{cy}} = \frac{200\text{ps}}{2\text{ns}} = 0.1 \tag{28-6}$$

再假设这个异步信号有 1MHz 的转换频率，那么错误的概率是

$$f_E = f_a P_E = 1\text{MHz} \cdot (0.1) = 100\text{kHz} \tag{28-7}$$

可以看到，采样一个异步信号，可能会导致一个很高的错误率。

如在第 29 章中会学到的，解决触发器偶尔会进入非法状态这一问题的方案是通过等待一段时间 t_w，使这个非法状态衰减到两个稳态之一。可以通过考虑其初始状态和衰减所需的时间来计算触发器等待了 t_w 时间后依旧处于非法状态的概率。

假设一个触发器进入了非法状态，它的状态电压以一定的概率为 ΔV。在区间 $(-1, 1)$

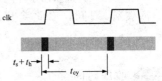

图 28-6　用一个时钟信号采样一个异步信号。如果异步信号的转换发生在 $t_s + t_h$ 期间内的时钟边沿处，此触发器会进入一个非法状态

内，其概率分布可以看作均匀分布。从式(28.3)可以得到，离开非法状态所需的时间大于 t_w 的概率与式(28.8)所示的概率相同：

$$|\Delta V(0)| < \exp\left(\frac{-t_w}{\tau_s}\right) \tag{28-8}$$

如果，$|\Delta V(0)|$ 在 0 到 1 区间是均匀分布的，到达合法状态所需的时间大于 t_w 的概率是：

$$P_s = \exp\left(\frac{-t_w}{\tau_s}\right) \tag{28-9}$$

例如，假设触发器的 $\tau_s=100\text{ps}$，一个非法状态衰减时间为 $t_w=2\text{ns}=20\tau_s$。如果 $20\tau_s$ 后还处于非法状态，触发器的初始状态 $|\Delta V(0)|$ 要小于 $\exp(-20)$。$|\Delta V(0)|$ 在 $[0,1)$ 区间内均匀分布，那么还处于非法状态的概率为 $P_s=\exp(-20)$。

28.4 亚稳态的验证

对于很多学生而言，亚稳态仅仅只是抽象的概念。直到他们亲自看到亚稳态，他们才意识到亚稳态是真的会发生的，他们的触发器真的有可能进入亚稳态。通过实验和课堂验证可以直观地感受亚稳态。如果有机会体验一个真实的亚稳态，是非常好的。如果没有这种机会，在这一节中，我们会提供一些真实亚稳态的图片。

图 28-7 给出了亚稳态验证电路的原理图。这个电路包括 6 个 4000 系列的 CMOS 集成电路、5 个电阻、3 个电容。门以及晶体管旁边的数字是该集成电路的引脚编号。可以很轻松地搭建图中电路，重复该验证实验。

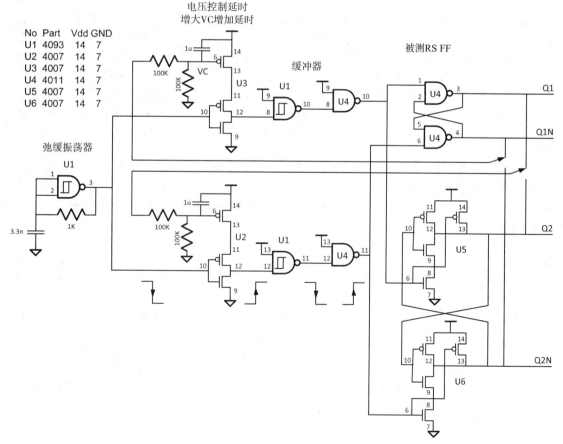

图 28-7　亚稳态验证电路的原理图。这个电路包括一个振荡器、压控延迟线、两个 RS 触发器。反馈的作用是使被测试的触发器进入亚稳态

图 28-8 给出了验证电路的照片。U1、U2 和 U3 沿着板的底部从左到右排列，U4、U5 和 U6 沿着板的顶部从左到右排列。在两个 RS 触发器之间进行选择的双极双掷开关不在图像内。

图 28-8 在原型板上实现了亚稳态验证电路

该电路有三个主要部分：振荡器、一对压控延迟线和两个 RS 触发器。该集成电路最左侧的门 U1——一个 CD4093 四施密特触发器与非门——被布线为弛缓振荡器。1kΩ 电阻和 3.3 nF 电容将振荡器的时间常数设置在 $3.3\mu s$，给出的时钟周期大约为 $6\mu s$。集成电路 U3 和 U2 被布线为压控延迟线。该电路是由 PFET 供电的反相器，其栅极连接到控制电压 V_C。V_C 越高，流过 PFET 的电流越低，反相器输出上的上升沿的延迟越大。剩下的 U1 和 U4 用于缓存延迟线的输出，为被测试的 RS 触发器提供急剧的上升和下降时间。最后，原理图的右侧有两个 RS 触发器。顶部触发器由两个 U4-CD4011 四极与非门构成。底部触发器由 U5 和 U6——CD4007 构成。

来自触发器的输出反馈控制延迟线，将触发器驱动到亚稳态。开关选择两个被测触发器中的一个通过 RC 滤波器来控制压变延迟线。所选择的触发器的输出 Q 连接到下延迟线的控制电压，驱动与非门，该与非门驱动输出 QN。类似地，所选择的触发器的输出 QN 连接到上延迟线的控制电压，驱动与非门，该与非门驱动输出 Q。

该反馈连接将触发器驱动到亚稳态。当触发器的输入变高时，速度快的输入会起作用，输出变低。这又降低了驱动另一个输入的延迟线的控制电压——加速它，并使速度慢的输入赶上速度快的输入。一旦触发器处于亚稳态，则其两个输出 Q 和 QN 将同时变低，使电路保持平衡。

图 28-9 显示了 RS 触发器进入和离开亚稳态。该图是无限持续模式下示波器的屏幕截图。在这种模式下，写入新的波形时，屏幕上会留下旧的波形，在一段时间内累积所有波形。水平刻度为每格 200ns，两个信号的垂直刻度都为每格 2V。当截屏时，已经记录了 1 秒。振荡器运行频率为 400kHz，这个记录是大约 400 000 个轨迹的叠加。

顶部轨迹显示 RS 触发器的一个输入，底部轨迹显示一个输出。在输入下降之后，输出进入亚稳态，也就是输出位于 GND 和 V_{DD} 之间的电压，持续时间约为 250ns。伴随着指数衰减，亚稳态成为 1 或 0，如图 28-5 所示。在大多数情况下，亚稳态衰减时间大约为 250ns。然而，在某些情况下，亚稳态衰减时间大约为 400ns。这反映了这样一个事实：初始状态可以任意地接近亚稳态区域的中心，越接近概率越低，因此衰减时间可以任意长。

在该图中，输出衰减到高电平状态比衰减到低电平状态稍微更频繁一些。这是由于电路中的补偿导致初始概率分布偏离中心。

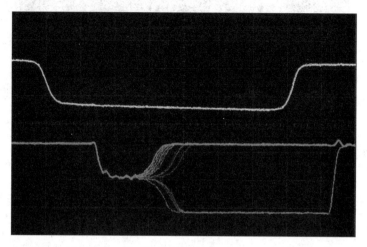

图 28-9　图 28-7 中下触发器的输入和输出。累积 1s 的波形

图 28-10 给出的是记录了 1h 的示波器截屏图，积累了十亿多条轨迹线。其中有些轨迹已经非常接近亚稳态区域的中心，衰减到稳态耗费了 800ns。波形的左侧已经被填满了，这表明大量的试验衰减时间为 250～600 ns，概率从 600 ns 到 800ns 是逐渐减少的，反映了随时间的推移，概率也指数型下降。

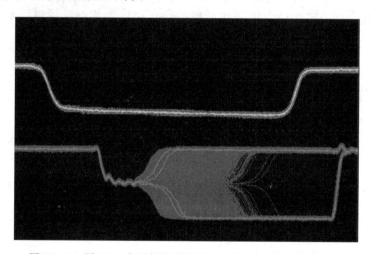

图 28-10　图 28-7 中下触发器的输入和输出。累积 1h 的波形

只做了十亿次试验，亚稳态就长达 800ns。现代的高端 GPU 芯片拥有数百万个工作在 1GHz 以上的触发器$^{\ominus}$。大型超级计算机可能有两万个这样的芯片。在这样的机器中，每秒钟有超过 10^{16} 个触发器时钟事件发生，每年有超过 10^{20} 个触发器时钟事件发生。必须仔细处理同步和亚稳态问题，因为即使不太可能发生事件，当以这么高的频率重复时，也是一个问题。

当测试由两个 CD4011 四位与非门构成的另一个 RS 触发器时，波形如图 28-11 所示。我们把这个波形的解释放在练习 28.13 中。

$\ominus$　然而，只有小部分的触发器需要处理异步信号。

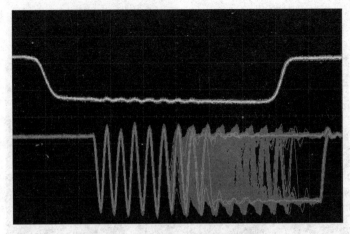

图 28-11 图 28-7 中上触发器的输入和输出，该触发器由 CD4011 四位与非门构成

总结

在本章中，你已经了解了亚稳态和触发器采样异步信号时可能发生的故障。我们将触发器建模为具有正反馈的再生电路，并且看到该模型具有两个稳态和一个亚稳态。两个稳态对应于触发器的两个正常状态。在这些正常状态下，触发器的一个存储节点为高电平，另一个为低电平。在亚稳态下，触发器的两个内部节点处于中间电压——既不高也不低。像稳态一样，亚稳态可以无限期地持续下去。与稳定状态不同，一个小扰动将导致亚稳态偏离到两个稳态之一。像停在山顶的球一样，处在亚稳态的触发器可以永远保持在该位置。然而，如果球稍微偏移到一侧或另一侧，则球将落在山底。同样，触发器稍微偏移到一侧或另一侧，触发器将进入稳态。

我们得到了估计采样异步信号的触发器进入和离开亚稳态的速率的公式。异步事件进入亚稳态的概率只是事件在触发器的建立和保持时间内发生的概率：

$$P_{\mathrm{E}} = \frac{t_{\mathrm{s}} + t_{\mathrm{h}}}{t_{\mathrm{cy}}}$$

一旦触发器进入了亚稳态，任何小的偏离都会指数型增长，每 τ_{s} 增加 e 倍。过了 t_{w} 时间后，触发器仍处于亚稳态的概率是

$$P_{\mathrm{s}} = \exp\left(\frac{-t_{\mathrm{w}}}{\tau_{\mathrm{s}}}\right)$$

最后，通过得到触发器进入和离开亚稳态的示波器波形，亚稳态得以验证。

文献解读

关于亚稳态引起的问题的最早的论文之一是参考文献[27]。参考文献[33]给出了对这个问题的更详细的处理。

练习

28.1 收敛时间。I. 当初始电压差为 16mV 时，收敛时间是多少？

28.2 收敛时间。II. 当初始电压是 $0.16\mu V$ 时，收敛时间是多少？

28.3 最大电压差。I. 当一个亚稳态系统需要在 $7\tau_{\mathrm{s}}$ 内收敛到 $\Delta V = 1V$，那么最大的初始电压差是多大？

28.4 最大电压差。II. 当一个亚稳态系统需要在 $3.5\tau_{\mathrm{s}}$ 内收敛到 $\Delta V = 1V$，那么最大的初始电压差是多大？

28.5 收敛时间与过渡时间。假设一个触发器，$t_{\mathrm{s}} = t_{\mathrm{h}} = 500\mathrm{ps}$，$\tau_{\mathrm{s}} = 100\mathrm{ps}$。绘制触发器的数据转换时间与收敛时间的曲线图，收敛时间为 y 轴。假设系统的初始 ΔV 在 $-500 \sim 500\mathrm{ps}$ 期间在 $1V$ 和 $-1V$ 之间是线性的(如图 28-1b 所示)。收敛时间应该反映出到达 $|\Delta V| = 1V$ 的总时间。

28.6 出错的概率。I. 异步信号转换违反触发器的建立和保持时间约束的概率是多少？其中 $t_s = t_h = 100ps$ 和 $f_{cy} = 2GHz$。

28.7 出错的概率。II. 异步信号转换违反触发器的建立和保持时间约束的概率是多少？其中 $t_s = t_h = 20ps$ 和 $f_{cy} = 4GHz$。

28.8 出错的概率。III. 异步信号转换违反触发器的建立和保持时间约束的概率是多少？其中 $t_s = t_h = 300ps$ 和 $f_{cy} = 1MHz$。

28.9 出错频率。I. 每 0.01s 只有一个非法的异步转换，计算该系统最大的 f_a。该系统的 $t_s = t_h = 100ps$ 和 $f_{cy} = 2MHz$。

28.10 出错频率。II. 每 0.01s 只有一个非法的异步转换，计算该系统最大的 f_a。该系统的 $t_s = t_h = 20ps$ 和 $f_{cy} = 4GHz$。

28.11 出错频率。III. 每 0.01s 只有一个非法的异步转换，计算该系统最大的 f_a，该系统的 $t_s = t_h = 300ps$ 和 $f_{cy} = 1MHz$。

28.12 留在非法状态的概率。设计一个触发器，有两种触发器的选择，触发器 1 有 $t_s = t_h = 50ps$，$\tau_s = 20ps$；触发器 2 有 $t_s = t_h = 250ps$，$\tau_s = 10ps$。解释你选用哪个触发器出错最少：

(a) $t_w = 0ps$；

(b) $t_w = 50p$。

画出触发器 1 和 2 的出错概率关于 t_w 的函数图像。假定 $f_c = 1GHz$，$f_a = 10MHz$。

28.13 振荡的亚稳态。解释图 28-11 给出的波形。（提示：参考 CD4001 与非门的内部电路原理图。）

28.14 虚假同步器。公司的工程师建议通过使用触发器，随后接比较器，再接第二个触发器，来构建快速同步器，比较器的阈值设置为 0.2V，足够低，使触发器的亚稳态输出被检测为逻辑 1。这可以可靠地同步单比特信号吗？解释你的答案，并给出同步故障的概率，如果概率非 0，用电路的参数表示此概率。

第 29 章
同步器的设计

在同步系统中，始终遵守建立和保持时间约束，可以避免将触发器置于非法或亚稳态。然而，当采样异步信号或不同时钟域交叉时，不能保证可以满足这些约束。在这些情况下，可以通过等待亚稳态衰减和隔离亚稳态设计同步器，从而降低出现同步失败的可能性。

由两个背对背触发器组成的强力同步器通常用于同步单比特信号。第一个触发器对异步信号进行采样，第二个触发器隔离第一个触发器的可能的不良输出，直到非法状态都已经衰减完毕。只有当多比特信号是格雷编码的，才能用这种强力同步器进行同步。如果同步器进行采样时，有多比特处于转换状态，则它们会被独立地解析。也就是，有一些比特在转换之前被采样，还有一些比特在转换之后被采样，这可能会导致编码错误。可以利用FIFO(先进先出)同步器安全地同步多比特信号。FIFO既能同步信号也能提供流控制，确保即使发射机和接收机处于不同的时钟域，接收机也可以精确地对发射机产生的每个数据进行一次采样，即使时钟具有不同的频率。

29.1 同步器的用途

如图 29-1 所示，同步器有两种不同的应用。首先，当信号来自真正的异步源时，在被输入到同步数字系统之前，它们必须被同步。例如，人按压按钮开关产生异步信号。该信号可以在任何时间转换，因此该信号必须先同步才能输入到同步电路中。许多物理探测器也产生真正的异步输入。光电检测器、温度传感器、压力传感器等都产生由物理过程控制的输出转换而不是时钟控制的。

同步器的另一种用途是对信号跨时钟域进行同步。时钟域只是一组相对于单个时钟信号同步的信号。例如，计算机系统中，处理器工作时钟为 pclk，存储器系统工作时钟为 mclk。这两个时钟可能有着不同的频率。例如，pclk 的频率可能是 2GHz，而 mclk 的频率是 800MHz。与 pclk 同步的信号(即 pclk 时钟域)不能直接用于存储系统。它们必须与 mclk 进行同步。类似地，存储器系统中的信号必须与 pclk 同步，然后才能用于处理器中。

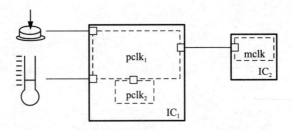

图 29-1　异步系统和同步系统(左侧)之间需要同步器。不同时钟域之间，无论是片上还是片外都需要同步器

在时钟域之间移动信号时，有两个不同的同步任务。如果希望移动一个数据序列，且序列中的每个数据都要被保留，则使用一个序列同步器。例如，要将 8 个字的数据从处理器依次发送到存储器系统(数据总线上每次只有一个字)，我们需要一个序列同步器。如果

希望监视信号的状态，则需要一个状态同步器。一个状态同步器的输出是被监视信号的最近一次的采样值，并且与其输出时钟域同步。为了使处理器能够监视存储系统中队列的深度，使用状态同步器，不需要得到每个队列的深度样本(每个时钟一个)，仅仅是最近的一个样本。需要注意的是，不能使用状态同步器在两个子系统之间传递数据，它可能会丢掉一些元素并重复其他元素。

29.2　强力同步器

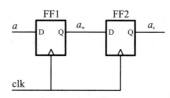

单比特信号的同步通常使用强力同步器来实现，如图 29-2 所示。触发器 FF1 对异步信号 a 进行采样，产生输出 a_w。由于 FF1 进入非法状态的频率很高，信号 a_w 是不安全的。为了保护系统的其余部分免受此不安全信号的影响，等待一个时钟周期以使 FF1 的非法状态衰减，然后再用 FF2 对 a_w 进行采样，产生输出 a_s。

图 29-2　由两个触发器背对背构成的强力同步器。触发器 FF1 对异步信号 a 进行采样，产生输出 a_w。FF2 等待一个或多个时钟周期以使 FF1 的非法状态衰减，然后再对 a_w 进行采样，产生同步输出 a_s

图 29-2 给出的同步器是如何工作的？a 发生转换后，a_s 处于非法状态的概率是多少？只有当 FF1 进入非法状态，并且在 a_w 被 FF2 重新采样之前，该非法状态没有衰减，a_s 才会处于非法状态。FF1 进入非法状态的概率为 P_E(见等式(28-4))，并且经过等待时间 t_w 之后还处于该非法状态的概率为 P_s(见等式(28-9))。因此，FF2 进入非法状态的概率为

$$P_{Es} = P_E P_s = \left(\frac{t_s + t_h}{t_{cy}} \right) \exp \left(\frac{-t_w}{\tau_s} \right) \tag{29-1}$$

等待时间 t_w 不是一个完整的时钟周期，要小于一个时钟周期：

$$t_w = t_{cy} - t_s - t_{dCQ} \tag{29-2}$$

例如，当 $t_s = t_h = t_{dCQ} = \tau_s = 100ps$，且 $t_{cy} = 2ns$，那么 FF2 进入非法状态的概率就是：

$$P_{Es} = \left(\frac{t_s + t_h}{t_{cy}} \right) \exp \left(\frac{-t_w}{\tau_s} \right)$$

$$= \left(\frac{100ps + 100ps}{2ns} \right) \exp \left(\frac{-1.8ns}{100ps} \right)$$

$$= 0.1\exp(-18) = 1.5 \times 10^{-9}$$

如果信号 a 的转换频率为 100MHz，那么 FF2 进入非法状态的频率为

$$f_{Es} = f_a P_{Es} = 100MHz(1.5 \times 10^{-9}) = 0.15Hz \tag{29-3}$$

如果同步器故障概率不够低，可以通过延长等待时间来降低概率。最好的实现方法就是在两个触发器之间增加一个时钟使能信号，并且每 N 个时钟周期使能信号有效一次。这就延长了等待时间：

$$t_w = Nt_{cy} - t_s - t_{dCQ} \tag{29-4}$$

在上文的例子中，等待两个时钟周期，会降低故障概率和频率到：

$$P_{Es} = 0.1\exp(-38) = 3.1 \times 10^{-17} \tag{29-5}$$

$$f_{Es} = (100MHz)(3.1 \times 10^{-17}) = 3.1 \times 10^{-9}Hz \tag{29-6}$$

使用时钟使能延长等待时间比使用多个触发器串联效率更高，对于前者，只需要增加一次额外时间开销 $t_s + t_{dCQ}$，而对于后者，是每个触发器一次。对于前者，每过一个时钟周期，增加的等待时间是一整个时钟周期 t_{cy}，而对于后者，每增加一个串联触发器，增加的等待时间是 $t_{cy} - t_s - t_{dCQ}$。

如何降低已经很低的同步故障概率？这取决于系统及其用途。一般来说，希望使同步故障概率明显小于其他系统故障模式。例如，在远程通信系统中，一条线路的误码率为

10^{-20}，那么故障概率 P_{Es} 为 10^{-30} 的同步器就足够了。对于一些用于关键功能的系统，与系统生命周期数相比，平均故障时间（MTTF $= 1/f_{Es}$）必须足够长。如果系统预计将持续 10 年（3.1×10^8 秒），并建立了 10^5 个这样的系统，那么希望使 MTTF 远大于 3.1×10^{13}（即 f_{Es} 应该远小于 3×10^{-14}）。在这里，可以设定 $f_{Es} = 10^{-20}$（每个系统每 10^{11} 年出现的故障少于 1 个）。

例 29.1 强力同步器

一个系统使用了由三个背对背触发器构成的同步器，且 $t_s = t_h = 50ps$，$t_{dCQ} = 80ps$，$\tau_s = 100ps$，$f_{cy} = 1GHz$，$f_a = 1kHz$。计算该系统出故障的平均时间。

由式（28.4）可得，进入亚稳态的概率为

$$P_E = \left(\frac{t_s + t_h}{t_{cy}}\right) = \left(\frac{50 + 50}{1000}\right) = 0.1$$

三个背对背触发器等待两个时钟周期，减去插入触发器的额外开销时间：

$$
\begin{aligned}
t_w &= 2(t_{cy} - t_s - t_{dCQ}) \\
&= 2(1000 - 50 - 80) \\
&= 1740ps \\
&= 17.4\tau_s
\end{aligned}
$$

因此，出故障的概率为

$$
\begin{aligned}
P_{Es} &= P_E P_s \\
&= (0.1)\exp(-t_w/\tau_s) \\
&= (0.1)\exp(-17.4) \\
&= (0.1)(2.78 \times 10^{-8}) \\
&= 2.78 \times 10^{-9}
\end{aligned}
$$

因此，出故障的频率为

$$f_{Es} = f_a P_{Es} = (10^5)(2.78 \times 10^{-9}) = 2.78 \times 10^{-4}\,Hz$$

因此，MTBF 为

$$MTBF = \frac{1}{f_{Es}} = 3.60 \times 10^3\,s$$

29.3 多比特信号问题

虽然强力同步器能很好地处理单比特信号同步的问题，但它不能同步多比特信号，除非该多比特信号是格雷编码的（即，信号一次只能改变一比特）。例如，考虑图 29-3 所示的情况。将工作在时钟 clk1 下的四比特计数器的输出 cnt 与具有不同的时钟周期的 clk2 进行同步。假设当 clk2 上升时，计数器从 7(0111) 转换到 8(1000)，cnt 的每一比特都发生了变化，违反了寄存器 R1 的建立和保持时间。R1 的四个触发器都进入非法状态。在 clk2 的下一个周期中，这些状态全部以高概率衰减到 0 或 1，所以当 clk2 再次上升时，一个合法的四比特数字信号被采样并在 cnt_s 上输出。

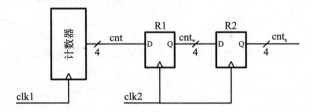

图 29-3 同步多比特信号的不正确方法。由 clk1 计时的计数器被工作在 clk2 时钟下的同步器采样。在信号 cnt 的多个比特发生转换时，同步输出 cnt_s 可能会体现某些比特的变化，而遗失其他某些比特的变化，从而导致得到错误的结果

但问题在于，cnt_s 出错的概率非常高。对于 cnt 改变的多比特的每一比特，同步器都能收敛到状态 0 或者状态 1。当 cnt 的四比特全部发生变化，同步器的输出可以是 0 到 15 之间的任意数。

只有当这些多比特信号确保在同步器时钟转换时至多只有一比特发生转换，强力同步器才能用于同步多比特信号。例如，如果希望以这种方式同步一个计数器，必须使用一个格雷码计数器，每次计数只改变一比特。四比特格雷码计数器使用序列为 0，1，3，2，6，7，5，4，12，13，15，14，10，11，9，8。这个序列的相邻元素之间只有一比特发生改变。例如，第八个转换是从 4(0100) 到 12(1100)。在此转换期间，只有最高位发生变化。如果用四比特格雷码计数器替换图 29-3 中的计数器，并且在 clk2 的上升沿处发生 4 到 12 的转换，则只有 R1 的最高位进入非法状态。低三位将保持稳定在 100。无论最高位收敛到什么状态，0 或 1，输出都会为合法值，4 或 12。

生成此序列的四比特格雷码计数器的 VHDL 代码如图 29-4 所示。

```vhdl
library ieee;
use ieee.std_logic_1164.all;
use work.ff.all;

entity GrayCount4 is
  port(clk, rst: in std_logic;
       output: buffer std_logic_vector(3 downto 0) );
end GrayCount4;

architecture impl of GrayCount4 is
  signal nxt: std_logic_vector(3 downto 0);
begin
  COUNT: vDFF generic map(4) port map(clk, nxt, output);

  nxt(0) <= not rst and not (output(1) xor output(2) xor output(3)) ;
  nxt(1) <= '0' when rst else
            not (output(2) xor output(3)) when output(0) else
            output(1);
  nxt(2) <= '0' when rst else
            not output(3) when output(1) and output(0) else
            output(2);
  nxt(3) <= '0' when rst else
            output(2) when not (output(1) or output(0)) else
            output(3);
end impl; -- GrayCount4
```

图 29-4　一个四比特格雷编码计数器的 VHDL 代码

29.4　FIFO 同步器

如果不能对任意多比特信号使用强力同步器或者信号不适合用格雷编码，那么该如何将多比特信号从一个时钟域移动到另一个时钟域呢？有好几种同步器可以完成这个任务。这些同步器的关键都在于将同步从多比特数据通路中移除。同步被移动到只有单比特信号或格雷编码信号的控制路径上。

也许最常见的多比特同步器是 FIFO 同步器。FIFO 同步器的数据路径如图 29-5 所示。FIFO 同步器通过使用一组寄存器 R0 到 RN 来工作。数据在输入时钟的控制下存储到寄存器中，并在输出时钟的控制下从寄存器读取。尾指针选择下一个要写入的寄存器，头指针选择下一个要读取的寄存器。数据被添加到队列的尾部，并从队列的头部中移除。

头和尾指针是格雷编码计数器，被解码为独热码以驱动寄存器使能和多路复用器选择线路。对计数器使用格雷编码可以使它们在控制路径中使用强力同步器进行同步。

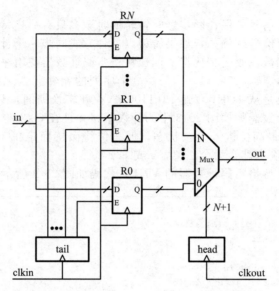

图 29-5　一个 FIFO 同步器的数据路径。输入数据在输入时钟 clikin 的控制下被放在寄存器 R1，…，RN 中。输出数据是在输出时钟 clkout 的控制下从这些寄存器中选择得到的。一个控制路径（图中没有显示），确保①数据在被选为输出之前已经存放在寄存器之中；②数据在被读取之前不会被覆盖

具有四个寄存器（R0 至 R3）的 FIFO 同步器的时序图如图 29-6 所示。在这个例子中，输入时钟 clkin 比输出时钟 clkout 快。在输入时钟的每个上升沿，in 线上的新数据被写入其中一个寄存器。被写入的寄存器由尾指针选择得到，尾指针以格雷代码（0，1，3，2，0，…）递增。第一个数据 a 被写入寄存器 R0，第二个数据 b 被写入 R1，第三个数据 c 被写入到 R3，以此类推。因为有四个寄存器，所以每个寄存器的输出在四个输入时钟周期内有用。

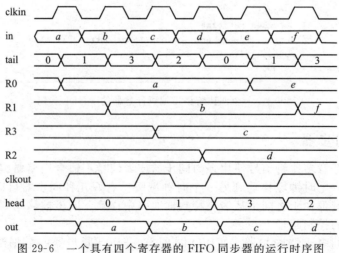

图 29-6　一个具有四个寄存器的 FIFO 同步器的运行时序图

在输出端，时钟 clkout 的每个上升沿使头指针前进，依次选择每个寄存器。clkout 的第一个上升沿设置头指针为 0，选择寄存器 R0 里存储的内容 a 驱动到输出。R0 的四个输

入时钟有效期大于 R0 被头指针选择的一个重叠输出时钟周期，因此在输出上看不到输入时钟驱动的转换。唯一的输出转换来自（并且因此同步）clkout。clkout 的第二个上升沿使头指针前进到 1，从 R1 中选择出 b 驱动到输出端，clkout 的第三个上升沿从 R3 中选择出 c，以此类推。

通过使用多个寄存器扩展输入数据的有效周期，FIFO 同步器可以在输出上选择该数据，而不用 clkout 采样任何具有与 clkin 同步转换的信号。因此，在该数据通路中不存在违反建立和保持时间的可能性。

当然，我们还没有消除同步这一需求（和同步故障的概率），而只是把它移动到控制路径。当输入时钟运行速度比输出时钟快时，除非使用一些流控制，否则 FIFO 同步器将很快溢出。当所有四个寄存器都已满时，需要停止将输入的数据插入 FIFO 中。类似地，如果 clkout 比输入时钟快，当 FIFO 已经为空时，需要停止输出，停止从 FIFO 中移除数据。

在控制路径中向 FIFO 添加流控制。包括控制路径的 FIFO 的完整框图如图 29-7 所示（寄存器已组合在一起成为 RAM 阵列），控制路径如图 29-8 所示。在控制路径中，向输入输出端口都添加了两个流控制信号。在输入接口和输出接口上，如果发送器在数据线上有有效数据，则有效信号（valid）为真，如果接收器已经准备好接收新数据，则就绪信号（ready）为真。数据传输只有在有效信号和就绪信号都为真的情况下才会发生。

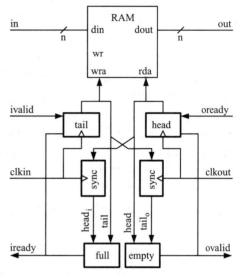

图 29-7　显示控制路径的 FIFO 同步器

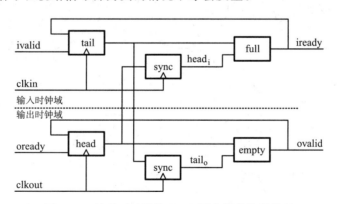

图 29-8　显示时钟域的 FIFO 同步器的控制路径

在输入端，ivalid 是一个输入信号，如果 FIFO 未满，则声明 iready 信号有效。在输出端，oready 是一个输入信号，如果 FIFO 未空，则 ovaild 声明有效。

iready 信号（未满）和 ovalid 信号（未空）是通过比较头和尾指针来生成的。由于头和尾指针在不同的时钟域中，所以这种比较很复杂。信号头指针与 clkout 同步，而尾指针与 clkin 同步。通过使用一对多比特强力同步器，在输入时钟域生成 head（头指针）的另一个版本 $head_i$，在输出时钟域生成 tail（尾指针）的另一个版本 $tail_o$ 来解决这个问题。头和尾指针信号是格雷编码的，在任何给定的时间点只有一比特发生转换，所以这种同步是可行的。此外，请注意，同步会延迟信号，因此 $head_i$ 和 $tail_o$ 最多可以比 head 和 tail 晚两个时钟周期。

一旦有了处于同一时钟域的 head 和 tail 信号，将它们进行比较以确定 FIFO 满和空的情况。当 FIFO 为空时，head 和 tail 是相同的，所以有：

```
empty <= '1' when (head = tail_o) else '0';
ovalid <= not empty ;
```

当 FIFO 为满时，head 和 tail 也是相同的。因此，如果所有寄存器都允许使用，则需要添加附加状态来区分 FIFO 为满和空这两个条件。为了不增加复杂度，当 FIFO 只有一个位置为空时，声明 FIFO 为满，所以有：

```
full <= '1' when (head_i = inc_tail) else '0';
iready <= not full;
```

在这里，inc_tail 是沿着格雷码序列递增尾指针的值。这种方法总是使一个寄存器为空。例如，有四个寄存器，只允许三个寄存器随时包含有效的数据。尽管存在资源浪费这个缺点，但是这种方法通常是优选，因为当 head == tail 时，区分满和空这两种状态有着高度的复杂性。在练习 29.10 中，留给读者去设计一个可以填充所有寄存器的 FIFO。

FIFO 状态如图 29-9 所示。图 a 显示了 FIFO 为空时头尾指针的状态。在图 b 和 c 中，将数据添加到 FIFO 中，增加尾指针。在图 d 中，FIFO 只有一个位置为空，（在我们的实现中）我们将声明 FIFO 为满，并且不再接收新的数据。在图 e 中，FIFO 完全满，head=tail。头和尾指针在图 29-9a 和 e 中均为零；前者代表一个空的 FIFO，后者代表一个完全满的 FIFO。必须保留一个附加状态以区分这两种情况。

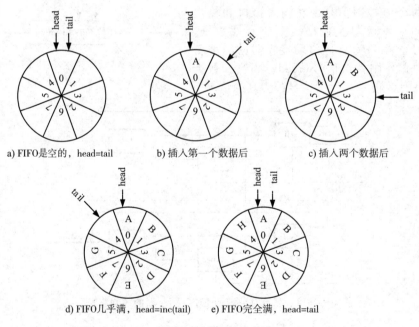

a) FIFO是空的，head=tail　　　　b) 插入第一个数据后　　　　c) 插入两个数据后

d) FIFO几乎满，head=inc(tail)　　　　e) FIFO完全满，head=tail

图 29-9　FIFO 状态

FIFO 同步器的 VHDL 代码如图 29-10 所示。FIFO 的宽度和深度是参数化的，默认是 8 比特宽度，8 个寄存器深。一个同步的 RAM 模块包含 8 个寄存器，代码在图中没有显示出。由 clkout 控制的寄存器保持头指针的值，由 clkin 控制的寄存器保持尾指针的值。一对强力同步器产生信号 head_i 和 tail_o。一对 3 比特格雷码递增器（图 29-11 中的 VHDL 代码）沿着格雷码序列增加头指针和尾指针——产生 inc_head 和 inc_tail。请注意，如果将该代码用于深度超过 8 个寄存器的 FIFO，则将需要更宽的格雷码递增器，GrayInc3 不能进行参数化。在代码中，流控制信号 iready 和 ovalid 如上文

所述。最后，计算下一个头指针和尾指针的状态。仅当相应接口的 valid 有效信号和 ready 就绪信号都为真时，头指针和尾指针才会递增。

```vhdl
library ieee;
use ieee.std_logic_1164.all;
use work.ff.all;
use work.ch29.all;
entity AsyncFIFO is
  generic( n: integer := 8; -- width of FIFO
           m: integer := 8; -- depth of FIFO
           lgm: integer := 3 ); -- width of pointer field
  port( clkin, rstin, clkout, rstout, ivalid, oready: in std_logic;
        iready, ovalid: buffer std_logic;
        input: in std_logic_vector(n-1 downto 0);
        output: out std_logic_vector(n-1 downto 0) );
end AsyncFIFO;
architecture impl of AsyncFIFO is
  signal head, next_head, head_i: std_logic_vector(lgm-1 downto 0);
  signal tail, next_tail, tail_o: std_logic_vector(lgm-1 downto 0);
  signal inc_head, inc_tail : std_logic_vector(lgm-1 downto 0);
begin
  -- words are inserted at tail and removed at head
  -- sync_x is head/tail synchronized to other clock domain
  -- inc_x is head/tail incremented by Gray code

  -- Dual-Port RAM to hold data
  mem: DP_RAM generic map(n,m,lgm)
       port map(clk => clkin, input => input, inaddr => tail(lgm-1 downto 0),
                wr => iready and ivalid, output => output,
                outaddr => head(lgm-1 downto 0));

  -- head clocked by output, tail by input
  hp: vDFF generic map(lgm) port map(clkout, next_head, head);
  tp: vDFF generic map(lgm) port map(clkin, next_tail, tail);

  -- synchronizers
  hs: BFSync generic map(lgm) port map(clkin, head, head_i); -- head in tail domain
  ts: BFSync generic map(lgm) port map(clkout, tail, tail_o); -- tail in head domain

  -- Gray-code incrementers
  hg: GrayInc3 port map(head, inc_head);
  tg: GrayInc3 port map(tail, inc_tail);

  -- iready if not full, oready if not empty
  -- full when head points one beyond tail
  iready <= '0' when head_i = inc_tail else '1'; -- input clock for full
  ovalid <= '0' when head = tail_o else '1'; -- output clock for empty

  -- tail increments on successful insert
  next_tail <= (others=>'0') when rstin else
               inc_tail when ivalid and iready else tail;

  -- head increments on successful remove
  next_head <= (others=>'0') when rstout else
               inc_head when ovalid and oready else head;
end impl;
```

图 29-10　一个 FIFO 同步器的 VHDL 代码

```
library ieee;
use ieee.std_logic_1164.all;
entity GrayInc3 is
  port(input: in std_logic_vector(2 downto 0);
       output: out std_logic_vector(2 downto 0) );
end GrayInc3;
architecture impl of GrayInc3 is
begin
  output(0) <= not (input(1) xor input(2));
  output(1) <= not input(2) when input(0) else input(1);
  output(2) <= input(1) when not input(0) else input(2);
end impl;
```

图 29-11　一个 3 比特格雷码递增器的 VHDL 代码

FIFO 同步器的运行如图 29-12 中的波形所示。在输入端，复位后，iready 变为真，表示 FIFO 未满，因此能够接收数据。两个周期后，ivalid 被声明有效，并将 7 个数据元素插入 FIFO 中。此时，FIFO 是满的，并且 iready 变低。每插入一个字的数据，tail 以 3 比特格雷码序列顺序递增。请注意，o_tail 比 tail 延迟了两个输出时钟。之后，在输出端，FIFO 中的数据被移除后，iready 再次变高并可插入新的数据。信号 ivalid 在寄存器 09 被插入数据后变为低电平并持续了三个时钟周期。在此期间，即使 iready 是真，也不输入数据。在仿真的最后，输入（运行在一个更快的时钟下）比输出超前了 7 个字，iready 变低。

在输出端，在第一个数据插入输入端之后的两个输出周期，ovalid 才变为高电平，表示 FIFO 不为空。这是由于信号 tail_o 的同步器延迟，ovaild 从 tail_o 中得到。在仿真中，当 FIFO 已满，每隔一个时钟周期删除 5 个字的数据。请注意，删除第一个字数据（01）后，需要两个输入周期，iready 才会变为高电平。这是由于信号 head_i 的同步器延迟，iready 从 head_i 中得到。在删除字数据 05 之后，对于该仿真的其余部分，iready 保持高电平，并且每个周期移除一个字的数据。

例 29.2　FIFO 深度

考虑一个 FIFO 同步器，它使用由两个背对背触发器组成的强力同步器来同步头和尾指针。假设输入和输出时钟的频率大致相同（±10%），那么可以全速率支持数据传输的最低 FIFO 深度是多少？

FIFO 要足够深，因为当时钟处于最坏的相对相位情况时，在头指针与输入时钟域同步之前，输入端看不到 FIFO 是否为满。因此，FIFO 深度必须大于 5，以覆盖往返延迟：a) 尾指针同步到输出域（两个周期），b) 输出逻辑对 ovalid 信号和递增 head_o 做出反应（一个周期），c) 头指针同步到输入域（两个周期）。同步器的延迟是两个周期，每个触发器一个周期延迟。这里假设了输入和输出时钟几乎对齐，这是最坏的情况。使用最佳的相对相位情况，总同步延迟将是三个周期而不是四个周期。

决定 FIFO 深度的总延迟可以在时序表（表 29-1）中看到，它假设输入输出时钟几乎对齐。FIFO 最初状态为空，两个指针都为 0。在周期 0 中，ivalid 被声明有效，将一个字的数据插入 FIFO 中，并使 tail_i 在周期 1 中递增到 1。两个周期后，在周期 3 中，tail_o 递增到 1，使 ovalid 被声明有效——显示 FIFO 不为空。在周期 3 中，输出移除 1 个字的数据，导致 head_o 在周期 4 中增加到 1。在同步器延迟之后，head_i 在周期 6 中递增到 1。

表 29-1　例 29.2 中的 FIFO 的时序表，显示了从 FIFO 中插入数据和移除数据需要的时间

周期	tail_i	tail_o	head_o	head_i	T-H	注释
0	0	0	0	0	0	初始状态
1	1	0	0	0	1	插入第 1 个元素
2	2	0	0	0	2	

（续）

周期	tail_i	tail_o	head_o	head_i	T-H	注释
3	3	1	0	0	3	输出未空
4	4	2	1	0	4	
5	5	3	2	0	5	
6	6	4	3	1	5	增加头指针达到输入

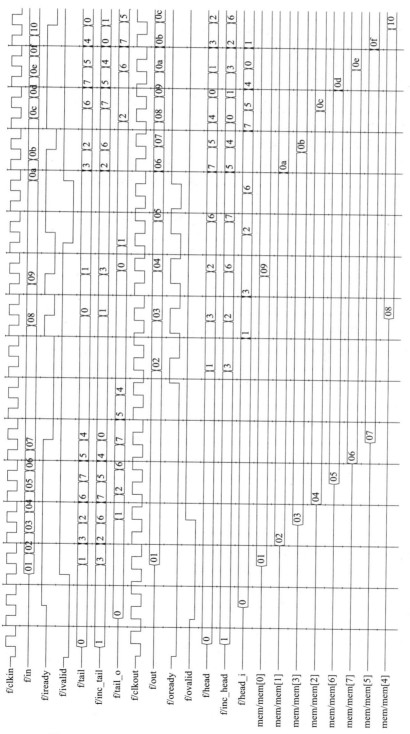

图 29-12　对图 29-10 中的 FIFO 同步器进行仿真的波形图

表 29-1 的第 6 列 T-H 显示的是 tail_i- head_i，是输入端认为 FIFO 中的字数据数目。尽管在稳定状态下 FIFO 中只有 3 个字的数据，由于同步器延迟，输入将峰值占用视为 5 个字，并且输出将 tail_o = head_o 视为一个字。若 FIFO 的深度小于 5，在同步的头指针反映出输出已经移除第一个字数据之前，输入将认为 FIFO 为满状态并停止输入数据。

总结

本章介绍了如何安全地同步异步事件，如何在不同时钟域之间传递信号。虽然不可能将同步故障的概率降低到零[⊖]，但是通过设计合适的同步器，概率可以降低到任意小。同步器通常用于数字系统的异步输入和时钟域的边沿。

强力同步器通过采样、等待和重采样同步单比特信号。采样触发器采样异步信号，在每次被采样信号发生转换时，其以概率 P_E 进入亚稳态。等待适当的时间 t_w，使任何亚稳态衰减，然后用第个二触发器对第一个触发器的输出重新进行采样。通过选择足够大的等待时间间隔，可以使同步故障概率 $P_f = P_e P_s$ 任意小。

一个强力同步器不能用于多比特可以同时改变的多比特信号的同步，因为它独立地对每比特进行采样。因此，其输出可以包括旧数据的某些比特和新数据的某些其他比特。强力同步器只能用于同步采用格雷编码的多比特信号，一次只有一比特能改变。

任意多比特信号可用 FIFO 同步器同步。在输入时钟域，多个字数据被插入到 FIFO 中，并在输出时钟域中，从 FIFO 中删除。同步只需要在两个时钟域之间传递头和尾指针，以检查 FIFO 是否为空和满。这可以通过格雷编码头和尾指针，并用强力同步器同步来可靠地实现。

文献解读

还有很多类型的同步器，参见参考文献 [33]。即使同步问题已经是几十年的历史问题了，新的工作也在不断地进行着[31]。

练习

29.1 强力同步器。I. 计算系统出故障的平均时间，该系统的 $f_a = 200\text{MHz}$，$f_{cy} = 2\text{GHz}$，同步等待时间为一个时钟周期。用表 29-2 中的触发器参数。

表 29-2　练习中用到的触发器的参数

t_s	50ps
t_h	20ps
τ_s	40ps
t_{dCQ}	20ps

29.2 强力同步器。II. 计算系统出故障的平均时间，该系统的 $f_a = 200\text{MHz}$，$f_{cy} = 2\text{GHz}$，同步等待时间为 5 个时钟周期。用表 29-2 中的触发器参数。

29.3 强力同步器。III. 计算系统出故障的平均时间，该系统的 $f_a = 200\text{MHz}$，$f_{cy} = 2\text{GHz}$，同步使用 5 个背对背的触发器。用表 29-2 中的触发器参数。

29.4 强力同步器。IV. 一个系统的 $f_a = 200\text{MHz}$，$f_{cy} = 2\text{GHz}$，画出出故障的平均时间关于同步耗费的时钟周期的函数曲线，横轴为半对数坐标。

29.5 强力同步器。V. 设计一个起搏器，采用每分钟脉冲高达 200 次的异步信号，使用触发器（参数在表 29-2 中给出）与 1 GHz 的时钟[⊜]进行同步。该领域将有超过 10^7 个起搏器，使用寿命为 30 年。

⊖ 除非同步完全被避免了。

⊜ 实时起搏器不会工作在这个时钟频率，这个值仅为示例。

同步器需要等待多少个时钟周期才能使平均故障时间大于所有起搏器组合的使用寿命？

29.6 once-and-only-once 同步器。设计 once-and-only-once 同步器。该电路接受异步输入 a 和时钟 clk，并产生一个输出信号，对于输入 a 上的每个上升沿，输出一个持续一个时钟周期的高电平。

29.7 多比特同步。I. 当使用两比特强力同步器在时钟域之间传输两比特格雷编码信号时，比特切换之间需要的最短时间是多少？也就是说，格雷码可以前进的最大时钟速率是多少？

29.8 多比特同步。II. 厌倦了不断编码数据，以便一次只有一个比特转换，决定建立一个不同的系统来将数据从一个时钟域发送到另一个时钟域。从输入时钟域（周期时间 t_a）向输出时钟域（周期时间 t_b）发送 8 比特（具有不同的传播延迟或数据偏移 t_{ds}）数据和一个有效信号。连接到输出的模块，在同步的有效信号为高电平时，在输出时钟的第一个上升沿对数据进行采样。绘制以这种方式发送 8 比特数据的波形，标记所有相关的时序约束。在声明有效信号有效之前，要确保有足够的时间让数据同步到输出域。

29.9 温度码同步。设计一个可用于同步 8 比特温度码信号的模块（见图 1-7c）。输入应为输入时钟域中的两个时钟信号。一个递增和一个递减信号。输出应为需要同步的 8 比特信号。确保你在输入域的逻辑中不使用输出域中的任何状态。

29.10 FIFO 同步器。修改 FIFO 同步器的逻辑以允许最后一个位置被填充。当 head＝tail 时，需要添加状态来区分 FIFO 是满的还是空的。

29.11 满/空位。设计和编码 FIFO 同步器，每个寄存器都有一个存在位，而不使用头和尾指针。当输入将值写入寄存器时，相应的存在位被标记为已满。当输出读取一个值时，相应的存在位被标记为空。每个时钟域都需要存储堆来存储存在位。假设 RAM 可以可靠地被异步读取，但在时钟域 1 中同步写入。在共享 RAM 中应该有 4 个条目的空间。

29.12 FIFO 深度。I. 考虑一个 FIFO 同步器，它使用由 3 个背对背触发器组成的强力同步器来同步头和尾指针。假设输入和输出时钟的频率大致相同（±10％），那么将以全速率支持数据传输的最低 FIFO 深度是多少？

29.13 FIFO 深度。II. 考虑一个 FIFO 同步器，它使用由 4 个背对背触发器组成的强力同步器来同步头和尾指针。假设输入和输出时钟的频率大致相同（±10％），那么将以全速率支持数据传输的最低 FIFO 深度是多少？

29.14 时钟暂停器。I. 考虑一个流水线模块，每个模块都在自己的时钟上运行。在各级之间使用 FIFO 同步器的替代方法是暂停每个级的时钟，以确保输入和输出可以避免同步故障。设计一个时钟暂停模块，也就是一个异步电路与延迟线，为一个这样的流水线阶段生成时钟。你的模块应该具有来自上一个流水线阶段的输入信号 ivalid，来自下一个流水线阶段的输入信号 oready，来自延迟线的输入信号 delay$_o$，以及来自该流水线阶段逻辑的信号 done。它应该给上一个流水线阶段一个输出 iready，给下一个流水线阶段一个输出 ovalid，给延迟线一个输出 delay$_i$。你可以假设延迟线的延迟大于该流水线阶段的最小周期的一半。

因为没有通用的时钟供 ready 和 valid 信号参考，你的模块应该遵循 4 阶段流控制。在阶段 1 中，模块通过声明其 valid 信号有效来表明其输出为有效数据，该 valid 信号必须保持高电平，直到阶段 2，接收模块通过声明其 ready 信号有效，并接收数据，该 ready 信号必须保持高电平，直到阶段 3，发送模块拉低其 valid 信号。最后，valid 信号必须保持低电平，直到阶段 4，发送模块拉低其 ready 信号[⊖]。

29.15 时钟暂停器。II. 重复练习 29.14，在模块之间进行两相流控制。通过两相流控制，发送模块通过切换其 valid 信号来表明其输出为有效数据，接收模块通过切换其 ready 信号来接收数据。因为是在信号的上升沿和下降沿完成，所以不需要等待信号返回到零。

29.16 将以上的器件组合起来，去设计和实现一个有用的、有利可图的、有趣的和非常酷的数字系统。

⊖ 在异步环境中这些流控制信号的含义略有不同，它们通常在异步系统中被称为请求和确认信号，为了避免混淆，我们将使用 valid（有效）和 ready（准备）信号这一名称惯例。

VHDL 编码风格和语法指南

VHDL 编码风格

本附录提供了一些 VHDL 编码风格的指导原则。这些指导原则源于 VHDL 和 Verilog 描述语言的编码经验，它们在数字设计的教学和工业设计项目方面有很多的发展，并且已经被证明可以减少工作量，得到更好的设计，并使代码更加可读和可维护。本书中 VHDL 的许多例子都是这种风格。这里介绍的风格是为了得到可综合的设计（VHDL 设计实体最终可以映射到真正的硬件），与测试文件中使用的编码风格是非常不同的。本附录提供了本书中使用的 VHDL 语法的简要总结，许多其他参考文献可在线获取。另外，本附录提供了一组原则和风格规范，来帮助设计人员编写正确的、可维护的代码。本附录不是参考手册。参考手册是告诉读者什么是合法的 VHDL 代码，而本附录是告诉读者什么是好的 VHDL 代码。举出了好代码和坏代码的例子，但所有这些例子都是合法的。

A.1 基本原则

从 VHDL 编码风格所基于的几个基本原则开始。本书呈现的风格基本上是 VHDL-2008，一套 Verilog 编码风格指南，这个指南是基于多年的数字设计教学经验、工业设计项目，以及近十年 VHDL 早期版本的教学经验得到的。

知道状态在哪里 设计中的状态的每一位都应该被明确声明。在此风格中，所有状态都要明确是在触发器或寄存器组件中，所有其他部分是纯组合逻辑。当在"**if** rising_ edge(clk) **then**"声明中写入时序语句时，在一个进程内采用这一原则可以避免很多问题。当不是所有信号的所有值都被分配在条件语句的分支中时，这一原则使得检测潜在的锁存更容易。

知道设计实体会被综合成什么 当编写设计实体时，应该知道它对应着什么逻辑。如果设计实体是基于结构描述的，将其他部分连接在一起，结果是可预测的。小的行为设计实体和算术块也是可预测的。大型的行为设计实体，其综合结果是不可预测的，应该避免。

代码的可读性 在项目开发过程中，设计实体可能需要修改。修改的难易程度与设计实体的可读性有很大的关系。功能应该明确，例如使用 case 或 "case?" 来描述一个真值表。使用描述性的信号和常量名称。注释用来帮助了解代码意图，不要只是用注释来重复代码。当修改可读性好的设计实体时，将发现这样会更容易理解设计的功能并对其进行更改。如果设计实体使用奇怪的编码和隐喻名称，理解代码将会变得很困难，特别是当此代码是很久之前写的。

保持警惕 想想你的设计实体可能会出什么问题。输入和输出的边界情况是什么？确保每种情况都是可以处理的，包括对必须维护的常量和可以被检查出的错误条件的断言。

让综合工具帮助设计 现代逻辑综合工具（如 Synopsys Design Compiler、Altera QuartusII 和 Xilinx Vivado）在优化小型组合设计实体（最多约 10 个输入）方面表现很好。在优化算术电路方面它们也做得很好。除非是非常罕见的情况，否则手动优化这些设计是没有意义的。设计实体描述应该是直接对行为进行描述，让工具做它们所擅长的事。

了解综合工具不能做的事情 现代综合工具不擅长进行高层次优化。它们不了解如何对逻辑进行因子分解、分区或者什么时候可以共享功能单元。它们不能对什么时候要在一个周期内执行某个功能和什么时候要在多个周期内采用流水线技术做出权衡。这是体现人类设计师价值的地方。不要指望综合工具做设计师的工作，反之亦然。

A.2 所有的状态都应该在明确声明的寄存器中

设计中的所有状态都应在明确实例化的寄存器或触发器组件中。图 A-1 中显示了一个正确风格的例子(适用于图 16-3)。这里，一个 4 位寄存器的输入为 nxt，输出为 output。下一状态函数使用单个赋值语句进行描述。

```
library ieee;
use ieee.std_logic_1164.all;
use ieee.std_logic_unsigned.all;
use work.ff.all;

entity Good_Counter is
  generic( n: integer :=4 );
  port( clk, rst: in std_logic;
        output: buffer std_logic_vector(n-1 downto 0) );
end Good_Counter;

architecture impl of Good_Counter is
  signal nxt: std_logic_vector(n-1 downto 0);
begin
  nxt <= (others=>'0') when rst else output+1;
  count: vDFF generic map(n) port map(clk, nxt, output);
end impl;
```

图 A-1   一个计数器的设计实体的正确编码风格。计数器的状态在明确声明的寄存器中，寄
        存器是属性为 vDFF 的计数器的组成部分

图 A-2 所示编码风格也有助于设计师了解 VHDL 会如何综合。A-2 中的代码将综合出状态寄存器和产生下一状态函数的组合逻辑。如果以这种混合了状态和功能函数的不正确风格进行编码(见图 A-2)，设计师，特别是学生，很容易开始编写类似于 C 代码的VHDL 代码。结果往往是灾难性的。

```
library ieee;
use ieee.std_logic_1164.all;
use ieee.std_logic_unsigned.all;
use work.ff.all;

entity Bad_Counter is
  generic( n: integer := 4 );
  port( clk, rst: in std_logic;
        output: buffer std_logic_vector(n-1 downto 0) );
end Bad_Counter;

architecture impl of Bad_Counter is
  signal nxt: std_logic_vector(n-1 downto 0);
begin
  process(clk) begin
    if rising_edge(clk) then
      if rst then
        output <= (others => '0');
      else
        output <= output + 1;
      end if;
    end if;
  end process;
end impl;
```

图 A-2   设计实体的不正确编码风格。状态在单个进程中与下一状态计算混合在一起

要避免编写如图 A-2 所示的设计实体。该设计实体将状态的创建（if rising_edge (clk) then 下的赋值语句）与下一状态函数的定义混合了。

坚持这种编码风格，是因为它有助于设计师，特别是学生，遵循图 A-1 中的前两种设计原则。首先，它有助于设计师知道状态在哪里。当明确声明寄存器，并将潜在的锁存器视为错误时，你会知道电路当前状态是什么。当以图 A-2 所示的编码风格进行编码时，可非常轻松地创建状态而不知道它是什么。状态变量与用于计算下一状态函数的中间变量没有明显的区别。

VHDL 的正确编码风格是要避免混淆当前状态和下一状态。声明：

```
nxt <= (others=>'0') when rst else output+1;
```

这很清楚地表明了 nxt 是下一状态，并且 nxt 是通过当前状态 output 得到的。相反，声明：

```
if rst then
  output <= (others => '0');
else
  output <= output + 1;
end if;
```

在赋值语句的左右两端使用了相同的信号 output，混淆了当前状态和下一状态。下一状态被隐藏起来了。

正确的编码风格也避免了在一个进程中错误地使用信号和变量。况且与正确风格代码相比，坏风格代码还没有明确的优势，代码没有更短也没有更易读。

不要在单个进程块中混合状态和功能函数。图 A-2 所示编码风格没有优点，却有许多缺点。

A.3   定义组合逻辑的设计实体，使代码更易读

现在已经把所有的状态都放在了明确声明的寄存器中，这个风格指南的其余部分主要就是介绍如何编写好的组合逻辑设计。

现代逻辑综合工具非常适合优化小型的组合逻辑设计。因此，这些组合逻辑应该以最容易阅读和理解的方式编写。对于使用真值表描述的逻辑，在一个进程块中使用 case 或"case?"语句来编码。对于使用等式（数据通路逻辑，第 16 章）描述的逻辑，可以使用一定顺序的并行赋值语句来编码。

图 A-3（从图 9-6 中提取）说明了如何使用 case 语句来实现适合用表格描述的组合逻辑函数 days-in-month。对输入信号 month 使用 case 语句可以为每个输入值分配合适的输出值 days。最常见的输出描述是 when others = > case。为了使代码更加清晰和简洁，具有相同输出的输入情况可以合成一组。

```
process(all) begin
  case month is
    -- thirty days have September...
    -- all the rest have 31
    -- except for February which has 28
    when 4d"4" | 4d"6" | 4d"9" | 4d"11" => days <= 5d"30";
    when 4d"2" => days <= 5d"28";
    when others => days <= 5d"31";
  end case;
end process;
```

图 A-3   用 case 语句来实现适合用表格描述的组合逻辑函数

适合用等式描述的组合函数应使用并行赋值语句描述（不在进程中的语句），如图 A-4 所示。图 A-4 是计算 4 比特信号 x 中的 1⊖ 的数量。用一个等式可以很轻松地描述和解决

⊖   二进制字中 1 的数量通常被称为字的总数。某些计算机具有执行此功能的 POPCOUNT 指令。

该问题。若用一个 case 语句来描述这个问题，代码会很长并且很容易让人混淆。

```
number_of_ones <= ("00" & x(0)) + ("00" & x(1)) + ("00" & x(2)) + ("00" & x(3));
```

图 A-4 适合用等式描述的组合逻辑函数应该用并行赋值语句描述

用含有方程的真值表来描述一个组件是很自然的。通过控制信号值的真值表来选择用什么等式计算数据信号的下一状态。图 A-5 就给出了一个使用这种风格的例子。

当需要解码具有优先级的多个二进制控制信号以确定函数时，可以使用"case?"语句，如图 A-6 所示。该语句为一个时序电路计算下一状态变量 nxt，该电路根据一组二进制控制信号可以完成复位、左移、右移、加载或保持当前值功能。

```
process(all) begin
  case opcode is
    when OP_ADD => nxt <= acc + data;
    when OP_XOR => nxt <= acc xor data;
    when OP_AND => nxt <= acc and data;
    when OP_OR  => nxt <= acc or data;
    when others => nxt <= 8d"0";
  end case;
end process;
```

图 A-5 通过 case 语句来解码一个控制信号（opcode），选择计算数据的等式

```
process(all) begin
  case? std_logic_vector'(rst & load & shl & inc) is
    when "1---" => nxt <= 8b"0";
    when "01--" => nxt <= input;
    when "001-" => nxt <= state(6 downto 0) & '0';
    when "0001" => nxt <= state + 1;
    when others => nxt <= state;
  end case?;
end process;
```

图 A-6 使用条件语句"case?"，根据 4 个具有一定优先级的输入信号为 nxt 信号分配值

A.4 在条件的所有可能分支下对所有信号赋值

为了避免潜在的锁存(不是想要的状态)，分支条件必须覆盖表达式所有可能的值，任意一个在分支条件下被赋值的变量要在所有分支上都被赋值。参见 B.10 节中的规则 C2。

图 A-7 给出了一个常见的不好的示例。当 rst 为真('1')时，信号 nxt 被赋值了，但当 rst 为假('0')时，信号 nxt 没有被赋值。这不是一个组合逻辑电路，有一个潜存的锁存器。当 rst 为假时，nxt 保持其值不变。

if 语句的正确使用如图 A-8 所示。当 rst 为真或假时，信号 nxt 都被赋值了。在这一点上，使用 if 语句比 case 语句更好。对于 case 或"case?"，VHDL 要求所有输入组合都有相应的 when 语句，这就是为什么通常要包含一个默认条件(when others = >)。when others = > 很好地使 case 或"case?"的分支条件覆盖了所有情况。在使用 if 语句时，可能还需要使用 either，在这种情况下，优先选择 case 或"case?"语句。

```
process(all) begin
  if rst = '1' then
    nxt <= 8d"0";
  end if;
end process;
```

图 A-7 不好的代码：存在一个潜存的锁存，因为当 rst 为假时，nxt 没有被赋值

```
process(all) begin
  if rst then
    nxt <= 8d"0";
  else
    nxt <= output+1;
  end if;
end process;
```

图 A-8 好的代码：在所有分支上，nxt 都被赋值了

另一个常见错误就是并非所有信号在所有分支下都被赋值了。图 A-9 给出了一个不好的代码的示例。在第二个条件分支下，信号 output 没有被赋值，并将会产生一个锁存器，output 将保持之前的状态不变。

```vhdl
signal state, next_state: std_logic_vector(n-1 downto 0);
signal next_state_rst: std_logic_vector(n-1 downto 0);
...
process(all) begin
  case? input & state is
    when "--" & FETCH_STATE =>
      output <= FETCH_OUT;
      next_state <= DECODE_STATE;
    when "1-" & DECODE_STATE =>
      next_state <= REG_READ_STATE;
    when "0-" & DECODE_STATE =>
      output <= DECODE_ZERO;
      next_state <= REG_READ_STATE;
    ...
    -- remaining cases omitted for brevity
    when others =>
      output <= (others => '-');
      next_state <= (others => '-');
  end case?;
end process;

next_state_rst <= FETCH_STATE when rst else next_state;
```

图 A-9 不好的代码：每个分支上，不是所有信号都被赋值了

避免这个问题的一种方法是在每个分支下只写一个赋值语句，该赋值语句的对象是 record，其包含了所有需要被赋值的输出，如图 A-10 所示。这种编码风格会让我们不容易忘记在特定分支下对某一信号进行赋值。它还使代码更加可读，使之看起来就像一个状态表。

```vhdl
type fsm_t is record
  outp: std_logic_vector(m-1 downto 0);
  nxts: std_logic_vector(n-1 downto 0);
end record;

signal fsmo: fsm_t;
...
process(all) begin
  case? input & state is
    when "--" & FETCH_STATE  => fsmo <= (FETCH_OUT,    DECODE_STATE);
    when "1-" & DECODE_STATE => fsmo <= (RR_OUT,       REG_READ_STATE);
    when "0-" & DECODE_STATE => fsmo <= (DECODE_ZERO, REG_READ_STATE);
    ...
    -- remaining cases omitted for brevity
    when others => fsmo <= ((others => '-'),(others => '-'));
  end case?;
end process;

output <= fsmo.outp;
next_state <= FETCH_STATE when rst else fsmo.nxts;
```

图 A-10 好的代码：对 record 进行赋值，使得我们很难在分支中遗漏某一信号的赋值，还增
　　　　加了代码的可读性

A.5　设计实体要小

为了代码的可读性，并确保你知道设计实体将综合成什么，行为设计实体应较小，不超过 50 行文本。在文本编辑器的一个屏幕上可以一次看到整个设计实体并了解其功能。而且，50 行文本足以描述大多数组合逻辑功能：任何更大的功能通常是几个单独的功能的组合，应该被分解开来。如果确实有一个不能用 50 行代码描述的功能，那么应该认真思考一下是否可由其他因素减小复杂性。

A.6　大型的设计实体应该结构化

大型设计实体应该是其他组件的实例通过导线连接得到的。结构化的设计实体将综合成什么是确定的。此外，虽然现代逻辑综合工具在小型组合逻辑设计和算术电路上做得很好，但它们在大型设计上表现不佳。这些工具在小规模优化方面表现优异，但不了解如何进行大规模优化，如图 16-6 所示的共享加法器。

A.7　使用描述性信号名称

如果信号名称描述了它们本身的功能，那么代码将更加可读。例如，声明

```
aligned_mantissa <= mantissa sll exponent_difference ;
```

仅仅阅读该声明，就可轻松理解每个信号的含义和声明的功能。相反，同样的声明

```
i <= j sll k;
```

不能表达声明的含义或意图。

然而，当名字很长时，虽然它们易于阅读，但代码显得很杂乱。如果语句能够用一行（或几行）写完，则语句更易于理解。长的名字往往使语句占有多行，增加了阅读的难度。使用适当的信号名称（短的或缩写的名称）并带上注释使代码更加可读，如下所示：

```
a_m <= m sll e_d;
```

对于全名或缩写名称哪个更适合的问题，两者在编写代码中都很有用，具体情况可具体分析，选择最合适的。

A.8　对信号的子字段使用有象征意义的名字

通常，长信号会被分成若干子字段。例如，32 位指令可以分为 8 位操作码、3 个 5 位寄存器定义码和 9 位常量。当这些子字段使用有象征意义的名称时，代码变得更加可读。考虑声明

```
case instruction(31 downto 24) is ...
```

它能体现的含义很少，并且使用位字段很容易出现错误。而声明

```
case opcode is ...
```

更加可读。

A.9　定义常量

在 VHDL 代码中，数字应该很少出现，任何给定的数字都不应该多次出现。通过定义常量或参数，使用符号名称来代替数字，这样可以增加代码的可读性和可维护性。

考虑图 A-11 所示的 MIPS 处理器的指令解码器的部分代码。此代码没有给出其功能的任何信息。此外，MIPS R 型指令 6'h0 和加法操作码（3'h5）都出现两次。如果定义了常量，则代码可读性会更高。

在用符号常量替换数字时，如图 A-12 所示，代码的功能变得清晰。此外，对重复使用的数值定义符号常量，如 R 型指令 RTYPE_OPC 的操作码或＋ ADD_OP 的操作码，数值实际上只会使用一次。这样使代码更容易更改以便更新。例如，如果要重新设计 ALU，使得＋的操作码从 5 变为 7，则只需要更改 define 语句。该变化会传播到所有用到该操作码的地方。

```
case? opcode & fun is
  when 6x"0" & 6x"20" => aluop <= 3x"5";
  when 6x"0" & 6x"21" => aluop <= 3x"6";
  ...
  when 6x"23" & "------" => aluop <= 3x"5";
  ...
end case?;
```

图 A-11　不好的代码：应该用符号名称定义数字

符号名称可以与常量（使用 VHDL 常量）或类属参量（在实体声明中使用 generic 语句）绑定。符号名称在组件的不同实例中具有相同的值，则应被定义为常量。符号名称在组件的不同实例中可能具有不同的值，则应被定义为类属参量。寄存器或计数器的位宽是一个很好的类属参量例子。ALU 的功能代码或处理器的操作码是一个很好的常量例子，其数值在组件的不同实例中不会改变。如果常量只用于结构体中，

```
case? opcode & fun is
  when RTYPE_OPC & ADD_FUN => aluop <= ADD_OP;
  when RTYPE_OPC & SUB_FUN => aluop <= SUB_OP;
  ...
  when LW_OPC    & "------" => aluop <= ADD_OP;
  ...
end case?;
```

图 A-12　好的代码：对常量使用符号名称命名。多次出现的常量的值只被定义了一次

则应该在结构体中定义；如果常量用于多个设计实体中，则应该在一个包中定义。

A.10　注释应该描述意图，给出关联，不要阐述显而易见的信息

好的代码应该有很多高质量的注释。好的注释能告诉我们该代码正在做的事情、设计师的意图，以及设计的逻辑依据。然而，许多设计师将注释的数量与质量混淆在一起，并写出很多没有意义的注释。

考虑以下代码片段：

```
case aluop is
  when ADD_OP => c <= a + b ; -- add a and b
  ...
end case;
```

很显然，这个声明就是 a 加上 b。注释不会添加任何有用的信息值，它只会使代码变得更加杂乱，应该被删除。

现在考虑以下注释，本应该添加到图 16-7：

```
-- factor the adder/subtractor out of the case statement
-- because the synthesizer won't combine two adders
-- increments when down=0, decrements when down=1
outpm1 <= output + ((n-2 downto 0 => down) & '1');
```

虽然该注释有点冗长，但它增加了很多有用的信息。它给出了代码总体情况：这个加法器会影响 case 语句。它还给出了写该代码的理由：如果没有写该语句，综合器会产生两个加法器。它还解释了一些在看此代码时并不能很直观感受到的功能。

A.11　永远不要忘记 VHDL 是硬件描述语言

编写 VHDL 代码时，很容易陷入正在编写计算机程序的陷阱，计算机程序一次只执行一个声明。毕竟，VHDL 看起来很像 C 代码，并且有许多相同的结构。当在编写 VHDL 和编写 C、Python 或其他编程语言之间来回切换时，特别容易陷入陷阱。

这是一个非常危险的陷阱。计算机编程语言（例如 C 语言）一次只有一个语句在执行，

而在 VHDL 程序中，所有语句都会立即发生。在编写 VHDL 程序时，你正在定义硬件。所有这些硬件都是并行运行的。每个组件的每个并行赋值语句都是同时发生的。

永远不要忘记 VHDL 是描述硬件的，一切都在同一时间发生。

A.12　阅读并保持批判性

通过阅读他人的作品，批判性地看待他们的风格并模仿可用的风格，能使我们成为更好的作家。同样的方式可以让我们成为更好的 VHDL 设计师。有时间就阅读 VHDL 代码，批判性地看待代码，指出你自己的代码和其他人的代码中的好与坏。注意，我们判断的是代码，而不是人。借鉴可行的东西，使代码更好、更易读或更容易维护。当你自己的代码被批评时，要善于接受批评，懂得倾听和学习。

好的科技公司培育的工程文化，就是鼓励设计者阅读代码并对他人的代码提出批判性意见。也有公司使用配对编程，所有编码都是由两个人完成，一个人编写，另一个人审阅。这样做最重要的是创造了一种文化，即设计师审查他人的代码，提供有用的意见，并且接受他人对自己的代码提出批评意见。

VHDL 语法指南

本附录提供了本书中使用的 VHDL 语法的总结。在使用本附录之前，你应该先阅读 1.5 节和 3.6 节中的有关 VHDL 的介绍。完整的 VHDL 语法可以参考文献[3，55]。然而，由于 VHDL 语言的复杂性，这种参考文献往往缺乏对硬件设计的详细讨论。VHDL 语法关键方面的简要总结对于硬件设计的学习非常有用。

本书使用的是最新的 VHDL 标准 VHDL-2008，该标准可以提高设计人员的工作效率，并且适用于数字设计入门课程中使用的 FPGA CAD 工具。虽然许多 CAD 工具支持 VHDL-2008，但在默认情况下仍然使用早期版本的 VHDL。因此，在尝试本书中的示例之前，你应该参考 CAD 工具的文档来了解如何使工具支持 VHDL-2008⊖。

为了保持简明而准确的描述，本附录使用了扩展的巴科斯范式（Extended Backus-Naur Form，EBNF）。尖括号（<>）内的内容为必选项，"::="是"被定义为"的意思，竖线（|）表示在其左右两边任选一项，相当于"OR"的意思，大括号（{ }）内的内容为可重复 0 至无数次的项，方括号（[ ]）内的内容为可选项。本附录中的 EBNF 描述是简化的 VHDL 语言标准[55]。这里简化的 EBNF 描述对应于可综合的 VHDL 语法子集。

用于硬件设计的硬件描述语言（HDL）与用于软件开发的编程语言不同。软件是通过将编程语言编写的程序转换成计算机指令来实现，计算机指令一次只执行一个。而硬件描述语言是被综合成导线连接的逻辑门。来自软件程序的不同指令在不同的时间执行，而硬件的逻辑门和连线是并行工作的。

本附录着重介绍与可综合设计描述相关的 VHDL 语法。这样的 VHDL 描述必须使用可综合的语法子集编写。这种语法限制的必要性源自 HDL 语言（包括 VHDL，已经主导了硬件设计）的通用性以及从任意算法自动生成高效硬件设计的复杂性。实际上，已经有正式的标准规定了可综合的最小语言子集[56]。本附录的最后一部分（B.10 节）提供一些确保 VHDL 是可综合的简化规则。如果违反了这些规则，VHDL 综合后生成的硬件的功能可能会与 VHDL 在仿真时的功能有所不同。

下面，首先会介绍一些基本元素（注释、标识符、关键字），再介绍语言风格，最后介绍为 VHDL 描述逻辑电路提供基本框架的设计实体。本附录的其余部分将介绍设计实体内部的各种形式的语句。

B.1 注释、标识符和关键字

在 VHDL 中，单行注释前面带有"--"并延伸到行尾。VHDL-2008 引入了多行注释的语法。多行注释以 /* 开始，以 */ 结束。

VHDL 中的标识符和关键字（保留字）不区分大小写。标识符必须以字母开头，并且可以包含任意数量的字母、数字（0 到 9）和下划线。有效标识符的示例：Mux3 和 state_ next。

⊖ 对于 ModelSim，通过选择"Compiler Options..."，然后选择"Use 1076-2008"，来启用 VHDL-2008。对于 Altera Quartus II，在 VHDL 文件的顶层加上综合-- synthesis VHDL_INPUT_VERSION VHDL_2008"，来启用 VHDL-2008。Xilinx Vivado 2014.3 通过在 Vivado TCL 控制台中键入"set_property vhdl_version vhdl_2008 [current_fileset]"，来启用 VHDL-2008。

　　VHDL-2008 定义了 115 个关键字。与现代编程语言相比，这是一个很大的数目，比如 C 语言定义了大约 30 个关键字，Java 定义了大约 50 个关键字，C++定义了大约 70 个关键字。大量的关键字增加了学习 VHDL 的难度。但是，设计人员完全掌握表 B-1 中列出的 58 个核心关键字就足够了。表图 B-1 中列出的关键字在本附录中进行了讨论。

B.2 类型

　　VHDL 是强类型语言。这意味着，每一个变量在使用前必须声明类型。这种额外工作的"奖励"是当编译 VHDL 时，通过 error 消息可以识别许多设计错误的根本原因。下面将介绍整本书中使用的一些基本类型，并介绍如何声明新的类型。

表 B-1　本书中使用的 VHDL-2008 关键字

all	downto	in	of	rol	to
and	else	inout	or	ror	type
architecture	elsif	is	others	select	use
array	end	library	out	signal	variable
begin	entity	loop	package	sla	wait
buffer	file	map	port	sll	when
case	for	mod	process	srl	with
component	function	nand	record	subtype	xor
configuration	generic	nor	report	then	xnor
constant	if	not	return		

B.2.1 `std_logic`

　　大多数 VHDL 设计中使用的类型是 std_logic。std_logic 类型的信号或变量表示其值是单比特的。在电子电路中，使用电压(如第 1 章所述)来表示 0 和 1 的逻辑值。在 VHDL 规范中，这些逻辑值可以用 std_logic 值 0 或 1(需要单引号)来表示。当某些数字电路中，设计者不关心值是逻辑值 0 还是 1。这就可以使用 std_logic 值"-"来指示(连字符)。std_logic 类型还有另外三个值 U、X 和 Z，有助于在验证测试期间仿真数字电路时找到设计错误(20.1 节)。值 U 表示未定义，即表示未分配任何值。值 X 表示未知，通常用于表示单线被同时驱动到逻辑值 1 和逻辑值 0，代表着实际电路中的短路错误。在一些情况下，例如分布式多路复用器和连接了许多元件的总线，希望在数字电路中采用三态缓冲器(第 4 章)。std_logic 定义了值 Z，对应于使能输入设置为逻辑值 0 时的三态缓冲器的输出。

B.2.2 `boolean`

　　逻辑比较操作的结果被预定义为 boolean，与 std_logic 不一样，它的值为真或假。当需要 boolean 时，VHDL-2008 可以自动将一个 std_logic 转换为 boolean 类型。

B.2.3 `integer`

　　integer 类型与 std_logic_vector 类型(下文会介绍)不一样，它的数值范围为 $-(2^{31}-1)$ 到 $2^{31}-1$。integer 类型通常用来定义参数，比如一个多比特 std_logic_vector 信号的宽度。integer 类型通常不用来存储电路计算得到的数据。

　　integer 类型采用十进制书写方式，使用数字 0～9。例如，数值 100 就写成 100(不需要引号)。

B.2.4 `std_logic_vector`

　　虽然软件开发人员使用具有预定义位宽的类型(例如，8 位字符或 64 位整数)，但数字电路设计师必须指定适合设计需求的精确位宽。为此，他们采用多比特总线信号(第 8 章)。VHDL 使用 std_logic_vector 类型来表示多比特信号，它是由 std_logic 构成的数组。要完全指定 `std_logic_vector` 类型，必须包含索引范围。索引范围实现两个目标：首先，它定义了 `std_logic_vector` 的位宽，这有助于检查出 `std_logic_vector` 的使用错误；其次，它给 `std_logic_vector` 的每一位数值都关联了一个数字索引值，以便单独对每一位进行写入或读取。通过使用语法 `std_logic_vector(<索引范围>)` 来完全指定 `std_logic_vector`，尖括号里的内容是索引范围，使用 EBNF，

```
<索引范围> ::= <常数> downto <常数> |
              <常数> to <常数>
```

例如，`std-logic_vector(2 downto 0)` 是一个 3 比特 std-logic_vector，索引值是从 2 到 0。

类型为 `std_logic_vector` 的多比特信号的数值表达方式为 <位宽><基数>"<数值>"，其中 <位宽> 是常量（十进制）；<基数> 指定基数类型，b 为二进制，o 为八进制，d 为十进制，x 为十六进制；<数值> 对应于相应基数的数值。还可以在 b、o 和 x 前加上 s，表示 <数值> 是有符号的，<位宽> 应该扩展一位符号位（符号位扩展在第 10 章中描述）。例如，`6d"13"` 是 6 比特常数 001101_2 的，`5x"f"` 是 5 比特常数 01111_2，`4so"4"` 是 4 比特常数 1100_2（最左边的 1 是扩展的符号位），而 `7sb"-"` 是 7 比特常数，每位都是 "-"（设计者不关心）。VHDL-2008 之前的 VHDL 版本既不支持 <位宽>，<基数> 也不支持 d。如果省略 <位宽>，则会根据 <数值> 的比特数推断出位宽。例如，`x"00"` 为 8 位宽，因为单个十六进制数字是四比特（十六进制在 10.1 节中描述）。如果 <位宽> 和 <基数> 都被省略，则假定基数为二进制。例如，`"0101"` 是数值为 5 的 4 比特二进制数。

B.2.5 子类型

如果一个已经定义的 `std_logic_vector` 类型出现的次数很多，赋予它一个名字会使编码更方便。用户定义的子类型就就能做到这一点：

```
subtype <名称> is <子类型> ;
```

其中，

```
<子类型> ::= <子类型名称> [ ( <索引范围> ) ]
```

其中，<子类型名称> 是类型或者子类型名称。例如：

```
subtype state_type is std_logic_vector( 2 downto 0 );
```

声明了一个叫作 `state_type` 的子类型，它的数据类型是 3 比特的 `std_logic_vector`。

B.2.6 枚举类型

VHDL 提供了如下语法来定义枚举数据类型：

```
type <名称> is ( <枚举元素名称> {, <枚举元素名称> } );
```

<名称> 指的是用户自己为这个类型定义的符合标识命名规则的名字，<枚举元素名称> 通常是设计者给出的有意义的名字。例如：

```
type state_type is ( SA, SB, SC, SD );
```

声明了一个名为 `state_type` 的新类型，其值可以为 SA、SB、SC 或 SD。一些 VHDL 设计者很喜欢使用这样的枚举类型来指定状态机中的状态名称（第 14 章）。在本教科书中，我们使用常量定义状态名称（见 B.4 节），原因是常量可以明确例化状态，这有利于降低设计者的犯错率⊖。

B.2.7 数组和记录类型

VHDL 提供了两个可以将数据类型集合起来的复合类型：数组和记录。数组适合于

⊖ VHDL-2008 支持 generic 类型，这将使枚举类型能够简洁地与明确的例化状态相结合。但是，很少有 CAD 工具支持此特点。

定义存储器(8.8 节和 8.9 节)。定义一个数组类型的语法如下:

    type <数组名称> **is array** (<索引范围>) **of** <子类型>;

例如:

    type mem_type **is array** (0 **to** 255) **of** std_logic_vector(15 **downto** 0);

声明了一个新的数据类型,名字为 mem_type,它是由 256 个 16 比特的类型为 std_logic_vector(15 downto 0)的数构成的数组。对于数组中的单个元素,可以用括号来表示:<数组名称>(<索引号>)

    例如:如果 memory 的类型为 mem type,那么 memory(0)指的就是 memory 中的第一个字,类型为 std_logic_vector(15 downto 0)。如上文所述,std_logic_vector 是由 std_logic 构成的数组。所以,如果输入信号 input 被定义为 std_logic_vector(7 downto 0),那么 input(3)就是索引号为 3 的那一位数值,并且数据类型为 std_logic。

    一个 VHDL 记录类型与 C 语言中的 struct 有些类似,可以将相关的信号集合到一根信号总线上。记录类型的另一个作用就是在一个进程内用一个信号赋值语句对逻辑组合块的所有输出进行赋值(见 A.4 节)。声明一个记录类型的语法如下:

    type <记录名称> **is record**
                 <元素声明>
              { <元素声明> }
            end record;

其中,

    <元素声明> ::= <名称> {, <名称> } : <子类型> ;

例如:

```
type inst_type is
  record
    opcode  : std_logic_vector(6 downto 0);
    dst     : std_logic_vector(2 downto 0);
    src1    : std_logic_vector(2 downto 0);
    src2    : std_logic_vector(2 downto 0);
  end record;
```

声明了一个叫作 inst_type 的记录类型,它包含 4 个元素,分别为 opcode、dst、src1 和 src2。

    从记录中提取元素时,应使用“.”。继续上一个例子,如果 inst 是一个 inst_type 类型的信号,提取元素 opcode 需要用 inst.opcode。

B.2.8　合格的表达式

    VHDL 表达式的类型可能不明确,在这种情况下,可以使用合格的表达式来指定它。合格表达式的语法如下:

    <合格的表达式> ::= <类型名称>'(<表达式>)

图 14.13 给出了例子。

B.3　库、包集合和使用多文件

    类型 std_logic 和 std_logic_vector 不是 VHDL 语言的一部分,而是 ieee 库内的 std_logic_1164 包集合的一部分,它是 ieee 正式认可的标准包集合。如图 B-4 所示,为了在设计中使用 std_logic,必须添加行“**library** ieee”和“**use** ieee.std_ logic_1164.**all**;"。"**library** ieee"告诉 VHDL 编译器，我们希望使用 ieee 库。"use ieee.std_logic_1164.all;"告诉 VHDL 编译器，我们希望使用 ieee 库中的 std_logic_1164 包集合。还可以使用如图 7-23 所示的语法定义自己的包集合。

　　对于较大的设计，最好将 VHDL 分为多个文件。每个文件应该引用同一文件或较早文件中的声明。为了确保这一点，所有 VHDL 编译器提供了一种指定多个文件的编译顺序的方法。

B.4　设计实体

　　硬件设计的 VHDL 描述由具有一定层次的 VHDL 设计实体构成。设计实体定义了硬件块的接口以及内部结构。图 B-1 给出了编写设计实体的语法总结。每个设计实体由两部分组成：实体声明和结构体。

```
entity <实体名称> is
  [ generic( <类属常量> ); ]
  port( <端口声明> );
end <实体名称>;

architecture <实现名称> of <实体名称> is
  <类型声明>
  <常量声明>
  <元件声明>
  <内部信号声明>
begin
  <并发语句>
end <实现名称>;
```

图 B-1　VHDL 设计实体由实体声明和结构体构成。实体声明包含输入和输出信号的端口声明列表；结构体包含声明部分（包含各种声明）和结构描述部分（包含一系列并行处理语句）。设计实体的逻辑由并发语句实现

　　实体声明以关键字 **entity** 开始，它通过端口声明列表来规定硬件设计内部与外部之间的接口。实体声明还可以通过改变类属常量的值来改变设计实体。可以使用关键字 **generic** 在实体声明中声明类属常量，该声明可有可无。语句如下：

```
generic( <多个类属常量> );
```
其中，
```
<多个类属常量> ::= <类属常量> { ; <类属常量> }
<类属常量> ::= <名称> : <子类型> := <表达式>
```
类属常量最常用于参数化一个设计实体的输入和输出的位宽。端口说明语句描述了一个设计实体的输入和输出，语句如下：

```
port( <多个端口声明> );
```
其中，
```
<多个端口声明> ::= <端口声明> { ; <端口声明> }
<端口声明> ::= <名称> {, <名称> } : <模式> <子类型>
<模式> ::= in | out | buffer | inout
```

　　端口的模式表示信号是输入（**in**）、输出（**out**）、可以读取的输出（**buffer**）还是双向信号（**inout**）。

结构体以关键字 **architecture** 开始，它分为声明部分和描述部分。声明部分包含对结构体内的声明，描述部分包含实现硬件逻辑功能的并发语句。这两个部分由关键字 **begin** 分隔开。

声明部分可能包含类型、常数、元件和内部信号声明。类型声明遵循 B.2 节的语法。可以声明常量以确保代码的可读性和可维护性：

```
constant <常量名> : <类型> := <表达式>;
```

其中，<常量名>的值由操作符"：＝"之后的表达式定义。定义常数的示例可以在图 7-23 和图 14.14 中找到。元件声明可以通过元件例化，在一个设计实体的结构体中使用另一个设计实体（B.6.2 节）。元件声明的语句类似于实体声明的语句：

```
component <元件名称> is
  [ generic( <类属常量> ); ]
  port( <端口声明> );
end component;
```

添加与现有设计实体声明相匹配的元件声明可使你在结构体描述部分使用该元件的设计实体。结构体描述部分中的并发语句通过信号（signal）相互通信。一个信号可以被认为是一套从一块硬件连接到另一块硬件的携带着逻辑值的连线。声明信号的语句是：

```
signal <信号名> : <类型>;
```

结构体的描述部分以关键字 **begin** 开始，由一组并发语句组成。每个并发语句与其他并发语句同时运行。这种并行操作是硬件描述语言的基础，在通用编程语言（如 C 和 C++）中没有相应的语法。在 B.6 节中详细阐述了并发语句的语法。设计实体的一个简单示例如图 1-11 所示。

B.5 切分、并置、聚集、操作符和表达式

在数字电路设计中，对一个多比特数值的某些比特进行操作是很常见的。虽然可以通过数组索引来操作每一比特，但是通过切分（slice）来读取多比特数值的某些比特更加方便：

```
<切分> ::= <数组名>( <索引范围> )
```

例如，input(7 **downto 4**)代表了 input 的前四位。

可以通过并置和切分来创建一个更大的数组。VHDL 中的并置（concatenation）操作符是 &，例如：

```
'1' & '0' & '1' & '0'
```

就等价于"1010"。另一个例子：

```
input(3 downto 0) & input(7 downto 4)
```

这就创建了一个 8 比特的数值，input 最右边 4 位和最左边 4 位颠倒了位置。也可以并置带有切分的元素，例如：

```
'1' & "01" & '0'
```

也等价于"1010"。

与并置相似，VHDL 提供了用数组元素构成更大的数组的方法，生成的数组类型与元素类型一样，即聚集（aggregates），语句如下：

```
<聚集> ::= ( <元素> {, <元素> } ) |
            ( <索引范围> => <元素> {, <索引范围> => <元素> } )
```

例如，a、b 和 c 都是 std_logic 的信号，那么(a, b, c)就是一个类型为 std_logic_vector 的数组，含有 3 个元素。也可以使用聚集来复制单比特信号。例如，如果 foo 是

类型为 std_logic 的信号，那么(7 **downto** 0 = > foo)就是一个 8 比特信号，它的每一位都是 foo。

聚集和并置之间有两个主要区别。首先，聚集的结果只能在赋值语句的右侧使用(赋值语句如下所述)，而通过组合信号或变量得到的聚集可以被赋值。其次，虽然 VHDL-2008 标准规定了可以通过组合含切分的元素形成聚集，与并置类似，但是一些 CAD 工具仅支持由元素类型相同或具有相同长度的切分元素形成聚集。

VHDL 表达式由信号、变量或常量或其切分和运算操作符组成。VHDL-2008 包括表 B-2 所列的运算操作符。同一行的运算操作符具有相同的优先级，越往上优先级越高。

第一行中的"＊＊"运算符是乘方运算符。逻辑运算符"not"是按位操作的，因此 **not** 4b"1001"的结果是 4b"0110"。接下来的两行包含常见的算术运算符：乘法(＊)、除法 (/)、模(**mod**)、加法(＋)和减法(－)。

表 B-2 中的第四行包含移位和循环移位运算符。移位运算符(**sll**，**srl**，**sla**，**sra**) 以"s"开始，后跟方向(左移为"l"，右移为"r")，如果是逻辑移位，则最后为"l"，如果是算术移位，则最后为"a"。图 8.3 提供了使用 **sll** 逻辑左移运算符的示例。循环移位运算符类似于移位，但是移出一侧的位填充在另一侧。例如，对"1000"向左循环移 1 位可得到"0001"。关键字 **ror** 表示向右循环移位，**rol** 表示向左循环移位。

第五行包含比较运算符，它们的操作对象是类型相同的两个操作数，并产生类型为 boolean 的结果。" / ="运算符是检查两个操作数是否相等。在包集合 ieee.std_ logic_unsigned.**all** 和 ieee.std_logic_signed.**all** 中定义了一些比较运算符和操作对象为 std_logic_vector 的所有算术运算符。

表 B-2　本书中使用的 VHDL-2008 运算符，按优先级排序

＊＊	not				
＊	/	mod			
＋	－	&			
sll	srl	sla	sra	rol	ror
=	/=	<	<=	>	>=
and	or	nand	nor	xor	xnor
??					

在代码中对以上任何一个包集合使用 use 语句会导致设计实体中的所有 std_logic_ vector 值被当作 unsigned 或 signed(参见第 10 章有关有符号与无符号数的讨论)。

第六行包含了组合两个子表达式的逻辑运算符。逻辑运算符是逐位的。这意味着当它们应用于两个 std_logic_vector 操作数时，std_logic_vector 结果的每一位是由两个操作数的相应位计算得到。例如，"1010" **and** "1100"的结果为"1000"。

VHDL-2008 中的条件运算符"??"将 std_logic 值转换为 boolean 布尔型。通过上下文，可以推断出的转换并不一定需要条件运算符。如图 17-3 所示，if 语句中有隐含的转换。图 9-4 中有明显的转换。

B.6　并发语句

并发语句如下：

<多个并发语句>::=<并发语句>;{<并发语句>;}

所有并发语句并行运行。因此，结构体内的并发语句的顺序并不重要。本节的其余部分将介绍并发语句的前两种形式：并发信号赋值语句和元件例化语句。将进程语句的介绍留给 B.9 节。

```
<并发语句>　::=　<并发信号赋值语句> |
              <元件例化语句> |
              <进程语句>
```

B.6.1　并发信号赋值

并发信号赋值有三种形式：

```
<并发信号赋值语句>　::=　<并发简单信号赋值> |
                      <并发条件信号赋值> |
                      <并发选择信号赋值>
```

并发简单信号赋值

并发简单信号赋值是最简单的形式，语句如下：

```
<信号名> <= <表达式>;
```

其中，<信号名>是信号的标识符（如下所述）。在任何时间，<表达式>内的信号发生改变，此语句会重新计算<表达式>，并将结果赋给<信号名>。"< = "复合分隔符表示对信号的赋值。例如，假设信号 output、a、b 和 c 的类型都为 std_logic：

```
output <= (a and b) or (b and c));
```

定义了，当 a 和 b 都为 1 或者 b 和 c 都为 1 时，output 为 1。在这个例子里，一旦输入信号 a、b、c 发生改变，output 的值会立马更新。例如，两个并发简单信号赋值语句：

```
t <= (a and b);
output <= t or (b and c);
```

与

```
output <= t or (b and c);
t <= (a and b);
```

具有相同的效果，产生的结果都是

```
output <= (a and b) or (b and c);
```

也许理解并发信号赋值工作原理的最佳方法是将其可视化为电路原理图。图 B-2 给出了与上述并发简单信号赋值相对应的电路。第 3 章介绍了电路图中逻辑门，例如与门、或门和非门。

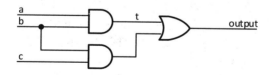

图 B-2　与并发简单信号赋值示例相对应的电路原理图

并发条件信号赋值

并发条件信号赋值形式如下：

```
<信号名> <= <表达式> when <条件> else
           { <表达式> when <条件> else }
               <表达式>;
```

其中，<条件>是一个计算结果为布尔类型的表达式。第一个 when 后面的<条件>计算结果为真，那么将该 when 前面的<表达式>的值赋给<信号名>。信号赋值操作符右边读取的信号一旦发生变化，被赋的值也会发生变化。例如，使用以下并发条件信号赋值语句来指定 4-2 优先译码器（8.5 节）：

```
Enc <= "11" when input(3) = '1' else
       "10" when input(2) = '1' else
       "01" when input(1) = '1' else
       "00";
```

当 input(3)等于 1 时，Enc 被赋予值"11"。如果 input(3)不等于 1，而 input(2)等于 1 时，Enc 被赋予值"10"。如果 input(3)不等于 1，input(2)不等于 1，而 input(1)等于 1 时，Enc 被赋予值"01"。在所有其他情况下，Enc 被赋予值"00"。

并发选择信号赋值

并发选择信号赋值语句的形式如下：

```
with <信号1> select
     <信号2> <= { <表达式> when <选择>,  }
                 <表达式> when others;
```

其中，＜选择＞由以下语句给定：

```
<选择> ::= <常量表达式> { "|" <常量表达式> }
```

＜常量表达式＞是一个数值不变的表达式。请注意，＜选择＞中的分隔符"｜"是 VHDL 的一部分，但是编码中双引号不应出现，双引号是为了与 EBNF 中的分隔符区分开来。若＜选择＞中的＜常量表达式＞值与＜信号 1＞的值相等，那么与该＜选择＞对应的＜表达式＞赋给＜信号 2＞。每个＜常量表达式＞的值必须是不同的。若没有与＜信号 1＞相等的＜常量表达式＞，那么将与 **others** 对应的＜表达式＞赋给＜信号 2＞。例如，

```
with sel select
   output <= in_a when 2d"3",
             in_b when 2d"1" | 2d"2",
             in_c when others;
```

描述了一个由四路复用器(多路复用器在 8.3 节中描述)构建的组合逻辑电路。该电路具有 in_a、in_b、in_c 和 sel4 个输入信号。如果 sel 等于 2d"3"，则将 in_a 的值赋给 output。如果 sel 等于 2d"1"或 2d"2"，则将 in_b 的值赋给 output。如是所有其他情况，则将 in_c 的值赋给 output。

那么条件信号赋值和选择信号赋值之间有什么区别。一个关键的区别在于选择信号赋值中的选择条件是不允许重叠的，而条件信号赋值中的条件是可以重叠的。条件信号赋值中的条件是按顺序有优先级的。另一个关键区别在于选择信号赋值的选择条件必须是一个常数，而条件信号赋值的条件可以是一个任意的表达式。

B.6.2 元件例化

并发语句的第二种形式是元件例化。元件例化可以将一个设计好的实体当作另一个设计实体中的元件。可以提供一个结构描述来说明如何使用信号将多个较小电路连接起来构建一个复杂的电路。结构描述基本上等同于绘制原理图。在概念上，较大设计中的设计实体的每个元件都可以被认为是一个独立的芯片，这就很像图 28-8，一块原型设计板上有六个芯片连接在一起。实际上，VHDL 结构描述中的元件实例由 CAD 工具综合成单个电路。由于 VHDL 元件例化语法与 C、C++和 Java 等流行的编程语言中的函数调用的语法有一些相似，初学硬件设计的学生往往会将元件例化与软件设计中的函数调用相混淆。不要犯这个错误！

元件例化语句形式如下：

```
<元件实例名>: <元件> [generic map ( <关联列表> ) ] port map ( <关联列表> );
```

其中，＜元件实例名＞是元件实例的唯一标识符，＜元件＞是要被例化的元件标识符。在后面的图 B-4 中给出了一个元件例化的简单示例。

对于上面的元件例化语句的描述，有 3 种格式可以用来指定＜元件＞：

```
<元件> ::= <元件标识符> |
          entity <实体标识符> [ ( <结构标识符> ) ] |
          configuration <配置标识符>
```

这里，＜元件标识符＞是元件声明中的元件的标识符(B-4 节)，＜实体标识符＞是设计实体声明中的实体的标识符(B-4 节)，而＜配置标识符＞是配置声明中的配置的标识符(7.1.8 节)。对于以上 3 种格式，标识符必须在元件例化语句范围内可见，方法有两种。第一种方法是在包含元件例化语句的结构体的声明部分包含元件声明。这是图 B-4 中采用的方法(在 NOR_GATE 的结构体内有 NOT_GATE 和 AND_GATE 的元件声明)。第二种方法是在包集合声明中包含一个元件声明，并在与包含元件例化的结构体相关联的实体声明之前对该包集合使用 use 子句(例如图 7-23 和图 7.26)。

单个 VHDL 实体声明可以与多个结构体相关联，每个结构体都具有自己的标识符。因此，可以通过第二种方式或第三种方式来指定各个结构体需要的元件例化。

用于指定＜元件＞的第二种格式有时称为直接例化。图 7-18 给出了直接例化的一个例子。在该图中，实体标识符前面有一个"work."，以表明 VHDL 编译器应该在工作库中查找包含迄今已编译的所有设计实体的实体声明。建议仅在测评平台中使用直接例化，因为直接例化可避免使用配置语句来配置哪个构造用于给定的元件例化语句(请参见 7.1.8 节中对配置语句的介绍)。第三种格式指定＜元件＞的示例如图 7-21 所示。

返回到元件例化语句的语法，我们注意到 generic **map** 部分是可选的。如果存在，generic **map** 可以改变被例化的设计实体的实体声明中 generic 子句中声明的常量。**generic map** 允许设计人员自定义电路，就像人们可以定制汽车的窗户颜色。port **map** 部分是必需的，因为它用于指定如何将信号连接到要被例化的元件的输入和输出上。

generic **map** 和 port **map** 后面都跟随着关联列表。用于元件例化的关联列表有两种形式：位置关联和名字关联：

```
<关联列表> ::= <名字关联列表> |
              <位置关联列表>
```

其中，

```
<名字关联列表> ::= <形式> => <实际> { , <形式> => <实际> }
```

和

```
<位置关联列表> ::= <实际> { , <实际> }
```

在名字关联的列表中，＜形式＞是指元件中 **generic** 或 **port** 子句中对应的标识符名称。＜实际＞是指调用该元件的实体中信号的名称。箭头复合分隔符" = > "表示＜形式＞与＜实际＞相连接。在图 B-4 中，元件实例 U1 和 U2 使用名字关联。当要例化的元件具有许多输入和输出或类属参数，名字关联格式是首选的，因为它减小了更改时引入错误的概率。对于仅具有少量输入和输出或类属参数的元件，特别是对于不改变的元件(例如第 8 章所述的基本构建块)，优选位置关联列表。在位置关联列表中，每个＜实际＞按＜形式＞的声明顺序连接到＜形式＞。

在图 B-4 中，元件 U3 使用了位置关联格式的关联列表。VHDL-2008 允许对输入端口＜实际＞使用表达式。本书使用了此功能，因为它可以使 VHDL 更易读。接下来讨论元件例化的两个例子。在整本书中可以找到更多的例子。

图 B-3 给出了将两个单独的非门实例和一个与门实例组合起来构造一个或非门的电路原

理图。图 B-4 给出了与该电路相对应的 VHDL 结构描述。请注意，由于它们是并发语句，NOR_GATE 的结构体中的元件例化的顺序并不重要。还要注意，我们可以在不同的设计实体中对信号和端口使用相同的名称。例如，标识符 a 既用作 NOR_GATE 的第一个输入也用作 AND_GATE 的第一个输入。元件实例 U1 和 U2 使用名字关联，而元件实例 U3 使用位置关联。

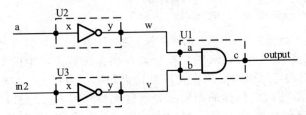

图 B-3　与图 B-4 中的 VHDL 元件例化示例相对应的电路原理图

```
library ieee;
use ieee.std_logic_1164.all;

entity AND_GATE is
  port ( a, b : in std_logic; c : out std_logic );
end AND_GATE;

architecture impl of AND_GATE is begin
  c <= a and b;
end impl;
-------------------------------------------------------------------
library ieee;
use ieee.std_logic_1164.all;

entity NOT_GATE is
  port ( x : in std_logic; y : out std_logic );
end NOT_GATE;

architecture impl of NOT_GATE is begin
  y <= not x;
end impl;
-------------------------------------------------------------------
library ieee;
use ieee.std_logic_1164.all;

entity NOR_GATE is
  port ( a, in2: in std_logic; output : out std_logic );
end NOR_GATE;

architecture impl of NOR_GATE is
  component AND_GATE is
    port ( a, b : in std_logic; c : out std_logic );
  end component;
  component NOT_GATE is
    port ( x : in std_logic; y : out std_logic );
  end component;
  signal w, v: std_logic;
begin
  U1: AND_GATE port map( c => w, a => v, b => output );
  U2: NOT_GATE port map( x => a, y => w );
  U3: NOT_GATE port map( in2, v );
end impl;
```

图 B-4　元件例化的例子。该例子中，一个或非门由两个非门和一个与门构成。与之对应的电路图在图 B-3 中给出图 B-5 和图 B-6 提供了一个更复杂的示例，展示了如何在元件例化中使用类属常量 generic **map**。图 B-6 中的 SORTER 是一个幅度比较器。请注意，MagComp 的 generic 子句将 k 设置为 8，如果带有标签 CMP 的元件例化中没有 generic **map** 子句，则 k 值为默认值。generic 子句使用名字关联，当然，我们也可以使用位置关联。

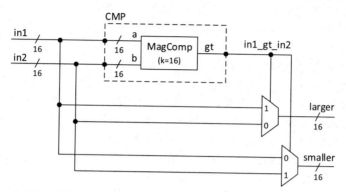

图 B-5　与图 B-6 中的带有 generic map 的元件例化示例相对应的电路原理图

```
library ieee;
use ieee.std_logic_1164.all;

entity MagComp is
  generic( k: integer := 8 );
  port( a, b: in std_logic_vector(k-1 downto 0); gt: out std_logic );
end MagComp;

architecture impl of MagComp is
begin
  gt <= '1' when a > b else '0';
end impl;
-------------------------------------------------------------------
library ieee;
use ieee.std_logic_1164.all;

entity SORTER is
  port ( in1, in2: in std_logic_vector(15 downto 0);
         larger, smaller : out std_logic_vector(15 downto 0) );
end SORTER;

architecture impl of SORTER is
  component MagComp is
    generic( k: integer := 8 );
    port( a, b: in std_logic_vector(k-1 downto 0); gt: out std_logic );
  end component;

  signal in1_gt_in2: std_logic;
begin
  CMP: MagComp generic map( k => 16) port map( a => in1, b => in2, gt => in1_gt_in2 );

  with in1_gt_in2 select
    larger <= in1 when '1',
              in2 when others;

  with in1_gt_in2 select
    smaller <= in1 when '0',
               in2 when others;
end impl;
```

图 B-6　带有 generic map 的元件例化的例子。相应的电路原理图如图 B-5 所示。注意，尽管 MagComp 有实体声明和元件声明，k 值被设为 8，但是对其进行实例化时，k 值会被 generic map 覆盖

B.7　多信号驱动器和决断函数

如果多个并发语句尝试驱动相同的信号会发生什么？在实际电路中，信号对应于导线，其值对应于电压。如果对应于第一个并发语句的电路将信号驱动到逻辑 1，而对应于第二个并发语句的电路将信号驱动到逻辑 0，则导线上就会有很大的电流流动并且很可能损坏电路。当进行仿真时，VHDL 通过使用决断函数来解决这种情况。决断函数的输入为信号的所有驱动值，其输出一个值并赋给信号。实际上，不一定需要定义自己的决断函数，因为对于重要的数据类型（如 std_logic 和 std_logic_vector），它们是预定义的。例如，对于类型为 std_logic 的信号，具有两个驱动值，一个为"1"，另一个为"0"，那么仿真期间的决断值将为"x"。因此，在仿真一个测试平台时，观察到"x"值通常表示设计中有严重错误。如果一个驱动值为"Z"（高阻抗），另一个为"0"，那么决断值将为"0"。高阻抗状态基本上就是说它对于信号的值（即电压）是"没有意见"的。

使用三态缓冲器指定二路选择器的示例说明了决断函数在实际中的运作。VHDL 如图 B-7 所示，相应的电路图如图 B-8 所示。在这个例子中，"b <= a1 **when** s = '1' **else** 'Z';"是一个条件信号赋值语句（B-6.1 节），当信号 s 等于 1 时，将 a1 的值赋给 b，否则将 Z 赋给 b。

```
library ieee;
use ieee.std_logic_1164.all;

entity Mux2b is
  port( a1, a0 : in std_logic;
        s : in std_logic;
        b : out std_logic );
end Mux2b;

architecture tri_impl of Mux2b is
begin
  b <= a1 when s = '1' else 'Z';
  b <= a0 when s = '0' else 'Z';
end tri_impl;
```

图 B-7　三态缓存器的 VHDL 描述

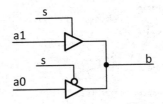

图 B-8　与图 B-7 中 VHDL 描述相对应的二路选择器的电路原理图

类似地，对于"b <= a0 **when** s = '0' **else** 'Z';"，当 s= 0 时，将 a0 的值赋给 b，否则将 Z 赋给 b。因此，如果 s 等于 1，那么 b 的驱动值有两个：a1 和 Z。决断值将等于 a1。如果 a1 为 0，则 b 将被驱动到 0，如果 a1 为 1，则 b 将被驱动到 1。如 4.3.4 节所述的，由于可能存在短路，应避免三态电路。

B.8　属性

VHDL 提供了一个称为属性的语法功能，以获取或指定有关设计元素的其他信息。为了使用属性，指定属性名称的语法格式如下：

<前缀> ' <属性名> [(<表达式>)]

其中，＜前缀＞可以是具有名称的任何句法元素（例如，信号名称、包名称、实体名称等），＜属性名＞是属性的名称，＜表达式＞是可选的，函数类属性带有＜表达式＞。根据属性名称，对某一对象应用属性的结果可以是类型、值、信号、索引范围或函数。

用户指定属性的一个原因是能将关于设计的附加信息传达给 CAD 工具。为此目的指定属性的示例可以在图 8.51 中看到，使用关键字 **attribute** 声明了两个属性，帮助指定

了只读存储器的内容。在本附录中，将不会描述定义新属性的语法，因为针对不同的
CAD 工具，其语法不同。CAD 工具的相关文档中会描述该工具的特定属性。除非自己开
发 CAD 工具，否则可能永远不需要定义自己的 VHDL 属性。但是，如果想要了解声明和
定义新属性的一般语法，请参考 VHDL 语言参考手册[55]或 Ashenden[3]。

　　VHDL 标准规定了许多预定义的属性，其中一些被广泛支持的属性列在表图 B-3 中。
当声明信号或访问信号的元素或切分时，T'left、T'right，T'length 和 T'range 属
性会很有用。T'event 和 T'stable 属性与下面要介绍的进程语句联系紧密。这两个属性
都与信号上的事件有关，相应地又与事务有关。

　　事务是在信号被赋值的瞬间发生的。事件是在赋值使信号的值发生了变化时发生的。
因此，所有事件都是事务，但不是所有事务都是事件。当对信号或变量进行赋值时，不论
值是否发生变化，属性 T'active 都为真。不应该在可综合的 VHDL 中使用属性
T'active。同样，T'delayed(N)属性也是不可综合的。

表 B-3　本书所使用的 VHDL 预定义属性

T'left	信号或变量 T 最左边索引的整数值
T'right	信号或变量 T 最右边索引的整数值
T'length	多比特信号或变量 T 的比特数
T'range	信号或变量 T 的索引范围
T'event	代表着一个布尔信号，当信号 T 的事件发生时，为真，否则为假
T'stable	代表着一个布尔信号，当信号 T 的事件没发生时，为真，否则为假
T'active	代表着一个布尔信号，当信号 T 的事务发生时，为真，否则为假
T'delayed(N)	表示一个信号，由 T 延迟 N 个时间单位得到

B.9　进程语句

　　并发语句的最后一种形式就是进程语句。进程语句提供了一种使用顺序语句来描述逻
辑电路在较高抽象级别的行为的方法。由于进程语句是并发语句，因此每个进程是同时执
行的。结构体中的每个并发语句都可以在概念上视为单独的进程语句。

　　正确有效地使用进程语句的主要障碍是，进程语法看起来与软件相似，因此很容易
认为进程的运行与计算机上程序的运行完全类似。下面将讨论它们在时序上的重要差
异。此外，必须学会使用受限制的语法子集，以确保来自 VHDL 描述的综合的硬件按
照期望的方式运行。实际上，VHDL 进程中的顺序语句仅描述逻辑电路的行为。CAD
工具综合出符合 VHDL 描述的行为的数字电路，从而实现实际电路⊖。例如，请注意图
7-2 中的 VHDL 进程语句与图 7-3 和 7-4 中相应的 CAD 综合工具生成的门级电路之间的
差异。

　　本书中，进程语句既用来指定数字逻辑电路的行为（例如图 7-2），也用来指定测试平
台（例如图 7-18）。本节介绍与两者相关的一般语法，B.10 节重点介绍硬件综合所需的语
法限制。

　　进程语句语法总结如图 B-9 所示，图 B-10 给出了描述二路选择器（8.3 节）的简单示
例。在图 B-10 中，当 sel 为 1 时，该进程将 A 的值写入 C，否则将 B 的值写入 C。下面
讨论进程的敏感列表和概念模型，包括顺序语句运行时的重要问题，顺序语句语法的各种
形式。

　　⊖　对所有的 VHDL 语法都是对的。

B.9.1　进程敏感列表和运行时序

在 VHDL 语言规范[55]的术语中，只要该进程的敏感列表中的任何信号具有事件（即，每当敏感列表中的信号的值发生变化时），VHDL 进程就执行其所包含的顺序语句。在概念上，进程一个接一个地执行它包含的顺序语句，直到它达到一个等待语句或达到进程中的最后一个顺序语句。此时，进程暂停。在同一进程中执行不同顺序语句的时间间隔是非常小的。如果进程达到最后一个语句后暂停，那么当该进程的敏感列表中的一个信号上发生新事件时，进程重新从头开始执行。

```
<敏感列表>        ::= all |
                     <信号名称> { , <信号名称> }

<进程声明>        ::= <类型声明> |
                     <变量声明>

<多个时序语句>  ::= <时序语句>
                     { <时序语句> }

<时序语句>        ::= <wait语句> |
                     <report语句> |
                     <if语句> |

                     <信号赋值语句> |
                     <变量赋值语句>
```

图 B-9　VHDL-2008 中进程语句语法总结

例如，图 B-10 中，敏感列表中的信号 sel、A 和 B 中的任何一个的值发生变化，将导致进程中的顺序语句从头开始执行，直到该进程结束，可能会更改 C 的值。

图 B-11 通过绘制输入 sel、A 和 B 以及输出 C 的波形来说明这些步骤的时序。最初，所有输入都为逻辑电平 0，C 也为 0。在时间 t_1，输入 B 从逻辑电平 0 变为逻辑电平 1。由于 B 在敏感列表中，所以在时间 t_1 该进程被触发并执行。该进程导致输出 C 变为逻辑电平 1。C 的变化在 B 发生变化之后的无限小时间内发生。在仿真波形中，C 的变化似乎与 B 的变化同时发生。实质上，你可以说 if 语句执行"无限快"。在实际的

```
process (sel,A,B)
begin
   if sel = '1' then
     C <= A;
   else
     C <= B;
   end if;
end process;
```

图 B-10　描述二路选择器的 VHDL 进程语句

多路选择器电路中，输入和输出的变化之间会有一些延迟。实际上，可以配置 CAD 工具，用特定的目标工艺综合 VHDL 描述，从而模拟这些延迟。然而，就 VHDL 语言标准而言，图 B-10 中 VHDL 的输入和输出变化基本上没有任何延迟。在时间 t_2、t_4 和 t_5，也发生了类似的变化。在时间 t_3，输入 B 从逻辑 1 变为逻辑 0，进程执行，输出 C 的值为 0，C 上不发生变化。

在本书中，没有敏感列表的进程可用于测试平台（例如图 3.8），或定义时钟信号以输入到被测试的可综合设计实体（见图 14.17）。这两种形式的进程都是不可综合的⊖。如果进程没有敏感列表，则该进程将立即开始执行，并将在执行其包含的最后一个顺序语句之后立即从头开始执行（即，形成一个无穷大循环）。

⊖　一个可综合的进程语句也可以不带敏感列表，但该进程要以单一的 **wait until** 语句开始或单一的 **wait on** 语句结束。因为很少使用这种方式，所以本书中不做讨论。

如果敏感列表包含 VHDL-2008 关键字 **all**，那么就等同于在敏感列表中列出了进程中所有顺序语句读取的所有信号。例如，图 B-10 中，在进程中读取的所有信号，即 sel、A 和 B，都列在敏感列表中。因此，可以用"**process**（**all**）"来代替"**process**（sel，A，B）"。然而，请注意，敏感列表与典型编程语言中的函数参数具有非常不同的含义。特别是，你将在 B.10 节中看到，一个进程内部的某些被读取的信号不能包含在敏感列表中。不要将一个进程误当作一个函数。

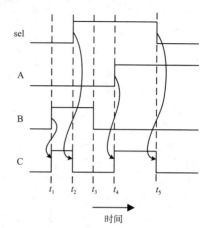

使用具有小延迟的逻辑门来实现利用 VHDL 进程描述综合的实际硬件。如图 7-4 所示，这些逻辑门不会与 VHDL 进程描述的每一行一一对应。然而，如果所使用的 VHDL 被限制在语言的可综合子集，例如在 B.10 节中总结的那样，则硬件电路行为将与 VHDL 进程语句所描述的行为基本一致，微小的差异来自于门和连线延迟。对于同步电路，如果留有合适的时间裕度（见第 15 章），这种差异并不重要。

图 B-11 图 B-10 中 VHDL 描述的例子的仿真波形。输入 sel、A 和 B 的值的选择表明了图 B-10 中 VHDL 描述对输出 C 的作用。箭头为仿真运行方向

将 VHDL 进程与软件程序进行对比是很有用的。在调试编译软件程序时，可以使计算机指令在某一行停止，并使用调试程序（例如，gdb——GNU 调试器）检查正在运行的程序的状态。相比之下，VHDL 进程被综合成硬件之后，无法通过观察其内部结构来查看进程内每个单独的顺序语句的执行情况，因为顺序语句描述已经被连线网络和数字逻辑门代替（与计算机指令不一样）。

下面介绍进程语句中允许的各种形式的顺序语句。

B.9.2 等待和报告语句

等待和报告语句仅用于测试平台，因此本附录中不会详细介绍其语法。请参见图 3.8 中的示例以及 3.6 节中的说明。

B.9.3 if 语句

if 语句的语法如图 B-12 所示，其中，<条件>是结果为 BOOLEAN 类型的表达式。当第一个<条件>的计算结果为真时，执行第一个<条件>之后的顺序语句，其余的语句被跳过。请注意，由于它是一个顺序语句，所以 if 语句只可能出现在进程语句中。图 B-10 给出了 if 语句的一个简单例子。在一般形式中，可以有任何数量的 **elsif**。就 VHDL 语言标准而

```
      if <条件> then
         <顺序语句>
    { elsif <条件> then
         <顺序语句> }
    [ else
         <顺序语句> ]
      end if;
```

图 B-12 if 语句语法。只能在进程中使用 if 语句

言，不管有多少 **elsif**，整个 if 语句的执行时间为无限小。包含 **elsif** 的 if 语句的例子可以在图 7-8 中找到。

B.9.4 case 和 case? 语句

case 语句的语法总结如图 B-13 所示。当 case 语句被执行时，< 表达式> 的值被计算，并与每个 case 分支中的 **when** 后面的< 选择> 进行比较。对于< 表达式> 的每个可能值都只有一个分支与之相匹配。相匹配的分支中箭头复合分隔符（= > ）之后的顺序语句被执行。最后一个 case 分支的< 选择> 是 VHDL 关键字 **others**，< 表达式> 与所有分

支(除 **others**)都不匹配时, 则与 **others** 相匹配⊖。如果< 选择> 包含不关心值(如：std _ logic 中的"-"), 那么就需要使用 case? 语句。

```
case[?]<表达式>is
<case分支>
{<case分支>}
end case[?];
其中: <case分支>:=when<选择>=><顺序语句>
```

图 B-13 case 语句语法。只能在进程中使用 case 语句

case? 语句的示例如图 B-14 所示, 图 B-15 给出了示例波形, 显示了输入 A 发生变化时的电路行为。最初, A 等于 000, 输出 B 等于 1。在时间 t_1, 输入 A(0)从 0 变为 1, 因为 A 在敏感列表中, 所以进程被触发并执行 case 语句。将现在的 A 值 001 与每种 case 分支进行比较。第二个分支, "**when** "001"= > B < = '0';"与之匹配, 执行语句 B< = '0', B 的值从 1 变为 0。要注意的一个关键点是, 就 VHDL 语言标准而言, B 的变化在 A(0)发生变化之后的无穷小时间内发生。在时刻 t_2, 输入 A(1)从 0 变为 1, 从头开始再次执行进程。因为 A 现在的值是 011, 所以与"**when** "01- "= > B < = '1';"匹配, "01-" 与"010"和"011"匹配, 因此, 输出 B 变为 1。在时间 t_3, 输入 A(0)变回 0, 进程再次从头开始执行。这次 A 的值是 010, 同样与"**when** "01- "= > B < = '1';"匹配, 输出 B 不变。在时间 t_4, 输入 A(2)变化, 现在 A 为 110, 与"**when others** = > B < = '0';"匹配, 所以输出 B 变为 0。在时间 t_5, 输入 A(0)变化, 进程执行, A 值为 111, 与"**when** "101"| "111"= > B < = '1';"匹配, 所以输出 B 变回 1。

```vhdl
library ieee;
use ieee.std_logic_1164.all;

entity case_example is
 port( A: in std_logic_vector(2 downto 0); B: out std_logic );
end case_example;

architecture impl of case_example is
begin
  process(all)
  begin
    case? A is
      when "000"        => B <= '1';
      when "001"        => B <= '0';
      when "01-"        => B <= '1';
      when "101" | "111" => B <= '1';
      when others       => B <= '0';
    end case?;
  end process;
end impl;
```

图 B-14 case? 语句的例子。当输入 A 的值为"000"或"010"或"011"或"101"或"111"时, 输出 B 被置为 1。Others 分支的存在使 case? 语句包含了所有可能的情况, 比如 std_logic 的元数据 U

⊖ 一些综合工具强制包含逻辑 1 和 0 的所有组合。

B.9.5   信号和变量赋值语句

在本节中，我们将讨论信号赋值的重要时序细节。变量声明的语法如下：

variable <变量名> {, <变量名>} : <类型> [:= <表达式>];

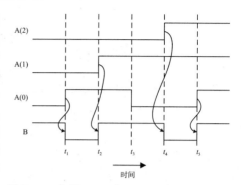

变量声明被放置在要使用变量的进程的声明部分关键字 **begin** 之前（见图 B-9）。一个变量用于在单个进程中传递数值，而一个信号通常用于在一个进程内的顺序语句和该进程外的其他并发语句之间传递数值。变量赋值使用冒号后跟等号（:=），信号赋值使用小于符号后跟等号（<=）。然而，更重要的区别在于，在执行下一个顺序语句之前，变量赋值立即生效，而信号赋值只有在进程暂停（即完成了所有的顺序语句或达到了等待语句）之后才会生效。

图 B-16 提供了一个例子，有助于说明变量和信号赋值之间的区别。它还是敏感列表的另一个例子。在这个例子中，当输入信号 clk 发生变化时，即从

图 B-15   与图 B-14 中 VHDL 描述相对应的仿真波形。输入 A 的值的选择说明了图 B-14 中 VHDL 描述对输出 B 的影响。箭头是仿真运行方向

逻辑值 0 变为 1，即 clk 上升沿，或者从 1 变为 0，即 clk 下降沿。如果 clk 为 1，则 if 语句条件的值为 true。if 语句仅在 clk 的上升沿或下降沿进行求值，并且在信号值变化之后的无穷小时间内对 if 语句的条件进行评估，所以可以说，if 语句只在 clk 的上升沿执行⊖。可以使用 VHDL 内置函数 rising_edge 编写 if 语句，即"**if** rising_edge(clk)**then**"，而且更可读。

```vhdl
library ieee;
use ieee.std_logic_1164.all;

entity example is
  port( clk, w: in std_logic;
        x: buffer std_logic;
        y, z: out std_logic );
end example;

architecture impl of example is
begin
  process(clk)
    variable tmp: std_logic;
  begin
    if clk = '1' then
      tmp := w;
      x <= tmp;
      y <= x;
      z <= not w;
    end if;
  end process;
end impl;
```

图 B-16   既有信号赋值又有变量赋值的进程语句

图 B-17 展示了给定输入 clk 和 w，输出 x、y 和 z 的变化。对输出的转换使用的是斜线。从图 B-16 中的 VHDL 描述综合出的硬件在图 B-18 给出。

⊖   请注意，为了达到综合的目的，CAD 工具会忽略有关元数据的转换，例如 std_logic 的未知值 U，这只是在仿真中有意义。

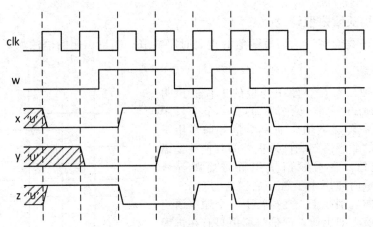

图 B-17　与图 B-16 相对应的仿真波形。x、y 和 z 的初始值为 U，也就意味着在实际电路中，
它们的初始值可以是逻辑电平 1 也可以是逻辑电平 0

为了更好地理解图 B-17 中的波形和图 B-18 中的原理图，我们来仔细探讨一下图 B-16 中 if 语句内的 4 个赋值语句。第一个赋值语句 tmp: = w 将 clk 上升沿时的 w 值赋给变量 tmp。由于 tmp 是一个变量，所以赋值在执行下一个顺序语句 x < = tmp 之前生效。这意味着当执行 x < = tmp 时，读取的 tmp 并赋给 x 的值也是 clk 上升沿时 w 所具有的值。对于下一个赋值语句 y < = x，由于 x 是在执行过程中较早被赋值的信号，并且进程尚未结束，所以 x 的赋值尚未生效。这意味着赋给 y 的值是执行 x < = tmp 之前的 x 值。由于该进程仅在 clk 的上升沿执行 if 语句，因此赋给 y 的值是在 clk 的上一个上升沿时 x 的值。在图 B-18 所示的原理图中，通过在 w 和 y 之间引入第二个 D 触发器来得到该延时。在 clk 的上升沿赋给 z 的值是 w 通过非门后的值。注意，虽然每个赋值中的读取值不同，但输出 x、y 和 z 全部在 clk 的上升沿到来之后同时更新。

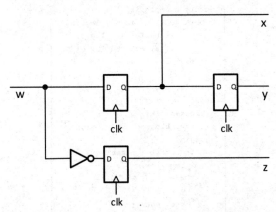

图 B-18　与图 B-16 对应的电路原理图

如上述示例所示，当由一个顺序语句赋值的信号被同一进程内的另一个顺序语句读取时，进程内信号赋值的延迟使得 VHDL 代码的行为难以理解。因此，一个很好的经验法则是在单个进程中的顺序语句之间传递数值时始终使用变量，在不同进程之间传递数值时使用信号。

B. 10　可综合进程语句

前一节讨论了 VHDL 语言标准中定义的进程语句的语法和语义[55]。如前所述，用于综合的 CAD 工具不能将任意语法上有效的 VHDL 描述综合成硬件，对于语言受限子集，能保证仿真和综合得到的硬件之间的行为匹配。本节讨论一组确保你编写的进程语句是可综合的规则。这些规则比风格指南更广泛。风格指南提供了确保 VHDL 可读、可维护以及可综合的规则。然而，有时候会打破风格指南，但仍然遵循这里描述的规则是至关重要的。

这些规则足够简单，几乎每个 CAD 工具都支持它们。此外，任何给定的 CAD 工具可能能够综合不遵循这些规则的 VHDL，但是将 VHDL 限制在这些规则内将确保你在需要使用其他 CAD 工具时仍然可综合。

最重要的规则是，设计中的每个进程都必须是 3 种类型之一[⊖]：类型 1，纯组合；类型 2，边沿敏感；类型 3，带有异步复位的边沿敏感。

B.10.1 类型 1：纯组合

使用进程描述组合逻辑电路，必须遵守两个规则。

- 规则 C1。组合逻辑块的所有输入必须出现在敏感列表中或者敏感列表必须使用 VHDL-2008 关键字 **all**。
- 规则 C2。组合逻辑电路的所有输出在输入的所有情况下都要被赋值。

图 B-19～图 B-21 给出了违反这些规则的例子。在图 B-19 中，敏感列表遗漏了信号 a 和 b，因此违反规则 C1。在图 B-20 中，当输入 a 等于 1 且输入 b 等于 0 时，信号 y 没有被赋值，因此违反规则 C2。图 B-21 给出了一个有 case? 语句的示例。A.4 节中还有其他示例。

```
process(sel)
begin
  if sel = '1' then
    c <= a;
  else
    c <= b;
  end if;
end process;
```

图 B-19　违反规则 C1 的例子。敏感列表遗漏了信号 a 和 b

```
process(all)
begin
  if a = '0' then
    y <= b;
  elsif b = '1' then
    y <= c;
  end if;
end process;
```

图 B-20　违反规则 C2 的例子。当输入 a 为 1、b 为 0 时，没有对输出 y 进行赋值

```
process(all)
begin
  case? state & x is
    when "000"  => state_next <= "01"; y <= '0';
    when "01-"  => state_next <= "10"; y <= '1';
    when "100"  => state_next <= "10";
    when others => state_next <= "00"; y <= '0';
  end case?;
end process;
```

图 B-21　又一个违反规则 C2 的例子。当输入 state 为 10、x 为 0 时，没有对输出 y 进行赋值

B.10.2 类型 2：边沿敏感

用进程描述在时钟（也称为边沿敏感逻辑）的上升沿或下降沿更新其输出的电路，必须遵守以下规则。

- 规则 E1。敏感列表只能包含时钟。
- 规则 E2。该进程应描述发生在单个时钟的上升沿或下降沿的行为。
- 规则 E3。在该进程包含的顺序语句中，时钟信号应仅出现在最外层 if 语句的条件中，该 if 语句不应包含 **else** 或 **elsif** 部分。此 if 语句应该包含进程内的所有其他顺序语句。

⊖　在图 8.54 中，我们采用了第四种类型来描述读写存储器的电平敏感行为。

图 B-16 给出了一个遵循以上所有规则的进程例子。图 B-22 给出了违反规则 E1 的示例。

```
process (CLK, A, B) begin
  if (CLK = '1') then
    if ( A = B ) then
      Y <= '1';
    else
      Y <= '0';
    end if;
  end if;
end process;
```

图 B-22   违反规则 E1 的例子。敏感列表不应该包含 A 和 B

B. 10. 3   类型 3：具有异步复位的边沿敏感

在某些设计中，期望采用具有异步复位的触发器。当复位信号被断言时，即在时钟的下一个上升沿到达之前，异步复位立即复位触发器的输出。虽然本书中没有使用任何示例，我们依旧会描述适用于此类硬件的可综合规则，以帮助提供与上述类型 1 和类型 2 进程的对比。这种对比可以帮助你更好地理解可综合 VHDL 所需的语法限制。该类型很有意思，因为它结合了电平敏感和边沿敏感的行为。描述具有异步复位的电路的可综合进程应遵循图 B-23 或图 B-24 中的模式。两种模式均符合以下规则。

- 规则 A1。敏感列表只包含时钟和复位信号。
- 规则 A2。最外面的 if 语句的第一个分支应该判断复位信号是否有效，并将所有输出设置为一个常数。
- 规则 A3。最外层 if 语句的 **elsif** 部分必须明确所需的时钟边沿。

```
process (clk, reset) begin
  if reset = '1' then
    Q <= '0';
  elsif clk'event and clk = '1' then
    Q <= D;
  end if;
end process;
```

```
process (clk, reset) begin
  if reset = '1' then
    Q <= '0';
  elsif rising_edge(clk) then
    Q <= D;
  end if;
end process;
```

图 B-23   用使用 X'event 属性的可综合   图 B-24   用使用 rising_edge 函数的可综合
进程描述异步复位行为   进程描述异步复位行为 A 和 B

遵循规则 A3，**elsif** 条件必须检查时钟的所需边沿，原因是将复位输入从有效变为无效会使进程执行，即使该事件不应导致电路的输出改变。VHDL 提供了两种检测时钟边沿的方法。

第一种方法是使用事件属性 X'event。这在图 B-23 中说明，其中 **elsif** 条件检测 clk'event 是否为真。由于 clk'event 在 clk 的上升沿和下降沿都是真，所以 **elsif** 条件必须检查导致进程运行以及导致 clk'event 为真的事件是否是时钟上升沿。它通过检查 clk 的当前值来实现。如果 clk 是 1，那么如图 B-16 所示，可以推断事件是 clk 的上升沿。

VHDL 提供的用于检测时钟边沿的第二种方法是使用内置函数 rising_edge(X)，其仅在 X 具有上升沿时 rising_edge(X) 的值才为真。在图 B-24 中，对相同示例使用了这种方法。VHDL 还定义了一个函数 fall_edge(X)。推荐使用 rising_edge(X) 和 falling_edge(X) 函数，因为它们更易于阅读，涉及 td_logic 元数据诸如 U 这样的事件，以这样的方式进行处理，会使仿真结果更接近于综合电路。

参 考 文 献

[1] Altera Corporation, *The LPM Quick Reference Guide.* (San Jose, CA: Altera Corporation, 1996.)

[2] Arnold, H. L. and Faurote, F. L., *Ford Methods and the Ford Shops.* (New York: The Engineering Magazine Company, 1915.)

[3] Ashenden, P. J., *The Designer's Guide to VHDL*, 3rd edn. (New York: Morgan Kaufmann, 2008.)

[4] Atanasoff, J. V., Advent of electronic digital computing. *Annals of the History of Computing* **6**: 3 (July–September 1984), 229–282.

[5] Babbage, H. P., ed., *Babbage's Calculating Engines: A Collection of Papers.* (Los Angeles, CA: Tomash, 1982.)

[6] Bailey, D., Vector computer memory bank contention. *IEEE Transactions on Computers* **C-36**: 3 (March 1987), 293–298.

[7] Baker, K. and Van Beers, J., Shmoo plotting: the black art of IC testing. *IEEE Design & Test of Computers* **14**: 3 (July–September 1997), 90–97.

[8] Bakoglu, H. and Meindl, J., Optimal interconnection circuits for VLSI. *IEEE Transactions on Electron Devices* **32**: 5 (May 1985), 903–909.

[9] Bassett, R. W., Turner, M. E., Panner, J. H. *et al.*, Boundary-scan design principles for efficient LSSD ASIC testing. *IBM Journal of Research and Development* **34**: 2.3 (March 1990), 339–354.

[10] Bentley, B., Validating the Intel® Pentium® 4 microprocessor. In *International Conference on Dependable Systems and Networks, 2001. DSN 2001* (Göteborg, 1–4 July, 2001), pp. 493–498.

[11] Berlin, L., *The Man Behind the Microchip: Robert Noyce and the Invention of Silicon Valley.* (New York: Oxford University Press, 2005.)

[12] Bhavsar, D., An algorithm for row–column self-repair of RAMs and its implementation in the Alpha 21264. In *Proceedings of International Test Conference*, Atlantic City, NJ, 27–30 September, 1999 (Washington, D.C.: IEEE ITC), pp. 311–318.

[13] Boole, G., *The Mathematical Analysis of Logic.* (Cambridge: Macmillan, Barclay, and Macmillan, 1847.)

[14] Boole, G., *An Investigation of the Laws of Thought on which Are Founded the Mathematical Theories of Logic and Probabilities.* (Cambridge: Macmillan, 1854.)

[15] Booth, A. D., A signed binary multiplication technique. *The Quarterly Journal of Mechanics and Applied Mathematics* **4**: 2 (1951), 236–240.

[16] Brearley, H. C., ILLIAC II – a short description and annotated bibliography. *IEEE Transactions on Electronic Computers* **EC-14**: 3 (June 1965), 399–403.

[17] Bristow, S., The history of video games. *IEEE Transactions on Consumer Electronics* **CE-23**: 1 (February 1977), 58–68.

[18] Bromley, A. G., Charles Babbage's analytical engine, 1838. *Annals of the History of Computing* **4**: 3 (July–September 1982), 196–217.

[19] Brooks, F., *The Mythical Man-Month: Essays on Software Engineering.* (Reading, MA: Addison-Wesley, 1975.)

[20] Brown, S. and Vranesic, Z., *Fundamentals of Digital Logic with VHDL Design*, 3rd edn. (New York: McGraw-Hill, 2008.)

[21] Brunvand, E., *Digital VLSI Chip Design with Cadence and Synopsys CAD Tools.* (Boston, MA: Addison-Wesley, 2010.)

[22] Bryant, R. E., MOSSIM: a switch-level simulator for MOS LSI. In Smith, R.-J. II (ed.), *DAC '81, Proceedings of the 18th Design Automation Conference*, Nashville, TN, 29 June–1 July, 1981 (New York: ACM/IEEE, 1981), pp. 786–790.

[23] Buchholz, W., ed., *Planning a Computer System – Project Stretch.* (New York: McGraw-Hill, Inc., 1962.)

[24] Capp, A., *The Life and Times of the Shmoo.* (New York: Simon and Schuster, 1948.)

[25] Cavanagh, J., *Computer Arithmetic and Verilog HDL Fundamentals.* (Boca Raton, FL: CRC Press, 2009.)

[26] Chandrakasan, A., Bowhill, W., and Fox, F., eds., *Design of High-Performance Microprocessor Circuits*. (New York: IEEE Press, 2001.)

[27] Chaney, T. and Molnar, C., Anomalous behavior of synchronizer and arbiter circuits. *IEEE Transactions on Computers* **C-22**: 4 (April 1973), 421–422.

[28] Chao, H. and Johnston, C., Behavior analysis of CMOS D flip-flops. *IEEE Journal of Solid-State Circuits* **24**: 5 (October 1989), 1454–1458.

[29] Chen, T.-C., Pan, S.-R., and Chang, Y.-W., Timing modeling and optimization under the transmission line model. *IEEE Transactions on Very Large Scale Integration (VLSI) Systems* **VLSI-12**: 1 (January 2004), 28–41.

[30] Culler, D., Singh, J., and Gupta, A., *Parallel Computer Architecture: A Hardware/Software Approach*. (San Francisco, CA: Morgan Kaufmann, 1999.)

[31] Dally, W. and Tell, S. The even/odd synchronizer: a fast, all-digital, periodic synchronizer. In *2010 IEEE Symposium on Asynchronous Circuits and Systems (ASYNC)*, Grenoble, 3–6 May, 2010 (New York: IEEE), pp. 75–84.

[32] Dally, W. and Towles, B., Route packets, not wires: on-chip interconnection networks. In *Proceedings of the 38th Design Automation Conference, DAC 2001*, Las Vegas, NV, June 18–22, 2001 (New York: ACM, 2001).

[33] Dally, W. J. and Poulton, J. W., *Digital Systems Engineering*. (Cambridge: Cambridge University Press, 1998.)

[34] Dally, W. J. and Towles, B., *Principles and Practices of Interconnection Networks*. (New York: Morgan Kaufmann, 2004.)

[35] *Data Encryption Standard (DES)*, Federal Information Processing Standards Publication 46, 3 (1999).

[36] DeMorgan, A., *Syllabus of a Proposed System of Logic*. (London: Walton and Maberly, 1860.)

[37] Dennard, R., Gaensslen, F., Rideout, V., Bassous, E., and LeBlanc, A., Design of ion-implanted MOSFETs with very small physical dimensions. *IEEE Journal of Solid-State Circuits* **9**: 5 (October 1974), 256–268.

[38] Earle, J., Latched carry-save adder. *IBM Technical Disclosure Bulletin* **7** (March 1985).

[39] Earle, J. G., Latched carry save adder circuit for multipliers, US Patent 3 340 388 1967.

[40] Eichelberger, E. B. and Williams, T. W., A logic design structure for LSI testability. In Brinsfield, J. G., Szygenda, S. A., and Hightower, D. W. (eds.), *Proceedings of the 14th Design Automation Conference, DAC '77*, New Orleans, LO, June 20–22, 1977 (New York: ACM, 1977), pp. 462–468.

[41] Elmore, W. C., The transient response of damped linear networks with particular regard to wideband amplifiers. *Journal of Applied Physics* **19**: 1 (January 1948), 55–63.

[42] Ercegovac, M. D. and Lang, T., *Digital Arithmetic*. (New York: Morgan Kaufmann, 2003.)

[43] Flynn, M. J. and Oberman, S. F., *Advanced Computer Arithmetic Design*. (New York: Wiley-Interscience, 2001.)

[44] Golden, M., Hesley, S., Scherer, A. *et al.*, A seventh-generation x86 microprocessor. *IEEE Journal of Solid-State Circuits* **34**: 11 (November 1999), 1466–1477.

[45] Hardy, G. H. and Wright, E. M., *An Introduction to the Theory of Numbers*, 5th edn. (Oxford: Clarendon Press, 1979.)

[46] Harris, D., A taxonomy of parallel prefix networks. In Matthews, M. B. (ed.), *Conference Record of the Thirty-Seventh Asilomar Conference on Signals, Systems and Computers, 2003*, Pacific Grove, CA, 9–12 November, 2003 (New York: IEEE), vol. 2, pp. 2213–2217.

[47] Hennessy, J., Jouppi, N., Przybylski, S. *et al.*, MIPS: a microprocessor architecture. In *Proceedings of the 15th Annual Workshop on Microprogramming, MICRO 15*, Palo Alto, CA, 5–7 October, 1982 (New York: IEEE Press), pp. 17–22.

[48] Hennessy, J. L. and Patterson, D. A., *Computer Architecture: A Quantitative Approach*, 5th edn. (New York: Morgan Kaufmann, 2011.)

[49] Hodges, D., Jackson, H., and Saleh, R., *Analysis and Design of Digital Integrated Circuits*, 3rd edn. (New York: McGraw Hill, 2004.)

[50] Horowitz, M. A., *Timing Models for MOS Circuits*. Unpublished Ph.D. thesis, Stanford University (1984).

[51] Huffman, D., A method for the construction of minimum-redundancy codes. *Proceedings of the IRE* **40**: 9 (September 1952), 1098–1101.

[52] Huffman, D., The synthesis of sequential switching circuits. *Journal of the Franklin Institute* **257**: 3 (1954), 161–190.

[53] Hwang, K., *Computer Arithmetic: Principles, Architecture and Design*. (New York: John Wiley and Sons Inc, 1979.)

[54] *IEEE Standard for Radix-Independent Floating-point Arithmetic*, ANSI/IEEE Standard 854-1987 (1987).

[55] *IEEE Standard VHDL Language Reference Manual*, IEEE Standard 1076-2008 (2008).

[56] *IEEE Standard for VHDL Register Transfer Level (RTL) Synthesis*, IEEE Standard 1076.6-2004 (2004).

[57] *IEEE Standard Test Access Port and Boundary-scan Architecture*, IEEE Std 1149.1-2001 (2001), i–200.

[58] *IEEE Standard for Floating-point Arithmetic*, IEEE Standard 754-2008 (2008), 1–58.

[59] *ITU-T Recommendation G.711.*, Telecommunication Standardization Sector of ITU (1993).

[60] Jacob, B., Ng, S., and Wang, D., *Memory Systems: Cache, DRAM, Disk.* (New York: Morgan Kaufmann, 1998.)

[61] Jain, S. and Agrawal, V., Test generation for MOS circuits using d-algorithm. In Radke, C. E. (ed.), *Proceedings of the 20th Design Automation Conference, DAS '83*, Miami Beach, FL, June 27–29, 1983 (New York: ACM/IEEE, 1983), pp. 64–70.

[62] JEDEC, 2.5 V ± 0.2 V (normal range) and 1.8 V–2.7 V (wide range) power supply voltage and interface standard for nonterminated digital integrated circuits. *JESD8-5A.01* (June, 2006).

[63] Karnaugh, M., The map method for synthesis of combinational logic circuits. *Transactions of the American Institute of Electrical Engineers* **72**: 1 (1953), 593–599.

[64] Kidder, T., *The Soul of a New Machine.* (New York: Little, Brown, and Co., 1981.)

[65] Kinoshita, K. and Saluja, K., Built-in testing of memory using an on-chip compact testing scheme. *IEEE Transactions on Computers* **C-35**: 10 (October 1986), 862–870.

[66] Kistler, M., Perrone, M., and Petrini, F., Cell multiprocessor communication network: built for speed. *IEEE Micro* **26**: 3 (May–June 2006), 10–23.

[67] Ko, U. and Balsara, P., High-performance energy-efficient D-flip-flop circuits. *IEEE Transactions on Very Large Scale Integration Systems* **VLSI-8**: 1 (February 2000), 94–98.

[68] Kohavi, Z. and Jha, N. K., *Switching and Finite Automata Theory*, 3rd edn. (Cambridge: Cambridge University Press, 2009.)

[69] Kuck, D. and Stokes, R., The Burroughs scientific processor (BSP). *IEEE Transactions on Computers* **C-31**: 5 (May 1982), 363–376.

[70] Ling, H., High-speed binary adder. *IBM Journal of Research and Development* **25**: 3 (March 1981), 156–166.

[71] Lloyd, M. G., Uniform traffic signs, signals, and markings. *Annals of the American Academy of Political and Social Science* **133** (1927), 121–127.

[72] McCluskey, E., Built-in self-test techniques. *IEEE Transaction on Design and Test of Computers* **2**: 2 (April 1985), 21–28.

[73] McCluskey, E. and Clegg, F., Fault equivalence in combinational logic networks. *IEEE Transactions on Computers* **C-20**: 11 (November 1971), 1286–1293.

[74] McCluskey, E. J., Minimization of boolean functions. *The Bell System Technical Journal* **35**: 6 (November 1956), 1417–1444.

[75] MacSorley, O., High-speed arithmetic in binary computers. *Proceedings of the IRE* **49**: 1 (January 1961), 67–91.

[76] Marsh, B. W., Traffic control. *Annals of the American Academy of Political and Social Science* **133** (1927), 90–113.

[77] Mead, C. and Rem, M., Minimum propagation delays in VLSI. *IEEE Journal of Solid-State Circuits* **17**: 4 (August 1982), 773–775.

[78] Meagher, R. E. and Nash, J. P., The ORDVAC. In *AIEE–IRE '51, Papers and Discussions Presented at the Joint AIEE–IRE Computer Conference: Review of Electronic Digital Computers*, New York, December 10–12, 1951. (New York: ACM, 1951), pp. 37–43.

[79] Mealy, G. H., A method for synthesizing sequential circuits. *The Bell System Technical Journal* **34**, 5 (September 1955), 1045–1079.

[80] Micheli, G. D., *Synthesis and Optimization of Digital Circuits.* (New York: McGraw-Hill, Inc., 1994.)

[81] Mick, J. and Brick, J., *Bit-Slice Microprocessor Design.* (New York: McGraw-Hill, 1980.)

[82] Montgomerie, G., Sketch for an algebra of relay and contactor circuits. *Journal of the Institution of Electrical Engineers – Part III: Radio and Communication Engineering* **95**: 36 (July 1948), 303–312.

[83] Moore, E. F., *Gedanken Experiments on Sequential Machines.* (Princeton, NJ: Princeton University Press, 1956), pp. 129–153.

[84] Moore, G. E., Cramming more components onto integrated circuits. *Electronics* **38**: 8 (April 1965), 114–117.

[85] Muller, R. S., Kamins, T. I., and Chan, M., *Device Electronics for Integrated Circuits*. (New York: John Wiley and Sons, Inc., 2003.)

[86] Myers, C. J., *Asynchronous Circuit Design*. (New York: Wiley-Interscience, 2001.)

[87] Nelson, W., Analysis of accelerated life test data – part i. The Arrhenius model and graphical methods. *IEEE Transactions on Electrical Insulation* **EI-6**: 4 (December 1971), 165–181.

[88] Nickolls, J. and Dally, W., The GPU computing era. *IEEE Micro* **30**: 2 (March–April 2010), 56–69.

[89] Noyce, R. N., Semiconductor device-and-lead structure, US Patent 2981877, 1961.

[90] O'Brien, F., *The Apollo Guidance Computer: Architecture and Operation*. (Chichester, UK: Praxis, 2010.)

[91] Olson, H. F. and Belar, H., Electronic music synthesizer. *Journal of the Acoustical Society of America* **27**: 3 (1955), 595–612.

[92] Palnitkar, S., *Verilog HDL*, 2nd edn. (Mountain View, CA: Prentice Hall, 2003.)

[93] Patterson, D. A. and Hennessy, J. L., *Computer Organization and Design: The Hardware/Software Interface*, 4th edn. (New York: Morgan Kaufmann, 2008.)

[94] Rabaey, J. M., Chandrakasan, A., and Nikolic, B., *Digital Integrated Circuits – A Design Perspective*, 2nd edn. (Upper Saddle River, NJ: Prentice Hall, 2004.)

[95] Rau, B. R., Pseudo-randomly interleaved memory. In Vranesic, Z. G. (ed.), *Proceedings of the 18th Annual International Symposium on Computer Architecture*, Toronto, May 27–30, 1991. (New York: ACM Press, 1991), pp. 74–83.

[96] Riley, M., Bushard, L., Chelstrom, N., Kiryu, N., and Ferguson, S., Testability features of the first-generation CELL processor. In *Proceedings of 2005 IEEE International Test Conference, ITC 2005*, Austin, TX, November 8–10, 2005. (New York: IEEE, 2005), pp. 111–119.

[97] Rixner, S., Dally, W., Kapasi, U., Mattson, P., and Owens, J., Memory access scheduling. In *Proceedings of the 27th International Symposium on Computer Architecture, 2000* (June 2000), pp. 128–138.

[98] Russo, P., Wang, C.-C., Baltzer, P., and Weisbecker, J., Microprocessors in consumer products. *Proceedings of the IEEE* **66**: 2 (February 1978), 131–141.

[99] Segal, R., *BDSYN: Logic Description Translator BDSIM; Switch-level Simulator*, Technical Report UCB/ERL M87/33. EECS Department, University of California, Berkeley (1987).

[100] Shannon, C. E., A symbolic analysis of relay and switching circuits. *Transactions of the American Institute of Electrical Engineers* **57**: 12 (December 1938), 713–723.

[101] Sorin, D. J, Hill, M. D., and Wood, D. A, *A Primer on Memory Consistency and Cache Coherence*. (San Rafeal, CA: Morgan & Claypool Publishers, 2011.)

[102] Sutherland, I., Sproull, R. F., and Harris, D., *Logical Effort: Designing Fast CMOS Circuits*. (New York: Morgan Kaufmann, 1999.)

[103] Sutherland, I. E., Micropipelines. *Communications of the ACM* **32** (June 1989), 720–738.

[104] Sutherland, I. E. and Sproull, R. F., Logical effort: designing for speed on the back of an envelope. In Séquin, C. H. (ed.), *Proceedings of the 1991 University of California/Santa Cruz Conference on Advanced Research in VLSI*, University of California, Berkeley (Cambridge, MA: MIT Press, 1991), pp. 1–16.

[105] Swade, D., The construction of Charles Babbage's Difference Engine no. 2. *IEEE Annals of the History of Computing* **27**: 3 (July–September 2005), 70–88.

[106] Texas Instruments, *The TTL Data Book for Design Engineers*, 1st edn. (Dallas, TX: Texas Instruments, 1973.)

[107] Tredennick, N., *Microprocessor Logic Design: The Flowchart Method*. (Bedford, MA: Digital Press, 1987.)

[108] Unger, S. H., *The Essence of Logic Circuits*, 2nd edn. (New York: Wiley–IEEE Press, 1996.)

[109] Veitch, E. W., A chart method for simplifying truth functions. In *Proceedings of the 1952 ACM National Meeting*, Pittsburgh, May 2–3, 1952. (New York: ACM, 1952), pp. 127–133.

[110] Wallace, C. S., A suggestion for a fast multiplier. *IEEE Transactions on Electronic Computers* **EC-13**: 1 (February 1964), 14–17.

[111] Weinberger, A. and Smith, J. L., A one-microsecond adder using one-megacycle circuitry. *IRE Transactions on Electronic Computers* **EC-5**: 2 (June 1956), 65–73.

[112] Weste, N. and Harris, D., *CMOS VLSI Design: A Circuits and Systems Perspective*, 4th edn. (Boston, MA: Addison Wesley, 2010.)

[113] Wilkes, M. V. and Stringer, J. B., Micro-programming and the design of the control circuits in an electronic digital computer. *Mathematical Proceedings of the Cambridge Philosophical Society* **49**: 02 (1953), 230–238.

[114] Wittenbrink, C., Kilgariff, E., and Prabhu, A., Fermi GF100, a graphics processing unit (GPU) architecture for compute, tessellation, physics, and computational graphics. In *Proceedings of Hot Chips 22*, August 22–24, 2010 (http://hotchips.org/archives/hot-chips-22).

[115] Yau, S. and Tang, Y.-S., An efficient algorithm for generating complete test sets for combinational logic circuits. *IEEE Transactions on Computers* **C-20**: 11 (November 1971), 1245–1251.

推荐阅读

基于运算放大器的模拟集成电路设计（英文版·第4版）

作者：Sergio Franco ISBN：978-7-111-48933-7 出版时间：2015年1月 定价：99.00元

本书着重理论和实际应用相结合，重点阐述模拟电路设计的原理和技术直观分析方法；主要包括运算放大器的基本原理和应用、涉及运算放大器的静态和动态限制、噪声及稳定性问题等诸多实际问题，以及面向各种应用的电路设计方法三大核心内容，强调物理思想，帮助读者建立电路设计关键的洞察力，可作为电子信息、通信、控制、仪器仪表等相关专业本科高年级及研究生有关课程的教材或主要参考书，对电子工程师也是一本实用的参考书。

模拟电路设计：分立与集成（英文版）

作者：Sergio Franco ISBN：978-7-111-48932-0 出版时间：2015年1月 定价：119.00元

本书是针对电子工程专业且致力于将模拟电子学作为自身事业的学生和集成电路设计工程师而准备的，前三章介绍二极管、双极型晶体管和MOS场效应管，注重较为传统的分立电路设计方法，有助于学校通过物理洞察力来掌握电路基础技术；后续章节介绍模拟集成电路子模块、典型模拟集成电路、频率和时间响应、反馈、稳定性和噪声等集成电路内部工作原理（以优化其应用）。本书涵盖的分立与集成电路设计内容，有助于培养读者的芯片设计能力和电路板设计能力。

模拟CMOS集成电路设计（英文版）

作者：Behzad Razavi ISBN：978-7-111-43027-8 出版时间：2013年8月 定价：79.00元

本书介绍模拟CMOS集成电路的分析与设计。从直观和严密的角度阐述了各种模拟电路的基本原理和概念，同时还阐述了在SOC中模拟电路设计遇到的新问题及电路技术的新发展。本书由浅入深，理论与实际结合，提供了大量现代工业中的设计实例。全书共18章。前10章介绍各种基本模块和运放及其频率响应和噪声。第11章至第13章介绍带隙基准、开关电容电路以及电路的非线性和失配的影响，第14、15章介绍振荡器和锁相环。第16章至18章介绍MOS器件的高阶效应及其模型、CMOS制造工艺和混合信号电路的版图与封装。本书可供与集成电路领域有关的各电类专业的高年级本科生和研究生使用，也可供从事这一领域的工程技术人员自学和参考。

ARC EM处理器嵌入式系统开发与编程

作者：雷鑑铭 等 ISBN：978-7-111-51778-8 出版时间：2015年11月 定价：45.00元

本书以实际的嵌入式系统产品应用与开发为主线，力求透彻讲解开发中所涉及的庞大而复杂的相关知识。书中第1～5章为基础篇，介绍了ARC 嵌入式系统的基础知识和开发过程中需要的一些理论知识，具体包括ARC嵌入式系统简介、ARC EM处理器介绍、ARC EM编程模型、中断及异常处理、汇编语言程序设计以及C/C++与汇编语言的混合编程等内容。第6～9章为实践篇，介绍了建立嵌入式开发环境、搭建嵌入式硬件开发平台及开发案例，具体包括ARCEM处理器的开发及调试环境、MQX实时操作系统、EM Starter Kit FPGA开发板介绍以及嵌入式系统应用实例开发等内容。第10～11章介绍了ARC EM处理器特有的可配置及可扩展APEX属性，以及如何在处理器设计中利用这种可配置及可扩展性实现设计优化。书中附录包含了本书涉及的指令、专业词汇的缩写及其详尽解释。

射频微波电路设计

作者：陈会 等 ISBN：978-7-111-49287-0 出版时间：2015年03月 定价：45.00元

本书讲述了广泛应用于无线通信、雷达、遥感遥测等现代电子系统中的射频微波电路，通过大量实例阐述了经典射频微波电路的设计方法与步骤，主要内容涉及射频微波电路概论、传输线基本理论与散射参数、射频CAD基础、射频微波滤波器、放大器、功分器与合成器、天线等。同时，针对近年来出现的一些新型微带电路与技术也进行了介绍与讨论，主要包括：微带/共面波导（CPW）、微带/槽线波导、基片集成波导（SIW）等双面印制板电路。因此，本书不仅适合于无线通信与雷达等电子技术相关专业的本科生与研究生作为教材使用，而且也可以作为各种从事电子技术相关工作的专业人士的参考书。

电子元器件的可靠性

作者：王守国 ISBN：978-7-111-47170-7 出版时间：2014年09月 定价：49.00元

本书从可靠性基本概念、可靠性科学研究的主要内容出发，给出可靠性数学的基础知识，讨论威布尔分布的应用；通过电子元器件的可靠性试验，如筛选试验、寿命试验、鉴定试验等内容，诠释可靠性物理的核心知识。接着，详细介绍电子元器件的类型、失效模式和失效分析等，阐述电子元器件的可靠性应用。最后，着重介绍器件的生产制备和可靠性保证等可靠性管理的内容。本书内容立足于专业基础，结合数理统计等数学工具，实用性强，旨在帮助学生掌握可靠性科学的理论工具，以及电子元器件可靠性应用的工程技术，提高实际操作能力。